新編 材料力學

崔圭夏 · 蔣伯善
李近熙 · 裵性龍 共著

東明社

머 리 말

근대의 工業技術은 自動化·無人化·情報化·시스템化 등으로 표현되게끔 경이적으로 발전되어 獨創과 開發의 전성시대로 돌입하고 있다. 아울러 機械工學 技術은 가장 기본적인 역할을 담당하고 있고, 創造·計劃의 실현에 가장 중요한 학문은 設計의 기초가 되는 材料力學이다.

이 책은 現政府의 重化學工業 및 尖端科學 育成과 工科大學·産業大學·專門大學 중점 교육에 따른 教育課程에 맞추어, 처음 배우는 학생과 고급 기술자들의 요구를 만족시키는 데 목표를 두었다. 따라서 100% 技士合格率을 낸 30년간의 강의 경험과 技士試驗問題·入社試驗問題·編入學試驗問題 범위를 통하여 材料力學의 元祖인 TIMOSHENKO 著書를 충분한 설명과 풍부한 例題를 들고, 産業現場에서 직접 적응할 수 있는 問題를 다루었으므로 강의하기 쉽고 배우기 쉽고 이해하기 쉬우리라 본다.

教育課程에 시간이 부족하면 技士試驗 범위가 아닌 5~6장 非圓形軸의 비틀림, 7장에서 間接荷重을 받는 보·移動荷重을 받는 보, 11장 特殊斷面의 보, 12장 偏心荷重을 받는 長柱 등만 생략하면 강의 시간이 충분하리라 본다. 單位는 근래에 SI單位로 바뀌는 추세이지만, 아직은 모든 시험에 사용되지 않기 때문에 MKS單位를 사용하였으니 필요한 때에는 附錄에 풍부한 자료를 수록했으므로 참고하기 바란다.

책의 내용은 착오가 없도록 세심한 주의를 기울였으나 淺學菲才로 다소 불충분하고 미비한 점이 없지 않으리라 사료되며, 이에 대해서는 讀者諸賢의 지적과 성원으로 지도편달해 주시면 앞으로 수정 보완해 나갈 것을 약속드린다.

끝으로 여러 가지 사정을 무릅쓰고 불철주야로 이 책을 출판하는 데 온 심혈을 기울이고 아낌없는 협조를 해주신 東明社 여러분께 심심한 사의를 표하는 바이다.

1994년 1월

저 자 씀

개정3판을 내면서

신편 재료역학은 1993년 초판발행 후 대폭적으로 개정하고 또한 본 교재를 채택한 교수님들의 지속적인 의견을 수렴하여 제9장 처짐에 특이함수에 의한 방법을 삽입하여 대대적인 재집필로 개정을 하였다.

재료역학의 정확한 정의와 평형방정식, 변형의 적합조건, 재료거동의 요구조건을 만족시키는 충분한 설명을 보다 잘 표현하였고 각 장마다 예제를 삽입하여 이해를 돕는데 신경을 썼다. 또한 기계기사 1, 2급, 편입시험, 입사시험, 대학원 입시 시험 등에 참고가 되고 산업현장에서 적용할 수 있는 연습문제를 충분히 다루어 기계공학 · 토목공학 · 건축공학 학생들과 산업 현장인들에게 재료역학에 대한 흥미를 고취시키고 학업의 동기를 일으켜 재료역학 문제에 자주 접촉할 수 있게 하였다.

저자는 40여 년간 오직 재료역학만 강의한 경험을 토대로 하여 세심한 주의를 기울였으나 다소 불충분하고 미비한 점이 없지 않으리라 본다. 앞으로 독자 제현의 지적과 성원으로 지도편달 해주면 수정보안 하겠다.

끝으로 대폭적인 개정에 협조를 해준 동명사 여러분에게 심심한 감사를 표하는 바이다.

2001년 11월

저 자 씀

차　례

제 1 장

緖　論

1-1　材料力學의 역사와 개론

1　材料力學의 역사

剛體에 대한 力學의 기초는 고대 그리스人에 의해서 형성되었다. 그리스인들은 로마인들에 대항해서 싸운 Cyracuse 전투에서, Archimedes가 力學을 훌륭하게 사용하여 Cyracuse를 방어할 수 있었다는 사실이 Plutarch의 “Lives”에 수록되어 있다.

이들은 건축물·교량 등의 구조물을 제작할 때 파괴되지 않는 치수를 결정하기 위하여 力學이나 應力解析法을 알지 못하고 경험치수법에 따르다가 르네상스 시기에서 固體를 역학적으로 해석하기 위하여 변형(deformation)에 대한 개념을 고려하기 시작했다.

Leonardo da Vinci(1452~1519)가 力學에 관하여 처음으로 假想變位原理를 적용하였고, Galileo Galilei(1564~1642)는 構造物에 대한 재료의 기계적 성질과 剛度에 대하여 이론적으로 해석한 “Two New Science”라는 서적이 처음으로 나왔다. 그는 당시 이탈리아 해군에서 건조하는 선체의 보(beam)에 대한 업적이 컸다. 그 후 Robert Hooke(1635~1703)에 의하여 1678년 시계의 스프링에 관한 문제를 연구하다가 스프링의 힘과 變位가 정비례한다는 사실을 발견하여, 수학적인 해석으로 Hooke의 법칙을 발표했다.

Jacob Bernoulli(1654~1705)는, 曲率은 굽힘모멘트에 비례한다는 것을 발표했고, Leonhard Euler(1707~1783)는 보의 처짐, 長柱의 挫屈에 관한 미분방정식을 유도하였으며, 그 후 C.A.Coulomb(1736~1806)은 보의 굽힘에 대하여 인장을 받는 쪽과 압축을 받는 쪽이 있음을 발표하고 응력분포를 해석하여 中立軸의 존재를 확실히 했다. 또 丸棒의 비틀림에 관한 이론을 전개하여 비틀림모멘트와 비틀림각과의 관계식을 구했다.

Thomas Young(1773~1829)은 Young率(세로탄성계수) E를 연구했고, M.Navier(1785~1836)는 1826년에 材料力學을 저술하였으며, 1930년에는 Timoshenko, D.H.Young이 材料力學을 저술하여 재료역학의 원조가 되고 이를 중심으로 수많은 책이 저술되고 있다.

2 材料力學의 개론

기계, 건축물, 교량, 기중기, 항공기, 선박 등은 다수의 고체로 된 部材들이 상호연결에 의하여 이루어진 것들이며 引張力(tension), 壓縮力(compression), 굽힘(bending), 비틀림(torsion), 온도에 따른 팽창·수축 등의 外力에 견딜 수 있게 고안되어 있다.

이와 같이 힘이 작용할 때 각 부재가 저항할 수 있는 強度를 갖지 않으면 파손이 된다. 안전하게 하기 위하여 각 부재를 아주 견고하게 하면 불경제가 되고, 중량이 가벼워야 할 항공기나 선박 등에는 불리하다. 따라서 설계를 할 때에는 다음 3가지 사항에 유의해야 한다.

① 外力에 견딜 만한 충분한 強度(strength)를 가져야 한다.

② 과대한 변형과 처짐(deflection)을 막을 만한 충분한 剛性度(stiffness)를 가져야 한다.

③ 應力이 그 재료의 彈性限界 내에 있도록 치수를 결정해야 한다.

그러므로 剛體를 취급하는 것은 靜力學이며, 변형성 물체와 탄성체의 정역학을 취급하는 것이 材料力學(strength of materials 또는 mechanics of materials)이다. 재료역학의 연구목표는 構造部材의 強度와 변형 및 剛性度의 기하학적·물리학적 실험을 통하여 실용 상태에서 거동을 파악하고 力學的 設計에 기여함에 있다.

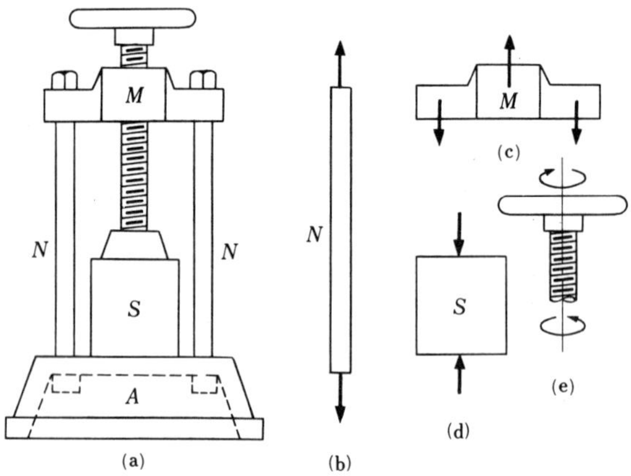

〈그림 1·1〉

3 재료 선정의 중요성

① 성질이 균일할 것

② 물리화학적 요인에 의한 변화가 적을 것

③ 다수의 量을 항상 미리 준비할 것

④ 高價일지라도 外力에 강한 특수재료를 사용할 것

⑤ 어디서나 항상 구할 수 있을 것

1-2 荷重의 종류

물체에 작용하는 여러 종류의 外力을 荷重(load)이라고 한다.

1 時間的인 作用方式에 의한 분류

- 荷重(load)
  - 靜荷重(static load)
    - 死荷重(dead load)
    - 漸加荷重(gradually increased load)
  - 動荷重(dynamic load)
    - 活荷重(active load)
      - 反復荷重(repeated load)
      - 交番荷重(alternated load)
    - 移動荷重(travelling load)
    - 衝擊荷重(impulsive load)

靜荷重 : 정지상태에서 가해져 변화하지 않는 하중, 또는 서서히 변화하는 하중

死荷重 : 자중에 의한 것으로 크기와 방향이 일정한 하중

漸加荷重 : 극히 조용히 일정한 크기까지 같은 방향으로 점차적으로 증가하는 하중

動荷重 : 항상 움직이고 크기가 변화하는 하중

活荷重 : 충격 없이 움직이고 있는 하중

反復荷重 : 하중의 크기와 방향이 같고 일정한 하중이 되풀이되는 하중(엘리베이터)

交番荷重 : 하중의 크기와 방향이 변화하는 引張力과 壓縮力이 상호 연속적으로 거듭하는 하중(복동 증기기관)

衝擊荷重 : 순간적으로 충격을 주는 하중

移動荷重 : 물체상을 항상 이동하여 가해지는 하중

2 空間的인 作用方式에 의한 분류

- 荷重(load)
  - 軸荷重(axial load)
    - 引張荷重(tensile load)
    - 壓縮荷重(compressive load)
  - 剪斷荷重(shearing load)
  - 비틀림荷重(twisting load)
  - 굽힘荷重(bending load)

軸荷重 : 집중하중으로서는 作用線이 軸線에 일치하고, 분포하중으로서는 그 合力의 작용선이 軸線에 일치하는 하중

剪斷荷重 : 물체면에 평행으로 剪斷作用을 하는 하중

비틀림荷重 : 軸心에서 떨어져 작용하여 軸의 주위에 모멘트를 일으키고, 재료의 단면에 상반된 작용으로 비틀림현상을 일으키는 하중

굽힘荷重 : 재료의 축에 대하여 각도를 이루며 작용하고 굽힘현상을 일으키는 하중

1-3 彈性과 塑性

물체는 分子들로 구성되고 분자간의 힘들이 작용하여 평형상태를 유지하고 있다. 이 分子力들은 변형시키려고 작용하는 外力에 대하여 저항한다. 외력의 작용을 받고 변형을 일으키지 않는 물체를 剛體(rigid body)라고 한다. 실제적으로는 완전한 剛體란 있을 수 없는 것이며 물리학의 가정에서만 존재한다.

모든 물체는 外力의 작용을 받으면 분자간에 내력이 발생하는 동시에 분자 상호간에 거리가 변화하여 외력과 내력이 평형될 때까지 변위가 계속된다. 이 때에 그 물체는 변형상태(state of strain)에 있다고 말한다. 變位가 진행되는 동안에 外力은 물체에 대하여 일(work)을 하고, 그 일은 전체적으로 또는 부분적으로 변형의 위치에너지(potential energy of strain)로 바뀌어지고 물체 속에 축적되는 것이다. 반대로 물체를 변형시켰던 힘들이 줄어들면 그 물체는 완전히 또는 부분적으로 원형으로 되돌아가고, 이 되돌아가는 변형이 진행되는 동안에 물체 내에 축적되었던 변형의 위치에너지는 외부에 대하여 일을 하게 된다.

이와 같이 외력이 제거되는 동시에 원형으로 되돌아가는 성질을 彈性(elasticity)이라고 한다. 외력이 제거된 뒤에 완전히 원형으로 되돌아가는 물체를 完全彈性體(perfectly elastic body)라 하고, 외력이 제거된 뒤에도 완전히 원형으로 되돌아가지 않는 물체를 不完全彈性體(partially elastic body)라고 한다.

외력의 크기가 재료의 어느 한계 이내에 작용할 때는 일반적으로 완전탄성체라 볼 수 있다. 그러나 이 한계를 초과하여 외력이 작용하면 외력을 제거한 후에도 변형의 일부분은 소실되고 대부분은 남게 된다. 이것은 부분탄성이고 잔류변형을 갖게 되어 永久變形(permanent set)이 발생하였다고 한다. 영구변형을 발생하는 물체의 성질을 塑性(plasticity)이라고 한다.

구조물에 작용하는 외력이 알려져 있다고 하면 설계자가 당면한 문제는 모든 실제조건 밑에서 완전탄성체의 상태를 유지할 수 있도록 각 부재들의 치수를 재료역학적으로 결정해 주는 일이 중요하다.

제 2 장

應力과 變形率

2-1 應力의 종류

물체에 外力(external force)이 가해지면 변형하는 동시에 抵抗力이 생겨서 외력과 평형을 이룬다. 이 저항력을 內力(internal force)이라 하며, 단위면적당의 내력의 크기를 應力(stress)이라고 한다.

- 應力
  - 수직응력(normal stress)
    - 인장응력(tensile stress)
    - 압축응력(compressive stress)
  - 접선응력(tangential stress)—전단응력

1 垂直應力

물체에 작용하는 응력이 斷面에 직각방향으로 작용할 때를 말하며 法線應力, 軸應力이라고 한다. 인장응력 σ_t와 압축응력 σ_c로 나눌 수 있다.

$$\left.\begin{aligned}\sigma_t &= \frac{P_t}{A}\ (\text{kg/cm}^2,\ \text{N/m}^2)\\ \sigma_c &= \frac{P_c}{A}\ (\text{kg/cm}^2,\ \text{N/m}^2)\end{aligned}\right\} \qquad (2\cdot1)$$

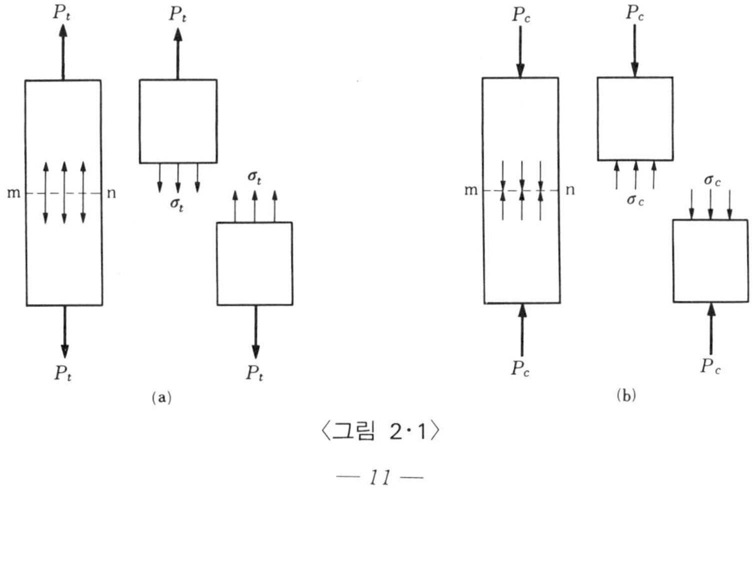

〈그림 2·1〉

즉, $$\sigma = \frac{\pm P}{A} \text{ (kg/cm}^2\text{, N/m}^2\text{)} \qquad (2 \cdot 2)$$

여기서, A : 단면적, P_t, P_c : 인장하중 및 압축하중

인장인 경우는 (+)의 부호를 붙여서 正應力(positive stress), 압축인 경우는 (−)의 부호를 붙여서 負應力(negative stress)이라고도 하며, 이 양자의 응력을 총칭하여 세로應力(longitudinal stress) 또는 直應力(direct stress)이라고 한다.

예 제 2-1. 지름이 4 cm인 연강봉에 4 t의 인장하중이 작용하면 발생하는 응력은 얼마인가?

풀 이 $\sigma_t = \frac{P}{A} = \frac{4P}{\pi d^2} = 318 \text{ kg/cm}^2$

예 제 2-2. 단면 6 cm×4 cm의 사각기둥이 있다. 이 기둥에 발생하는 응력을 1000 kg/cm² 이 되도록 하려면 압축하중은 얼마로 해야 하는가?

풀 이 $P_c = \sigma_c A = 24,000 \text{ kg} = 24 \text{ ton}$

2 接線應力

접선응력은 단면에 평행하는 힘이며 단면을 서로 미끄러지게 작용한다. 이러한 작용을 剪斷作用이라 하며, 전단작용을 일으키는 응력을 剪斷應力(shearing stress)이라고 한다(그림 2·2).

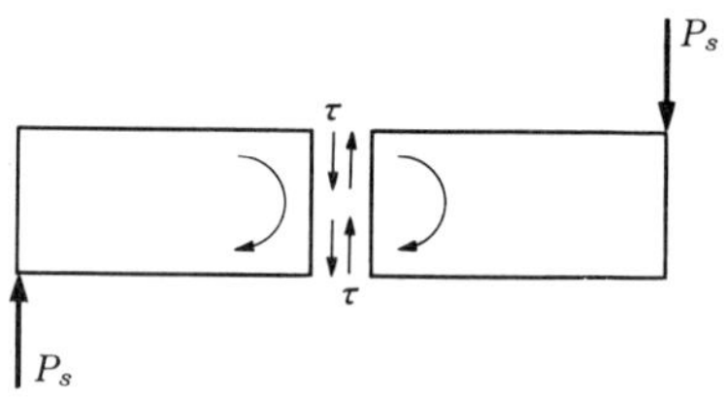

〈그림 2·2〉

전단하중 P_s가 작용하고 있을 때, 단면에 생기는 전단응력은 이 斷面上 어디서나 균일하다고는 할 수 없다. 단면적 A의 부분에 전단하중 P_s가 작용하고 전단응력의 분포가 균일하다고 할 때, 전단응력은 다음 식으로 주어진다.

$$\tau = \frac{P_s}{A} \text{ (kg/cm}^2\text{, N/m}^2\text{)} \qquad (2 \cdot 3)$$

재료 내부에 있어서 어떤 복잡한 응력상태일지라도 분해하면 모두 이들 세 가지 응력에 속하고, 이들을 단순응력(simple stress)이라고 한다. 단순응력이 두 가지 이상 동시에 작용할 때의 응력을 조합응력(combined stress)이라고 한다.

굽힘荷重에 의하여 재료 횡단면에 발생하는 응력을 굽힘응력(bending stress)이라 하고, 인장 및 압축의 수직응력이 동시에 존재한다.

비틀림荷重에 의하여 횡단면에 발생하는 비틀림응력은 전단응력이고, 이는 단면에 균일하게 분포하지 않는다. 外力을 받지 않고 물체 내부에 자신이 보유한 응력을 元應力 또는

初應力이라고 한다. 또 처음에 無應力이었던 물체에 하중을 가하고 다시 제거한 후 물체 내부에 잔재하는 응력을 殘留應力(residual stress)이라고 한다. 이는 본질적으로는 元應力과 다름이 없다.

예제 2-3. 〈그림 2·3〉과 같은 리벳이음(rivet joint)에서 지름 $d=2$ mm, 하중 $P=1200$ kg이 작용할 때, 단면에 일어나는 전단응력은 얼마인가?

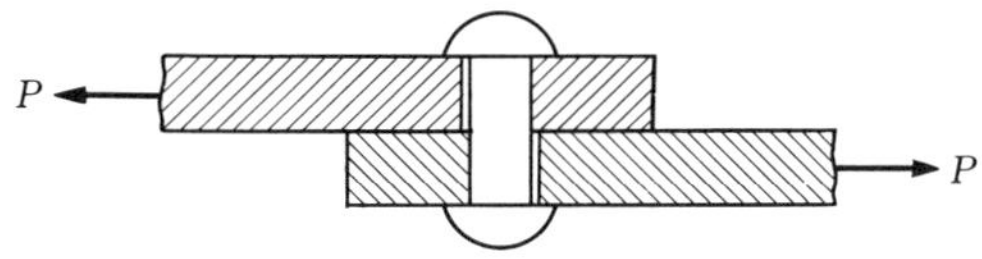

〈그림 2·3〉

풀이 $\tau = \dfrac{P}{A} = \dfrac{4P}{\pi d^2} = 382\ \text{kg/mm}^2$

예제 2-4. 두께 6 mm의 연강판에 지름 20 mm의 구멍을 punching할 때의 힘을 구하라. 단, 연강판의 파괴전단응력은 4000 kg/cm²이다.

풀이 $P = A\tau = \tau\pi dt = 15{,}072\ \text{kg} \doteqdot 15\ \text{ton}$

2-2 變 形 率

完全彈性을 보유하는 응력한계를 彈性限界(elastic limit)라 하고, 外力을 제거할 때 없어지는 변형률을 彈性變形率(elastic strain)이라고 한다.

물체에 외력을 가하면 내부에 응력이 발생하고 강체가 아닌 이상 그 물체를 구성하는 각 분자 및 분자 상호간의 상태의 변화가 일어나고 형태와 크기가 변화한다. 물체에 발생하는 변형의 크기는 물체의 크기에 의하여 변화하므로 같은 응력에 대하여 큰 물체일수록 큰 변형을 발생한다.

變形量과 원래 치수와의 비율, 즉 단위길이에 대한 변형량으로 변형의 정도를 비교한 것을 變形率(strain)이라 하고, 外力에 따른 변형률의 분류는 다음과 같다.

1 세로變形率

棒이 軸方向으로 인장하중 또는 압축하중이 작용하였다면 그 변형량만큼 신장 또는 수축이 일어난다. 길이 l인 棒이 하중을 받아 l'로 되었다면 伸長量(elongation) 또는 수축량(contraction) δ는 $l'-l$이 된다. 따라서 棒의 단위길이당 신장량 또는 수축량은 전변형량 δ와 원래의 길이 l과의 비이며, 이를 세로變形率(longitudinal strain) ε이라 하고 인장변형률(tensile strain)을 $\varepsilon_t(+)$, 압축변형률(compressive strain)을 $\varepsilon_c(-)$라 하면 다음 식과 같이 표시할 수 있다.

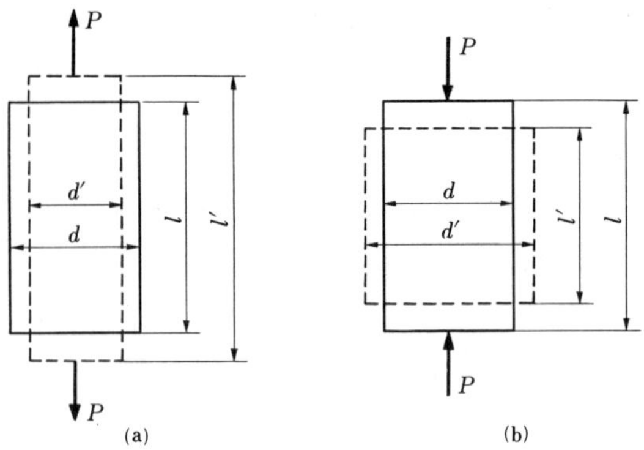

〈그림 2·4〉

즉,

$$\left.\begin{aligned} \varepsilon_t &= \frac{l'-l}{l} = \frac{\delta}{l} \\ \varepsilon_c &= \frac{l'-l}{l} = \frac{-\delta}{l} \\ \varepsilon &= \pm\frac{l'-l}{l} = \pm\frac{\delta}{l} \end{aligned}\right\} \qquad (2\cdot4)$$

2 가로變形率

荷重方向에 신축이 있다면 그와 직각방향에도 반드시 신장 또는 수축이 있다. 〈그림 2·4〉에서와 같이 원래의 지름 d가 d'로 되어 λ만큼 변화하였다면 가로방향의 변화량 λ와 원래의 지름 d와의 비를 가로變形率(lateral strain)이라고 하며, 다음 식과 같이 표시할 수 있다.

즉,

$$\left.\begin{aligned} \varepsilon_t' &= \frac{d'-d}{d} = -\frac{\lambda}{d} \\ \varepsilon_c' &= \frac{d'-d}{d} = \frac{\lambda}{d} \\ \varepsilon' &= \frac{d'-d}{d} = \mp\frac{\lambda}{d} \end{aligned}\right\} \qquad (2\cdot5)$$

3 剪斷變形率

〈그림 2·5〉 (a)와 같은 리벳이음이 剪斷力을 받고 리벳이 전단될 때 미끄러지는 부분인 그림 (a)의 AB를 확대하면 그림 (b)와 같이 된다. 두 철판 사이의 간극은 대단히 작으므로 더욱 확대한 것이 그림 (c)이다.

ABCD面에는 하중 P에 대응되는 전단응력 τ가 작용하여 직각사변형 ABCD는 평행사변형 ABC′D′로 변형되어 평형을 유지한다. 그러므로 C 및 D점이 C′ 및 D′점으로 변형하여 결국 δ만큼 미끄러진다.

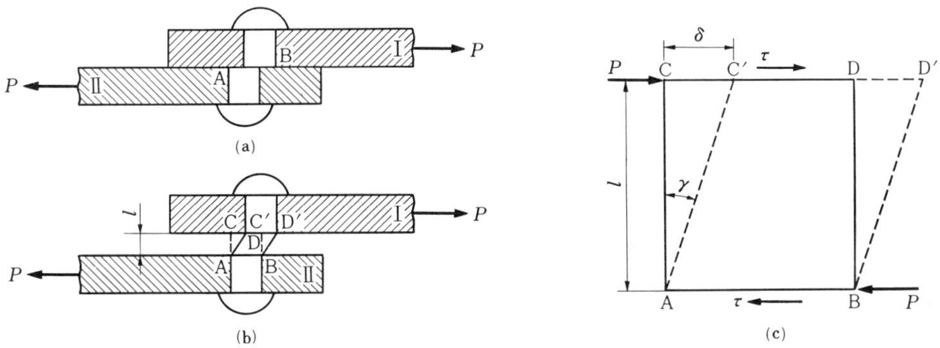

〈그림 2·5〉

전단변형량 δ와 원래의 길이 l과의 비를, 즉 단위길이에 대한 미끄러짐을 剪斷變形率(shearing strain) ε_s라 하고, 다음과 같은 식으로 표시한다.

$$\varepsilon_s = \frac{\mathrm{CC'}}{\mathrm{AC}} = \frac{\delta}{l} = \tan\gamma = \gamma\,(\mathrm{rad}) \qquad (2\cdot 6)$$

γ는 극히 작은 角이므로 CC′는 AC를 반지름으로 하는 원호로 생각하면 $\tan\gamma$는 γ rad로 표시할 수 있으므로, 전단변형률은 전단응력면에 세운 수선이 변형에 의하여 경사되는 각도를 호도법으로 표시할 수 있다.

4 體積變形率

물체가 외력을 받아서 체적이 변화했을 때, 체적의 변화량 ΔV와 본래의 체적 V의 비를 체적변형률(volumetric strain, bulk strain, cubical dilatation)이라 하고 ε_v로 표시한다. 즉,

$$\varepsilon_v = \frac{V' - V}{V} = \frac{\Delta V}{V} \qquad (2\cdot 7)$$

〈그림 2·6〉과 같은 한 변의 길이 a인 정입방체의 각 면에 수직으로 응력 σ_1, σ_2, σ_3가 가해져서 σ_1과 평행한 변이 a에서 $a(1+\varepsilon_1)$만큼 늘어나고, σ_2와 평행한 변이 $a(1+\varepsilon_2)$만큼 늘어나고, σ_3와 평행한 변이 $a(1+\varepsilon_3)$로 늘어났다고 하면, 처음의 체적은 $V=a^3$이었으므로 응력 σ_1, σ_2, σ_3가 가해진 다음에는

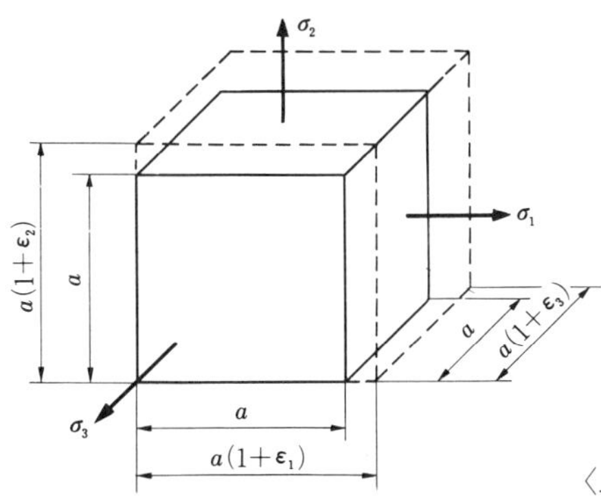

〈그림 2·6〉

$$V'=a(1+\varepsilon_1)a(1+\varepsilon_2)a(1+\varepsilon_3)$$

로 된다. 즉, 이 때 체적의 변화량 ΔV는

$$\Delta V=V'-V=a(1+\varepsilon_1)a(1+\varepsilon_2)a(1+\varepsilon_3)-a^3=a^3(\varepsilon_1+\varepsilon_2+\varepsilon_3)$$

미소량의 고차항은 무시할 수 있으므로 체적변형률 ε_v는

$$\varepsilon_v=\frac{\Delta V}{V}=\frac{a^3(\varepsilon_1+\varepsilon_2+\varepsilon_3)}{a^3}=\varepsilon_1+\varepsilon_2+\varepsilon_3 \qquad (2\cdot 8)$$

체적변형률은 세로변형률의 합과 같다.

만약 等方性(isotropic) 재료에 균일 응력이 작용하는 경우는 $\varepsilon_v=3\varepsilon$이다.

예제 2-5. 지름 12 mm, 표점거리 200 mm의 연강 시험편을 인장시험한 결과 표점거리 250 mm가 되었다. 이 연강 재료의 변형률 및 연신백분율은 얼마인가?

풀이 $\varepsilon=\dfrac{l'-l}{l}=\dfrac{250-200}{200}=0.25$

연신백분율 $\varepsilon\times 100=25\%$

2-3 應力-變形率線圖

(1) 재료의 인장시험방법(KSB 0802)에 의해 연강으로 KSB 0801 試片을 만들고, 시험기에 설치하여 荷重을 서서히 가하면서 그때 그때의 變形을 측정하여 세로축에 하중을, 가로축에 변형을 잡아서 그린 선도를 荷重變形量線圖(load deformation diagram)라고 한다. 이것을 세로축에는 응력으로, 가로축에 變形率로 고쳐 그린 선도를 應力變形率線圖(stress-strain diagram)라고 한다.

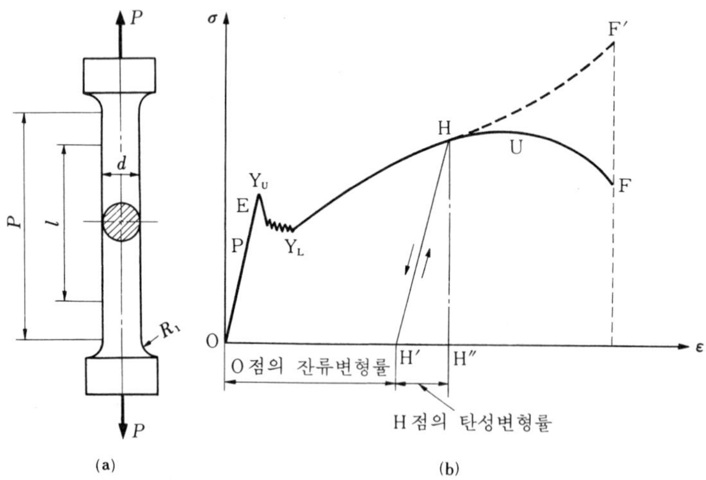

〈그림 2·7〉

(2) 〈그림 2 · 7〉 (a)는 KSB 0801 4호 시험편에

$$D = 14\text{ mm},\ l = 50\text{ mm},\ P = 60\text{ mm},\ R \geqq 15\text{ mm}$$

$$l = 4\sqrt{A} = 3.54D\ (A : \text{시편의 단면적})$$

그림 (b)는 그림 (a)와 같은 연강시험편의 인장응력과 이에 따르는 신장률과의 관계를 선도로 표시한 인장시험선도이다.

이 때 원점 O에서 P까지는 應力에 비례하여 직선적으로 변형률이 증가하여 훅의 法則이 성립한다. 이 P점을 比例限界(proportional limit)라 하고, 이 점에서 다시 응력이 증가하면 E점에 도달한다. E점은 이 잔류변형을 남기지 않고 변형이 생기더라도 하중을 제거하면 원래의 상태로 되돌아가는 점이다. 이 점을 彈性限界(elastic limit)라고 한다. P점과 E점은 일치하지 않으나 거의 일치하기 때문에 같은 말로 사용하는 경우도 있다.

응력이 더욱 증가하여 Y_U점에 도달하면 소성변형을 일으켜 응력이 증가하지 않아도 최대전단응력이 45°의 경사면에 따라 급격히 미끄럼 현상을 일으키면서 신장이 증가하므로 응력은 불연속적으로 Y_L까지 내려간다. 이 때의 신장은 比例限界까지 생긴 신장의 10~15배 정도이다.

이와 같이 불완전한 현상을 항복(yield)이라 하고, Y_U점을 상항복점(upper yield point), Y_L점을 하항복점(lower yield point)이라고 한다.

응력을 더욱 증가시키면 응력의 증가율에 대하여 변형의 증가율이 커지고, 즉 가공경화(strain hardening)를 일으키며 U점에서 최대응력에 달하고 시편의 어떤 부분에 국부수축이 생기며, 따라서 하중이 감소되면서 변형은 여전히 계속되고 F점에 이르러 파단된다. 이 U점을 極限强度(ultimate strength) 또는 最大强度(maximum strength)라 하고 F점을 破壞强度(fracture strength)라고 한다. 재료에 따라서는 U점과 F점은 구분이 되지 않는 것이 있다.

하중을 원래의 단면으로 나눈 값이 선도의 실선이다. 이 실선의 선도를 公稱應力-變形率線圖(nominal stress-strain diagram)라 하고, 점선은 수축한 실제 단면으로 나눈 값의 선도로서 실제응력-변형률선도(actual stress-strain diagram)이다.

(3) 試驗片의 최초 단면적과 標點距離(gauge length)를 A, l 파단시의 단면적과 표점거리를 A', l'라고 하면 단면수축 백분율 φ, 연신백분율 ϕ는

$$\varphi = \frac{A'-A}{A} \times 100\%, \qquad \phi = \frac{l'-l}{l} \times 100\%$$

단면수축 백분율과 연신백분율이 큰 재료를 연성재료(ductile material)라 하고, 작은 재료를 취성재료(brittle material)라고 한다. 연신율이 큰 것은 파단까지의 변형에너지의 흡수가 커서 충격하중에 대하여 안전하다.

보통 구조용강은 비례한계 20 kg/mm^2 내외, 항복점 25 kg/mm^2 내외, 인장강도 40~45 kg/mm^{2}이며 연신백분율 30%, 단면수축 백분율 약 60%이다.

(4) 연강과 같은 유연한 재료에는 명확한 항복점이 있으나 경강·주철·구리·알루미늄

등은 〈그림 2·8〉과 같이 항복점을 찾기 힘들고 처음부터 곡선으로 나타나므로, 일반적으로 0.2 %(0.002)의 영구변형이 발생되는 변형률을 오프셋(offset)시켜 비례선과 평행선을 그어 곡선과 교차점을 항복점으로 하고 σ_{02}로 표시하며 耐力(proof stress) 또는 안전응력이라 한다. 경우에 따라서는 어떤 점에서 曲率이 급격히 증가한 점을 항복점으로 할 때도 있다.

압축의 경우에도 인장의 경우와 거의 같은 선도를 얻을 수 있다.

(5) 〈그림 2·7〉에서 항복점을 넘어 H 점까지 하중을 증가했다가 제거하면 응력과 변형률은 직선 OE 와 평행으로 HH′에 따라 감소하고 하중이 0 으로 되면 H′점에 달한다. 이 때 OH′를 殘留變形率(residual strain) 또는 永久變形率(permanent set)이라 한다. H 점에서 수직선 HH″를 그으면 H′H″는 하중을 0으로 제거함으로써 소실된 變形率이므로 永久變形率에 대한 彈性變形率(elastic strain)이라 한다.

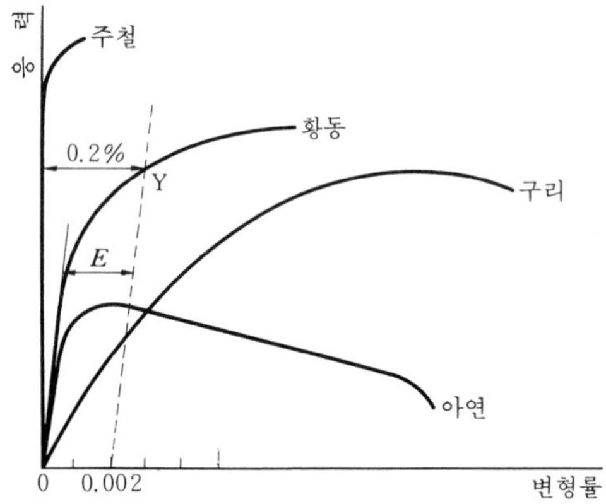

〈그림 2·8〉

2-4 許容應力과 安全率

기계 부분이나 構造物에 작용하는 최대응력은 언제나 탄성한계 이하의 값이어야 한다. 그래야만 하중을 가하고 난 다음 제거했을 때 永久變形이 생기지 않는다. 기계의 운전이나 구조물의 작용이 실제적으로 안전한 범위 내에서 작용하고 있는 응력을 使用應力(working stress)이라 하고, 재료를 사용하는 데 허용할 수 있는 최대응력을 許容應力(allowable stress)이라고 한다. 사용응력은 항상 허용응력보다 작아야 한다($\sigma_w \leqq \sigma_a$).

최대응력과 허용응력의 비 또는 항복응력과 허용응력의 비를 安全係數(factor of safety)라 하고, 다음 식과 같이 표시할 수 있다.

$$S = \frac{\sigma_u}{\sigma_a} \quad \text{또는} \quad S = \frac{\sigma_y}{\sigma_a} \tag{2·9}$$

$$\sigma_a = \frac{\sigma_u}{S} \quad \text{또는} \quad \sigma_a = \frac{\sigma_y}{S} \tag{2·10}$$

안전율은 응력계산 및 재료의 불균질 등에 대한 부정확을 보충하고, 각 부분의 충분한 안전율과 더불어 경제적인 치수결정에 대단히 중요한 것이다.

延性材料에서는 降伏應力, 脆性材料에서는 최대응력을 기준으로 하고 있다. 高溫에서는 크리프(creep) 한계, 反復荷重일 때는 疲勞限界를 極限强度로 취하는 것이 합리적이다.

安全率이나 許容應力을 결정하려면 다음과 같은 사항을 종합적으로 고려해야 한다.

① 材質 ② 하중의 종류에 따르는 應力의 性質
③ 하중과 응력계산의 정확성 ④ 공작방법 및 정밀도
⑤ 부재의 형상 및 사용 상태 ⑥ 온도, 마멸, 부식, 사용 장소

〈표 2·1〉 안 전 율

재료	정하중	동하중		충격하중
		반복하중	교번하중	
주철, 취약한 금속	4	6	10	15
연강, 단강	3	5	8	12
주강	3	5	8	15
구리, 연금속	5	6	9	15
목재	7	10	15	20
석재	20	30	—	—

예제 2-6. 지름 2 cm의 연강봉에 3000 kg의 정하중이 작용할 때의 안전성을 확인하라.

풀이 연강의 인장파괴응력은 4200 kg/cm² 정도이고, 또 연강의 정하중일 경우의 안전율을 3 이라 하면

$$\sigma_a = \frac{\sigma_u}{s} = \frac{4200}{3} = 1400\ \text{kg/cm}^2$$

이것에 대응하는 하중은, $P = \sigma A = 1400 \times \pi \times 2^2/4 = 4396\ \text{kg}$

$4396 > 3000$ 이므로 안전하다.

예제 2-7. 단면 6 cm×10 cm의 목재가 4000 kg의 압축하중을 받고 있다. 안전율을 7 로 하면 실제 사용응력은 허용응력의 몇 %가 되는가? 또 목재에 가할 수 있는 안전한 最大荷重은 얼마인가? 단, 목재의 압축강도는 500 kg/cm²이다.

풀이 $\sigma_a = \dfrac{500}{7} = 71\ \text{kg/cm}^2$, $\sigma_w = \dfrac{4000}{6 \times 10} = 67\ \text{kg/cm}^2$

$$\frac{\sigma_w}{\sigma_a} = \frac{67}{71} = 0.94 = 94\%$$

안전하중 $P = 71 \times 6 \times 10 = 4260\ \text{kg}$ 또는 $P = \dfrac{4000}{0.94} = 4255\ \text{kg}$

예제 2-8. 지름 2 mm의 소선 50개를 꼬은 와이어 로프가 있다. 안전하게 걸 수 있는 하중을 구하라. 단, 재료의 인장강도는 4200 kg/cm², 안전율은 12이다.

풀이 $\sigma_a = \dfrac{\sigma_u}{s} = \dfrac{4200}{12} = 3500\ \text{kg/cm}^2$

$$A=\frac{\pi\times0.2^2}{4}\times50=1.57\,\text{cm}^2$$
$$P=\sigma\cdot A=350\times1.57=550\,\text{kg}$$

예 제 2-9. 인장강도 $4200\,\text{kg/cm}^2$의 연강환봉에 5 ton의 반복하중이 작용했을 때 지름은 얼마인가? 안전율은 5이다.

풀 이 $$\sigma_a=\frac{\sigma_u}{s}=\frac{4200}{5}=8400\,\text{kg/cm}^2$$
$$\sigma_a=\frac{P}{A}=\frac{4P}{\pi d^2}\text{ 에서}$$
$$d=\sqrt{\frac{4P}{\pi\sigma_a}}=\sqrt{\frac{4\times5000}{\pi\times840}}=2.76\,\text{cm}$$

2-5 훅의 法則과 彈性係數

1678년 영국의 수학자 Robert Hooke(1635～1703)은 탄성한계 내에서 신장량 δ는 힘 P와 길이 l에 비례하고, 단면적 A에 반비례한다는 것을 실험에 의하여 증명하였다. 이 관계식은 다음과 같다.

$$\delta\propto\frac{Pl}{A}\tag{2·11}$$
$$\delta=\frac{1}{E}\cdot\frac{Pl}{A}=\frac{Pl}{AE}\tag{2·12}$$

이것을 훅의 法則(Hooke's law) 또는 정비례의 法則이라고 한다.

식 (2·1)과 (2·4)에서 식 (2·11)과 (2·12)는 다음과 같이 된다.

$$\sigma\propto\varepsilon\tag{2·13}$$
$$\sigma=E\varepsilon\qquad\varepsilon=\frac{\sigma}{E}\tag{2·14}$$
$$E=\frac{\sigma}{\varepsilon}=\frac{\frac{P}{A}}{\frac{\delta}{l}}=\frac{Pl}{A\delta}\ \text{kg/cm}^2\tag{2·15}$$

즉, $$\frac{\text{응력}}{\text{변형률}}=\text{상수}$$

이 상수를 탄성계수(modulus of elasticity)라 하고, 단위는 kg/cm^2, lb/in^2가 된다.

1 세로彈性係數

수직응력 σ와 그에 따른 세로변형률 ε이 훅의 法則에 따라서 정비례 관계를 성립시키는 비례상수를 영국의 과학자 Tomas Young(1773～1829)이 처음으로 수치적으로 측정하였으므로 영 係數(Young's modulus) 또는 세로탄성계수(modulus of longitudinal elasticity)라 하고, E로 표시하여 식 (2·15)와 같이 된다.

같은 재료에 대한 인장·압축일 때의 E는 거의 같다.

강철에서는 $E=2.1\times10^6$ kg/cm^2$=30\times10^6$ lb/in^{2}이다.

2 가로彈性係數

탄성한계 내에서는 전단응력 τ와 그에 따른 전단탄성변형률 γ와의 比는 같은 재료에 대하여 일정하고, 이 상수를 가로탄성계수 또는 전단탄성계수(modulus of rigidity) G로 다음과 같이 표시되고, 그 크기는 대략 E의 2/5 정도이다.

강철에서는 $G=0.81\times10^6$ kg/cm^2$=11.5\times10^6$ lb/in^{2}이다.

$$\left.\begin{array}{l}\tau \propto \gamma \qquad \tau = G\gamma \\ G = \dfrac{\tau}{\gamma} = \dfrac{\frac{P}{A}}{\gamma} = \dfrac{P}{A\gamma} = \dfrac{Pl}{A\delta}\ \text{kg/cm}^2\end{array}\right\} \tag{2·16}$$

〈표 2·2〉 재료의 기계적 성질

재료	비중	파괴응력 (kg/cm²)			탄성계수(kg/cm²)		탄성한계 (kg/cm²)
		인장	압축	전단	E	G	
주철	7.5	1800	7500	2000	1×10^6	3.8×10^5	—
연강	7.85	4000	4000	3500	2.1×10^6	8.1×10^5	2000
경강	7.84	4500	4500	4000	2.2×10^6	8.5×10^5	2500
주강	7.9	5300	5300	—	3.15×10^6	8.5×10^5	2000
스프링강	7.85	10,000	10,000	—	2.2×10^6	87×10^5	5000
스프링강 (담금질)	7.85	17,000	17,000	—	2.2×10^6	88×10^5	7500
니켈강	7.8	9200	6200	—	2.1×10^6	8.5×10^5	3400
구리	8.6	2200	3200	—	1×10^6	4.2×10^5	—
포금	8.7	2400	2400	—	8.5×10^5	4×10^4	—
황동	8.5	1300	780	1400	8.5×10^5	4×10^4	—
알루미늄청동	7.6	4500	—	2800	1.2×10^6	—	—
인청동	8.6	3500	—	2800	1×10^6	3.7×10^4	—
낙엽송	0.39	950	350	60	7×10^4	—	—
육송	0.53	1000	450	78	8.8×10^4	—	—
전나무	0.47	900	420	70	9×10^4	—	—
박달나무	1.0	1200	600	120	7×10^4	5800	—
화강암	2.6	46	1700	—	1.4×10^5	—	—
콘크리트	2.3	18	200	28	1.4×10^5	—	—

3 體積彈性係數

수직응력 σ와 체적변형률 ε_v와의 비는 같은 재료에서는 일정하다. 이 比를 체적탄성계수(modulus of volume) K라 하고 다음 식으로 표시한다.

$$\left.\begin{aligned} &\sigma \propto \varepsilon_v \qquad \sigma = K\varepsilon_v \\ &K = \frac{\sigma}{\varepsilon_v} = \frac{\dfrac{P}{A}}{\dfrac{\Delta V}{V}} = \frac{PV}{A\Delta V}\ \mathrm{kg/cm^2} \end{aligned}\right\} \qquad (2 \cdot 17)$$

예제 2-10. 지름 16 mm, 길이 3 m의 환봉이 3000 kg의 축 인장하중을 받고 2.2 mm 늘어났다고 한다. 환봉에 발생하는 인장응력 및 재료의 세로탄성계수의 값을 단위 kg/cm², lb/in²(PSi)로 구하라.

풀이 $\sigma = \dfrac{P}{A} = \dfrac{4P}{\pi d^2} = 1493\ \mathrm{kg/cm^2}$

$E = \dfrac{\sigma}{\varepsilon} = \dfrac{Pl}{A\delta} = 2.04 \times 10^6\ \mathrm{kg/cm^2}$

$\sigma = 1493 \times 14.224 = 21,240\ \mathrm{lb/in^2}$

$E = 2.04 \times 10^6 \times 14.224 = 2.9 \times 10^7\ \mathrm{lb/in^2}$

※ 1 inch=2.54 cm, 1 ton(영)=2240 lb=1.016 kg

$1\ \mathrm{kg/cm^2} = \dfrac{2240}{1016} \times 2.54^2\ \mathrm{lb/in^2}$

예제 2-11. 길이 $l=2.4$ m이고 지름 $d=3$ mm인 강선에 인장하중 $P=85$ kg이 작용할 때 강선의 신장을 구하라. 단, $E=2.1\times10^6$ kg/cm²이다.

풀이 $\delta = \dfrac{Pl}{AE} = \dfrac{4 \times 85 \times 240}{3.14 \times 0.3^2 \times 2.1 \times 10^6} = 0.1375\ \mathrm{cm}$

예제 2-12. 지름 $d=2.2$ cm의 재료가 $P=2500$ kg의 전단하중을 받아서 0.00075 rad의 전단변형률을 발생하였다. 이 때 이 재료의 가로탄성계수를 구하라.

풀이 $\tau = \dfrac{P}{A} = \dfrac{4 \times 2500}{3.14 \times 2.2^2} = 658\ \mathrm{kg/cm^2}$

$G = \dfrac{\tau}{\gamma} = \dfrac{658}{0.00075} = 8.77 \times 10^5\ \mathrm{kg/cm^2}$

예제 2-13. 길이 $l=15$ m, 봉의 지름 $d=10$ mm인 강봉에 중량 $P=800$ kg을 작용시킬 때 이 봉에 발생하는 응력과 신장을 구하라. 단, $E=2.1\times10^6$ kg/cm²이다.

풀이 $\sigma = \dfrac{P}{A} = \dfrac{4 \times 800}{3.14 \times 1^2} = 1019\ \mathrm{kg/cm^2}$

$\delta = \varepsilon l = \dfrac{\sigma}{E} l = \dfrac{1019 \times 1500}{2.1 \times 10^6} = 0.73\ \mathrm{cm}$

2-6 푸 아 송 比

탄성한계 내에서 축방향으로 인장 또는 압축하중이 작용하면, 축방향으로 신축하는 동시에 가로방향에 수축 또는 신장이 일어난다.

가로변형률 ε'와 세로변형률 ε과의 비를 프랑스 수학자 Simeon Denis Poisson(1781~1841)의 이름을 따서 푸아송比(Poisson's ratio)라 하고, μ 또는 $\dfrac{1}{m}$로 표시한다.

$$\left.\begin{aligned} \mu &= \frac{1}{m} = \frac{\varepsilon'}{\varepsilon} = \frac{\dfrac{\lambda}{d}}{\dfrac{\delta}{l}} = \frac{\lambda l}{d\delta} \\ \mu &= \frac{1}{m} = \frac{\varepsilon'}{\varepsilon} = \frac{\dfrac{\lambda}{d}}{\dfrac{\sigma}{E}} = \frac{\lambda E}{d\sigma} \end{aligned}\right\} \qquad (2 \cdot 18)$$

푸아송比 μ는 1보다 작은 수이므로 그의 역수 m은 1보다 큰 값을 가진다. m을 푸아송수(poisson's number)라 하고 2~∞ 까지의 값을 가진다. 재료에 대한 푸아송비만 알면 인장을 받는 봉의 체적 변화도 계산할 수 있다. 길이는 $a+\delta = a+a\varepsilon = a(1+\varepsilon)$로 신장하고, 폭은 $b-\lambda=b-b\varepsilon'=b(1-\varepsilon')=b(1-\mu\varepsilon)$로 수축한다. 따라서 두께도 $c(1-\mu\varepsilon)$로 수축한다. 그러므로

$$V=a \cdot b \cdot c$$

$$V'=a(1+\varepsilon)b(1-\mu\varepsilon)c(1-\mu\varepsilon)=a \cdot b \cdot c(1+\varepsilon-2\mu\varepsilon)$$

$$\Delta V=V'-V=a \cdot b \cdot c(1+\varepsilon-2\mu\varepsilon)-a \cdot b \cdot c=V(1-2\mu)\varepsilon$$

$\Delta V \geqq 0$ 이므로 $V\varepsilon(1-2\mu) \geqq 0$

$$\mu \leqq \frac{1}{2} \qquad (2 \cdot 19)$$

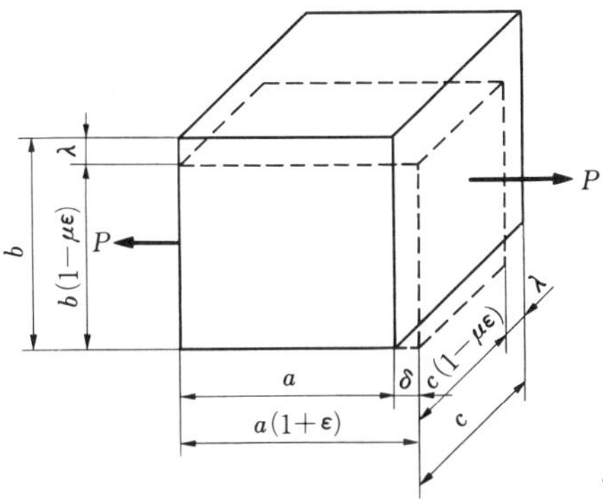

〈그림 2·9〉

어떤 재료가 인장을 받을 때 체적이 줄어들 수는 없으므로 μ는 0.5보다 작아야 함을 알 수 있다. 고무 또는 파라핀과 같은 재료는 μ가 0.5에 가깝고 변형되어도 그 체적에는 거의 변화가 없다. 콘크리트는 μ가 1/8~1/12 정도로 작고, 코르크는 μ를 0으로 잡는다. 〈표 2·3〉은 R.G. Boston, J.H. Hyde가 제시한 것이다.

예제 2-14. 지름 2 cm, 길이 2 m의 봉이 인장하중을 받아 0.15 cm 늘어나고 동시에 지름이 0.00045 cm 수축하였다. 이 재료의 푸아송비를 구하라.

〈표 2·3〉 푸아송수와 푸아송비

재 료	m	1/m(μ)	재 료	m	1/m(μ)
유 리	4.1	0.244	구 리	3.0	0.333
주 철	3.7	0.270	셀룰로이드	2.5	0.400
연 철	3.6	0.278	납	2.32	0.430
연 강	3.3	0.303	고 무	2.00	0.500
황 동	3.0	0.333			

풀이 $\mu = \dfrac{\varepsilon'}{\varepsilon} = \dfrac{\frac{\lambda}{d}}{\frac{\delta}{l}} = \dfrac{\lambda l}{d\delta} = 0.3$

예제 2-15. 봉이 축방향으로 단면에 균일한 인장응력을 받고 있다. 이 응력이 $\sigma=100$ kg/cm²이면, 이 봉의 체적변형률을 구하라. 단, $\mu = 0.3$, $E=2.1\times10^6$ kg/cm²이다.

풀이 $\varepsilon_v = \dfrac{\Delta V}{V} = \dfrac{\varepsilon(1-2\mu)V}{V} = \dfrac{\sigma}{E}(1-2\mu) = 1.9\times10^{-5}$

예제 2-16. 지름 $d = 3.2$ cm인 봉에 $P = 6400$ kg을 축방향으로 인장할 때 가로수축이 0.000405cm일 때 푸아송수 m을 구하라. 단, $E=2.1\times10^6$ kg/cm²이다.

풀이 $\sigma = \dfrac{P}{A} = \dfrac{4P}{\pi d^2} = \dfrac{4\times6400}{\pi\times3.2^2} = 796\text{ kg/cm}^2$

$$\frac{1}{m} = \frac{\varepsilon'}{\varepsilon} = \frac{\frac{\lambda}{d}}{\frac{\sigma}{E}} = \frac{\lambda E}{d\sigma} \text{에서,} \qquad m = \frac{d\sigma}{\lambda E} = \frac{3.2\times796}{0.000405\times2.1\times10^6} = 3$$

2-7 탄성계수 사이의 관계

1 E, m, K의 관계

재료를 세로방향으로 인장하면 가로방향으로 줄어든다. 따라서 세로방향에 응력 σ를 작용시키면 그 방향으로 변형률 ε을 일으키고 ε으로 인하여 생기는 가로변형률 ε'는 다음과 같다.

$$\varepsilon' = -\mu\varepsilon = -\frac{1}{m}\varepsilon = -\frac{1}{m}\frac{\sigma}{E} \tag{2·20}$$

이 식은 한 방향에 σ의 인장응력이 작용하면 그것과 수직방향에는 압축변형률 $\dfrac{-\sigma}{mE}$가 발생한다.

한 변의 길이가 l인 입방체의 각 표면에 인장응력 σ가 작용할 때, z축방향의 변형률 ε_z는 z축방향의 신장률 $\dfrac{\sigma_z}{E}$와 z축과 직각을 이루는 x축방향 및 y축방향의 응력에 의한 z축방향의 수축률 $-\left(\dfrac{\sigma_x}{mE}+\dfrac{\sigma_y}{mE}\right)$와의 합이 된다. 따라서 각 면의 변형률은 다음 식과 같다.

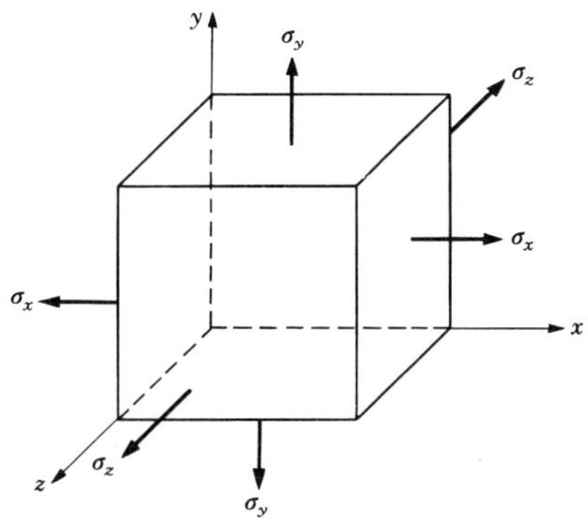

〈그림 2·10〉

$$\left.\begin{aligned} \varepsilon_x &= \frac{\sigma_x}{E} - \frac{1}{mE}(\sigma_y+\sigma_z) \\ \varepsilon_y &= \frac{\sigma_y}{E} - \frac{1}{mE}(\sigma_x+\sigma_z) \\ \varepsilon_z &= \frac{\sigma_z}{E} - \frac{1}{mE}(\sigma_x+\sigma_y) \end{aligned}\right\} \qquad (2 \cdot 21)$$

물체의 체적은 $(1+\varepsilon_x)\ (1+\varepsilon_y)\ (1+\varepsilon_z) \fallingdotseq 1$의 비로 증가하므로 고차의 미소항을 무시하면 그 비는 $(1+\varepsilon_x+\varepsilon_y+\varepsilon_z) : 1$이 되고, 따라서 체적변형률은

$$\varepsilon_v = \varepsilon_x+\varepsilon_y+\varepsilon_z \qquad (2 \cdot 22)$$

식 (2 · 22)에 식 (2 · 21)을 대입하면

$$\varepsilon_v = \varepsilon_x+\varepsilon_y+\varepsilon_z = \frac{m-2}{mE}(\sigma_x+\sigma_y+\sigma_z) \qquad (2 \cdot 23)$$

균일 응력이 작용할 경우 $\sigma_x = \sigma_y = \sigma_z = \sigma$, $\varepsilon_x = \varepsilon_y = \varepsilon_z = \varepsilon$ 이므로 $\varepsilon_v = 3\varepsilon$이 되고 식 (2 · 23)은

$$\varepsilon_v = 3\varepsilon = \frac{3(m-2)}{mE}\sigma \qquad (2 \cdot 24)$$

식 (2 · 17)의 $K = \frac{\sigma}{\varepsilon_v}$에 식 (2 · 24)를 대입하여

$$\left.\begin{aligned} K &= \frac{m}{3(m-2)}E \\ E &= \frac{3(m-2)}{m}K \end{aligned}\right\} \qquad (2 \cdot 25)$$

2 共軛剪斷應力

재료 내에 각 변의 길이가 dx, dy, dz인 직 6 면체의 요소를 생각할 때 그 한 면에 전단응력 τ가 작용하면 맞은편 面上에 크기가 같고 방향이 반대인 τ가 작용한다. 그런데 이 두 전단응력은 $(\tau dydz)dx$인 偶力(couple)을 이루게 되므로 이 직 6 면체는 시계방향으로 회전을 한다.

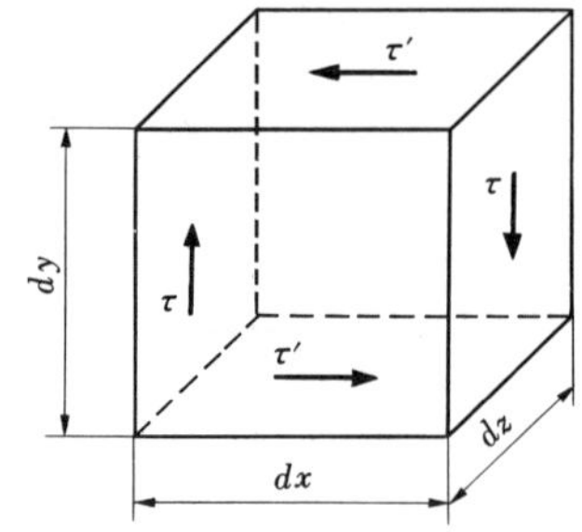

〈그림 2·11〉

이 요소가 평형을 이루기 위해서는 이 面과 직각인 다른 두 면에 전단응력 τ'에 의한 크기가 같고 방향이 반대인 우력 $(\tau' dxdz)dy$와 평행을 이루어야 한다.

시계방향을 양으로 하고 반시계방향을 음으로 하면 다음과 같다. 즉,

$$(\tau dydz)dx = -(\tau' dxdz)dy$$

$$\therefore \ \tau = -\tau' \qquad (2 \cdot 26)$$

재료 내의 임의의 방향에 전단응력이 작용하면 반드시 이것과 직각인 방향에 크기가 같고 방향이 반대인 전단응력이 존재한다. 이것을 共軛剪斷應力(complementary shearing stress)이라고 한다.

3 純粹剪斷

〈그림 2·12〉와 같이 두께가 t이고 정4각형 단면을 갖는 직6면체의 요소가 純粹剪斷(pure shear)의 상태에 있을 때 대각면 ac에 작용하는 응력을 생각해 보자.

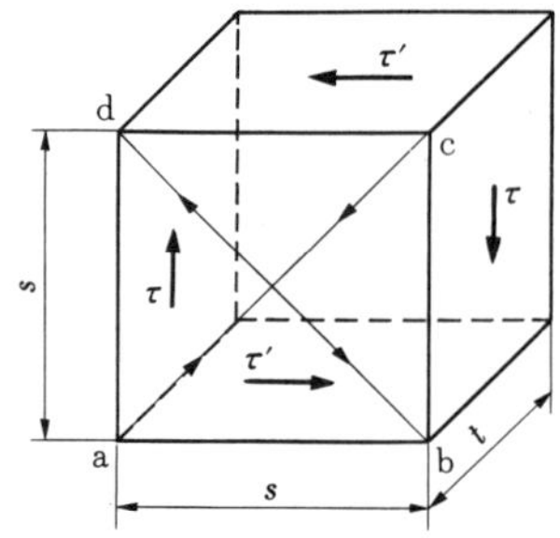

〈그림 2·12〉

ad 면의 전단력 $st\tau$ 에 의하여 대각면 ac 위에 $st\tau \sin 45°$인 인장력과 $st\tau \cos 45°$인 전단력이 작용한다. dc 면의 전단력에 의하여는 $st\tau \sin 45°$인 인장력과 $-st\tau \cos 45°$인 전단력이 작용하여 결국 전단력은 크기가 같고 방향이 반대이므로 서로 상쇄되고, ac 면 위에는 $2st\tau \sin 45°$인 인장력만이 작용하게 된다.

그러므로 대각면의 면적이 $\dfrac{st}{\cos 45°}$이므로, 法線應力(引張應力) σ_n은 다음과 같다.

$$\sigma_n = \frac{2st\tau \sin 45° \cos 45°}{st} = 2\left(\frac{1}{\sqrt{2}}\right)^2 \tau = \tau \qquad (2 \cdot 27)$$

마찬가지로 대각면 bd 위에도 $\sigma_n = \tau$인 법선응력(압축응력)만이 작용한다. 즉, 정4각형 단면의 주변에 τ가 작용할 때 그 대각선의 방향에는 각각 τ와 같은 크기의 인장응력과 압축응력이 작용한다.

〈그림 2·14〉와 같이 정4각형 abcd 속에 각 변을 45° 회전시킨 작은 정4각형 요소를 생각하면 $\sigma_n = \tau$인 法線應力만 그림의 방향으로 작용한다.

〈그림 2·15〉와 같이 입방체 abcd에 서로 수직인 방향에서 크기가 같은 인장 또는 압축력 σ_n을 받으면 abcd 내에 응력의 방향과 45°로 되는 입방체의 각 변에는 σ_n과 크기가 같은 전단력 τ가 작용하게 됨을 안다.

직6면체의 두 쌍의 상대면 ab cd 및 ad bc에 작용하는 응력이 전단응력뿐이고 法線應力이 없을 때 그 재료는 순수전단 상태에 있다고 한다. 이러한 상태를 순수전단이라고 한다.

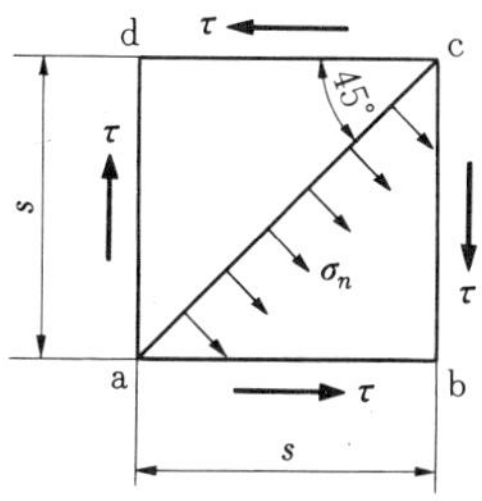

〈그림 2·13〉

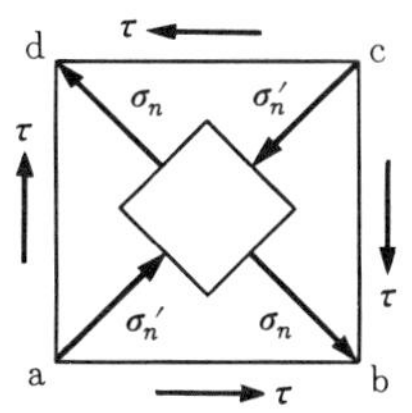

〈그림 2·14〉

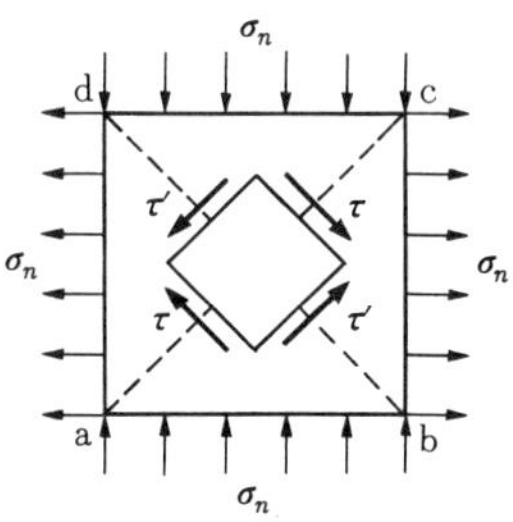

〈그림 2·15〉

4 剪斷變形率과 垂直變形率

〈그림 2·16〉(a)와 같이 정육면체 요소에 수평방향의 인장력과 수직방향의 압축응력이 같은 크기로 작용하고, z축방향에는 응력이 작용하지 않는다면 軸과 45°를 이룬 요소의 面 ab, bc, cd, ad에는 σ와 같은 절대값, 즉 $\sigma_x = -\sigma_y = \tau$인 전단응력 τ만이 발생하고 純粹剪斷의 상태가 된다.

그림 (a)의 내부요소를 다시 그림 (b)와 같이 그리고 abcd 요소를 생각할 때, 각 변에는 순수전단만을 받고 있으므로 길이의 변화는 없으나 대각선 db는 인장응력 σ_x로 인하여 db′로

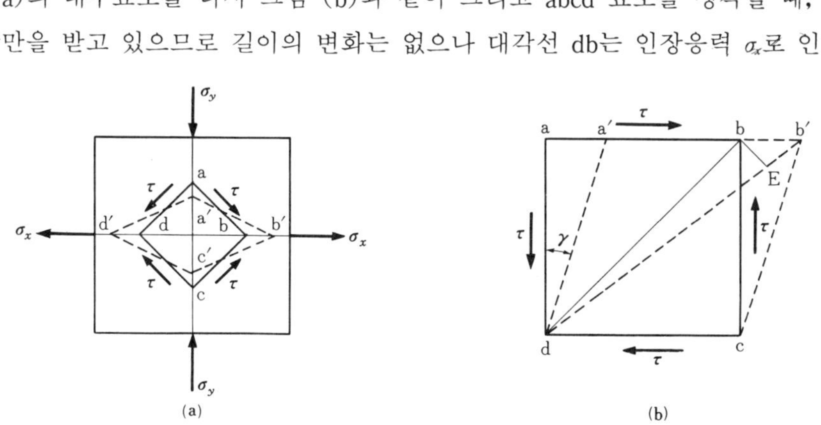

〈그림 2·16〉

인장되고 ac는 압축응력 σ_y로 인하여 a′c로 압축된다. 그 결과 정방형 abcd는 a′b′cd로 변형되고, 전단변형률 γ를 일으켜 d점의 각도는 $\frac{\pi}{2}-\gamma$가 되고 c점의 각도는 $\frac{\pi}{2}+\gamma$가 된다. b에서 db′에 수선 bE를 그으면 γ는 대단히 작은 각이므로 dE≈db로 되고, db의 인장변형률은 $\frac{b'E}{dE}$로 표시되며 다음과 같이 구해진다.

$$b'E = bb' \sin 45^\circ = \frac{bb'}{\sqrt{2}}$$

$bb' = bc\gamma$ 이므로, $bb' = aa' = ad\gamma = bc\gamma$

$$b'E = \frac{bc\gamma}{\sqrt{2}}$$

$$dE = db = \frac{bc}{\sin 45^\circ} = \sqrt{2}\,bc$$

db面의 인장변형률은

$$\varepsilon_t = \frac{b'E}{dE} = \frac{b'E}{db} = \frac{\frac{bc}{\sqrt{2}}\gamma}{\sqrt{2}\,bc} = \frac{\gamma}{2} \qquad (2 \cdot 28)$$

같은 방법으로 ac面의 압축변형률은 $\varepsilon_c = -\frac{\gamma}{2}$가 된다. 따라서 대각선의 변형률은 전단변형률의 $\frac{1}{2}$이 됨을 알 수 있다.

5 E, m, G 사이의 관계

x 방향의 伸長率 : $\varepsilon_x = \frac{\gamma}{2}$, y 방향의 收縮率 : $\varepsilon_y = -\frac{\gamma}{2}$

탄성한계 내에서는, $\varepsilon_x = -\varepsilon_y = \frac{\gamma}{2}$

$G = \frac{\tau}{\gamma}$ 이므로, $\varepsilon_x = -\varepsilon_y = \frac{\gamma}{2} = \frac{\tau}{2G}$

$\sigma_x = -\sigma_y = \tau$ 이므로, $\varepsilon_x = -\varepsilon_y = \frac{\sigma_x}{2G}$ ………………………………………… ⓐ

직6면체가 직교하는 두 방향, 즉 x, y 방향으로 引張을 받으면

$$x \text{ 방향의 신장률} : \varepsilon_x = \frac{\sigma_x}{E} - \frac{1}{m}\frac{\sigma_y}{E}$$

$$y \text{ 방향의 신장률} : \varepsilon_y = \frac{\sigma_y}{E} - \frac{1}{m}\frac{\sigma_x}{E}$$

$\sigma_x = -\sigma_y$이므로,

$$\varepsilon_x = -\varepsilon_y = \frac{\sigma_x}{E} + \frac{1}{m}\frac{\sigma_x}{E} = \frac{\sigma_x}{E}\left(1 + \frac{1}{m}\right) \quad \cdots\cdots\cdots\cdots ⓑ$$

ⓐ, ⓑ의 두 식을 等式으로 놓으면,

$$G = \frac{mE}{2(m+1)} \qquad (2 \cdot 29)$$

식 (2・29)를 변형하여 m값을 구하고, 식 (2・25)의 K값에 대입하면

$$\left.\begin{aligned} m &= \frac{2G}{E-2G} \qquad & K &= \frac{GE}{3(3G-E)} \\ E &= \frac{9KG}{G+3K} \qquad & G &= \frac{3KE}{9K-E} \end{aligned}\right\} \qquad (2 \cdot 30)$$

이들의 관계식에서

$$G = \frac{mE}{2(m+1)} = \frac{E}{2(1+\mu)} = \frac{3K(m-2)}{2(m+1)} = \frac{3K(1-2\mu)}{2(1+\mu)} = \frac{3KE}{9K-E}$$

$$K = \frac{mE}{3(m-2)} = \frac{E}{3(1-2\mu)} = \frac{2G(m+1)}{3(m-2)} = \frac{2G(1+\mu)}{3(1-2\mu)} = \frac{GE}{9G-3E}$$

$$E = \frac{9KG}{G+3K} = \frac{2G(m+1)}{m} = \frac{3K(m-2)}{m} = 3K(1-2\mu) = 2G(1+\mu)$$

$$m = \frac{6K+2G}{3K-2G} = \frac{2G}{E-2G} = \frac{6K}{3K-E} = \frac{1}{\mu}$$

예제 2-17. 지름 6 cm, 길이 1 m의 연강봉에 28 ton의 인장하중을 작용시켜 0.05 cm 늘어났다. 지름은 몇 cm 수축하였는가? 단, $m = \dfrac{10}{3}$으로 한다. 또 이 때 탄성계수 $E = 2.1\times10^6$ kg/cm²이라 하면 전단탄성계수 G는 얼마가 되는가?

풀이 $\dfrac{1}{m} = \dfrac{\lambda l}{d\delta}$에서, $\lambda = \dfrac{d\delta}{ml} = 9\times10^{-4}$cm

$G = \dfrac{mE}{2(m+1)} = 8.07\times10^5$ kg/cm²

예제 2-18. 연강의 탄성계수 $E = 2.1\times10^6$ kg/cm², $G = 0.81\times10^6$ kg/cm²일 때 푸아송비 μ와 체적탄성계수 K를 구하라.

풀이 $\mu = \dfrac{1}{m} = \dfrac{E}{2G} - 1 = 0.296 \fallingdotseq 0.3$

$K = \dfrac{GE}{9G-3E} = \dfrac{2.1\times10^6\times0.81\times10^6}{9\times0.81\times10^6-3\times2.1\times10^6} = 1.72\times10^6$ kg/cm²

예제 2-19. 연강의 $E=2.1\times10^6$ kg/cm², 푸아송비 $\mu=0.3$일 때 체적탄성계수 K를 구하라.

풀이 $K = \dfrac{2.1\times10^6}{3(1-2\mu)} = \dfrac{2.1\times10^6}{3(1-2\times0.3)} = 1.75\times10^6$ kg/cm²

2-8 應力集中

균일단면의 棒에 軸荷重이 작용할 때 응력은 하중 끝으로부터 조금 떨어진 곳에서 단면 위에 균일분포한다고 볼 수 있다.

그러나 notch, hole, fillet, keyway, screw thread 등과 같이 단면적이 급변하는 부품에 하중이 작용하면 그 단면에 나타내는 응력분포 상태는 일반적으로 대단히 불규칙하게 되고, 이 급변하는 부분에 국부적으로 큰 응력이 일어나게 된다. 이 큰 응력이 일어나는 상태를 應力集中(stress concentration)이라고 한다.

기계부품의 운전시 일어나는 파단의 대부분은 노치 부분이 있는 部材가 외력을 받아 한 단면의 평균응력보다 큰 응력이 발생하여 응력분포가 불규칙해지고, 교번응력까지 겹친다면 진행성 균열이 생겨 파괴된다.

설계자는 응력집중 현상을 무시하고 충분한 안전계수를 취하고 있지만, 인장압축을 받는 部材 속에 일어나는 응력집중 현상은 설계에 있어서 대단히 중요한 일이다. 그러므로 이 절에서는 그 중요성을 살펴보기로 한다.

〈그림 2·17〉과 같이 폭 b, 두께 t 인 矩形板의 중앙에 원형구멍을 갖는 板의 길이 방향으로 인장하중 P 가 작용할 때 그 속에 일어나는 應力集中을 고찰해 보자.

이런 경우 구멍의 위치에서 멀리 떨어진 단면에 일어나는 응력분포는 균일단면에서와 같이 일정하고 그 크기는 다음과 같다.

$$\sigma = \frac{P}{bt}$$

그러나 구멍의 중심을 통하는 단면에 일어나는 세로방향의 응력분포는 원형구멍의 가장자리에 있는 mn 점에서 국부적인 應力集中이 일어나 큰 응력으로 나타내고, mn 점에서 거리가 멀어짐에 따라 감소한다. 이 때 mn 점 부분에서 일어나는 局部應力(local stress)을 最大應力(maximum stress)이라 하고, σ_{max} 으로 표시한다. 또 원형구멍이 있는 단면에서 구멍의 부분을 제외한 전단면적(gross cross section)에 작용하는 응력을 公稱應力(nominal stress), 또는 응력집중을 고려하지 않는 平均應力(average stress)이라 하고 크기는 다음과 같다.

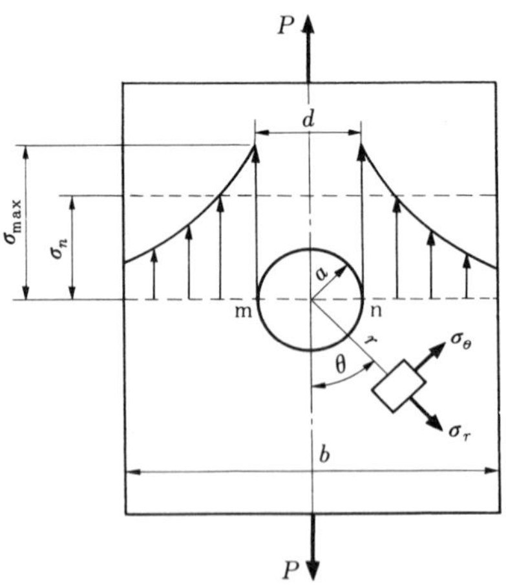

〈그림 2·17〉

$$\sigma_{\text{nom}} = \frac{P}{(b-d)t} = \sigma_{\text{av}}$$

이 때 최대응력 $\sigma_{\max}$과 평균응력 σ_{av}와의 比를 形狀係數 또는 應力集中係數(stress concentration factor) K_σ라 하고 다음과 같이 표시한다.

$$K_\sigma = \frac{\sigma_{\text{local}}}{\sigma_{\text{nominal}}} = \frac{\sigma_{\max}}{\sigma_{\text{av}}} \tag{2·31}$$

K_σ의 값은 탄성한계 내에 있으면 노치 형상과 荷重의 종류에 의하여 정해지고 部材의 크기나 재질에 관계가 없으며, 간단한 형상에 대해서는 탄성계산에 의하여 구해지고 복잡한 것은 스트레인 게이지(strain gauge)나 光彈性試驗에 의하여 측정된다. 같은 모양의 노치에 대한 형상계수는 일반적으로 引張의 경우가 크고 굽힘, 비틀림의 순서로 작게 된다.

탄성응력분포는 불연속 부분의 形狀에 달려 있다. 가장 간단한 경우는 무한판에 둥근 구멍이 있는 경우이다. 〈그림 2·17〉에서 하중이 작용하는 판의 둥근 구멍 주위의 應力, 즉 그 구멍의 중심으로부터 r만큼 떨어져 있는 점에서의 응력은 다음과 같은 Neuber와 Savin의 계산식이 있다.

$$\left.\begin{aligned} \sigma_r &= \frac{\sigma}{2}\left(1-\frac{a^2}{r^2}\right)+\frac{\sigma}{2}\left(1+\frac{3a^4}{r^4}-\frac{4a^2}{r^2}\right)\cos 2\theta \\ \sigma_\theta &= \frac{\sigma}{2}\left(1+\frac{a^2}{r^2}\right)-\frac{\sigma}{2}\left(1+\frac{3a^4}{r^4}\right)\cos 2\theta \\ \tau_{r\theta} &= -\frac{\sigma}{2}\left(1-\frac{3a^4}{r^4}+\frac{2a^2}{r^2}\right)\sin 2\theta \end{aligned}\right\} \tag{2·32}$$

여기서 $r > a$이고, r는 원형구멍의 중심에서 板의 임의점까지의 거리이며, a는 원형구멍의 반지름이다. 最大應力은 원형구멍의 가장자리에서 일어나고, 응력은 r가 증가함에 따라 감소한다는 것을 알 수 있다.

$r = a$, $\theta = \pi/2$의 점 n의 최대응력은 식 (2·32)의 σ_θ에서

$$\sigma_{\max} = \sigma_\theta = 3\sigma \tag{2·33}$$

구멍의 가장자리의 最大引張應力은 균일 인장응력의 3배임을 알 수 있고, 식 (2·31)에서

$$(K_\sigma)_{\max} = \frac{\sigma_{\max}}{\sigma_{\text{ave}}} = \frac{3\sigma}{\sigma} = 3$$

이 된다. 그러므로 원형구멍에 대해서 응력집중계수는 구멍의 크기에 관계 없이 3보다 클 수는 없다.

응력집중계수는 板폭의 함수이다. 〈그림 2·19〉 (a)는 원형구멍과 板폭의 比가 증가함에 따라 $(K_\sigma)_{\max}$이 감소한다는 것을 표시한 것이다.

〈그림 2·19〉 (b)는 平板의 폭이 h에서 W로 커지는 경우이다. 이 때 $(K_\sigma)_{\max}$은 $\frac{W}{h}$가 증가함에 따라 또는 필릿의 반지름이 감소함에 따라 증가한다.

〈그림 2·19〉 (c)는 비틀림하중을 받는 봉이 d에서 D까지의 지름이 변화할 때 $\frac{D}{d}$가 증가함에 따라 또는 필릿 반지름 r가 감소함에 따라 $(K_\sigma)_{\max}$이 증가한다.

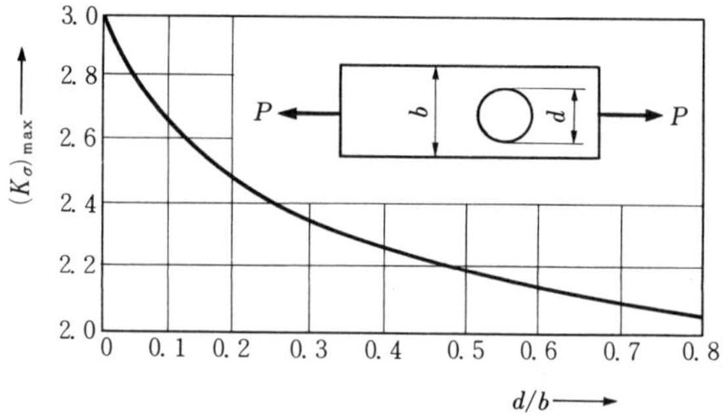
$(K_\sigma)_{max}$
3.0
2.8
2.6
2.4
2.2
2.0
0　0.1　0.2　0.3　0.4　0.5　0.6　0.7　0.8
d/b
P
b
d
P

〈그림 2·18〉

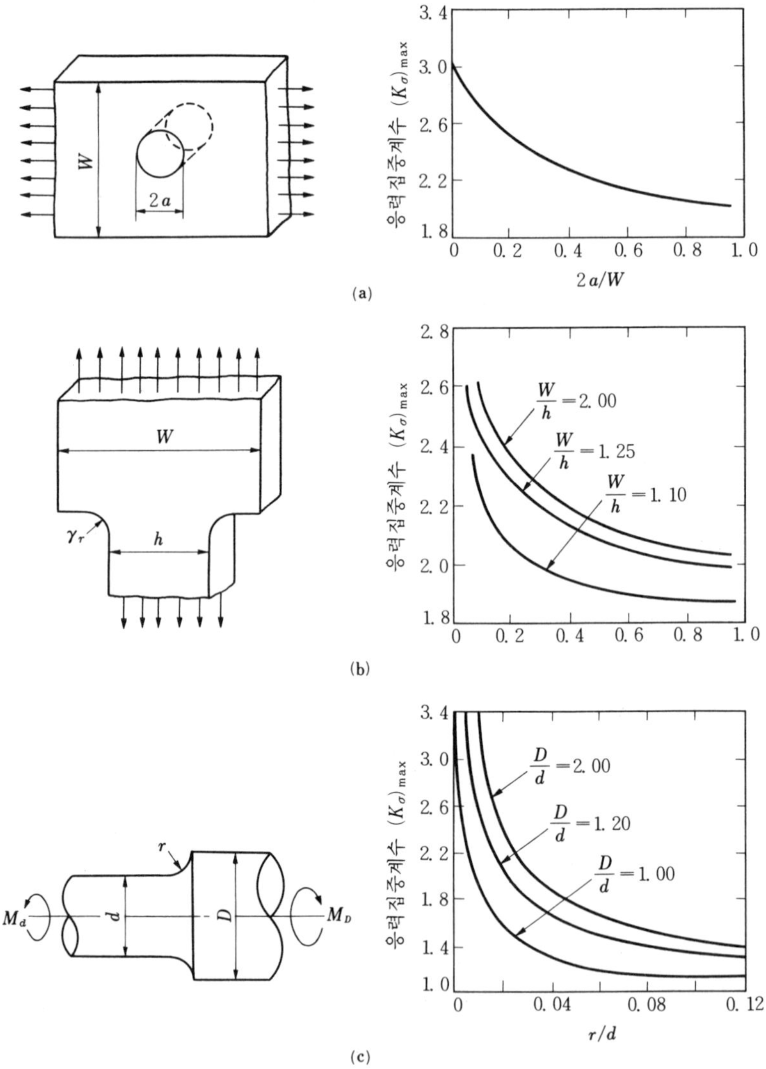
W
2a
응력집중계수 $(K_\sigma)_{max}$
3.4
3.0
2.6
2.2
1.8
0　0.2　0.4　0.6　0.8　1.0
$2a/W$
(a)
W
γ_r
h
응력집중계수 $(K_\sigma)_{max}$
2.8
2.6
2.4
2.2
2.0
1.8
$\frac{W}{h}=2.00$
$\frac{W}{h}=1.25$
$\frac{W}{h}=1.10$
0　0.2　0.4　0.6　0.8　1.0
(b)
r
M_d
d
D
M_D
응력집중계수 $(K_\sigma)_{max}$
3.4
3.0
2.6
2.2
1.8
1.4
1.0
$\frac{D}{d}=2.00$
$\frac{D}{d}=1.20$
$\frac{D}{d}=1.00$
0　0.04　0.08　0.12
r/d
(c)

〈그림 2·19〉

기계부재에 應力集中을 일으키게 하는 형상을 가진 부분을 일반적으로 노치라 하고, 이 노치에 의해서 재료의 강도가 저하되는 것을 노치효과라고 한다. 노치에 의한 응력집중을 작게 하려면 될 수 있는 대로 노치 없이 원활히 연속된 모양으로 하는 것이 좋다.

노치 또는 단붙임축과 같이 필릿의 곡률반지름을 가능한 크게 하거나 노치部에 접근한 제 2의 노치를 추가하면 형상계수가 작게 된다.

예제 2-20. 폭 80 mm, 두께 10 mm의 구형판의 중앙에 지름 20 mm의 구멍이 뚫려 있다. 이 판의 축방향에 2000 kg의 引張荷重을 가했을 때 應力集中에 의한 最大應力은 얼마인가? 단, 〈그림 2 · 18〉을 참조할 것.

풀이 $\sigma_{av} = \dfrac{P}{(b-d)t} = \dfrac{2000}{(80-20)10} = 3.33\ \text{kg/mm}^2$

$\dfrac{d}{b} = \dfrac{20}{80} = 0.25$

그래프에서 形狀係數

$K_\sigma = 2.4$

$\sigma_{max} = K_\sigma \sigma_{av} = 2.4 \times 3.33 = 7.99\ \text{kg/mm}^2$

예제 2-21. 〈그림 2 · 20〉에서 $D=22$ mm, $d=20$ mm인 단붙임봉에서 필릿 반지름이 2 mm일 때 1000 kg의 인장하중을 받으면 應力集中에 대한 最大應力은 얼마나 되는가?

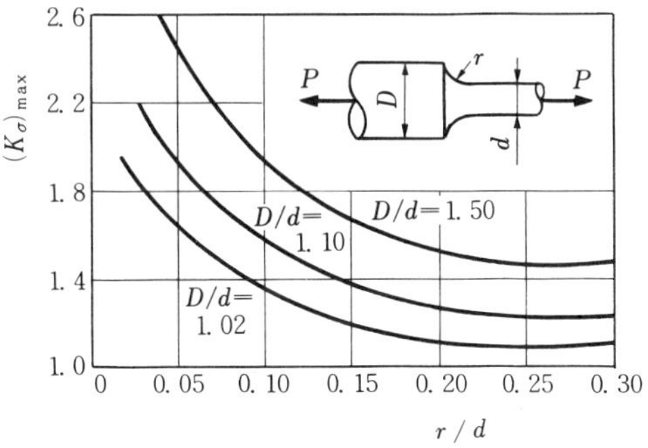

〈그림 2·20〉

풀이 $\sigma_{av} = \dfrac{1000}{\dfrac{\pi}{4} \times 20^2} = 3.18\ \text{kg/mm}^2$

$\dfrac{D}{d} = 1.1 \qquad \dfrac{r}{d} = \dfrac{2}{20} = 0.1$

그래프에서, $K_\sigma = 1.6$

$\sigma_{max} = 1.6 \times 3.18 = 5.09\ \text{kg/mm}^2$

예제 2-22. 〈그림 2 · 21〉에서 보는 바와 같이 $D=50$ mm, $d = 40$ mm, $t = r = 5$ mm인 홈이 파인 축이 4000 kg의 인장하중을 받고 있을 때 안전율은 얼마인가? 단, 재료의 인장강도는 40 kg/mm²이다.

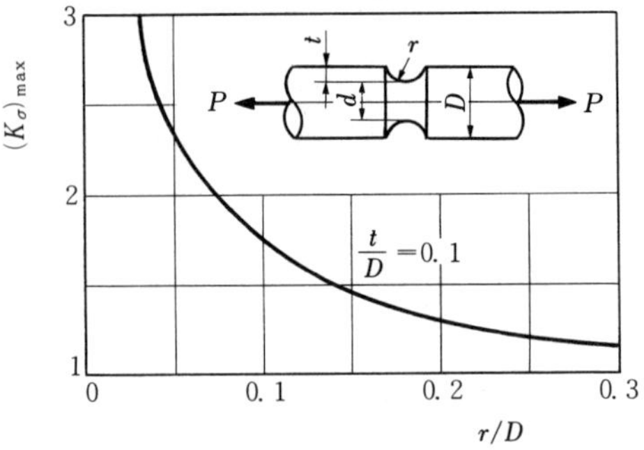

〈그림 2·21〉

풀 이 $\frac{t}{D}=\frac{5}{50}=0.1,\qquad \frac{r}{D}=\frac{5}{50}=0.1$

그래프에서, $K_\sigma=1.7$

$$\sigma_{av}=\frac{4000}{0.785\times 40^2}=3.18\ \text{kg/mm}^2$$

$$\sigma_{max}=K_\sigma\sigma_{av}=1.7\times 3.18=5.4\ \text{kg/mm}^2$$

$$S=\frac{40}{5.4}=7.4$$

예 제 2-23. 〈그림 2·22〉와 같은 노치가 있는 봉이 인장하중을 받을 때 노치部의 최대응력이 $\sigma_{max}=600\ \text{kg/cm}^2$이고 공칭응력이 $\sigma_{av}=250\ \text{kg/cm}^2$이라 하면 應力集中係數는 얼마인가?

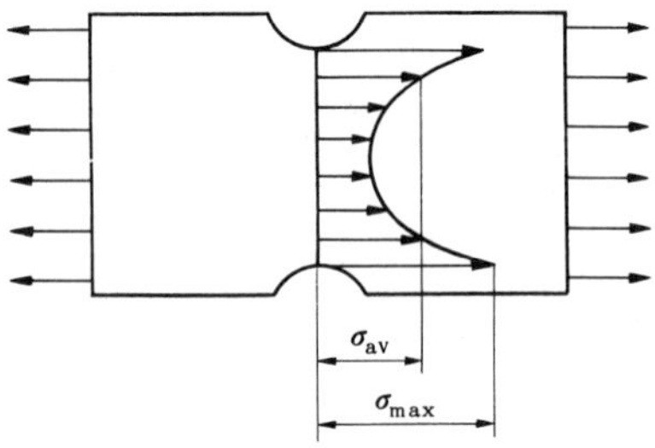

〈그림 2·22〉

풀 이 $K_\sigma=\frac{\sigma_{max}}{\sigma_{av}}=\frac{600}{250}=2.4$

연 습 문 제

1. 두께 2 mm인 철판에 프레스를 이용하여 5 cm×10 cm의 4각형 구멍을 뚫기 위하여 프레스에 작용해야 할 하중의 크기는 얼마인가? 단, 철판의 파괴전단응력은 $30\ \text{kg/mm}^2$이다.

답 18,000 kg

2. 〈그림 2 · 23〉과 같은 축에 외력 P가 작용하여 ①의 부분에 생긴 응력이 $\sigma_1 = 100\ \mathrm{kg/cm^2}$일 때 σ_2는 얼마인가? 단, $d_1 : d_2 = 3 : 5$이다.

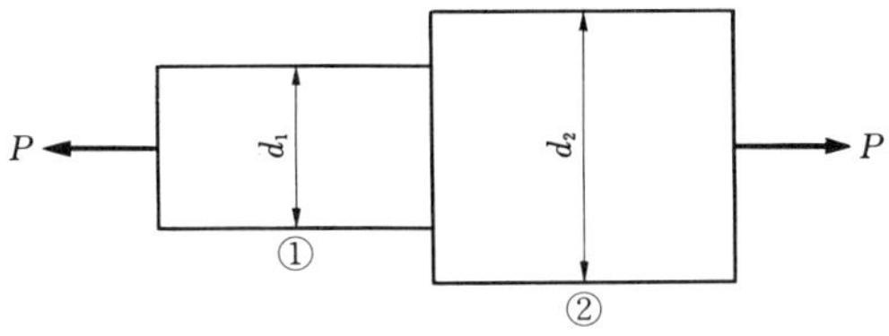

〈그림 2·23〉

답 $36\ \mathrm{kg/cm^2}$

3. 단면적 $600\ \mathrm{mm^2}$인 봉에 600 kg의 추를 달았더니 허용인장응력에 달하였다. 이 봉의 인장강도가 $500\ \mathrm{kg/cm^2}$이라고 하면 안전계수는 얼마인가?

답 5

4. 길이 10 m, 단면적 $10\ \mathrm{cm^2}$의 철강봉을 5000 kg으로 인장하여 0.25 cm 늘어났다. 이 재료의 탄성계수는 얼마인가?

답 $2.0 \times 10^6\ \mathrm{kg/cm^2}$

5. 〈그림 2 · 24〉의 구조물에서 강선 AC가 받는 힘을 계산하라.

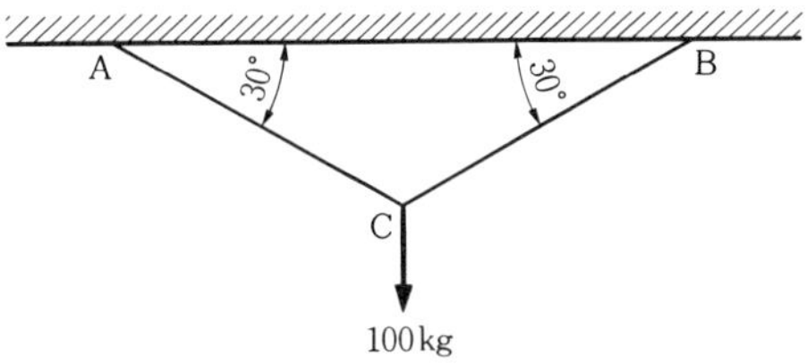

〈그림 2·24〉

답 100 kg

6. 바깥지름 10 cm, 안지름 4 cm인 중공축에 축인장력 3500 kg이 작용하였을 때 극한강도에 도달하였다. 이 재료의 허용응력을 $6\ \mathrm{kg/cm^2}$으로 한다면 안전율은 얼마인가?

답 9

7. 균일응력을 받는 정 6 면체의 체적탄성변형률은 세로변형률의 몇 배가 되는가를 계산하라.

답 3

8. 〈그림 2 · 25〉와 같은 전망대가 있다. 중앙 기둥의 지름이 500 mm일 때 이 용접부에서의 최대 전단응력을 구하라.

답 $9\ \mathrm{kg/cm^2}$

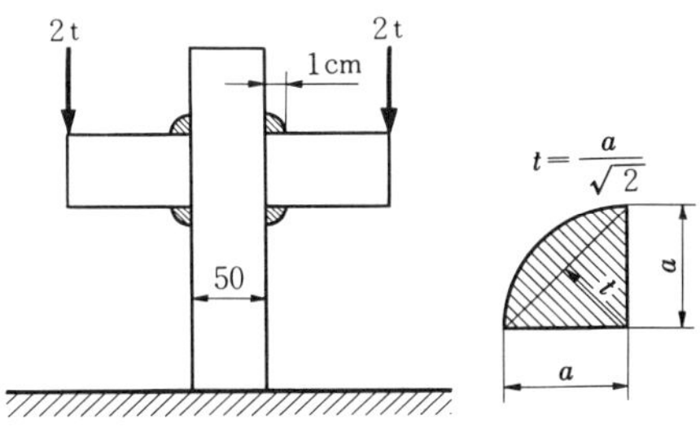

〈그림 2·25〉

9. 〈그림 2·26〉과 같이 필릿용접을 한 용접부의 최대전단응력을 구하라.

답 $0.707\dfrac{P}{ab}$

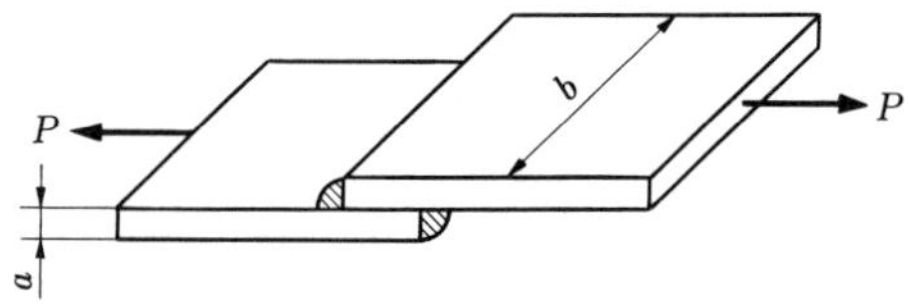

〈그림 2·26〉

10. 반복하중을 받고 있는 인장강도 50 kg/mm² 연강 환봉이 있다. 허용응력은 얼마인가? 단, 안전율을 5라고 한다.

답 10 kg/mm²

11. 지름 20 mm, 길이 3 m의 환봉이 5000 kg의 축인장하중을 받고 3 mm 늘어났다고 한다. 이 환봉의 세로탄성계수는 얼마인가?

답 1.59×10^6 kg/cm²

12. 지름 d인 연강에 25 ton의 하중을 가하여 단면에 발생하는 응력을 940 kg/cm² 이내로 하려면 지름은 얼마로 하면 되는가?

답 $d = 5.82$ cm

13. 연강을 인장하여 $\dfrac{1}{3000}$의 변형률이 생겼다. 이 재료의 응력은 얼마인가? 단, 탄성계수 $E = 2.1\times10^6$ kg/cm²이다.

답 $\sigma = 700$ kg/cm²

14. 바깥지름 300 mm, 두께 30 mm, 길이 4.5 m의 주철제 중공원주가 하중을 받아 630 kg/cm²의 압축응력이 발생하였다. 주철의 탄성계수를 8000 kg/mm²이라 하면 원주가 받는 하중과 수축량은 얼마나 되는가?

답 $P = 160$ ton, $\delta = 3.54$ mm

15. 지름 28 mm의 연강에 300 mm의 표점거리를 찍고 인장시험한 결과 탄성한계 내에서 하중이 15,400 kg, 신장이 0.352 mm로 되었다. 탄성한계의 응력과 Young 계수 E를 구하라.

답 $\sigma_E = 25$ kg/mm², $E = 2.1\times10^4$ kg/mm²

16. 연강제 볼트로써 6 ton의 荷重에 견디게 하려면 볼트의 지름 및 머리의 높이는 얼마로 하면 되는가? 단, 허용응력 $\sigma_a = 600$ kg/cm², 허용전단응력 $\tau_a = 300$ kg/cm²

답 $d = 3.57$ cm, $h = 1.78$ cm

17. 길이 2 m의 강봉이 인장하중을 받아 1 mm 늘어났다. 이 때의 안전율은 어느 정도인가? 단, 강봉의 극한응력 $\sigma_u = 4200$ kg/cm², Young 률 $E = 2.1\times10^6$ kg/cm²이다.

답 $s = 4$

18. 증기기관의 실린더 지름이 60 cm이고, 증기압력이 12 kg/cm²일 때 24개 볼트로 실린더 커버를 고정하고 있다. 볼트의 허용응력을 400 kg/cm²이라 하면 볼트의 지름은 어느 정도로 하면 좋은가?

답 $d = 2.12$ cm

19. 〈그림 2·27〉과 같은 너클 조인트(knuckle joint)에서 12,000 kg의 인장하중을 받고 있다. 축선 방향의 인장응력을 650 kg/cm^2, 핀(pin)의 전단응력을 500 kg/cm^2 이내로 하려면 지름 D 및 d의 크기는 얼마인가?

답 $D = 4.85$ cm, $d = 3.91$ cm

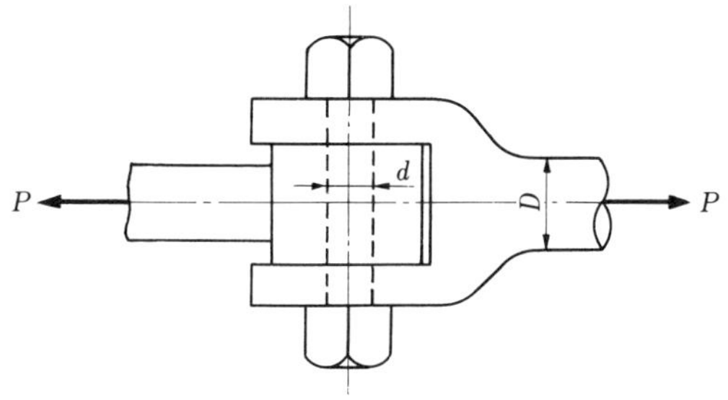

〈그림 2·27〉

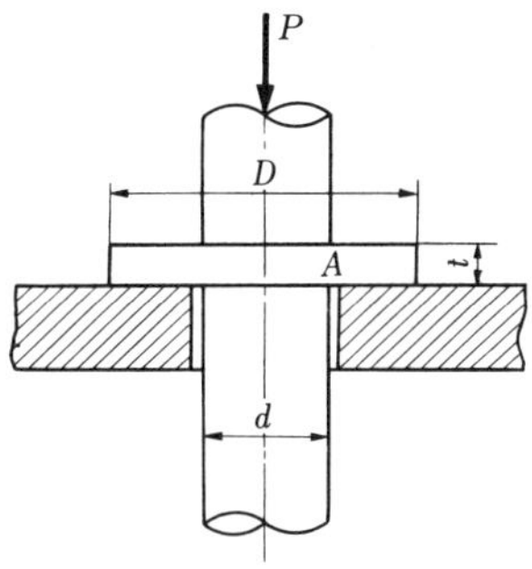

〈그림 2·28〉

20. 〈그림 2·28〉과 같이 칼라 베어링(collar bearing)軸에 압축하중 $P = 5500$ kg이 작용할 때 돌기 부분 A의 표면압축응력이 6 kg/cm^2 이내로 하기 위해서는 A의 지름 D를 얼마로 하면 좋은가? 또 A에 일어나는 전단응력을 구하라. 단, 축의 지름 $d = 10$ cm, A의 두께 $t = 5$ cm이다.

답 $D = 35.6$ cm, $\tau = 35$ kg/cm^2

21. 지름 3 cm의 황동봉에 5000 kg의 하중을 가하여 탄성계수 9×10^5 kg/cm^2, 푸아송수를 3이라 할 때 세로변형률 및 가로변형률을 구하라. 단, 봉의 길이를 50 cm라 하면 신장이 얼마나 되는가?

답 $\varepsilon = 0.000786$, $\varepsilon' = 0.00026$, $\delta = 0.04$ cm

22. 전단탄성계수 8×10^5 kg/cm^{2}의 재료에 $\frac{1}{4000}$의 전단변형률이 생겼다면 이 때의 전단응력은 얼마인가?

답 $\tau = 200$ kg/cm^2

23. 원형단면의 강봉이 축인장력 P를 받아 처음의 지름 12.7 cm로부터 0.00254 cm가 줄었다. P를 구하라. 단, $\mu = 0.3$, $E = 2.1 \times 10^6$ kg/cm^2

답 177 ton

24. 〈그림 2·29〉와 같은 토막 ABCD가 $E = 7.03 \times 10^5$ kg/cm^2, $\mu = 0.25$인 재료로 만들어져 있다. $\tau = 703.1$ kg/cm^{2}일 때 γ와 대각선 DB의 신장도를 구하라. 또 대각선 AC의 수축률은 얼마인가?

단, $G = \dfrac{E}{2(1+\mu)}$, $\gamma = \tan\gamma = \dfrac{AA'}{DA}$, $AA' = BB' = AD\gamma = BC\gamma$

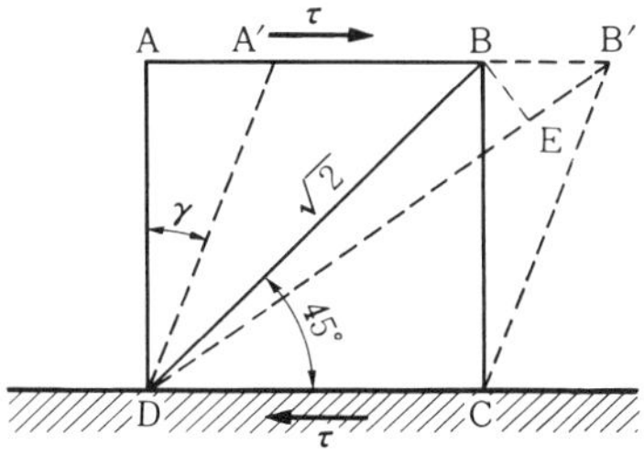

〈그림 2·29〉

답 $\gamma = 0.0025$, $\delta = \sqrt{2}\,AD(\sqrt{1+\gamma}-1)$, $\varepsilon = \pm 0.00125$

25. $A = 5\,cm^2$, $l = 1\,m$의 정방형 단면을 가진 봉에 인장하중 1 ton이 작용하고 동시에 그 둘레에서 200 kg/cm²의 응력이 작용할 때 봉은 축방향에서 얼마만큼 늘어나는가? 또 이 때의 체적탄성계수는 얼마인가?

단, $E = 2.1\times10^6\,kg/cm^2$, $\dfrac{1}{m} = \dfrac{3}{10}$

답 $\delta = 3.75\times10^{-3}\,cm$, $K = 1.75\times10^6\,kg/cm^2$

26. 어떤 재료의 세로탄성계수와 전단탄성계수를 실측하였더니 $E = 2.1\times10^4\,kg/mm^2$, $G = 0.83\times10^4\,kg/mm^2$을 얻었다. 이 재료의 푸아송비와 체적탄성계수를 구하라.

답 $\dfrac{1}{m} = 0.265$, $K = 1.49\times10^4\,kg/mm^2$

27. 벽돌을 쌓아서 담을 만들 때 담의 최하단의 벽돌이 안전계수 20이 되도록 쌓아올리려고 한다. 벽돌의 비중량 $\gamma = 1600\,kg/m^3$, 파괴압축응력 $\sigma_u = 110\,kg/cm^2$으로 할 때 담의 높이를 구하라.

답 3437.5 cm

28. $d = 2\,cm$의 강봉을 5 ton으로 인장하면 지름은 어느 정도 가늘어지는가?

단, $\mu = \dfrac{1}{3}$, $E = 2.1\times10^6\,kg/cm^2$

답 0.0005 cm

29. 〈그림 2·30〉과 같이 두께가 0.5 cm, 폭이 4 cm인 板의 중앙에 지름 1 cm의 둥근 구멍이 뚫려 있다. 이 판을 $P = 1000\,kg$으로 인장한 경우 판에 생기는 최대응력 및 이 판의 형상계수를 구하라.

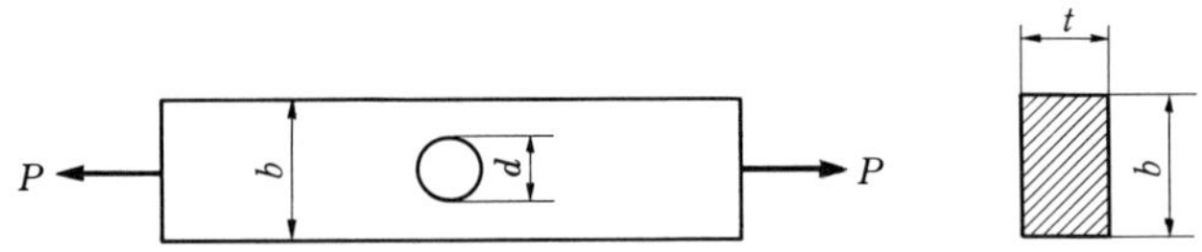

〈그림 2·30〉

답 $K_\sigma = 2.25$

제 3 장

引張·壓縮·剪斷

3-1 不靜定構造物

構造物의 棒들에 작용하는 軸方向의 힘들은 정역학의 평형방정식만으로 간단히 구할 수 없을 정도로 과잉구속이 포함되어 있다. 구조물에 과잉구속이 포함되어 있을 때 이를 不靜定系(statically indeterminate system)라 하고, 이것을 풀기 위해서 과잉구속의 수만큼 변형을 고려한 방정식을 세워 연립방정식으로 해결해야 한다.

〈그림 3·1〉은 부정정계인 平面트러스이다. 變位法에 의하여 생각해 보자. 점선은 OA, OB, OC를 P로 인장할 때 트러스의 변위된 위치를 나타내며 δ, δ_1은 변위를 표시한 것이다. 수직봉 OA의 단면적과 탄성계수를 각각 A_s, E_s의 강봉, 경사봉 OB와 OC의 단면적과 탄성계수를 각각 A_c, E_c인 동봉이라 하자.

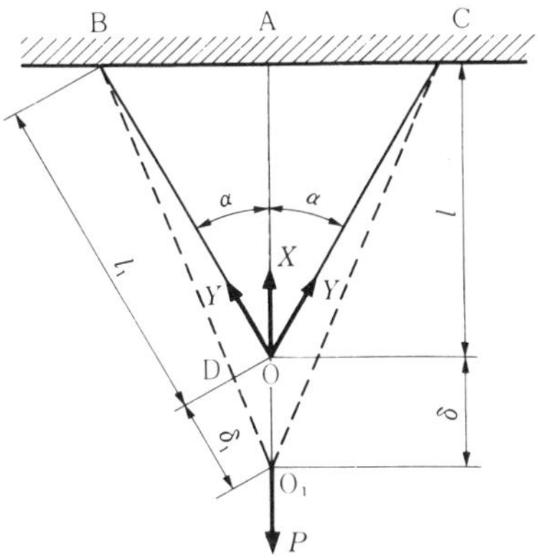

〈그림 3·1〉

OA의 길이가 l이면 경사봉의 길이 l_1은 $l/\cos\alpha$이 된다. 수직봉이 받는 인장력을 X, 경사봉이 받는 인장력을 Y로 표시하고 O에 관한 평형방정식은

$$X+2Y\cos\alpha=P \quad \cdots\cdots (a)$$

가 된다. 이 식은 미지량이 2개이므로 다른 하나의 방정식을 세워서 구해야 한다.

인장하중 P로 인한 수직봉이 δ, 경사봉이 δ_1만큼 신장되어 힌지 O가 O_1으로 옮겨졌다고 하면

$$AO_1 = l+\delta$$

$$CO_1 = BO_1 = l_1+\delta_1 = l/\cos\alpha+\delta_1$$

신장이 극히 작다고 생각하면 B를 중심으로 하는 원호 OD는 BO_1에 세운 수선으로 볼 수 있고, O_1에서의 경사각은 처음의 경사각 α와 같다고 볼 수 있으므로 ΔOO_1D에서

$$\delta_1 = \delta\cos\alpha \quad\cdots\cdots\cdots\cdots(b)$$

훅의 法則에 의하여 각각의 신장량 δ와 δ_1은 인장력 X와 Y 사이에 다음과 같은 관계가 있다.

$$\delta = \frac{Xl}{A_sE_s}, \qquad \delta_1 = \frac{Yl_1}{A_cE_c} = \frac{Yl}{A_cE_c\cos\alpha} \quad\cdots\cdots\cdots\cdots(c)$$

식 (c)를 식 (b)에 대입하면

$$X = \frac{YA_sE_s}{\cos^2\alpha A_cE_c}, \qquad Y = X\cos^2\alpha\frac{A_cE_c}{A_sE_s} \quad\cdots\cdots\cdots\cdots(d)$$

식 (d)를 식 (a)에 대입하여 聯立 2元 1次方程式으로 풀면,

$$X = \frac{P}{1+2\cos^3\alpha\cdot\dfrac{A_cE_c}{A_sE_s}} \qquad Y = \frac{P\cos^2\alpha}{\dfrac{A_sE_s}{A_cE_c}+2\cos^3\alpha} \qquad (3\cdot1)$$

같은 단면적과 같은 탄성계수를 갖게 되면 식 (3 · 1)은

$$X = \frac{P}{1+2\cos^3\alpha} \qquad Y = \frac{P\cos^2\alpha}{1+2\cos^3\alpha} \qquad (3\cdot2)$$

와 같고, 점 O의 전체의 수직변위 δ와 경사변위 δ_1은 다음과 같이 된다.

$$\delta = \frac{Xl}{AE} = \frac{Pl}{AE}\left(\frac{1}{1+2\cos^3\alpha}\right) \qquad \delta_1 = \frac{Yl}{AE} = \frac{Pl}{AE}\left(\frac{\cos\alpha}{1+2\cos^3\alpha}\right) \qquad (3\cdot3)$$

식 (3 · 2)에서 α가 0에 가까워지면 $\cos\alpha$는 1에 가까워지고 수직봉이 받는 힘은 $X = P/3$가 된다. α가 90°에 가까워지면 경사봉들은 대단히 길어 평행선에 가까워지므로 전하중을 수직봉이 받게 된다.

부정정계의 다른 예로서 〈그림 3 · 2〉와 같이 양단을 고정한 균일단면봉의 임의의 단면 mn에 축하중 P가 작용할 때를 생각하자. 하중 P에 대하여 양단에서의 反力을 R_1 및 R_2라

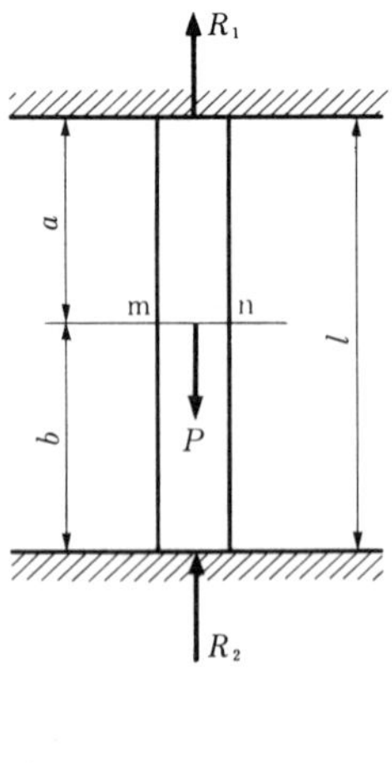

〈그림 3·2〉

하면 힘의 평형조건에서 다음과 같은 방정식을 얻는다.

$$P = R_1 + R_2 \cdots\cdots (e)$$

R_1과 R_2를 구하는 데 필요한 제 2 의 방정식을 얻기 위하여 봉의 변형을 고려하여 하중 P는 反力 R_1과 더불어 上部分을 늘게 하고 R_2와 더불어 下部分을 줄게 한다.

단, mn 단면상에는 신축량이 같아야 하므로

$$\frac{R_1 a}{AE} = \frac{R_2 b}{AE}, \qquad \frac{R_1}{R_2} = \frac{b}{a} \cdots\cdots (f)$$

식 (e)와 (f)를 연립방정식으로 하여

$$\left.\begin{aligned} R_1 &= \frac{Pb}{a+b} = \frac{Pb}{l} \\ R_2 &= \frac{Pa}{a+b} = \frac{Pa}{l} \end{aligned}\right\} \tag{3·4}$$

$$\sigma_1 = \frac{R_1}{A} \qquad \sigma_2 = \frac{R_2}{A} \tag{3·5}$$

와 같이 反力의 크기와 응력의 크기를 구할 수 있다.

예제 3-1. 〈그림 3・3〉과 같이 $l+2a$의 균일단면의 棒에서 양단에 인장력 P, 양단에서 길이 a인 단면에 Q의 축하중이 가해져 인장될 때 봉에 일어나는 변형량을 구하라. 단, $l = 60$ cm, $a = 30$ cm, $P = 1000$ kg, $Q = 500$ kg, 단면적 $A = 4$ cm^2, $E = 2.1 \times 10^6$ kg/cm^{2}이다.

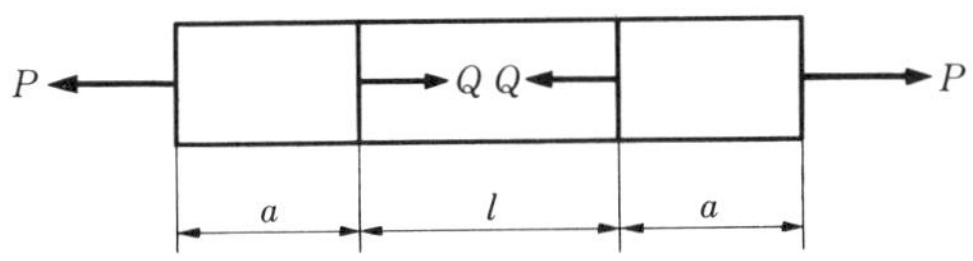

〈그림 3·3〉

풀이 $P > Q$이므로 a 사이와 l 사이는 인장이며 봉은 전체적으로 인장된다.

a 사이의 신장을 δ_1, l 사이의 신장을 δ_2 라 하면, 전체의 伸長量 δ는

$$\delta = 2\delta_1 + \delta_2 = \frac{2Pa}{AE} + \frac{(P-Q)l}{AE} = \frac{2Pa + (P-Q)l}{AE} = 0.0107 \text{ cm}$$

예제 3-2. 〈그림 3・4〉와 같이 양단을 고정한 탄성봉이 있다. 축하중 P와 Q를 같은 방향으로 작용시킬 때, 이 봉의 양단에 발생하는 反力 R_1 및 R_2를 구하라. 단, $a = 2$ m, $b = 1.5$ m, $c = 1$ m, $P = 400$ kg, $Q = 800$ kg이다.

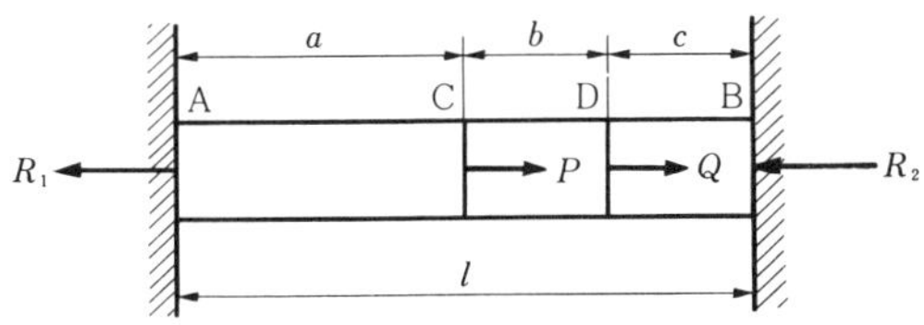

〈그림 3·4〉

풀 이 축하중 P에 의한 反力을 R_1', R_2'라 하면,

$$R_1'+R_2' = P \quad \cdots\cdots (a)$$

AC 구간의 신장과 BC 구간의 수축은 절대값이 같아야 하므로

$$\frac{R_1'a}{AE} = \frac{R_2'(b+c)}{AE} \qquad R_1'a = R_2'(b+c) \quad \cdots\cdots (b)$$

식 (a), (b)를 연립하여 풀면

$$R_1' = \frac{b+c}{l}P \qquad R_2' = \frac{a}{l}P$$

같은 방법으로 Q에 의한 反力을 $R_1''R_2''$라 하면,

$$R_1'' = \frac{c}{l}Q \qquad R_2'' = \frac{a+b}{l}Q$$

$$\therefore \begin{cases} R_1 = R_1'+R_1'' = \dfrac{P(b+c)+Qc}{l} = \dfrac{400(1.5+1)+800\times1}{4.5} = 400\text{ kg} \\ R_2 = R_2'+R_2'' = \dfrac{Pa+Q(a+b)}{l} = \dfrac{400\times2+800(2+1.5)}{4.5} = 800\text{ kg} \end{cases}$$

3-2 合成材料의 應力

材質이 다른 재료를 조합하여 만든 균일단면의 봉을 세로로 이은 경우를 고찰해 보자. 각 棒의 길이를 l_1과 l_2, 단면적을 A_1과 A_2, 탄성계수를 E_1과 E_2라 한다. 이 조합된 봉에 압축하중 P를 가하면 각 봉은 수축되고, 그 수축량을 δ_1과 δ_2라 하면 식 (2·10)에 의해서

$$\delta_1 = \frac{Pl_1}{A_1E_1} \qquad \delta_2 = \frac{Pl_2}{A_2E_2}$$

가 되므로, 조합된 봉의 전체 수축량 δ는

$$\delta = \delta_1+\delta_2 = P\left(\frac{l_1}{A_1E_1}+\frac{l_2}{A_2E_2}\right)$$

또 각 봉에 일어나는 응력 σ_1과 σ_2는

$$\sigma_1 = \frac{P}{A_1} \qquad \sigma_2 = \frac{P}{A_2}$$

〈그림 3·5〉와 같은 길이의 봉 A와 원통 B를 동심으로 놓고, 양쪽 끝을 두터운 판 C로 견고하게 결합한 봉을 만들어 거기에 압축하중 P를 가하는 경우를 살펴보자. 봉과 원통의 단면적을 A_1 또는 A_2, 탄성계수를 각각 E_1과 E_2, 압축응력을 σ_1과 σ_2라 하면 힘의 평형조건에서

$$P = \sigma_1A_1+\sigma_2A_2 \quad \cdots\cdots (a)$$

봉 또는 원통의 수축을 각각 δ_1과 δ_2, 길이를 l이라 하면

$$\delta_1 = \frac{\sigma_1 l}{E_1} \qquad \delta_2 = \frac{\sigma_2 l}{E_2}$$

이 되고, 이들의 수축이 같아야 하므로 $\delta_1 = \delta_2$로 놓으면 $\varepsilon_1 = \varepsilon_2$이므로

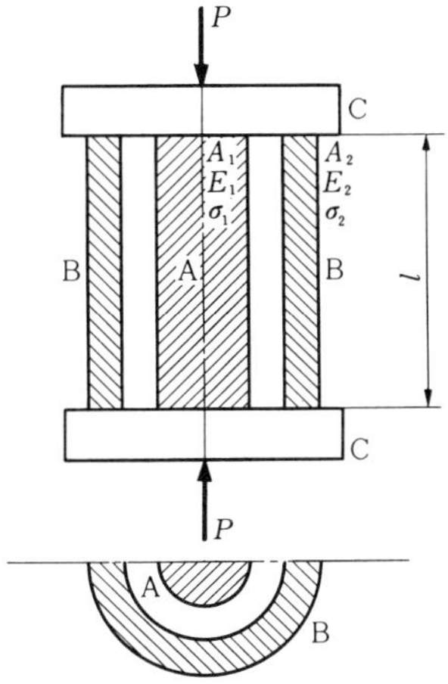

〈그림 3·5〉

$$\frac{\sigma_1}{E_1} = \frac{\sigma_2}{E_2} \qquad \text{(b)}$$

식 (a)와 식 (b)에 의하여 σ_1과 σ_2를 구하면

$$\left.\begin{aligned}\sigma_1 &= \frac{E_1 P}{A_1E_1+A_2E_2} = \frac{kP}{kA_1+A_2}\\ \sigma_2 &= \frac{E_2 P}{A_1E_1+A_2E_2} = \frac{P}{kA_1+A_2}\end{aligned}\right\} \qquad (3 \cdot 6)$$

여기서 $k = E_1/E_2$의 비이다.

따라서 수축량 δ는

$$\delta = \frac{\sigma_1 l}{E_1} = \frac{\sigma_2 l}{E_2} = \frac{Pl}{A_1E_1+A_2E_2} \qquad (3 \cdot 7)$$

연강의 압축강도는 4200 kg/cm^2, 탄성계수는 2.1×10^6 kg/cm^{2}이고, 콘크리트의 압축강도는 240 kg/cm^2, 탄성계수는 1.4×10^5 kg/cm^{2}이다.

철근과 콘크리트의 탄성계수비 $E_1/E_2 = 15/1$가 보통이므로 應力의 比도 15/1 가 됨을 알 수 있다. 건축에서는 $\sigma_2 < 70$ kg/cm^2 으로 규정되어 있다. 이에 따르면 $\sigma_1 < 1050$ kg/cm^{2}이 되어 콘크리트가 안전할 때 철근도 안전하게 된다.

실제 콘크리트의 기둥에는 4 개 이상의 철근을 사용하며 그 총단면적은 콘크리트 단면적의 1/80 이상, 즉 1.25% 이상으로 한다.

예제 3-3. 지름 22 mm의 철근 9 개를 갖고 유효단면적 1600 cm^{2}인 철근콘크리트의 짧은 기둥이 있다. 콘크리트의 사용응력 $\sigma_2 = 50$ kg/cm^{2}이라 하면 얼마의 하중에 견딜 수 있는가? 단, $E_1 = 2.1\times10^6$ kg/cm^2, $E_2 = 1.4\times10^5$ kg/cm^{2}이다.

풀이 $A_1 = \frac{\pi}{4}\times2.2^2\times9 = 34.2\text{ cm}^2,\quad A_2 = 1600\text{ cm}^2$

$$P = \frac{E_1}{E_2}\sigma_2A_1+\sigma_2A_2 = 15\times50\times34.2+50\times1600 = 105,650\text{ kg} = 106\text{ ton}$$

예제 3-4. 〈그림 3·5〉에서 안지름 100 mm, 두께 10 mm, 길이 200 mm의 강관에 같은

길이, 같은 두께의 안지름 130 mm의 황동관을 끼우고 양단에 강체의 판을 놓고 20 ton의 압축하중을 가할 때, 각각의 원통관이 받는 하중과 변형량은 얼마나 되는가? 단, 강관 $E_1 = 2.1\times10^6$ kg/cm², 황동관 $E_2 = 0.7\times10^6$ kg/cm²이다.

풀 이 강관의 단면적 : $A_1 = \dfrac{\pi}{4}(12^2 - 10^2) = 34.54$ cm²

황동관의 단면적 : $A_2 = \dfrac{\pi}{4}(15^2 - 13^2) = 43.96$ cm²

탄성계수비 : $k = \dfrac{E_1}{E_2} = \dfrac{2.1\times10^6}{0.7\times10^6} = 3$

따라서 강관의 응력 σ_1, 동관의 응력 σ_2라 하면 식 (3·6)에서

$$\sigma_1 = \frac{kP}{kA_1 + A_2} = \frac{3\times20,000}{3\times34.54 + 43.96} = 406.5 \text{ kg/cm}^2$$

$$\sigma_2 = \frac{P}{kA_1 + A_2} = \frac{20,000}{3\times34.54 + 43.96} = 135.5 \text{ kg/cm}^2$$

강관이 부담하는 하중을 P_1, 황동관이 부담하는 하중을 P_2라 하면

$$P_1 = \sigma_1 A_1 = 407\times34.54 = 14,050 \text{ kg}$$

$$P_2 = \sigma_2 A_2 = 135.5\times43.96 = 5950 \text{ kg}$$

또는 $P - P_1 = 20,000 - 14,050 = 5950$ kg

강관과 황동관의 변형이 같으므로 변형률도 같게 된다. 수축량은

$$\varepsilon_1 = \varepsilon_2 = \frac{\sigma_1}{E_1} = \frac{407}{2.1\times10^6} = 0.00019$$

$$\delta_1 = \delta_2 = \varepsilon_1 l = 0.00019\times20 = 0.0038 \text{ cm}$$

예 제 3-5. 〈그림 3·6〉과 같은 中空圓筒 B의 양단을 강성판 C로 밀착시키고 관통 볼트 A 및 너트 D로 체결한다. 너트의 아랫면이 양단에 접한 후 너트를 반회전만큼 회전시켰다고 하면, 볼트 및 원통에 발생하는 원응력 σ_1과 σ_2를 구하라. 단, 볼트 및 원통의 단면적은 $A_1 = 6$ cm², $A_2 = 15$ cm², 탄성계수는 $E_1 = 2.1\times10^6$ kg/cm², $E_2 = 1.2\times10^6$ kg/cm², 볼트 피치(pitch)는 $p = 2$ mm, 원통과 볼트의 유효길이 $l = 1.2$ m이다.

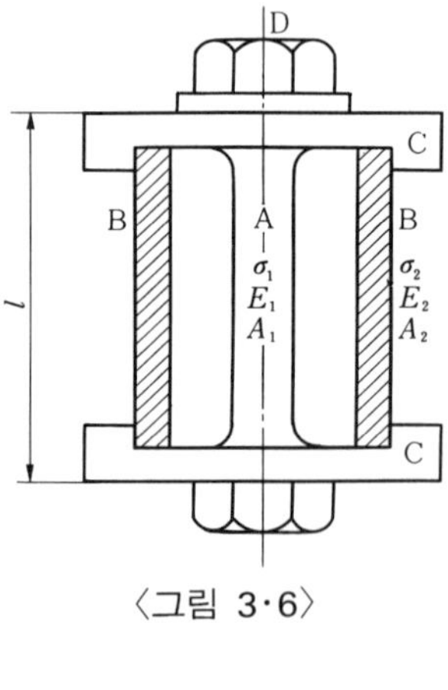

〈그림 3·6〉

풀 이 축방향의 평형조건에서

$$\sigma_1 A_1 = \sigma_2 A_2 \quad \cdots\cdots \text{(a)}$$

볼트의 신장과 원통의 수축의 합이 볼트의 체결량 $p/2$가 되어야 하므로,

$$\frac{\sigma_1}{E_1}l+\frac{\sigma_2}{E_2}l=\frac{p}{2} \quad \cdots\cdots (b)$$

식 (a)와 (b)에서

$$\sigma_1=\frac{E_1E_2A_2}{E_1A_1+E_2A_2}\cdot\frac{p}{2l}=\frac{E_1A_2}{kA_1+A_2}\cdot\frac{p}{2l}$$

$$=\frac{2.1\times10^6\times15\times0.2}{(1.75\times6+15)\times2\times120}=1029\ \mathrm{kg/cm^2}\ (\text{인장})$$

$$\sigma_2=\frac{E_1E_2A_1}{E_1A_1+E_2A_2}\cdot\frac{p}{2l}=\frac{A_1}{A_2}\sigma_1=\frac{6}{15}\times1029=412\ \mathrm{kg/cm^2}\ (\text{압축})$$

3-3 봉의 自重에 의한 應力과 變形率

1 균일단면봉

〈그림 3·7〉과 같이 인장력 또는 압축력이 작용할 때 일반적으로 재료의 자중은 응력에 비하여 적으므로 무시할 수 있다. 그러므로 외력은 $\sigma=P/A$로 주어졌다. 그러나 봉이 굵고 길어지면 자중의 영향을 생각하지 않을 수 없다.

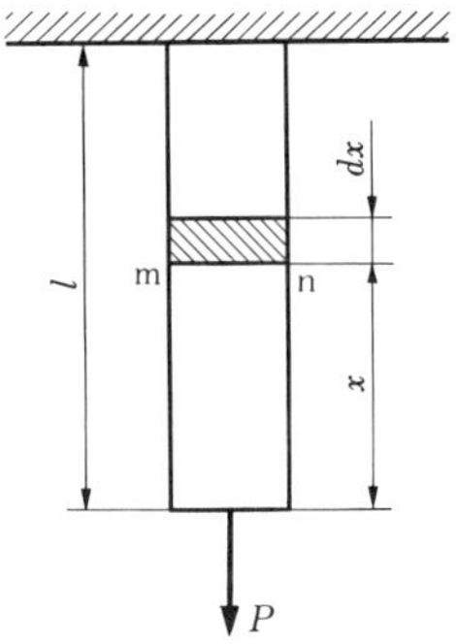

〈그림 3·7〉

봉의 단위체적당의 중량을 γ, 외력을 P, 하단으로부터 x의 거리에 있는 단면 mn의 아랫부분의 중량은 $W=A\gamma x$, 그 단면에서의 응력은

$$\sigma=\frac{P+A\gamma x}{A} \tag{3·8}$$

$x=l$인 상단에 발생하는 최대응력은

$$\sigma_{max}=\frac{P+A\gamma l}{A}=\frac{P}{A}+\gamma l \tag{3·9}$$

윗식에서 우변의 γl은 봉의 자중으로 인한 應力을 표시하고 있다.

이 결과에서 안전단면적을 산출하기 위하여 σ_{max} 대신 사용응력 σ_w를 대입하면,

$$\sigma_w=\frac{P}{A}+\gamma l \qquad \frac{P}{A}=\sigma_w-\gamma l$$

$$A=\frac{P}{\sigma_w-\gamma l} \tag{3·10}$$

축하중과 봉의 자중으로 인하여 봉에 생기는 전신장을 계산하기 위하여 두 이웃단면 사이에 있는 길이 dx 인 요소(element)의 신장을 먼저 생각한다.

극히 짧은 길이 dx 사이에서 인장응력은 일정하며 그 크기는 식 (3·8)이 되고, 신장 $d\delta$ 는 훅의 法則에 의해서

$$d\delta = \frac{\sigma}{E}dx = \frac{P+A\gamma x}{AE}dx$$

와 같고, 전신장은

$$\delta = \int_0^l \frac{P+A\gamma x}{AE}dx = \frac{l}{AE}\left(P+\frac{1}{2}A\gamma l\right) \qquad (3\cdot 11)$$

이 식을 $\delta = Pl/AE$ 에 비교하면 봉의 자중으로 인한 전신장량은 자중의 1/2 과 같은 하중이 봉의 일단에 작용할 때 발생하는 전신장량과 같음을 알 수 있다.

2 균일강도의 봉

自重을 고려할 때 각 단면에 발생하는 수직응력의 크기를 균일하게 하려면 각 단면의 모양을 변화하는 형태로 해야 한다.

자유단으로부터 거리 x 만큼 떨어진 단면 mn과 $x+dx$ 만큼 떨어진 단면 m_1n_1 사이에 낀 미소요소에서 mn 단면의 단면적을 A_x, m_1n_1 단면의 단면적을 A_x+dA_x, mn 단면에서 하향에 작용하는 힘을 $A_x\sigma_x$, m_1n_1 단면에서 상향에 작용하는 힘을 $(A_x+dA_x)\sigma_x$, 단위체적당의 중량을 γ 라 하면 dx 부분의 자중은 $A_x\gamma dx$가 되고, 평행조건은

$$(A_x+dA_x)\sigma_x = A_x\sigma_x + A_x\gamma\, dx$$

$$dA_x\, \sigma_x = A_x\, \gamma\, dx$$

양변을 $A_x\sigma_x$ 로 나누고 적분하면,

$$\int \frac{dA_x}{A_x} = \int \frac{\gamma dx}{\sigma_x}$$

$$\log_e A_x = \frac{\gamma}{\sigma_x}\int dx = \frac{\gamma}{\sigma_x}x + c_1 = \frac{\gamma}{\sigma_x}x + \log_e C\ [C = e^{c1},\ c_1 = \log_e C]$$

$$\log_e A_x - \log_e C = \frac{\gamma}{\sigma_x}x$$

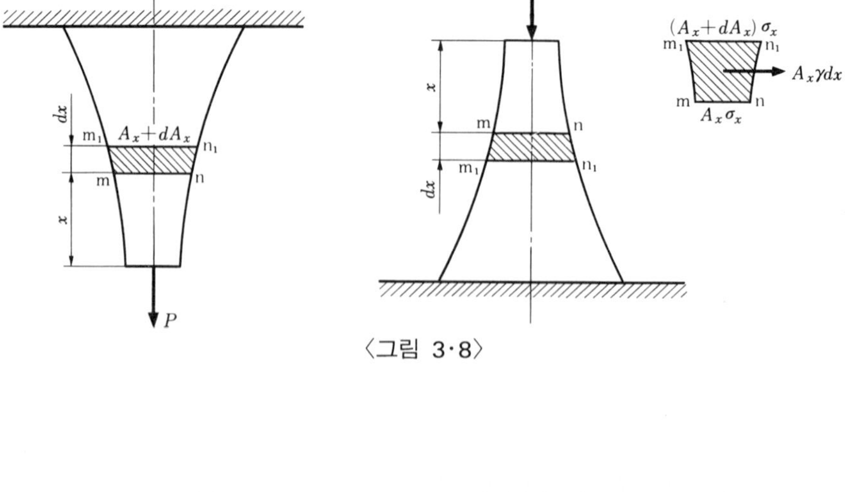

〈그림 3·8〉

$$\log_e \frac{A_x}{C} = \frac{\gamma x}{\sigma_x} \qquad \left[\log_e A - \log_e B = \log_e \frac{A}{B}\right]$$

$$\frac{A_x}{C} = e^{\frac{\gamma x}{\sigma_x}} \qquad [\log_e A = C,\ A = e^C]$$

$$A_x = C \cdot e^{\frac{\gamma x}{\sigma_x}} \tag{3·12}$$

여기서 적분상수 C를 결정한다.

$x=0$에서의 이 식의 값은 봉의 하단면적을 A_0라 하면 $C=A_0$, $A_0=P/\sigma_x$이므로, 식 (3·12)는

$$A_x = \frac{P}{\sigma_x} e^{\frac{\gamma}{\sigma_x}x} = A_0 e^{\frac{\gamma}{\sigma_x}x} \tag{3·13}$$

이 결과는 그 봉을 그림과 같은 곡선모양으로 만들어야 한다는 것을 의미한다. 봉의 상단면적을 A_l이라 하면 $x=l$일 때

$$(A_l)_{\max} = \frac{P}{\sigma_x} e^{\frac{\gamma}{\sigma_x}l} = A_0 e^{\frac{\gamma}{\sigma_x}l} \tag{3·14}$$

식 (3·13)으로부터 각 단면적을 계산할 때는 그 식을 다음 형태로 고치게 된다.

$$A_x = A_0 e^{\frac{\gamma}{\sigma_x}x}, \qquad \log_e \frac{A_x}{A_0} = \frac{\gamma}{\sigma_x}x \text{ (자연대수)}$$

상용대수로 고치면,

$$\log_{10}\frac{A_x}{A_0} = \log_{10} e^{\frac{\gamma_x}{\sigma_x}} = \frac{\gamma_x}{\sigma_x}\log_{10} e$$

$$\log_{10}\frac{A_x}{A_0} = 0.4343\frac{\gamma}{\sigma_x}x \ [\log_{10} e = 0.4343]$$

$$\frac{A_x}{A_0} = 10^{0.4343\frac{\gamma_x}{\sigma_x}} \qquad [\log_{10} A = C,\ A = 10^C]$$

$$A_x = A_0 \times 10^{0.4343\frac{\gamma}{\sigma_x}x} \tag{3·15}$$

또 $x=l$에서 최대 단면적이 될 것이므로,

$$(A_l)_{\max} = A_0 \times 10^{0.4343\frac{\gamma}{\sigma_x}l} \tag{3·16}$$

전신장량 δ는 σ가 일정하므로 다음과 같이 된다.

$$\delta = \frac{\sigma}{E}l \tag{3·17}$$

〈그림 3·8〉과 같은 균일강도의 봉의 형태는 제작하기에 힘이 들므로, 〈그림 3·9〉와 같이 계단적으로 단면을 변화시키는 경우가 많다.

계단의 길이를 각각 l_1, l_2, l_3 ……l_n이라 하고 단면적을 각각 A_1, A_2, A_3……A_n이라 한다. 각 계단의 응력을 σ라 하면 l_1 봉에 작용하는 힘의 평형에서

$$\sigma A_1 = P + \gamma A_1 l_1$$

$$\therefore\ A_1 = \frac{P}{\sigma - \gamma l_1} \tag{3·18}$$

l_2 봉에 작용하는 힘의 평형에서

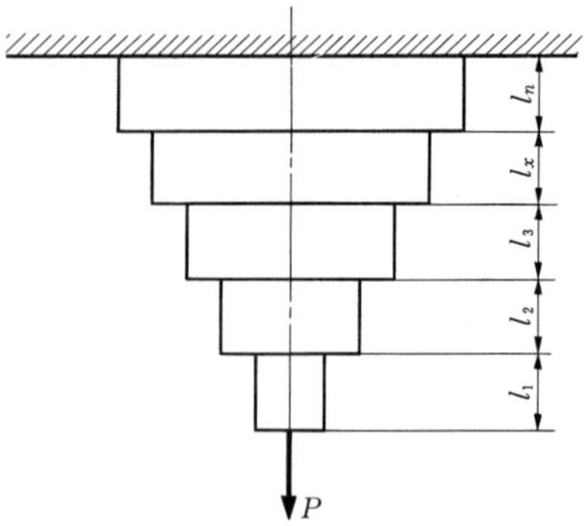

〈그림 3·9〉

$$\sigma A_2 = \sigma A_1 + \gamma A_2 l_2$$

$$\therefore\ A_2 = \frac{A_1\sigma}{\sigma-\gamma l_2} = \frac{P\cdot\sigma}{(\sigma-\gamma l_1)\ (\sigma-\gamma l_2)} \qquad (3\cdot19)$$

같은 방법으로 x 번째의 봉 l_x 에 대하여

$$A_x = \frac{P\cdot\sigma^{x-1}}{(\sigma-\gamma l_1)\ (\sigma-\gamma l_2)\cdots\cdots(\sigma-\gamma l_x)} \qquad (3\cdot20)$$

만일 $l_1 = l_2 = l_3\cdots\cdots l_x = \cdots\cdots l_n = l$ 이라 하면

$$A_x = \frac{P}{\sigma}\left(\frac{\sigma}{\sigma-\gamma l}\right)^x$$

윗식의 우변에서 $x = 1/l$ 이라 하고 $l \to 0$ 인 경우

$$A_x = A_0 e^{\frac{\gamma}{\sigma_x}x}$$

가 되고, 식 (3·13)과 일치함을 알 수 있다.

예제 3-6. 〈그림 3·10〉과 같이 길이 l, 단면적 A인 균일단면봉의 자중에 의한 전신장량 δ를 구하라.

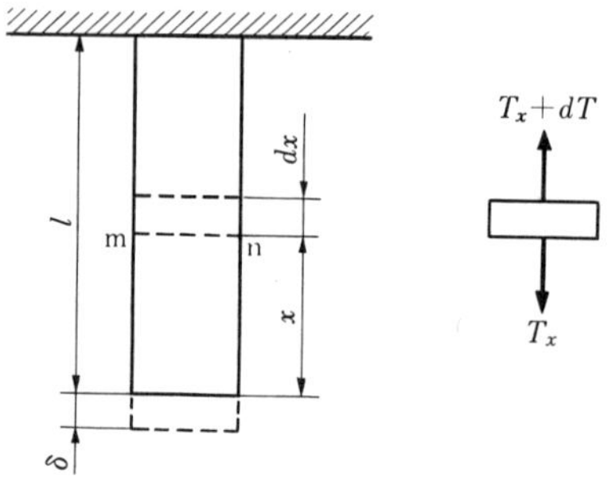

〈그림 3·10〉

풀이 x 만큼 떨어진 mn 단면의 인장력은

$$T_x = A\gamma x$$

이고, 이로 인한 dx 의 요소의 미소신장 $d\delta$ 는

$$d\delta = \frac{T_x}{AE}dx$$

이 미소신장량을 전길이에 걸쳐 적분하면,

$$\delta = \int_0^l \frac{T_x}{AE} dx = \int_0^l \frac{A\gamma x}{AE} dx = \frac{\gamma}{E}\int_0^l x dx = \frac{\gamma l^2}{2E}$$

봉의 전중량은 $P = A\gamma l$이므로 윗식에 대입하면 $\delta = Pl/2AE$ 로 된다. 이것은 자중을 무시했을 때의 봉의 전신장의 1/2 이 됨을 알 수 있다.

한편 식 (3·11)에서 $P = 0$ 인 때와 같은 결과를 가져온다.

예제 3-7. 〈그림 3·7〉과 같은 균일단면의 수직 강철봉의 하단에 $P = 2$ ton 의 하중이 작용하고 있다. 봉의 길이가 10 m이고 사용응력이 950 kg/cm², 단위체적당의 중량이 7.85 g/cm³일 때 그 봉의 단면적을 정하고 봉에 생기는 전신장량을 구하라.

풀이 식 (3·10)에서

$$A = \frac{P}{\sigma_w - \gamma l} = \frac{2000}{950 - 0.00785 \times 1000} = 2.12 \text{ cm}^2$$

식 (3·11)에서

$$\delta = \frac{l}{AE}\left(P + \frac{1}{2}A\gamma l\right) = 0.45 \text{ cm}$$

예제 3-8. 〈그림 3·10〉과 같이 균일단면의 수직 강철봉이 상단이 고정되었을 때 봉의 길이가 50 m, 단위체적당의 중량이 0.00785 kg/cm³, 하중은 없고 탄성계수 $E = 2.1 \times 10^6$ kg/cm²일 때 봉의 전신장량을 구하라.

풀이 식 (3·11)에서

$$\delta = \frac{\gamma l^2}{2E} = \frac{0.00785 \times 5000^2}{2 \times 2.1 \times 10^6} = 0.0467 \text{ cm}$$

예제 3-9. 〈그림 3·11〉과 같은 원추형 봉이 있다. 길이 l, 고정단의 지름 d, 단위체적당의 중량이 γ인 경우 봉의 자중에 의한 신장을 구하라.

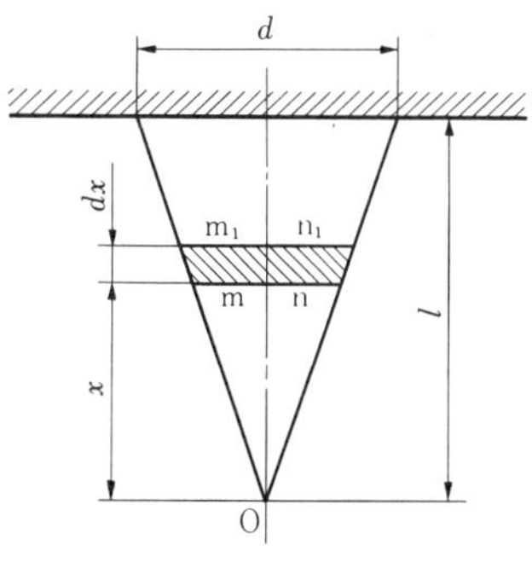

〈그림 3·11〉

풀이 봉의 전중량은 $W = \frac{\pi d^2}{4} \cdot \frac{\gamma l}{3}$

봉의 하단으로부터 x 거리에 있는 mn 단면에 작용하는 인장력은 그 아랫부분의 중량과 같으므로

$$W_x = W\frac{x^3}{l^3} = \frac{\pi d^2}{4} \cdot \frac{\gamma x^3}{3l^2} \text{ (mnO 의 중량)}$$

mn 단면 : $A_x = \frac{\pi d^2}{4} \cdot \frac{x^2}{l^2}$

mn 단면에 작용하는 應力의 크기는

$$\sigma_x = \frac{W_x}{A_x} = \frac{\dfrac{\pi d^2}{4} \cdot \dfrac{\gamma x^3}{3l^2}}{\dfrac{\pi d^2}{4} \cdot \dfrac{x^2}{l^2}} = \frac{\gamma x}{3}$$

dx 의 요소를 균일단면봉으로 보면 이 요소의 신장량은

$$d\delta = \frac{\sigma_x}{E} dx = \frac{\gamma x}{3E} dx$$

봉의 전신장량은

$$\delta = \int_0^l \frac{\gamma x}{3E} dx = \frac{\gamma}{3E} \int_0^l x\, dx = \frac{\gamma l^2}{6E}$$

예 제 3-10. 〈그림 3 · 12〉와 같은 콘크리트로 만든 급수탑이 있다. 급수량이 100 ton, 높이가 50 m 일 때 10 m 마다의 단면적을 구하라. 단, 콘크리트의 비중량은 2.2 g/cm³, 파괴압축응력은 200 kg / cm², 안전율은 20 이다.

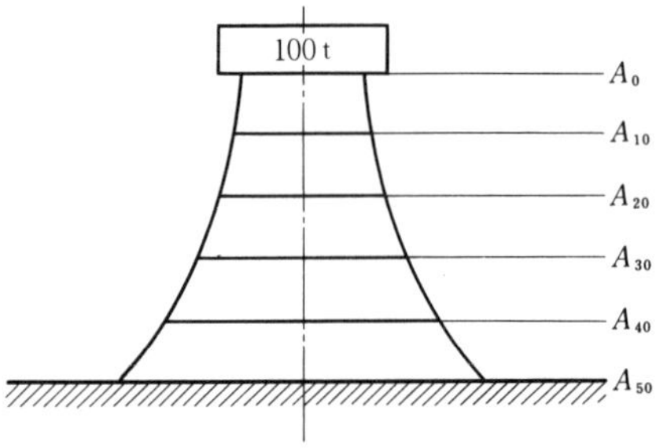

〈그림 3·12〉

풀 이 $2.2\ \text{g/cm}^3 = 0.0022 \times 100^3\ \text{kg/m}^3 = 2200\ \text{kg/m}^3$

$$\sigma_x = \frac{\sigma_c}{s} = \frac{200}{20} = 10\ \text{kg/cm}^2 = 100,000\ \text{kg/m}^2$$

$A_x = A_0 \times 10^{0.4343 \frac{\gamma}{\sigma_x} x}$ 에서, $\quad A_0 = \dfrac{100,000}{100,000} = 1$

$\log_{10} 10 = 1$ 이므로 0 이 되고, 계산기에서 다음 순서대로 누르면

$e = 10\, x^y\, 0.4343 = 2.718$

$x = 0$ 일 때 (상단면), $\quad \dfrac{\gamma}{\sigma_x} 0 = \dfrac{2200}{100,000} \times 0 = 0$

$A_0 = 2.718\, x^y 0 = 1\ \text{m}^2$(계산기에서 순서대로 누른다.)

$x = 10$ m 일 때, $\quad \dfrac{\gamma}{\sigma_x} 10 = \dfrac{2200}{100,000} \times 10 = 0.22$

$A_{10} = 2.718\, x^y\, 0.22 = 1.246\ \text{m}^2$

$A_{20} = 2.718\, x^y\, (0.22 \times 2) = 1.55\ \text{m}^2$

$A_{30} = 2.718\, x^y\, (0.22 \times 3) = 1.934\ \text{m}^2$

$A_{40} = 2.718\, x^y\, (0.22 \times 4) = 2.41\ \text{m}^2$

$A_{50} = 2.718\, x^y\, (0.22 \times 5) = 3\ \text{m}^2$

3-4 熱 應 力

물체는 온도의 상승에 따라 팽창하고 온도가 내려가면 수축한다. 물체에 자유로운 팽창 또는 수축이 불가능하게 장치를 하면 팽창과 수축에 상당한 길이만큼 압축 또는 인장을 가한 경우와 같이 응력이 일어나게 된다.

이와 같이 열로 인하여 생기는 응력을 熱應力(thermal stress)이라고 한다. 열응력은 보일러(boiler)와 열기관의 파괴의 한 원인이 되며, 또한 가열끼워맞춤(shringkage fitting)에도 이용된다.

1 伸縮에 의한 熱應力

〈그림 3·13〉과 같이 兩端이 고정된 봉을 가열하면 열팽창은 양단의 反力에 의하여 저지되므로 봉에는 압축응력이 생기게 된다.

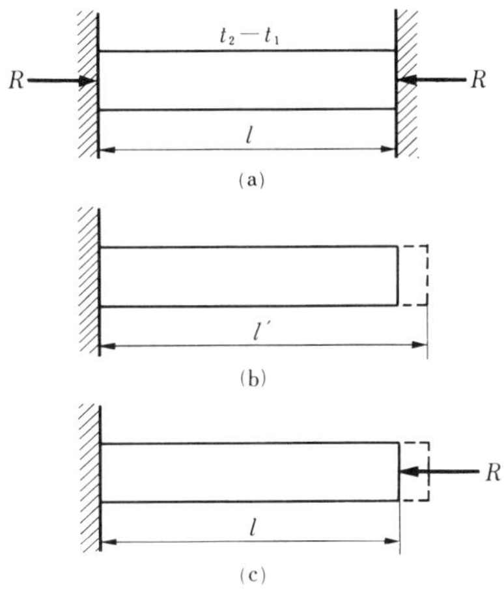

〈그림 3·13〉

그림 (b)와 같이 양단고정보에서 1端을 자유로 하면 온도 t_1℃에서 l 이었던 것이 온도 t_2 ℃에서 l'로 되어 신장 δ는 다음과 같이 된다.

$$\delta = l'-l = \alpha(t_2-t_1)l = \alpha\Delta t l \quad \cdots\cdots (a)$$

여기서, α : 선팽창계수(coefficient of linear expansion)

따라서 그림 (c)와 같이 反力 R 만이 작용하여 생기는 수축은 Rl/EA 이 되어 신장과 같다고 하면,

$$R = EA\alpha\Delta t \quad \cdots\cdots (b)$$

식 (b)에서 열응력의 크기와 변형률은 다음과 같다.

$$\sigma_t = \frac{R}{A} = E\alpha\Delta t \tag{3·21}$$

$$\varepsilon = \frac{\sigma}{E} = \alpha \Delta t \qquad (3 \cdot 22)$$

식 (a)에서도 압축응력과 변형률을 구하면,

$$\varepsilon = \frac{\delta}{l} = \alpha (t_2 - t_1) = \alpha \Delta t$$

$$\sigma_c = E\varepsilon = E\alpha (t_2 - t_1) = E\alpha \Delta t$$

열응력은 사용응력 이내가 되도록 제한해야 한다.

힘을 구할 때는

$$P = \sigma A = AE\alpha (t_2 - t_1) = AE\alpha \Delta t (\text{kg}) \qquad (3 \cdot 23)$$

재료가 가열되는 경우 $t_1 < t_2$일 때는 압축응력이 생기고 냉각되는 경우 $t_1 > t_2$일 때는 인장응력이 일어난다.

윗식들에서 熱應力과 變形率은 길이, 단면적에 무관함을 알 수 있다.

〈표 3·1〉 공업용 선팽창계수

재료	α (cm/℃·cm)	재료	α (cm/℃·cm)
아연	2.97×10^{-5}	듀랄루민	2.26×10^{-5}
납	2.93×10^{-5}	황동	1.84×10^{-5}
주석	2.70×10^{-5}	포금	1.83×10^{-5}
알루미늄	2.39×10^{-5}	순철	1.17×10^{-5}
구리	1.65×10^{-5}	연강 (C < 0.2%)	1.12×10^{-5}
니켈	1.33×10^{-5}	경강 (C=0.4~0.5%)	1.07×10^{-5}
백금	0.89×10^{-5}	유리	0.90×10^{-5}
텅스텐	0.43×10^{-5}	도자기	0.30×10^{-5}

예제 3-11. 15℃에서 가설한 길이 10 m의 레일(rail)의 양단을 고정하여 35℃가 되었을 때 레일에 생기는 압축응력을 계산하라. 단, 탄성계수 $E = 2.1 \times 10^6$ kg/cm², 선팽창계수 $\alpha = 1.1 \times 10^{-5}$ cm/℃·cm이다.

풀이 $\sigma_c = E\varepsilon = E\alpha (t_2 - t_1) = 2.1 \times 10^6 \times 1.1 \times 10^{-5} (35 - 15) = 462 \text{ kg/cm}^2$

예제 3-12. 20℃일 때 길이 10 m의 레일이 30℃에서는 얼마의 길이가 되는가? 단, 레일의 선팽창계수 $\alpha = 1.12 \times 10^{-5}$ cm/℃·cm이다.

풀이 식 (a)에서

$$l' = l[1 + \alpha (t_2 - t_1)] = 10[1 + 1.12 \times 10^{-5} \times 10] = 10.00112 \text{ m}$$

예제 3-13. 〈그림 3·14〉와 같이 동판이 두 강판 사이에 납땜되어 있다. 온도가 t_1℃에서 t_2℃까지 올라가면 동판과 강판 사이에 얼마만한 응력이 생기는가?

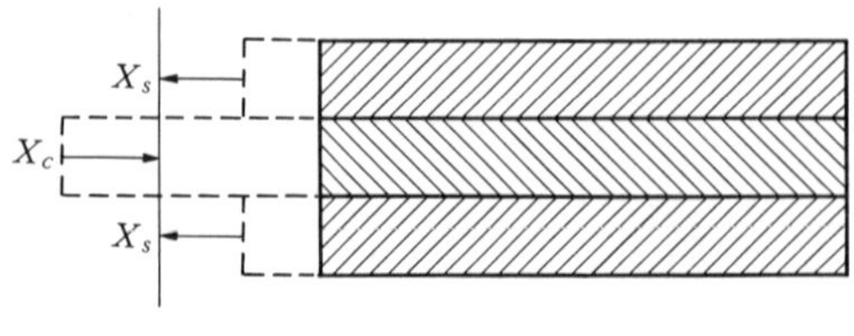

〈그림 3·14〉

풀이 강철과 구리의 열팽창계수를 각각 α_s 및 α_c라고 하면 $\alpha_c > \alpha_s$이므로, 온도의 상승으로 인한 자연팽창과 동시에 내력에 의해 구리에 압축력, 강철에 인장력을 발생하므로 강과 동에 발생하는 내력에 의한 인장력은 X_s, 압축력을 X_c라고 하면 $\varepsilon_s = \varepsilon_c$이어야 하므로

$$\alpha_s(t_2 - t_1) + \frac{X_s}{A_sE_s} = \alpha_c(t_2 - t_1) - \frac{X_c}{A_cE_c}$$

$$\frac{X_s}{A_sE_s} + \frac{X_c}{A_cE_c} = (t_2 - t_1)(\alpha_c - \alpha_s)$$

$2X_s = X_c$이므로

$$\frac{X_s}{A_sE_s} + \frac{2X_s}{A_cE_c} = (t_2 - t_1)(\alpha_c - \alpha_s)$$

$$X_s = \frac{(t_2 - t_1)(\alpha_c - \alpha_s)A_sE_s}{1 + \dfrac{2A_sE_s}{A_cE_c}}, \qquad X_c = \frac{(t_2 - t_1)(\alpha_c - \alpha_s)A_cE_c}{1 + \dfrac{A_cE_c}{2A_sE_s}}$$

$$\sigma_s = \frac{X_s}{A_s} = \frac{(t_2 - t_1)(\alpha_c - \alpha_s)E_s}{1 + \dfrac{2A_sE_s}{A_cE_c}}$$

$$\sigma_c = \frac{X_c}{A_c} = \frac{(t_2 - t_1)(\alpha_c - \alpha_s)E_c}{1 + \dfrac{A_cE_c}{2A_sE_s}}$$

예제 3-14. 기관차의 원통륜에 타이어를 가열끼움할 때 죔쇠(interference)를 원통륜의 지름 0.001로 하면 이 타이어에는 얼마의 응력이 생기는가? 단, $E = 2.2 \times 10^6\,\text{kg/cm}^2$이다.

풀이 $\sigma = \varepsilon E = 0.001 \times 2.2 \times 10^6 = 2200\,\text{kg/cm}^2$

참고 죔새가 0.001이므로 원통륜의 지름을 d_2라 하면 가열끼움 타이어 최초의 길이 $l = \pi(d_2 - 0.001\,d_2)$, 가열끼움한 후의 길이 $l' = \pi d_2$

$$\therefore\ \delta = l' - l = \pi d_2 - \pi(d_2 - 0.001\,d_2) = \pi \times 0.001\,d_2$$

$$\therefore\ \varepsilon = \frac{\delta}{l} = \frac{\pi \times 0.001\,d_2}{\pi(d_2 - 0.001\,d_2)} \fallingdotseq 0.001$$

예제 3-15. 강의 나사봉을 기온 27℃일 때에 $240\,\text{kg/cm}^2$의 인장응력을 발생시켜 놓고 고정하여 기온이 7℃로 하강하였을 때의 응력을 구하라. 단, $E = 2.1 \times 10^6\,\text{kg/cm}^2$, $\alpha = 11.3 \times 10^{-6}\,\text{cm/℃·cm}$이다.

풀이 최초의 응력 σ_0, 온도하강시에 발생한 인장응력을 σ_1이라 하면

$$\sigma_1 = E\alpha(t_2 - t_1) = 2.1 \times 10^6 \times 11.3 \times 10^{-6}(27 - 7) = 475\,\text{kg/cm}^2$$

$$\sigma = \sigma_0 + \sigma_1 = 240 + 475 = 715\,\text{kg/cm}^2$$

예제 3-16. 지름 $d = 40\,\text{mm}$, 길이 $l = 90\,\text{cm}$ 원형단면봉의 양단을 벽에 고정하여 온도를 70℃ 상승시키면 벽을 미는 힘은 얼마나 되는가? 단, 이 봉을 100℃로 올렸을 때의 신장은 1.1 mm이고 $E = 2.1 \times 10^6\,\text{kg/cm}^2$이다.

풀이 $t = t_2 - t_1$의 온도차와 90 cm의 길이를 가진 재료가 100℃ 올라가는 데 따라서 1.1 mm의 신장을 가졌다면,

$$\alpha = \frac{1.1}{900 \times 100} = 1.22 \times 10^{-5} \text{ mm}/℃ \cdot \text{mm}$$

$$\sigma = E\alpha\Delta t$$

$$P = \sigma A = AE\alpha\Delta t = \frac{\pi}{4} \times 4^2 \times 2.1 \times 10^6 \times 1.22 \times 10^{-5} \times 70 \fallingdotseq 22.5 \text{ ton}$$

3-5 彈性變形에너지

균일한 단면의 봉에 인장 또는 압축하중이 작용하면 이 하중에 의해서 봉이 신장 또는 수축되어 변형이 일어나므로 하중이 움직이게 되어 일을 하게 된다. 이 일은 정적 에너지로서 일부 또는 전부가 變形의 위치에너지(potential energy)로 바뀌어 봉의 내부에 저장하게 된다. 이 에너지를 變形에너지(strain energy) 또는 彈性變形에너지(elastic strain energy)라고 한다.

변형이 재료의 탄성한계 내에서 일어나는 경우 하중이 하는 일은 모두 위치에너지로 변환되며, 하중을 제거하면 원형으로 되돌아가고 재료에 저장되었던 에너지는 외부로 방출된다. 그러나 탄성한계를 넘으면 일의 일부는 소성변형을 일으키기 위하여 열에너지로 바뀌어져서 사라져 버리고, 나머지 에너지는 위치에너지로 재료 속에 저장된다.

1 수직응력에 의한 탄성변형에너지

〈그림 3 · 15〉와 같은 균일단면봉에 탄성한계 내에서 하중 P를 작용시키면 봉은 δ만큼 늘어나서 재료에 대한 인장시험선도가 〈그림 3 · 16〉과 같이 직선이 된다.

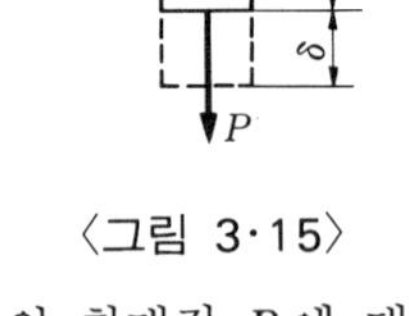

〈그림 3·15〉

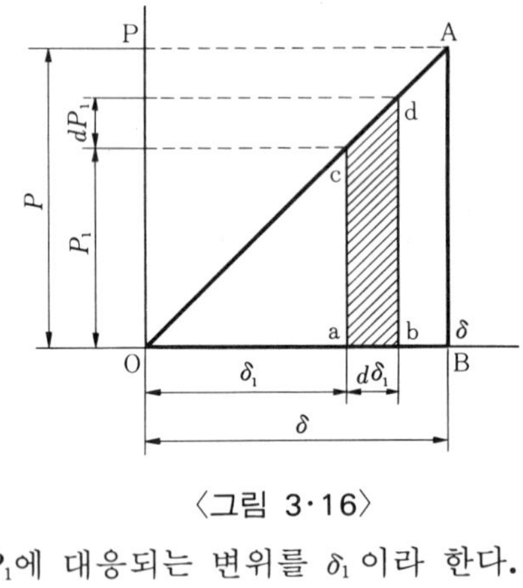

〈그림 3·16〉

어느 하중의 최대값 P에 대응되는 變位를 δ, P_1에 대응되는 변위를 δ_1이라 한다. 하중이 dP_1만큼 증가하면 변위도 $d\delta_1$만큼 증가할 것이고, 그 동안에 하중 P_1이 dP_1만큼 증가했을 때 한 일은

$$(P_1 + dP_1)d\delta_1 = P_1 d\delta_1 + dP_1 d\delta_1 \fallingdotseq P_1 d\delta_1$$

이 일의 크기는 사선 부분 abcd의 면적으로서 표시된다. 따라서 하중이 O로부터 P까지 증가하는 동안에 이루어지는 일은 3각형 OAB의 면적과 같다. 따라서 탄성변형에너지를 U

라고 하면,

$$U = \frac{P\delta}{2}\ \mathrm{kg\cdot cm} \tag{3·24}$$

$\delta = \dfrac{Pl}{AE}$ 을 대입하면 균일단면봉의 變形에너지에 대한 다음 두 식을 얻게 된다.

$$\left.\begin{aligned} U &= \frac{P^2 l}{2AE} = \frac{\sigma^2}{2E} Al\ \mathrm{kg\cdot cm} \\ U &= \frac{AE\delta^2}{2l}\ \mathrm{kg\cdot cm} \end{aligned}\right\} \tag{3·25}$$

봉의 단위체적당 變形에너지 u 는

$$u = \frac{U}{V} = \frac{\dfrac{P^2 l}{2AE}}{Al} = \frac{P^2}{2A^2E} = \frac{\sigma^2}{2E} = \frac{E\varepsilon^2}{2}\ \mathrm{kg\cdot cm/cm^3} \tag{3·26}$$

재료가 탄성한계 내에서 단위체적당 변형에너지 $u = U/V$ 를 最大彈性에너지 또는 탄성에너지係數(modulus of resilience)라 한다.

최대탄성에너지는 탄성한계가 클수록, 탄성계수가 작은 재료일수록 크게 된다. 고무나 스프링은 크게 탄성변화를 일으키므로 외부에서 주로 에너지를 많이 흡수하고 충격하중을 받은 경우 큰 緩衝의 역할을 한다.

이상은 인장에 대해서 설명하였으나 압축에 대해서도 같은 관계가 성립된다.

2 전단응력에 의한 탄성변형에너지

〈그림 3·17〉은 순수전단응력을 받는 요소이며, 하중에 의한 탄성에너지는 전항과 같은 방법으로 구할 수 있다. bc 에 작용하는 하중 P 에 의하며 δ 만큼 변형하고 그 동안 일을 하게 된다.

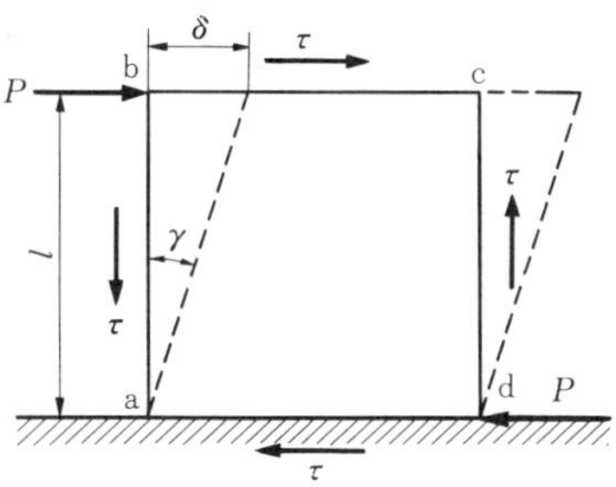

〈그림 3·17〉

만일 탄성한계 내에서 변형이 일어났다고 하면, 요소 속의 탄성변형에너지는 다음과 같다.

$U = \dfrac{1}{2}P\delta$ 에 $\delta = \dfrac{Pl}{AG}$ 을 대입하여

$$U = \frac{P^2 l}{2AG} = \frac{\tau^2}{2G} Al \qquad U = \frac{AG\delta^2}{2l} \tag{3·27}$$

위의 두 식을 요소의 체적 Al로 나누면 다음과 같은 최대탄성에너지를 얻는다.

$$u = \frac{\tau^2}{2G} = \frac{G\gamma^2}{2} \text{ kg·cm/cm}^3 \qquad (3 \cdot 28)$$

〈표 3·2〉 최대탄성에너지

재료	세로탄성계수 (kg/cm²)	탄성한계 (kg/cm²)	최대탄성에너지 u (kg·cm/cm³)	(kg·cm/kg)	비중량 (g/cm³)
연강	2.1×10^6	2000	0.952	122	7.8
경강	2.1×10^6	8000	15.24	1954	7.8
구리	1.05×10^6	800	0.30	36	8.5
천연고무	20	80	160	1.720×10^5	0.93

* 재료：1kg마다 최대탄성에너지

예제 3-17. 연강과 고무의 세로탄성계수는 각각 $E_s = 2.1\times10^6$ kg/cm², $E_g = 1$ kg/cm², 연강과 고무의 탄성한계는 각각 $\sigma_s = 2000$ kg/cm², $\sigma_g = 80$ kg/cm², 연강과 고무의 비중량은 각각 7.8 g/cm³, 0.92 g/cm³일 때 연강과 고무의 최대탄성에너지를 비교하라.

풀이 단위체적당 탄성에너지 비교

$$u_s = \frac{\sigma^2}{2E} = \frac{2000^2}{2\times2.1\times10^6} = 0.952 \text{ kg·cm/cm}^3, \qquad u_g = \frac{80^2}{2\times1} = 3200 \text{ kg·cm/cm}^3$$

고무：강 = 3360：1

단위중량당 탄성에너지 비교

$$u_s = \frac{0.952}{7.8\times10^{-3}} = 122 \text{ kg·cm/kg}, \qquad u_g = \frac{3200}{0.92\times10^{-3}} = 3,440,000 \text{ kg·cm/kg}$$

고무：강 = 28,200：1

예제 3-18. 지름 2cm, 길이 120cm의 스프링강에 10ton의 인장하중이 걸려 있다. $E = 2.1\times10^6$ kg/cm²일 때 탄성변형에너지를 구하라.

풀이
$$\sigma = \frac{P}{A} = \frac{4\times10,000}{\pi\times2^2} = \frac{10,000}{\pi}$$

$$U = \frac{\sigma^2}{2E}Al = \frac{10,000^2\times\pi\times2^2\times120}{2\times\pi^2\times2.1\times10^6\times4} = 910 \text{ kg·cm}$$

예제 3-19. 〈그림 3·18〉과 같은 세 개의 환봉에 같은 크기의 인장하중이 작용할 때 탄성변형에너지의 비를 구하라.

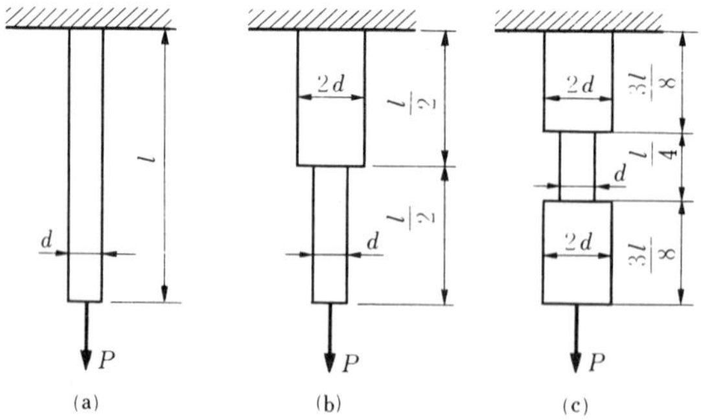

〈그림 3·18〉

풀이 $U=\dfrac{P^2l}{2AE}$ 에서 E 와 P 는 같으므로 d 와 l 만 각각 다르다. 그러므로

$$U_a : U_b : U_c = \frac{l}{d^2} : \left(\frac{\frac{l}{2}}{d^2}+\frac{\frac{l}{2}}{(2d)^2}\right) : \left(\frac{\frac{l}{4}}{d^2}+\frac{\frac{3l}{4}}{(2d)^2}\right)$$

$$=\frac{l}{d^2} : \frac{5}{8}\cdot\frac{l}{d^2} : \frac{7}{16}\cdot\frac{l}{d^2} = 16 : 10 : 7$$

예제 3-20. 〈그림 3·19〉와 같은 2개의 연강제 환봉에 같은 크기의 인장하중이 작용할 때 탄성에너지 (a)는 (b)보다 몇 % 더 큰가? 단, 지름이 1 cm인 부분의 $\sigma_s=2000$ kg/cm², $E=2\times10^6$ kg/cm², $l=8$ cm이다.

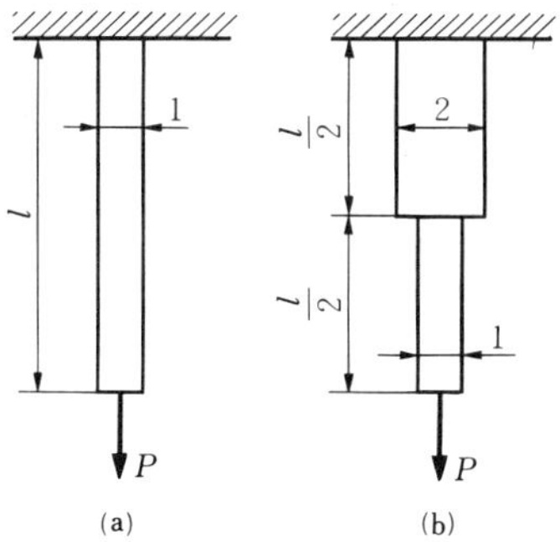

〈그림 3·19〉

풀이 지름이 2배이면 단면적은 4배, 응력은 1/4배가 된다.

$$U_a=\frac{2000^2}{2\times2\times10^6}\cdot\frac{\pi}{4}\times1^2\times8=6.28\text{ kg}\cdot\text{cm}$$

$$U_b=\frac{2000^2}{2\times2\times10^6}\cdot\frac{\pi\times1^2\times4}{4}+\frac{500^2}{2\times2\times10^6}\cdot\frac{\pi\times2^2\times4}{4}=3.925\text{ kg}\cdot\text{cm}$$

∴ (a)는 (b)보다 160% 더 크다.

예제 3-21. 〈그림 3·20〉과 같은 원추형 봉의 상단을 고정하고, 하단에 축하중 P를 작용시킬 때 봉에 저장되는 에너지를 구하라.

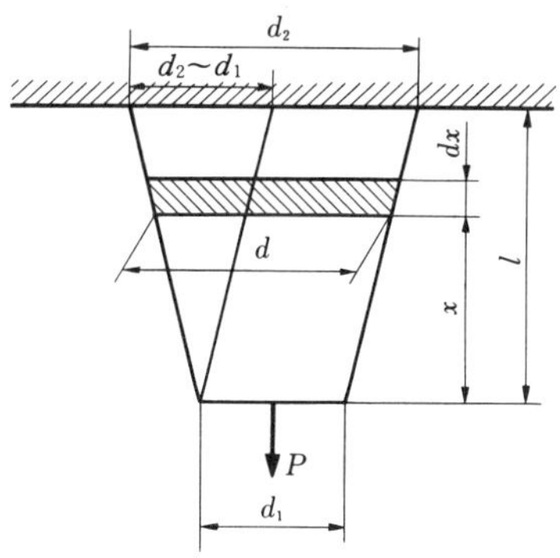

〈그림 3·20〉

풀이 하단에서 x 거리에 있는 dx 부분의 탄성에너지는

$$\frac{d-d_1}{d_2-d_1}=\frac{x}{l} \qquad d=\frac{d_2-d_1}{l}x+d_1$$

$$U=\int_0^l \frac{\sigma^2 A}{2E}dx=\frac{2P^2}{\pi E}\int_0^l \frac{dx}{d^2}=\frac{2P^2}{\pi E}\int_0^l \frac{dx}{\left(\frac{d_2-d_1}{l}x+d_1\right)^2}$$

$$=\frac{2P^2}{\pi E}\left[-\frac{1}{\frac{d_2-d_1}{l}}\cdot\frac{1}{\frac{d_2-d_1}{l}x+d_1}\right]_0^l$$

$$=\frac{2P^2}{\pi E}\cdot\frac{l}{d_1 d_2}$$

3-6 衝擊應力

물체에 충격하중(impact load)이 가해지면 振動을 발생하는 동시에 어떤 다른 하중보다 위험한 영향을 준다. 〈그림 3·21〉과 같이 상단이 고정된 수직봉에서 플랜지(flange) mn 위에 하중 W가 떨어지면 수직봉에는 충격으로 인한 신장이 생기게 된다. 봉의 길이를 l, 단면적을 A, 세로탄성계수를 E, 충격에 의하여 봉에 생기는 최대인장응력 및 최대신장을 σ 및 δ라 하자.

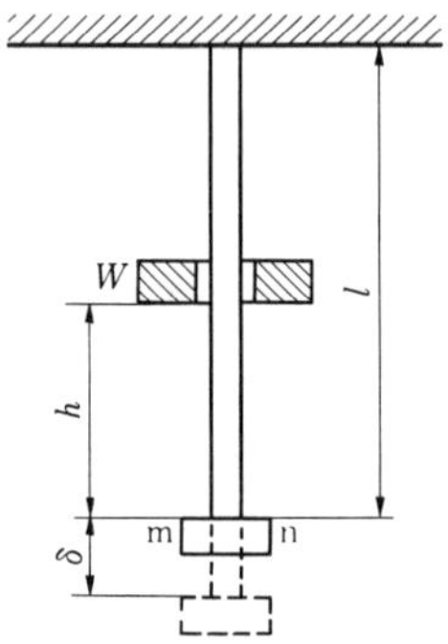

〈그림 3·21〉

추가 낙하하여 棒에 충격을 주면 순간적으로 최대신장을 일으키고 봉에는 세로방향으로 진동이 일어난다. 이 진동이 재료의 내부마찰로 인하여 차례로 없어지면 정하중 W에 대한 신장 δ만큼 늘어나고 봉은 정지된다.

낙하에 의하여 추 W가 하는 일, 즉 추가 봉에 주는 에너지는 $W(h+\delta)$이다. 이 에너지와 변형에너지는 같으므로 다음과 같이 된다.

$$W(h+\delta)=\frac{\sigma^2}{2E}Al$$

최대충격응력은

$$\sigma=\sqrt{\frac{2EW(h+\delta)}{Al}}\ \mathrm{kg/cm^2} \tag{3·29}$$

식 (3·29)에서 δ는 h에 비해 매우 작으므로 이를 무시하면

$$\sigma=\sqrt{\frac{2EWh}{Al}}=\frac{W}{A}\sqrt{\frac{2hAE}{Wl}}=\frac{W}{A}\sqrt{\frac{2h}{\delta_{st}}}\ \mathrm{kg/cm^2} \tag{3·30}$$

정응력은 A에만 관계되고 충격응력은 A, E, l에 관계되므로, 충격응력은 항상 정응력

보다 큰 값을 갖게 됨을 윗식들에서 알 수 있다.

한편 식 (3·29)에 충격으로 인한 신장량 $\delta = \sigma l/E$ 을 대입하고 σ 에 관해 정리하면,

$$\sigma = \sqrt{\frac{2EW(h+\sigma l/E)}{Al}}$$

$$Al\sigma^2 - 2Wl\sigma - 2EWh = 0$$

$$\sigma = \frac{W}{A}\left(1+\sqrt{1+\frac{2AEh}{Wl}}\right) \tag{3·31}$$

정적인 신장량 $\delta_{st} = \dfrac{Wl}{AE}$ 을 대입하면,

$$\sigma = \frac{W}{A}\left(1+\sqrt{1+\frac{2h}{\delta_{st}}}\right) \tag{3·32}$$

따라서 봉에 생기는 최대신장량은

$$\delta = \frac{\sigma}{E}l = \frac{l}{E}\frac{W}{A}\left(1+\sqrt{1+\frac{2h}{\delta_{st}}}\right) = \delta_{st}\left(1+\sqrt{1+\frac{2h}{\delta_{st}}}\right)$$

$$= \delta_{st} + \sqrt{\delta_{st}^2 + 2h\delta_{st}} \tag{3·33}$$

또한 δ 와 추의 낙하속도의 함수로 표시하면 식 (3·33)에서 플랜지를 타격하기 직전의 속도 $v = \sqrt{2gh}$ 이므로 다음과 같다.

$$\delta = \delta_{st} + \sqrt{\delta_{st}^2 + \frac{1}{g}\delta_{st}v^2} \tag{3·34}$$

만일 높이 h 가 δ_{st} 에 비하여 대단히 크다면 다음과 같은 근사식을 얻는다.

$$\delta \fallingdotseq \sqrt{\frac{1}{g}\delta_{st}v^2} \tag{3·35}$$

충격응력 σ 는

$$\sigma = \frac{E\delta}{l} = \frac{E}{l}\sqrt{\frac{1}{g}\delta_{st}v^2} = \sqrt{\frac{2E}{Al}\cdot\frac{Wv^2}{2g}} \tag{3·36}$$

충격응력은 근호 속의 운동에너지와 탄성계수에 비례하고 체적에 역비례함을 알 수 있다. 따라서 단면적이나 길이를 증가시킴으로써 응력을 감소시키고, 탄성계수나 운동에너지를 증가시킴으로써 응력이 증가한다.

식 (3·36)의 σ 대신 사용응력 σ_w 를 대입하면 충격에 안전한 봉의 치수를 결정할 수 있다.

$$Al = \frac{2E}{\sigma_w^2}\cdot\frac{Wv^2}{2g} = \frac{2EWh}{\sigma_w^2} \tag{3·37}$$

식 (3·37)에서 사용응력을 일정하게 할 때 체적은 낙하 물체의 운동에너지에 비례한다. 갑자기 추를 플랜지에 작용시켰을 경우의 응력은 식 (3·31), (3·32)에서 $h=0$ 이면 $\sigma=2\sigma_{st}$ 가 되고, 식 (3·34)에서 $v=0$ 이면 $\delta=2\delta_{st}$ 가 된다. 따라서 충격응력 및 신장은 정응력 및 신장의 2배가 됨을 알 수 있다.

예 제 3-22. 〈그림 3 · 21〉과 같이 연강의 한 변 $a = 2\text{ cm}$, 각재의 길이 $l = 20\text{ cm}$, 높이 $h = 10\text{ cm}$, 추의 무게 $W = 4\text{ kg}$ 일 때 충격응력은 얼마인가? 또 $W = 4\text{ kg}$ 을 정적으로 작용할 때의 응력은 몇 배인가? 연강의 탄성계수 $E = 2\times10^6\text{ kg/cm}^2$이다.

풀 이 $\sigma = \sqrt{\dfrac{2EWh}{Al}} = \sqrt{\dfrac{2\times2\times10^6\times4\times10}{2\times2\times20}} = 10^3\times\sqrt{2} = 1414\text{ kg/cm}$

정응력 : $\sigma_{st} = \dfrac{P}{A} = 1\text{ kg/cm}^2$

$\dfrac{\sigma}{\sigma_{st}} = \dfrac{1414}{1} = 1414$ 배

예 제 3-23. 〈그림 3 · 22〉와 같이 로프에 매달린 W가 C에서 자유낙하할 때 C에서 갑자기 로프를 정지시키면 로프에 발생하는 최대충격응력은 얼마인가? 단, 로프의 단면적을 A, 그 질량은 무시한다.

풀 이 정지 순간에 있어서 추의 낙하높이를 h라 하면 추의 운동에너지는 Wh이다. 이것이 전부 탄성에너지로 로프에 저장되었다면

$Wh = \dfrac{\sigma^2}{2E}Ah$ 에서 $\sigma = \sqrt{\dfrac{2EW}{A}}$ (σ는 낙하높이와 관계 없음)

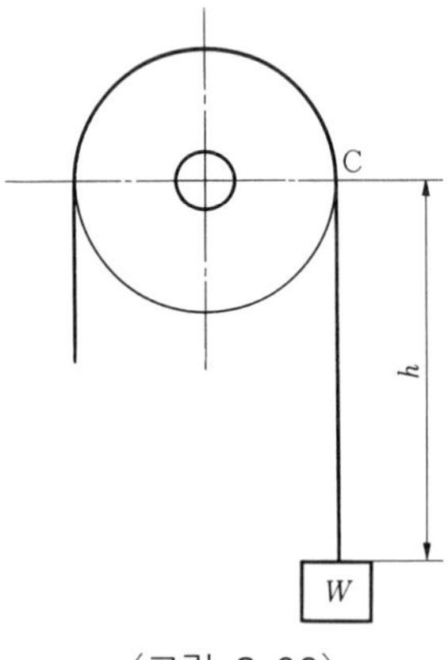

〈그림 3·22〉

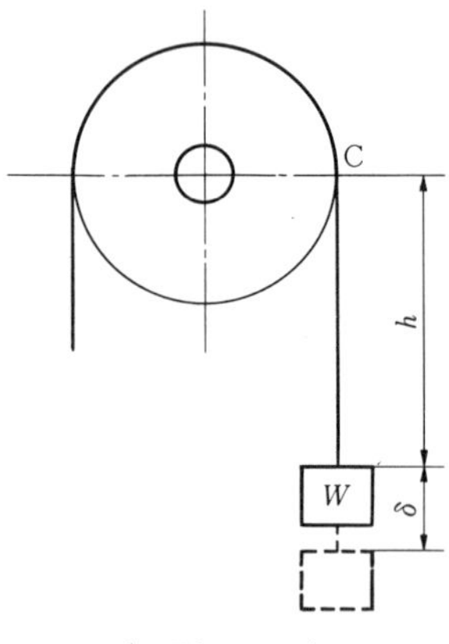

〈그림 3·23〉

예 제 3-24. 〈그림 3 · 23〉과 같이 W가 속도 v로 내려갈 때 C에 갑자기 정지시키면 로프에 생기는 최대신장 δ는 얼마인가?

풀 이 $\delta = \delta_{st} + \sqrt{\delta_{st}^2 + 2h\delta_{st}} = \delta_{st} + \sqrt{\delta_{st}^2 + \dfrac{2\delta_{st}v^2}{2g}} = \delta_{st} + \sqrt{\dfrac{\delta_{st}}{g}}\cdot v$ (고차는 무시)

3-7 얇은 圓環 및 圓筒

1 얇은 원환

얇은 원환(thin circular ring)의 둘레에 균일분포하는 반지름방향의 힘들이 작용하는 원환은 균일하게 늘어나고 따라서 인장응력이 생길 것이다.

원환 속에 작용하는 인장력을 P, 단위길이에 분포된 균일하중을 q라 하고, 그 중심선의

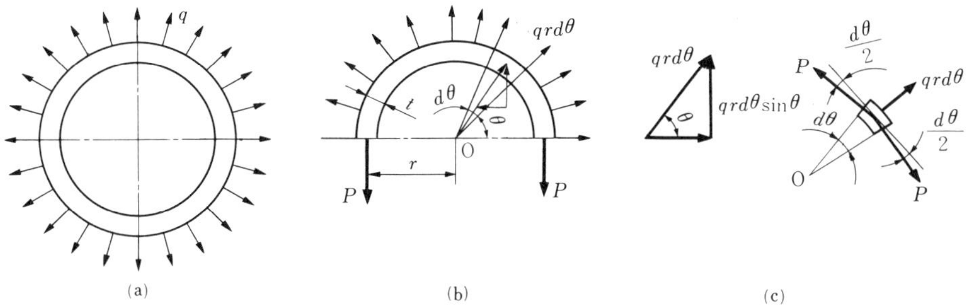

〈그림 3·24〉

반지름을 r 라 하면 두 이웃단면으로 잘라낸 원환의 요소 ds 에 작용하는 힘은 $qrd\theta$ 이다.

〈그림 3·24〉 (b)에서 반원 속에 작용하는 모든 힘들의 수직성분은

$$2P = \int_0^{\pi} qrd\theta \sin\theta = 2qr$$

$$\therefore\ P = qr \qquad (3 \cdot 38)$$

그림 (c)에서 호의 길이 $ds = rd\theta$ 와 축방향의 단위길이 사이의 요소의 평형조건에서 원주방향의 인장력 P 와 반지름방향의 外荷重 $qrd\theta$ 는 같아야 하며, $\sin\dfrac{d\theta}{2} \fallingdotseq \dfrac{d\theta}{2}$ 라 하면

$$qrd\theta = 2P\frac{d\theta}{2}, \qquad \therefore\ P = qr \ \text{〔식 (3·38)과 일치〕}$$

원환의 두께를 t 라 하면 원환 속에 생기는 원주방향의 인장응력은 단면적 A 에 P 가 균일하게 작용하므로

$$\sigma = \frac{P}{A} = \frac{qr}{A} = \frac{qr}{t} = \frac{qd}{2t} \qquad (3 \cdot 39)$$

가 된다. 따라서 원환의 둘레와 단면에 균일하게 분포되는 원주방향의 변형률은 다음과 같이 얻어진다.

$$\varepsilon_c = \varepsilon_d = \frac{\sigma}{E} = \frac{qr}{AE} \qquad (3 \cdot 40)$$

원주의 변형률과 그 원환의 지름의 변형률은 다 같이 線變形率이므로 $\varepsilon_c = \varepsilon_d$가 되고, 이것은 가열끼워맞춤(shrink fit)의 문제에서 중요한 역할을 한다. 실제 응용에서는 회전하는 원환 속의 인장응력을 계산해야 할 경우가 있다.

이 때 q 는 원환의 단위길이에 작용하는 원심력이 되며 원환의 각속도를 ω rad/sec, 반지름을 r, 원주속도를 v, 원환의 단위길이당 중량을 w 라 하면 단위길이에 작용하는 원심력은

$$q = \frac{w}{g} \cdot \frac{v^2}{r} \qquad (3 \cdot 41)$$

식 (3·41)을 식 (3·38)에 대입하면

$$P = \frac{wv^2}{g} = \frac{w}{g}\,\omega^2 r^2 \qquad (3 \cdot 42)$$

원환 속의 인장응력은

$$\sigma = \frac{P}{A} = \frac{wv^2}{Ag} = \frac{\gamma}{g}v^2 = \frac{\gamma}{g}\omega^2 r^2 \tag{3·43}$$

윗식에서 인장응력은 재료의 밀도 γ/g 에 비례하고 원주속도 v의 제곱에 비례한다는 것을 알 수 있다. 따라서 고속으로 회전하는 큰 반지름의 원환 속에는 대단히 큰 응력이 발생하므로 회전속도를 제한해야 한다.

2 얇은 원통

내압을 받는 얇은 원통(thin walled cylinder)으로서 보일러, 가스탱크, 물탱크, 송수관 등과 같이 안지름에 비하여 두께가 얇은 원통 $\left(\frac{t}{d} < \frac{1}{10}\right)$ 또는 관(tube)에 내압이 작용하는 경우, 강판의 내부에는 압력에 저항하는 인장응력이 생긴다.

〈그림 3·25〉와 같이 내압 q kg/cm²을 받고 있는 안지름 d, 두께 t 인 원통에서 중립면 ZZ'를 경계로 가로방향(상하의 방향)으로 파괴하려는 경우와 YY' 단면을 경계로 세로방향(좌우 방향)으로 파괴하려는 경우를 생각하자.

가로방향의 파괴에 대한 응력 σ_y 는 원통벽면 AA′BB′의 양면에 생기고, 세로방향의 파괴에 대한 응력 σ_x 는 원환 부분에 생긴다.

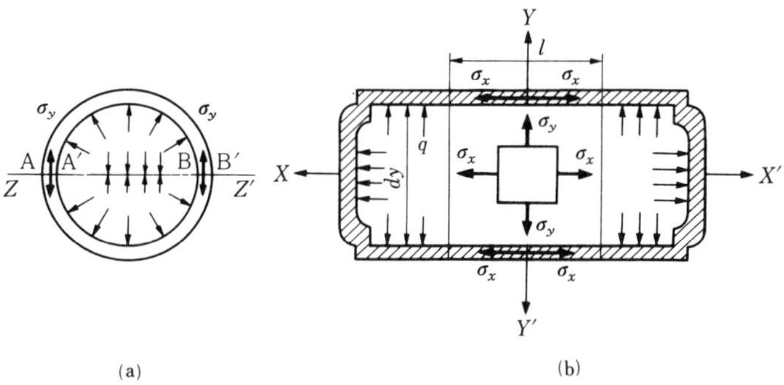

〈그림 3·25〉

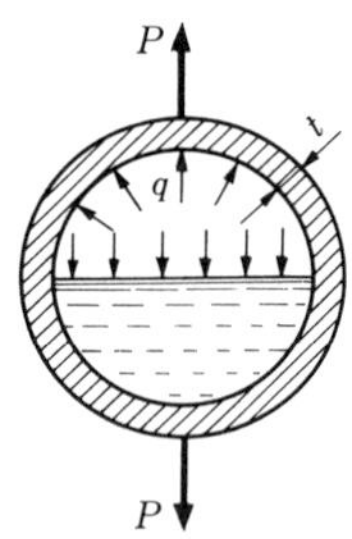

〈그림 3·26〉

〈그림 3·26〉과 같이 원통의 하반 부분이 물로 차 있는 증기탱크의 안지름을 d, 두께를 t, 압력을 q, 길이 l 되는 부분을 취하면 증기압이 수면을 누르고 있는 전압력 qdl 과 상반 부분의 원통 내벽을 위쪽으로 누르고 있는 전압력 P 는 같다.

$$P = qdl$$

수학적인 유도는 식 (3·38)에서 언급한 바가 있다. P 라는 힘에 의해서 원통은 〈그림 3·25〉의 ZZ' 단면에서 둘로 나누어지려 하고, 이것에 저항하기 위해서 AA′BB′의 양 벽면 두께 부분에는 인장응력 σ_y 가 발생하는 전압력은 $2\sigma_y tl$이 된다. 따라서 전압력 qdl 에 대응되는 전압력 $2\sigma_y tl$ 은 같으므로

$$2\sigma_y tl = qdl$$

$$\sigma_y = \frac{qd}{2t} \qquad t = \frac{qd}{2\sigma_y} \tag{3·44}$$

이 σ_y 는 원주상에 균일하게 분포되는 응력이고, 이 응력은 원주응력(circumferential stress) 또는 후프응력(hoop stress)이라고 한다.

후프응력은 원통벽의 내측이 가장 크고 외측으로 갈수록 점차로 감소하는 것이 보통이지만, 지름에 비해서 두께가 작을 때는 내외측의 응력은 균일하게 본다. 이와 같은 원통을 얇은 원통(thin cylinder)이라고 한다. 얇은 원통의 한계는 일반적으로 $\dfrac{t}{d} \leqq \dfrac{1}{10}$ 로 한다.

다음에 원통의 축방향(좌우 방향), 즉 x 방향에 수직한 단면으로 절단한 양단면에 작용하는 압력은 $\dfrac{\pi d^2}{4} q$ 이므로, 이것에 저항하기 위해서 원통의 세로방향 단면 YY'에는 축방향의 인장응력 σ_x 를 발생시킨다.

이 全壓力은 $\sigma_x \pi dt$ 이므로 평형은

$$\sigma_x \pi dt = \frac{\pi d^2}{4} q$$

$$\sigma_x = \frac{dq}{4t} \qquad t = \frac{dq}{4\sigma_x} \tag{3・45}$$

이 응력을 세로應力(longitudinal stress)이라고 한다. 위의 두 식에서 원주응력, 즉 가로방향(종단면)의 응력 σ_y 는 축방향의 응력, 즉 세로방향(횡단면)의 응력 σ_x 의 2배의 크기 ($\sigma_y = 2\sigma_x$)로 된다. 따라서 종단면은 횡단면의 2배의 강도가 필요하므로 내압에 의한 원통의 파괴는 종단면에 따라 일어나며, 원통관 등을 리벳이음 또는 용접이음에 의해 제작할 경우 세로이음은 가로이음의 2배의 강도가 되도록 설계해야 한다.

내압을 받는 얇은 中空球, 즉 球殼(spherical shell)에 생기는 응력을 구할 때는 반구 부분에 작용하는 압력의 크기 $\dfrac{\pi d^2}{4} q$와 이것에 대응하는 원환의 단면에 수직으로 인장응력 σ가 생겨서 저항력 $\pi dt\sigma$와 평형한다고 보면 $\pi dt\sigma = \dfrac{\pi d^2}{4} q$, $\sigma = \dfrac{qd}{4t}$가 되어 축응력 때와 같다(그림 3・27).

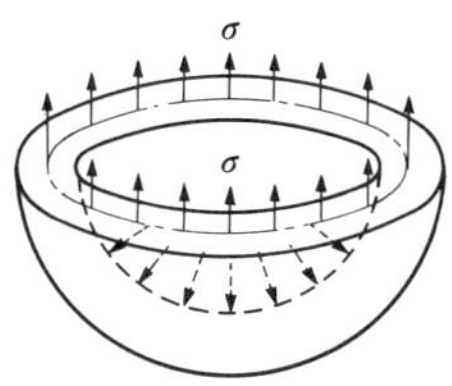

〈그림 3·27〉

예제 3-25. 안지름이 25 cm, 두께 5 mm인 얇은 원통에 내압 10 kg/cm²이 작용할 때 원주방향과 축방향으로 생기는 응력을 계산하라.

풀이
$$\sigma_y = \frac{qd}{2t} = \frac{10 \times 25}{2 \times 0.5} = 250 \text{ kg/cm}^2$$
$$\sigma_x = \frac{qd}{4t} = \frac{10 \times 25}{4 \times 0.5} = 125 \text{ kg/cm}^2$$

예제 3-26. 안지름이 1 m인 원기둥 보일러의 내압이 12 kg/cm²이다. 사용응력 $\sigma_w = 720$ kg/cm²이라 하고 이음효율이 75%라면 요구되는 보일러 강판의 두께는 얼마인가?

풀이
$$t = \frac{qd}{2\sigma\eta} = \frac{12 \times 100}{2 \times 720 \times 0.75} \fallingdotseq 1.1 \text{ cm}$$

예제 3-27. 〈그림 3·28〉과 같은 얇은 원환이 그 중심축 O 둘레를 각속도 ω rad/sec 로 회전하고 있다. 이 원환의 사용응력을 5 kg/mm²이라 할 때 이 원환의 제한 원주속도를 구하라. 단, $\gamma = 7.8\times10^{-3}$ kg/cm³, $r = 24$ cm이다.

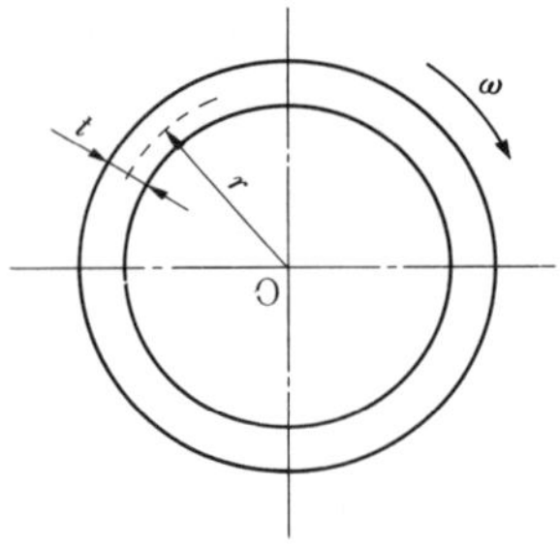

〈그림 3·28〉

풀이 $g = 980$ cm/sec², $\sigma = 5$ kg/mm² $= 500$ kg/cm²

$$v = \sqrt{\frac{\sigma g}{\gamma}} = \sqrt{\frac{500\times980}{7.8\times10^{-3}}} = 79.3 \text{ m/s}$$

$$v = r\omega = r\frac{\pi N}{30} = \frac{\pi dN}{60}$$

$$N = \frac{30v}{\pi r} = \frac{30\times7930}{3.14\times24} = 3155 \text{ rpm}$$

예제 3-28. 500 rpm의 주철제 풀리의 핀의 사용응력은 100 kg/cm² 이다. 풀리의 최대 지름은 얼마인가? 단, $\gamma = 7.2\times10^{-3}$ kg/cm³ 이다.

풀이 $v = \dfrac{\pi rN}{30} = \dfrac{3.14\times r\times500}{30} = 52.36r$

$v = \sqrt{\dfrac{g\sigma}{\gamma}}$ 와 같게 놓으면

$$52.36r = \sqrt{\frac{980\times100}{7.2\times10^{-3}}} = \sqrt{13{,}611{,}111} = 3689$$

$$r = \frac{3689}{52.36} = 70.45$$

$$d = 2r = 2\times70.45 \fallingdotseq 141 \text{ cm}$$

예제 3-29. 평균지름 200 cm, 두께 2 cm의 풀리가 있다. 림(rim)에 생기는 응력을 구하라. 단, $N = 500$ rpm, $\gamma = 0.0079$ kg/cm³ 이다.

풀이 $v = \dfrac{\pi rN}{30} = \dfrac{3.14\times100\times500}{30} = 5236$

$$\sigma = \frac{\gamma v^2}{g} = \frac{0.0079\times5236^2}{980} = 221 \text{ kg/cm}^2$$

예제 3-30. 매분 200 회전하는 주철제 벨트 풀리의 림의 허용응력을 100 kg/cm² 으로 할 때 벨트 풀리의 허용최대속도는 얼마인가? 단, $\gamma = 0.0073$ kg/cm³ 이다.

풀이 $v = \sqrt{\dfrac{g\sigma}{\gamma}} = \sqrt{\dfrac{980\times100}{0.0073}} = 3660$ cm/sec

연 습 문 제

1. 지름 1 m의 보일러 동판에 20 kg/cm²의 증기압력이 작용하면 동판의 두께는 몇 mm로 하여야 하는가? 단, 재료의 허용응력을 850 kg/cm²으로 한다.

답 $t = 11.8$ mm

2. 강봉의 길이 l=300cm, 단면적 A=40cm² 하중 W=100kg, h=10cm의 높이에서 낙하하였을 때 충격응력을 구하여라. 단, $E=2.1\times10^6$ kg/cm²이고 변형량은 무시한다.

답 $\delta = 592$ kg/cm²

3. 지름 5 cm, 길이 80 cm의 봉을 20℃에서 〈그림 3·29〉와 같이 양단을 고정한 후 온도가 t℃로 상승하였다. 이 때 벽에 미치는 힘의 크기가 15 ton이었다면 상승한 후의 온도는 몇 도(℃)이겠는가? 단, $E = 2.1\times10^6$ kg/cm², $\alpha = 1.2\times10^{-5}$ cm/℃·cm이다.

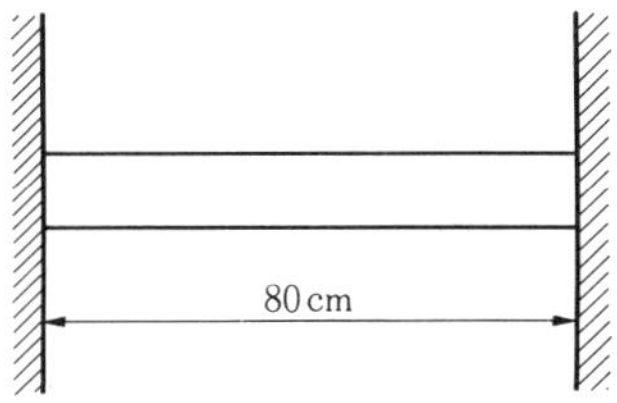

〈그림 3·29〉

답 $t = 50$℃

4. 〈그림 3·30〉과 같은 수평봉(BC)과 경사봉(AC)이 C점에서 집중하중 100 kg을 받고 있다. 수평봉 BC의 내력을 S_1, 경사봉 AC의 내력을 S_2라 할 때 각각의 내력은 얼마인가?

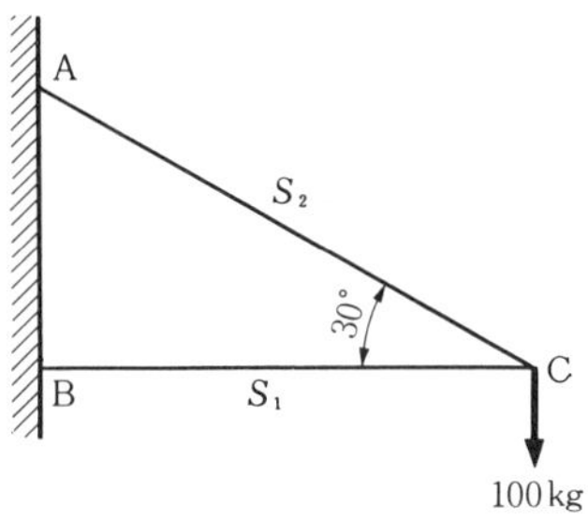

〈그림 3·30〉

답 $S_1 = 100\sqrt{3}$ kg 압축, $S_2 = 200$ kg 인장

5. 길이 3 m, 지름 50 cm인 균일단면봉의 자중에 의한 전신장량은 얼마인가? 단, $E = 2.1\times10^6$ kg/cm², 비중량 $\gamma = 7.85$ g/cm³이다.

답 $\delta = 1.68\times10^{-4}$cm

6. 안지름 120 cm이고, 내압이 25 kg/cm²인 원통형 보일러에서 재료의 허용응력이 720 kg/cm² 이고 이음효율을 70%라 하면 요구되는 강판의 두께는 몇 mm인가?

답 $t = 29.8$ mm

7. 〈그림 3·31〉과 같이 양단을 고정한 균일단면봉의 단면 mn에 축하중 50 kg이 작용할 때 양단에서의 반력 R_1 및 R_2의 비를 구하라.

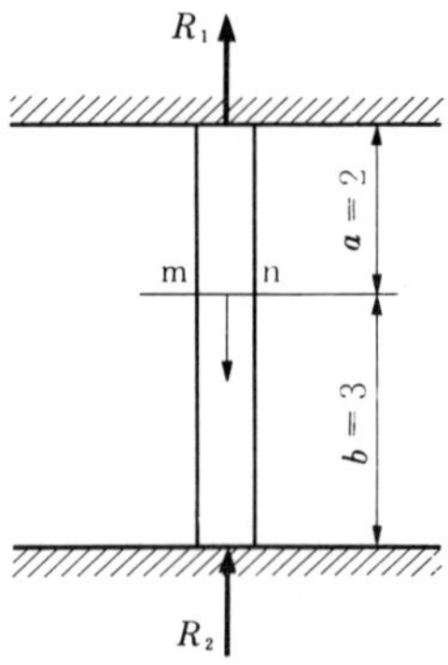

〈그림 3·31〉

답 $\dfrac{R_1}{R_2} = 1.5$

8. 지름 5 cm, 길이 2 m의 연강봉에 10 ton의 인장하중이 급속히 가해질 때 생기는 응력은 얼마인가?

답 1020 kg/cm^2

9. 연강에 인장하중이 작용하여 100 kg/cm^{2}의 응력이 발생했다. 단위체적당의 탄성에너지는 얼마인가? 단, $E = 2.1\times10^6$ kg/cm^{2}이다.

답 $u = 2.38\times10^{-3}$ kg·cm/cm^3

10. 〈그림 3·32〉와 같이 길이 1 m의 금속봉의 양단을 고정하고 가열하여 금속의 온도를 50℃ 상승시켰다. 이 금속의 $\alpha = 1.1\times10^{-5}$ cm/℃·cm, $E = 2\times10^4$ kg/mm^{2}일 때 열응력은 얼마인가?

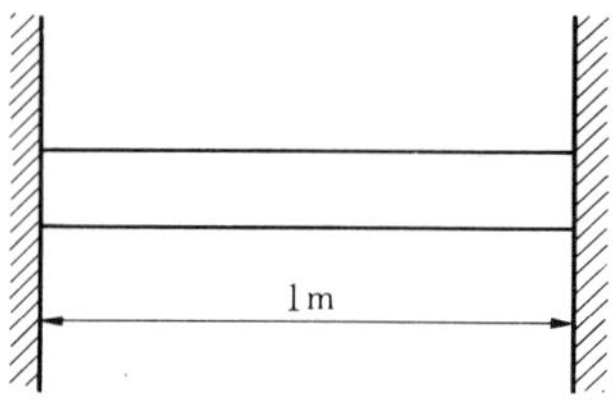

〈그림 3·32〉

답 1100 kg/cm^2

11. 안지름 150 mm, 두께 5 mm인 연강제 원통에 15 kg/cm^{2}의 내압가스가 흐를 때 원주방향의 응력과 축방향의 응력은 얼마인가?

답 225 kg/cm^2, 112.5 kg/cm^2

12. 한 변의 길이가 8 cm인 정4사각형 단면의 봉이 있다. 온도를 20℃ 상승시켜도 길이가 늘어나지 않도록 하는 데 28 ton의 힘이 필요하다. 이 봉의 선팽창계수는 얼마인가? 단, $E = 2.1\times10^6$ kg/cm^{2}이다.

답 $\alpha = 10.42\times10^{-4}$ cm/℃·cm

13. 〈그림 3·33〉과 같이 양단이 고정된 균일단면봉의 중간단면 MNPQ에 축하중 P_1, P_2가 작용할 때의 양단의 反力 R_1, R_2의 값은 얼마인가? 단, $P_1 = 2P_2 = 1000$ kg이다.

답 $R_1 = 1000$ kg, $R_2 = 500$ kg

14. 〈그림 3·34〉에서 길이 60 mm, 지름 $d = 15$ mm의 강봉을 두께 $t = 2.5$ mm의 동관에 밀착시켜 축방향에 $P = 1600$ kg의 압축하중을 작용할 때 강봉과 동관에 발생하는 응력과 전신장량을 구하라. 단, $E_s = 2.1\times10^6$ kg/cm^2, $E_c = 1.05\times10^6$ kg/cm^{2}이다.

답 $\sigma_s = 651.73$ kg/cm^2, $\sigma_c = 325.87$ kg/cm^2, $\delta_s = \delta_c = 0.00186$ cm

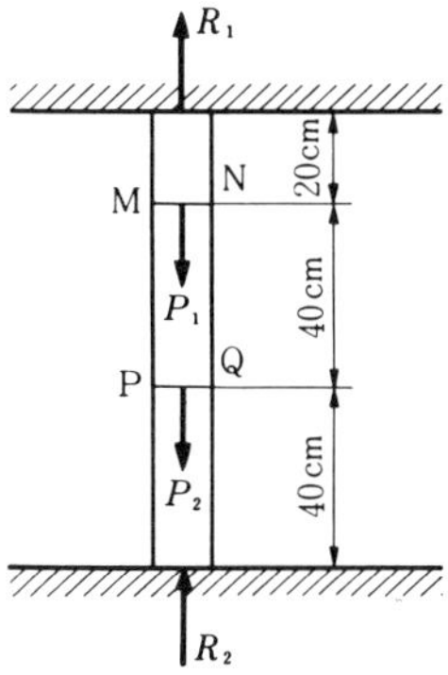

〈그림 3·33〉

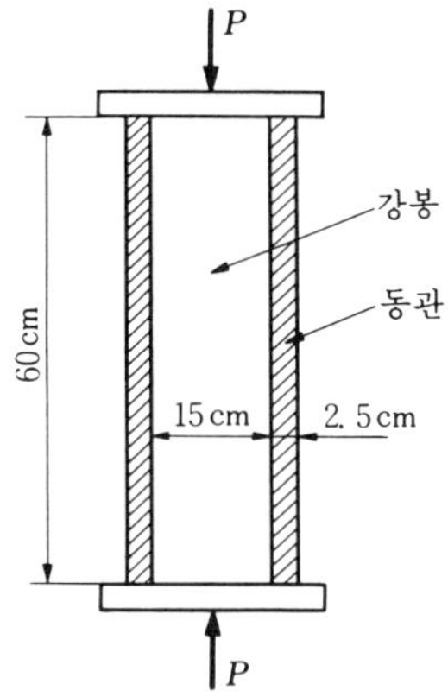

〈그림 3·34〉

15. 강선을 천장에 고정하였을 때 고정단의 응력이 $\sigma = 1200\,\text{kg/cm}^2$이 될 수 있는 강선의 길이와 신장을 구하라(그림 3·35). 단, $\gamma = 7.85\,\text{g/cm}^3$, $E = 2\times10^6\,\text{kg/cm}^2$이다.

답 $l = 1529\,\text{m}$, $\delta = 43.7\,\text{cm}$

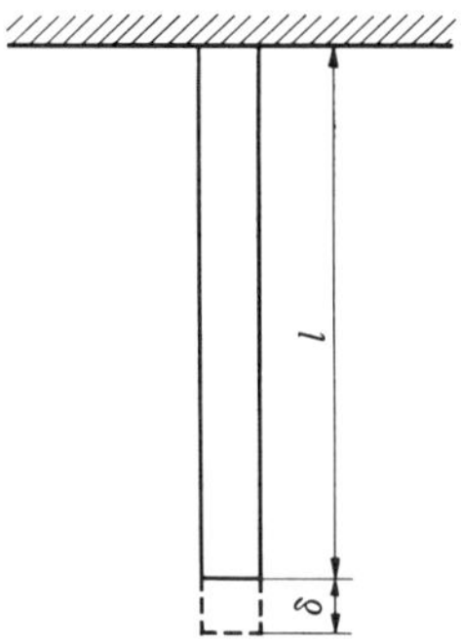

〈그림 3·35〉

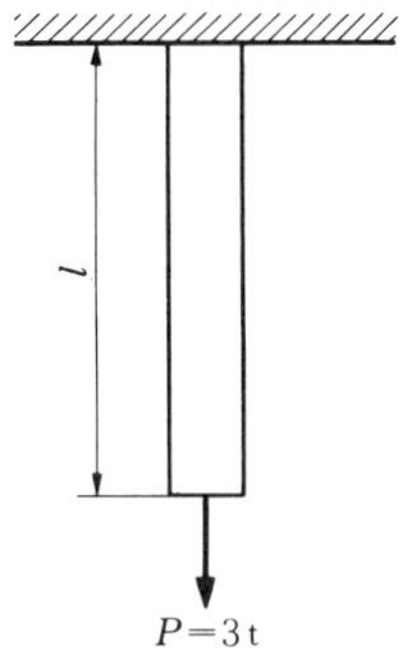

〈그림 3·36〉

16. 길이 $l = 20\,\text{m}$인 수직 강철봉에 하중 $P = 3\,\text{ton}$이 작용할 때 사용응력을 $\sigma_w = 600\,\text{kg/cm}^2$으로 할 수 있는 봉의 단면적과 신장량을 구하라(그림 3·36). 단, $\gamma=7.85\text{g/cm}^3$, $E=2.1\times10^6\text{kg/cm}^2$이다.

답 $A = 5.134\,\text{cm}^2$, $\delta = 0.565\,\text{cm}$

17. 동판이 두 강판 사이에 납땜되어 있다. 전체의 온도가 100℃ 올라갈 때 생기는 열응력을 계산하라. 강판의 두께는 모두 같고 선팽창계수 $\alpha_s = 1.12\times10^{-5}\,\text{cm/℃·cm}$, $\alpha_c = 1.65\times10^{-5}\,\text{cm/℃·cm}$, $E_s : E_c = 12 : 5$ 라 하고, $E_s = 2.1\times10^6\,\text{kg/cm}^2$ 이다.

답 $\sigma_s = 327\,\text{kg/cm}^2$(인장), $\sigma_c = 327\,\text{kg/cm}^2$(압축)

18. 〈그림 3·37〉과 같이 길이가 l_1, 단면적이 A_1인 부분과 l_2A_2 의 부분으로 이루어진 단붙임봉의 양단을 고정하고 온도를 50℃ 상승시켰다. 이 때 A_1 부분과 A_2 부분에 생기는 열응력 σ_1 및 σ_2는

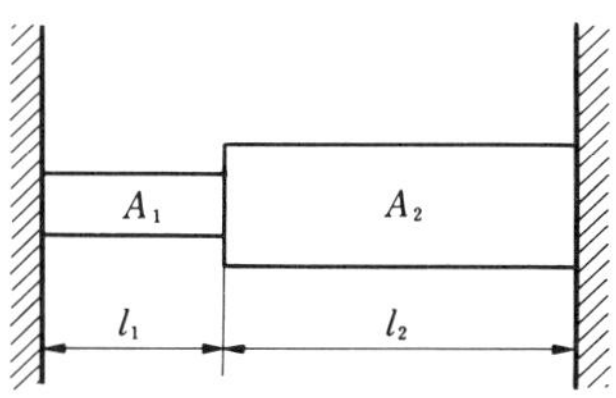

〈그림 3·37〉

각각 얼마인가? 단, $A_2 = 2A_1$, $l_2 = 3l_1$, $E = 2.1\times10^6\ \text{kg/cm}^2$, $\propto = 1.12\times10^{-5}\ \text{cm/℃·cm}$이다.

답 $\sigma_1 = 1881.6\ \text{kg/cm}^2$, $\sigma_2 = 940.8\ \text{kg/cm}^2$

19. 지름 2 cm의 연강봉을 상온에서 고정시켰다. 온도가 30℃ 올라갔을 때 생기는 응력과 양단에 미치는 힘을 구하라. 단, $E = 2.1\times10^6\ \text{kg/cm}^2$, $\alpha = 1.1\times10^{-5}\ \text{cm/℃·cm}$이다.

답 $\sigma = 693\ \text{kg/cm}^2$, $P = 2177\ \text{kg}$

20. 지름 $d = 7\ \text{cm}$ 의 연강 원형단면봉에 온도를 26℃ 정도 상승시키더라도 길이가 변화하지 않도록 하기 위하여 外力이 24 ton 필요하였다. 이 봉의 선팽창계수를 구하라. 단, $E = 2.1\times10^6\ \text{kg/cm}^2$이다.

답 $\alpha = 1.14\times10^{-6}\ \text{cm/℃·cm}$

21. 길이가 l이고 단면적이 A인 균일단면봉이 자중하에서 연직하게 매달려 있다. 그 재료의 단위체적당 중량이 γ일 때 그 봉 속에 저장된 변형에너지를 구하라(그림 3·38).

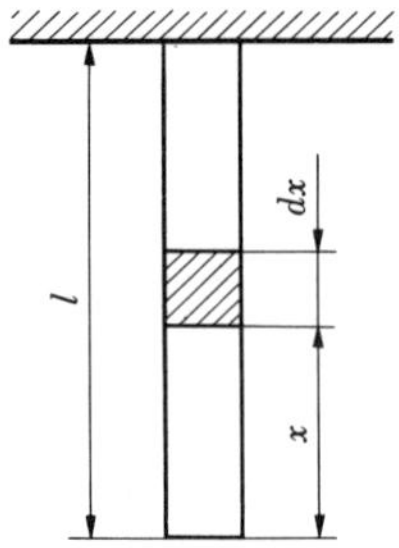

〈그림 3·38〉

답 $U = \dfrac{A\gamma^2 l^3}{6E}$

22. 단면적 $6.5\ \text{cm}^2$, 길이 76 cm의 연강봉이 인장하중을 받아 0.5 mm 늘어났다. 연강봉의 저항으로 생긴 탄성에너지를 구하라. 단, $E = 2.1\times10^6\ \text{kg/cm}^2$ 이다.

답 $U = 224.5\ \text{kg·cm}$

23. 〈그림 3·39〉와 같이 길이, 단면적이 같은 두 개의 균일단면봉으로 이루어진 봉에서 수직하중 P가 작용하고 있다. 이 봉에 저장된 변형에너지를 구하라.

답 $\dfrac{P^2 l}{AE}$

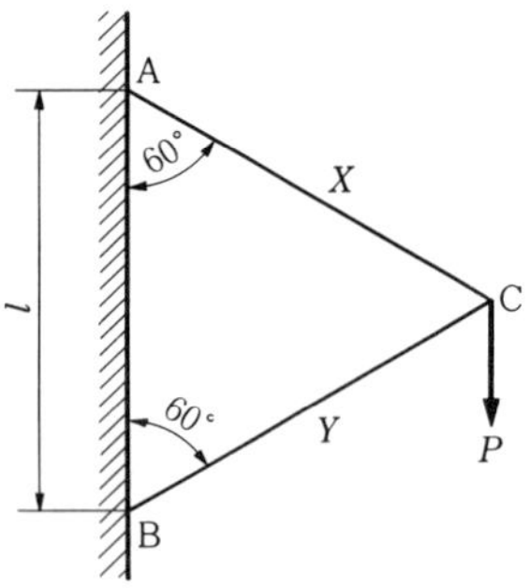

〈그림 3·39〉

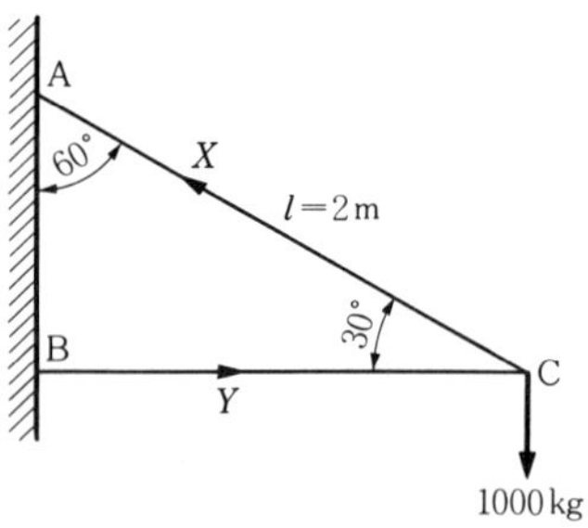

〈그림 3·40〉

24. 단면적이 모두 $4\ \text{cm}^2$ 인 막대를 〈그림 3·40〉과 같이 연결하고 C 점에서 1000 kg의 하중을 작용시킬 때 AC, BC에 저축되는 탄성에너지 U를 구하라. 단, AC의 길이는 2 m, $E = 2.1\times10^6\ \text{kg/cm}^2$

이다.

답 $U = 78.5$ kg·cm

25. 탄성한계 1500 kg/cm^2, 세로탄성계수 2.1×10^6 kg/cm^{2}의 연강재가 압축하중을 받아서 200 kg·cm의 탄성에너지를 저축하려 할 때 필요한 체적을 구하라.

답 $V = 373$ cm^3

26. 경강의 탄성한계를 7.5×10^3 kg/cm^2, 세로탄성계수를 2.1×10^6 kg/cm^2, 비중을 7.8이라 할 때 단위중량마다의 최대탄성에너지를 구하라.

답 $u = 13.4$ kg·cm/cm^3, $u_w = 1717$ kg·cm/kg

27. 단면적 3×5 cm, 길이 2 m, 세로탄성계수 2.1×10^6 kg/cm^{2}의 연강봉이 인장하중을 받고 0.08 cm 늘어났다. 저축된 탄성에너지를 구하라.

답 $U = 504$ kg·cm

28. 코일스프링에 60 kg의 힘이 작용되어 3 cm의 변형을 일으켰다. 이 때 스프링에 저장된 탄성에너지를 구하라.

답 $U = 90$ kg·cm

29. 상단을 고정한 봉 속에 최대응력 $\sigma = 3000$ kg/cm^{2}을 발생하려면 추 $W = 50$ kg을 얼마의 높이에서 낙하시켜야 하는가? 단, $E = 2.1\times10^6$ kg/cm^2, $l = 2$ m, 단면적 $A = 3$ cm^{2}이다.

답 $h = 25.7$ cm

30. 길이 $l = 4$ m, 원형단면의 지름 $d = 3.5$ cm인 강봉을 外力 $P = 4.2$ ton의 인장하중을 급속히 작용하였을 때 이 재료가 발생한 응력과 변형량을 구하라. 단, $E = 2.1\times10^6$ kg/cm^{2}이다.

답 $\sigma = 873$ kg/cm^2, $\delta = 0.166$ cm

31. 길이 $l = 3.5$ m, 단면적 $A = 5$ cm^{2}인 재료의 상부를 고정하고 $W = 50$ kg의 추를 $h = 20$ cm의 높이에서 낙하시킬 때 충격에 의한 응력 및 최대신장을 구하라. 단, $E = 2.1\times10^6$ kg/cm^{2}이다.

답 $\sigma = 1559$ kg/cm^2, $\delta = 0.26$ cm

32. 강재 원형단면의 지름 $d = 2.3$ cm, 길이 $l = 2.5$ m인 강선에 중량 $W = 42$ kg의 물체가 하중속도 $v = 1.20$ m/s로 작용할 때의 충격응력을 구하라. 단, $E = 2.1\times10^6$ kg/cm^{2}이다.

답 $\sigma = 11164$ kg/cm^2

33. 평균지름 $d = 60$ cm, 벽두께 $t = 3$ mm인 동관이 $q = 10$ kg/cm^{2}의 내압을 받고 있다. 이 관벽 속에 발생하는 원환응력의 크기와 지름의 증가량을 구하라. 단, $E = 2.1\times10^6$ kg/cm^{2}이다.

답 $\sigma = 1000$ kg/cm^2, $\varepsilon = 4.76\times10^{-4}$, $\Delta d = 28.6\times10^{-3}$ cm

34. 두께 8 mm인 가죽벨트가 $N = 1200$ rpm으로 회전하는 $d = 40$ cm의 풀리에 잠겨 있다. 가죽의 비중 $\gamma = 1.0\times10^{-3}$ kg/cm^{3}이면 원심력으로 인하여 그 벨트 속에 발생하는 인장응력을 구하라. 단, $g = 980$ cm/sec^{2}이다.

답 $\sigma = 6.44$ kg/cm^2

35. 〈그림 3·41〉(a)와 같은 원환의 지름 d_2에 그림 (b)의 원환의 지름 d_1을 가열하여 열끼워맞춤을 하려고 할 때, 안쪽 원환이 받는 압력의 크기를 구하라. 단, 안쪽은 강체라 생각한다.

답 $q = \dfrac{2tE(d_2-d_1)}{d_2 d_1}$

36. 사용기압 20 kg/cm^2, 지름 1 m의 보일러의 두께를 구하라. 단, 재료의 허용응력은 900 kg/cm^2,

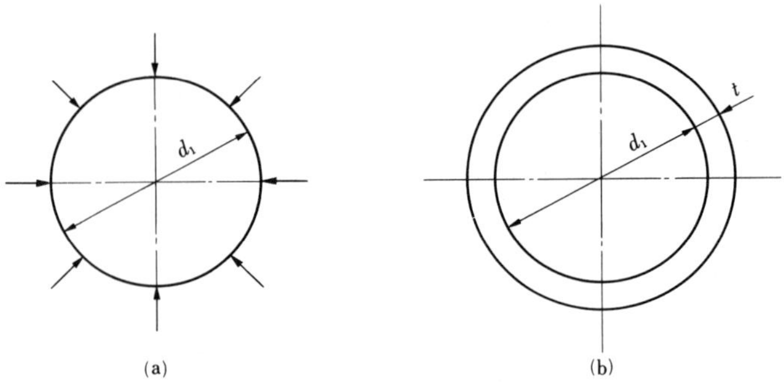

〈그림 3·41〉

이음효율은 70% 이다.

답 $t = 1.6$ cm

37. 두께 8 mm의 강판으로 만든 안지름 40 cm의 원통에 10 kg/cm^{2}의 내압이 작용할 때 강판에 생기는 인장응력을 구하라.

답 $\sigma = 250$ kg/cm^2

38. 안지름 40 cm, 두께 10 mm인 원통의 허용응력이 500 kg/cm^{2}이면 이 원통에 얼마의 내압을 가할 수 있는가?

답 $q = 25$ kg/cm^2

39. 지름 150 cm 주철제 플라이휠의 안전회전수를 구하라. 단, 허용응력 $\sigma_a = 700$ kg/cm^2, $\gamma = 7.25$ g/cm^3 이다.

제 4 장

組合應力과 모어의 應力圓

4-1 傾斜斷面에 발생하는 응력

〈그림 4·1〉 (a)와 같은 균일단면봉에 축하중 P가 작용하면 수직단면 mn 上에 균일한 수직응력 $\sigma_x = \dfrac{P}{A}$가 발생한다.

mn 단면과 θ만큼 경사된 m′n′ 단면의 응력상태를 고찰해 보자.

축방향의 힘 P를 m′n′면의 법선방향의 힘 N과 접선방향의 힘 T로 분해하면 N은 m′n′ 단면에 대한 法線力이 되고, T는 剪斷力이 된다.

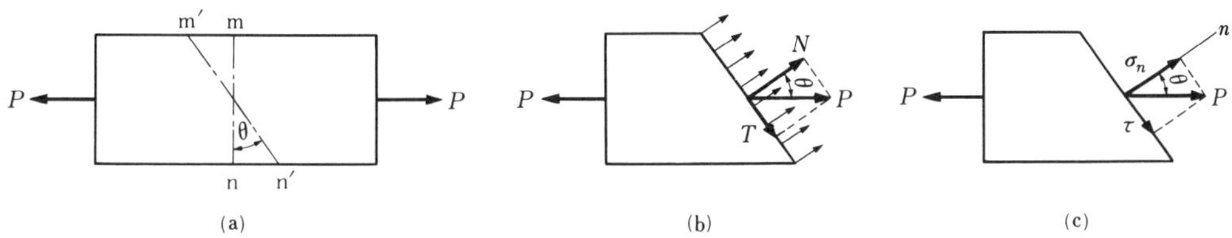

〈그림 4·1〉

mn과 m′n′이 이루는 각이 θ이므로 축방향의 힘 P와 N이 이루는 각도는 θ가 된다.

그러므로 $N = P\cos\theta, \quad T = P\sin\theta$

mn과 m′n′의 단면적을 각각 A, A'라 하면

$$A' = \frac{A}{\cos\theta}$$

가 되므로, 경사단면상의 法線應力(normal stress) σ_n은 다음과 같다.

$$\sigma_n = \frac{N}{A'} = \frac{P\cos\theta}{\dfrac{A}{\cos\theta}} = \frac{P}{A}\cos^2\theta = \sigma_x\cos^2\theta \qquad (4\cdot1)$$

경사단면상의 剪斷應力(shearing stress) τ는

$$\tau = \frac{T}{A'} = \frac{P\sin\theta}{\dfrac{A}{\cos\theta}} = \frac{P}{A}\sin\theta\cos\theta = \frac{\sigma_x}{2}\sin 2\theta \qquad (4\cdot2)$$

횡단면 mn 위에는 垂直應力만 작용하지만, 경사면상에는 법선응력과 전단응력이 동시에 작용한다.

식 (4・1)에서 最大法線應力은 $\theta = 0$인 수직단면상에 일어나고 그 크기는 다음과 같다.

$$(\sigma_n)_{\max} = (\sigma_n)_{\theta=0} = \frac{P}{A} = \sigma_x \qquad (4 \cdot 3)$$

이 식은 식 (2・1)과 일치하고 이 때 전단응력은 $\tau = 0$이 된다. 식 (4・2)에서 최대전단응력은 $\sin 2\theta = 1$, 즉 $\theta = 45°$인 경사면에 일어나므로 크기는 다음과 같이 된다.

$$\tau_{\max} = \frac{1}{2}\sigma_x \qquad (4 \cdot 4)$$

즉, 최대전단응력은 45° 경사면에서 일어나고 법선응력의 1/2이 됨을 알 수 있다.

또한 45°일 때는 법선응력도 $\sigma_n = \frac{1}{2}\sigma_x$가 되어

$$\tau_{\max} = \sigma_n \qquad (4 \cdot 5)$$

따라서 θ가 증가하면 법선응력은 감소하여 $\theta = 90°$에서 $\sigma_n = 0$이 되고, 전단응력은 θ의 증가에 따라 $\tau = 0$에서 증가하여 $\theta = 45°$에서 최대값이 되었다가 감소하기 시작하여 $\theta = 90°$에서 다시 $\tau = 0$이 된다.

最大剪斷應力은 最大法線應力의 $\frac{1}{2}$에 불과하지만 인장 또는 압축보다 전단에 대하여 약한 재료에 있어서는 최대전단응력으로 인하여 파괴된다. 이 파괴는 최대전단응력이 작용하는 횡단면에서 직접 파단하는 것이 아니고, 최대전단응력이 작용하는 45° 경사면에 따라 두 부분으로 상대적인 미끄럼으로 인하여 파괴가 진행되는 것이다.

〈그림 4・2〉는 試片을 試驗機에 걸었을 때 항복점에 도달하여 45° 경사면을 따라 미끄러져 파단을 일으키는 무늬를 나타낸 것이다. 이런 무늬의 선을 Lüder's 線 또는 piobert 무늬라고 한다.

〈그림 4・2〉 (a)는 연강봉의 인장시험편 파단부를 표시한 것이며, 둘레의 약 45° 경사된 원추면은 전단파괴에 의한 것이고 중앙의 水平部는 引張應力에 의한 파괴이다.

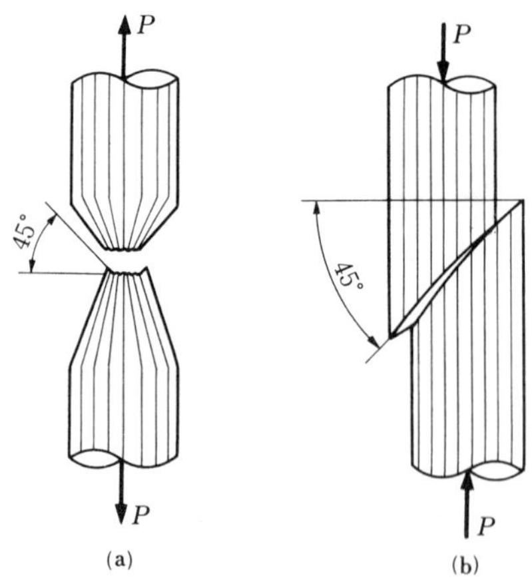

〈그림 4・2〉

〈그림 4·2〉 (b)는 인장에 약한 주철, 시멘트나 벽돌 등이 압축에 의하여 45° 경사단면으로 전단파괴되는 실례이다. 인장에 대한 공식 (4·1), (4·2)는 압축하중의 경우에도 적용된다.

〈그림 4·3〉과 같이 인장을 받는 棒의 임의 경사면 mn과 평행한 m′n′ 면 사이에 낀 얇은 요소를 잘라내어 그들의 응력상태를 비교하여 보자.

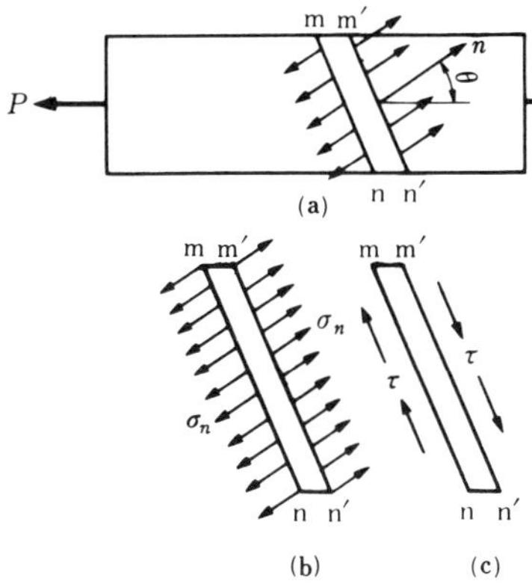

〈그림 4·3〉

〈그림 4·3〉 (b)와 같이 법선응력 σ_n은 요소를 인장으로 늘어나게 작용하고, 또한 그 요소 내의 임의점에 대하여 반시계방향으로 偶力이 발생한다. 〈그림 4·3〉 (c)에서 τ는 두 평면을 서로 미끄러지게 작용하고, 요소 내의 임의점에 대하여 시계방향으로 우력이 발생하며, 그림 (b) 및 (c)의 우력은 사실상 크기가 같고 반대방향이므로 요소는 평형상태를 유지한다. 〈그림 4·3〉에서 압축하중이 작용하면 σ_n과 τ는 반대방향이 된다.

법선응력과 전단응력에 대한 符號規約은 〈그림 4·4〉와 같이 법선응력은 引張일 때 (+)의 부호를 붙이고 압축일 때는 (−)의 부호를 붙인다. 전단응력은 요소 내의 임의점에 대하여 시계방향으로 회전하고자 할 때는 (+)부호, 반시계방향으로 작용할 때는 (−)부호를 붙인다.

〈그림 4·4〉

〈그림 4·5〉에서 軸引張을 받는 봉의 단면 m′n′와 직교하는 경사단면 m″n″ 위에 작용하는 응력을 σ_n'와 τ'로서 표시하고, 식 (4·1)과 (4·2)에서 θ 대신 $90°+\theta$를 대입하면

$$\sigma_n' = \sigma_x \cos^2(90+\theta) = \sigma_x \sin^2\theta \qquad (4\cdot6)$$

$$\tau' = \frac{1}{2}\sigma_x \sin 2(90+\theta) = \frac{1}{2}\sigma_x \sin(180+2\theta) = -\frac{1}{2}\sigma_x \sin 2\theta \qquad (4\cdot7)$$

가 된다. 이들의 응력분포는 〈그림 4·5〉 (b)와 같다.

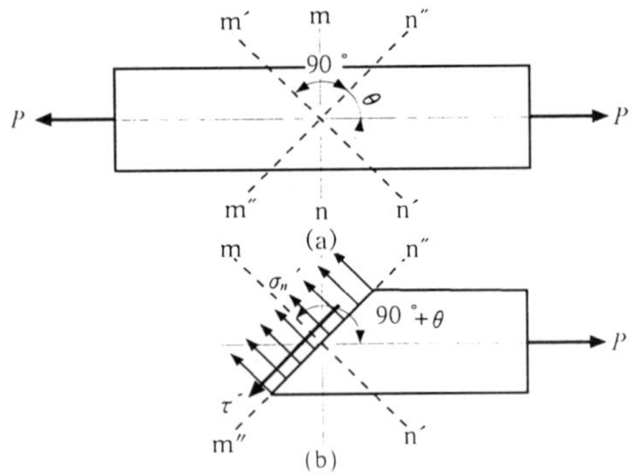

〈그림 4·5〉

식 (4・1)과 (4・6)을 또는 식 (4・2)와 (4・7)을 합하면

$$\sigma_n + \sigma_n' = \sigma_x(\cos^2\theta + \sin^2\theta) = \sigma_x \tag{4・8}$$

$$\tau = -\tau' \tag{4・9}$$

가 된다. 이것은 축인장을 받는 棒의 두 直交斷面 위에 작용하는 σ_n과 σ_n'의 합은 항상 일정하며, 수직단면 mn 위에 작용하는 σ_x와 같다. 이들 σ_n과 σ_n'는 서로 직교하는 두 평면 위에 있으므로 共軛應力(complementary stress)이라고 한다. 共軛剪斷應力들은 항상 크기가 같고 방향이 반대이다.

예제 4-1. 단면이 5 cm×6 cm의 직 4 각형인 봉이 21 ton의 축인장력을 받고 있을 때, 축에 직각인 단면과 60°의 각도를 이루는 단면에서의 σ_n과 τ를 계산하라.

풀이 $\sigma_x = \dfrac{21,000}{30} = 700\ \text{kg/cm}^2$

$$\sigma_n = \sigma_x \cos^2\theta = 700 \times \cos^2 60° = 700 \times \frac{1}{4} = 175\ \text{kg/cm}^2$$

$$\tau = \frac{1}{2}\sigma_x \sin 2\theta = \frac{1}{2} \times 700 \times \sin 120° = \frac{1}{2} \times 700 \times \frac{\sqrt{3}}{2} = 303\ \text{kg/cm}^2$$

예제 4-2. 3000 kg의 축인장력을 받고 있는 지름 5 cm인 균일단면봉이 있다. 횡단면과 45° 경사한 단면에서의 σ_n과 τ를 구하라.

풀이 $\sigma_n = \tau = \dfrac{1}{2}\sigma_x = \dfrac{1}{2} \times \dfrac{3000}{\dfrac{\pi}{4}5^2} = 764\ \text{kg/cm}^2$

예제 4-3. 한 변이 2 cm인 정 4 각형 단면을 갖는 봉이 〈그림 4・6〉과 같이 축인장력 $P = 4$ ton을 받고 있다. 횡단면과 30° 경사된 구형요소의 표면에 작용하는 共軛應力을 구하라.

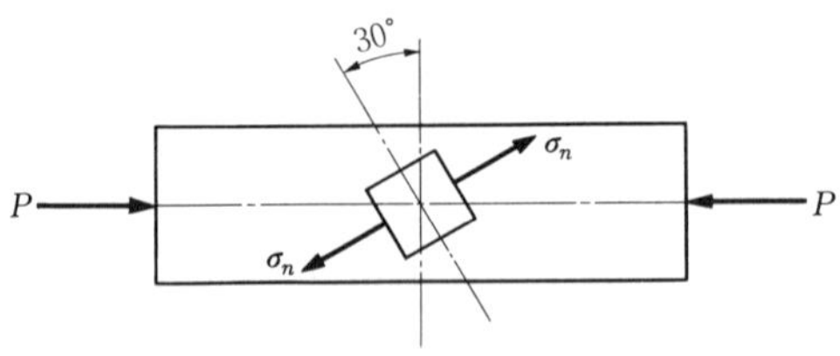

〈그림 4·6〉

풀이 $\sigma_x = \dfrac{P}{A} = 1000\ \text{kg/cm}^2$, $\theta° = 30°$를 대입하면

$$\sigma_n = 1000 \times (0.866)^2 = 750\ \text{kg/cm}^2$$

$$\tau = \frac{1}{2} \times 1000 \times 0.866 = 433\ \text{kg/cm}^2$$

$$\sigma_n' = \sigma_x - \sigma_n = 1000 - 750 = 250\ \text{kg/cm}^2$$

$$\tau' = -\frac{1}{2} \times 1000 \times 0.866 = -433\ \text{kg/cm}^2$$

4-2 二 軸 應 力

지금까지는 인장, 압축, 전단 등의 單純應力을 취급하였다. 그러나 내압을 받는 容器 또는 回轉體 및 보(beam) 등의 한 요소에 작용하는 응력은 직각방향에 인장력 또는 압축력이 동시에 작용하므로, 이에 대응한 인장응력 또는 압축응력이 같은 面 위에 동시에 작용한다. 이와 같이 여러 단순응력이 합성된 응력을 組合應力(combined stress)이라고 한다.

두 축방향으로 작용하는 응력을 二軸應力(biaxial stress)이라 하고, 세 축방향으로 작용하는 것을 三軸應力(triaxial stress)이라고 한다. 응력이 모두 한 평면 위에 놓이게 되면 平面應力(plane stress)이라고 한다.

임의점 또는 임의면에 작용하는 응력은 일반적으로 수직응력과 접선응력으로 이루어져 있으며 그 점을 지나는 무수한 면에 대한 응력의 크기는 각각 다른 값을 가지고 있고, 그 중에서도 수직응력만이 작용하고 접선응력이 전혀 작용하지 않는 면이 있다. 이와 같은 면을 主面(principal plane)이라 하고, 주면에 작용하는 응력을 主應力(principal stress)이라고 한다.

재료 중 어떤 점의 응력상태가 여하히 복잡하더라도 그 효과는 서로 직각을 이루는 三主應力의 효과의 組合과 같다. 즉, 응력상태는 일반적으로 3直角平面上에 있어서 세 가지 직각방향의 主應力으로 표시할 수 있다. 실제에 있어서는 一平面方向에 있어서의 응력은 무시될 수 없으므로 두 가지 직각방향에 있어서의 주응력만을 취급할 수 있다. 다음에는 두 직각방향의 응력의 합성에 대하여 생각해 보자.

〈그림 4·7〉과 같이 재료의 한 요소에 두 직각방향으로 인장응력 σ_x와 σ_y가 작용한다고 하고, 이 때 σ_z는 무시하고 $\sigma_x > \sigma_y$라 가정한다.

경사면 AC, 즉 법선 n이 x축과 θ를 이루는 평면상의 응력을 고찰하기 위하여 그림 (b)와 같이 3각형 ABC를 분리하고 표면 AB, BC 및 AC의 면적을 각각 A_x, A_y, A_n이라 하면 AB, BC 표면상에는 $\sigma_x A_x$, $\sigma_y A_y$인 응력의 합성이 작용하게 되고, AC 표면상에는 식 (4·1), (4·2)에 의하여 법선응력 σ_n과 전단응력 τ가 발생하고 응력의 합력은 $\sigma_n A_n$ 및 τA_n이 된다. 경사면에 수직한 n축 방향의 모든 힘의 평형조건에서 다음과 같은 관계가 성립된다.

傾斜面의 法線應力은

$$\sigma_n A_n = \sigma_x A_x \cos\theta + \sigma_y A_y \sin\theta = \sigma_x (A_n \cos\theta)\cos\theta + \sigma_y (A_n \sin\theta)\sin\theta$$

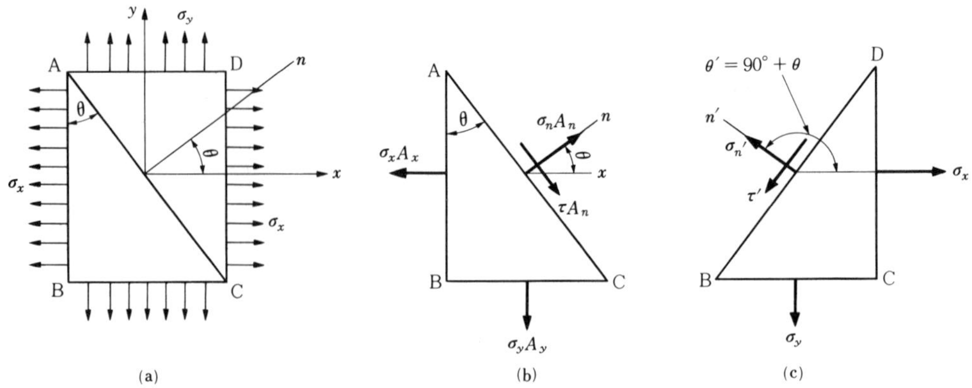

〈그림 4·7〉

따라서
$$\sigma_n = \sigma_x \cos^2\theta + \sigma_y \sin^2\theta$$
$$= \sigma_x\left(\frac{1+\cos 2\theta}{2}\right) + \sigma_y\left(\frac{1-\cos 2\theta}{2}\right)$$
$$= \frac{1}{2}(\sigma_x+\sigma_y) + \frac{1}{2}(\sigma_x-\sigma_y)\cos 2\theta \qquad (4 \cdot 10)$$

傾斜面의 剪斷應力은
$$\tau A_n = \sigma_x A_x \sin\theta - \sigma_y A_y \cos\theta$$
$$= \sigma_x(A_n \cos\theta)\sin\theta - \sigma_y(A_n \sin\theta)\cos\theta$$

따라서
$$\tau = \sigma_x \cos\theta \cdot \sin\theta - \sigma_y \cos\theta \cdot \sin\theta$$
$$= (\sigma_x - \sigma_y) \cdot \sin\theta \cdot \cos\theta = \frac{1}{2}(\sigma_x-\sigma_y)\sin 2\theta \qquad (4 \cdot 11)$$

식 (4·10)과 식 (4·11)은 x축과 각 θ를 이루는 임의 경사면에 작용하는 법선응력 σ_n과 전단응력 τ의 크기를 결정하는 식이다.

한편 傾斜平面 AC와 직교하는 평면 BD상에 작용하는 法線應力 σ_n'와 剪斷應力 τ'는 〈그림 4·7〉 (c)에서 $\theta' = 90° + \theta$이므로 식 (4·10), (4·11)에 θ 대신 θ'를 대입하면 다음과 같이 된다.

$$\sigma_n' = \frac{1}{2}(\sigma_x+\sigma_y) + \frac{1}{2}(\sigma_x-\sigma_y)\cos 2(90+\theta)$$
$$= \frac{1}{2}(\sigma_x+\sigma_y) - \frac{1}{2}(\sigma_x-\sigma_y)\cos 2\theta \qquad (4 \cdot 12)$$
$$\tau' = \frac{1}{2}(\sigma_x-\sigma_y)\sin 2(90+\theta) = -\frac{1}{2}(\sigma_x-\sigma_y)\sin 2\theta \qquad (4 \cdot 13)$$

식 (4·12), (4·13)은 식 (4·10), (4·11)에 대하여 서로 共軛應力을 이루고 있다. 즉,
$$\sigma_n + \sigma_n' = \sigma_x + \sigma_y \qquad (4 \cdot 14)$$
$$\tau = -\tau' \qquad (4 \cdot 15)$$

이것은 두 직교하는 평면상의 수직응력의 합은 θ에 관계 없이 일정하다는 것과 전단응력은 크기가 같고 방향이 반대임을 알 수 있다.

식 (4·10)에서 σ_n의 최대값과 최소값은 $\theta = 0$ 및 $\theta = 90°$의 面에서 발생하고 그 크기는

다음과 같다.

$$\left.\begin{aligned}(\sigma_n)_{\max} &= \frac{\sigma_x+\sigma_y}{2}+\frac{\sigma_x-\sigma_y}{2}=\sigma_x\\(\sigma_n)_{\min} &= \frac{\sigma_x+\sigma_y}{2}-\frac{\sigma_x-\sigma_y}{2}=\sigma_y\end{aligned}\right\} \qquad (4\cdot 16)$$

이들의 σ_x와 σ_y는 각각 최대·최소의 法線應力임을 알 수 있고, $\theta=0$ 및 $\theta=90°$인 직교평면을 主面이라 하고 수직응력의 최대·최소값 σ_x, σ_y를 主應力(principal stress)이라고 한다. 이들 면 위에는 식 (4·11), (4·13)에 의하여 $\tau=0$, $\tau'=0$이므로 主面 위에는 剪斷應力이 없다. 식 (4·11)에서 전단응력의 최대값과 최소값은 $\theta=45°$ 및 $\theta=45°+90°$인 면에서 발생하고, 그 크기는 다음과 같다.

$$\left.\begin{aligned}\tau_{\max} &= \frac{1}{2}(\sigma_x-\sigma_y)\\\tau_{\min} &= -\frac{1}{2}(\sigma_x-\sigma_y)\end{aligned}\right\} \qquad (4\cdot 17)$$

이들은 두 主應力의 差의 $\frac{1}{2}$과 같다는 것을 보여 주고 있다. 따라서 두 主應力의 크기가 서로 같을 경우에는 $\tau_{\max}=\tau_{\min}=0$이 되고, 〈그림 4·7〉의 AC 경사면이 어떤 각도를 이루어도 剪斷應力은 작용하지 않는다. 또한 $\sigma_x=-\sigma_y$인 경우에는 $\sigma_n=\sigma_n'=0$ 이 되고 $\tau_{\max}=\sigma_x=-\sigma_y$가 되어, 〈그림 2·13〉과 같은 경우와 일치하여 純粹剪斷을 뜻한다.

이번에는 〈그림 4·7〉과 같은 요소에 대한 변형상태를 생각하자.

인장응력 σ_x로 인한 x축방향의 신장률은 $\frac{\sigma_x}{E}$와 같고, 인장응력 σ_y로 인한 x방향의 가로收縮率은 $\frac{-\sigma_y}{mE}$ 이므로 σ_x 및 σ_y로 인하여 x축방향의 신장률은 식 (2·19)에서

$$\varepsilon_x=\frac{\sigma_x}{E}-\frac{\sigma_y}{mE} \qquad (4\cdot 18)$$

y축방향의 신장률은

$$\varepsilon_y=\frac{\sigma_y}{E}-\frac{\sigma_x}{mE} \qquad (4\cdot 19)$$

z축방향의 수축률은

$$\varepsilon_z=-\frac{1}{mE}(\sigma_x+\sigma_y) \qquad (4\cdot 20)$$

만일 $\sigma_x=\sigma_y=\sigma$라 하면,

$$\varepsilon_x=\varepsilon_y=\frac{\sigma}{E}\left(1-\frac{1}{m}\right) \qquad (4\cdot 21)$$

이 된다. 식 (4·18), (4·19)는 식 (2·19)에 $\sigma_z=0$을 대입한 결과와 일치한다. 이 식들에서 응력 σ_x와 σ_y를 변형률 ε_x와 ε_y의 함수로 표시하면 다음과 같이 된다.

$$\left.\begin{aligned}\sigma_x &= \frac{m(m\varepsilon_x+\varepsilon_y)E}{m^2-1}=\frac{(\varepsilon_x+\mu\varepsilon_y)E}{1-\mu^2}\\\sigma_y &= \frac{m(\varepsilon_x+m\varepsilon_y)E}{m^2-1}=\frac{(\mu\varepsilon_x+\varepsilon_y)E}{1-\mu^2}\end{aligned}\right\} \qquad (4\cdot 22)$$

이 식은 변형률 게이지(strain gauge)로 主變形率(principal strain) ε_x와 ε_y를 측정하여 그 면에 작용하는 응력의 크기를 산출할 수 있다. 二軸應力을 받고 있는 탄성재료의 체적 변화율은 식 (2·21)과 같다.

예제 4-4. 〈그림 4·8〉과 같은 요소에서 $\sigma_x = 1000\ \text{kg/cm}^2$, $\sigma_y = -500\ \text{kg/cm}^2$, $\theta = 30°$ 일 때 σ_n, σ_n', τ 및 τ'를 구하라.

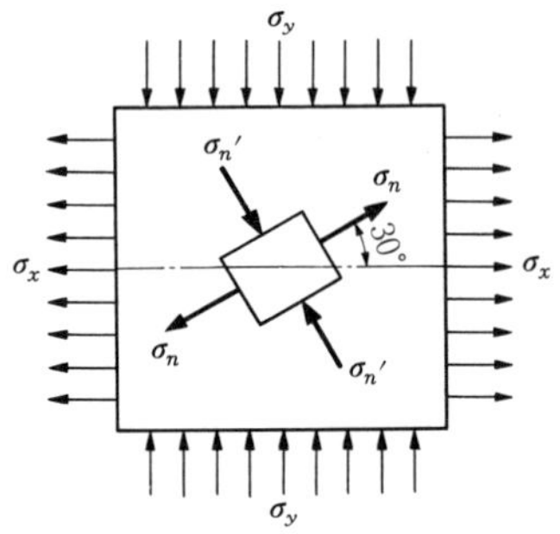

〈그림 4·8〉

풀이 $\sigma_n = \frac{1}{2}(1000-500) + \frac{1}{2}(1000+500)\cos(2\times 30°) = 250+750\times\frac{1}{2} = 625\ \text{kg/cm}^2$

$\sigma_n' = \frac{1}{2}(1000-500) - \frac{1}{2}(1000+500)\cos(2\times 30°) = 250-750\times\frac{1}{2} = -125\ \text{kg/cm}^2$

$\tau = -\tau' = \frac{1}{2}(+500+1000)\times\sin(2\times 30°) = 750\times 0.866 = 650\ \text{kg/cm}^2$

예제 4-5. 〈그림 4·8〉에서 $\sigma_x = 1000\ \text{kg/cm}^2$, $\sigma_y = -500\ \text{kg/cm}^2$ 일 때 ε_x와 ε_y를 구하라. 단, $E = 2.1\times 10^6\ \text{kg/cm}^2$, $\mu = 0.3$이다.

풀이 $\varepsilon_x = \frac{\sigma_x}{E} - \frac{\mu\sigma_y}{E} = \frac{1}{2.1\times 10^6}(1000+0.3\times 500) = 548\times 10^{-6}$

$\varepsilon_y = \frac{\sigma_y}{E} - \frac{\mu\sigma_x}{E} = \frac{1}{2.1\times 10^6}(-500-0.3\times 1000) = -380\times 10^{-6}$

4-3 平 面 應 力

이번에는 두 직각방향의 수직응력과 전단응력과의 合成에 대하여 생각해 보자. 보에 직각방향으로 작용하는 하중으로 인하여 발생하는 굽힘모멘트에 의하여 보 속의 한 矩形要素 面에는 수직응력 σ_x, σ_y와 전단응력 τ_{xy}, τ_{yx}가 동시에 작용하게 된다. 또는 축에 축방향의 하중과 비틀림모멘트를 받는 경우에도 이와 같은 응력상태에 놓이게 된다.

〈그림 4·9〉는 矩形要素의 응력상태를 표시하고 각도 θ를 이룬 임의 경사평면에 작용하는 법선응력 σ_n과 전단응력 τ를 고찰하고 이들의 最大應力의 크기와 방향을 구한다. 전단응력의 添字 중에 첫째 첨자는 전단응력이 작용하는 面을 표시하고, 둘째 첨자는 전단응력의 방향을 표시한다. 그러므로 τ_{xy}는 要素의 x면 위에 전단응력이 y방향으로 작용하는 것을 표시하고, τ_{yx}는 y면 위에 x방향으로 전단응력이 작용하는 것을 표시한다.

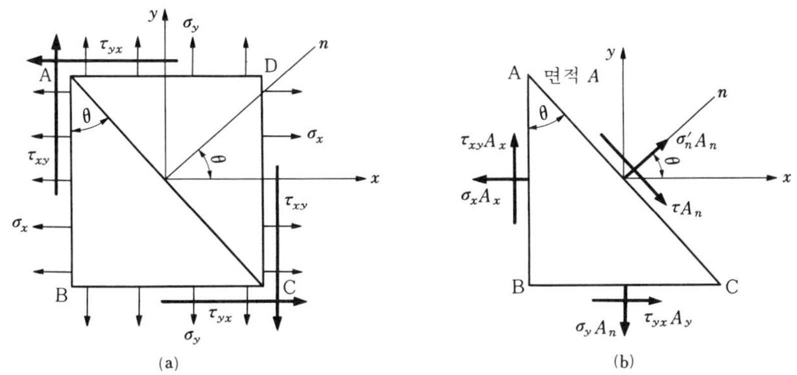

〈그림 4·9〉

부호 규약은 시계방향과 반시계방향에 따라 결정한 바 있다. 따라서 τ_{xy}와 τ_{yx}는 共軛應力이므로 크기가 같고 방향이 반대이다. 〈그림 4·9〉 (b)와 같이 표시된 3각형 요소의 傾斜斷面의 법선응력과 전단응력은 각 側面에 작용하는 힘의 평형조건으로부터 다음과 같이 된다.

$$\begin{aligned}\sigma_n A_n &= \sigma_x A_x \cos\theta + \sigma_y A_y \sin\theta - \tau_{xy} A_x \sin\theta - \tau_{yx} A_y \cos\theta \\ &= \sigma_x (A_n \cos\theta)\cos\theta + \sigma_y (A_n \sin\theta)\sin\theta - \tau_{xy}(A_n\cos\theta)\sin\theta - \tau_{yx}(A_n \sin\theta)\cos\theta \\ &= \sigma_x A_n \cos^2\theta + \sigma_y A_n \sin^2\theta - 2\tau_{xy} A_n \cos\theta\sin\theta\end{aligned}$$

$$\begin{aligned}\sigma_n &= \sigma_x \cos^2\theta + \sigma_y \sin^2\theta - 2\tau_{xy}\cos\theta\sin\theta \\ &= \frac{1}{2}(\sigma_x+\sigma_y) + \frac{1}{2}(\sigma_x-\sigma_y)\cos 2\theta - \tau_{xy}\sin 2\theta \qquad (4\cdot23)\end{aligned}$$

$$\begin{aligned}\tau &= (\sigma_x-\sigma_y)\sin\theta\cos\theta + \tau_{xy}(\cos^2\theta - \sin^2\theta) \\ &= \frac{1}{2}(\sigma_x-\sigma_y)\sin 2\theta + \tau_{xy}\cos 2\theta \qquad (4\cdot24)\end{aligned}$$

이 식들에서 전단응력 $\tau_{xy}=0$ 이라면 식 (4·10), (4·11)과 일치한다.

1 主應力

〈그림 4·9〉 (b)에서 θ가 $0°$에서 $360°$까지 변함에 따라 응력 σ_n과 τ도 변한다. σ_n의 최대·최소값은 主應力이 되고, σ_n이 최대값으로 되는 평면은 전단응력이 0이 되며, 주응력이 발생하는 主面의 위치, 즉 경사각은 $\frac{d\sigma_n}{d\theta}=0$, $\tau=0$에 의하여 구할 수 있다.

식 (4·23)에서

$$\frac{d\sigma_n}{d\theta} = \frac{\sigma_x-\sigma_y}{2}(-2\sin 2\theta) - \tau_{xy} 2\cos 2\theta = 0$$

$$-(\sigma_x-\sigma_y)\sin 2\theta - 2\tau_{xy}\cos 2\theta = 0$$

$$-(\sigma_x-\sigma_y)\sin 2\theta = 2\tau_{xy}\cos 2\theta$$

$$\frac{\sin 2\theta}{\cos 2\theta} = -\frac{2\tau_{xy}}{\sigma_x-\sigma_y}$$

$$\tan 2\theta = \frac{-2\tau_{xy}}{\sigma_x-\sigma_y} \qquad (4\cdot25)$$

여기서 θ는 主面을 정해 주는 경사각이다. 2θ는 서로 차가 180°인 두 개의 값을 가진다. 그 하나는 0°에서 180° 사이의 값이고, 다른 하나는 180°에서 360° 사이의 값이다. 결국 90°의 차를 갖는 2개의 θ값을 얻게 된다. 따라서 θ에 대해서 2개의 값을 얻는다. θ의 값 중에서 하나에 대하여 0°에서 90° 사이에서의 수직응력 σ_n은 최대가 되고, 다른 하나의 θ에 대하여는 90°에서 180° 사이에서 최소가 되며, 이들 主應力은 直交平面 위에 생긴다.

$$\left.\begin{aligned} \theta &= -\frac{1}{2}\tan^{-1}\frac{2\tau_{xy}}{\sigma_x-\sigma_y} \\ \theta' &= -\frac{1}{2}\tan^{-1}\frac{2\tau_{xy}}{\sigma_x-\sigma_y}+\frac{\pi}{2} \end{aligned}\right\} \qquad (4\cdot 26)$$

이 θ의 값을 식 (4·23)에 대입하면 주면의 법선응력, 즉 主應力을 얻게 된다. 즉, 最大主應力 $(\sigma_n)_{max}$과 最小主應力 $(\sigma_n)_{min}$은 다음과 같이 구할 수 있다.

식 (4·23)에서 $\sin 2\theta \cos 2\theta$를 $\tan 2\theta$로 표시하고, 식 (4·25)를 대입하여 정리하면 다음과 같다.

$$\left.\begin{aligned} \cos 2\theta &= \frac{1}{\sqrt{1+\tan^2 2\theta}} = \frac{\sigma_x-\sigma_y}{\sqrt{(\sigma_x-\sigma_y)^2+4\tau_{xy}^2}} \\ \sin 2\theta &= \frac{\tan 2\theta}{\sqrt{1+\tan^2 2\theta}} = \frac{-2\tau_{xy}}{\sqrt{(\sigma_x-\sigma_y)^2+4\tau_{xy}^2}} \\ \cos 2\theta' &= -\frac{\sigma_x-\sigma_y}{\sqrt{(\sigma_x-\sigma_y)^2+4\tau_{xy}^2}} \\ \sin 2\theta' &= +\frac{2\tau_{xy}}{\sqrt{(\sigma_x-\sigma_y)^2+4\tau_{xy}^2}} \end{aligned}\right\} \qquad (4\cdot 27)$$

식 (4·27)을 식 (4·23)에 대입하면

$$\left.\begin{aligned} \sigma_1 &= (\sigma_n)_{max} = \frac{1}{2}(\sigma_x+\sigma_y)+\frac{1}{2}\sqrt{(\sigma_x-\sigma_y)^2+4\tau_{xy}^2} \\ \sigma_2 &= (\sigma_n)_{min} = \frac{1}{2}(\sigma_x+\sigma_y)-\frac{1}{2}\sqrt{(\sigma_x-\sigma_y)^2+4\tau_{xy}^2} \end{aligned}\right\} \qquad (4\cdot 28)$$

윗식은 최대·최소의 主應力을 표시하는 식이며, $(\sigma_n)_{max}+(\sigma_n)_{min} = \sigma_x+\sigma_y$가 되는 것을 알 수 있다.

2 最大剪斷應力

이번에는 最大剪斷應力이 작용하는 평면의 경사각을 구하기 위하여 $\frac{d\tau}{d\theta}=0$으로 놓고 풀면 식 (4·24)에서

$$\frac{d\tau}{d\theta} = (\sigma_x-\sigma_y)\cos 2\theta - 2\tau_{xy}\sin 2\theta = 0$$

$$\tan 2\theta_1 = \frac{\sigma_x-\sigma_y}{2\tau_{xy}} \qquad (4\cdot 29)$$

$$\left.\begin{aligned} \therefore\ \theta_1 &= \frac{1}{2}\tan^{-1}\frac{\sigma_x-\sigma_y}{2\tau_{xy}} \\ \theta_1' &= \frac{1}{2}\tan^{-1}\frac{\sigma_x-\sigma_y}{2\tau_{xy}}+\frac{\pi}{2} \end{aligned}\right\} \qquad (4\cdot 30)$$

식 (4・24)에서 $\sin 2\theta$, $\cos 2\theta$의 값을 $\tan 2\theta$로 표시하고, 식 (4・29)를 대입해서 값을 구하여 식 (4・24)에 대입하면

$$\tau_{\max} = \pm\frac{1}{2}\sqrt{(\sigma_x-\sigma_y)^2+4\tau_{xy}^2} \qquad (4\cdot 31)$$

결국 최대전단응력은

$$\tau_{\max} = \pm\frac{1}{2}[(\sigma_n)_{\max}-(\sigma_n)_{\min}] \qquad (4\cdot 32)$$

이 되고, 식 (4・17)과 일치한다. 식 (4・25)와 (4・29)는 역수관계가 있으므로

$$\tan 2\theta\cdot\tan 2\theta_1 = -1$$

$$\therefore\ \theta = \theta_1 = \pm\frac{\pi}{4} \qquad (4\cdot 33)$$

즉, 최대전단응력이 작용하는 평면은 主面과 45°로 갖는 傾斜面이 된다. 主面 사이를 2 등분하는 두 직교평면임을 알 수 있고, 이것은 식 (4・16)에서 $\sigma_y = 0$인 때이므로

$$|\tau_{\max}| = |\tau_{\min}| = \frac{\sigma_x-\sigma_y}{2} = \frac{\sigma_x}{2}$$

즉, $\tau_{\max} = \dfrac{\sigma_x}{2}$이므로 식 (4・4)와 일치한다.

예제 4-6. 〈그림 4・10〉에서 $\sigma_x = 500\ \mathrm{kg/cm^2}$, $\sigma_y = 300\ \mathrm{kg/cm^2}$, $\tau_{xy} = 100\ \mathrm{kg/cm^2}$이 되는 主應力 σ_n의 값과 방향을 구하라.

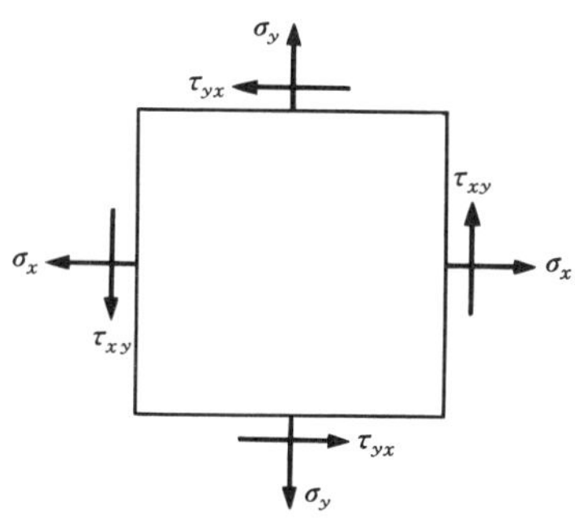

〈그림 4・10〉

풀이 $(\sigma_n)_{\max} = \dfrac{500+300}{2}+\sqrt{\left(\dfrac{500-300}{2}\right)^2+100^2} = 400+141 = 541\ \mathrm{kg/cm^2}$

$(\sigma_n)_{\min} = 400-141 = 259\ \mathrm{kg/cm^2}$

$\tan 2\theta = \dfrac{-2\tau_{xy}}{\sigma_x-\sigma_y} = \dfrac{-2\times 100}{500-300} = -1$

$2\theta = -\dfrac{\pi}{4}$ $\quad\theta = -\dfrac{\pi}{8} = -22.5°$ $\quad\theta' = -22.5°+\dfrac{\pi}{2} = 67.5°$

4-4 三 軸 應 力

서로 직교하는 3방향에서 응력 σ_x, σ_y 및 σ_z를 받고 있는 한 요소를 三軸應力(triaxial stress)의 狀態에 있다고 한다. 〈그림 4·11〉에서 z축에 평행한 傾斜平面을 잘라 내면 응력은 σ_n과 τ_n이며, 이들은 二軸應力에서 해석했던 응력과 같다.

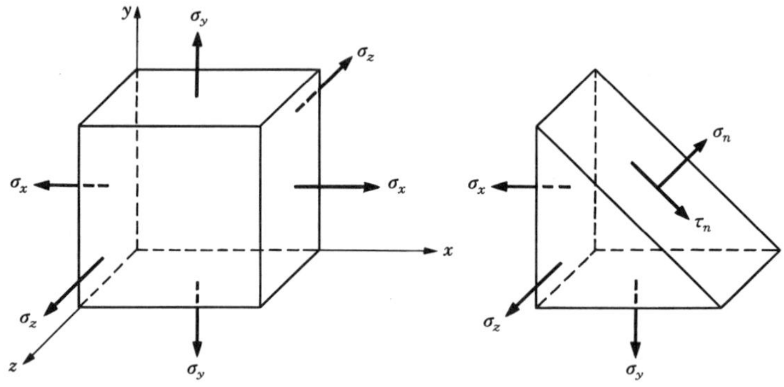

〈그림 4·11〉

이들 응력은 x y의 평면에서의 평형조건을 사용하여 구해지므로 σ_z와는 무관하다. 응력 σ_n과 τ_n을 결정하는 데는 Mohr 원과 二軸應力에서의 方程式을 사용할 수 있다. 여기서 σ_x, σ_y 및 σ_z는 이 要素의 主應力이라는 것을 알 수 있다. 最大剪斷應力들은 한 좌표에 평행하도록 그 요소에서 잘라 낸 45° 평면 위에 존재하며 σ_x, σ_y, σ_z의 크기에 따라 결정될 것이다. 예를 들어, z축에 평행한 평면만을 생각한다면 〈그림 4·11〉에 표시한 바와 같이 최대전단응력은 식 (4·17)에 의하여 다음과 같이 구해진다.

$$(\tau_{\max})_z = \frac{\sigma_x - \sigma_y}{2} \tag{4·34}$$

마찬가지로 x 및 y축에 평행한 평면 위의 最大剪斷應力들은 각각 다음과 같다.

$$(\tau_{\max})_x = \frac{\sigma_y - \sigma_z}{2} \qquad (\tau_{\max})_y = \frac{\sigma_x - \sigma_z}{2} \tag{4·35}$$

윗식에서 σ_x, σ_y 및 σ_z의 값에 따라 최대전단응력이 얻어진다.

三軸應力 상태에서의 變形率은 제2장의 E, K, M의 관계에서 구한 바와 같다.

三軸應力을 받고 있는 한 요소 속에 저장되는 變形에너지를 얻기 위하여 이 요소를 단위치수의 정6면체라고 생각하자.

따라서 응력 σ_x는 x면에 작용하는 전체 힘이 되고, 이 힘이 ε_x만큼의 거리를 움직이며 $\frac{\sigma_x \varepsilon_x}{2}$의 일을 한다. 마찬가지로 응력 σ_y와 σ_z는 각각 $\sigma_y \varepsilon_y/2$ 및 $\sigma_z \varepsilon_z/2$의 일을 하므로, 요소 속에 저장되는 단위체적마다의 變形에너지는 다음과 같다.

$$u = \frac{1}{2}(\sigma_x\varepsilon_x + \sigma_y\varepsilon_y + \sigma_z\varepsilon_z)$$

變形率에 관한 식 (2·19)를 윗식에 대입하면,

$$u=\frac{1}{2E}(\sigma_x{}^2+\sigma_y{}^2+\sigma_z{}^2)-\frac{\mu}{E}(\sigma_x\sigma_y+\sigma_x\sigma_z+\sigma_y\sigma_z) \qquad (4\cdot 36)$$

4-5 모어의 應力圓

모어의 應力圓(Mohr's stress circle)은 임의의 요소에 작용하는 응력을 圖解的으로 표시하는 방법이며, 이것은 1882년 최초로 발표된 것으로서 Otto Mohr의 서거 후에 명명된 것이다.

1 單純引張 및 壓縮에 대한 모어圓

〈그림 4·12〉(b)에서와 같이 O를 원점으로 하는 직교좌표를 잡고 x축에 σ, y축에 τ를 표시하면 (a)의 수직응력 mn에 대하여 $\theta=0$이므로 식 (4·1), (4·2)로부터 다음과 같이 된다.

$\theta=0$일 때 : $\left.\begin{aligned}\sigma_n &= \sigma_x\cos^2\theta=\sigma_x\\ \tau &= \frac{1}{2}\sigma_x\sin 2\theta=0\end{aligned}\right\}$ A 점으로 표시

$\theta=\pi/2$일 때 : $\left.\begin{aligned}\sigma_n &= 0\\ \tau &= 0\end{aligned}\right\}$ O 점으로 표시

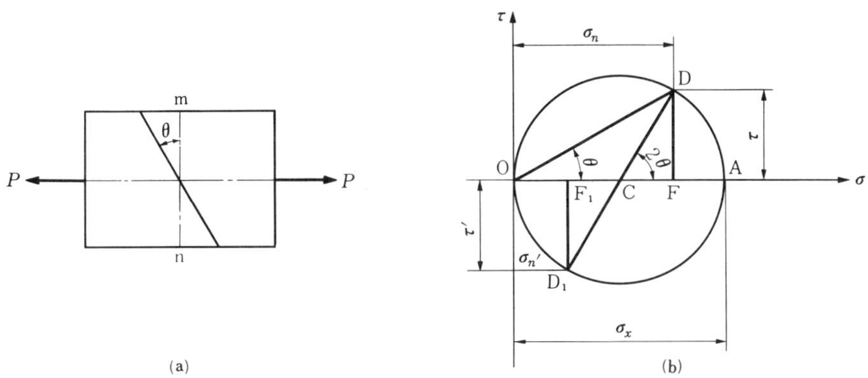

〈그림 4·12〉

이와 같은 두 점의 거리 $\overline{OA}$를 지름으로 원을 그리면 된다. 따라서 그림 (a)의 경사각 θ를 임의로 택한 경사면상에 작용하는 應力成分들은 이 원주상의 한 점의 좌표로 표시된다는 것을 알 수 있다. 이 원을 모어의 應力圓 또는 모어의 圓(Mohr's circle)이라고 한다.

임의의 각 θ에 대응하는 원주상의 점을 찾기 위해서 A점으로부터 반시계방향으로 중심각 2θ를 이루는 원주상의 점 D를 찾으면 된다. 그림에서

$$\sigma_n=\overline{OF}=\overline{OC}+\overline{CF}=\frac{\sigma_x}{2}+\frac{\sigma_x}{2}\cos 2\theta$$

$$= \frac{\sigma_x}{2}(1+\cos 2\theta) = \frac{\sigma_x}{2}(1+\cos^2\theta - \sin^2\theta)$$

$$= \frac{\sigma_x}{2}(1+2\cos^2\theta - 1) = \sigma_x \cos^2\theta$$

$$\tau = \overline{DF} = \overline{CD}\sin 2\theta = \frac{\sigma_x}{2}\sin 2\theta$$

의 관계를 얻고 D점의 좌표가 표시하는 식은 식 (4·1), (4·2)에 일치한다.

예 제 4-7. $\sigma_x = 15{,}000\ \text{kg/cm}^2$, $\theta = 30°$일 때 구형요소의 표면에 작용하는 공액응력을 해석적 및 도해적으로 구하라.

풀 이 ① 해석적

$$\sigma_n = \sigma_x \cos^2\theta = 15{,}000\cos^2 30° = 15{,}000 \times \left(\frac{\sqrt{3}}{2}\right)^2 = 11{,}250\ \text{kg/cm}^2$$

$$\tau = \frac{1}{2}\sigma_x \sin 2\theta = \frac{1}{2} \times 15{,}000 \times \sin 60° = 7500 \times \frac{\sqrt{3}}{2} = 6495\ \text{kg/cm}^2$$

$$\sigma_n{}' = \sigma_x \sin^2\theta = 15{,}000 \times \sin^2 30° = 15{,}000 \times \left(\frac{1}{2}\right)^2 = 3750\ \text{kg/cm}^2$$

$$\tau' = -\frac{1}{2}\sigma_x \sin 2\theta = -\frac{1}{2} \times 15{,}000 \times \frac{\sqrt{3}}{2} = -6495\ \text{kg/cm}^2$$

② 도해적 (그림 4·12에서)

$$\sigma_n = \overline{OF} = \overline{OC} + \overline{CF} = \frac{\sigma_x}{2} + \frac{\sigma_x}{2}\cos 2\theta = 7500 + 7500\cos 60° = 7500 + 7500 \times \frac{1}{2}$$
$$= 11{,}250\ \text{kg/cm}^2$$

$$\tau = \overline{CD}\sin 60° = \frac{\sigma_x}{2} \times \frac{\sqrt{3}}{2} = 7500 \times \frac{\sqrt{3}}{2} = 6495\ \text{kg/cm}^2$$

$$\sigma_n{}' = \overline{OF_1} = \overline{OC} - \overline{F_1C} = \frac{\sigma_x}{2} - \frac{\sigma_x}{2}\cos 2\theta = 7500 - 7500 \times \frac{1}{2} = 3750\ \text{kg/cm}^2$$

$$\tau' = \overline{F_1D_1} = \overline{CD_1}\sin 2\theta = 7500 \times \sin 240° = 7500 \times \sin(180° + 60°)$$
$$= 7500(-\sin 60°) = 7500 \times \left(-\frac{\sqrt{3}}{2}\right) = -6495\ \text{kg/cm}^2$$

2 直角方向의 二軸應力에 대한 모어圓

〈그림 4·13〉 (a)와 같이 2축응력이 작용하는 경우 임의의 각 θ인 경사면에 일어나는 응력상태를 모어圓으로 표시하면 그림 (b)와 같이 된다. $\sigma_x = \overline{OA}$, $\sigma_y = \overline{OB}$로 표시할 수 있고 이것은 主應力이 된다. $\overline{AB}$를 지름으로 C점을 중심으로 하여 원을 그리면 이 원주상의 임의의 점은 경사면에 따른 경사면상의 法線應力 σ_n 및 剪斷應力 τ의 변화를 나타낸다.

〈그림 4·7〉 (a)의 θ인 임의의 경사면상의 응력들을 구하려면 〈그림 4·13〉 (b)의 σ축과 반시계방향으로 2θ가 되는 반지름 $\overline{CD}$를 그어 원둘레와 만나는 점을 D라 하고, D점에서 σ축에 垂線을 그어 만나는 점을 F라 한다.

이 때에 $\overline{OF}$는 法線應力 σ_n, $\overline{DF}$는 剪斷應力 τ가 되는 것이다. 이들은 〈그림 4·13〉에서 다음과 같은 관계를 얻을 수 있다.

$$\sigma_n = \overline{OF} = \overline{OC} + \overline{CF} = \frac{1}{2}(\overline{OA} + \overline{OB}) + \frac{1}{2}(\overline{OA} - \overline{OB})\cos 2\theta$$

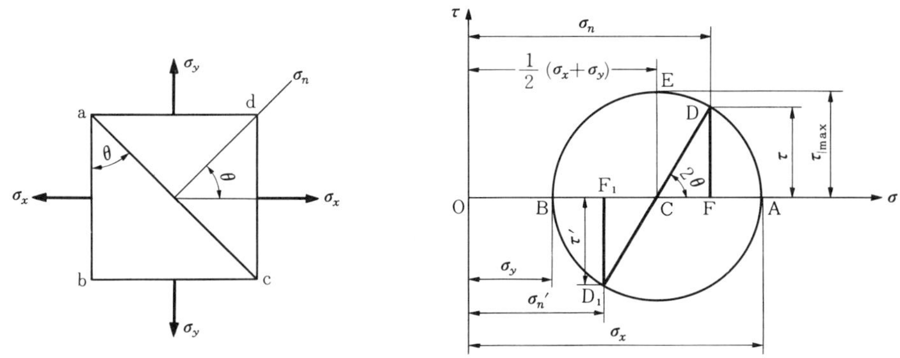

(a) (b)

〈그림 4·13〉

$$= \frac{\sigma_x + \sigma_y}{2} + \frac{\sigma_x - \sigma_y}{2} \cos 2\theta \cdots\cdots \text{(a)}$$

$$\tau = \overline{DF} = \overline{CD} \sin 2\theta = \frac{\sigma_x - \sigma_y}{2} \sin 2\theta \cdots\cdots \text{(b)}$$

윗식들은 식 (4 · 10), (4 · 11)에 일치하므로 각 θ인 경사면상에 응력변화를 완전하고 간편하게 표시할 수 있다는 것을 알 수 있다.

〈그림 4 · 13〉 (a)에서 ac 경사면이 반시계방향으로 변화하면 〈그림 4 · 13〉 (b)의 D점도 θ의 변화에 따라 응력성분 σ_n과 τ를 변화하면서 반시계방향으로 이동될 것이다.

그림 (b)에서 $\theta = 0$일 때

$$\left.\begin{aligned} \sigma_n &= \sigma_x \\ \tau &= 0 \end{aligned}\right\} \text{ A 점으로 표시되고, } \sigma_x \text{ 는 최대응력이며 주응력이다.}$$

$\theta = \pi/4$ 일 때 $2\theta = \pi/2$ 이므로 $90°$이며, D점은 E점에 일치하므로 최대전단응력을 표시한다.

$$\tau_{\max} = \overline{CE} = \frac{\sigma_x - \sigma_y}{2} = R$$

이 식은 식 (4 · 17)에 일치함을 알 수 있다. 또 원의 방정식 형태로 고쳐 중심위치와 반지름 R를 구할 수도 있다.

식 (a)를 변경시키려면

$$\sigma_n - \frac{\sigma_x + \sigma_y}{2} = \frac{\sigma_x - \sigma_y}{2} \cos 2\theta \cdots\cdots \text{(c)}$$

식 (c)와 (b)를 제곱하여 합하면

$$\left(\sigma_n - \frac{\sigma_x + \sigma_y}{2}\right)^2 + \tau^2 = \left(\frac{\sigma_x - \sigma_y}{2}\right)^2 \qquad (4 \cdot 37)$$

식 (4 · 37)은 원의 방정식이다. 여기에서 중심위치는 $\frac{\sigma_x + \sigma_y}{2}$ 이며 반지름 R는 $\frac{\sigma_x - \sigma_y}{2}$가 된다. 두 직교평면은 法線 n과 n'가 x축과 이루는 각 θ 및 $\theta + 90°$일 때이므로, 이들에 대응하는 응력성분들은 〈그림 4 · 13〉의 D점과 D_1점의 좌표에 의하여 표시되고 다음과 같은 결과를 얻는다.

$$\left.\begin{array}{l}\overline{OF}+\overline{OF_1}=\overline{2OC}\\ \sigma_n+\sigma_n'=\sigma_x+\sigma_y\end{array}\right\}\ \text{식 (4·14)와 일치}$$

$$\left.\begin{array}{l}\overline{DF}=-\overline{D_1F_1}\\ \tau=-\tau\end{array}\right\}\ \text{식 (4·15)와 일치}$$

함을 알 수 있다.

두 지름방향, 즉 σ_x, σ_y가 압축일 때는 〈그림 4·14〉(a)와 같은 경우이므로, 응력상태는 그림 (b)와 같이 압축응력을 좌표에서 (−)로 잡고 그리면 된다.

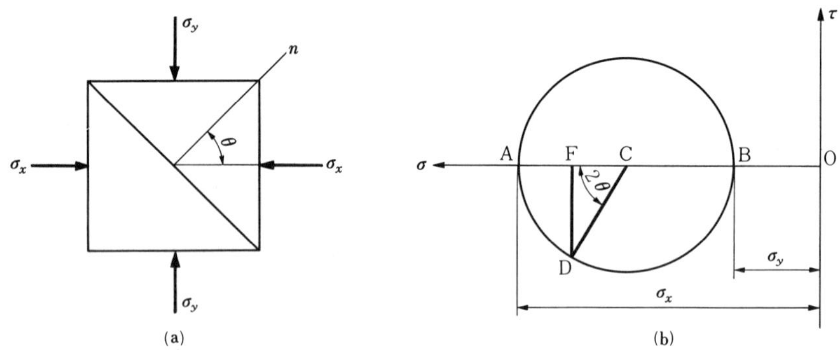

〈그림 4·14〉

만일 인장응력 σ_x와 압축응력 σ_y가 작용할 때 $\sigma_x=-\sigma_y$이면 〈그림 4·15〉와 같이 되고 傾斜面의 角은 $\theta=\frac{\pi}{4}$, 즉 $2\theta=\frac{\pi}{2}$일 때 $\tau_{max}=\sigma_x=-\sigma_y$의 관계가 있음을 알 수 있고, 이와 같은 상태를 純粹剪斷의 狀態라고 한다.

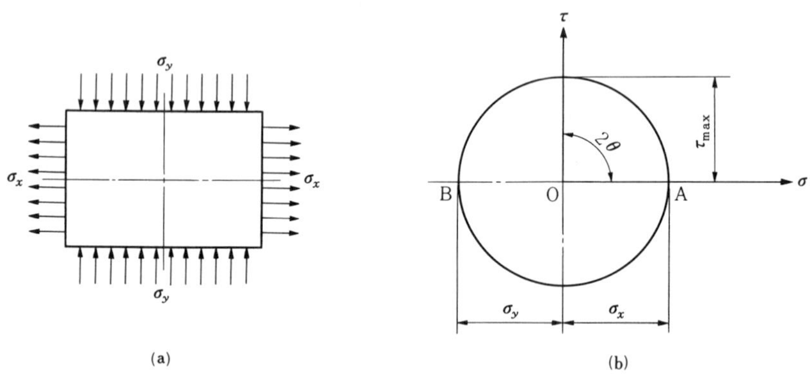

〈그림 4·15〉

예제 4-8. x 방향으로 $\sigma_x=600\ \text{kg/cm}^2$의 인장응력과 y 방향으로 $\sigma_y=200\ \text{kg/cm}^2$의 압축응력이 서로 직각으로 작용할 때, 인장응력이 작용하는 면과 30°의 각을 이루는 斷面上의 應力 등을 구하는 모어의 應力圓을 그려라.

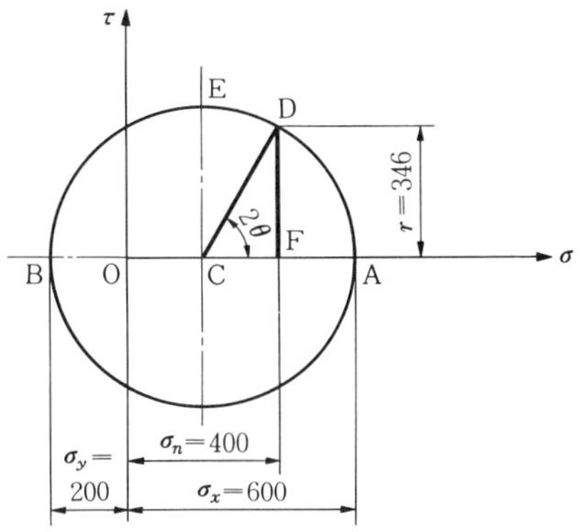

〈그림 4·16〉

풀 이
$$\sigma_n = \frac{\sigma_x+\sigma_y}{2} + \frac{\sigma_x-\sigma_y}{2}\cos 2\theta$$
$$= \frac{600-200}{2} + \frac{600-(-200)}{2}\cos 60^\circ = 400\ \mathrm{kg/cm^2}$$
$$\tau = \frac{\sigma_x-\sigma_y}{2}\sin 2\theta = \frac{600+200}{2}\frac{\sqrt{3}}{2} = 346\ \mathrm{kg/cm^2}$$
$$\overline{OC} = \frac{\sigma_x+\sigma_y}{2} = \frac{600-200}{2} = 200$$
$$R = \overline{CE} = \frac{\sigma_x-\sigma_y}{2} = \frac{600+200}{2} = 400$$

3 直角方向의 應力과 剪斷應力에 대한 모어圓

〈그림 4·17〉(a)와 같은 요소에 두 직각방향으로 수직응력 σ_x 와 σ_y 가 작용하는 동시에 전단응력 τ_{xy} 및 τ_{yx}가 작용할 때 임의의 경사면에 발생하는 응력상태를 그림 (b)와 같은 모어원으로 간단히 풀이할 수 있다.

σ_x 를 $\overline{OF}$ 로 τ_{xy} 를 $\overline{FD}$ 로 잡으면 D점은 x 축에 수직한 면의 응력상태를 표시한다. 같은 방법으로 σ_y 는 $\overline{OF_1}$ 으로, τ_{yx} 는 $\overline{F_1D_1}$ 으로 잡으면 D_1점은 y 축에 수직한 면의 응력상태를 표시한다. D점과 D_1점을 연결하고 σ 축의 교점 C를 중심으로 하여 DD_1을 지름으로 하는 원을 그리면 경사각 θ 에 따른 面의 法線應力 σ_n 과 τ 의 변화를 표시하는 모어圓이 된다. 이 원을 이용하면 최대와 최소의 법선응력의 값은 각각 $\overline{OA}$ 와 $\overline{OB}$ 임을 알 수 있고, A 점과 B 점 사

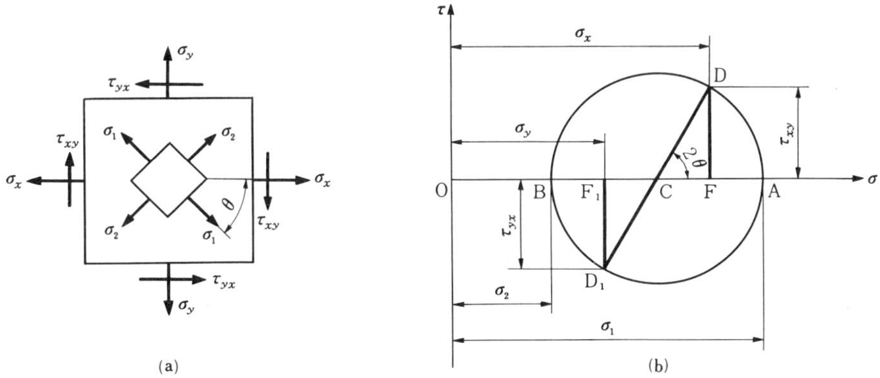

〈그림 4·17〉

이에는 전단응력 $\tau = 0$ 이므로 $(\sigma_n)_{max} = \sigma_1$ 및 $(\sigma_n)_{min} = \sigma_2$로서 主應力임을 표시한다.

이와 같은 주응력의 방향을 결정하려면 요소의 x축에 대응하는 모어圓의 D점을 기준으로 하여 반지름 $\overline{CD}$를 $\theta = 0$인 기선으로 한다. 원주상의 기준점 D로부터 最大主應力의 평면에 해당하는 A점까지의 角은 2θ만큼 시계방향으로 회전해야 하므로 〈그림 4·17〉(a)의 요소에서 σ_1의 방향은 x축으로부터 시계방향으로 角 θ만큼 회전하는 軸方向이 된다. 최소주응력 σ_2의 방향은 σ_1의 방향과 직각을 이룰 것이므로 이들 主應力과 主面들은 〈그림 4·17〉(a)와 같이 된다.

〈그림 4·17〉(b)의 모어圓에서 기하학적 관계에서는 主應力 σ_1과 σ_2를 σ_x, σ_y 및 τ_{xy} 등으로 다음과 같이 표시할 수 있다.

$$\sigma_1 = \overline{OA} = \overline{OC} + \overline{CD} = \frac{\sigma_x + \sigma_y}{2} + \sqrt{\left(\frac{\sigma_x - \sigma_y}{2}\right)^2 + \tau_{xy}^2}$$

$$\sigma_2 = \overline{OB} = \overline{OC} - \overline{CD} = \frac{\sigma_x + \sigma_y}{2} - \sqrt{\left(\frac{\sigma_x - \sigma_y}{2}\right)^2 + \tau_{xy}^2}$$

이 식들은 식 (4·28)과 일치함을 알 수 있다. 각 θ의 값을 계산하려면 그림에서 각 θ는 x축으로부터 시계방향으로 회전하였으므로

$$\tan 2\theta = -\frac{\overline{DF}}{\overline{CF}} = \frac{-2\tau_{xy}}{\sigma_x - \sigma_y}$$

이 값은 식 (4·25)와 일치한다. 최대전단응력의 크기는 모어圓의 반지름과 같으므로

$$\tau_{max} = \frac{\sigma_1 - \sigma_2}{2} = \sqrt{\left(\frac{\sigma_x - \sigma_y}{2}\right)^2 + \tau_{xy}^2} = R$$

와 같고, 식 (4·31)과 일치함을 알 수 있다. 윗식들은 임의의 두 직교평면에 작용하는 법선응력과 전단응력이 주어질 때 最大主應力과 最大剪斷應力을 구할 수 있다.

예제 4-9. $\sigma_x = 320\,\text{kg/cm}^2$, $\sigma_y = -100\,\text{kg/cm}^2$, $\tau = 200\,\text{kg/cm}^2$의 응력상태에 있어서 모어의 應力圓을 그려라. 또 응력상태의 θ는 몇 도인가?

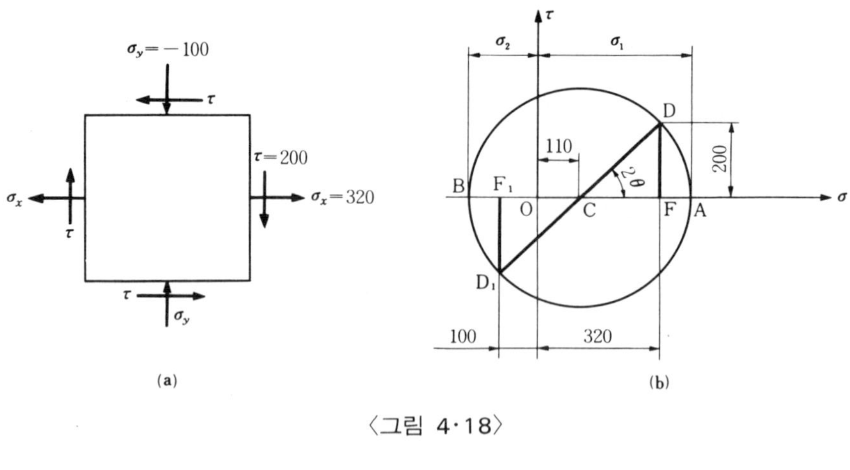

〈그림 4·18〉

풀이 $R=\sqrt{\left(\frac{\sigma_x-\sigma_y}{2}\right)^2+\tau^2}=\sqrt{\left(\frac{320+100}{2}\right)^2+200^2}=290$

$\overline{OC}=\frac{\sigma_x+\sigma_y}{2}=\frac{320-100}{2}=110$

$\sigma_1=\overline{OA}=\overline{OC}+R=400,\qquad \sigma_2=\overline{OB}=\overline{OC}-R=-180$

$2\theta=-\tan^{-1}\frac{200}{210}=-43.6°$

$\theta=-21.8°\qquad \theta'=90+(-21.8°)=68.2°$

4 三軸應力에 대한 모어圓

〈그림 4・19〉(a)와 같은 입방체의 각 面에 σ_x, σ_y 및 σ_z가 작용한다고 하고 $\sigma_x>\sigma_y>\sigma_z$로 가정한다. 이 때의 모어圓을 그리면 〈그림 4・19〉(b)에서 z축을 지나는 임의 경사면의 응력들은 BC를 지름으로 하는 應力圓으로 표시되고, y축을 지나는 것은 AC를 지름으로 하는 응력원으로 표시된다. 따라서 세 모어圓들이 x, y, z축을 지나는 세 系列의 단면들에 작용하는 응력들을 표시하고 있다.

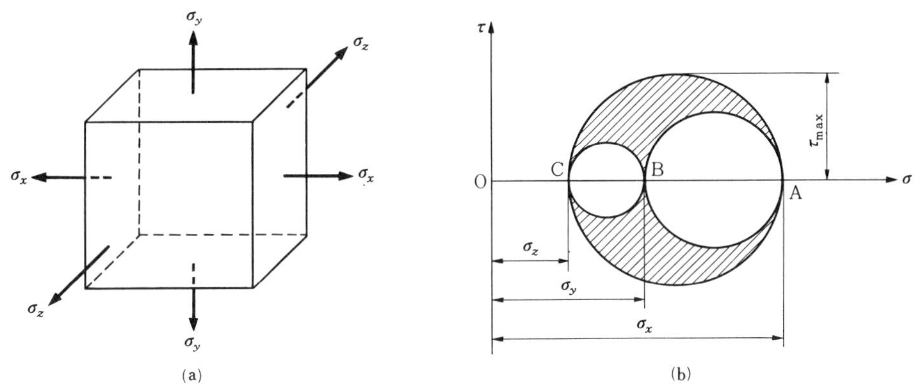

〈그림 4・19〉

x, y, z축 모두에 경사하는 임의 단면에 작용하는 應力成分들은 〈그림 4・19〉의 빗금친 부분 속에 있는 座標로서 표시된다.

따라서 最大剪斷應力은 가장 큰 원의 반지름으로 표시되고 $\tau_{max}=\frac{\sigma_x-\sigma_z}{2}$임을 알 수 있으며, 그것은 y축을 지나며 x, z축 사이의 角을 2등분하는 단면에 작용한다는 것도 알 수 있다.

연 습 문 제

1. $\sigma_x=1500\ \mathrm{kg/cm^2}$, $\sigma_y=300\ \mathrm{kg/cm^2}$, $\tau_{xy}=-600\ \mathrm{kg/cm^2}$일 때 주응력의 최대값과 최소값은 얼마인가?

답 $\sigma_1=1748\ \mathrm{kg/cm^2}$, $\sigma_2=52\ \mathrm{kg/cm^2}$

2. 〈그림 4·20〉에서 서로 직교하는 경사단면에 작용하는 수직응력 σ_n, σ_n' 사이에는 어떤 관계가 성립하는가?

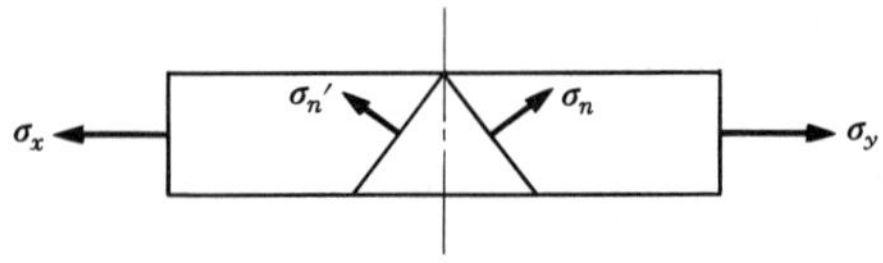

〈그림 4·20〉

답 $\sigma_n + \sigma_n' = \sigma_x$

3. 어떤 재료가 $\sigma_x = 300\ \text{kg/cm}^2$, $\sigma_y = 200\ \text{kg/cm}^2$, $\tau = 200\ \text{kg/cm}^2$의 응력이 발생하고 있다면 주응력은 얼마인가?

답 $\sigma_1 = 456\ \text{kg/cm}^2$, $\sigma_2 = 44\ \text{kg/cm}^2$

4. 인장하중을 받는 봉의 하중축에 수직인 $750\ \text{kg/cm}^2$의 수직응력이 생기고 있을 때, 하중과 $60°$ 경사진 면에 생기는 수직응력은 얼마인가?

답 $562.5\ \text{kg/cm}^2$

5. 지름 2 cm의 원형단면을 갖는 연강의 引張試驗片이 인장력 $P = 3.5$ ton을 받고 있다. 최대전단응력 τ_{max}을 구하라. 이 때 最大剪斷應力이 걸리는 면에 작용하는 法線應力 σ_n을 구하라.

답 $\tau_{max} = 557.5\ \text{kg/cm}^2$, $\sigma_n = 557.5\ \text{kg/cm}^2$

6. 〈그림 4·21〉과 같은 축인장을 받는 균일단면봉에 단면적 $A = 3\ \text{cm}^2$, $P = 1000\ \text{kg}$, $\theta = 30°$일 때 단면 m′n′와 m″n″ 위에 작용하는 응력 σ_n, σ_n' 및 τ, τ'를 각각 구하라.

답 $\sigma_n = 250\ \text{kg/cm}^2$, $\sigma_n' = 83\ \text{kg/cm}^2$, $\tau = 144\ \text{kg/cm}^2$, $\tau' = -144\ \text{kg/cm}^2$

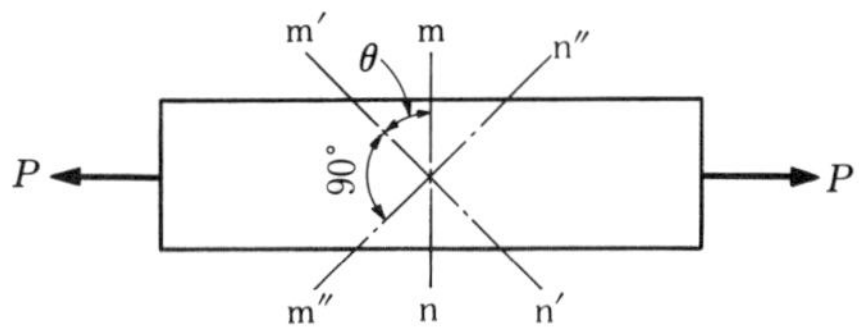

〈그림 4·21〉

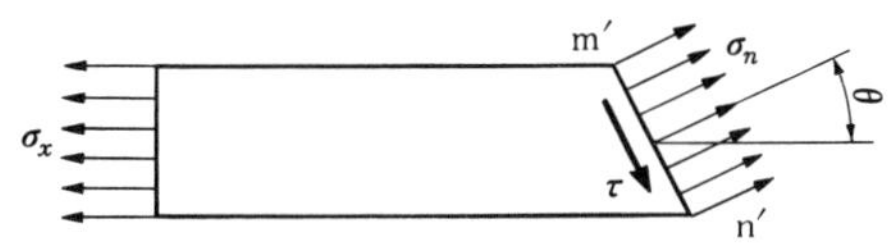

〈그림 4·22〉

7. 〈그림 4·22〉와 같이 軸引張應力 σ_x를 받는 봉을 경사면 m′n′에 작용하는 법선응력 $\sigma_n = 900\ \text{kg/cm}^2$, 전단응력 $\tau = 300\ \text{kg/cm}^2$일 때 σ_x의 값과 m′n′의 경사각 θ의 크기를 구하라.

답 $\sigma_x = 1000\ \text{kg/cm}^2$, $\theta = 18°26'$

8. 수직응력 $\sigma_x = 1750\ \text{kg/cm}^2$, $\sigma_y = 350\ \text{kg/cm}^2$, 전단응력 $\tau_{xy} = \tau_{yx} = 600\ \text{kg/cm}^2$이 작용할 때 주응력의 크기와 방향을 구하고 모어圓을 그려라.

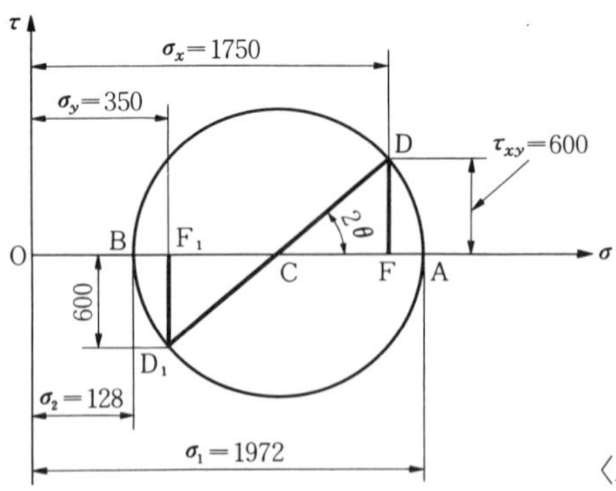

〈그림 4·23〉

답 $\sigma_1 = 1972\ \text{kg/cm}^2$, $\sigma_2 = 128\ \text{kg/cm}^2$, $\theta = -20°18'$

9. 요소에 압축응력 $\sigma_x = -350\ \text{kg/cm}^2$, 인장응력 $\sigma_y = 750\ \text{kg/cm}^2$, 전단응력 $\tau_{xy} = 250\ \text{kg/cm}^2$이 작용할 때 주응력과 그 방향을 구하라.

답 $\sigma_1 = 804\ \text{kg/cm}^2$, $\sigma_2 = -404\ \text{kg/cm}^2$, $\theta = 12°13'$

10. 위의 문제 9로 모어의 應力圓을 그려 보라.

11. 예제 4-4의 〈그림 4 · 8〉에서 모어圓을 그리고 σ_n, σ_n', τ, τ'를 구하라.

12. 식 (4·18), (4·19)를 ε_x, ε_y의 함수로 표시하라.

13. 식 (4·27)을 식 (4·23)에 대입하여 σ_1, σ_2를 구하라.

제 5 장

平面圖形의 性質

5-1 斷面 1 次모멘트와 圖心

〈그림 5・1〉과 같은 임의의 면적이 A인 평면도형상에 미소면적 dA를 취하여 그의 좌표를 x, y라 할 때 dA에서 X, Y축까지의 거리를 곱한 양 ydA 및 xdA를 X, Y축에 관한 미소면적 dA의 1 차모멘트라 하면, 그것을 圖形의 全面積 A에 걸쳐 적분한 양을 X, Y축에 관한 斷面 1 차모멘트(面積모멘트, first moment of area) 또는 幾何모멘트(geometrical moment)라 하고 다음과 같다.

$$\left.\begin{aligned} G_x &= \int_A ydA \\ G_y &= \int_A xdA \end{aligned}\right\} (\mathrm{cm}^3) \qquad (5\cdot 1)$$

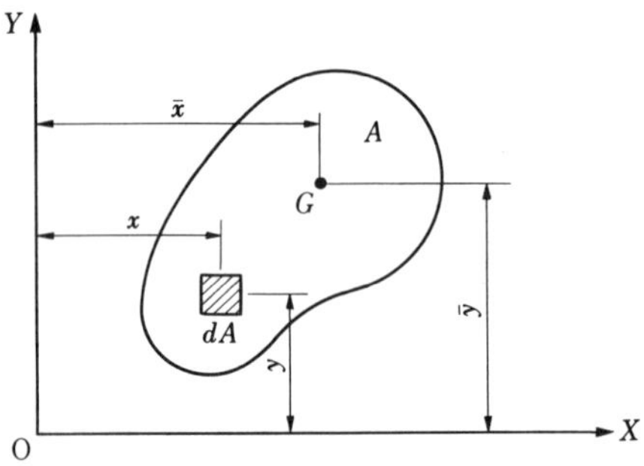

〈그림 5・1〉

단면 1 차모멘트가 0이 되는 점을 斷面의 圖心(centroid of area)이라고 한다. 도심 G의 좌표를 $\bar{x}$, $\bar{y}$라 하면 다음과 같은 관계에서 도심거리를 알 수 있다.

$$A\bar{x} = \int_A xdA = G_y \qquad A\bar{y} = \int_A ydA = G_x$$

$$\left.\begin{aligned} \bar{x} &= \frac{\int_A xdA}{A} = \frac{G_y}{A}\ \mathrm{cm} \\ \bar{y} &= \frac{\int_A ydA}{A} = \frac{G_x}{A}\ \mathrm{cm} \end{aligned}\right. \qquad (5\cdot 2)$$

만일 X, Y축의 한 축 또는 양축이 도심 G를 통과한 다음 한 축 또는 양축에 대한 각각의 단면 1 차모멘트는 식 (5 · 2)에서 $G_x = 0$, $G_y = 0$이 됨을 알 수 있다.

그러므로 X, Y축은 반드시 도심을 지나고 도심을 통하는 축에 관한 1 차모멘트는 0이 된다는 것을 알 수 있다. 두 평면도형이 대칭을 가지면 그 축은 반드시 도심을 지나고 그 축에 대한 단면 1 차모멘트는 0이 된다. 工業用部材의 단면형은 대부분이 몇 개의 대칭축을 갖고 있으므로, 도심을 알고 있는 形인 矩形 · 三角形 · 圓形 및 梯形의 부분으로 나누어 복합도형 전체의 도심 및 단면 1 차모멘트를 간단히 구할 수 있다.

예제 5-1. 〈그림 5 · 2〉와 같은 직 4 각형 단면의 도심을 구하라.

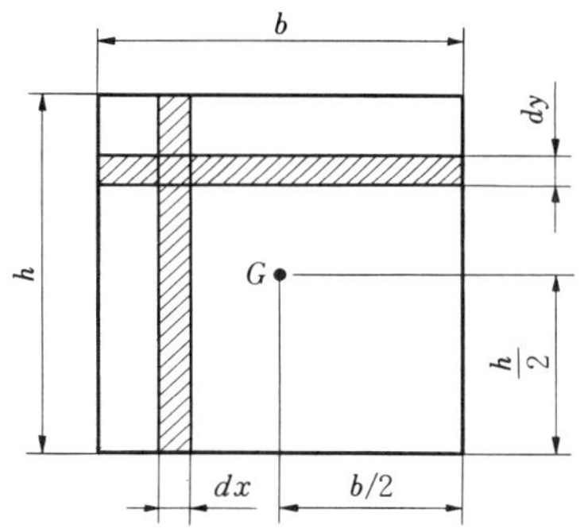

〈그림 5·2〉

풀이 $G_x = \int_0^h ybdy = b\int_0^h ydy = b\left[\dfrac{y^2}{2}\right]_0^h = \dfrac{bh^2}{2}, \qquad G_y = \dfrac{hb^2}{2}$

$$\bar{y} = \frac{G_x}{A} = \frac{bh^2}{2}\frac{1}{bh} = \frac{h}{2}, \qquad \bar{x} = \frac{b}{2}$$

예제 5-2. 〈그림 5 · 3〉과 같은 직각 3 각형 단면의 도심을 구하라.

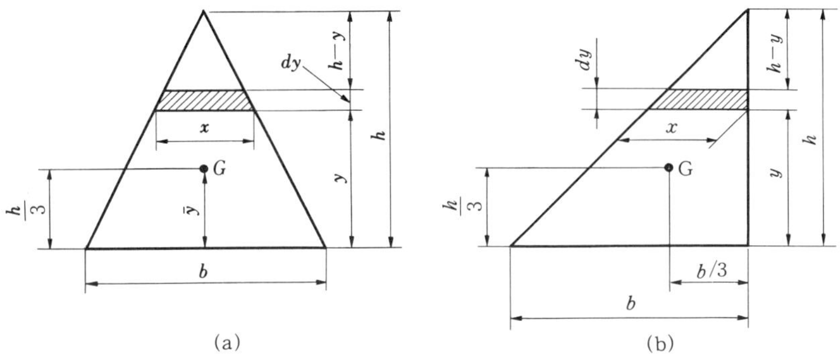

〈그림 5·3〉

풀이 $b : x = h : h-y$

$$x = b\left(\frac{h-y}{h}\right) = b\left(1-\frac{y}{h}\right)$$

$$G_x = b\int_0^h y\left(1-\frac{y}{h}\right)dy = b\int_0^h \left(y-\frac{y^2}{h}\right)dy = \frac{bh^2}{6}$$

$$\bar{y} = \frac{G_x}{A} = \frac{bh^2}{6} \times \frac{2}{bh} = \frac{h}{3}, \qquad \bar{x} = \frac{b}{3}$$

예제 5-3. 〈그림 5·4〉와 같은 부등변3각형 단면의 도심을 구하라.

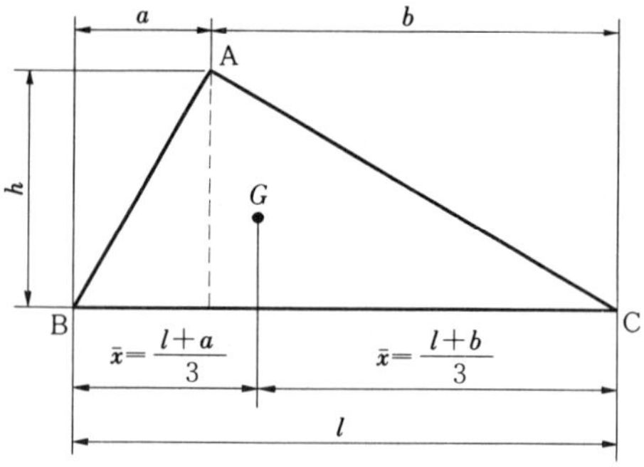

〈그림 5·4〉

풀이 $\bar{x}=\frac{\int xdA}{A}=\frac{\left(b+\frac{a}{3}\right)\frac{ah}{2}+\frac{2b}{3}\frac{bh}{2}}{lh/2}=\frac{l+b}{3}$

$\bar{x}=l-\frac{l+b}{3}=\frac{l+a}{3}$

예제 5-4. 〈그림 5·5〉와 같은 半圓斷面의 도심을 구하라.

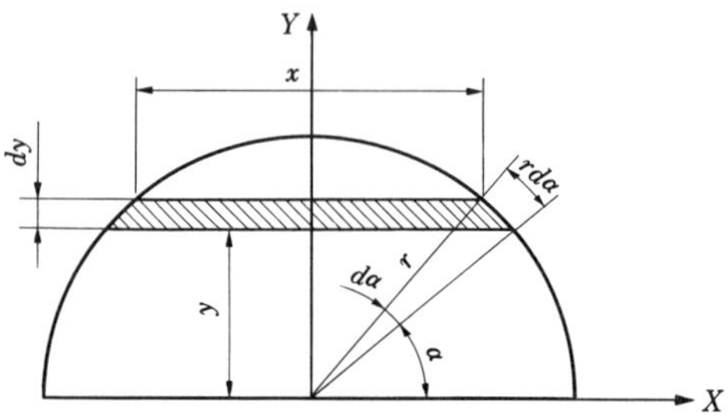

〈그림 5·5〉

풀이 $y=r\sin\alpha,\quad x=2r\cos\alpha,\quad dy=rd\alpha\cos\alpha=r\cos\alpha\, d\alpha$

$G_x=\int ydA=\int yx\,dy=\int_0^{\frac{\pi}{2}} r\sin\alpha\cdot 2r\cos\alpha\cdot r\cos\alpha\, d\alpha$

$=\int_0^{\frac{\pi}{2}} 2r^3\cos^2\alpha\sin\alpha\, d\alpha=2r^3\left[-\frac{\cos^3\alpha}{3}\right]_0^{\frac{\pi}{2}}=\frac{2r^3}{3}$

$\bar{y}=\frac{G_x}{A}=\frac{2r^3}{3}\times\frac{2}{\pi r^2}=\frac{4r}{3\pi}$

예제 5-5. 〈그림 5·6〉과 같은 사다리꼴의 단면1차모멘트와 도심을 구하라.

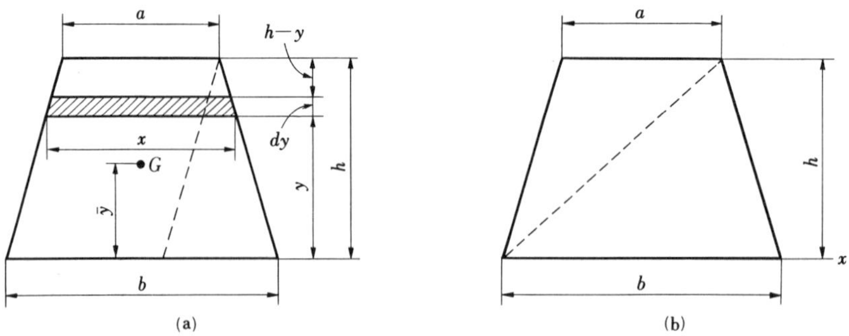

〈그림 5·6〉

풀 이 $(x-a):(b-a)=(h-y):h, \qquad (x-a)=\frac{h-y}{h}(b-a), \qquad x=b-\frac{y}{h}(b-a)$

$$G_x=\int_0^h ydA=\int_0^h yx\,dy=\int_0^h y\left\{b-\frac{y}{h}(b-a)\right\}dy=\left[\frac{1}{2}by^2-\frac{y^3}{3h}(b-a)\right]_0^h=\frac{h^2}{6}(b+2a)$$

$$\bar{y}=\frac{G_x}{A}=\frac{h^2}{6}(b+2a)\times\frac{2}{h(a+b)}=\frac{h(2a+b)}{3(a+b)}$$

《別解》 $G_x=\int ydA=\frac{2h}{3}\cdot\frac{ah}{2}+\frac{h}{3}\cdot\frac{bh}{2}=\frac{h^2(2a+b)}{6}$

$$\bar{y}=\frac{G_x}{A}=\frac{h^2(2a+b)}{6}\times\frac{2}{h(a+b)}=\frac{h(2a+b)}{3(a+b)}$$

예 제 5-6. 〈그림 5・7〉과 같은 T형 단면의 도심을 구하라.

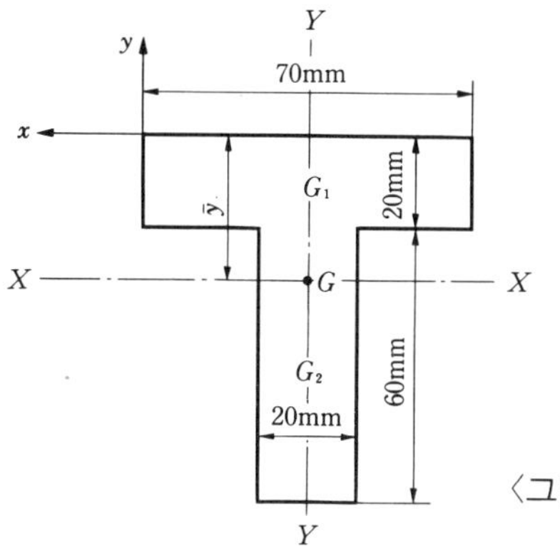

〈그림 5·7〉

풀 이 $A_1=20\times70=1400\text{ mm}^2, \qquad A_2=60\times20=1200\text{ mm}^2$

$y_1=20/2=10\text{ mm}, \qquad y_2=60/2+20=50\text{ mm}$

$$\bar{y}=\frac{\int ydA}{A}=\frac{A_1y_1+A_2y_2}{A_1+A_2}=\frac{1400\times10+1200\times50}{1400+1200}=28.46\text{ mm}$$

$\bar{x}=35\text{ mm}$

예 제 5-7. 한 변이 60 cm인 정방형 도형에 〈그림 5・8〉과 같이 $d=25$ cm의 구멍이 있고, 원의 중심은 $\overline{AC}$ 대각선의 1/4인 지점에 있다. 도심의 위치를 구하라.

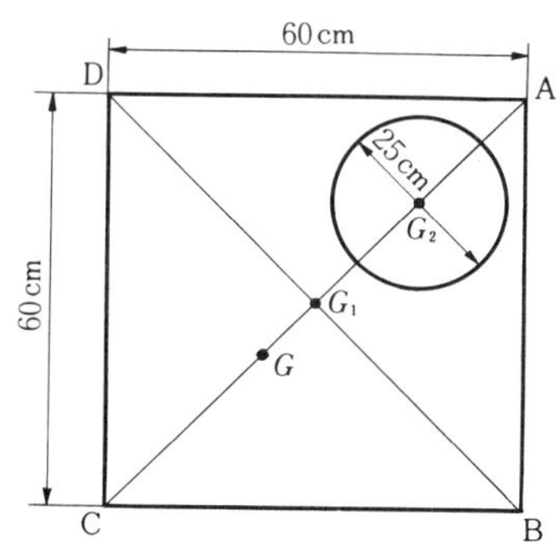

〈그림 5·8〉

풀이 $\overline{G_1G_2} = \frac{1}{2}\overline{AG_1} = \frac{1}{4}\overline{AC} = \frac{1}{4}\sqrt{60^2+60^2} = 21.2\ \text{cm}$

$A_1 = 60\times60 = 3600\ \text{cm}^2,\qquad A_2 = \frac{\pi}{4}\times25^2 = 491\ \text{cm}^2$

$$G_1G = \frac{A_1\times0 - A_2\overline{G_1G_2}}{A_1-A_2} = \frac{-491\times21.2}{3600-491} = -3.35\ \text{cm}$$

여기서 BD = Y축, AC = X축으로 하면 도심 G는 AC상의 G_1에서 구멍의 반대축의 3.35 cm 위에 있다.

예제 5-8. 〈그림 5·9〉와 같은 5각형의 X축에 대한 단면1차모멘트와 도심을 구하라.

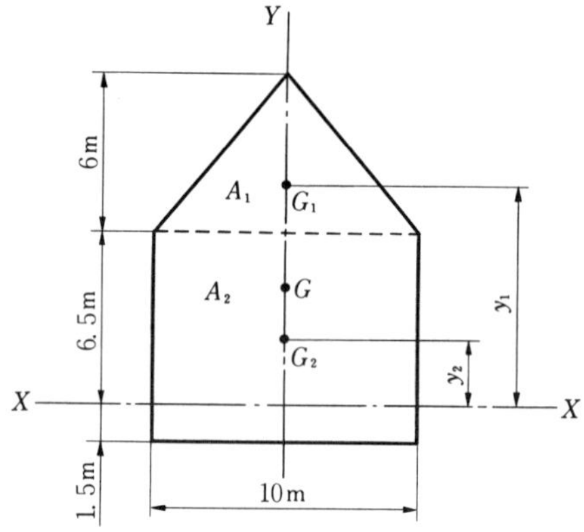

〈그림 5·9〉

풀이 $A_1 = \frac{1}{2}\times10\times6 = 30\ \text{m}^2,\qquad A_2 = 10\times8 = 80\ \text{m}^2$

$y_1 = \frac{6}{3} + 6.5 = 8.5\ \text{m},\qquad y_2 = \frac{8}{2} - 1.5 = 2.5\ \text{m}$

$G_1 = A_1y_1 = 30\times8.5 = 255\ \text{m}^3,\qquad G_2 = A_2y_2 = 80\times2.5 = 200\ \text{m}^3$

$G_x = G_1+G_2 = 255+200 = 455\ \text{m}^3$

$$\bar{y} = \frac{G_x}{A_1+A_2} = \frac{455}{110} = 4.14\ \text{cm},\qquad \bar{x} = 0$$

예제 5-9. 〈그림 5·10〉(a)와 같은 부채꼴의 도심을 구하라.

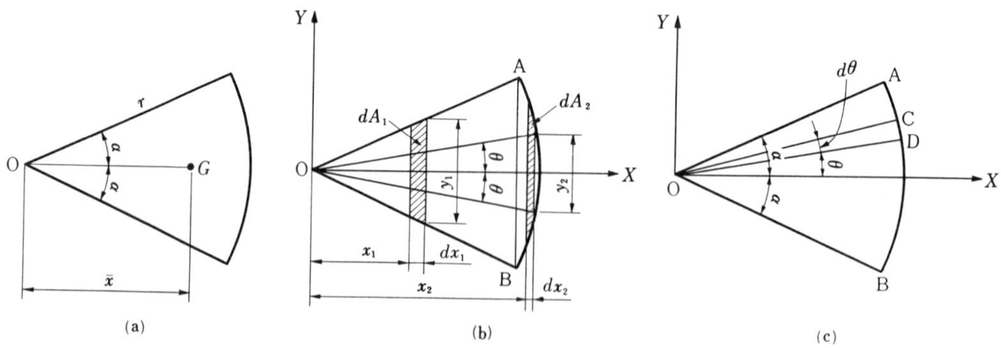

〈그림 5·10〉

풀 이 〈그림 5·10〉(b)와 같이 3각형 AOB와 원호 부분으로 나누어 생각하고 dA_1 및 dA_2에 따른 거리는 다음과 같다.

$y_1 : 2r\sin\alpha = x_1 : r\cos\alpha$

$y_1 = 2x_1\tan\alpha$

$y_2 = 2r\sin\theta \qquad x_2 = r\cos\theta$

$dx_2 = rd\theta\sin\theta = r\sin\theta\, d\theta$

$$G_y = \int_A x_1 dA_1 + \int_A x_2 dA_2 = \int x_1 y_1 dx_1 + \int x_2 y_2 dx_2$$

$$= \int_0^{r\cos\alpha} 2x_1^2 \tan\alpha\, dx_1 + \int_\alpha^0 2r^3 \sin^2\theta\cos\theta\, d\theta$$

$$= \int_0^{r\cos\alpha} 2x_1^2 \tan\alpha\, dx_1 + \int_\alpha^0 2r^3 \sin^2\theta\,(-d\sin\theta)$$

$$= 2\tan\alpha\left[\frac{x_1^3}{3}\right]_0^{r\cos\alpha} - 2r^3\left[\frac{\sin^3\theta}{3}\right]_\alpha^0$$

$$= \frac{2}{3}\frac{\sin\alpha}{\cos\alpha} r^3\cos^3\alpha + \frac{2}{3}r^3\sin^3\alpha$$

$$= \frac{2}{3}r^3\sin\alpha(\cos^2\alpha + \sin^2\alpha) = \frac{2}{3}r^3\sin\alpha$$

부채꼴의 면적 A는 $2\pi : 2\alpha = \pi r^2 : A$, $\quad A = \alpha r^2$

AB 사이의 길이 l과 호의 길이 S와의 비 : $\dfrac{l}{S} = \dfrac{2r\sin\alpha}{2r\alpha} = \dfrac{\sin\alpha}{\alpha}$

$$\bar{x} = \frac{G_y}{A} = \frac{2}{3\alpha}r\sin\alpha = \frac{2rl}{3S}$$

《別解》 〈그림 5·10〉(c)에서 $d\theta$에 의한 COD의 미소면적은 $dA = \dfrac{(rd\theta)r}{2}$이고, 이의 도심은 0점으로부터 $\dfrac{2}{3}r$, y軸으로부터 도심까지의 거리 $x = \dfrac{2}{3}r\cos\theta$의 위치에 있으므로

$$\bar{x} = \frac{\int xdA}{\int dA} = 2\int_0^\alpha\left(\frac{r^2}{2}d\theta\right)\left(\frac{2}{3}r\cos\theta\right)\Big/ 2\int_0^\alpha \frac{r^2}{2}d\theta$$

$$= \frac{2}{3}r^3\int_0^\alpha \cos\theta\, d\theta\Big/ r^2\int_0^\alpha d\theta = \frac{2r}{3\alpha}\sin\alpha = \frac{2rl}{3S}$$

$$G_y = \bar{x}A = \frac{2r}{3\alpha}\sin\alpha\cdot\alpha r^2 = \frac{2}{3}r^3\sin\alpha$$

예 제 5-10. 〈그림 5·11〉에서 사선 부분의 도심 G를 구하라.

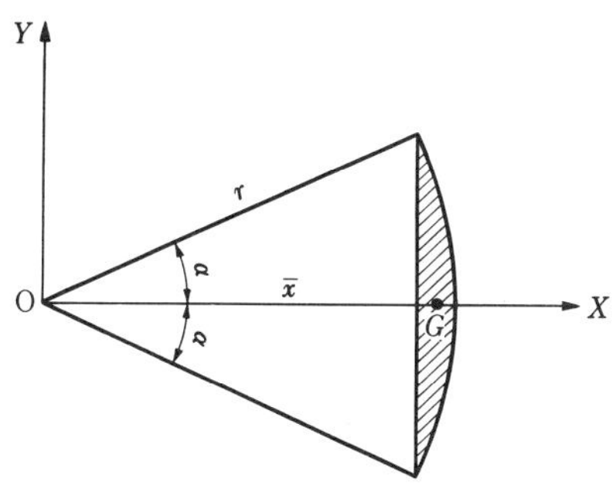

부채꼴 $A = \dfrac{1}{2}rs = \dfrac{r\cdot 2r\alpha}{2} = \alpha r^2$

〈그림 5·11〉

풀이 예제 5·9의 〈그림 5·10〉(b)에서 dA_2 부분을 생각하면,

$$G_y = \int_{\alpha}^{0} 2r^3 \sin^2\theta \cos\theta \, d\theta = \frac{2}{3} r^3 \sin^3\alpha$$

$$A = \alpha r^2 - r^2 \sin\alpha \cos\alpha$$

$$\bar{x} = \frac{G_y}{A} = \frac{2r \sin^3\alpha}{3(\alpha - \sin\alpha\cos\alpha)}$$

예제 5-11. 〈그림 5·12〉에서 $R = 4\,\text{cm}$, $r = 2\,\text{cm}$, $\alpha = \pi/2$로 하였을 때 사선 부분의 도심 G를 구하라.

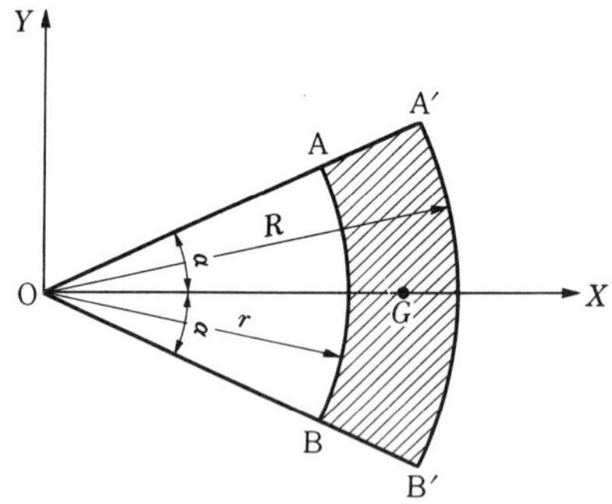

〈그림 5·12〉

풀이 OA′B′의 1차모멘트에서 OAB의 1차모멘트를 뺀 다음 단면의 차로 나눈다.

$$G_y = \frac{2}{3}(R^3 - r^3)\sin\alpha$$

$$A = \alpha(R^2 - r^2)$$

$$\bar{x} = \frac{G_y}{A} = \frac{2}{3}\frac{R^3 - r^3}{R^2 - r^2} \times \frac{\sin\alpha}{\alpha} = \frac{2}{3}\frac{4^3 - 2^3}{4^2 - 2^2} \times \frac{2}{\pi} = 1.98\,\text{cm}$$

5-2 斷面 2次모멘트와 斷面係數

〈그림 5·13〉과 같이 임의의 평면도형의 미소면적 dA에서 X, Y축까지의 거리 x 및 y의 자승을 서로 곱한 양을 X, Y축에 관한 미소단면의 2차모멘트라 하고, 그 도형의 전체 면적 A에 걸쳐 적분한 값을 각각 X, Y축에 대한 斷面 2次모멘트(second moment of area) 또는 慣性모멘트(moment of inertia)라 하고 X축에 관한 모멘트를 I_x, Y축에 관한 모멘트를 I_y라 하면 다음과 같다.

$$\left.\begin{aligned} I_x &= \int_A y^2 dA \\ I_y &= \int_A x^2 dA \end{aligned}\right\} \quad (\text{cm}^4) \qquad (5 \cdot 3)$$

주어진 도형이 몇 개의 부분으로 나눌 수 있는 경우에는 각 부분 도형의 관성모멘트를 통합하여 전체 도형의 관성모멘트를 간단히 구할 수 있다.

또 도형에 있어서 斷面 2次中心(center of gyration of area)이라는 것이 있다. 이것은 주어진 어느 한 축에 관한 관성모멘트와 같은 값을 갖는 도형의 전면적이 어떠한 점에 集

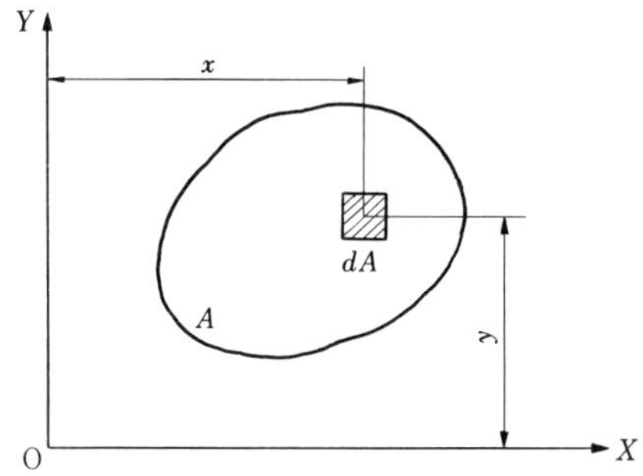

〈그림 5·13〉

中되었다고 想像되는 点에서 주어진 축까지의 거리를 斷面2次반지름(radius of gyration of area), 回轉반지름 또는 慣性반지름 k라 하고 단위는 cm이다. 이 회전반지름은 도심과 같은 실제거리가 아니고 다만 有用한 수학적 개념에 불과하다. 즉, 관계식은 관성모멘트를 그 단면적으로 나눈 값의 평방근이 그 단면적의 회전반지름이다.

$$\left.\begin{aligned} I &= k^2A \\ k_x &= \sqrt{\frac{I_x}{A}} \\ k_y &= \sqrt{\frac{I_y}{A}} \end{aligned}\right\} \text{(cm)} \qquad (5\cdot4)$$

〈그림 5·14〉에서 도심 G를 지나는 축에서 끝단까지의 거리를 e_1, e_2라 하면 그 축에 대한 관성모멘트 I를 e로 나눈 값을 그 축에 대한 斷面係數(section modulus)라 하고 Z로 표시한다.

$$\left.\begin{aligned} Z_1 &= \frac{I_x}{e_1} \\ Z_2 &= \frac{I_x}{e_2} \end{aligned}\right\} (\text{cm}^3) \qquad (5\cdot5)$$

만일 도형이 대칭축이면 그 축에 대한 단면계수는 $Z_1 = Z_2 = Z$ 하나만 존재하고, 대칭이 아닐 때는 2개의 단면계수가 존재한다.

보나 기둥들의 설계에서 관성모멘트와 단면계수 및 회전반지름은 중요한 역할을 차지한다.

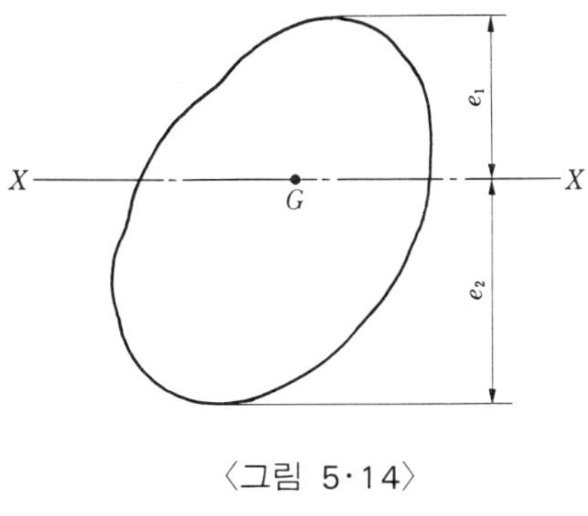

〈그림 5·14〉

예제 5-12. 〈그림 5·15〉와 같은 직4각형 단면의 관성모멘트 I와 단면계수 Z 및 관성반지름 k를 구하라.

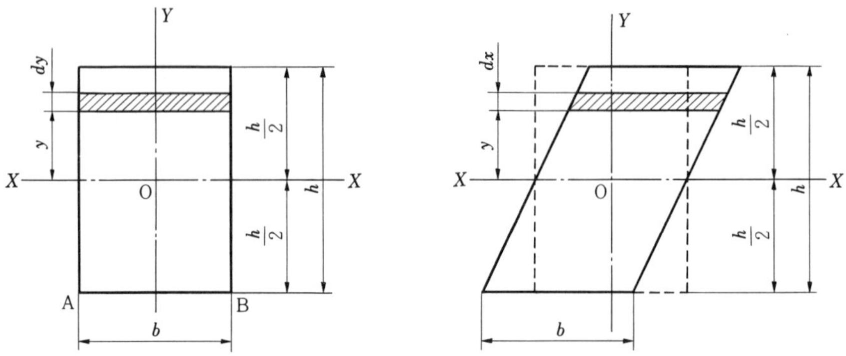

〈그림 5·15〉

풀이 $I_x = \int y^2 dA = \int_{-\frac{h}{2}}^{\frac{h}{2}} y^2 b dy = \frac{bh^3}{12}$ 또는 $I_x = 2\int_0^{\frac{h}{2}} y^2 b dy = \frac{bh^3}{12}$

$$I_y = \int x^2 dA = \int_{-\frac{b}{2}}^{\frac{b}{2}} x^2 h dx = \frac{hb^3}{12} \text{ (최소 관성모멘트)}$$

$$I_{AB} = \int_0^h y^2 dA = \int_0^h y^2 b dy = \frac{bh^3}{3}$$

$$Z_x = \frac{I_x}{e_y} = \frac{\frac{bh^3}{12}}{\frac{h}{2}} = \frac{bh^2}{6}, \qquad Z_y = \frac{I_y}{e_x} = \frac{\frac{hb^3}{12}}{\frac{b}{2}} = \frac{hb^2}{6} \text{ (최소 단면계수)}$$

$$k_x = \sqrt{\frac{I_x}{A}} = \sqrt{\frac{h^2}{12}} = \frac{h}{2\sqrt{3}}$$

$$k_y = \sqrt{\frac{I_y}{A}} = \sqrt{\frac{b^2}{12}} = \frac{b}{2\sqrt{3}} \text{ (최소 회전반지름)}$$

예제 5-13. 〈그림 5·16〉과 같은 3각형 단면에 있어서 1) 도심, 2) 밑변, 3) 꼭지점에 대한 I와 Z를 구하라.

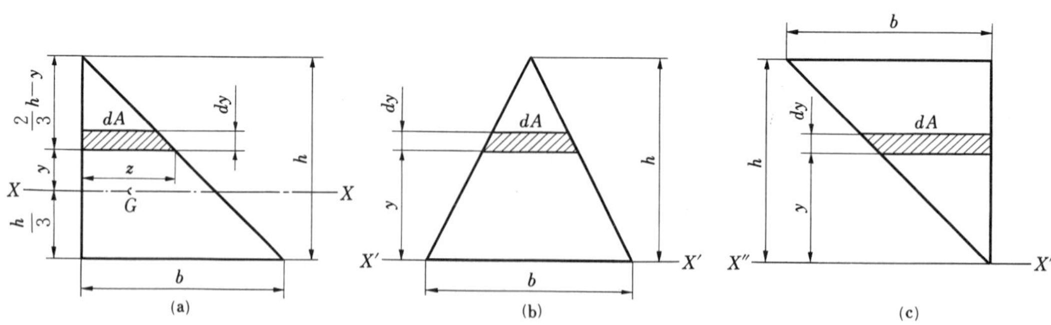

〈그림 5·16〉

풀이 1) $z = \dfrac{dA}{dy}$, $\quad \dfrac{dA}{dy} : b = \left(\dfrac{2}{3}h - y\right) : h, \quad dA = \dfrac{b}{h}\left(\dfrac{2}{3}h - y\right)dy$

$$I_x = \int y^2 dA = \frac{b}{h}\int_{-\frac{h}{3}}^{\frac{2h}{3}} y^2\left(\frac{2}{3}h - y\right)dy = \frac{b}{h}\int_{-\frac{h}{3}}^{\frac{2h}{3}}\left(\frac{2}{3}hy^2 - y^3\right)dy = \frac{bh^3}{36}$$

$$Z_{x_1} = \frac{I_x}{e_1} = \frac{\frac{bh^3}{36}}{\frac{2}{3}h} = \frac{bh^2}{24}, \qquad Z_{x_2} = \frac{I_x}{e_2} = \frac{\frac{bh^3}{36}}{\frac{1}{3}h} = \frac{bh^2}{12}$$

2) $\dfrac{dA}{dy} : b = (h - y) : h, \quad dA = \dfrac{b}{h}(h - y)dy$

$$I_{x'} = \int y^2 dA = \frac{b}{h}\int_0^h y^2(h - y)dy = \frac{bh^3}{12}$$

3) $\dfrac{dA}{dy} : b = y : h, \quad dA = \dfrac{b}{h}ydy$

$$I_{x''} = \int y^2 dA = \frac{b}{h}\int_0^h y^3 dy = \frac{bh^3}{4}$$

예제 5-14. 〈그림 5・17〉과 같은 원형단면의 중심 O점에 대한 관성모멘트 I와 단면계수 Z를 구하라.

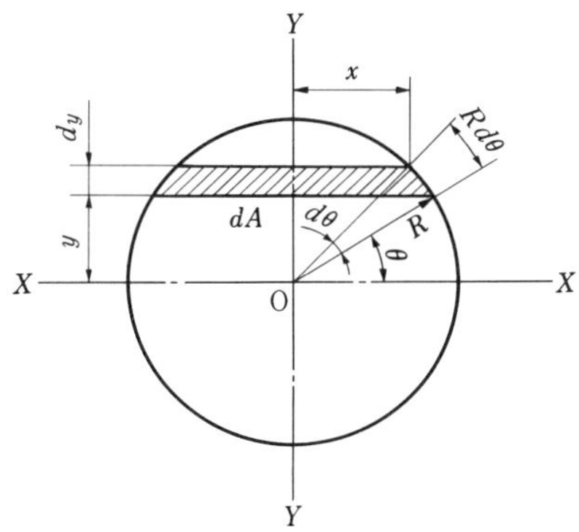

〈그림 5·17〉

풀이 $y = R\sin\theta, \quad dy = R\cos\theta\, d\theta, \quad x = R\cos\theta, \quad dA = 2xdy$

$$I_x = \int_A y^2 dA = \int_{-R}^{R} y^2 2R^2\cos^2\theta\, d\theta = 2\int_0^R y^2 2R^2\cos^2\theta\, d\theta$$

$$= 4\int_0^R R^2\sin^2\theta R^2\cos^2\theta\, d\theta = 4\int_0^R R^4\sin^2\theta\cos^2\theta\, d\theta = 4R^4\int_0^{\frac{\pi}{2}}\frac{1}{4}\sin^2 2\theta\, d\theta$$

$$= R^4\int_0^{\frac{\pi}{2}}\sin^2 2\theta\, d\theta = \frac{R^4}{2}\int_0^{\frac{\pi}{2}}(1 - \cos 4\theta)d\theta = \frac{R^4}{2}\left[\theta - \frac{\sin 4\theta}{4}\right]_0^{\frac{\pi}{2}}$$

$$= \frac{R^4}{2}\left(\frac{\pi}{2} - \frac{1}{4}\sin 4\frac{\pi}{2}\right) = \frac{R^4\pi}{4} = \frac{\pi}{4}\left(\frac{d}{2}\right)^4 = \frac{\pi d^4}{64}$$

$$Z = \frac{I_x}{e} = \frac{\frac{\pi d^4}{64}}{\frac{d}{2}} = \frac{\pi d^3}{32} = \frac{\pi R^3}{4}, \qquad k = \sqrt{\frac{I_x}{A}} = \sqrt{\frac{\pi d^4}{64}\Big/\frac{\pi d^2}{4}} = \frac{d}{4}$$

예제 5-15. 지름 d 인 원형단면과 한 변의 길이가 a 인 정방형 단면을 갖는 두 개의 보가 있다. 두 단면적이 같을 때 단면계수의 비를 구하라. 재질이 같다면 어느 단면을 선택함이 효과적인가?

풀이 원의 단면적 및 단면계수를 A_1, Z_1, 정방형의 단면적 및 단면계수를 A_2, Z_2라 하고

$$A_1 = \frac{\pi d^2}{4}, \quad A_2 = a^2, \quad \frac{\pi d^2}{4} = a^2, \quad a = \frac{d}{2}\sqrt{\pi}, \quad \frac{d}{a} = \frac{2}{\sqrt{\pi}}$$

$$Z_1 = \frac{\pi d^3}{32}, \quad Z_2 = \frac{a^3}{6}$$

$$\frac{Z_1}{Z_2} = \frac{\frac{\pi d^3}{32}}{\frac{a^3}{6}} = \frac{3}{16}\left(\frac{d}{a}\right)^3 \pi = \frac{3}{16} \times \frac{3}{\pi\sqrt{\pi}} \times \pi = \frac{3}{2\sqrt{\pi}} = 0.85$$

같은 재질이면 관성모멘트가 큰 것을 사용함이 효과적이다. 따라서

$$I_1 = Z_1\frac{d}{2}, \quad I_2 = Z_2\frac{a}{2}$$

$$\frac{I_1}{I_2} = \frac{Z_1 d}{Z_2 a} = \frac{2}{\sqrt{\pi}} \cdot \frac{Z_1}{Z_2} = \frac{2}{1.77} \times 0.85 = 0.96 \qquad \therefore\ I_1 = 0.96 I_2$$

5-3 平行軸定理

평면도형의 圖心을 지나는 軸 X-X와 거리 d만큼 떨어진 동일 평면 내의 평행축 X'-X'에 대한 관성모멘트는 다음과 같이 된다.

$$I_x' = \int_A (y+d)^2 dA = \int_A y^2 dA + 2d\int_A y dA + \int_A d^2 dA$$

여기서, $\int_A y^2 dA$는 도심을 지나는 X축에 관한 관성모멘트 I_x이고, $\int_A ydA$는 도심을 지나는 X축에 관한 단면 1차모멘트이므로 $\int_A ydA = 0$이 된다. $\int_A dA$는 도형의 전면적 A이다.

그러므로 윗식은

$$I_x' = I_x + d^2 A \qquad (5 \cdot 6)$$

이 식 (5·6)을 平行軸定理(parallel axis theorem)라고 한다. 이 식에서 $d = 0$일 때 $I_x' = I_x$가 되므로 최소가 되고 d의 증가에 따라 커진다. 그러므로 평행축정리에 있어서 최소의 관성모멘트는 도심을 지나는 軸에 대한 관성모멘트와 같다. 또 임의의 平行軸에 관한 회전

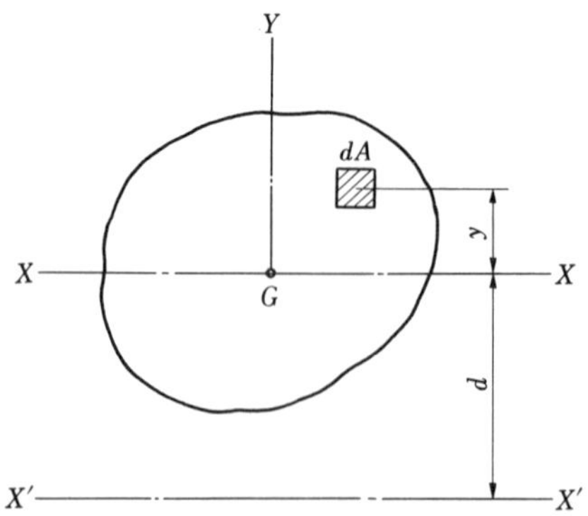

〈그림 5·18〉

반지름은 $k_{x'}^2 = k_x^2 + d^2$이 된다.

예 제 5-16. 직 4 각형 단면의 밑면에 관한 관성모멘트를 平行軸定理로 구하라.

풀 이 $I_{\text{base}} = I_x + d^2 A = \dfrac{bh^3}{12} + \left(\dfrac{h}{2}\right)^2 bh = \dfrac{bh^3}{3}$

예 제 5-17. 3 각형 단면의 한 변에 관한 관성모멘트를 평행축정리로 구하라.

풀 이 $I_{\text{base}} = \dfrac{bh^3}{36} + \left(\dfrac{h}{3}\right)^2 \cdot \dfrac{bh}{2} = \dfrac{bh^3}{12}$

예 제 5-18. 원의 접선에 대한 관성모멘트를 구하라.

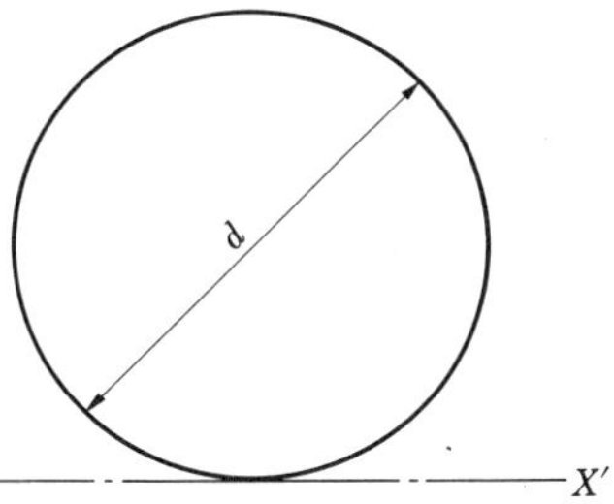

〈그림 5·19〉

풀 이 $I_{x}' = \dfrac{\pi d^4}{64} + \left(\dfrac{d}{2}\right)^2 \dfrac{\pi d^2}{4} = \dfrac{5\pi d^4}{64}$

예 제 5-19. 〈그림 5·20〉과 같은 한 변이 b인 정 6 각형 단면에서 X-X축에 대한 관성모멘트와 단면계수를 구하라.

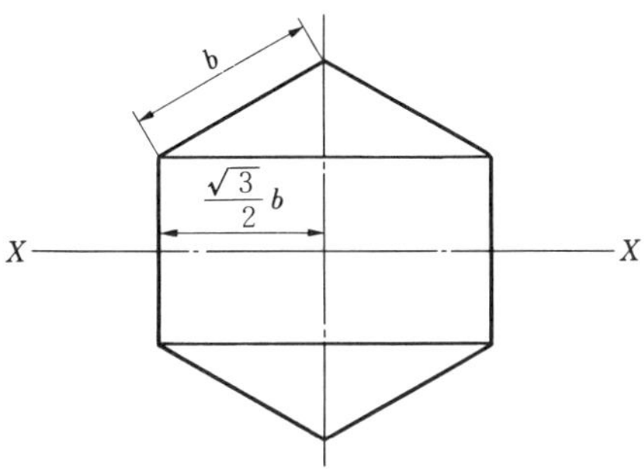

〈그림 5·20〉

풀 이 이것은 X-X축에 대해서 대칭이므로 X-X축 위의 직 4 각형의 밑변에 관한 관성모멘트와 3 각형의 도심에서 X-X축에 관한 평행축 정리로 관성모멘트의 합을 2 배 해주면 된다.

$$I = 2\left[\frac{bh^3}{3} + \frac{bh^3}{36} + \frac{d^2bh}{2}\right]$$

$$= 2\left[\frac{2\dfrac{\sqrt{3}}{2}b\left(\dfrac{b}{2}\right)^3}{3} + \frac{2\dfrac{\sqrt{3}}{2}b\left(\dfrac{b}{2}\right)^3}{36} + \left(\frac{b}{2} + \frac{b}{2} \times \frac{1}{3}\right)^2 \times \frac{2\dfrac{\sqrt{3}}{2}b \cdot \dfrac{b}{2}}{2}\right] = \frac{5\sqrt{3}}{16}b^4$$

$$Z=\frac{I}{e}=\frac{5\sqrt{3}}{16}b^3$$

예제 5-20. 〈그림 5・21〉에서 도심을 X축에 관한 단면2차모멘트를 구하라.

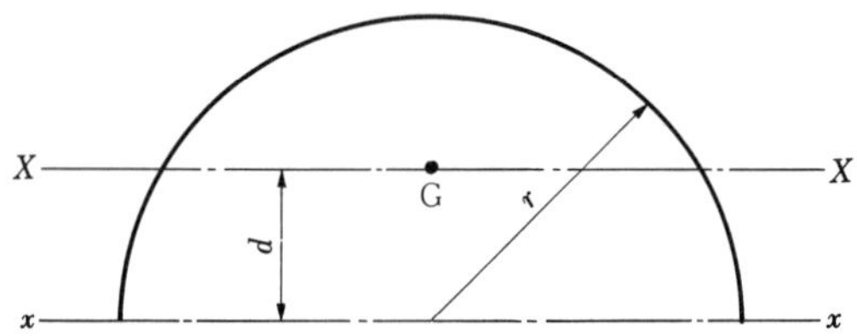

〈그림 5·21〉

풀이 $I_X=I_x-Ad^2=\dfrac{\pi r^4}{8}-\dfrac{\pi r^2}{2}\left(\dfrac{4r}{3\pi}\right)^2=\dfrac{\pi r^4}{8}-\dfrac{16\pi r^4}{18\pi^2}$

$$=\frac{9\pi^2r^4-64r^4}{72\pi}=\frac{r^4(9\pi^2-64)}{72\pi}=\frac{d^4(9\pi^2-64)}{1152\pi}$$

5-4 極慣性모멘트

〈그림 5・22〉와 같이 X, Y축의 O점을 극(pole)으로 할 때 이 도형의 極에 대한 관성모멘트를 極慣性모멘트(polar moment of inertia)라 하고 I_P로 표시한다.

임의의 미소면적을 dA라 하고 dA에서 극 O점까지의 거리를 r라 하면, 극관성모멘트는 다음과 같이 된다.

$$I_P=\int_A r^2dA \tag{5・7}$$

그림에서 $r^2=x^2+y^2$이므로 식 (5・7)에 대입하면,

$$I_P=\int_A(x^2+y^2)dA=\int_A x^2dA+\int_A y^2dA=I_x+I_y$$

$$\therefore\ I_P=I_x+I_y \tag{5・8}$$

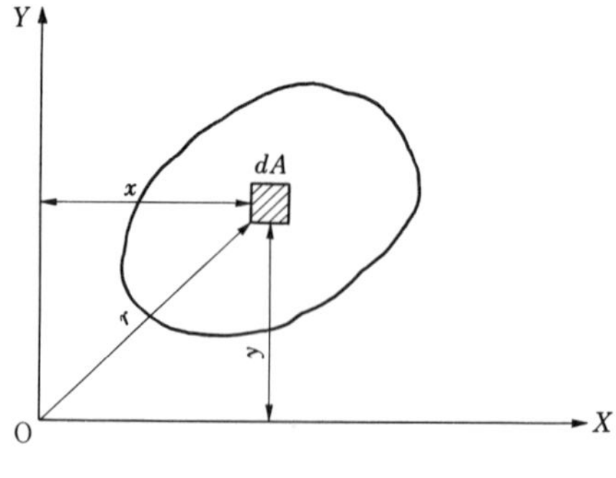

〈그림 5·22〉

식 (5·8)에서 I_P는 X, Y축에 대한 두 관성모멘트를 합한 것과 같다는 것을 알 수 있고, 원과 정방형과 같은 두 직교축이 대칭일 때는 $I_x = I_y$가 되므로

$$I_P = 2I_x = 2I_y \qquad \therefore\ I = \frac{I_P}{2}$$

의 관계에서 극관성모멘트는 관성모멘트의 2배이고, 관성모멘트는 극관성모멘트의 1/2이 됨을 알 수 있다. 또한 극회전반지름은 $k_P^2 = k_x^2 + k_y^2$이 된다.

예제 5-21. 〈그림 5·23〉과 같은 원형단면에 중심 O점에 대한 극관성모멘트, 극단면계수와 또한 O점을 지나는 X, Y축에 대한 관성모멘트, 단면계수를 각각 구하라.

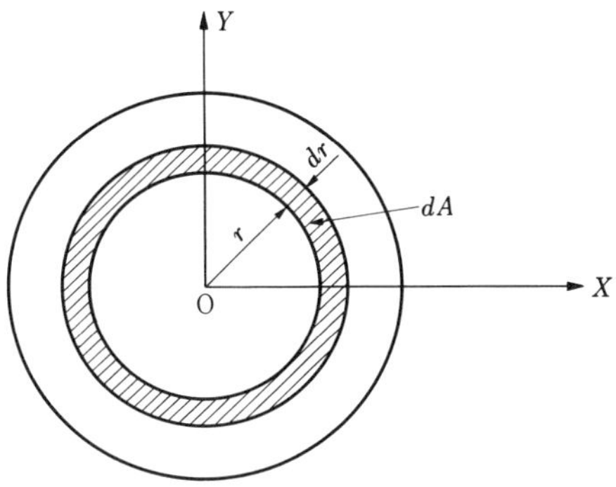

〈그림 5·23〉

풀이 사선 부분의 미소단면적을 dA라 하면, $dA = 2\pi r dr$

$$I_P = \int_A r^2 dA = \int_0^{\frac{d}{2}} r^2 2\pi r dr = \frac{\pi d^4}{32} = \frac{\pi r^4}{2}, \qquad Z_P = \frac{I_P}{e} = \frac{\frac{\pi d^4}{32}}{\frac{d}{2}} = \frac{\pi d^3}{16} = \frac{\pi r^3}{2}$$

$$I = \frac{I_P}{2} = \frac{\pi d^4}{64} = \frac{\pi r^4}{4}, \qquad Z = \frac{I}{e} = \frac{\frac{\pi d^4}{64}}{\frac{d}{2}} = \frac{\pi d^3}{32} = \frac{\pi r^3}{4}$$

또한 원은 O점을 꼭지점으로 하는 미소3각형의 집합으로 생각하면, 이 미소3각형의 관성모멘트의 합은 O점을 원의 극관성모멘트 I_P가 된다. 즉,

$$I_P = \frac{b_1 r^3}{4} + \frac{b_2 r^3}{4} + \frac{b_3 r^3}{4} + \cdots\cdots$$
$$= \frac{r^3}{4}(b_1 + b_2 + b_3 + \cdots\cdots) = \frac{r^3}{4} \times 2\pi r = \frac{\pi r^4}{2} = \frac{\pi d^4}{32}$$

예제 5-22. 〈그림 5·15〉와 같은 직4각형 단면의 圖心에 관한 극관성모멘트와 밑변에 관한 극관성모멘트를 구하라.

풀이 $$I_P = \frac{bh^3}{12} + \frac{hb^3}{12} = \frac{bh^3 + hb^3}{12} = \frac{bh(h^2 + b^2)}{12}$$

$$I_P = \frac{bh^3}{3} + \frac{hb^3}{3} = \frac{bh^3 + hb^3}{3} = \frac{bh(h^2 + b^2)}{3}$$

5-5 慣性相乘모멘트와 主軸

평면도형 내의 미소면적 dA에 X, Y축에서 dA까지의 거리 x 및 y의 相乘積을 전도형에 적분한 것을 그 도형의 相乘모멘트(product of inertia) I_{xy}라고 한다.

$$I_{xy}=\int_A xydA \tag{5·9}$$

이것은 두 축 중에 어느 한 축이라도 대칭이 있으면 그 축에 대한 상승모멘트는 0이 된다.

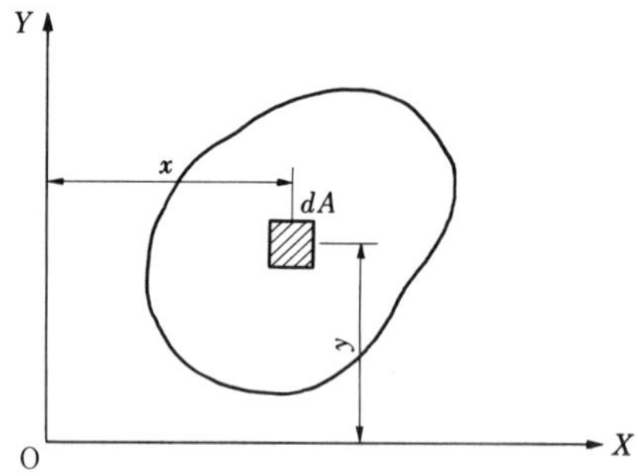

〈그림 5·24〉

〈그림 5·25〉에서 임의 미소단면적 dA에 대하여 대칭위치의 미소면적 dA가 반드시 존재하여 각 요소의 상승모멘트는 상쇄되기 때문에 0 이 된다.

$$I_{xy}=\int_A xydA=\int_0^{+x} xydA+\int_{-x}^{0} -xydA=\int_0^{+x} xydA-\int_{-x}^{0} xydA=0$$

이와 같이 도형의 도심을 지나고 $I_{xy}=0$이 되는 直交軸을 그 단면의 主軸(principal axis)이라고 한다. 그러므로 도형의 대칭축에 대한 상승모멘트는 반드시 0이 되고 그 축은 主軸이 된다. 또한 도심을 지나고 대칭축에 직각인 축도 주축이 된다.

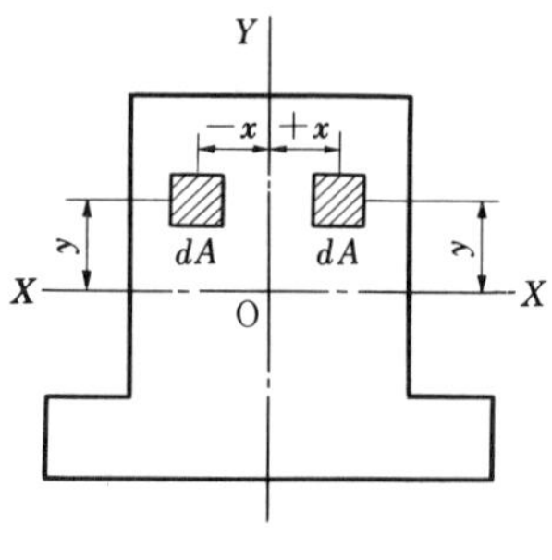

〈그림 5·25〉

〈그림 5·26〉에서 X 및 Y축의 O 점을 기준으로 하여 시계방향으로 90° 회전시키면 두 축은 Y', X'축으로 바꾸어진다. 따라서 미소면적 dA의 신구좌표는 다음 관계가 있다.

$$y'=x \qquad x'=-y$$

변환축에 대한 상승모멘트는 다음과 같다.

$$I_{x'y'}=\int_A x'y'dA=-\int_A xydA=-I_{xy}$$

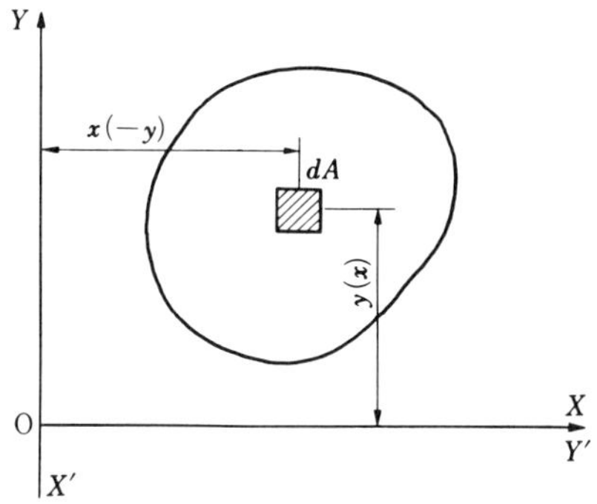

〈그림 5·26〉

이것은 90° 회전할 동안에 相乘모멘트의 부호를 바꾸게 된다. 그러므로 상승모멘트는 連續函數인 이상 그 값이 반드시 0이 되는 방향에 존재한다. 이 방향의 축이 주축이며 도심을 좌표의 원점으로 잡는다면 이 주축은 圖心主軸(centroidal principal axis)이라고 한다.

〈그림 5·27〉과 같은 임의 도형의 圖心을 지나는 두 X 및 Y축에 대한 관성상승모멘트의 값을 알면 그 축들에 각각 평행한 $X'Y'$축에 대한 관성상승모멘트는 平行軸定理를 써서 다음과 같이 된다.

$$x' = x + a \qquad y' = y + b$$

$$I_{x'y'} = \int_A x'y'dA = \int_A (x+a)(y+b)dA$$

$$= \int_A xydA + \int_A bxdA + \int_A aydA + \int_A abdA$$

우변의 처음 항은 I_{xy}이고 두 번째와 세 번째 항은 도심 軸에 대한 단면 1차모멘트이므로 0이 되고 끝항은 面積이므로

$$I_{x'y'} = I_{xy} + abA \qquad (5 \cdot 10)$$

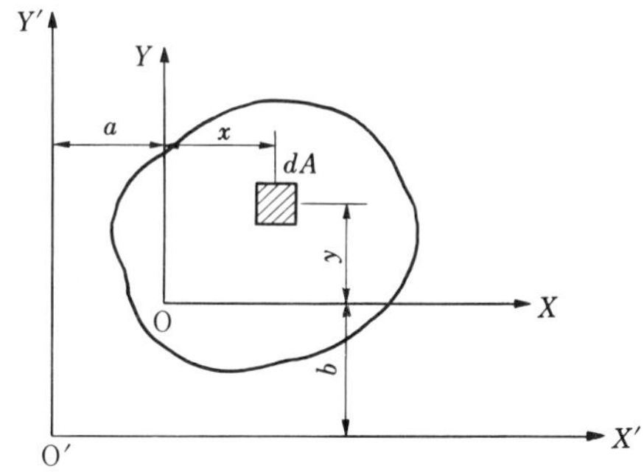

〈그림 5·27〉

예제 5-23. 〈그림 5·28〉에서 두 축 $X'Y'$에 대한 상승모멘트 $I_{x'y'}$를 구하라.

풀이 $I_{x'y'} = I_{xy} + abA$에서 $I_{xy} = 0$

$$\therefore\ I_{x'y'} = abA = \frac{b}{2} \cdot \frac{h}{2} \cdot bh = \frac{b^2h^2}{4} = \frac{A^2}{4}$$

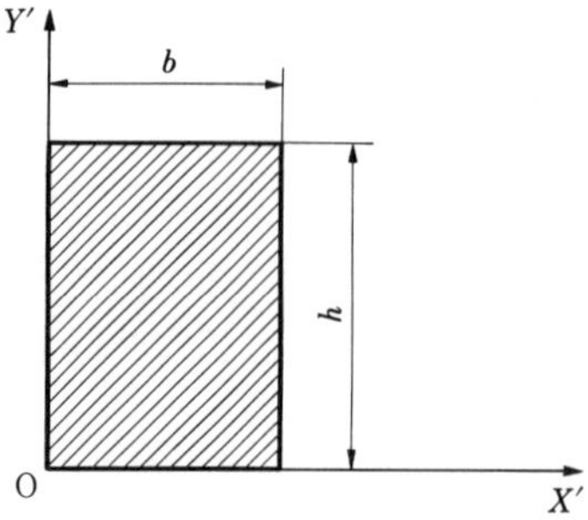

〈그림 5·28〉

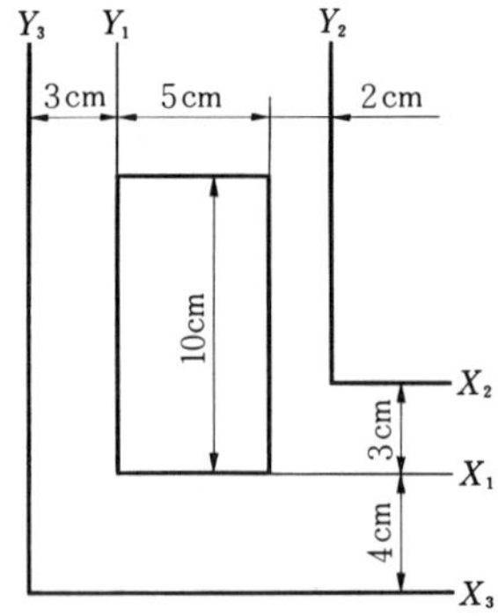

〈그림 5·29〉

예제 5-24. 〈그림 5·29〉에서 X_1, Y_1, X_2, Y_2, X_3, Y_3축에 대한 단면상승모멘트를 구하라.

풀이 $I_{x_1y_1} = (-2.5)\times(-5)\times 50 = 625\text{ cm}^4$ 혹은 $I_{x_1y_1} = \dfrac{A^2}{4} = \dfrac{(5\times 10)^2}{4} = 625\text{ cm}^4$

$I_{x_2y_2} = abA = 4.5\times(-2)\times 50 = -450\text{ cm}^4$

$I_{x_3y_3} = (-5.5)\times(-9)\times 50 = 2475\text{ cm}^4$

예제 5-25. 〈그림 5·30〉과 같은 L형 단면의 X, Y축에 대한 I_{xy}는 얼마인가?

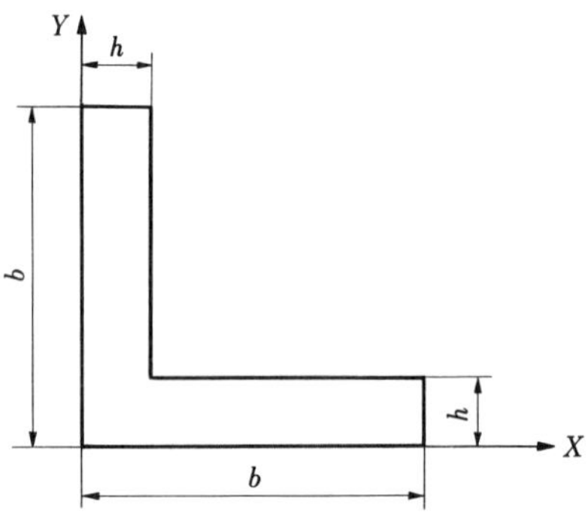

〈그림 5·30〉

풀이 $I_{xy} = \dfrac{b^2h^2}{4} + \dfrac{h^2(b^2-h^2)}{4}$

5-6 主軸의 결정

어느 평면도형의 圖心을 지나는 X, Y축에 대한 관성모멘트 및 상승모멘트

$$\left.\begin{aligned} I_x &= \int_A y^2 dA \\ I_y &= \int_A x^2 dA \end{aligned}\right\} \quad \cdots\cdots\cdots\cdots \text{(a)}$$

$$I_{xy} = \int_A xydA \cdots\cdots (b)$$

를 알고 〈그림 5・31〉과 같이 X, Y축을 O를 중심으로 θ만큼 회전한 X', Y'축에 대한 관성모멘트 및 상승모멘트를 구하여 본다.

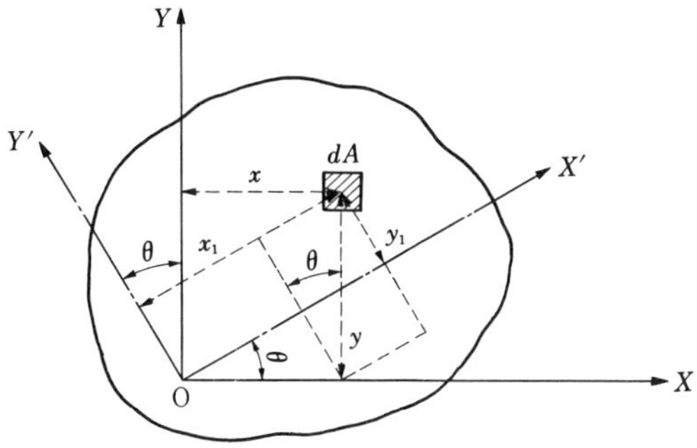

〈그림 5・31〉

미소면적 dA의 회전축에 대한 좌표는 다음과 같이 표시할 수 있다.

$$x_1 = x\cos\theta + y\sin\theta, \qquad y_1 = y\cos\theta - x\sin\theta \cdots\cdots (c)$$

$$I_{x'} = \int y_1^2 dA = \int_A (y\cos\theta - x\sin\theta)^2 dA$$

$$= \cos^2\theta \int_A y^2 dA + \sin^2\theta \int_A x^2 dA - 2\sin\theta\cos\theta \int xydA$$

$$\therefore\ I_{x'} = I_x\cos^2\theta + I_y\sin^2\theta - 2I_{xy}\sin\theta\cos\theta \qquad (5\cdot11)$$

같은 방법으로

$$I_{y'} = I_x\sin^2\theta + I_y\cos^2\theta + 2I_{xy}\sin\theta\cos\theta \qquad (5\cdot12)$$

가법정리

$$\cos^2\theta = \frac{1}{2}(1+\cos 2\theta) \qquad \sin^2\theta = \frac{1}{2}(1-\cos 2\theta)$$

$2\sin\theta\cos\theta = \sin 2\theta$의 관계식을 이용하면

$$I_{x'} = \frac{1}{2}(I_x+I_y) + \frac{1}{2}(I_x-I_y)\cos 2\theta - I_{xy}\sin 2\theta \qquad (5\cdot13)$$

$$I_{y'} = \frac{1}{2}(I_x+I_y) - \frac{1}{2}(I_x-I_y)\cos 2\theta + I_{xy}\sin 2\theta \qquad (5\cdot14)$$

$I_{x'}$와 $I_{y'}$의 合과 差를 구하면

$$I_{x'} + I_{y'} = I_x + I_y = I_P \qquad (5\cdot15)$$

$$I_{x'} - I_{y'} = (I_x - I_y)\cos 2\theta - 2I_{xy}\sin 2\theta \qquad (5\cdot16)$$

식 (5・15)에서 회전축 X', Y'에 대한 慣性모멘트의 合은 原軸 X, Y에 대한 관성모멘트의 合과 같고, 원점 O에 대한 極慣性모멘트와 같다는 것을 알 수 있다. 회전축에 대한 相乘모멘트 $I_{x'y'}$는

$$I_{x'y'} = \int_A x_1 y_1 dA = \int_A (x\cos\theta + y\sin\theta)\ (y\cos\theta - x\sin\theta) dA$$

$$= \int_A y^2 \sin\theta\cos\theta\, dA - \int_A x^2 \sin\theta\cos\theta\, dA + \int_A xy(\cos^2\theta - \sin^2\theta) dA$$

$$= I_x \sin\theta\cos\theta - I_y \sin\theta\cos\theta + I_{xy}(\cos^2\theta - \sin^2\theta)$$

$$\therefore\ I_{x'y'} = 1/2(I_x - I_y)\sin 2\theta + I_{xy}\cos 2\theta \tag{5・17}$$

식 (5・17)에서 상승모멘트는 회전각 θ의 변동에 따라 변동함을 알 수 있고, $\theta = 0$이면 $I_{x'y'} = I_{xy}$이고 $\theta = 90°$이면 $I_{x'y'} = -I_{xy}$이며 그 부호를 바꾼다.

따라서 그 중간각에서 $I_{x'y'} = 0$으로 되는 角位置 θ가 있다. 이 位相에 있는 회전축을 面積의 主軸(principal axis of area)이라 하고, 또 회전축이 도심에 원점을 가지면 圖心主軸(centroidal principal axis)이라고 한다.

主軸에 대한 상승모멘트는 0이므로 주축의 방향을 구하려면 $I_{x'y'} = 0$으로 놓고 다음과 같이 구한다.

$$\frac{1}{2}(I_x - I_y)\sin 2\theta + I_{xy}\cos 2\theta = 0$$

$$\tan 2\theta = \frac{2I_{xy}}{I_y - I_x} \tag{5・18}$$

윗식의 θ는 主軸位置角을 말하며 2θ의 두 값이 계산되고 π만큼 差가 있다. 이에 해당되는 두 개의 θ값은 $\pi/2$만큼 差가 있고 직교한다. 따라서 식 (5・18)은 상승모멘트가 0이 되는 X', Y' 축의 방향을 결정하는 식이다.

$I_{x'}$의 최대값은 식 (5・13)을 θ에 관해서 미분하여 0으로 놓고 다음과 같이 구할 수 있다.

$$\frac{dI_{x'}}{d\theta} = (I_y - I_x)\sin 2\theta - 2I_{xy}\cos 2\theta = 0$$

$$\therefore\ \tan 2\theta = \frac{2I_{xy}}{I_y - I_x}$$

또 $I_{y'}$의 최소값은 식 (5・14)를 사용하여 얻어진다. 그러므로 主軸은 관성모멘트를 최대 또는 최소로 하는 축으로 결정된다. 이상으로 主軸에 관한 사항을 요약하면,

① 주축은 식 (5・18)로 정해지는 한 쌍의 直交軸이 된다.

② 주축에 대한 상승모멘트는 0이다.

③ 주축에 대한 관성모멘트는 하나가 最大이고 하나가 最小이다.

④ 대칭축은 언제나 主軸이 된다.

主慣性모멘트를 얻기 위하여 식 (5・13) 및 식 (5・14)의 $\sin 2\theta$, $\cos 2\theta$를 $\tan 2\theta$로 나타내고 식 (5・18)을 대입하면

$$\left.\begin{aligned} \sin 2\theta &= \frac{\tan 2\theta}{\sqrt{1+\tan^2 2\theta}} = \frac{2I_{xy}}{\sqrt{(I_y - I_x)^2 + 4I_{xy}^2}} \\ \cos 2\theta &= \frac{1}{\sqrt{1+\tan^2 2\theta}} = \frac{I_y - I_x}{\sqrt{(I_y - I_x)^2 + 4I_{xy}^2}} \end{aligned}\right\} \tag{5・19}$$

식 (5・19)를 식 (5・13) 및 (5・14)에 대입하면

$$\left.\begin{aligned} I_1 = I_{\max} &= \frac{1}{2}(I_x+I_y)+\frac{1}{2}\sqrt{(I_x-I_y)^2+4\,I_{xy}{}^2} \\ I_2 = I_{\min} &= \frac{1}{2}(I_x+I_y)-\frac{1}{2}\sqrt{(I_x-I_y)^2+4\,I_{xy}{}^2} \end{aligned}\right\} \qquad (5\cdot 20)$$

식 (5・20)은 식 (4・28)의 σ_x, σ_y, τ_{xy}, 대신 I_x, I_y, I_{xy}를 대입한 결과와 일치함을 알 수 있다. 식 (5・18)도 식 (4・25)와 같은 형식임을 알 수 있다.

모어圓으로도 主慣性모멘트를 구할 수 있다.

예제 5-26. 〈그림 5・32〉와 같은 등변 L形鋼의 圖心 G를 지나는 X, Y축에 대한 단면2차모멘트가 $I_x = I_y = 0.36\ \text{cm}^4$일 때 단면의 주축 및 主2次모멘트를 구하라.

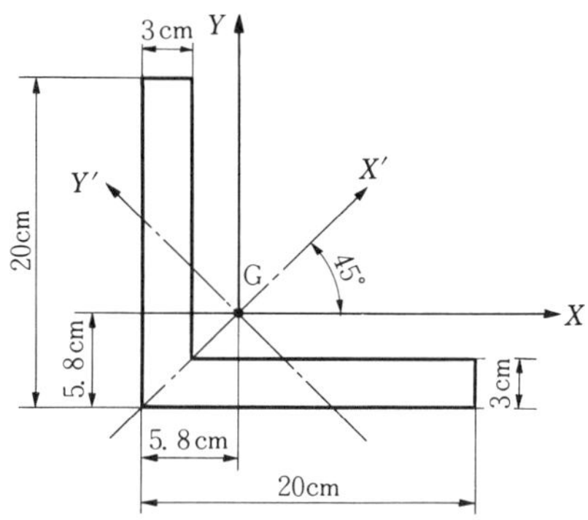

〈그림 5·32〉

풀이 G점을 지나고 X, Y축에 45° 기울어진 X'축은 대칭축이므로 단면의 주축이고, 따라서 이것과 직교된 Y'축도 단면의 主軸이다. 단면의 둥금새를 무시하고 2개의 직4각형으로 나누어 생각한다.

$$I_{xy} = \int xydA = \int xdx \cdot \int ydy = \int_{-5.8}^{-2.8} xdx \int_{-5.8}^{14.2} ydy + \int_{-2.8}^{14.2} xdx \int_{-5.8}^{-2.8} ydy$$

$$= -1083.6 - 1250.01 = -2333.61\ \text{mm}^4 = -0.233361\ \text{cm}^4$$

주어진 단면2차모멘트는 $I_x = I_y = 0.36\ \text{cm}^4$이므로,

$$I_1 = I_x' = I_{\max} = \frac{1}{2}(0.36+0.36)+\frac{1}{2}\sqrt{(0.36-0.36)^2+4(-0.23334)^2}$$

$$= 0.36+0.2334 = 0.5934\ \text{cm}^4$$

$$I_2 = I_y' = I_{\min} = 0.36-0.2334 = 0.1266\ \text{cm}^4$$

5-7 慣 性 楕 圓

〈그림 5・33〉과 같은 평면도형에서 단면의 慣性主軸을 X, Y라 하고 각 축에 대한 단면2차모멘트를 I_x, I_y라고 할 때 $I_x > I_y$인 경우를 생각해 보자.

X, Y축과 θ만큼 기울어진 축 X', Y'를 기준으로 하여 그 둘레의 단면2차모멘트는 식 (5・11)과 식 (5・12)에서

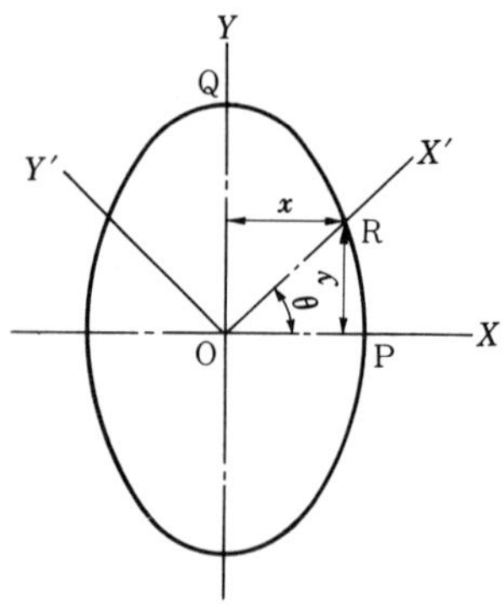

〈그림 5·33〉

$$\left.\begin{aligned} I_x' &= I_x \cos^2\theta + I_y \sin^2\theta \\ I_y' &= I_y \cos^2\theta + I_x \sin^2\theta \end{aligned}\right\} \qquad (5\cdot 21)$$

단면의 X, Y축 및 X'축 둘레의 回轉반지름의 逆數를 각각 p, q, r라 하고 OP, OQ 및 OR의 길이와 같게 취하면

$$\begin{aligned} \mathrm{OP} &= p = \sqrt{A/I_x} \\ \mathrm{OQ} &= q = \sqrt{A/I_y} \\ \mathrm{OR} &= r = \sqrt{A/I_x'} \end{aligned} \qquad (5\cdot 22)$$

$r = \sqrt{A/I_x'}$ 에서

$$\frac{1}{r^2} = \frac{I_x'}{A} = \frac{I_x}{A}\cos^2\theta + \frac{I_y}{A}\sin^2\theta = \frac{\cos^2\theta}{p^2} + \frac{\sin^2\theta}{q^2}$$

$$\therefore \quad \frac{r^2\cos^2\theta}{p^2} + \frac{r^2\sin^2\theta}{q^2} = 1$$

R점의 좌표를 x, y라 하면

$$x = r\cos\theta \qquad y = r\sin\theta$$

$$\therefore \quad \frac{x^2}{p^2} + \frac{y^2}{q^2} = 1 \qquad (5\cdot 23)$$

식 (5·23)은 半軸의 길이가 각각 p 및 q 되는 楕圓의 方程式이므로 R점은 楕圓上에 있다. 그러므로 I_x, I_y를 알면 식 (5·22)의 p 및 q를 半軸으로 하는 타원을 그릴 수 있다. 이 타원을 慣性楕圓(ellipse of inertia)이라고 한다. 중심으로부터 임의의 동경을 그리면 그 길이는 p 및 q가 각각 X, Y축 둘레의 回轉반지름의 逆數를 나타내는 것과 같은 단위로서 그 動徑 둘레의 회전반지름의 逆數를 나타낸다. 따라서

$$I_x = A/r^2 \qquad (5\cdot 24)$$

이 식으로부터 動徑 OR 둘레의 관성모멘트 I_x를 구할 수 있다.

만일 관성모멘트가 서로 같다면, 즉 $I_x = I_y$이면 慣性楕圓반지름 p의 圓이 되고, 단면의 도심을 통하는 모든 축의 둘레의 단면 2 차모멘트는 같다.

예제 5-27. 2 cm×5 cm의 직 4 각형 단면의 관성타원을 그리고, 도심을 지나며 X축과 30°, 45° 및 60° 傾斜를 이루는 각 軸둘레의 단면 2 차모멘트를 구하라.

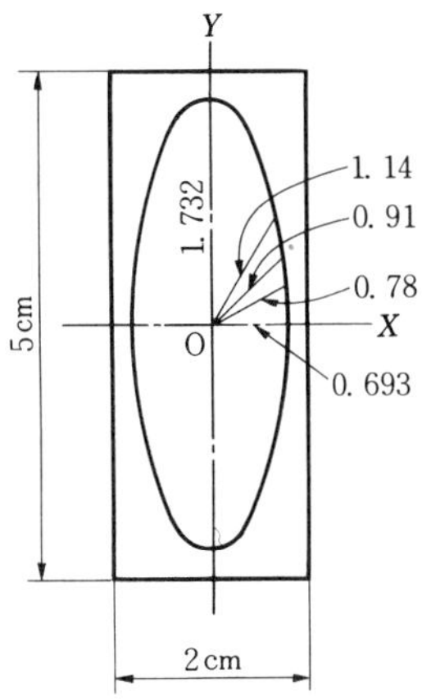

〈그림 5·34〉

풀 이 $I_x = \dfrac{2\times 5^3}{12} = 20.83\ \text{cm}^4$

$$I_y = \frac{5\times 2^3}{12} = 3.333\ \text{cm}^4$$

$$p = \sqrt{\frac{A}{I_x}} = 0.6928\ \text{cm}^{-1}$$

$$q = \sqrt{\frac{A}{I_y}} = 1.732\ \text{cm}^{-1}$$

慣性楕圓 : $\dfrac{x^2}{(0.693)^2} + \dfrac{y^2}{(1.732)^2} = 1$

식 (5 · 21)에서

$$I_x' = I_x \cos^2\theta + I_y \sin^2\theta$$

$$I_{30°} = 20.83 \cos^2 30° + 3.333 \sin^2 30° = 16.45\ \text{cm}^4$$

$$I_{45°} = 20.83 \cos^2 45° + 3.333 \sin^2 45° = 12.09\ \text{cm}^4$$

$$I_{60°} = 20.83 \cos^2 60° + 3.333 \sin^2 60° = 7.718\ \text{cm}^4$$

$$\therefore\ r_{30°} = \sqrt{\frac{10}{16.44}} = 0.78\ \text{cm}^{-1}$$

$$r_{45°} = \sqrt{\frac{10}{12.09}} = 0.91\ \text{cm}^{-1}$$

$$r_{60°} = \sqrt{\frac{10}{7.718}} = 1.14\ \text{cm}^{-1}$$

식 (5 · 24)를 이용하면 간단히 구할 수 있다.

연 습 문 제

1. 〈그림 5 · 35〉와 같은 단면의 도심 $\bar{x}$를 구하라.

답 $\dfrac{3}{2}$

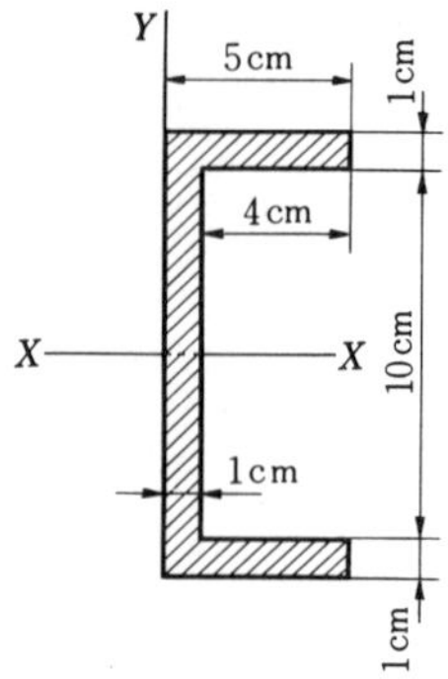

〈그림 5·35〉

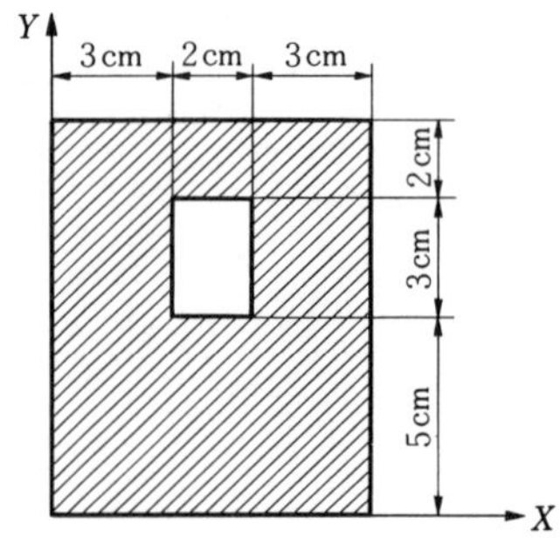

〈그림 5·36〉

2. 〈그림 5 · 36〉과 같은 단면의 도심 $\bar{y}$를 구하라.

답 4.88 cm

3. 안지름 4 cm, 바깥지름 10 cm 단면의 접선 X-X'에 대한 단면 2 차모멘트의 크기는 얼마인가?

답 2127.6 cm^4

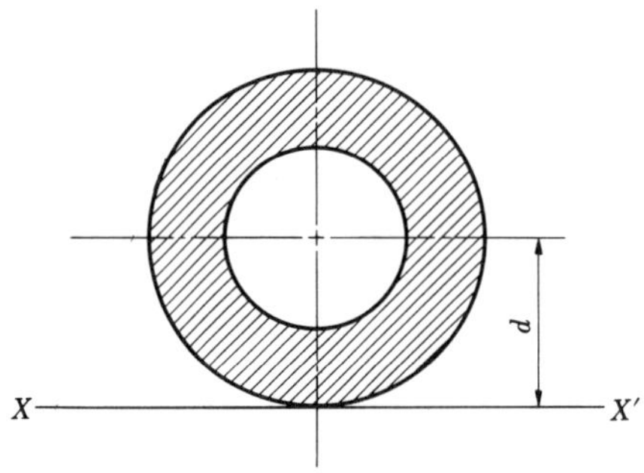

〈그림 5·37〉

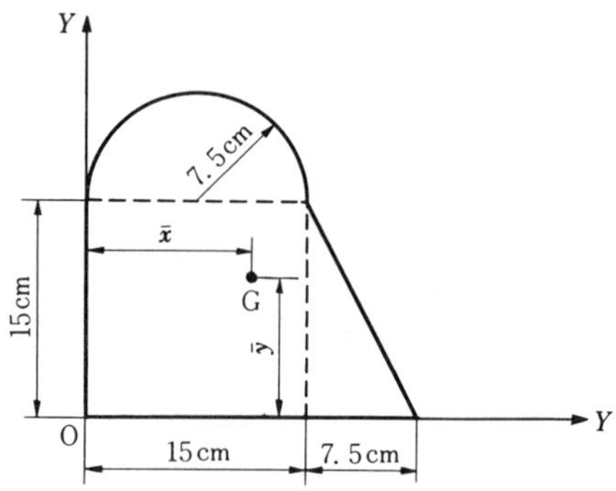

〈그림 5·38〉

4. 〈그림 5 · 38〉에서 도심의 위치를 구하라.

$$\bar{y} = \frac{\int y dA}{\int dA} = \frac{y\left[15\times15+\dfrac{15\times7.5}{2}+\dfrac{7.5^2\pi}{2}\right]}{\left[15\times15+\dfrac{15\times7.5}{2}+\dfrac{7.5^2\pi}{2}\right]}$$

$$= \frac{15^2\times7.5+56.25\times5+88.4\times\left[\dfrac{4\times7.5}{3\pi}+15\right]}{369.65} = 9.69\text{ cm}$$

$$\bar{x} = \frac{225\times7.5\times56.25\times17.5+88.4\times7.5}{369.65} = 9.02\text{cm}$$

답 $\bar{y} = 9.69$ cm, $\bar{x} = 9.02$ cm

5. 〈그림 5 · 39〉에서 한 변이 a인 정사각형의 대각선에 관한 관성모멘트와 도심축과 나란한 X'-X' 축에 관한 관성모멘트를 구하라. 단, $\theta = \dfrac{\pi}{4}$ 이다.

답 $I_x = \dfrac{a^4}{12}$, $I_x' = \dfrac{7a^4}{12}$

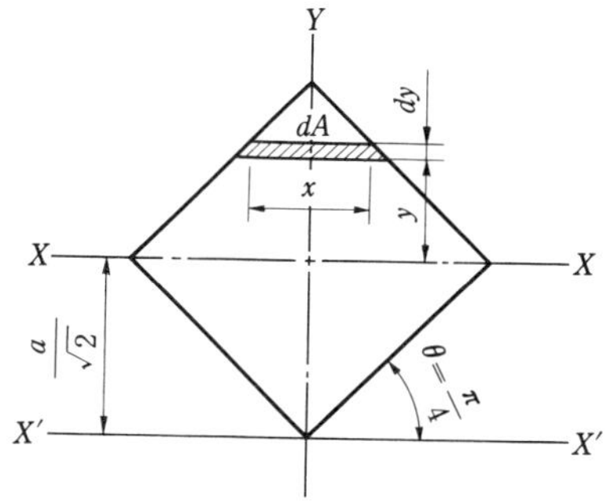

〈그림 5·39〉

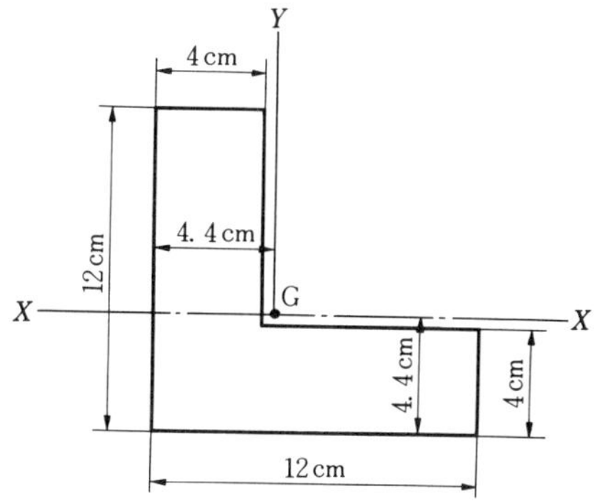

〈그림 5·40〉

6. 〈그림 5 · 40〉과 같은 L형단면이 도심을 지나는 XX축에 대한 단면계수를 구하라.

답 $Z_1 = 121.8\ \text{cm}^3$, $Z_2 = 210.4\ \text{cm}^3$

7. 〈그림 5 · 41〉과 같은 I형단면의 단면계수를 구하라.

답 $Z_{x_1} = 748.15\ \text{cm}^3$, $Z_{x_2} = 1001.9\ \text{cm}^3$, $Z_y = 330.67\ \text{cm}^3$

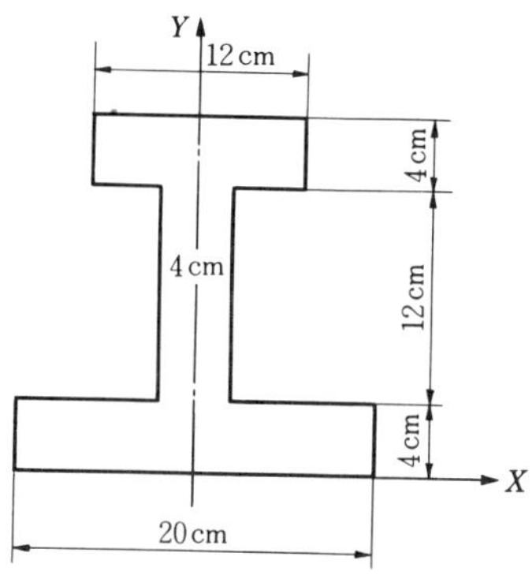

〈그림 5·41〉

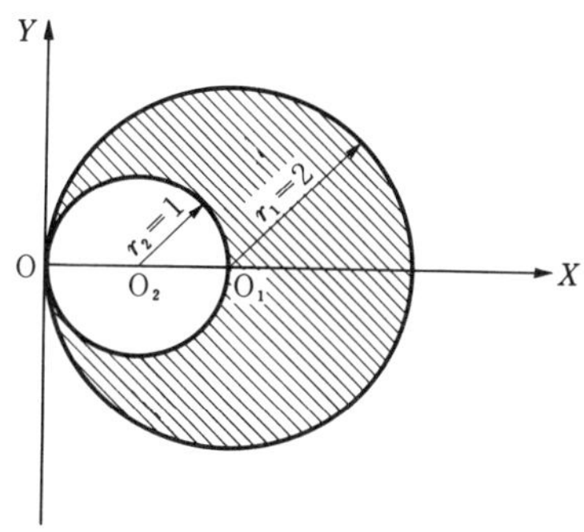

〈그림 5·42〉

8. 〈그림 5 · 42〉와 같은 원형단면에서 사선 부분의 X 및 Y 축에 관한 단면 2 차모멘트를 구하라.

답 $I_x = 11.8\ \text{cm}^4$, $I_y = 59\ \text{cm}^4$

9. 〈그림 5 · 7〉과 같은 T형단면의 도심을 구하고, 도심을 지나는 軸에 관한 관성모멘트 I_x, I_y, 단면계수 Z, 회전 반지름 k, 극관성모멘트 I_P와 관성상승모멘트 I_{xy}를 구하라.

답 생략

제 6 장

비 틀 림

6-1 圓形軸의 비틀림

〈그림 6・1〉 (a)와 같이 원형축의 한쪽 끝을 고정하고 다른 쪽 끝에 偶力 T를 작용시키면 이 표면 위에서 축선에 평행한 母線 ab는 비틀려 ac로 변형되고 축 내부에서 비틀림응력(torsional stress)이 발생한다. 이 때 가해진 우력을 비틀림모멘트(torsional moment, twisting moment) 또는 토크(torque)라고 한다.

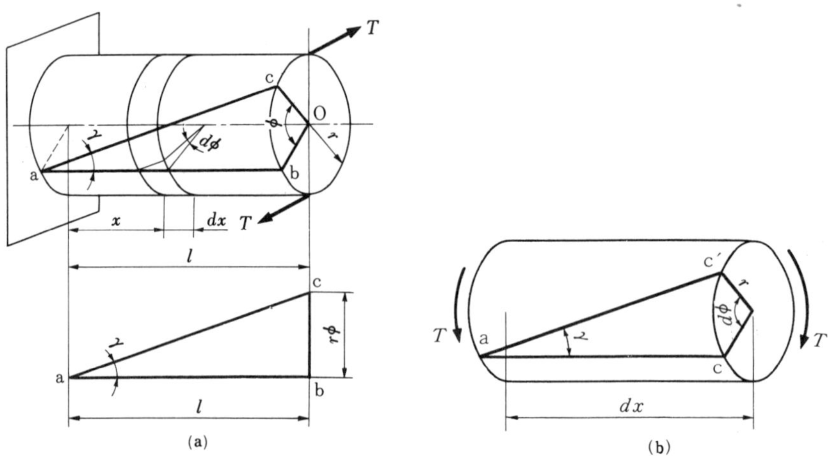

〈그림 6·1〉

이 때 비틀림각이 작은 동안에는 원형을 유지하고 斷面의 지름, 축의 길이, 단면들 사이의 거리는 변화하지 않는다고 가정한다. 따라서 모선 ab는 ac로 비틀려 나선(helix)을 형성하고 단면반지름 Ob는 Oc로 변위하여 $\angle \mathrm{bOc} = \phi$의 각을 만든다.

그림 (a)에서 반지름 r, $\angle \mathrm{bac} = \gamma$라 하면

$$\tan\gamma = \frac{\mathrm{bc}}{\mathrm{ab}} = \frac{r\phi}{l}$$

여기서, γ는 대단히 작은 각이므로 $\tan\gamma \fallingdotseq \gamma$로 표시하면

$$\gamma = \frac{r\phi}{l}\,(\mathrm{rad}) \tag{6·1}$$

이 γ는 비틀림모멘트에 의해서 길이 l의 원형축의 외주에 발생하는 전단변형률(shearing strain)이 된다. 따라서 전단변형에 생기는 전단응력 τ는

$$\tau = G\gamma = G\cdot\frac{r\phi}{l} = \frac{Gd\phi}{2l} \tag{6·2}$$

γ는 전단변형률이므로 같은 원형단면 위에서는 단면의 위치에 관계없이 같은 응력이 일어나고 있다. ϕ는 l에 비례하므로 ϕ/l는 일정한 값이 되며, 따라서 $G\frac{\phi}{l}$는 일정한 값이 되므로 전단응력은 표면에서 최대이며 O점이 중립축이 됨을 알 수 있다.

〈그림 6·2〉의 단면에 있어서 임의의 반지름 ρ에서의 전단응력을 τ_ρ라 하면 반지름 r에는 τ의 전단응력이 되며, 따라서

① 요소상의 전단력 : $dP = \tau_\rho\, dA$

② 요소상의 토크 : $dT = \tau_\rho \cdot \rho dA$

③ 전체 토크 : $T = \int \tau_\rho \cdot \rho dA = \frac{\tau}{r}\int \rho^2 dA$ (6·3)

여기서, $\int \rho^2 dA$는 중심 O에 관한 극관성모멘트 I_P이므로

$$T = \tau\frac{I_P}{r}$$
$$T = \tau Z_P \tag{6·4}$$
$$T = \tau\frac{\pi}{16}d^3$$

로 된다. 또한 식 (6·3)에서 직접 T 및 Z_P의 값을 구할 수 있다. 즉,

$$T = \frac{\tau}{r}\int_0^r \rho^2 dA = \frac{\tau}{r}\int_0^r \rho^2 2\pi\rho\, d\rho = \tau\frac{\pi r^3}{2} = \tau\frac{\pi d^3}{16}$$

이 되고

$$Z_P = \frac{I_P}{r} = \frac{\frac{\pi}{32}d^4}{\frac{d}{2}} = \frac{\pi d^3}{16}$$

이 되어 제 5 장의 **예제** 5-21과 일치함을 알 수 있다.

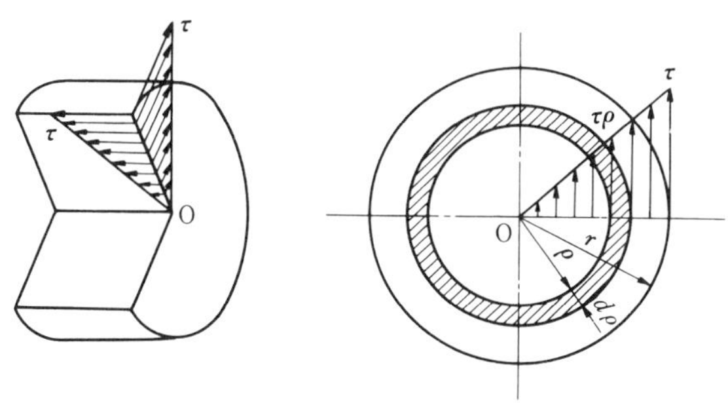

〈그림 6·2〉

〈그림 6・1〉 (b)에서 미소거리 dx를 취하면

$$\gamma = \frac{rd\phi}{dx}$$

$$d\phi = \frac{\gamma}{r}dx = \frac{\tau}{G} \cdot \frac{dx}{r} = \frac{T}{GI_P}dx \left[\tau = \gamma G,\ T = \tau\frac{I_P}{r} \text{ 이므로} \right]$$

그러므로

$$\phi = \frac{T}{GI_P}\int_0^l dx$$

$$\therefore\ \phi = \frac{Tl}{GI_P}\ (\text{rad}) \qquad (6 \cdot 5)$$

$$\phi = \frac{Tl}{GI_P}(\text{rad}) = \frac{32Tl}{G\pi d^4} \times \frac{180}{\pi} = \frac{584Tl}{Gd^4}\ (°) \qquad (6 \cdot 6)$$

또한 단위길이당 비틀림각 θ는

$$\theta = \frac{\phi}{l} = \frac{T}{GI_P}(\text{rad/m}) = \frac{32T}{G\pi d^4} \qquad (6 \cdot 7)$$

식 (6・6)은 비틀림 시험에서 각종 재료의 剪斷彈性係數를 결정할 목적으로 사용되며, 이 주어진 축에 주어진 토크를 작용시켜 비틀림각을 측정하여 윗식에 대입함으로써 G의 값을 계산할 수 있다. G를 비틀림의 剛性係數(torsional rigidity)라고 한다.

最大剪斷應力 τ_{max}은 축의 표면에 작용하므로 식 (6・4)에서 다음 식을 얻을 수 있다.

$$\tau_{max} = \frac{T \cdot r}{I_P} = \frac{T}{Z_P} = \frac{16T}{\pi d^3} \qquad (6 \cdot 8)$$

이 식을 보면 최대전단응력은 外的 토크 T에 비례하고 그 축의 지름의 3乘에 반비례하고 있음을 알 수 있다.

원형단면축의 임의점에서 작용하는 전단변형률은 $\gamma = \rho\theta$이고 剪斷應力은 $\tau = G\rho\theta$이므로, 식 (6・7)을 대입하여 다음 식을 얻는다.

$$\tau = \frac{T\rho}{I_P}, \qquad \tau = K_\sigma \frac{T\rho}{I_P}\ (\text{응력 집중 고려시}) \qquad (6 \cdot 9)$$

中空圓形斷面軸의 極慣性모멘트는

$$I_P = \frac{\pi(d_2^4 - d_1^4)}{32}$$

이므로 식 (6・4), (6・6), (6・7), (6・8)에 대입하면

$$T = \tau Z_P = \tau\frac{I_P}{\frac{d_2}{2}} = \frac{\tau \cdot \pi(d_2^4 - d_1^4)}{16d_2} = \frac{\tau\pi d_2^3(1-x^4)}{16} \qquad (6 \cdot 10)$$

$$\theta = \frac{T}{GI_P} = \frac{32}{\pi(d_2^4 - d_1^4)} \cdot \frac{T}{G} \qquad (6 \cdot 11)$$

$$\phi = \theta l = \frac{Tl}{GI_P} = \frac{32}{\pi(d_2^4 - d_1^4)} \cdot \frac{Tl}{G} \qquad (6 \cdot 12)$$

$$\tau_{max} = \frac{T}{Z_P} = \frac{16Td_2}{\pi(d_2^4 - d_1^4)} = \frac{16T}{\pi d_2^3(1-x^4)} \qquad (6 \cdot 13)$$

여기서, $x = \dfrac{d_1}{d_2}$ 이다.

예제 6-1. 지름 4 cm, 길이 1 m인 연강봉의 한 끝을 고정하고 다른 끝에 6000 kg·cm의 비틀림모멘트가 작용할 때 이 봉에 생기는 최대전단응력을 구하라.

풀이 $\tau_{max} = \dfrac{T}{Z_P} = \dfrac{16T}{\pi d^3} = \dfrac{16 \times 6000}{\pi \times 4^3} = 480\ \mathrm{kg/cm^2}$

예제 6-2. 바깥지름 300 mm의 벨트 풀리로 〈그림 6·3〉과 같이 동력을 전달할 때 인장축에 500 kg, 이완축에 300 kg의 힘이 걸리고 있다. 축지름 4 cm라 하면 비틀림모멘트와 이 때의 전단응력은 얼마인가?

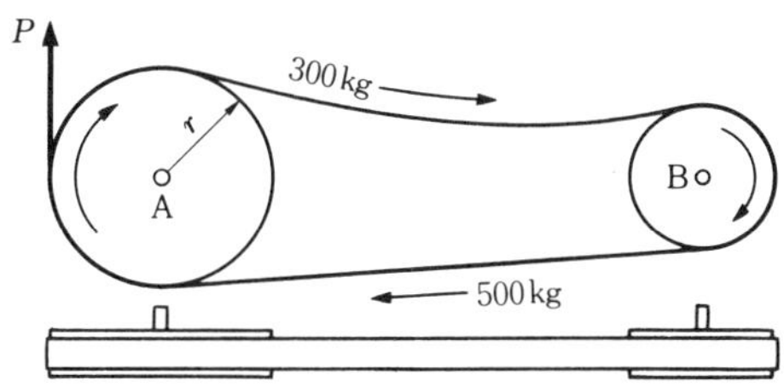

〈그림 6·3〉

풀이 토크를 일으키는 힘 : $P = 500 - 300 = 200$ kg

$T = \dfrac{D}{2} \times P = \dfrac{30}{2} \times 200 = 3000$ kg·cm

$\tau = \dfrac{16T}{\pi d^3} = \dfrac{16 \times 3000}{\pi \times 4^3} = 238\ \mathrm{kg/cm^2}$

예제 6-3. 實軸과 中空軸에서 크기가 같은 전단응력이 작용할 때 축의 지름과 체적을 비교하라. 단, 중공축의 안지름은 바깥지름의 1/2이다.

풀이 實軸에서 $\tau_1 = \dfrac{16T_1}{\pi d^3}$, $d^3 = \dfrac{16T_1}{\pi \tau_1}$

中空軸에서 $\tau_2 = \dfrac{16T_2}{\pi(1-x^4)d_2^3}$, $d_2^3 = \dfrac{16T_2}{\pi(1-x^4)\tau_2}$

두 식에서 $\tau_1 = \tau_2$, $T_1 = T_2$, $d_1 = \dfrac{1}{2}d_2$ 이므로

$$\frac{d_2}{d} = \sqrt[3]{\frac{1}{1-x^4}} = \sqrt[3]{\frac{16}{15}} = 1.022 \qquad \therefore\ d_2 = 1.022\,d$$

체적 비교

$$\frac{V_h}{V_a} = \frac{\frac{\pi}{4}(d_2^2 - d_1^2)\cdot l}{\frac{\pi d^2}{4}\cdot l} = \frac{d_2^2 - \left(\frac{d_2}{2}\right)^2}{d^2} = \frac{3}{4}\left(\frac{d_2}{d}\right)^2$$

$$= \frac{3}{4} \times (1.022)^2 = 0.78 \qquad V_h = 0.78V_a$$

즉, 중공축의 바깥지름은 실축에 비하여 2.2% 정도 커지나 그 체적은 22% 정도 감소한다. 따라서 중량도 22% 감소함을 알 수 있다.

예제 6-4. 지름이 d인 圓形斷面軸을 바깥지름이 d, 안지름이 $\dfrac{d}{2}$인 中空軸으로 하면 받을 수 있는 비틀림모멘트는 몇 % 감소하는가?

풀이 ① 中實軸의 비틀림모멘트 : $T_A = \dfrac{\pi}{16} d^3 \tau_a$

② 中空軸의 비틀림모멘트 : $T_B = \dfrac{\pi}{16} \times \left(\dfrac{{d_2}^4 - {d_1}^4}{d_2} \right) \tau_a = \dfrac{\pi}{16} {d_2}^3 \left\{ 1 - \left(\dfrac{d_1}{d_2} \right)^4 \right\} \tau_a$

$d_2 = d$, $d_1 = \dfrac{d}{2}$ 이므로 $T_B = \dfrac{\pi}{16} d^3 \tau_a \left\{ 1 - \left(\dfrac{d_1}{d_2} \right)^4 \right\}$

③ 비틀림모멘트의 減小率 :

$$\frac{T_A - T_B}{T_A} \times 100\% = \left(\frac{d_1}{d_2} \right) \times 100 = \left(\frac{\frac{d}{2}}{d} \right)^4 \times 100$$

$$= \left(\frac{1}{2} \right)^4 \times 100 = 0.0625 \times 100 = 6.25\%$$

6-2 動 力 軸

軸은 외부에서 가해지는 토크에 의하여 회전하고 原動機에서 동력을 전달한다. 평균 토크를 T kg·cm, 각속도를 ω rad/sec, 1분간의 회전수를 N rpm, 전달력을 P kg, 원주속도를 v m/s 및 전달마력을 H라 하면

$$H = 1\,\text{PS} = 75\,\text{kg·m/sec} \text{ 이므로}$$

$$H = \frac{Pv}{75} = \frac{Pr\omega}{75} = \frac{T\omega}{75 \times 100} = \frac{2\pi NT}{75 \times 100 \times 60} = \frac{2\pi NT}{450,000}$$

$$T = \frac{450,000H}{2\pi N} = 71,620 \frac{H}{N} \text{ kg·cm} \tag{6·14}$$

식 (6·8)과 식 (6·14)에서

$$\tau \frac{\pi d^3}{16} = 71,620 \frac{H}{N}$$

$$\therefore\ d = \sqrt[3]{\frac{365,000}{\tau} \cdot \frac{H}{N}} \text{ cm} \tag{6·15}$$

$$\therefore\ d = 71.5 \sqrt[3]{\frac{H}{\tau N}} \text{ cm} \tag{6·16}$$

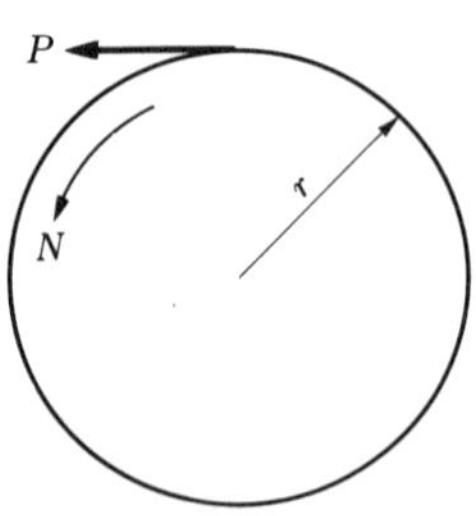

〈그림 6·4〉

축에 발생하는 最大剪斷應力이 그 재료의 許容 또는 使用剪斷應力 τ_ω를 넘지 않도록 하려면 식 (6・16)의 τ 대신 τ_ω를 대입해야 한다. 이것은 실축의 필요지름 d를 환산하는 식이다. 만일 연강의 $\tau_\omega = 120\,\mathrm{kg/cm^2}$이라 하면,

$$d = 14.50\sqrt[3]{\frac{H}{N}}\ \mathrm{cm} \qquad (6 \cdot 17)$$

Bach의 주장에 의하면 普通軟鋼軸에 있어서 $\theta = \frac{1}{4}{}^\circ/\mathrm{m}$ 이내가 적당하다고 하므로, 剛度에 의한 축의 지름은 $G = 8 \times 10^5\,\mathrm{kg/cm^2}$이라 하면

$$\phi^\circ = 584\frac{Tl}{Gd^4} \text{ 에서 } \qquad d = \sqrt[4]{\frac{584 \times 71,620 \times 100 \times 4}{8 \times 10^5} \cdot \frac{H}{N}}$$

$$\therefore\ d = 12\sqrt[4]{\frac{H}{N}}\ \mathrm{cm} \qquad (6 \cdot 18)$$

일반적으로 전동축의 지름을 결정할 때는 식 (6・16)과 식 (6・18)에서 強度 및 剛度를 고려한 지름을 각각 구하고 안전한 편을 취해야 한다.

$H = \mathrm{HP} = 550\,\mathrm{ft\text{-}lb/sec}$ 및 $H = \mathrm{kW} = 102\,\mathrm{kg \cdot m/s}$을 사용할 때는 T와 d의 값이 달라진다.

예제 6-5. 매분 175 회전으로 60 마력을 전달하는 동력축의 지름을 구하라. 단, 재료의 인장강도는 3400 kg/cm²으로 하고, 비틀림강도는 인장강도의 70%로 한다. 그리고 $S = 10$이다.

풀이 $\tau_a = \frac{0.7 \times 3400}{10} \fallingdotseq 238\,\mathrm{kg/cm^2}$

$$d = 71.5\sqrt[3]{\frac{H}{\tau_a N}} = 71.5\sqrt[3]{\frac{60}{240 \times 175}} \fallingdotseq 8.1\,\mathrm{cm}$$

예제 6-6. 〈그림 6・5〉와 같은 연강축에서 풀리 2에 175 rpm, 100 H를 전달하고 풀리 1 및 3에 각각 40 H 및 60 H씩 받아 전달한다고 하면 그 축의 지름을 얼마로 하면 되는가? 強度의 견지에서 구하고 또한 비틀림 각도를 구하라.

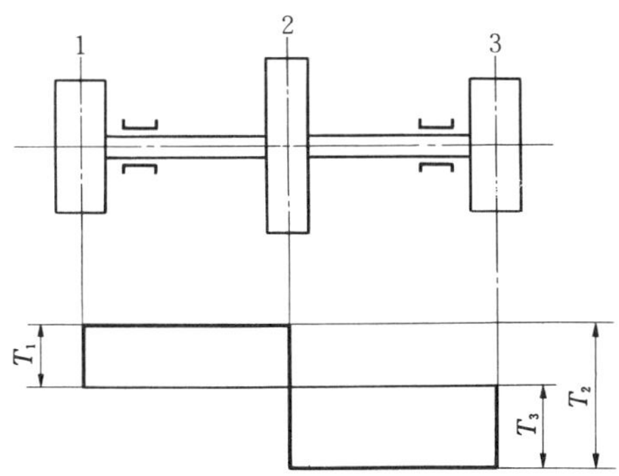

〈그림 6・5〉

풀이 풀리 1과 2 사이에 $40H$, 2와 3 사이에 $60H$의 힘이 전달하므로 供給토크 T_2와 受給토크 T_1 및 T_3는 다음과 같다.

$$T_1 = 71,620\frac{H_1}{N} = 71,620 \times \frac{40}{175} = 16,400\ \text{kg·cm}$$
$$T_2 = 71,620\frac{H_2}{N} = 71,620 \times \frac{100}{175} = 41,000\ \text{kg·cm}$$
$$T_3 = 71,620\frac{H_3}{N} = 71,620 \times \frac{60}{175} = 24,600\ \text{kg·cm}$$

주어진 토크 T_2는 그림과 같이 전달되나 축으로서 받는 최대토크는 T_3이므로 이에 대하여 충분한 强度를 갖도록 한다. 연강의 사용응력을 120 kg/cm²이라 하면

$$d = \sqrt[3]{\frac{365,000H}{120N}} = 14.4\sqrt[3]{\frac{H}{N}} = 14.5\sqrt[3]{\frac{H}{N}} = 14.5\sqrt[3]{\frac{60}{175}} = 10\ \text{cm}$$

1 m에 대한 비틀림각은

$$\phi^\circ = \frac{Tl}{GI_P} \times \frac{180}{\pi} = 584\frac{Tl}{Gd^4} = 584 \times \frac{71,620\times60\times100}{8\times10^5\times10^4\times175} = 0.179^\circ$$

예제 6-7. 전동축의 지름을 전달동력 kW와 N rpm으로 구할 수 있는 식을 유도하라.

풀이 $H = T\omega\ (\text{kg·cm/s})$, $\omega = \dfrac{2\pi N}{60}$

$H = \dfrac{2\pi NT}{60}$ kg·cm/s, 1 kW = 102 kg·m/s = 10,200 kg·cm/s

동력 H를 kW로 표시하면,

$$H_K = \frac{2\pi NT}{10,200\times60} = \frac{NT}{97,400} \quad \cdots\cdots \text{(a)}$$

$$T = 97,400\frac{H_K}{N}\ \text{kg·cm} \quad \cdots\cdots \text{(b)}$$

$T = \tau Z_P = \tau\dfrac{\pi}{16}d^3$ 에서

$$d = \sqrt[3]{\frac{16T}{\pi\tau}} = \sqrt[3]{\frac{16\times97,400P}{\pi\tau N}} = 79.2\sqrt[3]{\frac{H_K}{\tau N}} \quad \cdots\cdots \text{(c)}$$

예제 6-8. 지름 d_1인 전동축의 동력을 지름 d_2인 축에 1/8로 감속시켜 전달하려면 d_2는 d_1의 몇 배가 필요한가? 단, 양축의 허용전단응력을 같은 것으로 한다.

풀이 $T_1 = 71,620\dfrac{H}{N} = \dfrac{\pi}{16}d_1^3\tau_a$, $T_2 = 71,620\dfrac{H}{\frac{N}{8}} = 71,620\dfrac{8H}{N} = \dfrac{\pi}{16}d_2^3\tau_a$

위의 두 식에서 $8\times\dfrac{\pi}{16}d_1^3\tau_a = \dfrac{\pi}{16}d_2^3\tau_a$

$$8d_1^3 = d_2^3$$
$$d_2 = \sqrt[3]{8}\,d_1 = 2d_1$$

6-3 圓錐形軸의 비틀림

原動機의 크랭크軸, 車軸 및 공작기계의 스핀들(spindle) 등은 일반적으로 어느 부분에 집중하중 또는 분포하중을 받고 있으므로 굽힘작용을 받아 最大굽힘응력을 발생한다. 되도록 균일한 强度로 하기 위하여 圓錐形軸으로 하는 예가 많다.

圓錐形軸은 굽힘과 비틀림이 동시에 작용하나 굽힘은 무시하고 다음과 같이 근사적으로 비틀림각을 구할 수 있다. 〈그림 6·6〉에서 미소길이 dx를 식 (6·6)의 l 대신 대입하여 적분하면 다음과 같이 얻어진다.

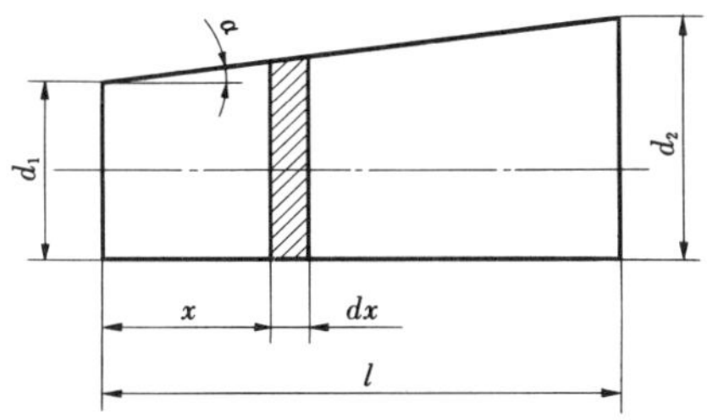

〈그림 6·6〉

$$d\phi = \frac{Tdx}{GI_P} = \frac{32Tdx}{G\pi d^4}$$

x 거리의 지름

$$d = d_1 + x\tan\alpha = d_1 + (d_2 - d_1)\frac{x}{l} = d_1 + \alpha x$$

$$u = d_1 + \alpha x, \qquad du = \alpha dx$$

$$\phi = \int_0^l d\phi = \int_0^l \frac{32T}{G\pi d^4}dx = \frac{32T}{G\pi}\int_0^l u^{-4}\frac{1}{\alpha}du$$

$$= \frac{32T}{G\pi}\cdot\frac{1}{\alpha}\cdot\frac{-1}{3}\left[\frac{1}{u^3}\right]_0^l = \frac{32Tl}{3G\pi}\cdot\frac{-1}{(d_2-d_1)}\cdot\frac{d_1^3-d_2^3}{d_2^3d_1^3}$$

$$= \frac{32Tl}{3G\pi}\frac{d_2^2+d_2d_1+d_1^2}{d_2^3d_1^3} \qquad (6\cdot19)$$

만일, $d_1 = d_2 = d$ 이면

$$\phi = \frac{32Tl}{G\pi d^4} = \frac{Tl}{GI_P}$$

이므로, 이것은 均一圓形斷面軸의 비틀림각의 식 (6·6)과 일치한다.

원추형축의 전단응력은

$$\tau = \frac{16T}{\pi d^2} = \frac{16T}{\pi\left[d_1 + (d_2-d_1)\frac{x}{l}\right]^3} \qquad (6\cdot20)$$

6-4 壁이 얇은 管의 비틀림

안지름과 바깥지름이 거의 같은 中空圓形斷面軸을 벽이 얇은 管(thin-walled tube)이라고 한다. 이 관의 極斷面 2 次모멘트는 공식

$$I_P = \frac{\pi}{32}(d_2^4 - d_1^4)$$

으로 정밀하게 계산할 수 없으므로 근사식

$$I = \int_A \rho^2 dA = r^2 \int_A dA = 2\pi r^3 t \quad \cdots\cdots (a)$$

를 써서 계산하는 것이 타당하다.

여기서, r는 平均中心線의 반지름, t는 壁두께이다.

〈그림 6·7〉(a)와 같은 벽이 얇은 管이 비틀리는 경우에 그 속에 발생하는 剪斷應力이 그 벽의 두께 위에 균일하게 분포하고, 그림 (b)에 보인 平均반지름 r에서의 값 τ와 같다고 가정하면 식 (6·9)로부터 이 管의 均一剪斷應力은 다음과 같이 된다.

$T = \tau Z_P$에서

$$\tau = \frac{T}{Z_P} = \frac{Tr}{I_P} = \frac{Tr}{2\pi r^3 t} = \frac{T}{2\pi r^2 t} = \frac{T}{2A_0 t} \quad \cdots\cdots (b)$$

$$\phi = \frac{Tl}{GI_P} = \frac{Tl}{2\pi r^3 t G} \quad \cdots\cdots (c)$$

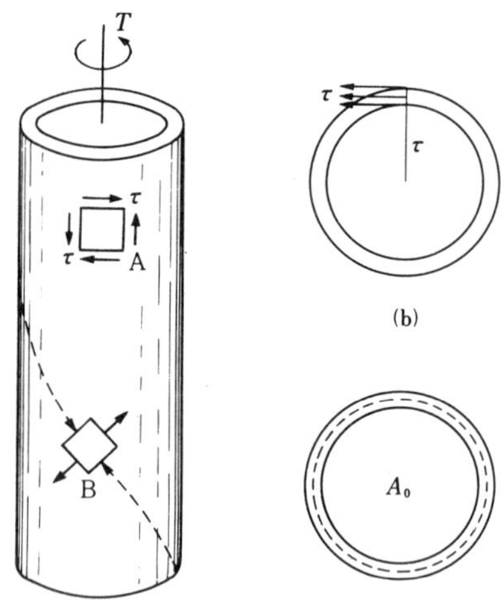

〈그림 6·7〉

〈그림 6·7〉(a)의 A와 같은 요소에서의 순수전단 상태는 B와 같은 45° 경사 요소에서의 二軸引張壓縮狀態와 동등하다. 45° 나선과 일치하는 좁고 긴 띠 모양의 벽 요소는 軸壓縮狀態에 놓이게 된다. 따라서 나선형 띠에 挫屈이 일어나게 된다. 그러므로 비틀림작용을

받는 긴 鋼管에서는 사용응력 이하에서의 좌굴의 위험성을 막기 위하여 比 t/r의 값을 1/60 보다 크게 해야 한다.

$A_0 = \pi r^2$: 平均中心線에 의해서 둘러싸인 면적

$s = 2\pi r$: 平均中心線의 길이

라 하고, 이것들을 식 (b)와 (c)에 대입하면 그 식들은 다음과 같이 된다.

$$\tau = \frac{T}{2A_0 t}, \qquad T = 2A_0\tau t \quad \cdots\cdots\cdots\cdots (d)$$

$$\phi = \frac{2\pi r^2 \tau tl}{G2\pi r^3 t} = \frac{s\tau l}{2A_0 G} \quad \cdots\cdots\cdots\cdots (e)$$

이들 공식은 〈그림 6・8〉과 같은 임의 環狀斷面의 얇은 관에 일어나는 剪斷應力이나 비틀림각을 계산하는 데도 사용된다.

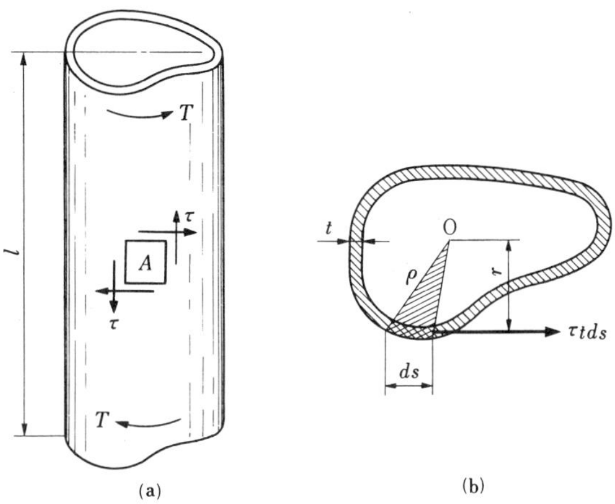

〈그림 6·8〉

다음에는 〈그림 6・8〉 (b)와 같은 非圓環斷面에서 전단응력 τ와 外的 토크 T 사이의 관계를 생각해 보자. 이 관의 벽두께가 일정하다고 가정하면 平均中心線에 연한 길이 ds의 한 요소 위에 작용하는 전단력은 그림에서 보는 바와 같이 $\tau t\,ds$로 표시된다. 圖心 O로부터 그 요소의 평균중심선의 접선까지의 거리를 r라 하고, 힘 $\tau t\,ds$의 도심에 관한 모멘트는 다음과 같다.

$$dT = \tau t\,ds \cdot r$$

이러한 모멘트 요소들을 평균중심선의 길이 S 전체에 걸쳐서 적분하면,

$$T = \int_0^S \tau t\,ds\,r = \tau t\int_0^S r ds = 2A_0\tau t \quad \cdots\cdots\cdots\cdots (f)$$

이 식의 적분기호 속의 量 rds는 〈그림 6・8〉 (b)에 사선으로 표시된 미소 3각형의 면적의 2배와 같다. 그러므로 그것을 길이 전체에 걸쳐 적분한 量은 그 벽의 평균중심선에 의해서 둘러싸인 면적의 2배를 표시하게 된다. 그 면적을 앞에서와 같이 A_0로 나타내면 윗

식은

$$T = \tau t \cdot 2A_0$$

따라서
$$\tau = \frac{T}{2A_0 t} \tag{6·21}$$

윗식은 식 (d)와 일치한다.

이 管의 비틀림각 ϕ는 전단응력 τ가 그 재료의 체적 slt 속에 균일하게 분포하므로, 그 管의 變形에너지는

$$U = u \times V = \frac{\tau^2}{2G} \times slt \cdots\cdots\cdots (g)$$

이 변형에너지를 비틀림 변형이 일어나는 동안에 토크가 하는 일 $T\phi/2$와 같게 놓으면,

$$\frac{T\phi}{2} = \frac{\tau^2 slt}{2G}$$

$$\phi = \frac{\tau^2 slt}{GT} = \frac{\tau^2 slt}{2A_0 \tau t G} = \frac{\tau sl}{2A_0 G} \cdots\cdots\cdots (h)$$

식 (6·21)의 $T = 2\tau t A_0$를 대입하면,

$$\phi = \frac{\tau sl}{2A_0 G} \tag{6·22}$$

이 식은 식 (e)와 일치한다.

예제 6-9. 비틀림모멘트 $T = 80$ kg·cm를 안전하게 받을 수 있는 管狀 알루미늄 부재를 만들려고 할 때, 이 부재의 단면은 바깥치수가 $a = 1$ cm인 環狀 정 4 각형으로 하려면 벽두께 t를 얼마로 하면 좋은가? 단, 이 재료의 사용응력 $\tau_w = 400$ kg/cm²이다.

풀이 식 (f)에 의하여

$A_0 = (a-t)^2$, $T = 2t\tau A_0$에서

$80 = 400 \times 2 \times t(1-t)^2$

$0.1 = t(1-2t+t^2) = t-2t^2+t^3$

3 차항을 무시하면

$2t^2-t+0.1 = 0$, 최소 두께 $t = 0.14$ cm

예제 6-10. **예제** 6-9의 알루미늄管이 $T = 80$ kg·cm의 비틀림모멘트를 받을 때 그 관의 단위길이마다의 비틀림각을 구하라. 단, 이 재료의 전단탄성계수 $G = 2.8 \times 10^5$ kg/cm², $t = 0.14$cm, 전단응력 $\tau = 400$ kg/cm² 이다.

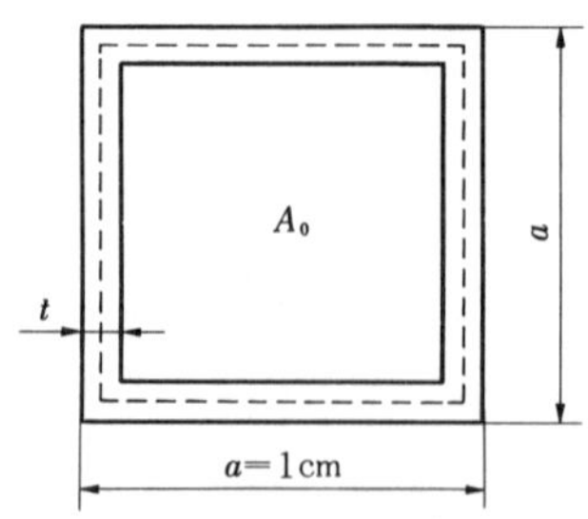

〈그림 6·9〉

풀이 식 (f), (h)에 의하여

$$\theta=\frac{\phi}{l}=\frac{\tau s}{2A_0G}=\frac{\tau^2 st}{GT}=\frac{400^2\times3.44\times0.14}{2.8\times10^5\times80}=0.00344\ \text{rad/cm}$$

$$s=4(1-t)=4(1-0.14)=3.44\ \text{cm}$$

예제 6-11. 〈그림 6·10〉과 같은 環狀 정3각형 단면을 갖는 얇은 鋼管의 그 단면의 平均中心線의 길이 $S=3a=6\ \text{cm}$이고, 그 벽두께 $t=1.6\ \text{mm}$이다. $\tau_w=500\ \text{kg/cm}^2$일 때 이 관이 안전하게 받을 수 있는 비틀림모멘트 T를 구하라.

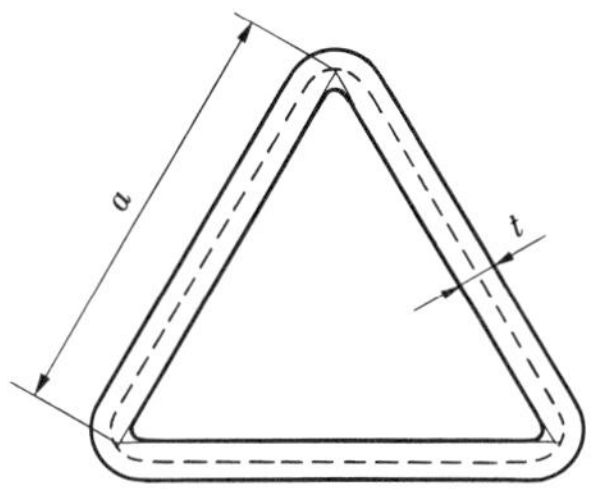

〈그림 6·10〉

풀이 $A_0=\frac{1}{2}\times2\times2\sin60^\circ=2\frac{\sqrt{3}}{2}=1.732\ \text{cm}^2$

식 (f)에 의하여

$$T=2A_0t\tau=2\times1.732\times0.16\times500=227\ \text{kg}\cdot\text{cm}$$

예제 6-12. 〈그림 6·11〉과 같은 楕圓環狀斷面을 갖는 스테인리스鋼의 管狀部材가 비틀림작용을 받고 있다. 이 재료의 허용전단응력이 $\tau_w=700\ \text{kg/cm}^2$일 때 이 관의 단위 길이마다의 許容비틀림각을 구하라. 이 관의 치수는 $a=8\ \text{cm}$, $b=5\ \text{cm}$, $t=0.3\ \text{cm}$이고, 이 재료의 $G=8.4\times10^5\ \text{kg/cm}^2$이다.

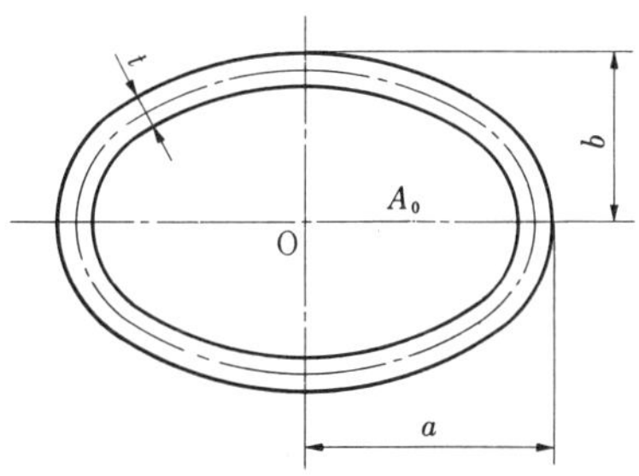

〈그림 6·11〉

풀이 $\theta=\frac{\phi}{l}=\frac{\tau S}{2A_0G}$

평균중심선에 의하여 둘러싸인 면적 A_0는 $A_0=\pi ab=\pi\times8\times5=40\pi$

평균중심선의 길이 S는 近似公式에 의하여

$$S=\pi\left\{\frac{3}{2}(a+b)-\sqrt{ab}\right\}=\pi\left\{\frac{3}{2}(8+5)-\sqrt{8\times5}\right\}=41.45\ \text{cm}$$

$$\theta=\frac{700\times41.45}{2\times40\pi\times8.4\times10^5}=1.375\times10^{-4}\ \text{rad/cm}$$

6-5 非圓形 斷面軸의 비틀림

非圓形 斷面軸이 비틀림을 받으면 단면들이 뒤틀리게 되고, 軸의 外形도 〈그림 6·12〉와 같이 평행직선들이 나선곡선으로 뒤틀리게 된다. 일반적으로 軸線에 가까운 것이 많이 변화되었고 가장 먼 곳이 적게 변화되었음을 볼 수 있다. 이것은 楕圓이면 大반지름의 곳에서 최대응력이 발생하고, 직4각형이면 장변의 중앙에서 최대응력, 모서리에서는 0이 되는 것이다. 만일, 단면이 평면을 유지하였다면 응력은 중심부터의 거리에 정비례해야 한다.

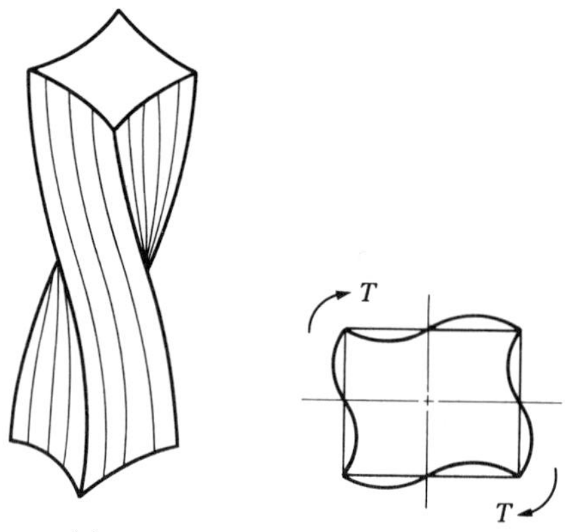

〈그림 6·12〉

이들의 현상을 엄밀히 해석하려면 대단히 복잡하게 되므로, 많은 사람들의 엄밀해 및 근사해를 간단히 살펴보기로 한다.

1 直4角形 斷面軸

직4각형 단면에 대한 엄밀해는 Saint Venant, A. Foeppl, Goetzke 등의 식들이 있고, 근사해는 Bretsch Neider 및 C. Weber 등의 식들이 있다.

最大剪斷應力은 장변의 중앙에서 발생하고 모서리에서 0이 된다. 〈그림 6·13〉에서 A점 또는 B점에서의 最大剪斷應力을 각각 τ_1, τ_2라고 하면 대표적인 Saint Venant의 식은 다음과 같다.

$$\tau_1 = \tau_{max} = \frac{1}{\alpha_1}\frac{T}{ab^2} \qquad (6\cdot 23)$$

$$\tau_2 = \alpha_2\tau_1 \qquad (6\cdot 24)$$

전단응력의 극대값은 A점에서 일어나는 τ_1이 된다.

또 길이 l에 대한 棒의 비틀림각 ϕ는

$$\phi = \frac{1}{\beta}\cdot\frac{T}{ab^3}\cdot\frac{l}{G} \qquad (6\cdot 25)$$

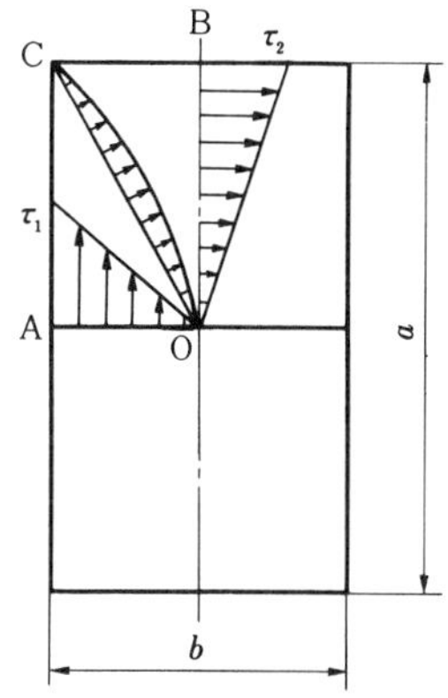

〈그림 6·13〉

α_1, α_2, β는 a/b에 관한 상수이다. 직각 4 각형의 각 변에 따른 이들의 값은 〈표 6·1〉에 표시했다.

a/b가 10을 넘으면 α_1과 β는 모두 1/3에 접근한다. 그러므로 폭이 좁은 직 4 각형 단면의 경우는 $a/b=\infty$가 되어 $\alpha_1=\beta=1/3$이 되므로

$$\tau_{\max}=\frac{3T}{ab^2} \tag{6·26}$$

$$\phi=\frac{3Tl}{ab^3G} \qquad \theta=\frac{\phi}{l}=\frac{3T}{ab^3G} \tag{6·27}$$

〈표 6·1〉 矩形斷面의 각 변의 변화에 따른 α, β의 값

a/b	1.0	1.5	2.0	2.5	3.0	4.0	5.0	6.0	8.0	10.0	∞
α_1	0.208	0.231	0.246	0.258	0.267	0.282	0.292	0.299	0.307	0.313	0.333
α_2	1.000	0.859	0.759	0.766	—	0.745	0.743	—	0.743	0.743	0.743
β	0.141	0.196	0.229	0.249	0.263	0.281	0.291	0.299	0.307	0.313	0.333

정방형 단면, 즉 $a/b=1$의 경우 변의 중앙에서 일어나는 最大剪斷應力은

$$\tau_1=\tau_2=\frac{T}{0.208\,a^3}=4.80\frac{T}{a^3} \tag{6·28}$$

전체 길이 l에 대한 비틀림각은

$$\phi=\frac{Tl}{0.141\,a^4G}=7.09\frac{Tl}{a^4G} \tag{6·29}$$

예제 6-13. 〈그림 6·14〉와 같은 開圓環形 단면과 閉圓環形 단면을 갖는 2개의 얇은 벽의 管이 똑같은 토크 T가 작용될 때 각 管에 단위길이마다의 비틀림각 θ의 비를 구하라. 이 두 관의 재료와 치수는 서로 같으며, 각 단면의 平均中心線의 반지름은 r이고 벽두께는 t이다.

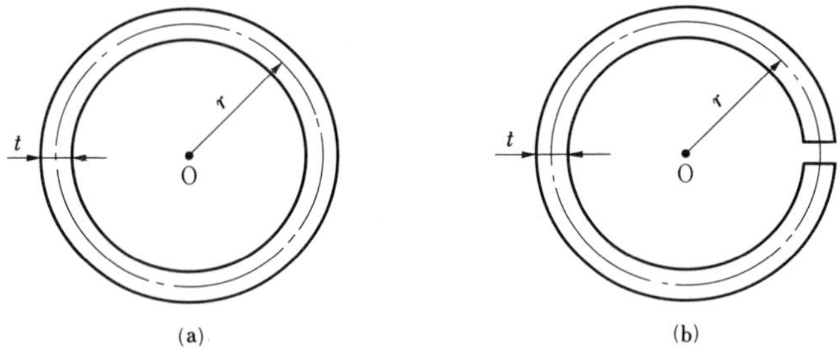

〈그림 6·14〉

풀 이 閉斷面管의 θ는 6-4절의 식 (f)와 (h)에 의하여 〈그림 6·14〉 (a)의 $A_0 = \pi r^2$, $S = 2\pi r$ 이다.

$$\theta_a = \frac{\phi}{l} = \frac{\tau S}{2A_0 G} = \frac{TS}{4A_0^2 tG} = \frac{T\,2\pi r}{4(\pi r^2)^2 tG} = \frac{T}{2\pi r^3 tG} \quad \cdots\cdots (a)$$

그림 (b)의 $a = 2\pi r$, $b = t$를 식 (6·27)에 대입하면

$$\theta_b = \frac{3T}{2\pi r t^3 G} \quad \cdots\cdots (b)$$

$$\frac{\theta_a}{\theta_b} = \frac{T}{2\pi r^3 tG} \cdot \frac{2\pi r t^3 G}{3T} = \frac{1}{3}\left(\frac{t}{r}\right)^2$$

만약 $\frac{t}{r} = \frac{1}{10}$ 이라면 $\frac{\theta_a}{\theta_b} = \frac{1}{300}$ 이므로, 閉斷面管의 비틀림에 대한 剛性度는 開斷面管의 剛性度보다 300 배가 크다.

2 楕圓形 斷面軸

타원형 단면의 長軸 또는 短軸의 길이를 각각 a, b 라 하면 전단응력의 분포는 〈그림 6·15〉에 표시한 바와 같이 圖心에서 0이고 주변에서 최대로 직선적인 분포를 가진다.

또 이 응력의 방향은 주변에서 최대전단응력을 각각 τ_1 및 τ_2라 하면 다음과 같은 식으로 표시된다.

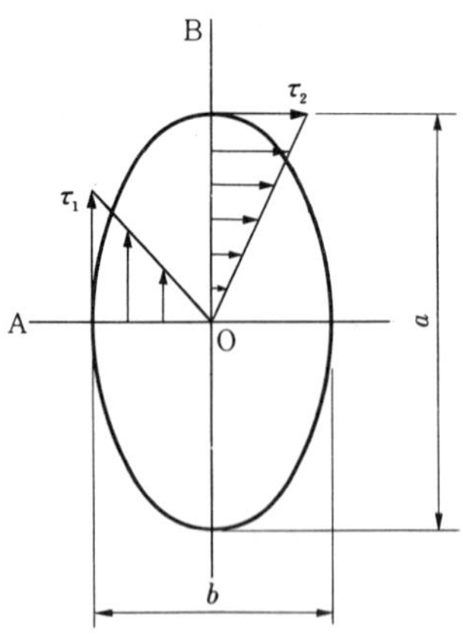

〈그림 6·15〉

$$\left.\begin{aligned}\tau_{max} &= \tau_1 = \frac{16}{\pi}\frac{T}{ab^2}\\ \tau_2 &= \frac{16}{\pi}\frac{T}{a^2b}\end{aligned}\right\} \tag{6·30}$$

또 길이 l에 대한 비틀림각 ϕ는

$$\phi = \frac{16}{\pi}\frac{a^2+b^2}{a^3b^3}\frac{Tl}{G} \tag{6·31}$$

3 얇은 型材斷面軸

〈그림 6·16〉과 같은 얇은 여러 가지 모양의 型材斷面의 경우도 도형을 몇 개의 직4각형 단면으로 분할하여 폭이 좁은 직4각형 단면의 식 (6·26)과 (6·27)을 사용하여 근사해를 구한다.

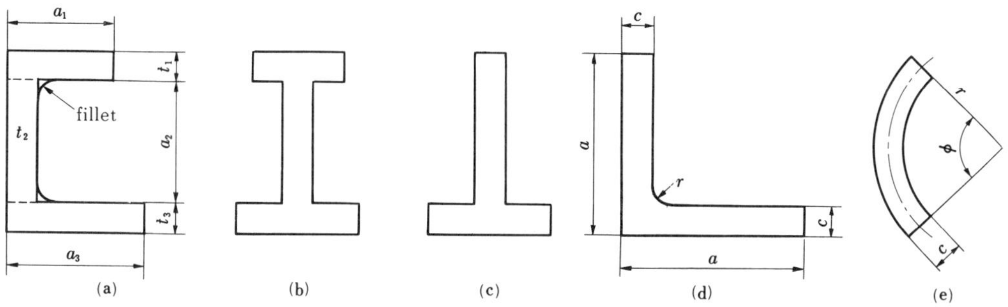

〈그림 6·16〉

한 예로 C型材斷面에 대한 전단응력과 비틀림각은 3개의 직4각형 단면으로 나누어 식 (6·27)에서 ab^3 대신에 $a_1t_1^3+a_2t_2^3+a_3t_3^3$을 사용하여 ϕ를 구하면,

$$\phi = \frac{3T}{a_1t_1^3+a_2t_2^3+a_3t_3^3}\cdot\frac{l}{G} \tag{6·32}$$

또 a_2 변의 중앙에 일어나는 최대전단응력 τ_{max}은 식 (6·32)에 $t_2 = \dfrac{G}{l}$를 곱하면 얻어진다.

$$\tau_{max} = \frac{3t_2T}{a_1t_1^3+a_2t_2^3+a_3t_3^3} \tag{6·33}$$

이러한 型材의 오목부에는 무한대의 응력집중이 발생하므로, 이를 방지하기 위하여 구석살을 붙인다. E. Trefftz의 연구에 의하면 應力集中係數 $1.74(t/\rho)^{\frac{1}{3}}$을 윗식에서 구한 전단응력에 곱하면 된다고 하였다.

그림 (d)와 (e)의 균일 두께의 단면에 대하여 그 축의 단위길이마다의 비틀림각을 얻기 위해서 식 (6·26)의 b 대신에 각 단면의 중심선을 전개한 길이를 넣으면 된다. 즉, 그림 (d)는 $a = 2a-c$를 대입하면 되고, 그림 (e)는 $a = \phi r$를 대입하면 된다.

그림 (e)와 같은 단면에서의 最大剪斷應力은 식 (6·26)으로부터 바로 얻을 수 있다. 그림

(d)와 같은 L형 단면에서의 최대전단응력은 그 凹角部에서 일어나며, 그 크기는 식 (6·26)으로 주어지는 값에 應力集中係數를 곱하면 얻을 수 있다. 이 계수는 凹角部의 반지름 r 와 그 단면의 두께 c 의 비에 따라 변화한다. 이 값을 〈표 6·2〉에 표시하면

$$\tau_{max} = \frac{3T}{(2a-c)c^2} \times \text{應力集中係數} \tag{6·34}$$

〈표 6·2〉 응력집중계수

r/c	1/8	1/4	1/2	1
계수	$2\frac{1}{2}$	$4\frac{1}{4}$	2	$1\frac{3}{4}$

〈그림 6·17〉과 같이 切取된 圓環 또는 〈그림 6·18〉과 같은 圓弧斷面軸의 비틀림에 있어서는 단면의 중심선에 대등한 직4각형으로 전개하여 식 (6·26)과 (6·27)을 적용한다. 切取圓環의 최대전단응력과 비틀림각은 다음 식으로 주어진다.

$$\tau_{max} = \frac{3T}{2\pi r t^2} \tag{6·35}$$

$$\phi = \frac{3T}{2\pi r t^3} \cdot \frac{l}{G} \tag{6·36}$$

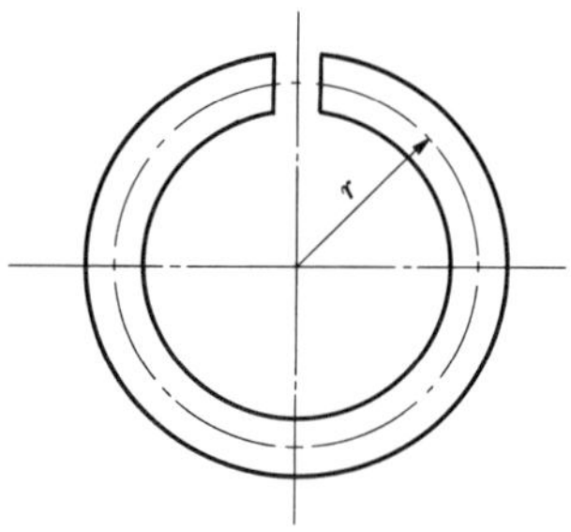

〈그림 6·17〉

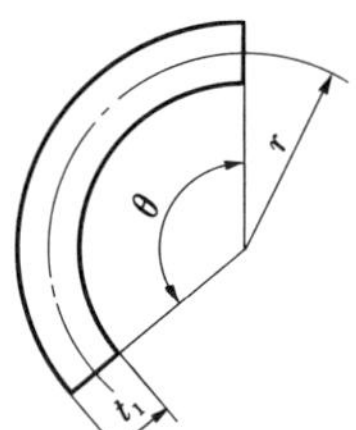

〈그림 6·18〉

〈그림 6·18〉과 같은 圓弧斷面의 τ_{max}과 ϕ는 다음과 같이 된다.

$$\tau_{max} = \frac{3T}{\theta r t^2} \tag{6·37}$$

$$\phi = \frac{3T}{\theta r t^3} \frac{l}{G} \tag{6·38}$$

이상에서 기술한 분할법 또는 전개법에 의한 계산의 결과는 실제의 값보다 비틀림각이 좀 커진다.

4 얇은 中空斷面軸

剪斷應力이 단면 위에 등분포한다고 생각하고 직4각형에 대해서 長短 양변의 길이를 a 및 b 로 하고, 각 변의 두께를 t_1, t_2, t_3 및 t_4 라 하면 〈그림 6·19〉 (a)의 각 변의 중점에서 일어나는 最大剪斷應力 τ_{max}과 비틀림각 ϕ는 다음과 같다.

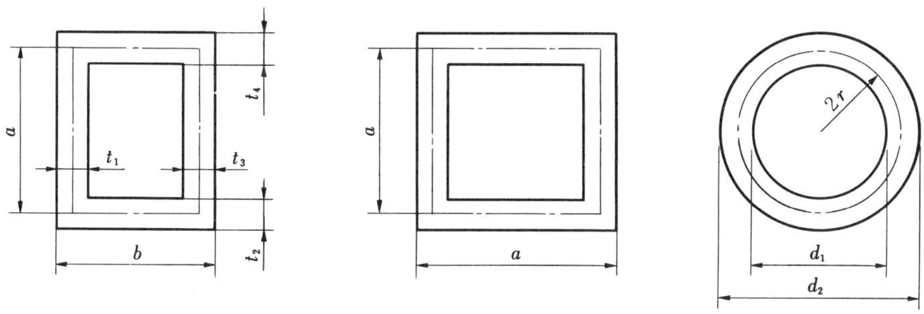

〈그림 6·19〉

$$\tau_n = \frac{T}{2abt_n} \text{ (여기서, } n = 1, 2, 3, 4) \quad (6 \cdot 39)$$

$$\phi = \frac{T}{4a^2b^2}\left(\frac{a}{t_1} + \frac{b}{t_2} + \frac{a}{t_3} + \frac{b}{t_4}\right)\frac{l}{G} \quad (6 \cdot 40)$$

또 $t_1 = t_3$, $t_2 = t_4$라 하면

$$\left.\begin{aligned}\tau_{\max} &= \tau_1 = \frac{T}{2abt_1}\\ \tau_2 &= \frac{T}{2abt_2}\end{aligned}\right\} \quad (6 \cdot 41)$$

$$\phi = \frac{T}{2a^2b^2}\left(\frac{a}{t_1} + \frac{b}{t_2}\right)\frac{l}{G} \quad (6 \cdot 42)$$

〈그림 6·19〉(b)와 같은 正方形斷面에서는 한 변의 평균길이를 a, 각 변의 두께를 t라 하면

$$\tau_{\max} = \frac{T}{2a^2t} \quad (6 \cdot 43)$$

$$\phi = \frac{T}{a^3t}\frac{l}{G} \quad (6 \cdot 44)$$

〈그림 6·19〉(c)와 같은 圓形斷面에서 안지름을 d_1, 바깥지름을 d_2, 중심선의 지름을 $2r$, 두께를 t라 하면

$$\tau_{\max} = \frac{16Td_2}{\pi(d_2^4 - d_1^4)} = \frac{T}{\pi\frac{d_2^2+d_1^2}{2d_2}\frac{d_2+d_1}{4}\frac{d_2-d_1}{2}}$$

$$= \frac{T}{\pi\frac{d_2+d_1}{2}\frac{d_2+d_1}{4}\frac{d_2-d_1}{2}} = \frac{T}{2\pi r^2 t} \quad (6 \cdot 45)$$

$$\phi = \frac{T}{2\pi r^3 t}\frac{l}{G} \quad (6 \cdot 46)$$

식 (6·45)와 (6·46)은 切取圓環의 最大剪斷應力과 비틀림각, 식 (6·35)와 식 (6·36)보다 $t/3r$ 만큼 응력과 각이 작아짐을 알 수 있다.

5 多角形 斷面積

正多角形 단면에서의 最大剪斷應力은 각 변의 중점에서 일어난다. 단면적을 A, 내접원의 지름을 d, 한 변의 길이를 a 라 하면 다음과 같이 구할 수 있다.

$$\text{정 3 각형} : \tau_{max} = \frac{20T}{a^3}, \qquad \phi = \frac{Tl}{0.6GI_P} = \frac{46.2Tl}{a^4G} \tag{6·47}$$

$$\text{정 6 각형} : \tau_{max} = \frac{T}{0.217Ad}, \qquad \phi = \frac{Tl}{0.133Ad^2G} \tag{6·48}$$

$$\text{정 8 각형} : \tau_{max} = \frac{T}{0.223Ad}, \qquad \phi = \frac{Tl}{0.130Ad^2G} \tag{6·49}$$

일반적 3 각형 및 사다리꼴軸은 근사적으로 〈그림 6·20〉과 같이 圖心에서 側邊에 垂線을 내리고 그 교점을 지나서 밑변에 대하여 垂線을 세워 相當直角 4 角形을 만들고 직 4 각형의 경우와 같은 식을 사용하여 구한다.

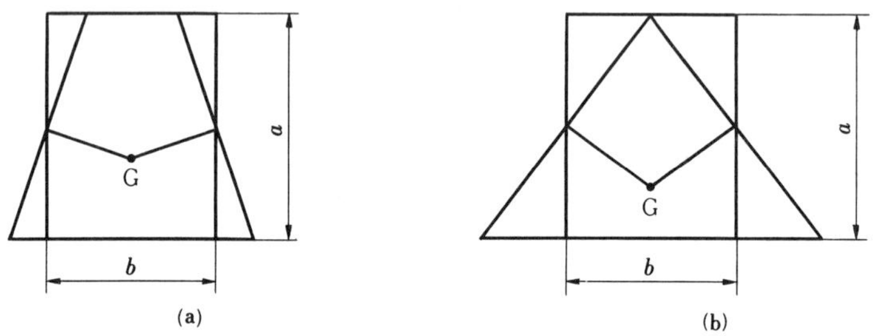

〈그림 6·20〉

6 實體斷面의 비틀림

이상에서 기술한 바와 같이 實體斷面棒의 비틀림각 ϕ는 비틀림모멘트 T에 비례하므로, 일반적으로 ϕ를 다음 식으로 표시할 수 있다.

$$\phi = Tl/C \tag{6·50}$$

여기서, C는 단면의 치수 또는 전단탄성계수 G에 의해 변화하는 상수이다. 楕圓斷面의 경우 상수 C는

$$C = \frac{GA^4}{4\pi^2 I_P} \qquad I_P = \frac{\pi ab}{4}(a^2+b^2) \tag{6·51}$$

같은 단면과 같은 극관성모멘트를 갖는 원형단면에서는

$$C = \frac{G(\pi d^2/4)^4}{4\pi^2 \frac{\pi d^4}{32}} = \frac{\pi d^4}{32} G$$

한 변이 a인 정방형 단면에서는

$$C = \frac{Ga^8}{4\pi^2 a^4/6} = 0.152\,a^4 G$$

로 되어 〈표 6·1〉의 β값과 같지 않다.

예제 6-14. 〈그림 6·21〉과 같은 U 형단면을 갖는 알루미늄 部材가 있다. 이 단면의 두 凹角部의 曲率반지름을 $r = 0.6$ cm라 할 때, 이 부재가 받을 수 있는 최대 비틀림 모멘트 T를 구하라. 단, 이 재료의 使用剪斷應力 $\tau_w = 500\ \text{kg/cm}^2$ 이다.

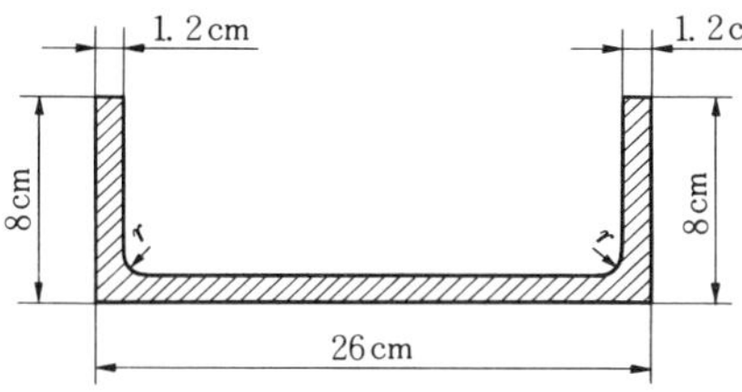

〈그림 6·21〉

풀이 $b = \{(26+8+8)+(1.2+1.2+23.6)\}\times\frac{1}{2} = 34$ cm

응력집중계수 $\frac{r}{c} = \frac{0.6}{1.2} = \frac{1}{2}$ 은 〈표 6·2〉에서 2 이므로

$$T = \frac{\tau bc^2}{3\times\text{응력집중계수}} = \frac{500\times34\times1.2^2}{3\times2} = 4080\ \text{kg·cm}$$

예제 6-15. 위의 **예제** 6-14의 알루미늄 部材에 토크 $T = 5000$ kg·cm가 작용할 때 단위길이마다의 비틀림각 θ를 구하라. 단, 이 재료의 $G = 0.27\times10^6\ \text{kg/cm}^2$이다.

풀이 식 (6·27)에서

$$\theta = \frac{3T}{ab^3G} = \frac{3\times5000}{34\times1.2^3\times0.27\times10^6} = 0.00095\ \text{rad}$$

예제 6-16. $b\times c = 4\ \text{cm}\times1\ \text{cm}$의 矩形斷面 鋼材가 양단에서 비틀림모멘트 $T = 200$ kg·cm를 받고 있을 때 最大剪斷應力을 구하라.

풀이 식 (6·23)과 〈표 6·1〉의 $\frac{b}{c} = \frac{4}{1} = 4$ 의 $\alpha = 0.282$ 이므로

$$\tau = \frac{T}{\alpha ab^2} = \frac{200}{0.282\times4\times1^2} = 177\ \text{kg/cm}^2$$

예제 6-17. 위의 **예제** 6-16의 矩形斷面 鋼材의 길이가 $l = 3$ m이고, 그것이 받는 토크 $T = 200$ kg·cm라고 할 때 이 비틀림축에 발생하는 전비틀림각 ϕ를 구하라. 단, 이 재료의 $G = 0.84\times10^6\ \text{kg/cm}^2$이다.

풀이 식 (6·25)와 〈표 6·1〉에서 β 계수는 0.281이므로

$$\phi = \frac{Tl}{\beta ab^3G} = \frac{200\times300}{0.281\times4\times1^3\times0.84\times10^6} = 0.0635\ \text{rad}$$

6-6 비틀림 彈性에너지

비틀림을 받는 원형축은 토크에 의하여 생긴 에너지를 축 속에 저축시킨다. 이 에너지를 變形率에너지 또는 彈性에너지라고 한다.

지름이 d, 길이가 l 인 원형축이 비틀림모멘트 T 를 받아 ϕ 만큼 비틀려졌다고 할 때, T 가 棒에 한 일과 비틀림으로 인한 탄성에너지는 〈그림 6・22〉와 같은 비틀림선도($T\phi$)에서 구할 수 있다.

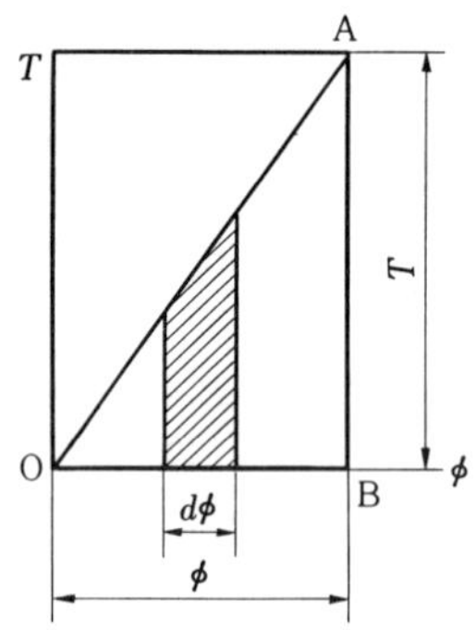

〈그림 6·22〉

탄성한계 내에서는 3각형의 면적(AOB)이 축에 저장되는 全에너지를 표시하였으므로 다음과 같이 된다.

$$U_t = \frac{1}{2} T\phi \tag{6・52}$$

식 (6・6)에서 $\phi = \dfrac{Tl}{GI_P}$ 이므로, 이를 대입하면

$$\left.\begin{aligned} U_t &= \frac{T^2 l}{2GI_P} \\ U_t &= \frac{GI_P\phi^2}{2l} \end{aligned}\right\} \tag{6・53}$$

$T = \dfrac{\pi d^3}{16}\tau$, $I_P = \dfrac{\pi d^4}{32}$ 을 식 (6・53)에 대입하면

$$U_t = \frac{\left(\dfrac{\pi d^3}{16}\tau\right)^2 l}{2G\left(\dfrac{\pi d^4}{32}\right)} = \frac{\tau^2}{4G} \cdot \frac{\pi d^2}{4} l = \frac{\tau^2}{4G} Al \tag{6・54}$$

이 되므로, 식 (3・27)에서 인장 및 압축에 의한 탄성에너지의 $\dfrac{1}{2}$, 즉 축의 모든 요소가 최대전단응력 τ_{max} 을 받을 때 전체 에너지의 $\dfrac{1}{2}$ 과 같다는 것을 나타내고 있다. 따라서 단위체적당의 탄성에너지 u_t 는 다음과 같다.

$$u_t = \frac{\tau^2}{4G} \tag{6・55}$$

中空圓形軸의 경우

$$T=\tau\frac{\pi(d_2^4-d_1^4)}{16d},\qquad I_P=\frac{\pi(d_2^4-d_1^4)}{32}$$

을 식 (6·53)에 대입하면

$$U_t=\frac{\tau^2(d_2^2+d_1^2)}{4Gd_2^2}\cdot\frac{\pi}{4}(d_2^2-d_1^2)l$$

$$=\frac{\tau^2}{4G}\left[1+\left(\frac{d_1}{d_2}\right)^2\right]\cdot\frac{\pi}{4}(d_2^2-d_1^2)l \qquad (6\cdot 56)$$

단위체적당의 비틀림에너지는

$$u_t=\frac{\tau^2}{4G}\left[1+\left(\frac{d_1}{d_2}\right)^2\right] \qquad (6\cdot 57)$$

6-7 코일 스프링

비틀림 이론의 재미있는 한 응용 예로서 코일 스프링(coil spring)을 고찰해 보자. 實體圓形斷面의 線材를 원통에 나선형으로 촘촘하게 감아서 만든 스프링이 〈그림 6·23〉과 같이 축방향의 힘 P를 받을 때 코일의 평면이 나선의 축에 거의 수직한다고 하자.

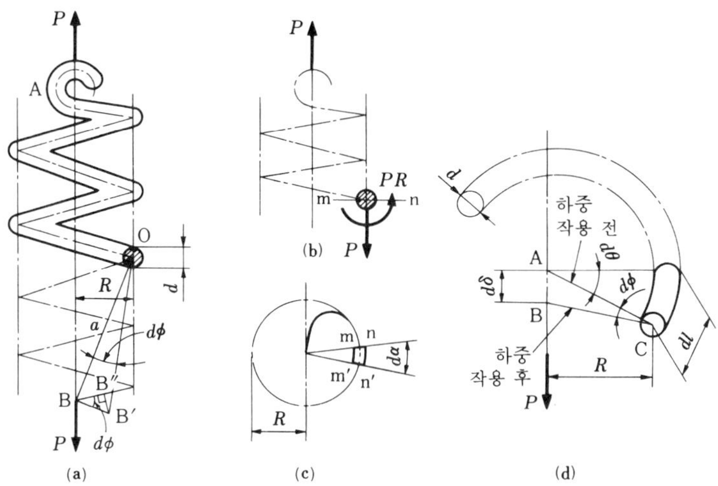

〈그림 6·23〉

임의의 코일의 단면이 mn에 작용하는 응력의 합력은 힘의 평형조건에 의하여 圓心을 지나는 전단력 P 및 그 단면 내의 반시계방향의 우력 $T=PR$와의 합과 같다. 우력 PR는 線材에 전단응력을 발생시키므로 지름 d인 線材 표면상의 우력으로 인한 최대전단응력 τ_1은 식 (6·8)로부터 다음과 같이 구해진다.

$$\tau_1=\frac{16PR}{\pi d^3} \cdots\cdots (a)$$

전단력 P로 인한 전단응력 τ_2는

$$\tau_2 = \frac{P}{A} = \frac{4P}{\pi d^2} \cdots\cdots\cdots\cdots \text{(b)}$$

τ_2는 線材의 단면 하측으로 작용하므로 코일의 안쪽에서 τ_1의 방향과 일치하게 되어 단면 mn 상에 걸리는 全應力은 (a), (b) 양 식을 합하면 m 점에서 최대전단응력이 되고 그 크기는 다음과 같이 된다.

$$\tau_{max} = \tau_1 + \tau_2 = \frac{16PR}{\pi d^3}\left(1 + \frac{d}{4R}\right) \qquad (6 \cdot 58)$$

윗식에서 괄호 안의 둘째항은 전단응력의 영향을 표시하고 d/R의 比가 클수록 최대전단응력이 증가함을 알 수 있다.

그러므로 鐵道車輛에 쓰이는 투박한 나선형 스프링에서는 이 영향이 상당한 중요성을 갖게 된다. 코일의 外側點에서는 전단응력 τ_1과 τ_2의 방향이 상반되기 때문에 영향은 그 점의 응력을 감소시키게 된다. 따라서 최대전단응력은 항상 코일의 內側에 발생하므로 파손될 때는 내측에서 균열이 발생한다. 그래서 코일의 내측은 외측보다 불리한 조건임을 알 수 있다.

코일의 내측에 더 큰 응력이 발생하는 또 하나의 이유로서 다음과 같은 것이 있다. 위에서는 비틀림으로 인한 응력을 계산할 때 곧은 원형단면축에 대하여 유도되었던 식 (a)를 썼지만, 실제의 스프링의 각 요소는 〈그림 6·24〉에 보인 것과 같은 상태에 있다. 비틀림으로 인해서 단면 bd가 단면 ac에 대하여 회전하는 경우에 점 a에 대한 점 b의 變位는 점 c에 대한 점 d의 변위와 같다. 거리 ab는 거리 cd보다 작으므로 안쪽 ab에서의 전단변형률은 바깥쪽인 cd에서의 전단변형률보다 크게 되고, 따라서 우력 PR로 인하여 점 b에 발생하는 전단응력도 점 d에서의 전단응력보다 크게 된다. 전단력의 영향과 함께 이 사실을 고려하면 식 (6·58)은 다음과 같이 수정하여 사용한다.

$$\tau_{max} = \frac{16PR}{\pi d^3}\left(\frac{4m-1}{4m-4} + \frac{0.615}{m}\right) \qquad (6 \cdot 59)$$

(여기서, $m = 2R/d$)

이 식의 괄호 속의 값을 修正係數(correction factor)라고 하며 m의 감소에 따라 증가한다. 예를 들면, $m = 4$일 때 그 계수는 약 1.40이고, $m = 10$일 때는 1.14로 된다.

스프링의 처짐(deflection) 계산에는 코일의 비틀림만을 고려하고 전단력의 영향을 무시하는 것이 보통이다. 〈그림 6·23〉 (c)에서 단면 mn과 m′n′ 사이에 낀 미소 부분에 생기는 비틀림각은 식 (6·6)의 l 대신에 $Rd\alpha$를 대치함으로써 다음과 같이 된다.

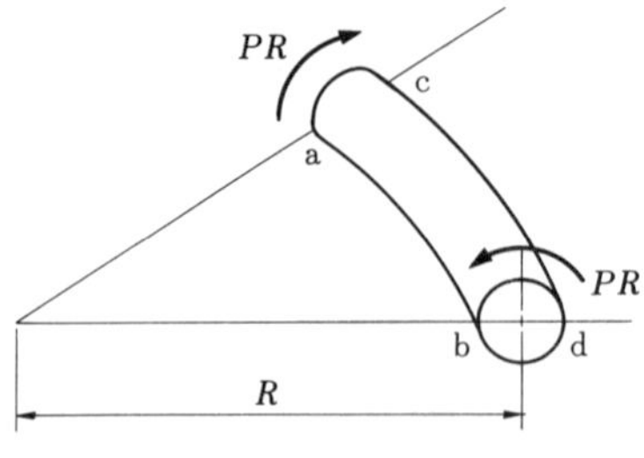

〈그림 6·24〉

$$d\phi = \frac{Tdl}{GI_P} = \frac{PR \cdot Rd\alpha}{GI_P}$$

이 비틀림으로 인하여 스프링의 아랫부분은 단면 mn의 도심에 관해서 회전하여 힘 P의 작용점 B는 〈그림 6·23〉 (a)에서 보는 바와 같이 길이 $ad\phi$의 원호 BB′를 그리게 된다. 이 변위의 수직성분은 다음과 같다.

$$d\delta = \mathrm{B'B''} = \mathrm{BB'}\sin d\phi = \mathrm{BB'}\,R/a = Rd\phi = \frac{PR^3 d\alpha}{GI_P} \cdots\cdots (c)$$

스프링의 전체 처짐은 mnm′n′와 같은 要素의 비틀림으로 인한 B′B″들을 이 스프링의 길이 전체에 걸쳐서 모은 것이므로, 식 (c)를 전각 $2\pi n$에 대해서 적분하면 다음과 같이 된다.

$$\delta = \int_0^{2\pi n} \frac{PR^3}{GI_P} d\alpha = \frac{PR^3 2\pi n}{GI_P} = \frac{PR^3 \cdot 2\pi n}{\frac{G\pi d^4}{32}} = \frac{64\,nPR^3}{Gd^4} = \frac{8\,nPD^3}{Gd^4} \qquad (6 \cdot 60)$$

(여기서, n = 코일의 권수)

이 처짐은 〈그림 6·23〉 (d)에서도 다음과 같이 유도할 수 있다.

$$d\phi = \frac{Tdl}{GI_P} = \frac{32\,PR}{G\pi d^4} dl$$

$$d\delta = Rd\phi = \frac{32\,PR^2}{G\pi d^4} dl \cdots\cdots (d)$$

식 (d)를 선재의 전길이 $2\pi nR$에 걸쳐 적분하면

$$\delta = \int_0^{2\pi nR} \frac{32PR^2}{G\pi d^4} dl = \frac{64\,nPR^3}{Gd^4} = \frac{8\,nPD^3}{Gd^4}$$

으로 되어 식 (6·60)과 일치한다.

또한 탄성에너지의 식을 이용하여 구할 수도 있다.

한 스프링에서 P/δ 比를 스프링常數(spring constant)라 하며, 보통 k로 표시한다. 식 (6·60)에 의하면 다음과 같이 된다.

$$k = \frac{P}{\delta} = \frac{Gd^4}{64\,R^3 n} = \frac{Gd^4}{8\,D^3 n} \qquad (6 \cdot 61)$$

두 스프링상수가 서로 같으면 그 두 스프링은 같은 강도를 갖는다고 말한다. 스프링상수 k를 변화시키려면 그 선재의 재질, 지름, 스프링의 코일의 반지름, 코일의 捲數 등을 바꾸면 된다. 스프링의 탄성에너지는 다음과 같이 된다.

$$U = \frac{P\delta}{2} = \frac{32nP^2R^3}{Gd^4} \qquad (6 \cdot 62)$$

$$U = \frac{Gd^4\delta^2}{128nR^3} \qquad (6 \cdot 63)$$

식 (a)의 $P = \pi d^3 \tau / 16R$를 식 (6·62)에 대입하면 다음과 같이 된다.

$$U = \frac{\tau^2}{4G} \cdot \frac{\pi d^2}{4} 2\pi RN = \frac{\tau^2}{4G} Al = \frac{\tau^2}{4G} V \qquad (6 \cdot 64)$$

예제 6-18. 〈그림 6·25〉와 같이 원추형 스프링이 압축하중 P를 받고 있다. 이 스프링의 평면도는 다음 식으로 주어지는 渦線을 이루고 있다.

$$R = R_1 + \frac{(R_2 - R_1)\alpha}{2\pi n} \cdots\cdots (e)$$

여기서, R는 임의점 A에서의 渦線의 반지름이고, α는 그 위치의 각도이다. 이 스프링의 스프링상수 k를 표시하는 공식을 유도하라.

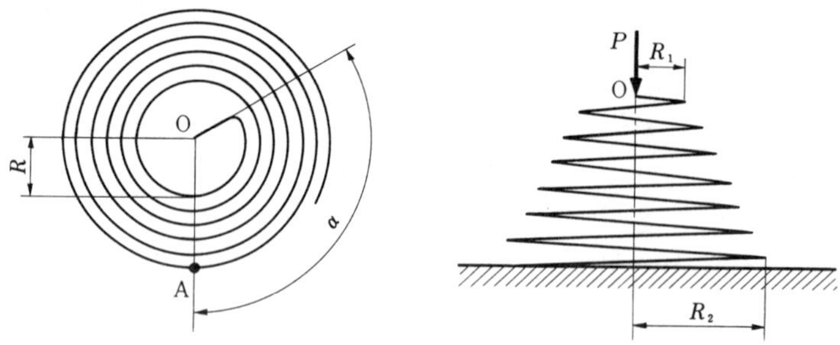

〈그림 6·25〉

풀이 A의 위치에 있는 길이 $Rd\alpha$의 코일 요소는 〈그림 6·23〉 (c)의 코일 요소와 같은 상태에 있을 것이다. 따라서 식 (c)의 R 대신 식 (e)의 $I_P = \frac{\pi d^4}{32}$을 대입하면 다음과 같이 된다.

$$\delta = \int_0^{2\pi n} \frac{PR^3}{GI_P} d\alpha = \frac{32P}{\pi d^4 G} \int_0^{2\pi n} \left[R_1 + \frac{(R_2 - R_1)\alpha}{2\pi n} \right]^3 d\alpha$$

이 식을 수행하기 위하여

$$b = \frac{R_2 - R_1}{2\pi n}, \quad R = R_1 + b\alpha, \quad u = R_1 + b\alpha, \quad du = bd\alpha, \quad d\alpha = \frac{du}{b}$$

따라서

$$\delta = \frac{32P}{G\pi d^4} \int_0^{2\pi n} (R_1 + b\alpha)^3 d\alpha$$

$$= \frac{32P}{G\pi d^4} \int_0^{2\pi n} u^3 \frac{du}{b} = \frac{16P \cdot n}{Gd^4} (R_2^2 + R_1^2)(R_2 + R_1) \qquad (6 \cdot 65)$$

스프링상수는 $P = k\delta$에서

$$k = \frac{P}{\delta} = \frac{Gd^4}{16n(R_2^2 + R_1^2)(R_2 + R_1)} \qquad (6 \cdot 66)$$

식 (6·65)에서 $R_1 = R_2 = R$라면 식 (6·60)과 일치하고 $R_1 = 0$, $R_2 = R$인 경우에는

$$\delta = \frac{16nPR^3}{Gd^4} \qquad (6 \cdot 67)$$

이 되고, 식 (6·60)과 비교하면 처짐량은 $\frac{1}{4}$이 됨을 알 수 있다.

예제 6-19. 〈그림 6·23〉 (a)와 같은 스프링에서 $P = 25\,\text{kg}$, $R = 4\,\text{cm}$, $d = 2\,\text{cm}$, $G = 0.84 \times 10^6\,\text{kg/cm}^2$, 코일의 권수 $n = 20$인 경우 최대전단응력과 처짐을 구하라.

풀이 $m = \dfrac{2R}{d} = \dfrac{2 \times 4}{2} = 4$

$$\tau_{\max} = \frac{16PR}{\pi d^3}\left(\frac{4m-1}{4m-4} + \frac{0.615}{m}\right) = \frac{16 \times 25 \times 4}{3.14 \times 2^3}\left(\frac{16-1}{16-4} + \frac{0.615}{4}\right)$$
$$= 65.1\,\text{kg/cm}^2$$

$$\delta = \frac{64nPR^3}{Gd^4} = \frac{64 \times 20 \times 25 \times 4^3}{0.84 \times 10^6 \times 2^4} = 0.15\,\text{cm}$$

예제 6-20. 密捲螺線形 스프링에서 선재의 지름이 5 mm, 코일 스프링의 지름 5 cm, 허용전단응력 70 kg/mm² 일 때 스프링의 안전하중 및 스프링상수가 10 kg/cm이 되기 위한 감김수를 구하라. 단, $G = 8.5 \times 10^5$ kg/cm²이다.

풀이 식 (6·58)의 $\tau = \dfrac{16PR}{\pi d^3}\left(1 + \dfrac{d}{4R}\right)$에서, $P = \dfrac{\pi d^3 \tau}{16R\left(1 + \dfrac{d}{4R}\right)} = \dfrac{3.14 \times 0.5^3 \times 7000}{16 \times 2.5 \times 1.05} = 65.4\,\text{kg}$

식 (6·61) $k = \dfrac{P}{\delta} = \dfrac{Gd^4}{64R^3 n}$ 에서, $n = \dfrac{Gd^4}{8kD^3} = \dfrac{8.5 \times 10^5 \times 0.5^4}{8 \times 10 \times 5^3} = 5.3$

예제 6-21. 지름 8 cm의 안전밸브에서 증기압이 15 kg/cm²으로 되면 열리게 스프링을 만들려고 한다. 코일의 지름은 16 cm로서 3 cm만큼 압축으로 인한 처짐량이 되면 안전밸브가 작동하는 것으로 하고, 선재의 지름 및 감김수 n 을 얼마로 하면 좋겠는가? 단, $\tau_a = 1500$ kg/cm², $G = 8 \times 10^5$ kg/cm²이다.

풀이 스프링에 가해지는 전압력은, $P = \dfrac{\pi}{4} \times 8^2 \times 15 = 754\,\text{kg}$

$$d = \sqrt[3]{\frac{16PR}{\pi\tau}} = \sqrt[3]{\frac{16 \times 754 \times 8}{3.14 \times 1500}} = 2.74\,\text{cm}$$

$$n = \frac{Gd^4\delta}{64PR^3} = \frac{8 \times 10^5 \times 2.74^4 \times 3}{64 \times 754 \times 8^3} = 5.4$$

예제 6-22. 〈그림 6·26〉에서 板 AB가 기울어지지 않기 위해서는 스프링상수 k 를 얼마로 해야 하는가?

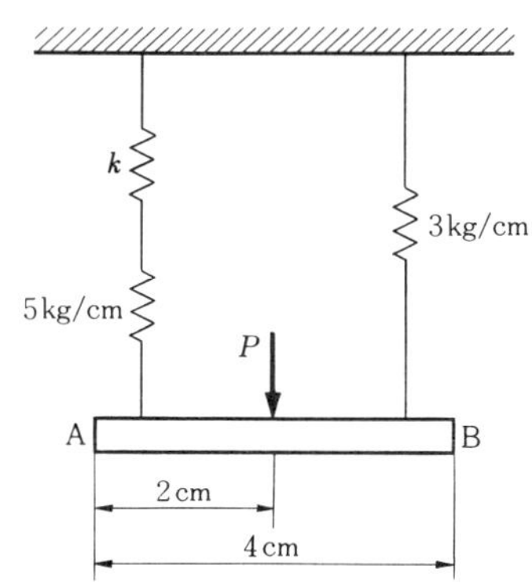

〈그림 6·26〉

풀이 스프링상수 5 kg/cm²일 때 처짐을 δ_1, k일 때를 δ_2, 3 kg/cm²일 때를 δ라 하면 $\delta_1+\delta_2=\delta$가 되어야 한다.

$$k=\frac{P}{\delta}=\frac{3}{1}=3, \qquad 5=\frac{P}{\delta_1}=\frac{3}{\delta_1}$$

$$\delta_1=\frac{3}{5}=0.6\ \text{cm}, \qquad \delta=1-0.6=0.4\ \text{cm}$$

$$\therefore\ k=\frac{3}{0.4}=7.5\ \text{kg/cm}^2$$

연 습 문 제

1. 길이 314 cm, 원형단면축의 지름이 40 mm일 때 이 축의 끝에 10 kg·m의 비틀림모멘트를 받는다면 이 때의 비틀림각은 얼마인가? 단, 전단탄성계수 $G=0.8\times10^6$ kg/cm²이다.

답 $\phi=0.895°$

2. 지름 4 cm인 연강축이 1000 rpm으로 회전하고 있다. 허용전단응력이 4 kg/mm²이라면 이 축은 몇 마력을 전달할 수 있는가?

답 70 마력

3. 지름 6 cm의 축이 매분 1200 회전할 때 길이 8 m에 대한 비틀림각이 5°라고 하면 몇 마력을 전달할 수 있는가? 여기서 G의 값은 8.5×10^5 kg/cm²이다.

답 197.5 마력

4. 지름 11 cm의 축을 내외 지름의 비 1 : 2 되는 中空軸으로 변경하려 한다. 비틀림응력을 같게 하려면 중공축의 치수는 어떻게 할 것인가?

답 안지름 5.62 cm, 바깥지름 11.24 cm

5. 같은 재료로 만든 길이 l, 지름 d인 축 A와 길이 $2l$, 지름 $2d$의 B축을 같은 각도만큼 비틀림 변형시키는 데 필요한 비틀림모멘트의 비 $\dfrac{T_A}{T_B}$의 값은 어떻게 되는가?

답 $\dfrac{1}{8}$

6. 매분 회전수 1750 rpm에서 150 PS를 전달하기 위한 전동축의 지름은 얼마로 하면 되겠는가? 여기서 전동축의 허용전달응력은 $\tau_w=500$ kg/cm²으로 잡는다.

답 4 cm

7. 길이 12 m인 연강축이 800 kg·m의 비틀림모멘트를 받을 때 연강축의 지름과 비틀림각을 구하라. 단, $\tau_a=600$ kg/cm², $G=8.3\times10^5$ kg/cm²이다.

답 $d=8.8$ cm, $\phi=11.2°$

8. 지름 30 cm인 프로펠러축의 한 끝을 고정하고 11 m 떨어진 곳에 10 ton·m의 비틀림모멘트를 주었을 때 비틀림각 $\phi=1°$를 측정하였다고 한다. 재료의 가로 탄성계수 G를 구하라.

답 $G=7.93\times10^5$ kg/cm²

9. 바깥지름 40 cm, 안지름 20 cm인 중공축과 같은 단면적을 갖는 실축은 몇 배의 토크에 견디겠는가?

답 $\dfrac{T_h}{T_a}=1.4$ 배

10. 자동차의 변속기와 후차축 차동기어 사이의 전동축으로서 바깥지름 5 cm인 중공축을 사용하였다. 엔진의 출력이 100마력이고 회전수가 3500 rpm일 때 이 전동축의 안지름을 구하라. 단, 변속기의 減速比는 3.5, 축의 허용응력은 840 kg/cm²이다.

답 $d_1 = 4.5$ cm

11. 매회 200 회전으로 4000 마력을 전달하는 중공원형축의 지름을 구하라. 단, 축의 바깥지름은 안지름의 2 배로서 허용전단응력은 400 kg/cm²이다.

답 $d_2 = 27$ cm, $d_1 = 13.5$ cm

12. 두께를 5 cm, 바깥지름 $d_2 = 40$ cm 축과 같은 재료의 실축으로 대치하려고 한다. 그 토크가 같을 때 얼마로 하면 되겠는가? 또 축의 무게를 비교하라.

답 $d = 35$ cm, $\dfrac{W_a}{W_h} = \dfrac{1.75}{1}$, 75% 증가

13. 지름 $D = 10$ cm인 두 축을 플랜지 커플링으로 이어서 비틀림모멘트를 전달하려 한다. 연결 볼트는 6 개로 하고 볼트의 대칭간의 거리(볼트원의 지름) $D_m = 15$ cm 로 하려면 볼트의 지름 d는 얼마로 해야 하는가? 단, 볼트의 허용응력 $\tau_B = 500$ kg/cm², 축의 허용응력 $\tau_s = 600$ kg/cm²이다.

답 $d = 2.58$ cm

14. 축의 한쪽 끝에 플라이휠을 붙여서 동력이 매분 120 회전할 때 다른 쪽을 갑자기 정지시킬 때 일어나는 최대전단응력은 얼마인가? 단, 축의 길이 150 cm, 축지름 50 mm, 휠의 무게 4 kg, 휠 반지름을 250 mm로 한다. 단, $G = 8.5 \times 10^5$ kg/cm²이다.

답 $\tau_{max} = 482$ kg/cm²

15. 지름 3 mm의 線材로 평균지름 75 mm의 코일스프링에 하중 1 kg에 대하여 3 cm의 처짐량을 갖도록 하려 한다. 선재의 길이를 구하라. 단, $G = 8.8 \times 10^5$ kg/cm² 이다.

답 $l = 149.3$ cm

16. 코일스프링의 선재의 지름이 1.25 cm, 코일의 평균지름이 25 cm, 감김수는 10이다. 18 kg의 하중을 받을 때 생기는 처짐비틀림, 응력 및 탄성에너지를 구하라. 단, $G = 8.4 \times 10^5$ kg/cm²이다.

답 $\delta = 10.47$ cm, $\tau = 587$ kg/cm², $U = 98.74$ kg·cm

17. 지름 $D = 30$ cm의 그라인더휠(grinder wheel)이 $v = 25$ m/s의 원주속도로 회전하고 있다. 이 그라인더의 원동력이 $Hk = 3.8$ kW 라 할 때 그라인더휠의 축지름을 구하라. 단, 축재료의 허용응력 $\tau_w = 300$ kg/cm² 이다.

답 $d = 1.58$ cm

18. 길이 2 m, 지름 7 cm일 때 회전수 $n = 100$ rpm 과 $HK = 30$ kW 를 전달할 수 있는 원형단면축의 비틀림각 ϕ를 구하라. 단, $G = 0.83 \times 10^6$ kg/cm이다.

답 $T = 29,220$ kg·cm, $\phi = 1.71°$

19. 지름 10 cm인 둥근 축이 400 rpm으로 회전하고 있을 때 이 축의 견딜 수 있는 비틀림모멘트는 얼마인가? 단, $\tau_a = 250$ kg/cm²이다.

답 $T = 49,087$ kg·cm

20. 지름 4 cm인 연강축이 1200 rpm으로 회전하고 있다. 허용전단응력을 4 kg/mm²으로 할 때 이 축은 몇 마력(PS)을 전달할 수 있는가?

답 84 PS

21. 〈그림 6·27〉과 같이 양단고정봉에 비틀림모멘트 $T = 100\,\mathrm{kg\cdot cm}$를 적용시킬 때 양고정단의 비틀림모멘트는 얼마인가?

답 $T_a = \dfrac{b}{a+b}T = 20\,\mathrm{kg\cdot cm}$, $T_b = 100-20 = 80\,\mathrm{kg\cdot cm}$

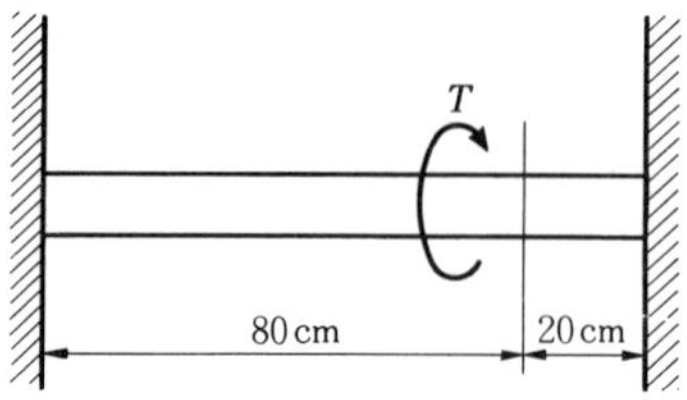

〈그림 6·27〉

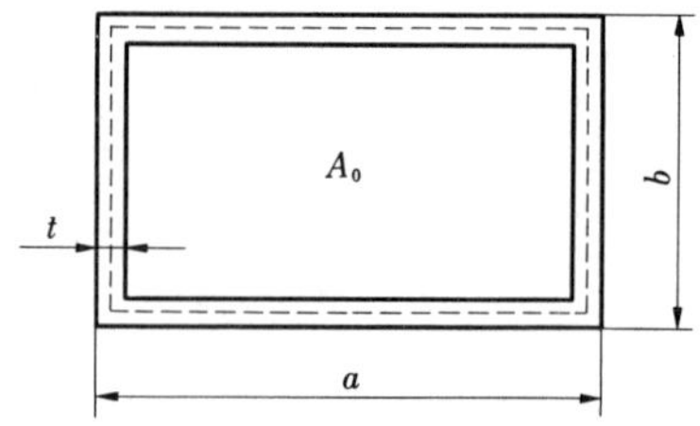

〈그림 6·28〉

22. 〈그림 6·28〉과 같은 環狀矩形斷面을 갖는 얇은 벽의 스테인리스 鋼管의 단면의 전체 길이 $S = 2(a+b)$와 이 管에 작용하는 토크 T를 일정하게 유지하고 比 a/b를 변화시킬 때, 이 관의 단위길이마다의 비틀림각은 어떤 비율로 변하는가?

답 $\theta = k\dfrac{(\alpha+1)^4}{\alpha^2}$

23. 〈그림 6·29〉와 같은 圓環狀斷面과 정 4 각형 環狀斷面을 갖는 얇은 벽의 管狀部材 2개가 재료, 길이, 벽두께, 중량 및 작용하는 토크 T가 서로 같다면 이 두 부재에 발생하는 剪斷應力 τ의 비와 비틀림각 ϕ의 비를 구하라.

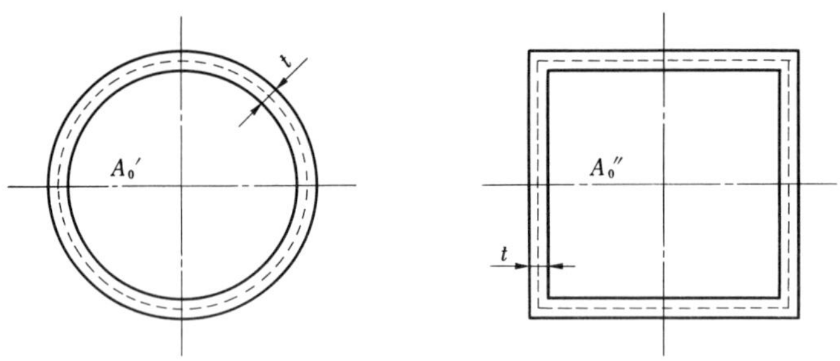

〈그림 6·29〉

답 $\dfrac{\tau'}{\tau''} = 0.785$, $\dfrac{\phi'}{\phi''} = 0.616$

24. 〈그림 6·30〉과 같은 단면의 치수는 $a = 10\,\mathrm{cm}$, $c = 1.2\,\mathrm{cm}$, 凹角部의 曲率반지름 $r = 0.6\,\mathrm{cm}$이다. 이 L形斷面의 鋼材의 길이를 $l = 1.5\,\mathrm{m}$라 하고, 양단에 비틀림모멘트 $T = 2500\,\mathrm{kg\cdot cm}$를 작용시킬 때 이 부재의 最大剪斷應力 τ와 全비틀림각 ϕ를 구하라. 단, 이 재료의 $G = 0.84\times10^6\,\mathrm{kg/cm^2}$이다.

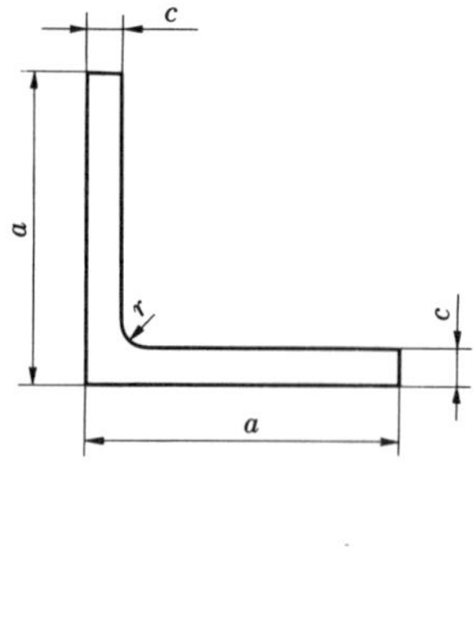

〈그림 6·30〉

답 $\tau_{max} = 550 kg/cm^2$, $\phi = 0.0412$ rad

25. 〈그림 6·31〉과 같은 단면의 두 管에서 最大剪斷應力 τ_a 와 τ_b 를 비교하라.

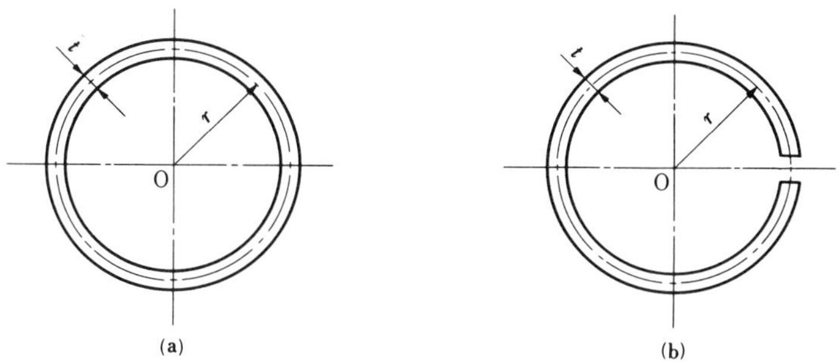

〈그림 6·31〉

답 $\dfrac{\tau_a}{\tau_b} = \dfrac{1}{3}\left(\dfrac{t}{r}\right)$

제 7 장

보의 剪斷과 굽힘

7-1 보의 종류와 荷重

1 보 (Beam)

斷面의 치수에 비하여 길이가 긴 構造用部材가 적당한 방법으로 지지되어 있고 축선에 수직방향으로 荷重을 받으면 구부러진다. 이와 같이 굽힘작용을 받는 봉을 보라고 한다. 圖心을 연결하는 中心線이 직선인 보를 直線보, 중심선이 곡선인 보를 曲線보라고 한다. 이런 보에는 靜力學的 평형조건으로서 反力(reaction force) 등을 구할 수 있는 靜定보(statically determinate beam)와 평형조건만으로 해결할 수 없는 不靜定보(statically indeterminate beam)가 있다. 보의 支點은 다음과 같이 3 종류가 있다.

• 可動힌지점(hinged movable support) : 보의 회전과 평행이동이 자유로우나 수직이동이 불가능한 지점이며 自由支點(free support)이라고도 한다. 반력은 수직반력 V_R 하나뿐이다〔그림 7・1 (a)〕.

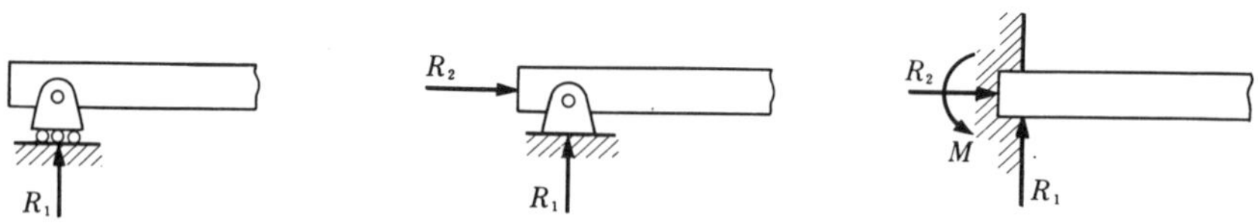

(a) (b) (c)

〈그림 7・1〉

• 不動힌지점(hinged immovable support) : 보의 회전은 자유로우나 수평 수직이동이 불가능한 지점이며, 反力은 수직반력 V_R와 수평반력 H_R 2개가 있다〔그림 7・1 (b)〕.

• 固定支點(fixed support, built-in support) : 보의 회전과 수평 수직이동이 모두 불가능한 지점이며 반력은 수직반력 V_R, 수평반력 H_R, 모멘트 M 3개가 있다〔그림 7・1 (c)〕.

2 보의 종류

보는 지지 방법에 따라 다음과 같이 분류한다.

- 보
  - 靜定보
    - 單純보
    - 외팔보
    - 突出보(내다지보)
    - 게르버보
  - 不靜定보
    - 고정지지보
    - 兩端固定보
    - 連續보

(1) **單純보** (simple beam)

1端이 不動힌지점 위에 지지되어 있고 他端이 可動힌지점 위에 지지되어 있는 보이며, 反力의 수는 3개이다〔그림 7·2 (a)〕.

(2) **외팔보** (cantilever beam)

1端이 고정되어 있고 他端이 자유로 되어 있는 보이며, 反力의 수는 3개이다〔그림 7·2 (b)〕.

(3) **突出보** (over hanging beam)

1端이 不動힌지점 위에 지지되어 있고 보의 중앙 근방에 可動힌지점이 지지되어 있어 보의 한 부분이 지점 밖으로 돌출되어 있는 보를 말하며, 내다지보라고도 한다. 反力數는 3개이다〔그림 7·2 (c)〕.

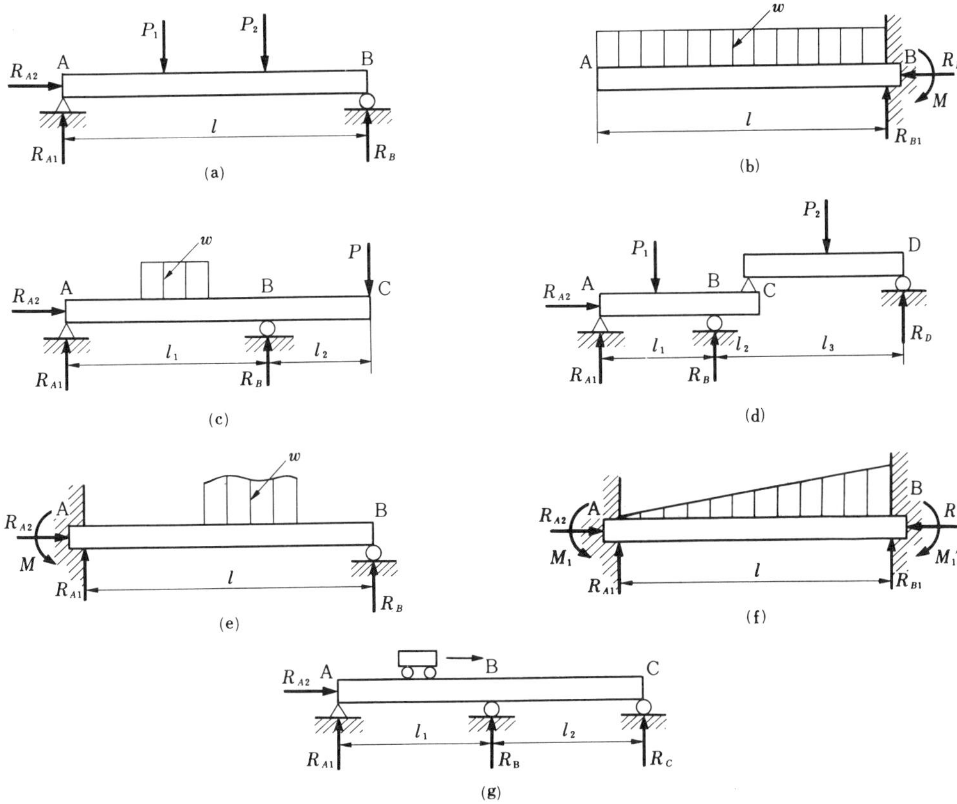

〈그림 7·2〉

(4) 게르버보(Gerber beam)

突出보와 단순보를 조합하여 이루어진 보를 말한다〔그림 7·2(d)〕. 이 보의 反力은 3개 이상이지만 단순보와 돌출보의 두 부분으로 나누어 생각하면 역시 반력은 3개이다. 즉, 단순보 CD만을 생각하고, C점의 반력을 구하여 C점의 반력을 돌출보의 C점에 작용하는 하중으로 생각하고 돌출보를 계산하면 된다.

(5) 固定支持보(one end fixed other end surpported beam)

1端이 고정되어 他端이 가동힌지점 위에 지지된 보이며, 반력의 수는 4개이다〔그림 7·2(e)〕.

(6) 兩端固定보(both ends fixed beam)

양단이 고정되어 있는 보이며, 미지의 반력은 6개이다〔그림 7·2(f)〕.

(7) 連續보(continuous beam)

한 개의 부동힌지점과 2개 이상의 가동힌지점이 연속하여 지지되어 있을 때의 보이며, 미지의 반력수는 지점의 수보다 1개 많다〔그림 7·2(g)〕.

보의 지점간의 거리를 스팬(span)이라고 한다.

3 荷重의 종류

(1) 集中荷重(concentrated load)

〈그림 7·2〉(a)에 있는 P_1, P_2와 같이 보의 어느 한 점에 집중하여 작용하는 것이며, 크기는 kg으로 표시한다.

(2) 均一分布荷重(uniformly distributed load)

보의 단위길이에 작용하는 하중의 분포상태가 균일한 하중이며 等分布荷重이라고도 한다. 크기는 kg/m으로 표시한다〔그림 7·2(b)〕.

(3) 漸變分布荷重(uniformly varying load)

보의 단위길이에 대한 하중의 變化率이 동일한 하중상태이며, 크기는 kg/m으로 표시한다〔그림 7·2(f)〕.

(4) 不等分布荷重(varying load)

하중의 변화율이 일정하지 않을 때이며, 크기는 kg/m으로 표시한다〔그림 7·2(e)〕.

(5) 移動荷重(moving load)

車輛이 교량 위를 통과할 때와 같이 하중이 이동하여 작용하는 하중이며, 크기는 kg으로 표시한다〔그림 7·2(g)〕.

7-2 剪斷力과 굽힘모멘트

1 平衡條件

荷重이 보의 임의의 단면에 작용하는 경우, 항상 안정된 평형상태를 유지하기 위해서는 그 지점에 반작용으로서 하중에 저항하는 힘이 작용하여 이들은 서로 평형을 가져야 한다. 이 하중에 대한 저항력을 反力(reaction)이라고 한다.

靜定보에서는 정역학의 평형방정식을 사용하여 法線力 N, 전단력 V 및 굽힘모멘트 M을 구한다. 이 N, V 및 M을 合應力(resultant stress)이라고 한다. 대부분의 보는 수평방향으로 하중이 작용하지 않고 垂直荷重만 작용하기 때문에 수평반력을 무시하고 수직반력만 구한다.

〈그림 7·3〉과 같은 集中荷重을 받는 單純보가 평형을 유지하기 위해서는 먼저 힘의 방향으로 직진운동을 해서는 안 된다는 조건에서 보에 작용하는 하중과 反力의 대수합은 0이 되어야 한다. 상향의 힘을 (+), 하향의 힘을 (−)로 하면($\Sigma Y_i = 0$),

$$R_A - P_1 - P_2 - P_3 + R_B = 0 \quad \cdots\cdots (a)$$

다음에 보가 회전운동을 해서는 안 된다는 조건에서 보의 임의점에 대한 굽힘모멘트의 대수합은 0이 되어야 한다. B점을 중심으로 시계방향의 모멘트를 (+), 반시계방향의 모멘트를 (−)로 하면($\Sigma M_i = 0$),

$$R_A l - P_1 b_1 - P_2 b_2 - P_3 b_3 = 0 \quad \cdots\cdots (b)$$

$$\left.\begin{aligned} R_A &= \frac{P_1 b_1 + P_2 b_2 + P_3 b_3}{l} \\ R_B &= \frac{P_1 a_1 + P_2 a_2 + P_3 a_3}{l} \end{aligned}\right\} \quad \cdots\cdots (c)$$

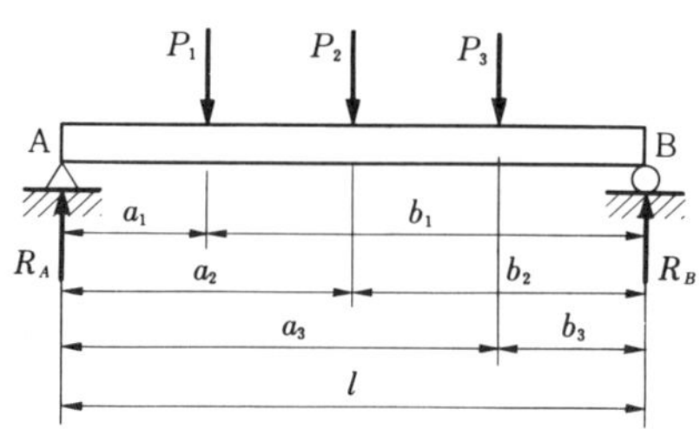

〈그림 7·3〉

2 剪斷力과 굽힘모멘트

〈그림 7·4〉(a)를 m, n 단면에서 그림 (b), (c) 두 부분으로 절단하여 왼쪽 부분을 자유물체도로 분리하면 오른쪽 부분은 왼쪽 부분이 평형을 유지하도록 작용해야만 할 것이다. 하중 P와 반력 R에 대응되는 mn 위의 剪斷力 V와 굽힘모멘트 M은 평형조건으로부터 다음과 같이 된다.

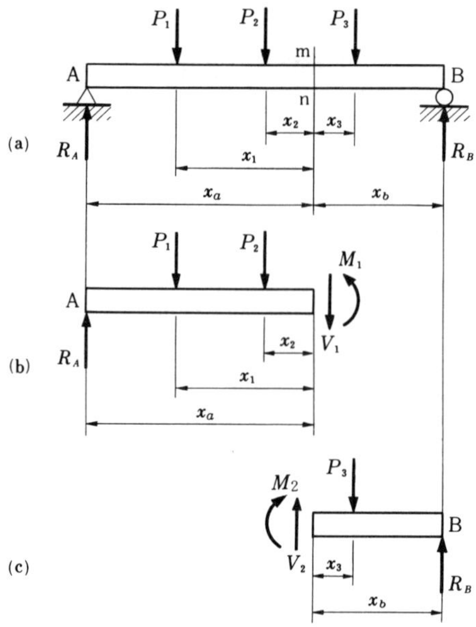

〈그림 7·4〉

그림 (a)에서

$$\Sigma Y_i = 0, \quad R_A - P_1 - P_2 - P_3 + R_B = 0 \quad \cdots\cdots (a)$$

$$\Sigma M_i = 0, \quad R_A x_a - P_1 x_1 - P_2 x_2 + P_3 x_3 - R_B x_b = 0 \quad \cdots\cdots (b)$$

그림 (b)에서 V_1과 M_1은

$$R_A - P_1 - P_2 - V_1 = 0$$

$$V_1 = R_A - P_1 - P_2 \quad \cdots\cdots (c)$$

$$R_A x_a - P_1 x_1 - P_2 x_2 - M_1 = 0$$

$$M_1 = R_A x_a - P_1 x_1 - P_2 x_2 \quad \cdots\cdots (d)$$

그림 (c)에서 V_2와 M_2는

$$V_2 - P_3 + R_B = 0$$

$$V_2 = P_3 - R_B \quad \cdots\cdots (e)$$

$$M_2 + P_3 x_3 - R_B x_b = 0$$

$$M_2 = -P_3 x_3 + R_B x_b \quad \cdots\cdots (f)$$

식 (a)와 (b)를 다시 정리하면

$$R_A - P_1 - P_2 = P_3 - R_B$$

$$R_A x_a - P_1 x_1 - P_2 x_2 = -P_3 x_3 + R_B x_b$$

식 (c), (e)에서

$$V_1 = -V_2 = V \quad \cdots\cdots (g)$$

식 (d), (f)에서

$$M_1 = -M_2 = M \quad \cdots\cdots (h)$$

수직력 V를 剪斷力(shearing force)이라 하고 偶力 M을 굽힘모멘트(bending moment)라고 한다. m, n 단면의 좌우에 작용하는 代數合은 크기가 같고 방향이 반대이다.

m, n 단면의 剪斷力 V와 굽힘모멘트 M은 다음과 같은 결론을 얻을 수 있다. 전단력 V는 임의 단면의 왼쪽에 있는 모든 힘의 대수합 또는 오른쪽에 있는 모든 힘의 대수합 (−)와 같다. 굽힘모멘트는 임의 단면의 왼쪽에 있는 모든 힘의 대수에 관한 모멘트의 합과 같고, 또는 오른쪽에 있는 모든 힘의 대수에 관한 모멘트의 합(−)과 같다.

〈그림 7·5〉는 전단력과 굽힘모멘트의 부호규약이다.

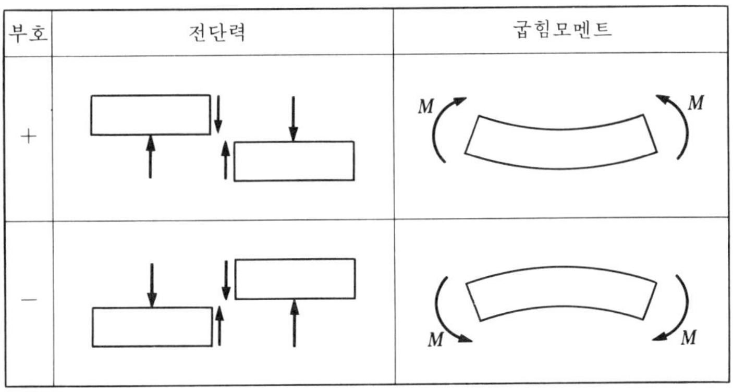

〈그림 7·5〉

전단력은 보의 한 단면의 왼쪽에 작용하는 外力의 합력이 왼쪽 부분을 오른쪽 부분에 대하여 위로 밀어올리려는 전단력을 (+)의 전단력, 그와 반대방향을 (−)의 전단력으로 정한다. 굽힘모멘트는 한 단면 왼쪽에 작용하는 合成모멘트가 위쪽으로 오목하고 아래쪽으로 볼록하게 굽히려는 굽힘모멘트를 (+), 그와 반대로 굽히려는 것을 (−)의 굽힘모멘트로 정한다.

〈그림 7·6〉과 같은 要素로 잘라 표면에 작용하는 N, V 및 M에 대한 부호규약을 再考해 보자.

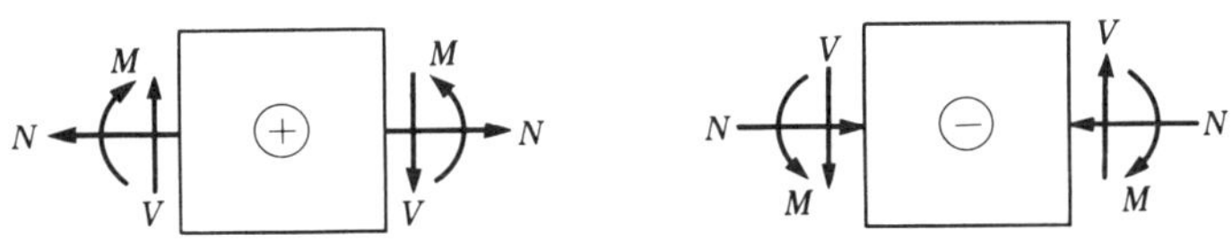

〈그림 7·6〉

여기서 (+)의 법선력은 그 힘이 작용하는 표면으로부터 멀어지려는 方向(引張)을 가리키고, (+)의 전단력은 그 힘이 작용하는 표면 둘레에 시계방향으로 작용하며, (+)의 굽힘모멘트는 왼쪽 外力의 合成모멘트가 시계방향으로 회전하려는 모멘트를 가리킨다. (−)의 N, V 및 M은 이들과 반대방향으로 생각하면 된다.

보에 작용하는 전단력 V, 굽힘모멘트 M 및 荷重 사이의 관계를 살펴보자.

〈그림 7·7〉 (a)에서 두 단면 사이의 미소거리 dx만큼 잘라 낸 要素에 분포하중이 작

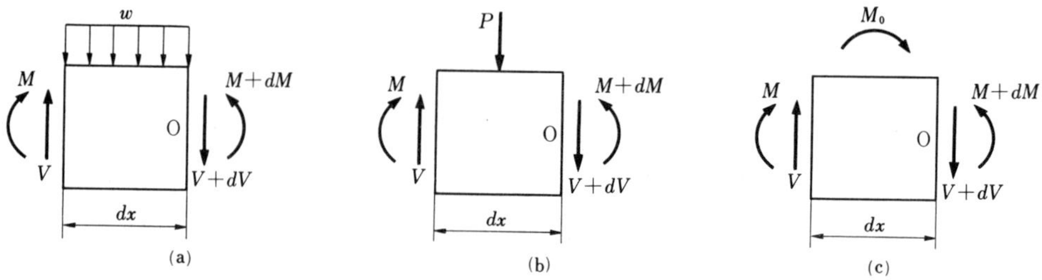

〈그림 7·7〉

용한다면 그 要素의 왼쪽 표면에는 (+)의 전단력 V와 굽힘모멘트 M이 작용하고, 오른쪽 표면에는 V 및 M의 증분 dV 및 dM의 차로 왼쪽 표면에 대응되는 $V+dV$ 및 $M+dM$이 작용한다. 이것은 보의 측정거리 x에 따라 V와 M이 변한다는 뜻이다. 이 요소는 평형상태에 있으므로 O점에 관한 평형조건은 다음과 같다.

$$\Sigma Y_i = 0$$

$$V - wdx - (V + dV) = 0$$

$$\frac{dV}{dx} = -w, \qquad V = \int -wdx + c \qquad (7\cdot1)$$

두 단면 사이에 分布荷重 w가 작용할 때에는 전단력이 보의 위치에 따라 변화하며, x에 대한 변화율은 분포하중의 세기에 (−)를 붙인 값과 같다는 것을 알 수 있다. $w=0$이라면 $dV=0$이므로 전단력 V는 전혀 변하지 않고 일정하다는 것도 알 수 있다.

$$\Sigma M_i = 0, \qquad M + Vdx - wdx\left(\frac{dx}{2}\right) - (M + dM) = 0$$

고차항의 미소량을 무시하면

$$\frac{dM}{dx} = V, \qquad M = \int Vdx + c' \qquad (7\cdot2)$$

식 (7·1)과 (7·2)에서 이 식은 보에 분포하중(또는 無荷重)이 작용할 경우, 굽힘모멘트의 x에 대한 변화율이 그 단면에서의 전단력과 같다는 것을 보여 준다.

$$\frac{d^2M}{dx^2} = \frac{dV}{dx} = -w, \qquad M = -\iint wdxdx + cx + c' \qquad (7\cdot2)'$$

〈그림 7·7〉(b)와 같이 보의 要素에 集中荷重 P가 작용하면 왼쪽 표면에는 V 및 M이 작용하고, 오른쪽 표면에는 $V+dV$ 및 $M+dM$이 작용한다.

$$\Sigma Y_i = 0, \qquad V - P - (V + dV) = 0$$

$$dV = -P \qquad (7\cdot3)$$

전단력은 荷重의 작용점이 왼쪽에서 오른쪽으로 통과할 때 dx 사이에서 P의 量만큼 갑자기 감소한다는 것을 알 수 있다.

$$\Sigma M_i = 0, \qquad M + Vdx - \frac{Pdx}{2} - (M + dM) = 0$$

$$\frac{dM}{dx} = V$$

왼쪽 표면에 관한 굽힘모멘트의 변화율은 $\frac{dM}{dx} = V + dV$이다. 그러므로 변화율 $\frac{dM}{dx}$은 집중하중 P의 작용점에서 P의 量만큼 갑자기 감소한다는 것을 알 수 있다.

〈그림 7·7〉(c)에서 하중이 偶力 M_0의 형태로 작용하는 경우를 생각해 보자. 鉛直方向의 平衡으로부터 $dV = 0$이 되어 전단력은 하중의 작용점 왼쪽에서 오른쪽으로 통과할 때 변하지 않고 일정하다는 것을 보여 준다. 그 요소에 대한 모멘트의 평형으로부터 다음 식을 얻는다.

$$M + M_0 + Vdx - (M + dM) = 0$$

$$dM = M_0 \qquad (7 \cdot 4)$$

이 식은 가해진 偶力 M_0 때문에 하중의 작용점의 왼쪽에서 오른쪽으로 이동함에 따라 굽힘모멘트는 갑자기 증가한다는 것을 나타내고 있다. 일반적으로 굽힘모멘트의 최대값은 식 (7·2)에서 전단력 $V = 0$인 점, 즉 (+)에서 (−)로 바뀌는 점에서 일어남을 알 수 있다. 전단력 V가 (+)에서 (−)로 바뀌는 점은 하중이 작용하는 점 아래에 있다.

7-3 剪斷力線圖와 굽힘모멘트線圖

보의 단면에 작용하는 剪斷力 V와 굽힘모멘트 M은 단면의 위치를 나타내는 거리 x에 따라 변화한다. 어떤 단면에서의 應力들의 크기는 그 단면에서의 V와 M의 값에 의해 결정되므로 보를 설계할 때 V와 M의 값을 알아야 하며, 그들의 값이 거리 x에 따라 어떻게 변하는지 그래프를 그려 보아야 한다. 이 그래프를 그리기 위하여 단면의 위치를 나타내는 거리 x를 가로좌표로 잡고, 이에 대응하는 전단력 V와 굽힘모멘트 M의 값을 세로좌표로 잡아 그린 것을 각각 剪斷力線圖(shearing force diagram, SFD) 및 굽힘모멘트線圖(bending moment diagram, BMD)라고 한다.

1 單純보 (simple beam)

(1) 1개의 集中荷重이 任意位置에 작용할 경우

〈그림 7·8〉(a)와 같은 단순보에 集中荷重이 작용할 때는 정역학의 평형방정식으로부터 각 支點反力 R_A, R_B를 구하고 V와 M을 구해야 한다.

① 지점반력 :

$\Sigma Y_i = 0$ 에서, $\quad R_A - P + R_B = 0 \qquad R_A + R_B = P$

$\Sigma M_B = 0$ 에서, $\quad R_A l - Pb = 0$

$$\left.\begin{aligned} R_A &= \frac{Pb}{l} \\ R_B &= \frac{Pa}{l} \end{aligned}\right\} \qquad (7 \cdot 5)$$

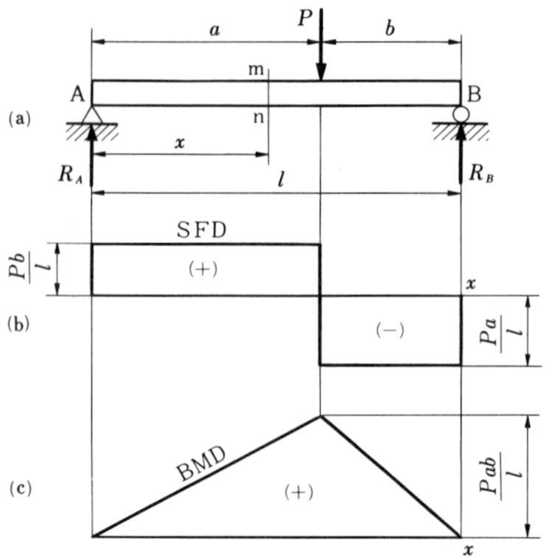

〈그림 7·8〉

② V 및 M 方程式 : 하중 P가 작용하는 단면의 왼쪽과 오른쪽에 대한 剪斷力과 굽힘모멘트는 다음과 같다.

$0 < x < a$ 인 구간

$$\left.\begin{aligned} V &= R_A = \frac{Pb}{l} \\ M &= R_A x = \frac{Pb}{l}x \end{aligned}\right\} \cdots\cdots (a)$$

$a < x < l$ 인 구간

$$\left.\begin{aligned} V &= R_A - P = \frac{Pb}{l} - P = -\frac{Pa}{l} \\ M &= R_A x - P(x-a) = \frac{Pb}{l}x - P(x-a) \end{aligned}\right\} \cdots\cdots (b)$$

③ SFD 및 BMD : 剪斷力은 일정하나 굽힘모멘트는 x의 1차함수이므로 x에 따라 직선으로 변한다. 식 (a)와 (b)에서 $\frac{dV}{dx} = 0$ 이므로 기울기가 없고, A에서 荷重의 작용점까지는 $\frac{Pb}{l}$ 값으로 일정한 직선이며, 하중의 작용점에서 갑작스런 변화가 일어나 $\frac{-Pa}{l}$의 값으로 C에서 B까지 일정한 직선이 된다.

굽힘모멘트의 기울기 $\frac{dM}{dx}$은 V와 같고 하중 P의 작용점에서 변한다. 식 (a)에서 $x = 0$일 때, 식 (b)에서 $x = l$일 때 식 $M = 0$이고, 식 (a)와 (b)에서 $x = a$일 때

$$M_{\max} = \frac{Pab}{l} \qquad (7 \cdot 6)$$

가 된다. 따라서 SFD와 BMD는 〈그림 7·8〉의 (b) 및 (c)와 같이 된다. 위의 결과에서 最大굽힘모멘트는 剪斷力線圖의 부호가 바뀌는 단면, 즉 하중이 작용하는 C점에서 발생한다. 이와 같은 단면은 위험한 단면이므로 위험단면(dangerous section)이라고 한다.

만일, 하중이 보의 중앙에 작용하였다고 하면 $a = b = \frac{l}{2}$ 이므로, $x = \frac{l}{2}$ 인 중앙단면의 굽힘모멘트는

$$M_{\max} = \frac{Pl}{4} \tag{7·7}$$

이 된다. 따라서 위험단면은 중앙이다. 전단력선도를 구성하는 두 개의 직4각형은 똑같은 면적을 갖고 있다.

(2) 2개 이상의 集中荷重이 작용할 경우

〈그림 7·9〉와 같이 여러 개의 荷重이 작용할 때는 이 보를 여러 개의 부분으로 나누고 反力을 구한 다음, 각 부분에 대한 V와 M의 식을 세워야 한다.

① 反力 :

$\Sigma Y_i = 0$에서, $R_A - P_1 - P_2 - P_3 + R_B = 0$

$$R_A + R_B = P_1 + P_2 + P_3 \quad \cdots\cdots\cdots (a)$$

$\Sigma M_B = 0$에서, $R_A l - P_1 b_1 - P_2 b_2 - P_3 b_3 = 0 \quad \cdots\cdots\cdots (b)$

$$\left. \begin{aligned} R_A &= \frac{P_1 b_1 + P_2 b_2 + P_3 b_3}{l} \\ R_B &= \frac{P_1 a_1 + P_2 a_2 + P_3 a_3}{l} \end{aligned} \right\} \tag{7·8}$$

② V 및 M 방정식 : 각 구간의 V와 M은 다음과 같다.

$0 < x < a_1$ 구간

$$V_1 = R_A, \qquad M_1 = R_A x \quad \cdots\cdots\cdots (c)$$

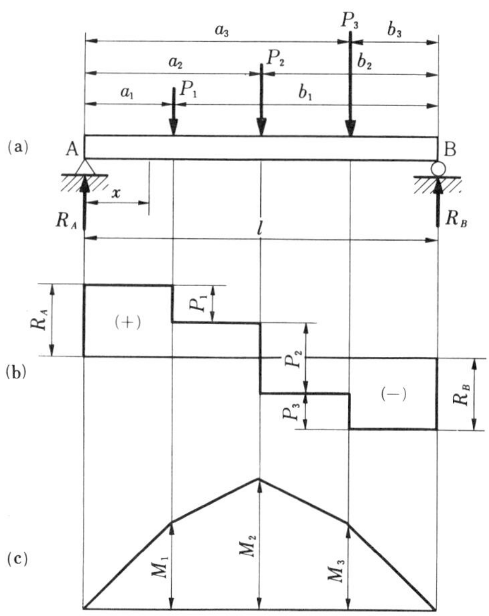

〈그림 7·9〉

$a_1 < x < a_2$ 구간

$$V_2 = R_A - P_1, \qquad M_2 = R_A x - P_1(x - a_1) \cdots\cdots (d)$$

$a_2 < x < a_3$ 구간

$$V_3 = R_A - P_1 - P_2, \qquad M_3 = R_A x - P_1(x-a_1) - P_2(x-a_2)$$
$$= P_3 - R_B \qquad\qquad = -P_3(a_3 - x) + R_B(l - x) \cdots\cdots (e)$$

$a_3 < x < l$ 구간

$$V_4 = R_A - P_1 - P_2 - P_3 = -R_B$$
$$M_4 = R_A x - P_1(x-a_1) - P_2(x-a_2) - P_3(x-a_3) = R_B(l-x) \cdots (f)$$

③ SFD 및 BMD : 각 부분의 剪斷力은 일정하게 유지되고 〈그림 7·9〉 (b)와 같다. 각 점의 굽힘모멘트의 값은

$x = 0$ 일 때, $M = 0$

$x = a_1$ 일 때, $M_1 = R_A a_1$

$x = a_2$ 일 때, $M_2 = R_A a_2 - P_1(a_2 - a_1)$

$x = a_3$ 일 때, $M_3 = R_A a_3 - P_1(a_3 - a_1) - P_2(a_3 - a_2) = R_B b_3$

$x = l$ 일 때, $M = 0$

으로 되고, 굽힘모멘트의 선도는 〈그림 7·9〉 (c)와 같이 다각형의 모양으로 그려진다. 최대굽힘모멘트는 剪斷力이 (+)에서 (−)로 바뀌는 단면에서 일어나고 이 점이 위험단면이다.

(3) 等分布荷重이 작용할 경우

〈그림 7·10〉 (a)와 같이 단순보에 단위길이에 대한 荷重 w가 보 전체에 균일하게 분포하여 작용할 때 지점반력과 V 및 M을 구해 보자.

① 反力 :

$$\Sigma Y_i = 0, \qquad R_A - wl + R_B = 0$$
$$\Sigma M_B = 0, \qquad R_A l - wl \cdot \frac{l}{2} = 0$$
$$R_A = \frac{wl}{2}, \qquad R_B = \frac{wl}{2} \qquad (7 \cdot 9)$$

② V 및 M 방정식 :

$$V = R_A - wx = \frac{wl}{2} - wx \cdots\cdots (a)$$

$$M = R_A x - \frac{wx^2}{2} = \frac{wl}{2}x - \frac{wx^2}{2} \cdots\cdots (b)$$

③ SFD 및 BMD : 식 (a)에서

$x = 0$ 일 때, $V = \dfrac{wl}{2}$

$x = \dfrac{l}{2}$ 일 때, $V = 0$

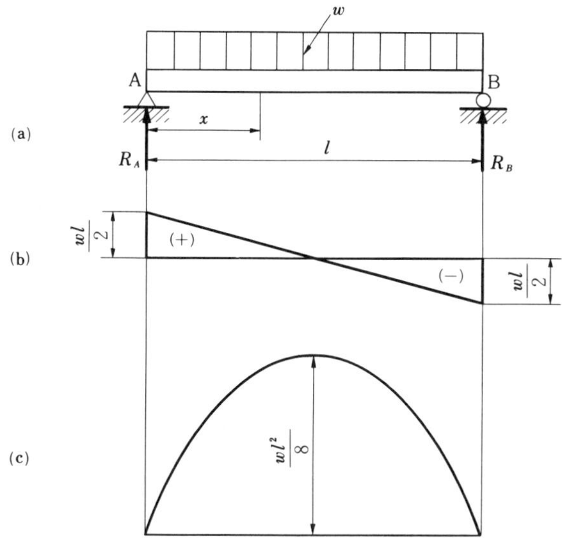

〈그림 7·10〉

$$x = l \text{ 일 때,} \qquad V = -\frac{wl}{2}$$

이 되고, 〈그림 7 · 10〉 (b)와 같은 3각형인 剪斷力線圖가 그려진다.

식 (b)에서

$$x = 0 \text{ 일 때,} \qquad M = 0$$

$$x = \frac{l}{2} \text{ 일 때,} \qquad M = \frac{wl^2}{8}$$

$$x = l \text{ 일 때,} \qquad M = 0$$

이 되고, 식 (b)가 x의 2차함수이므로 〈그림 7 · 10〉 (c)와 같이 포물선으로 그려진다. 전단력선도가 (+)에서 (−)로 바뀌는 점, 즉 전단력 0인 점이 최대굽힘모멘트가 발생하므로 식 (a)를 0으로 놓고 x의 값을 구하여 식 (b)에 대입하면 다음과 같이 최대굽힘모멘트 값이 구해진다.

$$\frac{dM}{dx} = \frac{wl}{2} - wx = 0 \qquad \therefore\ x = \frac{l}{2}$$

$$M_{\max} = \frac{wl}{2} \cdot \frac{l}{2} - \frac{w}{2} \cdot \left(\frac{l}{2}\right)^2 = \frac{wl^2}{8} \tag{7 · 10}$$

(4) 漸變分布荷重을 받는 單純보

單純보 AB가 〈그림 7 · 11〉과 같이 3각형으로 분포하는 橫荷重을 받고 있을 때 B점의 분포하중을 w_0라 하고, 最大剪斷力과 최대굽힘모멘트가 걸리는 위치 x와 그 크기는 다음과 같이 구해진다.

① 反力 : 이 분포하중의 合力은 $\frac{w_0 l}{2}$과 같고, B로부터 왼쪽으로 $\frac{l}{3}$ 거리만큼 떨어진 도

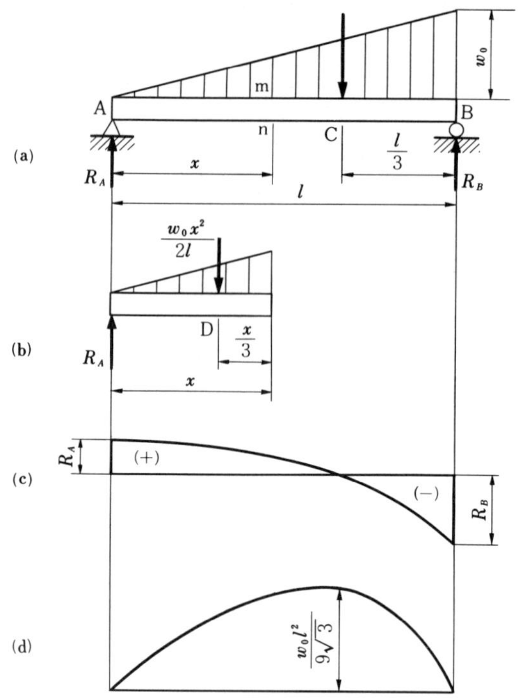

〈그림 7·11〉

심점 C에 작용한다.

그러므로 보 전체를 자유물체로 보고 평형조건을 使用하여 反力을 구하면 다음과 같다.

$$\Sigma Y_i = 0, \qquad R_A - \frac{w_0 l}{2} + R_B = 0 \cdots\cdots \text{(a)}$$

$$\Sigma M_B = 0, \qquad R_A l - \frac{w_0 l}{2}\left(\frac{l}{3}\right) = 0 \cdots\cdots \text{(b)}$$

$$R_A = \frac{w_0 l}{6}, \qquad R_B = \frac{w_0 l}{3} \qquad (7\cdot 11)$$

② V 및 M 방정식 : 〈그림 7·11〉 (b)와 같이 보의 단면 왼쪽 부분을 자유물체로 취한다. 이 자유물체에 작용하는 分布荷重의 合力은 $\frac{w_0x^2}{2l}$ 과 같고, 단면 mn으로부터 왼쪽으로 거리 $\frac{x}{3}$ 만큼 떨어진 D점에 작용한다. 이 때의 전단력과 굽힘모멘트는 평형조건으로부터 다음과 같이 구해진다.

$$V = R_A - \frac{w_0x^2}{2l} = \frac{w_0 l}{6} - \frac{w_0x^2}{2l} \cdots\cdots \text{(c)}$$

$$M = R_A x - \frac{w_0x^2}{2l}\,\frac{x}{3} = \frac{w_0 l}{6}x - \frac{w_0x^3}{6l} \cdots\cdots \text{(d)}$$

最大굽힘모멘트가 걸리는 단면의 위치 x는

$$\frac{dM}{dx} = \frac{w_0 l}{6} - \frac{w_0x^2}{2l} = 0 \qquad \therefore\ x = \frac{l}{\sqrt{3}}$$

이 x의 값을 식 (d)에 대입하면

$$M_{\max} = \frac{w_0 l^2}{9\sqrt{3}} \qquad (7 \cdot 12)$$

③ SFD 및 BMD : 식 (c)에서

$$x = 0 \text{ 일 때}, \qquad V = \frac{w_0 l}{6}$$

$$x = \frac{l}{\sqrt{3}} \text{ 일 때}, \qquad V = 0$$

$$x = l \text{ 일 때}, \qquad V = -\frac{w_0 l}{3}$$

이 되고, 〈그림 7·11〉 (c)와 같이 그려진다.

식 (d)에서

$$x = 0 \text{ 일 때}, \qquad M = 0$$

$$x = \frac{l}{\sqrt{3}} \text{ 일 때}, \qquad M = \frac{w_0 l^2}{9\sqrt{3}}$$

$$x = l \text{ 일 때}, \qquad M = 0$$

이 되고, 〈그림 7·11〉 (d)와 같이 그려진다.

2 외팔보(cantilever beam)

(1) 自由端에 集中荷重이 작용할 경우

〈그림 7·12〉 (a)와 같은 외팔보의 자유단에 集中荷重 P가 작용할 때 反力과 剪斷力 및 굽힘모멘트는 다음과 같이 평형조건으로서 구한다.

① 反力 :

$$\Sigma Y_i = 0, \qquad -P + R_B = 0$$

$$R_B = P \quad \cdots\cdots\cdots\cdots \text{(a)}$$

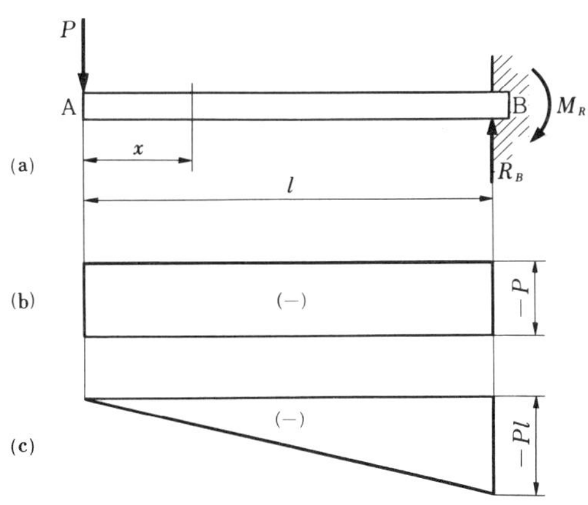

〈그림 7·12〉

$$\Sigma M_B = 0, \quad -Pl + M_R = 0$$

$$M_R = Pl \quad \cdots\cdots (b)$$

② V 및 M 방정식 :

$$V = -P \quad \cdots\cdots (c)$$

$$M = -Px \quad \cdots\cdots (d)$$

③ SFD 및 BMD : SFD는 전단력 V가 일정한 값이므로 〈그림 7·12〉 (b)와 같이 직4각형으로 그려진다. BMD는 식 (d)가 x에 관한 1차방정식이므로 M의 값은 x에 비례하며 一直線으로 증가한다.

식 (d)에서 $x = 0$일 때, $M = 0$

$x = l$일 때, $M = -Pl$

$$\therefore \quad M_{max} = -Pl \tag{7·13}$$

이 되고, 最大굽힘모멘트는 固定端 B에서 작용하게 되며 〈그림 7·12〉 (c)와 같이 그려진다. 왼쪽이 고정되고 오른쪽이 자유단인 외팔보에 荷重 P가 작용할 때에는 전단력선도가 (+)가 되고, 굽힘모멘트線圖는 (−)가 된다. 이것은 固定端을 좌표의 원점으로 x의 위치를 잡고 反力을 구한 다음 임의 단면의 전단력과 굽힘모멘트를 구한다.

(2) 2개 이상의 集中荷重이 작용할 경우

〈그림 7·13〉 (a)와 같이 여러 개의 집중하중이 작용할 때는 하중이 작용하는 구간별로 전단력과 굽힘모멘트를 구하여 중첩을 시킨다.

① 反力 :

$$\Sigma Y_i = 0, \quad -P_1 - P_2 - P_3 + R_B = 0$$

$$R_B = P_1 + P_2 + P_3 \quad \cdots\cdots (a)$$

$$\Sigma M_B = 0, \quad -P_1 l - P_2(l - a_1) - P_3(l - a_2) + M_R = 0$$

$$M_R = P_1 l + P_2(l - a_1) + P_3(l - a_2) \quad \cdots\cdots (b)$$

② V 및 M 방정식 :

$$0 < x < a_1, \quad V_1 = -P_1 \quad \cdots\cdots (c)$$

$$M_1 = -P_1 x \quad \cdots\cdots (d)$$

$$a_1 < x < a_2, \quad V_2 = -P_1 - P_2 \quad \cdots\cdots (e)$$

$$M_2 = -P_1 x - P_2(x - a_1) \quad \cdots\cdots (f)$$

$$a_2 < x < l, \quad V_3 = -P_1 - P_2 - P_3 \quad \cdots\cdots (g)$$

$$M_3 = -P_1 x - P_2(x - a_1) - P_3(x - a_2) \quad \cdots\cdots (h)$$

③ SFD 및 BMD : SFD는 〈그림 7·13〉 (b)와 같이 하중점에서 단을 갖는 직4각형으로 된다. BMD는 식 (d), (f), (h)에서

$x = 0$일 때, $M_A = 0$

$x = a_1$일 때, $M_1 = -P_1 a_1$

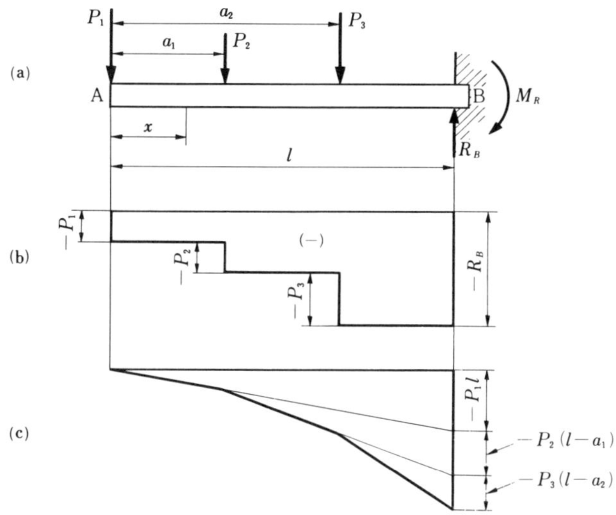

〈그림 7·13〉

$$x = a_2 \text{ 일 때,} \qquad M_2 = -P_1 a_2 - P_2(a_2 - a_1)$$

$$x = l \text{ 일 때,} \qquad M_B = -P_1 l - P_2(l - a_1) - P_3(l - a_2)$$

굽힘모멘트 方程式은 모두 1차방정식이므로 x에 비례하여 직선으로 증가하여 3각형이 되어 역시 하중 작용점에서 변화하는 것으로서 중첩으로 그리면 된다. 이들 값에 대한 BMD는 〈그림 7·13〉(c)와 같이 되고, 最大굽힘모멘트는 역시 고정단에서 발생한다.

(3) 等分布荷重이 작용할 경우

분포하중의 合力은 wl과 같고 보의 도심에 集中的으로 작용하는 집중하중 꼴로 고쳐 계산하면 간단히 구할 수 있다.

① 反力:

$$\Sigma Y_i = 0, \qquad -wl + R_B = 0$$

$$R_B = wl \quad \cdots\cdots\cdots\cdots (a)$$

$$\Sigma M_B = 0, \qquad -\frac{wl^2}{2} + M_R = 0$$

$$M_R = \frac{wl^2}{2} \quad \cdots\cdots\cdots\cdots (b)$$

② V 및 M 방정식:

$$V = -wx \quad \cdots\cdots\cdots\cdots (c)$$

$$M = -wx \cdot \frac{x}{2} = \frac{wx^2}{2} \qquad (7 \cdot 14)$$

③ SFD 및 BMD: SFD는 식 (c)에서 1차방정식이므로 x에 비례하는 직선이 된다.

$$x = 0, \quad V_A = 0, \quad x = l, \quad V_B = -wl$$

BMD는 식 (7·14)가 2차방정식이므로 x^2에 비례하는 곡선이 된다.

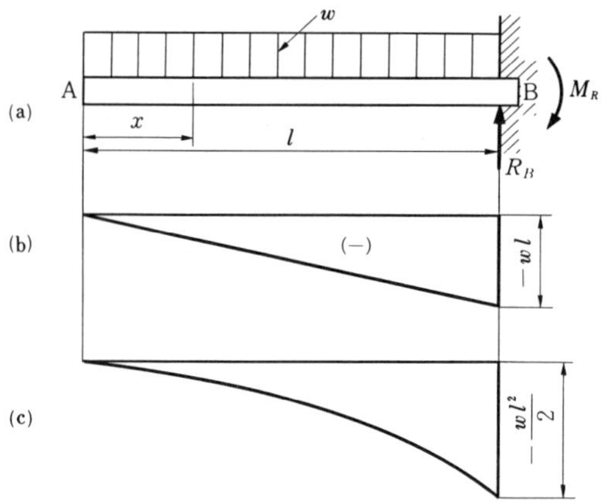

〈그림 7·14〉

$$x = 0 \text{ 일 때,} \qquad M = 0$$

$$x = l \text{ 일 때,} \qquad M = -\frac{wl^2}{2}$$

이 되어 최대값은 固定端에서 일어나고,

$$M_{max} = -\frac{wl^2}{2} \tag{7·15}$$

이다. 이 선도는 〈그림 7·14〉(c)와 같이 포물선으로 그려진다.

(4) 漸變分布荷重을 받는 외팔보

〈그림 7·15〉와 같은 외팔보의 자유단의 하중은 0이고 고정단의 하중은 w_0인 3각형의 漸變分布荷重을 받고 있을 때 전단력과 굽힘모멘트는 다음과 같이 된다.

① 反力 : B점으로부터 $\frac{l}{3}$ 되는 거리에 分布荷重의 合力 $\frac{w_0 l}{2}$이 작용한다고 보고, 보 전체를 자유물체로 하여 평형조건으로서 반력을 구한다.

$$\Sigma Y_i = 0, \qquad R_B - \frac{w_0 l}{2} = 0$$

$$R_B = \frac{w_0 l}{2} \quad \cdots\cdots (a)$$

$$\Sigma M_B = 0, \qquad \frac{-w_0 l}{2} \cdot \frac{l}{3} + M_R = 0$$

$$M_R = \frac{w_0 l^2}{6} \quad \cdots\cdots (b)$$

② V 및 M 방정식 :

$$V = -\frac{w_0 x^2}{2l} \quad \cdots\cdots (c)$$

$$M = \frac{-w_0 x^2}{2l} \cdot \frac{x}{3} = \frac{-w_0 x^3}{6l} \quad \cdots\cdots (d)$$

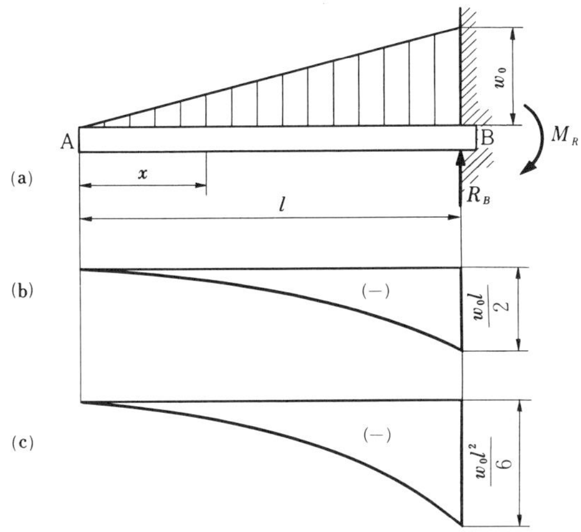

〈그림 7·15〉

③ SFD 및 BMD : 식 (c)에서

$$x = 0 \text{일 때}, \qquad V = 0$$

$$x = l \text{일 때}, \qquad V = \frac{-w_0 l}{2}$$

이 되고, 〈그림 7 · 15〉 (b)와 같이 그려진다.

식 (d)에서

$$w = 0 \text{일 때}, \qquad M = 0$$

$$x = l \text{일 때}, \qquad M = \frac{-w_0 l^2}{6}$$

그러므로 최대굽힘모멘트는

$$M_{max} = \frac{-w_0 l^2}{6} \qquad (7 \cdot 16)$$

이 되고, 〈그림 7 · 15〉 (c)와 같이 그려진다.

3 突出보 (내다지보 ; overhanging beam)

(1) 集中荷重을 받는 突出보

〈그림 7 · 16〉과 같이 보의 중앙과 돌출단에 集中荷重이 작용할 때 전단력과 굽힘모멘트는 다음과 같이 구한다.

① 反力 :

$$\Sigma Y_i = 0, \qquad R_A + R_B - 2P - P_1 = 0$$

$$R_A + R_B = 2P + P_1 \quad \cdots\cdots\cdots\cdots \text{(a)}$$

$$\Sigma M_B = 0, \qquad R_A l - P_1 b - P(l+c) + Pc = 0 \quad \cdots\cdots\cdots\cdots \text{(b)}$$

$$\left.\begin{aligned} R_A &= \frac{P_1 b + Pl}{l} \\ R_B &= \frac{P_1 a + Pl}{l} \end{aligned}\right\} \qquad (7 \cdot 17)$$

② V 및 M 方程式 :

$$V_{AC} = -P \qquad M_{AC} = -Px \quad \cdots\cdots (c)$$

$$\left.\begin{aligned} V_{AE} &= -P + R_A \\ M_{AE} &= -Px + R_A(x-c) \end{aligned}\right\} \quad \cdots\cdots (d)$$

$$\left.\begin{aligned} V_{BE} &= -P + R_A - P_1 = P - R_B \\ M_{BE} &= -Px_1 + R_B(x_1 - c) \end{aligned}\right\} \quad \cdots\cdots (e)$$

$$\left.\begin{aligned} V_{BD} &= -P + R_A - P_1 + R_B = P \\ M_{BD} &= -Px_1 \end{aligned}\right\} \quad \cdots\cdots (f)$$

③ SFD 및 BMD : 식 (c)에서

$x = 0$ 일 때, $\qquad M_c = 0$

$x = c$ 일 때, $\qquad M_A = -Pc$

식 (d)에서

$x = c + a$ 일 때, $\qquad M_E = \dfrac{P_1 ab - Pcl}{l}$

식 (e)에서

$x_1 = c$ 일 때, $\qquad M_B = -Pc$

식 (f)에서

$x_1 = 0$ 일 때, $\qquad M_D = 0$

最大굽힘모멘트 $\qquad M_{\max} = \dfrac{P_1 ab - Pcl}{l} \qquad (7 \cdot 18)$

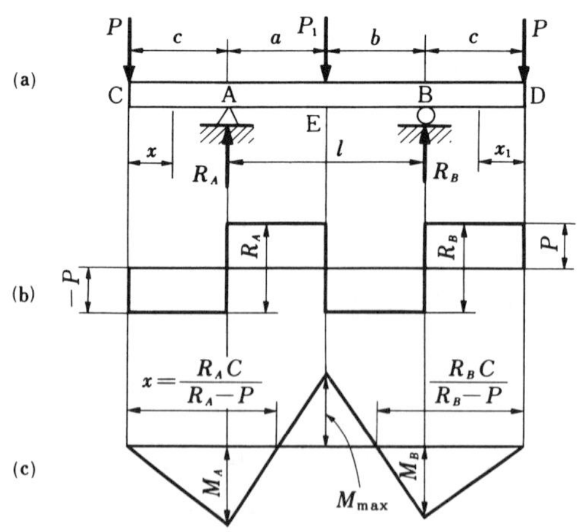

〈그림 7·16〉

굽힘모멘트가 0이 되는 위치는

$$M_{AE} = 0, \qquad -Px + R_A(x-c) = 0$$

$$x = \frac{R_A c}{R_A - P} \text{ (C 점으로부터 } M = 0\text{이 되는 위치)}$$

$$M_{BE} = 0, \qquad -Px_1 + R_B(x_1-c) = 0$$

$$x_1 = \frac{R_B c}{R_B - P} \text{ (D 점으로부터 } M = 0\text{이 되는 위치)}$$

가 되고, 〈그림 7・16〉 (b), (c)와 같이 그려진다.

(2) 等分布荷重을 받는 突出보

〈그림 7・17〉과 같이 지점간의 거리가 l_1이고, 돌출된 거리가 똑같이 a일 때 분포하중의 경우 剪斷力과 굽힘모멘트는 다음과 같이 구한다.

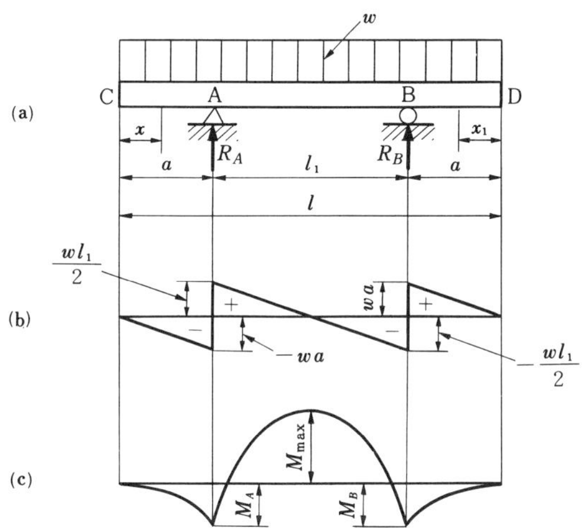

〈그림 7·17〉

① 反力:

$$\Sigma Y_i = 0, \qquad R_A + R_B - wl = 0 \quad \cdots\cdots (a)$$

$$\Sigma M_B = 0, \qquad R_A l_1 - \frac{wll_1}{2} = 0 \quad \cdots\cdots (b)$$

$$R_A = R_B = \frac{wl}{2} \tag{7・19}$$

② V 및 M 方程式:

$$V_{AC} = -wx \qquad M_{AC} = -\frac{wx^2}{2} \quad \cdots\cdots (c)$$

$$V_{AB} = R_A - wx \qquad M_{AB} = R_A(x-a) - \frac{wx^2}{2} \quad \cdots\cdots (d)$$

$$V_{BD} = wx_1 \qquad M_{BD} = -\frac{wx_1^2}{2} \quad \cdots\cdots (e)$$

③ SFD 및 BMD : 식 (c)에서

$$x = 0 \text{ 일 때,} \qquad V_C = 0 \qquad M_C = 0$$

$$x = a \text{ 일 때,} \qquad V_A = -wa \qquad M_A = -\frac{wa^2}{2}$$

식 (d)에서

$$x = a \text{ 일 때,} \qquad V_A = \frac{wl_1}{2} \qquad M_A = -\frac{wa^2}{2}$$

$$x = \frac{l}{2} \text{ 일 때,} \qquad V_{l/2} = 0 \qquad M_{l/2} = \frac{wll_1}{4} - \frac{wl^2}{8}$$

$$x = a + l_1 \text{ 일 때,} \qquad V_B = -\frac{wl_1}{2} \qquad M_B = -\frac{wa^2}{2}$$

식 (e)에서

$$x_1 = 0 \text{ 일 때,} \qquad V_D = 0 \qquad M_D = 0$$

$$x_1 = a \text{ 일 때,} \qquad V_B = wa \qquad M_B = -\frac{wa^2}{2}$$

最大굽힘모멘트는 剪斷力이 0인 점에서

$$M_{\max} = \frac{wll_1}{4} - \frac{wl^2}{8} \tag{7·20}$$

이 된다. 굽힘모멘트가 0이 되는 위치는

$$M_{AB} = 0, \qquad \frac{wl}{2}x - \frac{wla}{2} - \frac{wx^2}{2} = 0$$

$$-x^2 + xl - la = 0$$

$$x = \frac{l \pm \sqrt{l^2 - 4la}}{2}$$

가 되고 〈그림 7·17〉 (b), (c)와 같이 그려진다.

예제 7-1. 〈그림 7·18〉과 같은 외팔보의 자유단 A에서 0, 고정단 B에서 단위길이의 荷重이 w_1인 3각형으로 분포되어 있다. 荷重, 剪斷力 및 굽힘모멘트의 관계식을 이용하여 이 보의 전단력 및 굽힘모멘트를 구하고 線圖를 그려라.

풀이 $w = \frac{w_1}{l}x$ ············ (a)

$$V = -\int wdx = -\frac{w_1}{l}\int xdx = -\frac{w_1x^2}{2l} + C_1$$

$x = 0$에서 $V = 0$이므로, $C_1 = 0$

그러므로 $V = -\frac{w_1x^2}{2l}$ ············ (b)

굽힘모멘트 M은 $dM = Vdx$에서

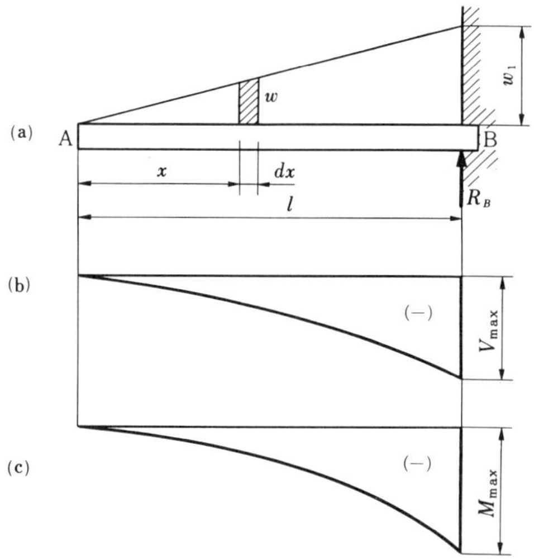

〈그림 7·18〉

$$M = \int V dx = \int \left(-\frac{w_1 x^2}{2l} \right) dx = -\frac{w_1 x^3}{6l} + C_2$$

$x = 0$ 에서 $M = 0$ 이므로, $C_2 = 0$

$$M = -\frac{w_1 x^3}{6l} \quad \cdots\cdots (c)$$

식 (b), (c)에서 V와 M은 x^2, x^3에 비례하는 곡선이 된다. 외팔보에서 최대값은 항상 고정단에서 일어나므로 식 (b), (c)에서 $x = l$을 대입하면,

$$\left. \begin{aligned} V &= -\frac{w_1 l}{2} \\ M_{max} &= -\frac{w_1 l^2}{6} \end{aligned} \right\} \quad \cdots\cdots (d)$$

식 (d)는 식 (7·16)과 일치한다.

SFD와 BMD는 〈그림 7·18〉과 같다.

예제 7-2. 〈그림 7·19〉와 같은 단순보에 漸變分布荷重을 받고 있을 때 예제 7·1과 같은 방법으로 전단력 및 굽힘모멘트를 구하고 선도를 그려라.

풀이 x의 단면의 단위길이의 하중을 w라 하면,

$$w = \frac{w_1}{l} x$$

양지점의 反力을 구하려면 평형조건에 의해서

$$R_A + R_B = \int_0^l w dx = \int_0^l \frac{w_1 x}{l} = \frac{w_1 l}{2}$$

B점에서 모멘트를 취하면,

$$R_A l = \int_0^l w dx (l - x) = \frac{w_1 l^2}{6}$$

따라서 두 식으로부터

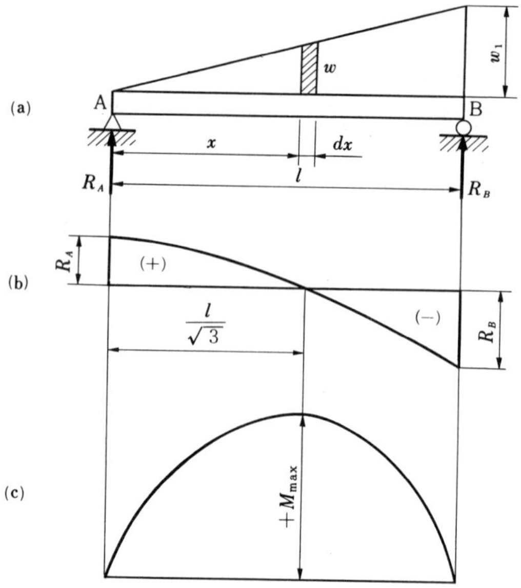

〈그림 7·19〉

$$\left.\begin{aligned} R_A &= \frac{w_1 l}{6} \\ R_B &= \frac{w_1 l}{3} \end{aligned}\right\} \cdots\cdots\cdots (a)$$

임의의 단면 x 에서 전단력 V 는

$$V = -\int w dx = -\frac{w_1 x^2}{2l} + C_1$$

$x = 0$에서 $V = R_A = \frac{w_1 l}{6}$ 이므로, $C_1 = \frac{w_1 l}{6}$ 이 된다.

따라서 $V = -\frac{w_1 x^2}{2l} + \frac{w_1 l}{6}$ ……………………………… (b)

임의의 단면 x 에서 굽힘모멘트 M 은

$$M = \int V dx = \int\left(-\frac{w_1 x^2}{2l} + \frac{w_1 l}{6}\right) dx = -\frac{wx^3}{6l} + \frac{w_1 l}{6} x + C_2$$

$x = 0$ 인 지점에서 $M = 0$ 이므로, $C_2 = 0$

따라서 $M = \frac{w_1}{6l}(l^2 x - x^3)$ ……………………………… (c)

最大굽힘모멘트는 $V = 0$ 의 위치에서 일어나므로 식 (b)를 0 으로 놓으면,

$$x = \frac{l}{\sqrt{3}} = 0.577\, l \cdots\cdots\cdots (d)$$

이 값을 식 (c)에 대입하여 정리하면,

$$M_{max} = \frac{w_1 l^2}{9\sqrt{3}} \cdots\cdots\cdots (e)$$

이 되고 식 (7·12)와 일치한다.

SFD와 BMD는 〈그림 7·19〉와 같다.

예제 7-3. 〈그림 7·20〉과 같이 길이 $l = 100$ cm의 단순보에 좌단으로부터 $a_1 = 20$ cm, $a_2 = 70$ cm의 각 위치에 $P_1 = 200$ kg, $P_2 = 400$ kg의 집중하중이 작용할 때 전단력선도와 굽힘모멘트선도를 그려라.

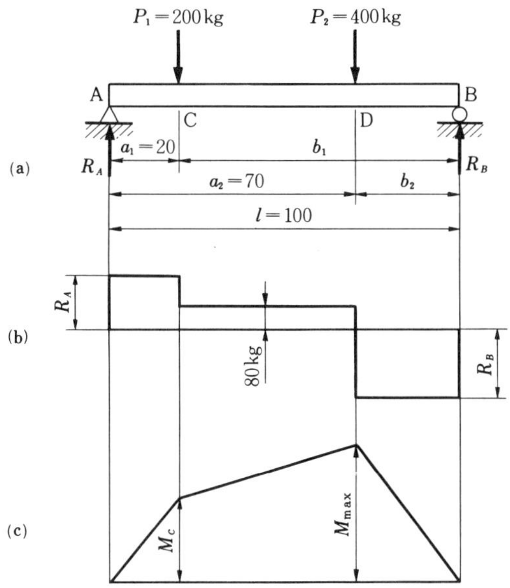

〈그림 7·20〉

풀이 1) 反力

$$\Sigma Y_i = 0, \quad R_A - P_1 - P_2 + R_B = 0$$

$$\Sigma M_B = 0, \quad R_A l - P_1 b_1 - P_2 b_2 = 0$$

$$R_A = \frac{P_1 b_1 + P_2 b_2}{l} = \frac{200\times 80 + 400\times 30}{100} = 280 \text{ kg}$$

$$R_B = P_1 + P_2 - R_A = 200 + 400 - 280 = 320 \text{ kg}$$

2) 剪斷力

$$V_{AC} = R_A = 280 \text{ kg} \qquad V_{CD} = R_A - P_1 = 280 - 200 = 80 \text{ kg}$$

$$V_{DB} = R_A - P_1 - P_2 = 280 - 200 - 400 = -320 \text{ kg}$$

3) 모멘트

$$M_{AC} = R_A x$$

$$M_A = R_A \times 0 = 0 \qquad M_C = R_A \times 20 = 280\times 20 = 5600 \text{ kg·cm}$$

$$M_{CD} = R_A x - P_1(x - a_1) \qquad M_D = 280\times 70 - 200(70-20) = 9600 \text{ kg·cm}$$

$$M_{BD} = R_B(l - x) \qquad M_B = R_B \times 0 = 0$$

예제 7-4. 〈그림 7·21〉과 같이 길이 $l = 12$ m인 단순보에 왼쪽에서 4 m인 곳에서 4 m 사이에 $w = 3$ kg/m의 등분포하중이 부분적으로 작용하고 있다. 전단력 및 굽힘모멘트를 구하고 線圖를 그려라.

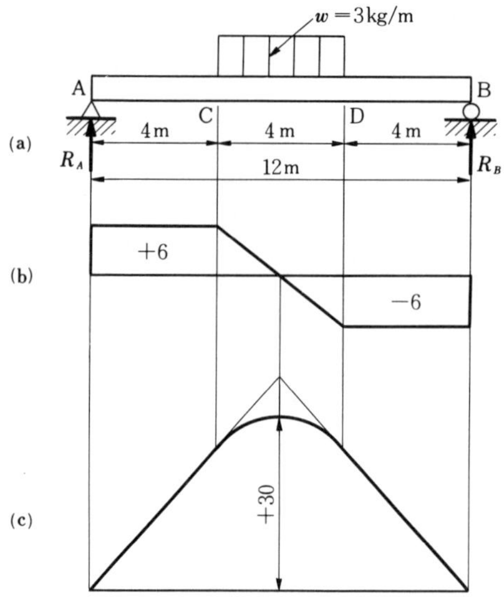

〈그림 7·21〉

풀 이 1) 反力

$$\Sigma Y_i = 0, \qquad R_A - \frac{wl}{3} + R_B = 0$$

$$\Sigma M_B = 0, \qquad R_A l - \frac{wl}{3} \cdot \frac{l}{2} = 0$$

$$R_A = \frac{wl}{6} = \frac{3 \times 12}{6} = 6\,\text{kg}$$

$$R_B = \frac{wl}{3} - R_A = 12-6 = 6\,\text{kg}$$

2) 전단력

$$V_{AC} = R_A = \frac{wl}{6} = 6\,\text{kg} \qquad V_{CD} = R_A - w\left(x - \frac{l}{3}\right)$$

$x = \dfrac{l}{3}$ 일 때, $\quad V_C = R_A = 6\,\text{kg}$

$x = \dfrac{2l}{3}$ 일 때, $\quad V_D = \dfrac{wl}{6} - \dfrac{wl}{3} = -\dfrac{wl}{6} = -6\,\text{kg}$

$$V_{BD} = \frac{wl}{6} - \frac{wl}{3} = -\frac{wl}{6} = -6\,\text{kg}$$

전단력이 0이 되는 점 $\quad V_{CD} = 0, \quad 6-3(x-4) = 0, \quad x = 6\,\text{m}$

3) 굽힘모멘트

$$M_{AC} = R_A x = \frac{wl}{6} x$$

$$\underset{x=0}{M_A} = 0, \qquad \underset{x=\frac{l}{3}}{M_C} = \frac{wl^2}{18} = 24\,\text{kg}\cdot\text{m}$$

$$M_{CD} = R_A x - \frac{w\left(x - \frac{l}{3}\right)^2}{2}$$

$$\underset{x=\frac{l}{3}}{M_C} = R_A \times \frac{l}{3} = \frac{wl^2}{18} = 24\ \mathrm{kg \cdot m}$$

전단력이 0인 점이 최대가 되므로

$$\underset{x=\frac{l}{2}}{M_{max}} = R_A \cdot \frac{l}{2} - \frac{w\left(\frac{l}{2} - \frac{l}{3}\right)^2}{2} = \frac{5wl^2}{72} = 30\ \mathrm{kg \cdot m}$$

$$\underset{x=\frac{2}{3}l}{M_D} = \frac{wl^2}{18} = 24\ \mathrm{kg \cdot m}$$

$$M_{BD} = R_A x - \frac{wl}{3}\left(x - \frac{l}{2}\right), \qquad \underset{x=l}{M_B} = 0$$

예제 7-5. 〈그림 7·22〉와 같이 길이 $l = 2\ \mathrm{m}$의 외팔보가 自由端에 $P_1 = 50\ \mathrm{kg}$, 좌단으로부터 $a = 0.5\ \mathrm{m}$인 곳에 $P_2 = 50\ \mathrm{kg}$의 集中荷重이 작용할 때, 이 보의 전단력선도와 굽힘모멘트선도를 그려라.

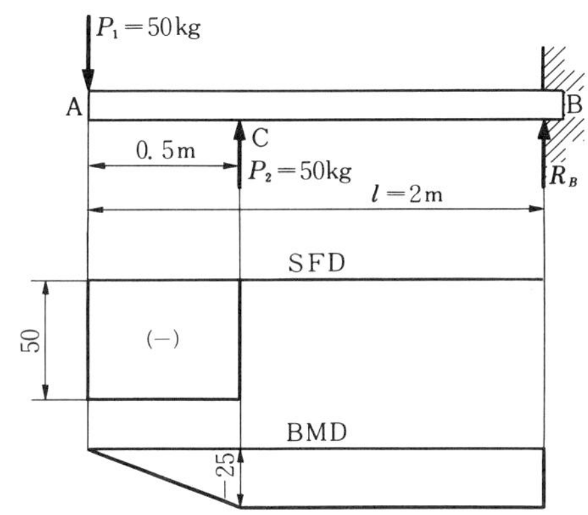

〈그림 7·22〉

풀이 1) 反力

$$-P_1 + P_2 + R_B = 0, \qquad R_B = 50 - 50 = 0$$

2) SF

$$V_{AC} = -P_1 = -50\ \mathrm{kg}, \qquad V_{BC} = -P_1 + P_2 = -50 + 50 = 0$$

3) BM

$$M_{AC} = -P_1 x, \qquad M_A = 0, \qquad M_C = -50 \times 0.5 = -25\ \mathrm{kg \cdot m}$$

$$M_{BC} = -P_1 x + P_2(x - a), \qquad M_B = -50 \times 2 + 50(2 - 0.5) = -25\ \mathrm{kg \cdot m}$$

예제 7-6. 〈그림 7·23〉과 같이 길이 4 m의 외팔보 自由端으로부터 $l_1 = 2\ \mathrm{m}$인 곳까지 $w = 1\ \mathrm{ton/m}$의 균일분포하중이 작용하고 있을 때 剪斷力線圖와 굽힘모멘트선도를 그려라.

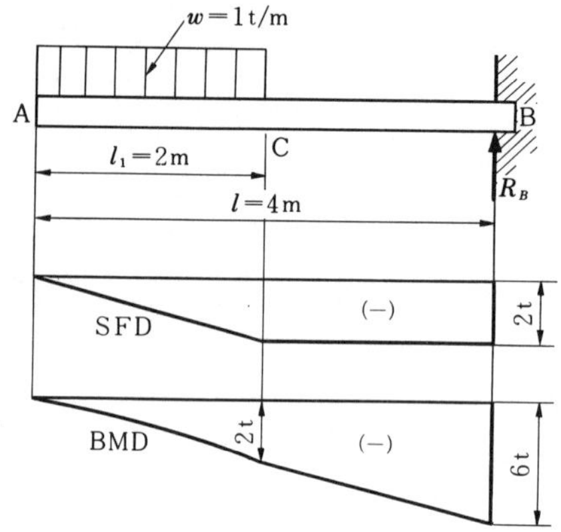

〈그림 7·23〉

풀이 1) 反力

$$-wl_1+R_B=0,\qquad R_B=wl_1=1\times2=2\,t$$

2) SF

$$V_{AC}=-wx,\qquad V_C=-1\times2=-2\,t$$

$$V_{BC}=-wl_1,\qquad V_B=-1\times2=-2\,t$$

3) BM

$$M_{AC}=-\frac{wx^2}{2},\qquad M_C=-\frac{1\times2^2}{2}=-2\,\mathrm{t\cdot m}$$

$$M_{BC}=-wl_1\left(x-\frac{l_1}{2}\right),\qquad M_B=-wl_1\left(l-\frac{l_1}{2}\right)=-1\times2(4-1)=-6\,\mathrm{t\cdot m}$$

예제 7-7. 길이 $l=100$ cm의 내다지보에 〈그림 7·24〉와 같이 집중하중 $P_1=50$ kg, $P_2=60$ kg이 작용하고 있을 때 보의 전단력선도와 굽힘모멘트선도를 그려라.

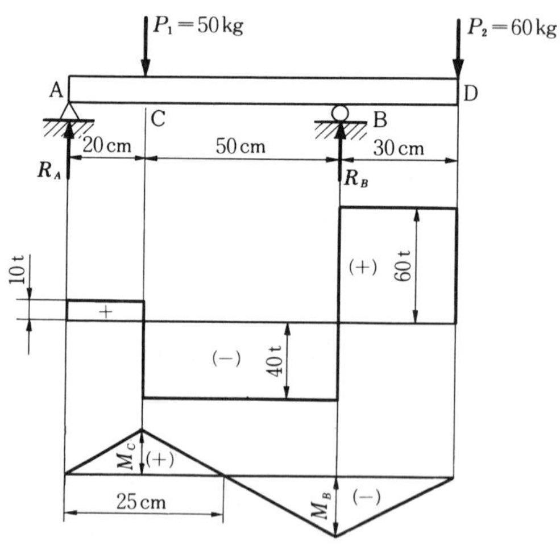

〈그림 7·24〉

풀이 1) 反力

$$-P_1-P_2+R_A+R_B=0,\qquad R_A\times70-50\times50+60\times30=0$$

$$R_A=\frac{2500-1800}{70}=10\text{ kg},\qquad R_B=(50+60)-10=100$$

2) SF

$$V_{AC}=R_A,\qquad R_A=10\text{ kg}$$

$$V_{BC}=R_A-P=10-50=-40\text{ kg}$$

$$V_{BD}=R_A-P+R_B=10-50+100=60\text{ kg}$$

3) BM

$$M_{AC}=R_Ax,\qquad M_C=10\times20=200\text{ kg·cm},$$

$$M_{CB}=R_Ax-P_1(x-20)\qquad M_B=10\times70-50(70-20)=-1800\text{ kg·cm}$$

$$M_{BD}=-P_2(100-x),\qquad M_B=-60(100-70)=-1800\text{ kg·cm}$$

굽힘모멘트가 0이 되는 점

$$M_{CB}=0$$

$$10x-50(x-20)=-40x+1000=0,\qquad x=\frac{1000}{40}=25\text{ cm}$$

예제 7-8. 〈그림 7·25〉와 같은 내다지보에 균일분포하중 w가 작용하고 있을 때 전단력선도와 굽힘모멘트선도를 그려라.

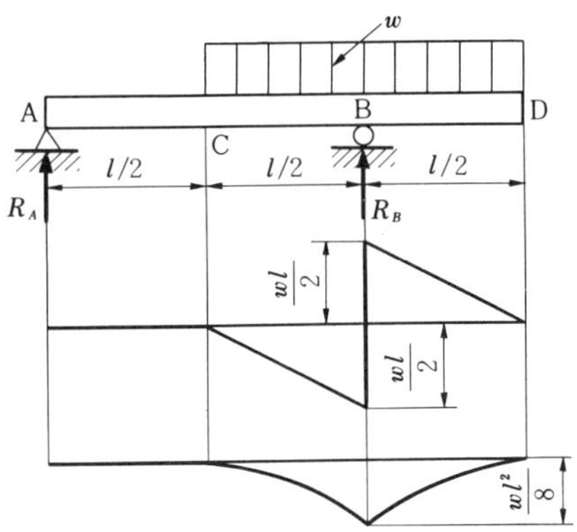

〈그림 7·25〉

풀이 1) 反力

$$R_A-wl+R_B=0,\qquad R_Al-\frac{wl^2}{8}+\frac{wl^2}{8}=0$$

$$R_A=0,\qquad R_B=wl-R_A=wl$$

2) SF

A로부터 x 거리를 취하면, $V_{AC}=R_A,\qquad V_C=0$

C로부터 x 거리를 취하면, $V_{BC}=-wx,\qquad V_B=-\dfrac{wl}{2}$

B로부터 x 거리를 취하면, $V_{BD}=w\left(\dfrac{l}{2}-x\right),\qquad V_B=\dfrac{wl}{2}$

3) BM

$$M_{AC} = R_A x, \quad M_C = 0, \quad M_{BC} = -\frac{wx^2}{2}$$

$$M_B = \frac{-w}{2} \times \left(\frac{l}{2}\right)^2 = -\frac{wl^2}{8}$$

$$M_{BD} = \frac{-w\left(\frac{l}{2} - x\right)^2}{2}, \quad M_B = -\frac{wl^2}{8}, \quad M_D = 0$$

예제 7-9. 〈그림 7·26〉 (a), (b)와 같이 모멘트가 작용할 때 반력과 굽힘모멘트를 고찰하라.

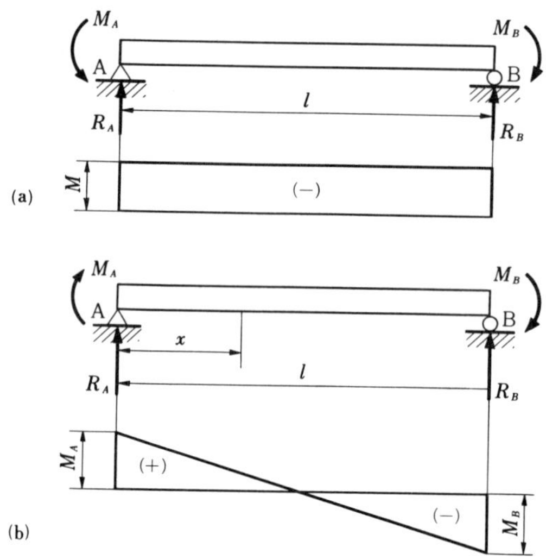

〈그림 7·26〉

풀이 (a) : $M_A = M_B = M$ 이고 BMD는 일정값이므로 보의 AB 위에는 집중하중 및 등분포하중은 존재하지 않는다. AB 양단에 같은 크기의 굽힘모멘트 M을 생각하면,

$$R_A + R_B = 0$$

B점의 모멘트를 취하면, $R_A l - M + M = 0$

$$\therefore\ R_A = 0, \quad R_B = 0$$

A점으로부터 x 단면의 굽힘모멘트 M_x는 $M_x = R_A x - M = -M$

굽힘모멘트는 x에 무관함을 알 수 있다.

(b) : M_A, M_B는 크기가 다르므로 BMD는 양 지점에서 다른 부호의 값을 가지고 직선변화를 하고 있으므로, 양 지점에는 방향이 동일한 굽힘모멘트가 존재한다.

$$R_A + R_B = 0$$

B점의 모멘트를 취하면, $R_A l + M_A + M_B = 0$

$$R_A = \frac{-M_A - M_B}{l}, \quad R_B = \frac{M_A + M_B}{l}$$

A점으로부터 x 단면의 굽힘모멘트 M_x는

$$M_x = R_A x + M_A = \frac{-M_A - M_B}{l}x + M_A$$

BMD가 0이 되는 위치 x는 $x = \dfrac{M_A l}{M_A + M_B}$

예제 7-10. 길이 $l = 10$ m의 단순보에 〈그림 7·27〉과 같은 偶力이 작용할 때, 이 보의 SFD와 BMD를 구하라.

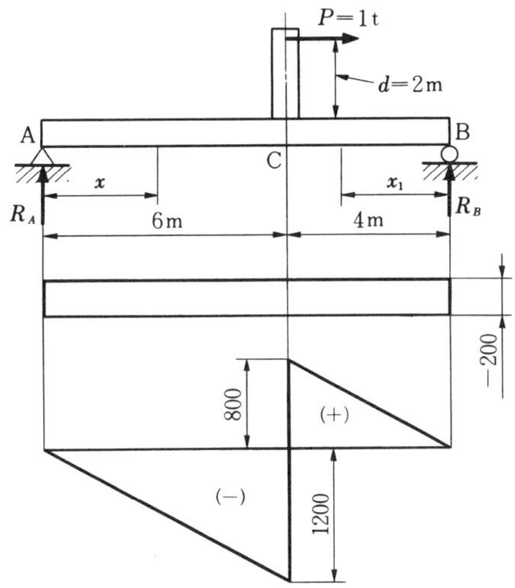

〈그림 7·27〉

풀이 1) 反力

$$\Sigma M_B = 0, \quad R_A l + Pd = 0, \quad R_A = \frac{-Pd}{l} = \frac{-1000\times 2}{10} = -200\text{ kg}$$

$$\Sigma M_A = 0, \quad -R_B l + Pd = 0, \quad R_B = \frac{1000\times 2}{10} = 200\text{ kg}$$

2) SF

$$V_{AC} = R_A = -200\text{ kg}, \quad V_{BC} = -R_B = -200\text{ kg}$$

3) BM

$$M_{AC} = R_A x, \quad \underset{x=6}{M_C} = -200\times 6 = -1200\text{ kg}\cdot\text{m}$$

$$M_{BC} = R_B x_1, \quad \underset{x_1=0}{M_B} = 0, \quad \underset{x_1=4}{M_C} = 200\times 4 = 800\text{ kg}\cdot\text{m}$$

$$M_{\max} = |\underset{x=6}{M_C}| + |\underset{x_1=4}{M_C}| = 2000\text{ kg}\cdot\text{m}$$

예제 7-11. 〈그림 7·28〉과 같은 보에서 최대굽힘모멘트를 고찰하라.

풀이 $R_A + R_B = 0, \quad R_A l - Pa = 0, \quad R_A = \dfrac{Pa}{l} = -R_B$

$$V_x = R_A = \frac{Pa}{l}$$

$$M_{AC} = R_A x_1 = \frac{Pa}{l} x_1, \quad \underset{x_1=0}{M_A} = 0, \quad \underset{x_1=b}{M_C} = \frac{Pab}{l}$$

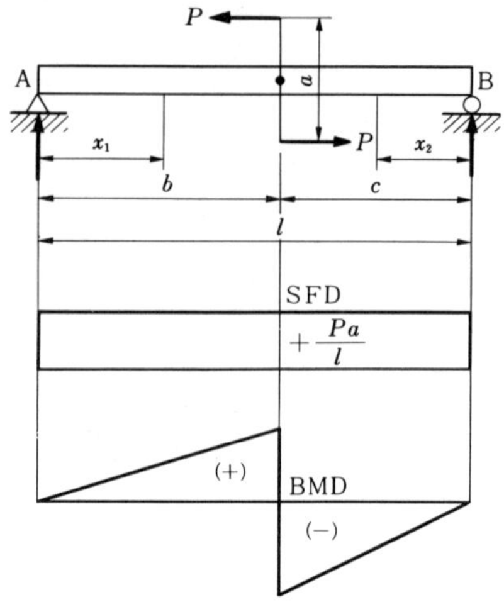

〈그림 7·28〉

$$M_{BC} = R_B x_2 = -\frac{Pa}{l}x_2, \qquad \underset{x_2=0}{M_B} = 0, \qquad \underset{x_2=c}{M_C} = -\frac{Pac}{l}$$

$$M_{\max} = |\underset{x_1=b}{M_C}| + |\underset{x_2=c}{M_C}| = Pa$$

예제 7-12. 〈그림 7·29〉와 같은 길이 $l = 10$ m의 단순보에 단위무게 $w = 3x+5$ kg/m으로 표시되는 불균일 분포하중이 작용할 때 보의 反力 R_A, R_B를 구하라.

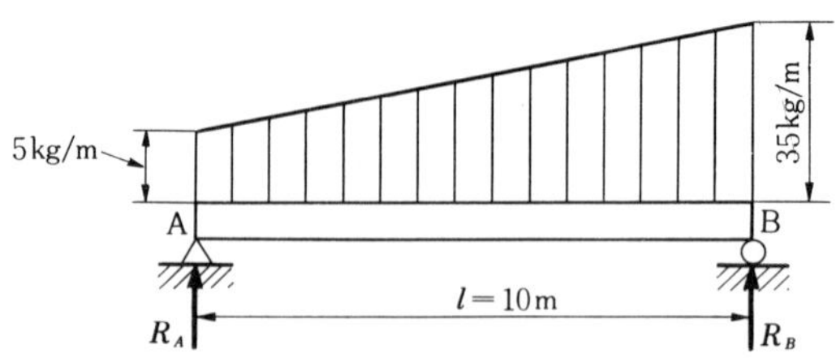

〈그림 7·29〉

풀이 전하중 $\dot{P} = \int w dx = \int_0^{10} (3x+5)dx$

$$= \left[3\frac{x^2}{2} + 5x\right]_0^{10} = \frac{3\times10^2}{2} + 5\times10 = 200\text{ kg}$$

$$\bar{x} = \frac{h(2a+b)}{3(a+b)} = \frac{10(2\times5+35)}{3(5+35)} = 3.75\text{ (B점에서)}$$

$$R_A = \frac{200\times3.75}{10} = 75\text{ kg}, \qquad R_B = 200-75 = 125\text{ kg}$$

예제 7-13. 〈그림 7·30〉과 같은 단순보의 A지점의 反力을 구하라.

풀이 $\Sigma M_B = 0$

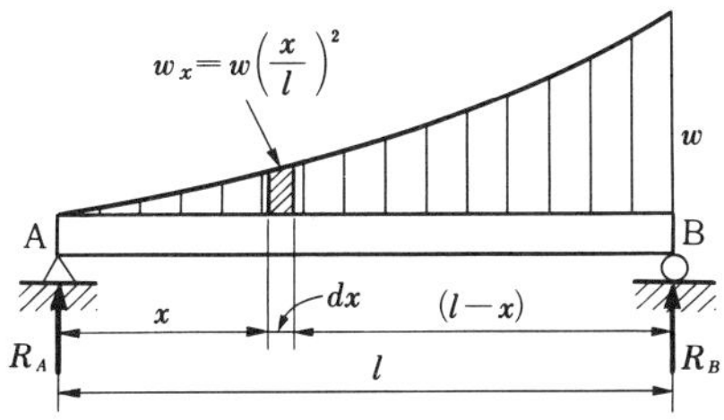

〈그림 7·30〉

$$R_A l - \int_0^l w_x(l-x)dx$$

$$R_A l = \int_0^l w_x(l-x)dx = \int_0^l w\left(\frac{x}{l}\right)^2 \times (l-x)dx = \frac{wl^2}{12}$$

$$R_A = \frac{wl}{12}, \qquad R_B = \int_0^l w\left(\frac{x}{l}\right)^2 dx - R_A = \frac{wl}{4}$$

예제 7-14. 〈그림 7·31〉과 같은 보에서 R_B 는 얼마인가?

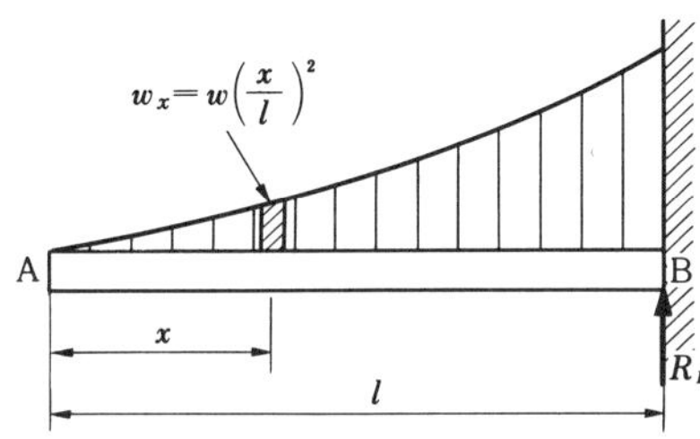

〈그림 7·31〉

풀이 전하중이 反力이므로

$$P = R_B = \int_0^l \frac{wx^2}{l^2}dx = \frac{w}{l^2}\int_0^l x^2 dx = \frac{w}{l^2}\left[\frac{x^3}{3}\right]_0^l = \frac{wl}{3}$$

4 게르버보 (Gerber beam)

앞에서 설명한 바와 같이 게르버보는 突出보와 單純보를 조합하여 이루어진 것이다.

〈그림 7·32〉 (a)에서 단순보 CD만을 생각하고 C점의 反力을 구한다. C점의 反力이 돌출보 C점에 작용하는 荷重으로 생각하고 〈그림 7·32〉 (b)에서 돌출보를 계산하면 된다. 이런 경우도 구조물에서 많이 볼 수 있으므로 설계 때 많은 도움이 되리라 생각한다.

① 反力 : $\Sigma Y_i = 0$,

$R_A + R_B - P - R_C = 0$

$R_A + R_B = P + R_C$ ………………………………………… (a)

$\Sigma M_B = 0$, $R_A l_1 - Pb + R_C l_2 = 0$ ………………………… (b)

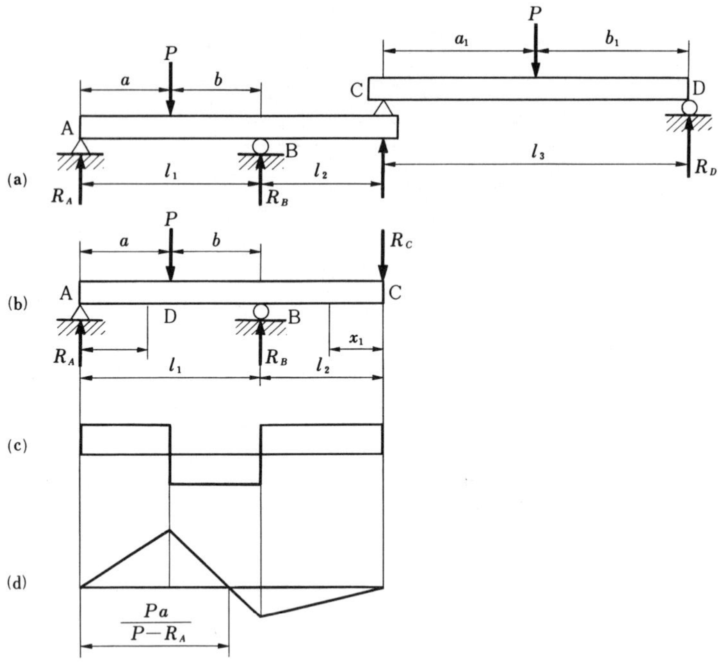

〈그림 7·32〉

$$\left.\begin{aligned} R_A &= \frac{Pb-R_C l_2}{l_1} \\ R_B &= \frac{Pa-R_C l_2}{l_1} \end{aligned}\right\} \qquad (7\cdot21)$$

② V 및 M 方程式 :

$$V_{AE} = R_A, \qquad M_{AE} = R_A x \quad \cdots\cdots (c)$$

$$V_{BE} = R_A - P, \qquad M_{BE} = R_A x - P(x-a) \quad \cdots\cdots (d)$$

$$V_{BC} = R_A - P + R_B = R_C$$

$$M_{BC} = R_A x - P(x-a) + R_B(x-l_1) = -R_C x_1 \quad \cdots\cdots (e)$$

③ SFD 및 BMD :

식 (c)에서 $x = 0$, $M_A = 0$

$x = a$, $M_E = R_A a$

식 (d)에서 $x = l_1$, $M_B = R_A l_1 - Pb$

식 (e)에서 $x_1 = l_2$, $M_B = -R_C l_2$

$x_1 = 0$, $M_C = 0$

굽힘모멘트가 0 이 되는 위치는

$$M_{BE} = 0, \qquad R_A x - P(x-a) = 0, \qquad x = \frac{Pa}{P-R_A}$$

$$M_{max} = R_A a \qquad (7\cdot22)$$

5 間接荷重을 받는 보

構造物은 일반적으로 보를 조합하여 만든 것이다. 예로서, 사다리를 수평으로 놓아서 양끝에서 지지한 상태를 생각해 보면, 荷重이 橫木에 작용하고 이것이 다시 양쪽의 棒에 작용하게 된다. 〈그림 7·33〉(a)와 같은 사다리의 c 점에 하중이 작용하면 橫木의 지점 a 및 b 에 反力이 생긴다. 이 반력이 다시 棒 A·B에 작용하여 棒의 지점 A 및 B에 반력이 생긴다. 여기에서 ab는 直接荷重을 받는 보이고, AB 는 間接荷重을 받는 보라고 생각한다.

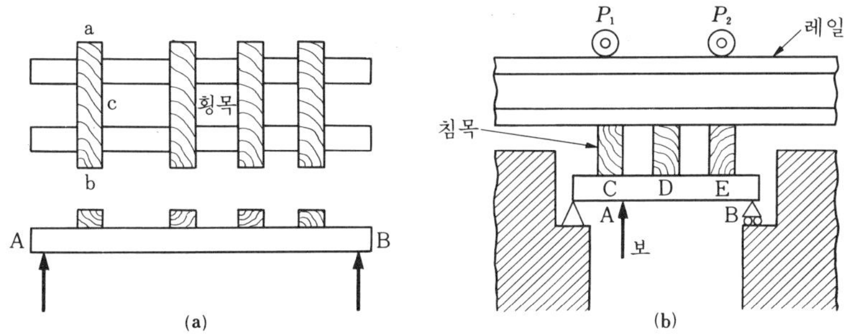

〈그림 7·33〉

그림 (b)와 같은 鐵道橋梁은 일반적으로 보 위에 枕木이 있고 침목 위에 線路가 있다. 列車의 荷重이 선로 위에 작용하면 이것이 침목을 통해서 보에 전달된다. 최후에 지점 A 및 B를 통해서 지반에 전달되는 것이다. 따라서 線路는 직접하중을 받으나 보는 간접적으로 하중을 받는다. 이와 같은 하중을 間接荷重(indirect load)이라 하고, 이 경우의 보를 間接荷重을 받는 보라고 한다.

間接荷重을 받는 보는 항상 일정한 점에서만 하중이 작용한다. 그림에 있어서 선로 위에 작용하는 하중은 침목 C·D 및 E점을 통해서 보에 작용하므로 침목 사이에는 절대로 하중을 받지 않는다. 침목을 線路의 支點이라 생각하면 그 지점의 반력이 보에 작용하는 것이다. 이와 같은 반력을 節點荷重이라고 하며, 따라서 간접하중을 받는 보에는 節點荷重만이 작용하는 것이다. 그리고 보의 反力, 剪斷力 및 굽힘모멘트 등은 이 節點荷重에 의해서 생기는 것이다.

(1) 集中荷重이 작용할 때 間接荷重을 받는 보

〈그림 7·34〉에서 D, E 사이의 線路를 單純보라고 생각하여 지점 D 및 E의 反力을 구하면 이것이 節點荷重이다. 이들의 節點荷重이 다시 보 A, B에 작용한다고 생각하여 A점 및 B점의 反力을 구할 수 있다. D점 및 E점의 節點荷重을 P_D 및 P_E라고 하자.

① 反力 : $\Sigma M_E = 0$

$$\left.\begin{aligned} P_D &= \frac{P\beta}{\lambda} \\ P_E &= P - P_D = P(1-\beta/\lambda) \end{aligned}\right\} \qquad (7 \cdot 23)$$

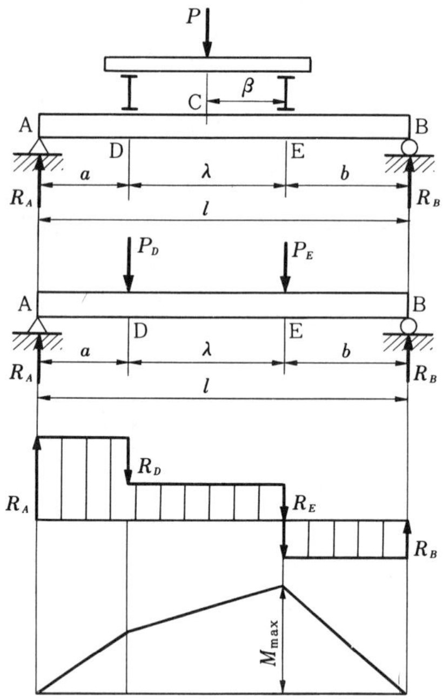

〈그림 7·34〉

〈그림 7 · 34〉 (b)에서

$$\Sigma Y_i = 0$$

$$R_A + R_B = P_D + P_E \qquad (7 \cdot 24)$$

$$\Sigma M_B = 0$$

$$R_A l - P_D(\lambda + b) - P_E b = 0$$

$$\left.\begin{aligned} R_A &= \frac{P_D(\lambda+b)+P_E b}{l} = \frac{P_D(\lambda+b)+(P-P_D)b}{l} \\ &= \frac{1}{l}(P_D\lambda + Pb) = \frac{1}{l}(P\beta + Pb) = \frac{P}{l}(\beta + b) \end{aligned}\right\} \qquad (7 \cdot 25)$$

$$R_B = P - R_A = \frac{P}{l}[l - (\beta + b)]$$

② 剪斷力 : $V_{AD} = R_A$

$$V_{DE} = R_A - P_D$$

$$V_{EB} = R_A - P_D - P_E = -R_B$$

③ 굽힘모멘트 :

$$M_{AD} = R_A x, \qquad \underset{x=0}{M_A} = 0, \qquad \underset{x=a}{M_D} = R_A a$$

$$M_{DE} = R_A x - P_D(x-a), \qquad \underset{x=(a+\lambda)}{M_E} = R_A(a+\lambda) - P_D\lambda$$

$$M_{EB} = R_A x - P_D(x-a) - P_E[x-(a+\lambda)] = R_B(l-x)$$

$$\underset{x=l}{M_B} = 0$$

$$\therefore \ M_{max} = \underset{x=(a+\lambda)}{M_E} = R_A(a+\lambda) - P_D\lambda \qquad (7 \cdot 26)$$

(2) 分布荷重이 작용할 때 間接荷重을 받는 보

중간에 있는 節點 D 및 E점의 節點反力은 그 점의 양쪽 부분의 하중을 P_A, P_D, P_E 및 P_B 라 하면

$$P_A = \frac{1}{2}w\lambda, \quad P_D = \frac{1}{2}w\lambda + \frac{1}{2}w\lambda = w\lambda, \quad P_E = \frac{1}{2}w\lambda + \frac{1}{2}w\lambda = w\lambda, \quad P_B = \frac{1}{2}w\lambda$$

① 反力 : 〈그림 7 · 35〉 (b)에서

$$\Sigma Y_i = 0,$$

$$R_A - P_A - P_D - P_E + R_B = 0 \quad \cdots\cdots \text{(a)}$$

$$\Sigma M_B = 0$$

$$R_A l - P_A l - P_D 2\lambda - P_E\lambda = 0 \quad \cdots\cdots \text{(b)}$$

$$\left.\begin{aligned} R_A &= \frac{P_A l + P_D 2\lambda + P_E\lambda}{l} = \frac{w\lambda}{2} + \frac{3w\lambda^2}{l} \\ R_B &= P_A + P_D + P_E - R_A = 2w\lambda - \frac{3w\lambda^2}{l} \end{aligned}\right\} \qquad (7 \cdot 27)$$

② 剪斷力 :

$$V_{AD} = R_A - P_A = \frac{3w\lambda^2}{l} \quad \cdots\cdots \text{(c)}$$

$$V_{DE} = R_A - P_A - P_D = \frac{3w\lambda^2}{l} - w\lambda \quad \cdots\cdots \text{(d)}$$

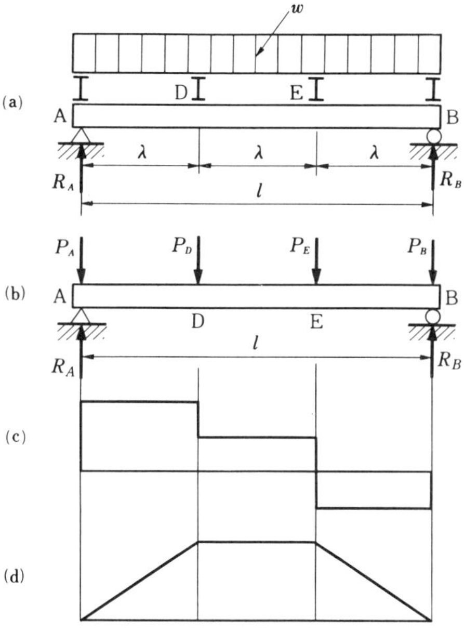

〈그림 7·35〉

$$V_{EB} = R_A - P_A - P_D - R_E = \frac{3w\lambda^2}{l} - 2w\lambda \quad \cdots\cdots (e)$$

③ 굽힘모멘트 :

$$M_{AD} = R_A x - P_A x, \qquad \underset{x=0}{M_A} = 0, \qquad \underset{x=\lambda}{M_D} = R_A\lambda - P_A\lambda \quad \cdots\cdots (f)$$

$$M_{DE} = R_A x - P_A x - P_D(x-\lambda) \quad \cdots\cdots (g)$$

$$\underset{x=2\lambda}{M_E} = R_A 2\lambda - P_A 2\lambda - P_D\lambda \quad \cdots\cdots (h)$$

$$M_{EB} = +R_B(l-x) - P_B(l-x) \cdots\cdots (i)$$

$$\underset{x=l}{M_B} = 0$$

$$\therefore \ M_{\max} = M_D = M_E \qquad (7 \cdot 28)$$

6 移動荷重을 받는 單純보

(1) 影響線 (influence line)

荷重이 보 위로 움직일 때에는 그 하중의 위치에 따라서 각 지점의 反力은 항상 변화하고, 보 위의 한 점에 있어서의 剪斷力 및 굽힘모멘트도 항상 변화한다. 보의 支點反力, 剪斷力 및 굽힘모멘트가 하중의 위치에 따라서 변화하는 모양을 그림으로 표시한 것을 影響線이라 하고, 하중이 보 위를 이동하여 어떤 위치 x에 왔을 때 좌측 또는 우측 지점에 발생하는 反力의 크기를 x의 위치 아래에 취하고, 荷重이 位置와 反力과의 관계를 표시한 선도를 그 지점의 反力의 影響線(R-線)이라고 한다.

하중이 이동하여 어떤 위치 x에 왔을 때 지정된 단면에 발생하는 剪斷力 및 굽힘모멘트의 크기를 각각 x의 위치 아래에 취하여 荷重의 位置와 指定斷面의 剪斷力 및 굽힘모멘트와의 관계를 표시한 선도를 剪斷力의 影響線(S-線) 및 굽힘모멘트의 影響線(M-線)이라고 한다.

① **反力의 影響線** : $P = 1$의 하중이 B지점에서 A지점으로 향하여 이동한다고 하고, 어느 순간에 있어서의 위치를 x로 표시하면 A점의 反力은

$$R_A = \frac{1}{l} \times x$$

그러므로 A점의 反力은 x의 1次式으로 표시할 수 있다. 이 식에 있어서

$$x = 0\text{이면}, \quad R_A = 0 \qquad x = l\text{이면}, \quad R_A = 1$$

이다. 따라서 하중 $P = 1$이 B점 위에 있을 때는 A점의 反力은 0이고, A지점 위에 있을 때에는 A지점의 反力은 1이다. 그리고 이 사이에는 직선적으로 변화한다.

〈그림 7·36〉에서 하중이 C점 위에 있을 때의 A점의 反力은 y이다. 영양선 그림에서 ab는 위치에 대한 A점의 反力을 표시하는 線이며, 이것을 支點反力 R_A의 影響線(R_A-線)이라고 한다. B점 反力의 影響線을 R_B-線이라 하고, R_A-線을 반대로 그린 것이다. 影響線을 먼저 그려 놓으면 移動荷重을 푸는 데 대단히 편리하다. 影響線은 보통 1의 荷重에 대해서 만드는 것이다. 그러므로 P인 하중이 작용할 때의 反力은 세로거리 y를 P배 한 것이 A지

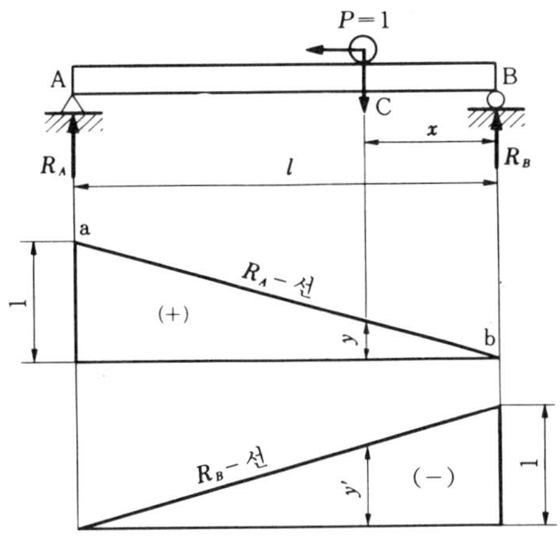

〈그림 7·36〉

점의 反力이다.

$$\therefore \ R_A = P \cdot y\left(y = \frac{x}{l}\right) \qquad R_B = P \cdot y'\left(y' = \frac{l-x}{l}\right) \qquad (7 \cdot 29)$$

ⓘ 集中荷重 : 〈그림 7·37〉에서 보는 바와 같이 여러 개의 集中荷重이 작용할 때는 각 세로거리 y 에 하중 P 를 곱해서 합한 것이 A점의 反力이다.

$$R_A = P_1y_1 + P_2y_2 + P_3y_3 + \cdots\cdots = \sum_i P_iy_i \qquad R_B = P_1y_1' + P_2y_2' + P_3y_3' + \cdots\cdots = \sum_i P_iy_i' \qquad (7 \cdot 30)$$

$$y_1 = \frac{b_1}{l}, \quad y_1' = 1 - y_1\left(y_1' = \frac{a_1}{l}\right)$$

$$y_2 = \frac{b_2}{l}, \quad y_2' = 1 - y_2\left(y_2' = \frac{a_2}{l}\right)$$

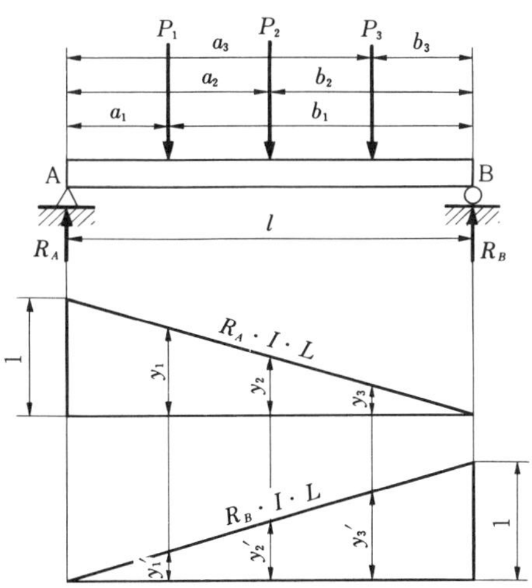

〈그림 7·37〉

$$y_3 = \frac{b_3}{l}, \quad y_3' = 1 - y_3 \left(y_3' = \frac{a_3}{l} \right)$$

ⓘ 等分布荷重 : 〈그림 7・38〉과 같이 分布荷重이 이동할 때의 支點反力은 하중을 w, 하중이 작용하는 부분의 影響線의 면적을 A라고 하면 反力은 서로 곱한 wA이다.

$$\left.\begin{aligned} R_A &= wA = w\frac{y_1+y_2}{2}\cdot a \\ R_B &= wA' = w\frac{y_1'+y_2'}{2}\cdot a \end{aligned}\right\} \qquad (7\cdot 31)$$

여기서, a는 分布荷重의 길이이다.

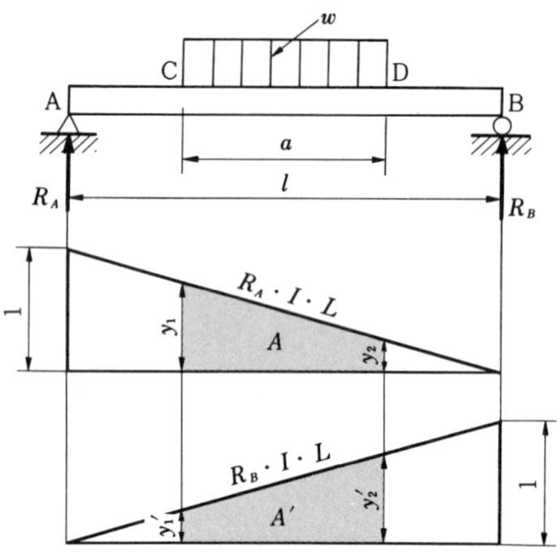

〈그림 7·38〉

② **剪斷力의 影響線** : 보 위의 한 점 C의 剪斷力은 하중의 움직임에 따라 변화한다. $P=1$의 하중이 보 A, B 위로 이동할 때

B, C 사이에 荷重이 있을 때, $S_C = R_A$

A, C 사이에 荷重이 있을 때, $S_C = R_A - 1 = (-)R_B$

그러므로 B, C 사이에 하중이 있을 때의 C점의 전단력은 A점의 支點反力과 같다. 따라서 B, C 부분의 剪斷力의 影響線은 R_A-線과 같다.

다음에 하중이 C점을 통과하여 A, C 부분에 들어가는 순간부터는 C점의 전단력은 그 부호가 반대로 된다. 그리고 S_C의 크기는 (−) R_B와 같다.

따라서 그 影響線은 R_B-線에 (−)를 붙인 것과 같다. S_C-線을 그리면 〈그림 7・39〉와 같이 된다.

ⓘ 集中荷重 : S_C-線은 $P=1$에 대해서 그린 것이며, 일반적으로 하중 P가 작용할 때의 C점의 剪斷力은 P가 작용하는 점의 S_C-線의 세로거리 y에 P를 곱한 것이다.

$$S_C = P \cdot y \qquad (7\cdot 32)$$

그리고 P_1, P_2, P_3, …… 의 하중이 작용할 때의 C점의 剪斷力은 각 하중이 작용하는 점의 영향선의 세로거리를 y_1, y_2, y_3, …… 라 하면

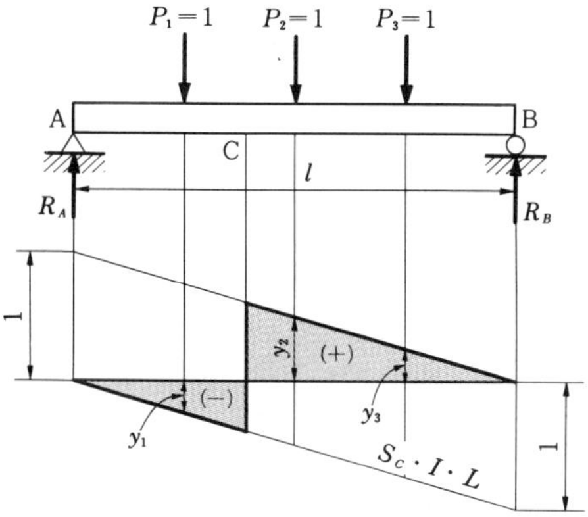

〈그림 7·39〉

$$S_C = -P_1y_1+P_2y_2+P_3y_3+\cdots\cdots = \sum_i P_iy_i \qquad (7\cdot 33)$$

ⓘⓘ 等分布荷重 : 〈그림 7 · 40〉과 같이 分布荷重이 작용할 때의 C 점의 剪斷力은 분포하중 w 와 S-線의 면적 A 를 곱하면 된다.

$$S_C = -w_1A_1+w_2A_2 = \sum_i w_iA_i \qquad (7\cdot 34)$$

$$A_1 = \frac{y_1+y_2}{2}\cdot a_1 \qquad A_2 = \frac{y_3+y_4}{2}\cdot a_2$$

여기서, a_1, a_2 는 分布荷重의 길이이다.

ⓘⓘⓘ C점에 集中荷重이 있을 때 :

$$S_C = -P_1y_1+P_2y_2+P_3y_3 = S_{D\text{-}C}$$

$$S_C = -P_1y_1-P_2y_2'+P_3y_3 = S_{C\text{-}E}$$

剪斷力은 두 개의 값을 취한다.

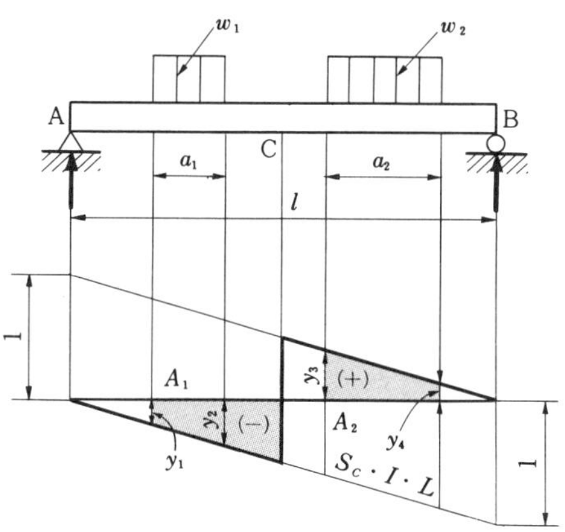

〈그림 7·40〉

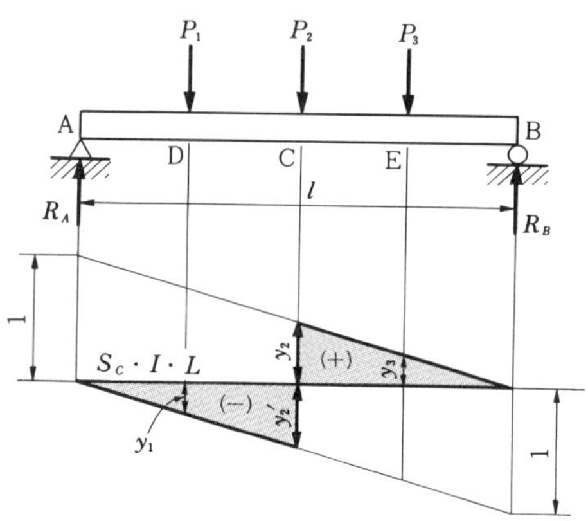

〈그림 7·41〉

③ **굽힘모멘트의 影響線** : 하중의 위치에 따라서 C점의 굽힘모멘트도 변화한다.

ⓘ 集中荷重 : 〈그림 7 · 42〉에서 $P=1$ 인 한 개의 하중이 B, C 사이에 있을 때의 C 점의 굽힘모멘트는 다음과 같다.

$$M_C = R_A a \qquad (7 \cdot 35)$$

$P = 1$ 의 하중이 A, C 사이에 있어서 작용할 때의 C점의 굽힘모멘트는

$$M_C = R_B \cdot b \qquad (7 \cdot 36)$$

이다. 그러므로 하중의 움직임에 따라 C점의 굽힘모멘트는

B_C 부분은 R_A-線을 a 배 한 것이 M_C 이다.

A_C 부분은 R_B-線을 b 배 한 것이 M_C 이다.

따라서 굽힘모멘트의 영향선은 〈그림 7·42〉와 같다. 그림에서 하중 P 가 D 점 위에 있을 때의 C점의 굽힘모멘트는

$$M_C = P \cdot y_1 \qquad (7 \cdot 37)$$

으로 구할 수 있다. 다음에 각 점에 P_1, P_2, P_3, …… 가 작용할 때의 C점의 굽힘모멘트는

$$M_C = P_1 y_1 + P_2 y_2 + P_3 y_3 + \cdots\cdots = \sum_i P_i y_i \qquad (7 \cdot 38)$$

$$y = \frac{x(l-x)}{l}$$

$$y_1 = \frac{a_1}{x} \cdot y \quad \text{또는} \quad \frac{a_1}{l}(l-x)$$

$$y_2 = \frac{b_2}{l-x} \cdot y \quad \text{또는} \quad \frac{b_2}{l} \cdot x$$

$$y_3 = \frac{b_3}{l-x} \cdot y \quad \text{또는} \quad \frac{b_3}{l} \cdot x$$

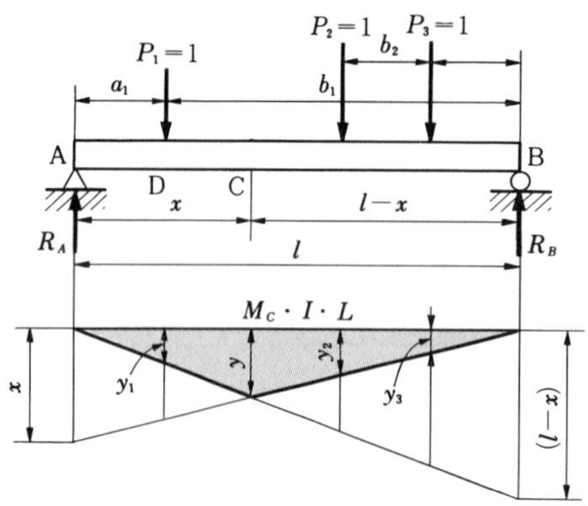

〈그림 7·42〉

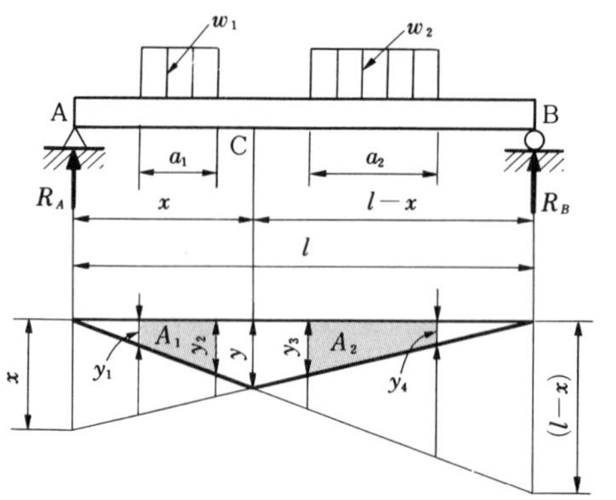

〈그림 7·43〉

ⅱ 等分布荷重 : 〈그림 7·43〉에서 분포하중이 작용할 때의 C 점의 굽힘모멘트는 하중이 작용하는 부분의 M-線의 면적 A 와 분포하중 w 와 곱해서 구한다.

$$M_C = w_1 A_1 + w_2 A_2 + \cdots\cdots = \sum_i w_i A_i \qquad (7 \cdot 39)$$

$$A_1 = \frac{y_1 + y_2}{2} \cdot a_1 \qquad A_2 = \frac{y_3 + y_4}{2} \cdot a_2$$

y_1, y_2 …… 의 계산식은 集中荷重의 경우와 같다.

지금까지 R-線, S-線 및 M-線에 대하여 설명하였으나, 그들은 最大反力 및 한 점의 最大

剪斷力, 最大굽힘모멘트를 이루는 하중의 위치와 그 값을 구하는 데 응용한다. 일반적으로 影響線의 세로거리가 큰 점에 하중이 작용하면 反力, 剪斷力 및 굽힘모멘트의 값은 크다.

(2) 最大剪斷應力과 絶對 最大剪斷應力

① 集中荷重

ⓘ C점의 最大剪斷應力

$x<\frac{1}{2}$ 일 때〔그림 7·44(a)〕

$$_{\max}S_C = P_1y_1+P_2y_2 \tag{7·40}$$

$x>\frac{1}{2}$ 일 때〔그림 7·44(b)〕

$$_{\max}S_C = -P_1y_1-P_2y_2 \tag{7·41}$$

만약 $P_2>P_1$ 이고 x 가 P_2까지 왔을 때 $x>\frac{1}{2}$ 이면 $_{\max}S_C$는 다음과 같이 된다.

$$_{\max}S_C = -P_1y_1+P_2y_2 \tag{7·42}$$

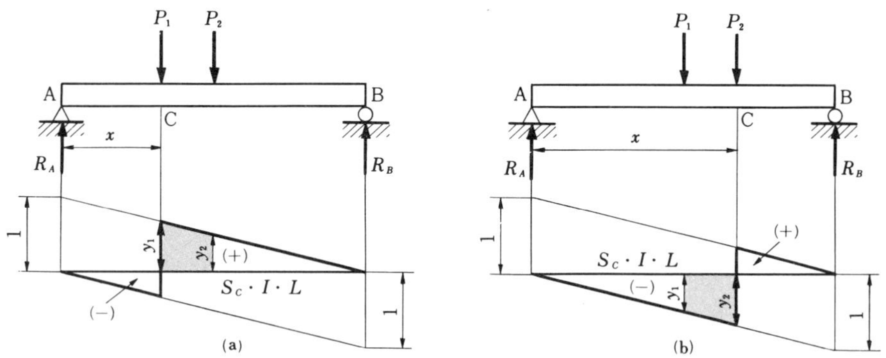

〈그림 7·44〉

ⓘⓘ 絶對 最大剪斷應力

$P_1>P_2$ 일 때〔그림 7·45(a)〕

$$S_{\max} = {}_{\max}S_A \tag{7·43}$$

$P_2>P_1$ 일 때〔그림 7·45(b)〕

$$S_{\max} = {}_{\max}S_B \tag{7·44}$$

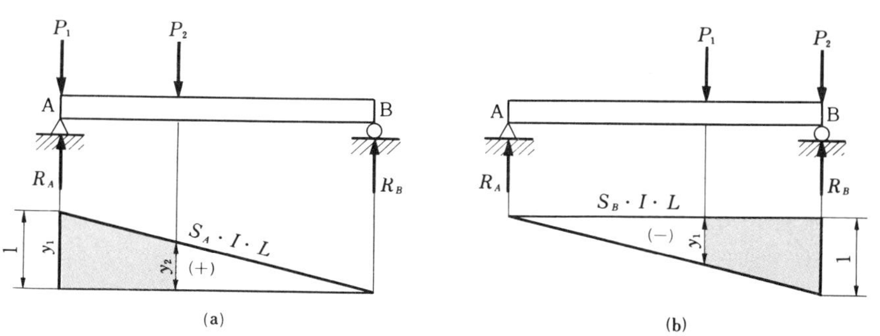

〈그림 7·45〉

각 점의 最大剪斷力을 계산하여 그 중 가장 큰 것이 絶對 最大剪斷應力이 된다. 이것은 하중의 종류에 관계 없이 항상 支點에서 생긴다.

② **等分布荷重**

ⓘ C점의 最大剪斷應力

$x < \frac{1}{2}$ 일 때〔그림 7·46(a)〕

$$S_C = Aw, \quad {}_{\max}S_C = +S_C \tag{7·45}$$

$x > \frac{1}{2}$ 일 때〔그림 7·46(b)〕

$$S_C = -Aw, \quad {}_{\max}S_C = -S_C \tag{7·46}$$

ⓘⓘ 絶對 最大剪斷應力

$$S_{\max} = {}_{\max}S_A = Aw \tag{7·47}$$

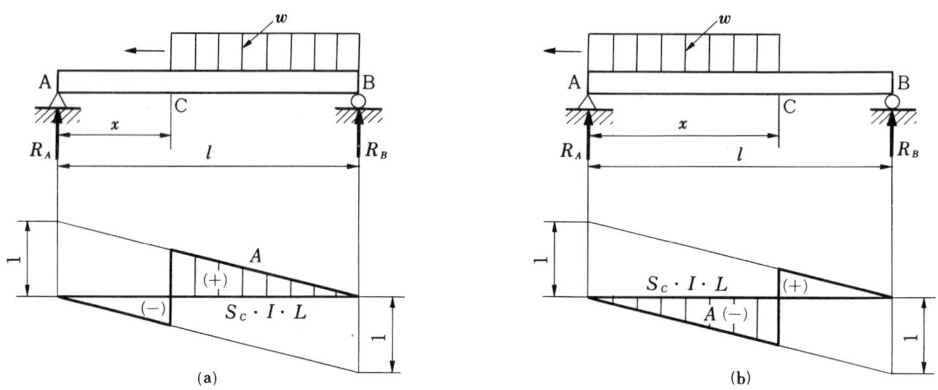

〈그림 7·46〉

(3) 最大굽힘모멘트와 絶對 最大굽힘모멘트

굽힘모멘트의 影響線에서와 같은 방법으로 C_1, C_2, C_3, …… 의 각 점의 最大굽힘모멘트를 계산할 수 있다. 이와 같이 하여 구한 각 점의 最大굽힘모멘트 중에서 가장 큰 것을 絶對 最大굽힘모멘트라고 한다.

한 개의 荷重이 보 위로 이동할 때 絶對 最大굽힘모멘트는

i) 보의 경간의 中央點에 생긴다.

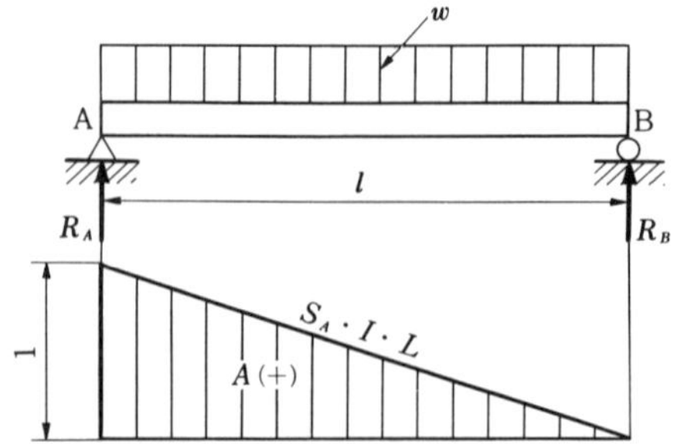

〈그림 7·47〉

ii) 그 값은 荷重이 경간의 중앙점에 작용할 때 그 점의 굽힘모멘트와 같다.

① **等分布荷重** : 〈그림 7·48〉과 같이 分布荷重이 單純보 위로 이동할 때의 最大굽힘모멘트는 M-線에서 설명한 바 있다. 그림에서 경간의 중앙점 N에 대한 M-線의 세로거리가 가장 크고, 하중의 길이 C에 대한 M-線의 면적도 가장 크다. 따라서 分布荷重이 작용할 때의 보의 絶對 最大굽힘모멘트는

i) 경간의 中央點에 생기고

ii) 그 값은 경간의 中點이 荷重의 中心과 일치할 때의 경간의 중앙점에 대한 굽힘모멘트와 같다.

위의 설명은 하중의 길이가 경간보다 긴 경우에도 응용할 수 있다.

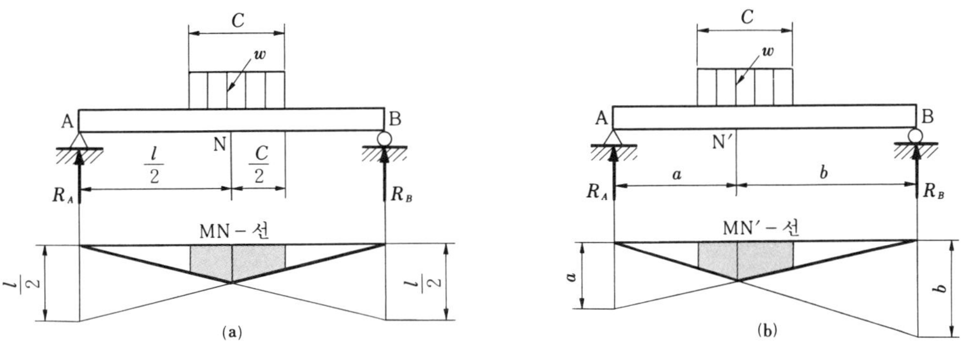

〈그림 7·48〉

② **集中荷重** : 最大굽힘모멘트는 M-線에서와 같고, 〈그림 7·49〉에서 絶對 最大굽힘모멘트는 다음과 같이 구한다.

i) 보 위에 荷重을 전부 작용시켜서 그 合力($\sum_n P$)의 위치를 구한다. 하중이 경간보다 길 때에는 되도록 큰 하중을 경간 위에 작용시킨다.

ii) 合力에 가장 가까운 하중 P_m과 P_{m+1}을 정하고, 合力에서 그들까지의 거리 d_1 및 d_2를 구한다.

iii) 경간의 중앙점 N이, d_1을 2등분하는 하중조건에 대하여 P_m이 작용하는 점의 굽힘모멘트를 계산한다.

iv) 경간의 중앙점 N이 d_2를 2등분하는 하중조건에 대하여 P_{m+1}이 작용하는 점의 굽힘모멘트를 계산한다.

v) 위의 두 경우에서 큰 것이 絶對 最大굽힘모멘트이다.

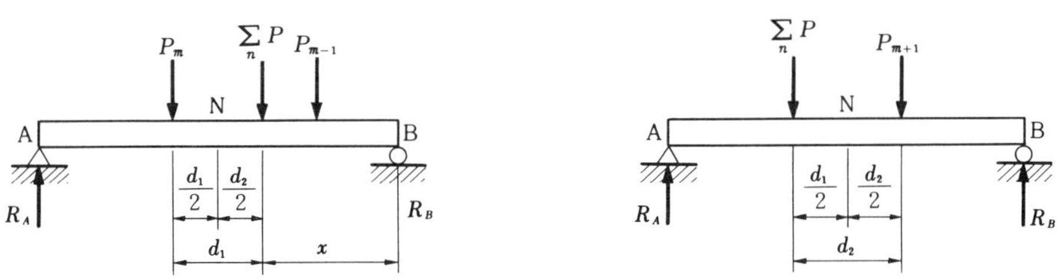

〈그림 7·49〉

예제 7-15. 〈그림 7·50〉과 같은 게르버보에서 A, B, C, D 지점의 反力 및 E, C, F 점의 굽힘모멘트를 구하라.

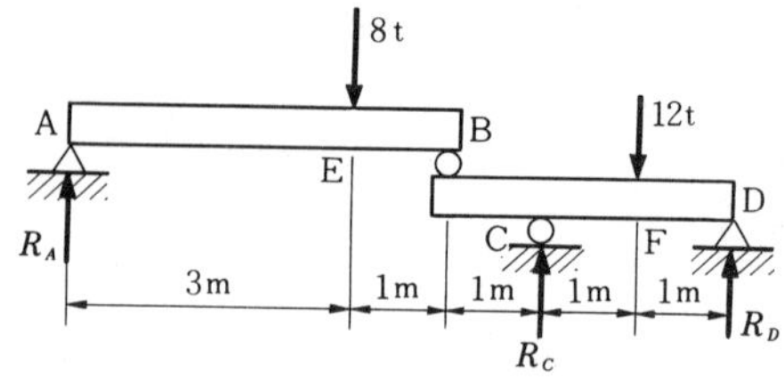

〈그림 7·50〉

풀이 1) A, B는 單純보로 보고

$$R_A = \frac{8\times1}{4} = 2\,\text{t}, \qquad R_B = \frac{8\times3}{4} = 6\,\text{t}$$

2) C, D보는 突出보로 보고 B점에 反力 R_B가 아래쪽으로 작용하는 하중으로 생각하면,

$R_C + R_D = 12 + R_B = 18\,\text{t}$

C점에서 굽힘모멘트를 취하면, $-2R_D + 12\times1 - R_B\times1 = 0$

$R_D = 3\,\text{t}, \quad R_C = 18-3 = 15\,\text{t}$

$M_E = 3R_A = 6\,\text{t·m}, \quad M_C = -R_B\times1 = -6\,\text{t·m}, \quad M_F = -R_B\times2 + R_C\times1 = 3\,\text{t·m}$

예제 7-16. 〈그림 7·51〉과 같은 게르버보에서 SFD와 BMD를 그려라.

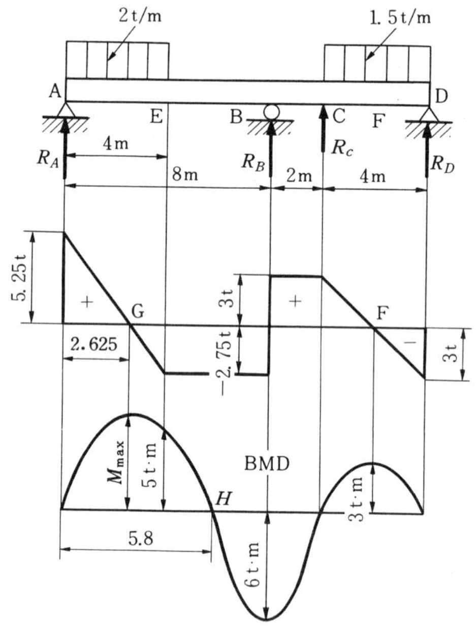

〈그림 7·51〉

풀이 1) 反力

$$R_C = R_D = \frac{1}{2}\times1.5\times4 = 3\,\text{t}, \qquad R_A = \frac{1}{8}(2\times4\times6 - 3\times2) = 5.25\,\text{t}$$

$$R_B = \frac{1}{8}(2\times4\times2 + 3\times10) = 5.75\,\text{t}$$

2) 剪斷力

$V_{AE} = R_A - 2x, \qquad x = 2.625, \qquad \underset{x=0}{V_A} = R_A = 5.25\,\text{t},$

$$V_{EB\,(x=4)} = 5.25-2\times4 = -2.75\,\text{t}, \qquad V_{BC} = 5.25-2\times4+5.75 = 3\,\text{t}$$
$$V_F = 3-1.5\times2 = 0, \qquad V_D = 3-1.5\times4 = -3\,\text{t} = -R_D$$

3) 굽힘모멘트

$$M_{AE} = R_A x - 2\frac{x^2}{2}, \qquad M_A = 0$$
$$M_{G\,(x=2.625)} = 5.25\times2.625-2\times\frac{2.625^2}{2} = 6.88\,\text{t·m}$$
$$M_{E\,(x=4)} = 5.25\times4-2\times4\times2 = 5\,\text{t·m}$$
$$M_{EB} = R_A x - 8(x-2), \qquad x = 5.8$$
$$M_H = 5.25\times5.8-8(5.8-2) = 0$$
$$M_{B\,(x=8)} = 5.25\times8-2\times4\times6 = -6\,\text{t·m}(M_B = -3\times2 = -6\,\text{t·m})$$
$$M_{BD} = R_D x_1 - 1.5\times4(x_1-2), \qquad x_1 = 4$$
$$M_{C\,(x_1=4)} = 3\times4-6(4-2) = 0$$
$$M_{CD} = R_D x_1 - 1.5\times\frac{x_1^2}{2}$$
$$M_{F\,(x_1=2)} = 3\times2-1.5\times2\times1 = 3\,\text{t·m}$$
$$M_{D\,(x_1=0)} = 0$$

예제 7-17. 〈그림 7·52〉와 같은 間接荷重을 받는 보의 支點 A 및 B의 反力 및 SF와 BM을 계산하고 다이어그램을 그려라.

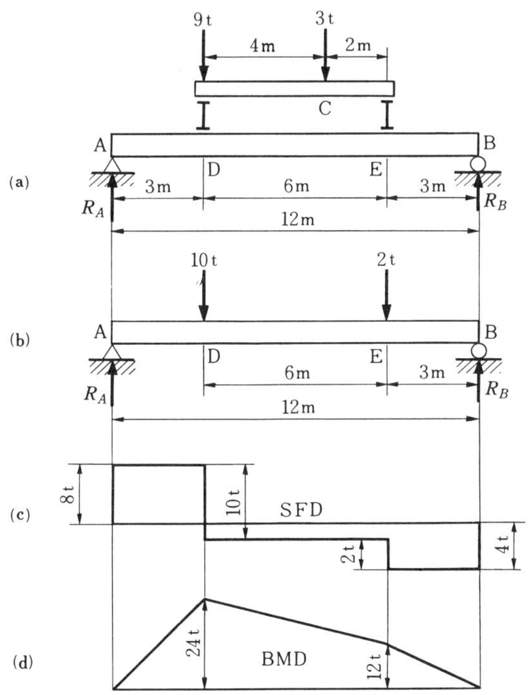

〈그림 7·52〉

풀이 1) 反力

$$\Sigma M_E = 0, \qquad P_D = \frac{1}{6}(9\times6+3\times2) = 10\,\text{t}, \qquad P_E = (9+3)-10 = 2\,\text{t}$$
$$\Sigma y_i = 0, \qquad R_A - P_D - P_E + R_B = 0$$

$$\Sigma M_B = 0, \quad R_A = \frac{1}{12}(10\times9+2\times3) = 8\,\text{t}, \quad R_B = 12-8 = 4\,\text{t}$$

2) 剪斷力

$$V_{AD} = R_A = 8\,\text{t}, \quad V_{DE} = R_A - P_D = 8-10 = -2\,\text{t},$$
$$V_{EB} = R_A - P_D - P_E = 8-10-2 = -4\,\text{t}$$

3) 굽힘모멘트

$$M_{AD} = R_A x, \quad \underset{x=0}{M_A} = 0, \quad \underset{x=3}{M_D} = 8\times3 = 24\,\text{t·m}$$
$$M_{DE} = R_A x - P_D(x-3), \quad \underset{x=9}{M_E} = 8\times9-10\times6 = 12\,\text{t·m}$$
$$M_{EB} = R_B(l-x), \quad \underset{x=12}{M_B} = 0$$

예제 7-18. 〈그림 7·53〉과 같은 間接荷重을 받는 보의 剪斷力線圖 및 굽힘모멘트線圖를 그려라.

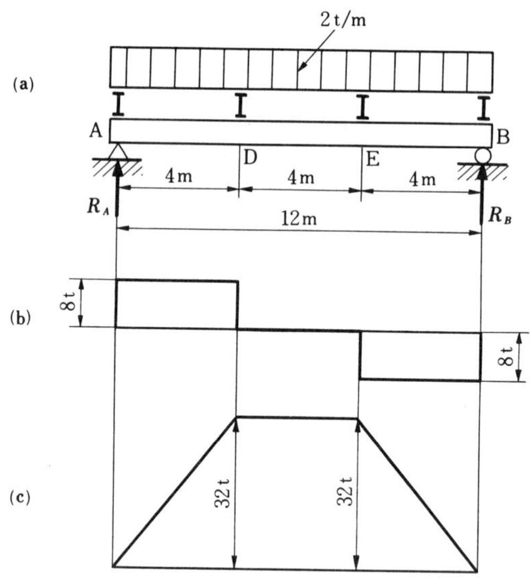

〈그림 7·53〉

풀이 각 節點荷重은

$$P_A = \frac{1}{2}\times2\times4 = 4\,\text{t}, \quad P_D = 4+4 = 8\,\text{t}, \quad P_E = 8\,\text{t}, \quad P_B = 4\,\text{t}$$

1) 反力

$$\Sigma M_B = 0, \quad R_A l - wl\cdot\frac{l}{2} = 0$$

$$R_A = \frac{1}{2}wl = \frac{1}{2}\times2\times12 = 12\,\text{t}, \quad R_B = 12\,\text{t}$$

2) 剪斷力

$$V_{AD} = R_A - P_A = 12-4 = 8\,\text{t}, \quad V_{DE} = R_A - P_A - P_D = 12-4-8 = 0$$
$$V_{EB} = R_A - P_A - P_D - P_E = 12-4-8-8 = -8$$

3) 굽힘모멘트

$$M_{AD} = R_A x - P_A x, \quad \underset{x=0}{M_A} = 0, \quad \underset{x=4}{M_D} = 32\,\text{t·m}$$

$$M_{DE} = R_A x - P_A x - P_D(x-4), \qquad \underset{x=8}{M_E} = 32\,\text{t·m}$$

$$M_{EB} = R_B(l-x), \qquad \underset{x=l}{M_B} = 0$$

예제 7-19. 〈그림 7·54〉와 같은 보의 $R_A \cdot R_B \cdot S_C$ 및 M_C 를 影響線을 써서 계산하라.

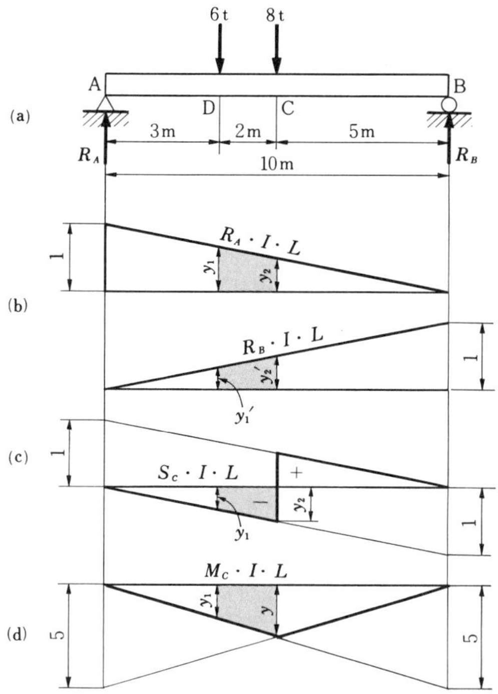

〈그림 7·54〉

풀이 1) 反力〔그림 7·54 (b)〕

$$y_1 = \frac{7}{10} = 0.7, \qquad y_1' = 1 - 0.7 = 0.3$$

$$y_2 = \frac{5}{10} = 0.5, \qquad y_2' = 1 - 0.5 = 0.5$$

$$R_A = 6\times0.7 + 8\times0.5 = 8.2\,\text{t}, \qquad R_B = 6\times0.3 + 8\times0.5 = 5.8\,\text{t}$$

(또는 $R_B = 6 + 8 - 8.2 = 5.8\,\text{t}$)

2) 剪斷力〔그림 7·54 (c)〕

$$y_1 = \frac{3}{10} = 0.3, \qquad y_2 = \frac{5}{10} = 0.5$$

$$S_{AD} = R_A = 8.2\,\text{t}, \qquad S_{DC} = -6\times0.3 + 8\times0.5 = 2.2\,\text{t},$$

$$S_{BC} = -6\times0.3 - 8\times0.5 = -5.8\,\text{t}$$

3) 굽힘모멘트〔그림 7·54 (d)〕

$$y = \frac{5\times5}{10} = \frac{25}{10} = 2.5\,\text{m}, \qquad y_1 = \frac{3}{5}\times2.5 = 1.5\,\text{m}$$

$$M_C = 6\times1.5 + 8\times2.5 = 29\,\text{t·m}$$

예제 7-20. 〈그림 7·55〉와 같은 보의 R_A, R_B를 구하고 S_C, M_C를 影響線을 써서 계산하라.

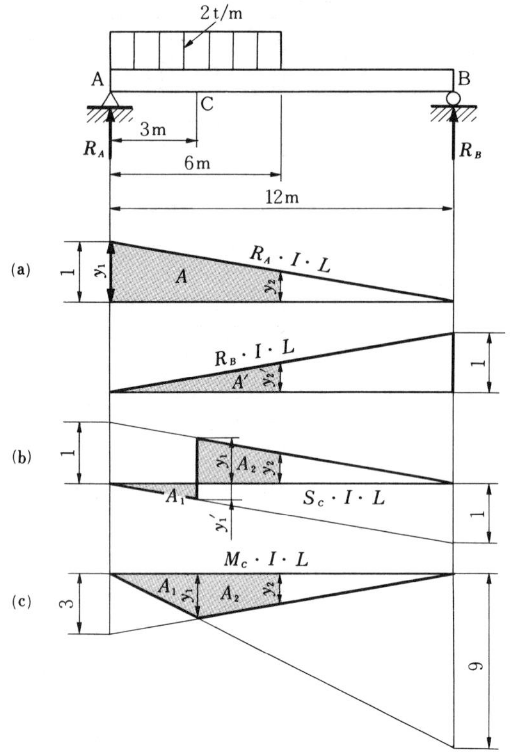

〈그림 7·55〉

풀이 1) 反力

$$y_1 = 1, \quad y_2 = \frac{6}{12} = 0.5, \quad y_1' = 1 - y_1 = 0, \quad y_2' = 1 - y_2 = 0.5$$

$$A = \frac{1+0.5}{2} \times 6 = 4.5, \quad A' = \frac{0+0.5}{2} \times 6 = 1.5$$

$$R_A = wA = 2 \times 4.5 = 9\,\text{t}, \quad R_B = wA' = 2 \times 1.5 = 3\,\text{t}$$

2) 剪斷力

$$y_1' = \frac{3}{12} = 0.25, \quad y_1 = 1 - y_1' = 0.75, \quad y_2 = \frac{6}{12} = 0.5$$

$$A_1 = \frac{0.25}{2} \times 3 = 0.375, \quad A_2 = \frac{0.75+0.5}{2} \times 3 = 1.875$$

$$S_C = -2 \times 0.375 + 2 \times 1.875 = 3\,\text{t}$$

3) 굽힘모멘트

$$y_1 = \frac{3 \times 9}{12} = 2.25, \quad y_2 = \frac{6}{9} \times 2.25 = 1.5$$

$$A_1 = \frac{2.25}{2} \times 3 = 3.375, \quad A_2 = \frac{1.5+2.25}{2} \times 3 = 5.645$$

$$A = A_1 + A_2 = 3.375 + 5.645 = 9.020\,\text{m}^2$$

$$M_C = 2 \times 9 = 18\,\text{t} \cdot \text{m}$$

예제 7-21. 길이가 12 m인 단순보에 〈그림 7 · 56〉과 같이 均一分布荷重이 移動荷重을 받을 때 C점의 最大剪斷力 및 絶對 最大剪斷力을 계산하라.

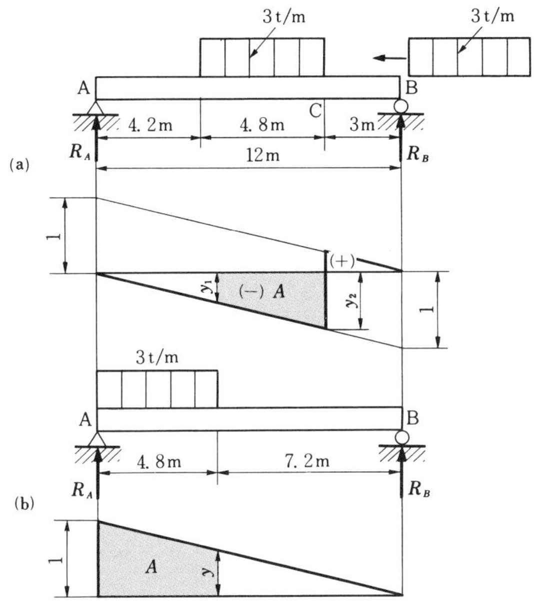

〈그림 7·56〉

풀이 1) ${}_{max}S_C$〔그림 7 · 56 (a)〕

$$y_1=\frac{4.2}{12}=0.35,\qquad y_2=\frac{9}{12}=0.75$$

$$A=\frac{0.35+0.75}{2}\times 4.8=2.64$$

$${}_{max}S_C=-3\times 2.64=-7.92\,\mathrm{t}$$

2) S_{max}〔그림 7 · 56 (b)〕

$$y=\frac{7.2}{12}=0.6,\qquad A=\frac{1+0.6}{2}\times 4.8=3.84$$

$$S_{max}=3\times 3.84=11.52\,\mathrm{t}$$

예제 7-22. 〈그림 7 · 57〉과 같은 移動荷重이 작용할 때 C점의 最大剪斷力 및 絶對 最大剪斷力을 계산하라.

풀이 1) ${}_{max}S_C$〔그림 7 · 57 (a)〕

$$y_1=\frac{6}{12}=0.5,\qquad y_2=\frac{9}{12}=0.75$$

$${}_{max}S_C=-5\times 0.5-10\times 0.75=-10\,\mathrm{t}$$

2) S_{max}〔그림 7 · 57 (b)〕

$$y=\frac{9}{12}=0.75$$

$$S_{max}=-R_B=-5\times 0.75-10\times 1.0=-13.75\,\mathrm{t}$$

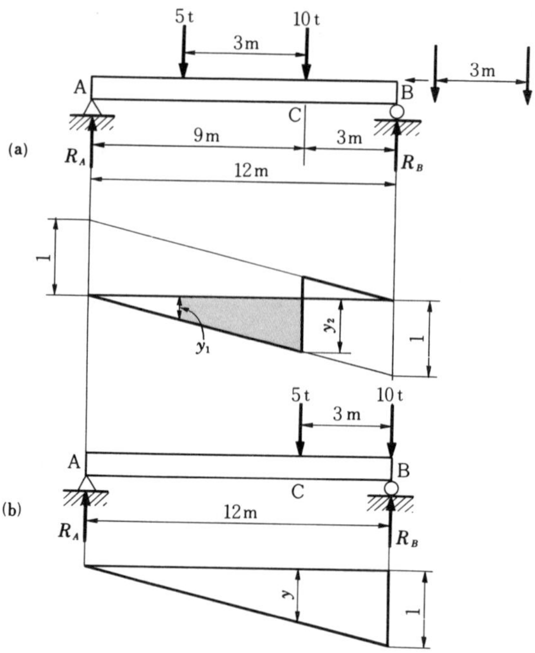

〈그림 7·57〉

예제 7-23. 〈그림 7·58〉과 같은 移動荷重에 의한 보의 絶對 最大굽힘모멘트를 계산하라.

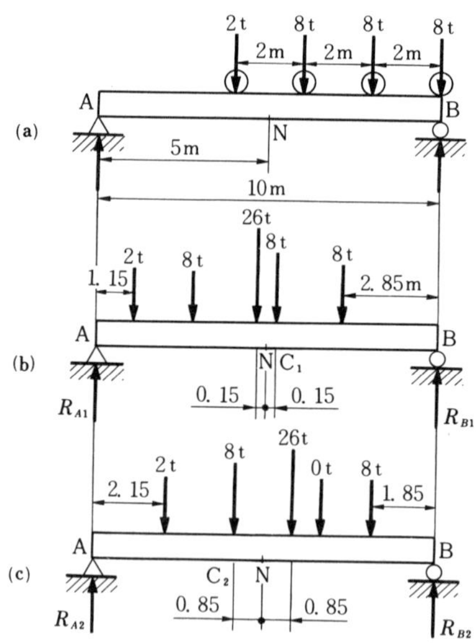

〈그림 7·58〉

풀이 〈그림 7·58〉 (a)에서

$$\Sigma P = 2+8+8+8 = 26\,t$$

B점에 대한 모멘트를 생각하면,

$$26x = 2\times6+8\times4+8\times2 \qquad \therefore\ x = \frac{60}{26} = 2.30\,\text{m}$$

따라서 $d_1 = 0.3\,\text{m}$

荷重條件은 〈그림 7·58〉(b)와 (c)가 같다.

$$R_{A1} = \frac{1}{10}(2\times8.85+8\times6.85+8\times4.85+8\times2.85) = 13.14\,\text{t}$$

$$M_{C1} = 13.41\times5.15-(2\times4+8\times2) = 45.06\,\text{t·m}$$

合力의 왼쪽 荷重을 생각하면, $d_2 = 1.7\,\text{m}$이므로

$$R_{A2} = \frac{1}{10}(2\times7.85+8\times5.85+8\times3.85+8\times1.85) = 10.8\,\text{t}$$

$$M_{C2} = 10.8\times4.15-2\times2 = 40.82\,\text{t·m}$$

따라서 $M_{max} = M_{C1} = 45.06\,\text{t·m}$이 된다.

예제 7-24. 스팬 10 m의 보에 〈그림 7·59〉와 같은 移動荷重이 작용할 때 C점의 最大굽힘모멘트 및 絶對 最大굽힘모멘트를 계산하라.

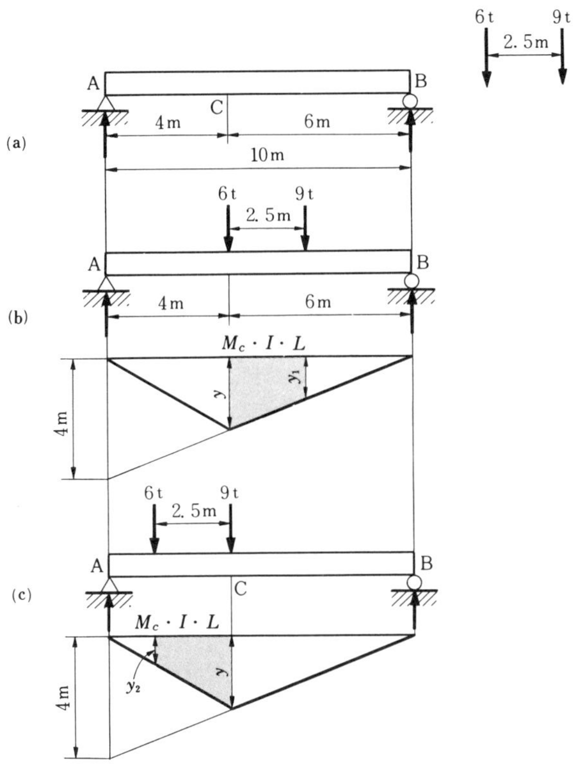

〈그림 7·59〉

풀이 1) 最大굽힘모멘트($_{max}M_C$)

i) M_C〔그림 7·60(b)〕

$$y = \frac{4\times6}{10} = 2.4\,\text{m}, \qquad y_1 = \frac{3.5}{6}\times2.4 = 1.4\,\text{m}$$

$$M_C = 6\times2.4+9\times1.4 = 27\,\text{t·m}$$

ii) M_C〔그림 7·60(c)〕

$$y = \frac{4\times6}{10} = 2.4\,\text{m},$$

$$y_2 = \frac{1.5}{4} \times 2.4 = 0.9\,\text{m}$$

$$M_C = 6\times0.9 + 9\times2.4 = 27\,\text{t}\cdot\text{m}$$

$$\therefore\ {}_{\max}M_C = 27\,\text{t}\cdot\text{m}$$

2) 絶對 最大굽힘모멘트($M_{\max}$)

$$x = \frac{6}{6+9} \times 2.5 = 1.0\,\text{m}$$

H점에서 絶對 最大굽힘모멘트가 생긴다.

$$y = \frac{5.5\times4.5}{10} = 2.475\,\text{m},$$

$$y_1 = \frac{3}{5.5} \times 2.475 = 1.35\,\text{m}$$

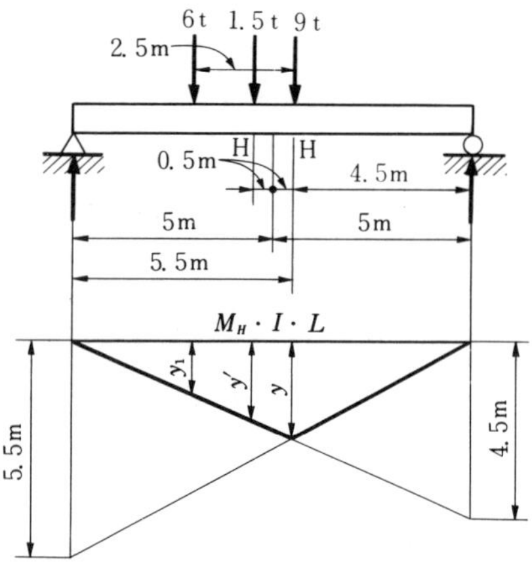

〈그림 7·60〉

$$M_{\max} = 6\times1.35 + 9\times2.475 = 8.10 + 22.275 = 30.375\,\text{t}\cdot\text{m}$$

《별해》 合力의 세로거리를 y' 라 한다.

$$y' = \frac{4.5}{10} \times 4.5 = 2.025, \qquad M_{\max} = 15\times2.205 = 30.375\,\text{t}\cdot\text{m}$$

예제 7-25. 스팬 10 m의 보에 〈그림 7·61〉과 같은 移動荷重을 받을 때 C 점의 最大 굽힘모멘트를 계산하라.

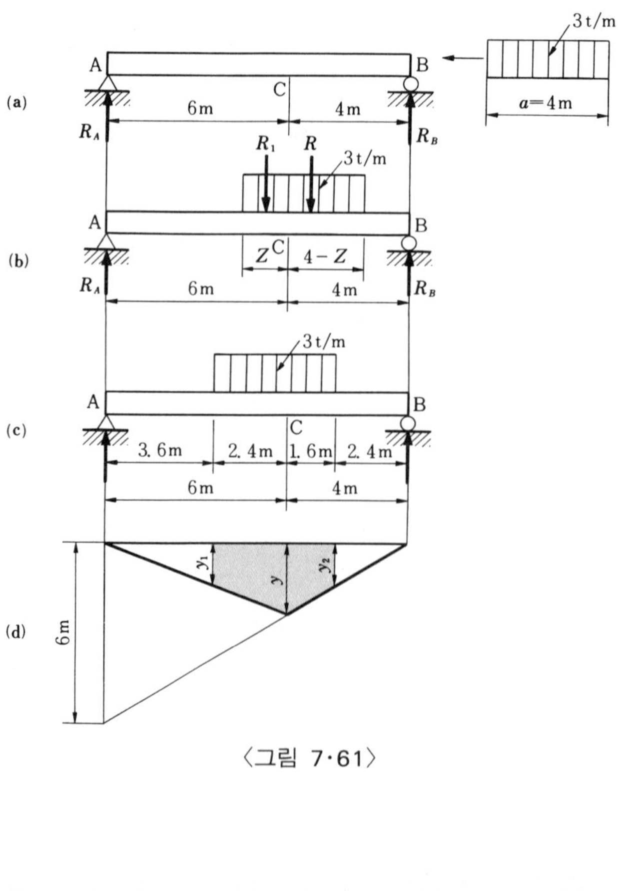

〈그림 7·61〉

풀 이 $\dfrac{R_1}{a} = \dfrac{R}{l}$, $R_1 = 2w$, $R = aw$, $\dfrac{3Z}{6} = \dfrac{3\times4}{10}$, $Z = 2.4\,\text{m}$

그러므로 〈그림 7·61〉 (c)와 같을 때 ${}_{\max}M_C$ 가 된다.

$$y = \frac{6\times4}{10} = 2.4\,\text{m},\quad y_1 = \frac{3.6}{6}\times2.4 = 1.44\,\text{m},\quad y_2 = \frac{2.4}{4}\times2.4 = 1.44\,\text{m}$$

$$A = \frac{1.44+2.4}{2}\times2.4 + \frac{1.44\times2.4}{2}\times16 = 7.68$$

$${}_{\max}M_C = 3\times7.68 = 23.04\,\text{t·m}$$

연 습 문 제

1. 〈그림 7·62〉와 같이 양단이 지지된 단순보의 전길이에 400 kg/m의 等分布荷重이 작용할 때 최대굽힘모멘트는 얼마인가?

답 3200 kg·m

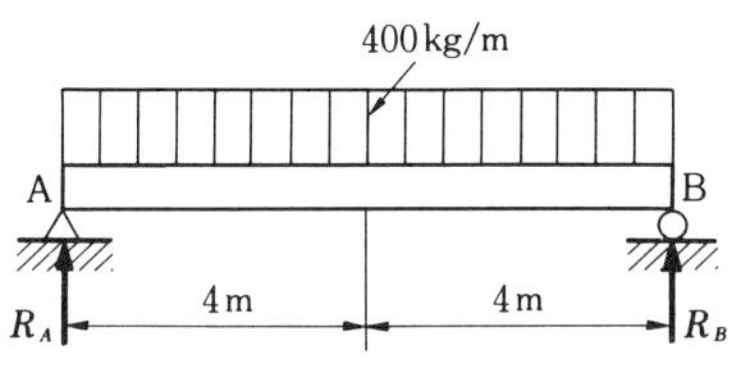

〈그림 7·62〉

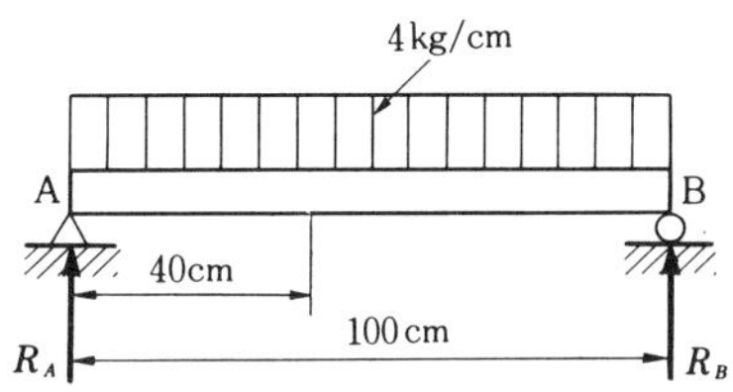

〈그림 7·63〉

2. 〈그림 7·63〉과 같은 단순보의 전길이에 $W = 4$ kg/cm의 等分布荷重이 작용할 때 A 점으로부터 40 cm 위치의 모멘트는 얼마인가?

답 $M = 4800$ kg·cm

3. 〈그림 7·64〉에서 반력 R_B 는 얼마인가?

답 $R_B = 9$ t

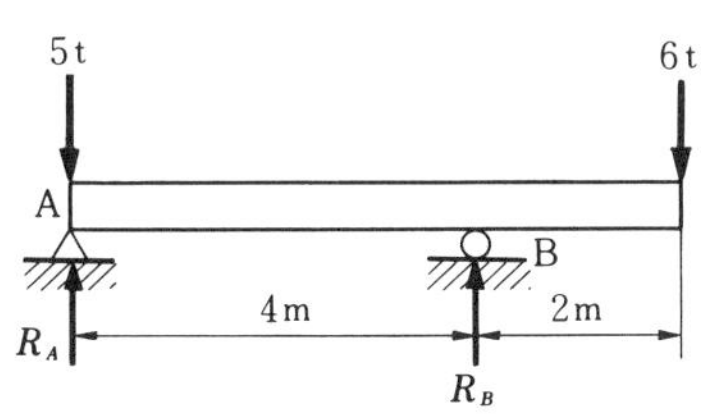

〈그림 7·64〉

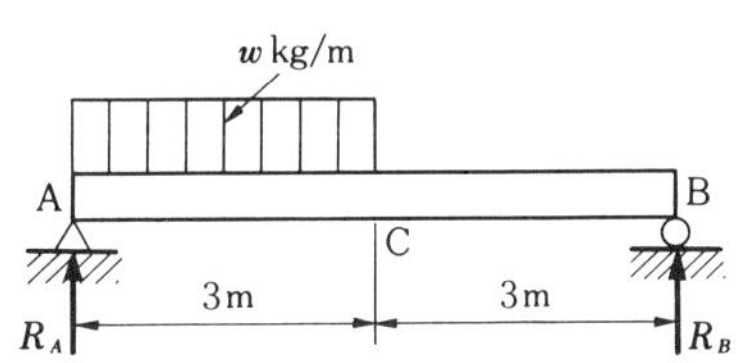

〈그림 7·65〉

4. 〈그림 7·65〉에서 C점의 굽힘모멘트의 값은 얼마인가?

답 $M = 2.25\,W$ kg·m

5. 〈그림 7·66〉에서 最大굽힘모멘트는 얼마인가?

답 $M_{\max} = wa$

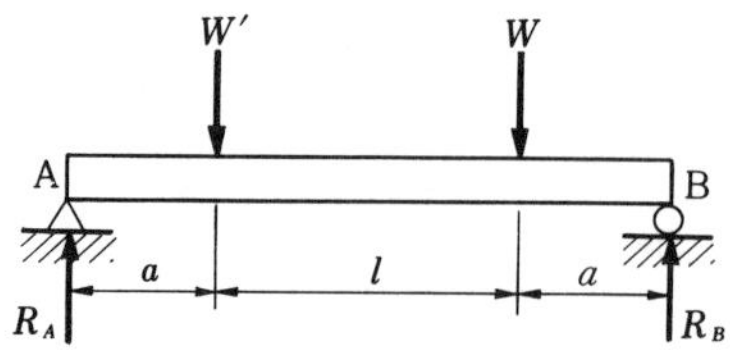

〈그림 7·66〉

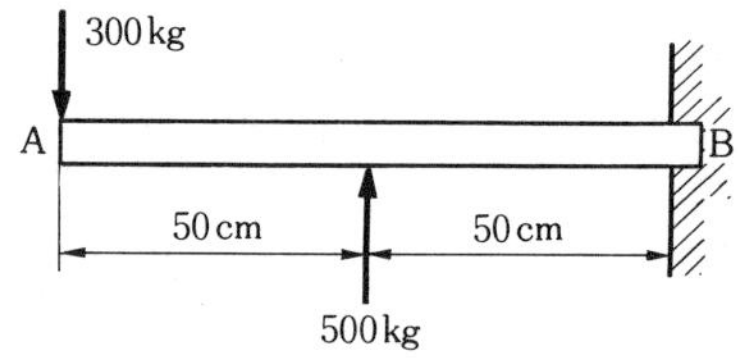

〈그림 7·67〉

6. 〈그림 7 · 67〉과 같은 외팔보의 경우 B점에 작용하는 굽힘모멘트의 크기와 방향을 구하라.

답 $M_B = -5000$ kg·cm

7. 〈그림 7 · 68〉에서 A점에 걸리는 반력은?

답 $R_A = 10$ ton

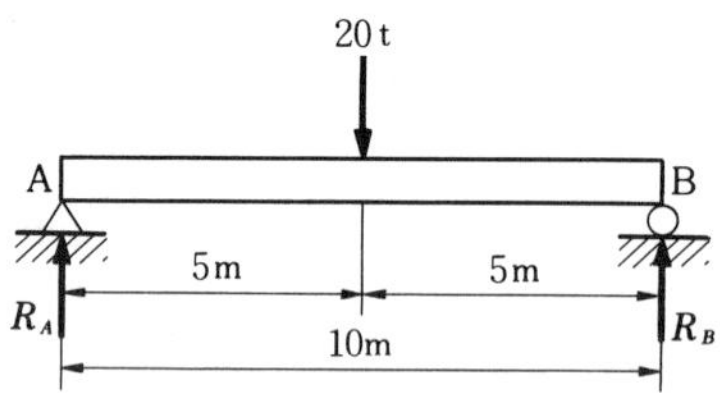

〈그림 7·68〉

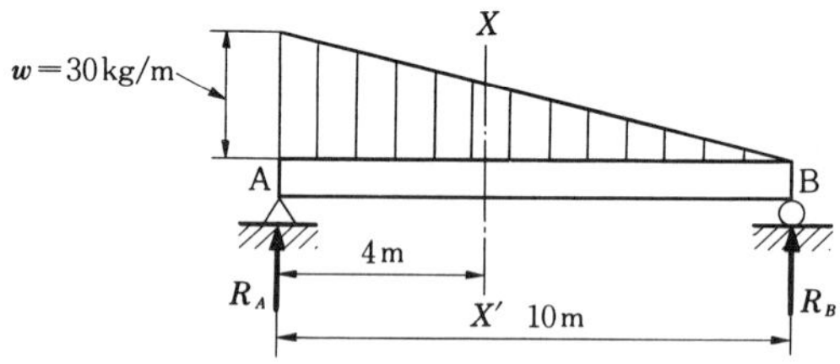

〈그림 7·69〉

8. 〈그림 7 · 69〉에서 分布荷重 X-X' 를 구하라.

답 $W_{x\text{-}x'} = 18$ kg/m

9. 〈그림 7 · 70〉에서 반력 R_A 를 구하라.

답 $R_A = 1.6$ t

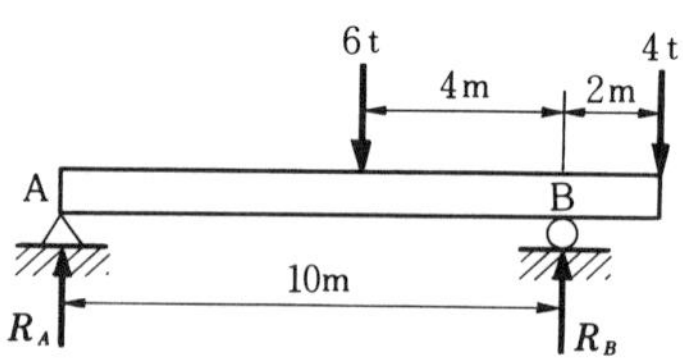

〈그림 7·70〉

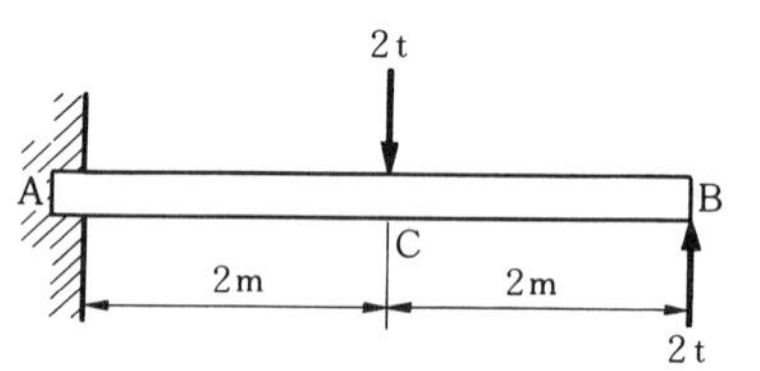

〈그림 7·71〉

10. 〈그림 7 · 71〉과 같은 외팔보에 하중 2 ton이 각각 작용할 때 고정단의 최대굽힘모멘트는 얼마인가?

답 $M = -4$ ton·m

11. 길이 l 인 단순보의 전길이에 등분포하중 w 가 작용할 때 최대굽힘모멘트는 얼마인가?

답 $M = \dfrac{wl^2}{8}$

12. 〈그림 7 · 72〉와 같은 단순보에 생기는 최대굽힘모멘트는 얼마인가?

답 $M_{max} = 180$ kg·m

13. 보 A_C 가 〈그림 7 · 73〉과 같이 집중하중 P 를 받고 있을 때 C 점에서의 반력은 얼마인가?

답 $R_C = P \cdot \dfrac{l_1}{l_2}$

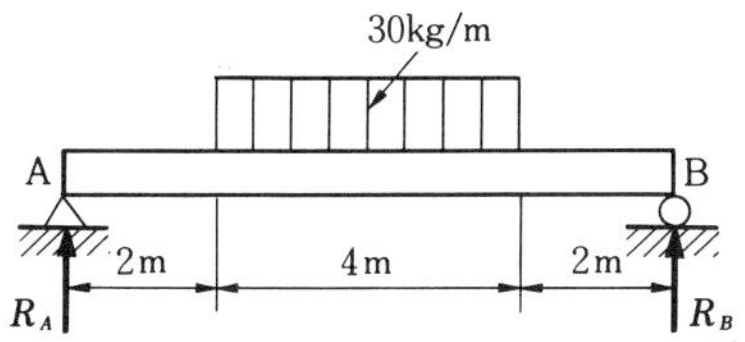

〈그림 7·72〉

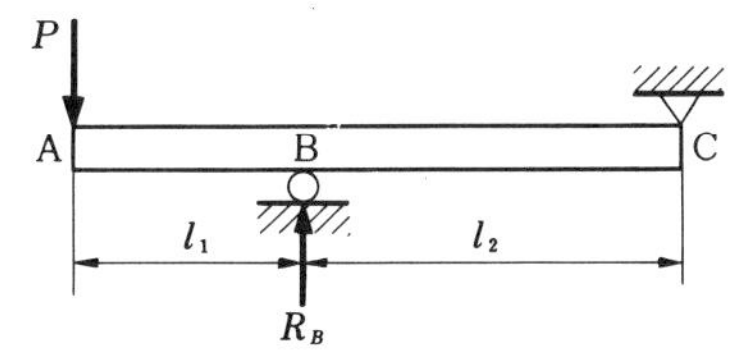

〈그림 7·73〉

14. 1단을 고정한 L형보에 〈그림 7·74〉에 도시한 바와 같은 하중이 작용할 때 고정단 A점에서의 모멘트는 얼마인가?

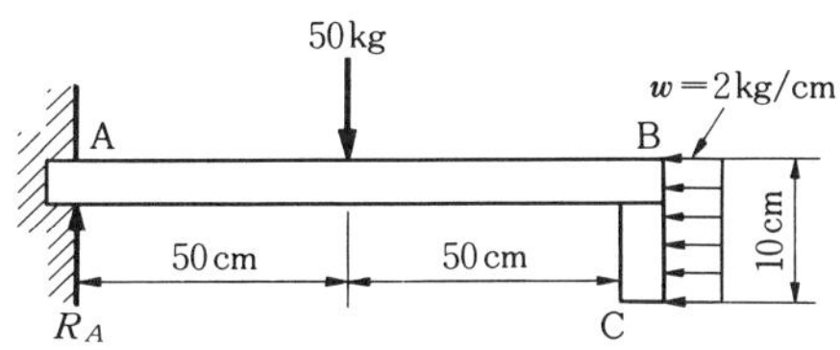

〈그림 7·74〉

답 $M_A = 2600\ \text{kg·cm}$

15. 길이 4 m의 단순보가 좌단으로부터 $l_1 = 1\ \text{m}$, $l_2 = 2\ \text{m}$, $l_3 = 3\ \text{m}$의 각 위치에 각각 $P_1 = 1\ \text{ton}$, $P_2 = 1.5\ \text{ton}$, $P_3 = 2\ \text{ton}$의 집중하중이 작용할 때 전단력선도와 굽힘모멘트선도를 구하라.

답 $R_A = 2\ \text{t}$, $R_B = 2.5\ \text{t}$, $M_C = 2\ \text{t·m}$, $M_D = 3\ \text{t·m}$, $M_E = 2.5\ \text{t·m}$

16. 길이 $l = 100\ \text{cm}$의 단순보가 균일분포하중 $w = 5\ \text{kg/cm}$을 받고 있을 때의 전단력선도와 굽힘모멘트선도를 그려라.

답 $R_A = 250\ \text{kg}$, $R_B = 250\ \text{kg}$, $M_A = M_B = 0$, $M_{\left(x=\frac{l}{2}\right)} = 6250\ \text{kg·cm}$

17. 〈그림 7·75〉와 같은 突出보에서 보의 길이 $l = 5\ \text{m}$이고 支點으로 1 m인 자유단에 $P = 5\ \text{ton}$인 하중이 작용할 때 SFD 및 BMD를 그려라.

답 $R_A = R_B = 5\ \text{ton}$, $M_{max} = 5\ \text{ton·m}$

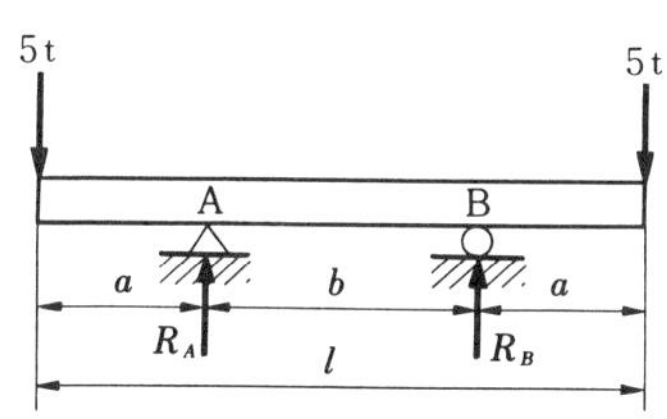

〈그림 7·75〉

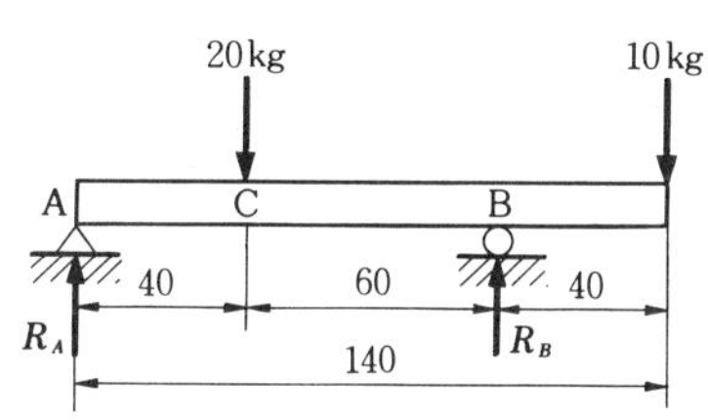

〈그림 7·76〉

18. 〈그림 7·76〉과 같은 突出보에서 집중하중이 A지점으로부터 40 cm 되는 곳에서 20 kg, B지점으로부터 40 cm 되는 자유단에서 10 kg이 작용할 때 SFD 및 BMD를 그리고 $M = 0$인 위치를 구하라.

답 $R_A = 8\ \text{kg}$, $R_B = 22\ \text{kg}$, $M_C = 320\ \text{kg·cm}$, $M_B = -400\ \text{kg·cm}$, $x = 66.7\ \text{cm}$

19. 〈그림 7·77〉과 같이 3각형 荷重이 작용할 때 SFD 및 BMD를 그려라.

답 $R_A = R_B = \dfrac{w_1 l}{4}$, $M_{max} = \dfrac{w_1 l^2}{12}$

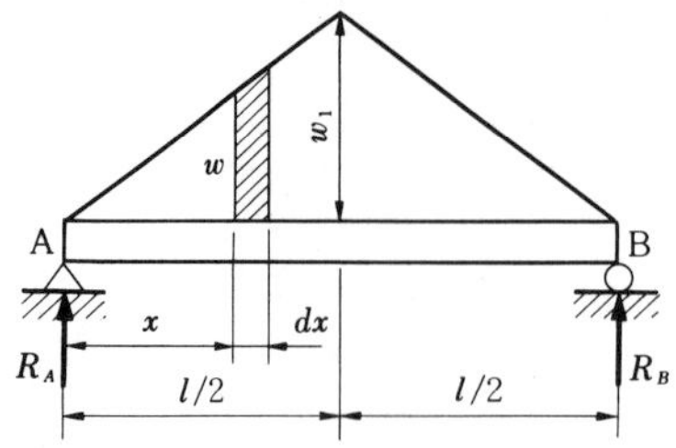

〈그림 7·77〉

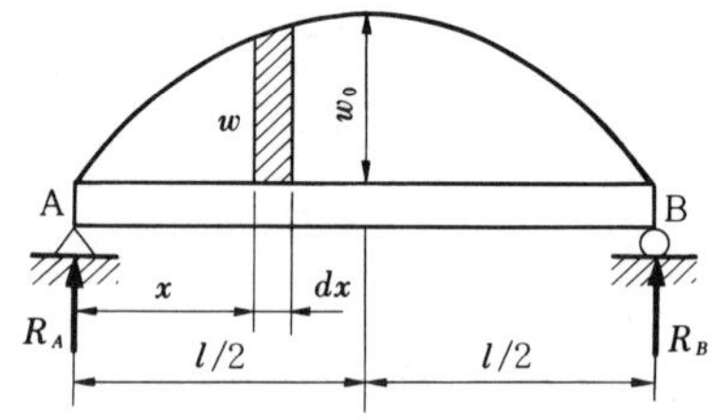

〈그림 7·78〉

20. 〈그림 7 · 78〉과 같이 길이가 l 인 단순보에 단위길이당 분포하중 $w = w_0 \sin\dfrac{\pi}{l}x$ 가 작용할 때 이 보의 SFD와 BMD를 구하라.

답 $V_A = \dfrac{w_0 l}{\pi}$, $V_B = -\dfrac{w_0 l}{\pi}$, $M_A = M_B = 0$, $\underset{\left(x=\frac{l}{2}\right)}{M_{max}} = \dfrac{w_0 l^2}{\pi^2}$

21. 〈그림 7 · 79〉와 같은 돌출보에서 均一分布荷重 4 kg/cm이 전길이에 작용할 때 SFD와 BMD를 그려라. 또한 $V=0$, $M=0$ 인 점의 위치와 $V=0$ 인 때의 M 을 구하라.

답 R_A=192kg, R_B=288kg, M_B=−800kg·cm, M_{max}=4608 kg·cm, V_0=48cm, M_0=96cm

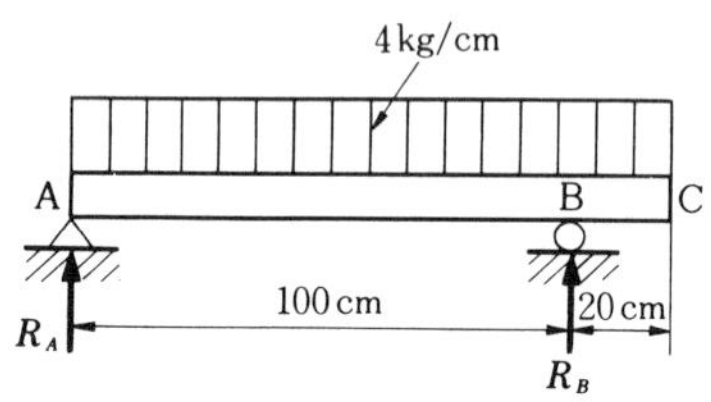

〈그림 7·79〉

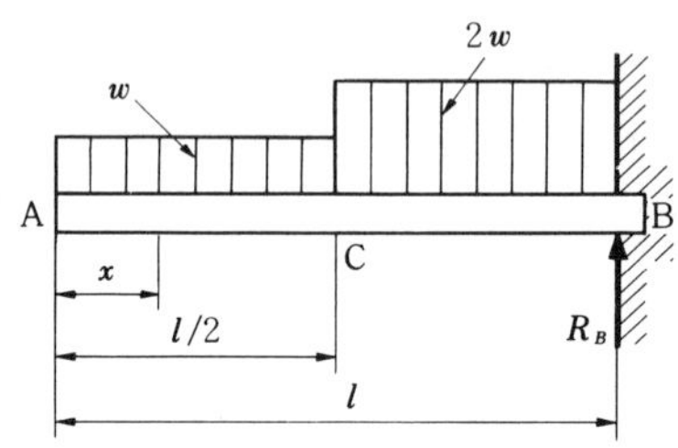

〈그림 7·80〉

22. 〈그림 7 · 80〉과 같은 均一分布荷重을 받는 경우 SFD 및 BMD를 그려라.

답 $R_B = \dfrac{3wl}{2}$, $M_B = \dfrac{-5wl^2}{8}$

23. 〈그림 7 · 81〉과 같은 단순보에서 2개의 집중하중이 지점으로부터 거리가 같을 때 反力 및 SFD와 BMD를 그려라.

답 $R_A = R_B = P$, $M_{CD} = \dfrac{Pl}{4}$

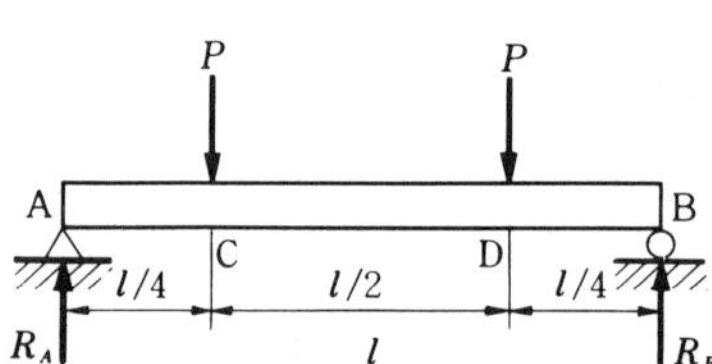

〈그림 7·81〉

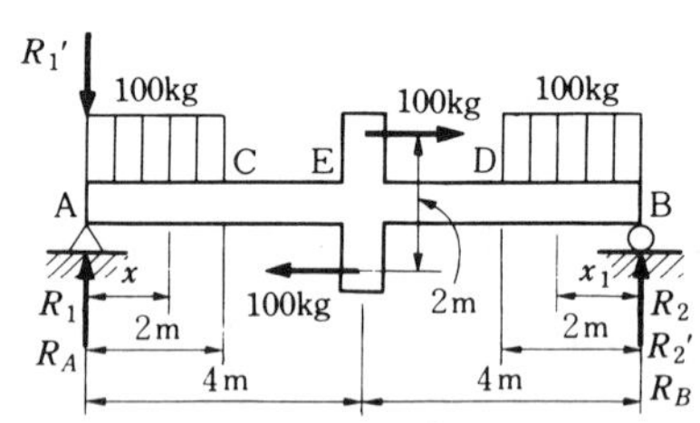

〈그림 7·82〉

24. 〈그림 7 · 82〉와 같은 단순보에서 균일분포하중과 모멘트가 작용할 때 D점의 剪斷力과 모멘트를 구하고 SFD와 BMD를 그려라.

답 $V_D = -25$ kg, $M_D = 150$ kg·m

25. 〈그림 7·83〉과 같은 보의 A점의 反力을 구하라. 단, $a = 9\,\text{m}$, $b = 3\,\text{m}$, $h = 2000\,\text{kg}$이다.

답 $R_A = 5000\,\text{kg}$

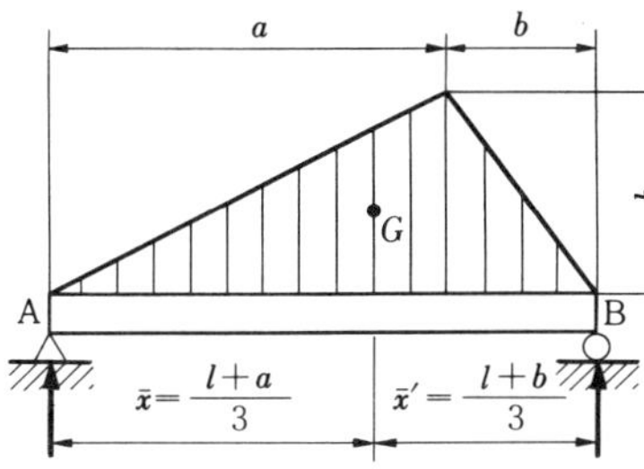

〈그림 7·83〉

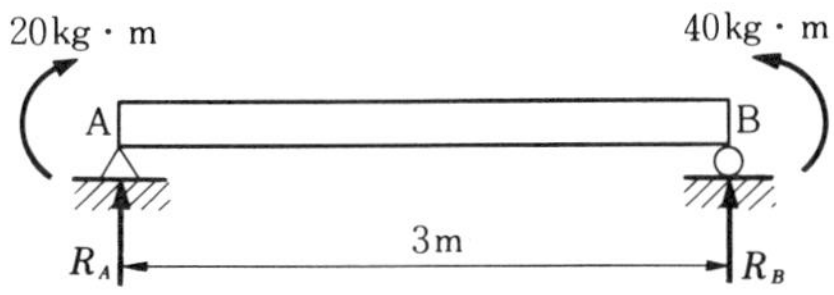

〈그림 7·84〉

26. 〈그림 7·84〉와 같은 보의 지점반력은 얼마인가?

답 $R_A = \dfrac{20}{3}\,\text{kg}$, $R_B = \dfrac{-20}{3}\,\text{kg}$

27. 〈그림 7·85〉에서 B점의 反力은 얼마인가?

답 $R_B = 5\,\text{kg}$

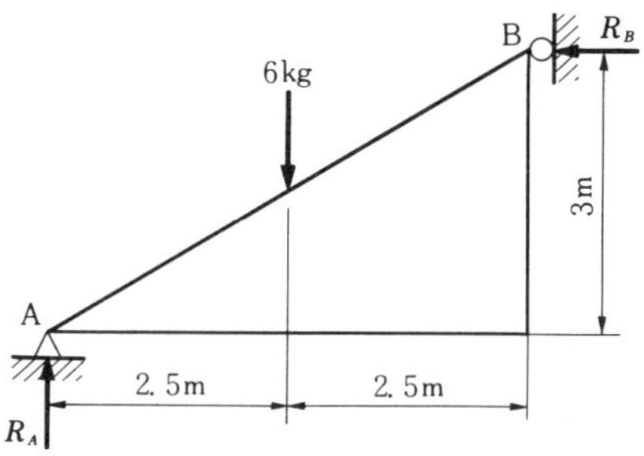

〈그림 7·85〉

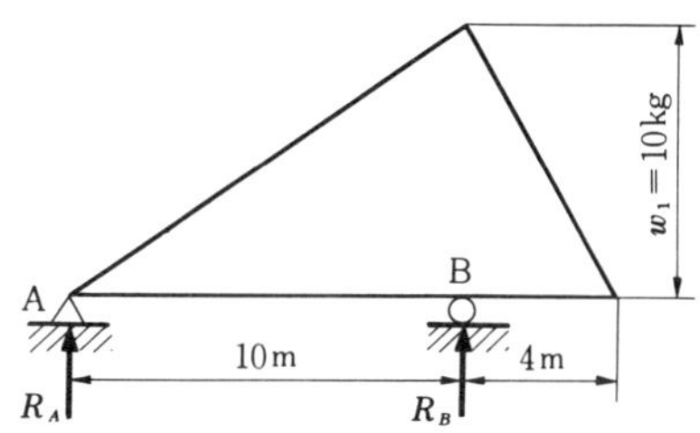

〈그림 7·86〉

28. 〈그림 7·86〉과 같은 돌출보에 하중이 작용할 때 反力의 크기를 구하라.

답 $R_A = 14\,\text{kg}$, $R_B = 56\,\text{kg}$

29. 〈그림 7·87〉과 같은 단순보의 A점의 反力은 얼마인가?

답 $VR_A = 1\,\text{kg}$, $HR_A = 5\,\text{kg}$

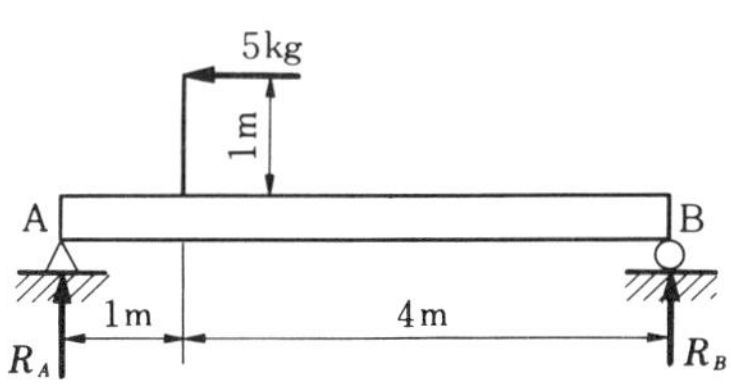

〈그림 7·87〉

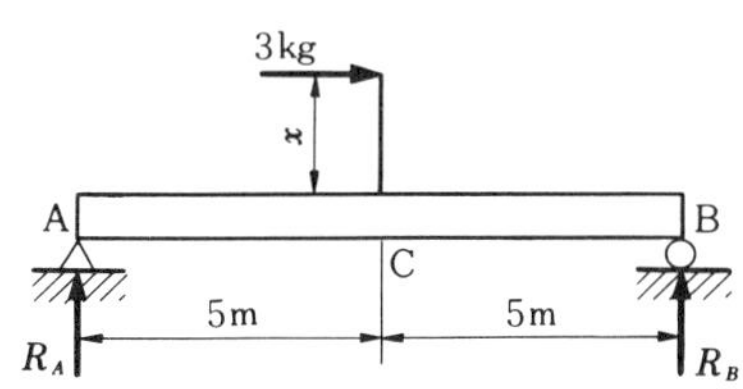

〈그림 7·88〉

30. 〈그림 7·88〉과 같은 보에서 $R_B = 3\,\text{kg}$이 될 때의 x의 거리는 얼마인가?

답 $x = 10\,\text{m}$

제 8 장

보 속의 應力

8-1 보 속의 굽힘應力

보의 단면에는 剪斷力과 굽힘모멘트가 작용하고 전단력에 의해서 전단응력이 생기며, 굽힘모멘트에 의해서 垂直應力이 생긴다. 그러나 전단력에 의한 영향은 극히 작으므로 이를 생략하고, 굽힘모멘트에 의한 수직응력만을 굽힘應力(bending stress)이라고 한다. 이것을 거론하기 위하여 〈그림 8·1〉과 같은 횡하중을 받는 보 A, B와 그것에 대한 전단력선도 및 굽힘모멘트선도를 고찰해 보자.

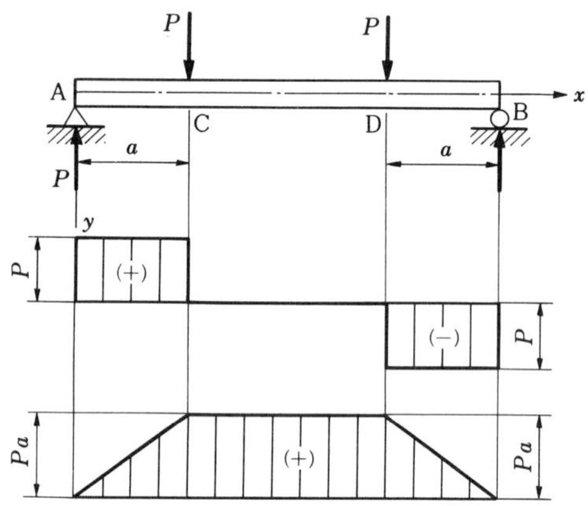

〈그림 8·1〉

이 보의 중앙 부분 C, D에는 전단력이 걸리지 않으며 균일한 굽힘모멘트 $M_{CD}=Pa$ 만이 작용하고 있다. 이와 같은 C, D부분의 상태를 純粹굽힘(pure bending)의 상태라고 한다. 이 순수굽힘으로 인해 그 곳에 발생하는 내부응력의 상태를 조사하려면, 그 부분의 변형상태를 고찰하기 위해서 다음과 같은 가정을 한다.

① 이 보는 재질이 均質하며 단면이 균일하고 중심축에 대해서 대칭면을 가진다.

② 이 面을 x, y 평면으로 잡는다.

③ 모든 하중들은 대칭면 내에서 작용하며 굽힘변형도 그 평면 내에서 일어난다.

④ 처음에 평면이었던 각 단면은 구부러진 후에도 평면을 유지하고 구부러진 軸線에 직교한다.

⑤ 재료는 훅의 法則을 따르며 인장압축 부분에 대한 영계수는 같다.

이상과 같은 가정으로 〈그림 8・2〉와 같은 구부러진 보의 요소에 대하여 생각해 보자. 이와 같이 굽힘변형하면 상부는 줄고 하부는 늘어나게 된다. 이 때 줄지도 늘지도 않는 면이 있다. 이 면(cc 面)을 中立面(neutral surface)이라고 한다. 이 중립면과 횡단면의 도심과의 교선을 그 단면의 中立軸(neutral axis)이라 하고, 구부러짐이 일어나는 中立軸을 원래의 축선에 대하여 彈性曲線(elastic curve)이라고 한다.

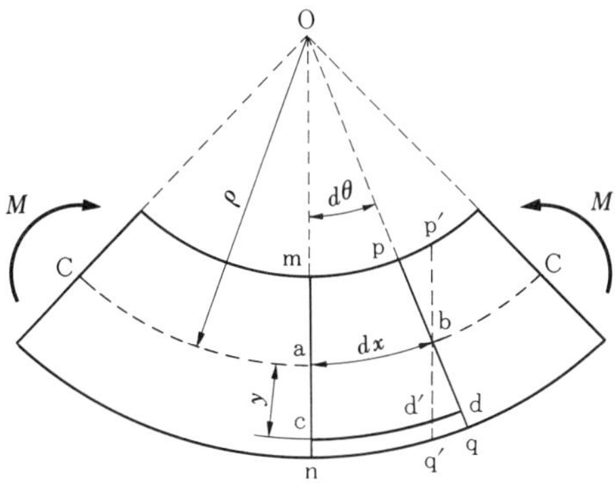

〈그림 8・2〉

이와 같은 변형이 일어나면 두 인접 단면 mn 과 pq 는 O점에서 서로 만나게 된다. 이들이 이루는 미소각을 $d\theta$ 라 하고 曲率반지름(radius of curvature)을 ρ 라 하면 탄성곡선의 曲率(curvature)은 $\dfrac{1}{\rho}$ 로 되고, △ aOb에서 기하학적으로 다음과 같이 된다.

$$\text{ab} = dx = \rho d\theta, \qquad \frac{1}{\rho} = \frac{d\theta}{dx} \quad \cdots\cdots\cdots \text{(a)}$$

중립축 위의 b 점을 지나며 mn 에 평행한 선 p′q′를 그리면 그것은 變形 전의 단면 pq 를 나타낼 것이다. 그러므로 그림에 의하면 중립면으로부터 y 만큼 떨어진 곳에 있는 임의의 섬유토막 cd 는 cd′가 d′d 만큼 늘어난 것으로 볼 수 있고 d′d 는 다음과 같이 된다.

$$\text{d}'\text{d} = \text{cd} - \text{cd}' = (\rho + y)\, d\theta - \text{ab} = y d\theta \quad \cdots\cdots\cdots \text{(b)}$$

△aOb 와 △d′bd 는 닮은꼴이므로 (a), (b) 두 식에서 변형률은 다음과 같이 된다.

$$\varepsilon = \frac{\text{d}'\text{d}}{\text{ab}} = \frac{y}{\rho} \quad \cdots\cdots\cdots \text{(c)}$$

이 곳의 응력은 변형률에 비례하므로 훅의 法則에 의하여 다음과 같이 된다.

$$\sigma = E\varepsilon = \frac{Ey}{\rho} \tag{8・1}$$

이 식에서 훅의 法則이 성립하는 한계 내에서는 순수굽힘에 인한 굽힘응력 σ_b 는 중립면으로부터의 거리 y 에 비례함을 알 수 있다.

〈그림 8・3〉에서 알 수 있는 바와 같이 굽힘응력 σ_b는 중립면으로부터 가장 멀리 떨어진 곳에서 최대값을 갖게 되며, 위에서는 最大壓縮應力$(\sigma_c)_{max}$, 아래에서는 最大引張應力$(\sigma_t)_{max}$이 작용하게 된다.

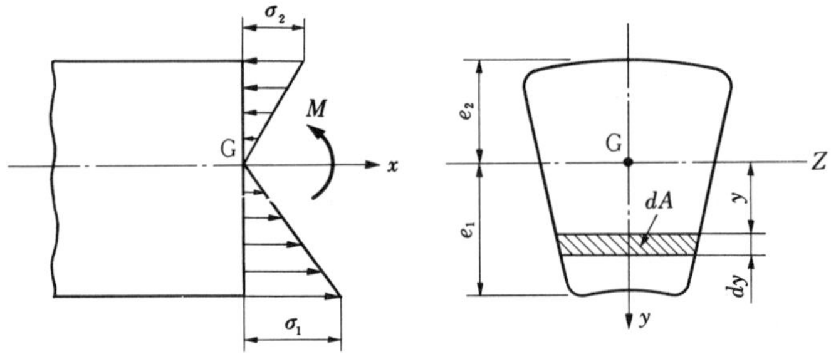

〈그림 8・3〉

중립축으로부터 y만큼 떨어진 미소면적을 dA라 하면, 그 면적 위에 작용하는 힘은 식 (8・1)에서 다음과 같이 된다.

$$dF = \sigma dA = \frac{E}{\rho} y dA \quad \cdots\cdots \text{(d)}$$

$$\therefore\ F = \frac{E}{\rho}\int_A y dA = 0 \quad \cdots\cdots \text{(e)}$$

식 (e)에서 E와 $\frac{1}{\rho}$은 상수이므로

$$\frac{E}{\rho} \fallingdotseq 0, \qquad \int_A y dA = 0$$

이 된다. 이것은 중립축에 대한 단면 1차모멘트가 0임을 나타낸다.

$A \fallingdotseq 0$이므로 $y = 0$이어야 한다.

따라서 중립축은 단면의 도심을 지나는 것을 알 수 있다. 그러므로 중립축은 단면의 한 主軸이 된다.

dA에 작용하는 힘 σdA의 중립축에 관한 모멘트의 合은 굽힘모멘트 M과 같다. 미소힘 dF의 중립축에 대한 모멘트를 취하면,

$$dM = y dF = y\sigma dA$$

$$\therefore\ M = \int_A y\sigma dA = \frac{E}{\rho}\int_A y^2 dA \quad \cdots\cdots \text{(f)}$$

여기서 $$I = \int_A y^2 dA \quad \cdots\cdots \text{(g)}$$

는 중립축에 관한 2차모멘트이다.

식 (f)에 식 (g)를 대입하면,

$$M = \frac{EI}{\rho}, \qquad \frac{1}{\rho} = \frac{M}{EI} \qquad (8 \cdot 2)$$

식 (8・2)로부터 曲率 $\frac{1}{\rho}$은 굽힘모멘트 M에 비례하고, 굽힘강성계수(flexural rigidity)

EI 에 반비례함을 알 수 있다.

식 (8 · 1)에 식 (8 · 2)를 대입하면 다음과 같은 식을 얻을 수 있다.

$$\left.\begin{aligned} \sigma &= \frac{My}{I} \\ M &= \sigma\frac{I}{y} \end{aligned}\right\} \qquad (8\cdot 3)$$

단면 mn에 작용하는 굽힘응력은 y에 비례함을 알 수 있고, 중립면에서부터 가장 멀리 떨어져 있는 섬유층에서 최대값을 갖게 되며 보의 중립면 아랫부분에서 최대인장응력이 되고, 윗부분에서 최대압축응력이 작용하게 된다.

식 (8 · 3)에서 y 대신 중립축에서부터 최대인장과 압축을 받는 맨 끝의 組織까지의 거리 e_1, e_2를 대입하고 상부를 압축하려는 모멘트 M을 正, 引張端까지의 거리 e_1을 正, 하부를 압축하려는 M과 압축단까지의 거리 e_2를 負로 하면 다음과 같이 된다.

$$\left.\begin{aligned} (\sigma_t)_{\max} &= \frac{Me_1}{I} = \frac{M}{Z_1} \\ (\sigma_c)_{\max} &= -\frac{Me_2}{I} = -\frac{M}{Z_2} \end{aligned}\right\} \qquad (8\cdot 4)$$

여기서, $Z_1 = \frac{I}{e_1}$, $Z_2 = \frac{I}{e_2}$ 이다.

만일 단면이 Z축에 대하여 대칭이라면 $e_1 = e_2 = e$ 이고, 최대인장응력과 압축응력의 절대값은 동일하다.

$$\left.\begin{aligned} (\sigma_t)_{\max} &= -(\sigma_c)_{\max} = \frac{Me}{I} = \frac{M}{Z} \\ \sigma &= \pm\frac{M}{Z}, \qquad \sigma Z = \pm M \end{aligned}\right\} \qquad (8\cdot 5)$$

식 (8 · 3), (8 · 4) 및 (8 · 5)를 보의 굽힘공식(bending formula)이라 하고, σZ는 굽힘모멘트에 저항하는 보의 應力모멘트이므로 이를 저항모멘트(resisting moment)라고 한다. 굽힘공식에 의하면 단면이 일정한 보에서는 굽힘응력은 굽힘모멘트에 비례하므로 最大굽힘모멘트가 작용하는 단면에서 最大굽힘응력이 일어나고, 파손에 대하여 가장 위험하기 때문에 이 단면을 危險斷面(dangerous section)이라 하고 보의 强度는 항상 이 단면에 대하여 고려한다.

윗면보다 아랫면이 넓은 사다리꼴 단면의 경우에는 $e_1 > e_2$이며, 따라서 $Z_1 < Z_2$로 된다. 그러므로 이런 단면을 갖는 보가 위로 오목하게 굽으면 上面에 걸리는 최대압축응력이 下面에 걸리는 최대인장응력보다 크게 된다. 따라서 주철과 같은, 인장보다 압축에 강한 재료로 만드는 경우에는 이런 단면형을 택하는 것이 유리하다.

예제 8-1. 지름 5 mm의 강철선을 지름 1.2 m의 원통에 〈그림 8 · 4〉와 같이 감을 때의 굽힘응력과 굽힘모멘트를 구하라. 단, $E = 20,000\ \text{kg/mm}^2$이다.

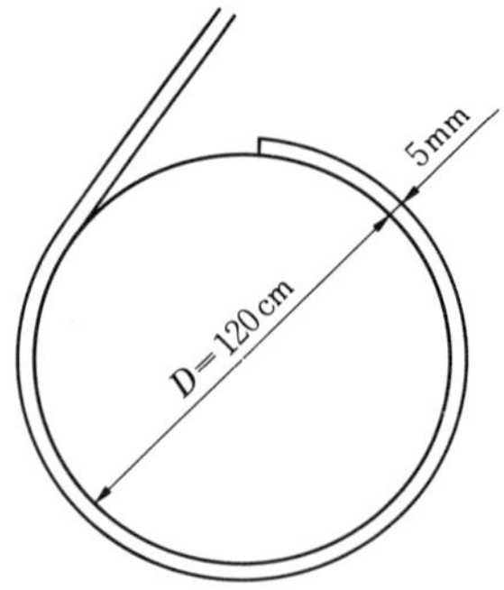

〈그림 8·4〉

풀이 $\sigma_t = E\varepsilon = \dfrac{Ey}{\rho} = E\dfrac{\frac{d}{2}}{\frac{D+d}{2}} = E\dfrac{d}{D+d} = \dfrac{20,000 \times 2.5}{600+2.5} = 82.98\,\mathrm{kg/mm^2}$

$\sigma_c = 82.98\,\mathrm{kg/mm^2}$

$M = \sigma Z = 82.98 \times \dfrac{\pi \times 5^3}{32} = 1017.8\,\mathrm{kg \cdot mm}$

예 제 8-2. 폭 × 높이 = 25 cm × 30 cm인 矩形斷面인 외팔보가 길이 100 cm, 自由端에 150 kg의 집중하중을 받을 때 최대굽힘응력을 구하라.

풀이 $\sigma_{\max} = \dfrac{My}{I} = \dfrac{Pl \cdot \frac{h}{2}}{\frac{bh^3}{12}} = \dfrac{6Pl}{bh^2} = \dfrac{6 \times 150 \times 100}{25 \times 30^2} = 4\,\mathrm{kg/cm^2}$

예 제 8-3. 길이 $l = 4\,\mathrm{m}$의 단순보가 균일분포하중 $w = 4\,\mathrm{kg/cm}$가 작용할 때 최대굽힘응력을 구하라. 단, $b \times h = 8 \times 12\,\mathrm{cm}$의 직 4 각형 단면이다.

풀이 $M_{\max} = \dfrac{wl^2}{8} = \dfrac{4 \times 400^2}{8} = 80,000\,\mathrm{kg \cdot cm}$

$\sigma_b = \dfrac{M}{Z} = \dfrac{80,000 \times 6}{8 \times 12^2} = 416.6\,\mathrm{kg/cm^2}$

예 제 8-4. 길이 1200 cm인 단순보의 중앙에 60 kg 의 집중하중이 작용한다. 지름이 4 cm인 圓形斷面일 때의 최대굽힘응력은 얼마인가?

풀이 $\sigma = \dfrac{M_{\max}}{Z} = \dfrac{\frac{60 \times 1200}{4}}{\frac{\pi \times 4^3}{32}} = \dfrac{60 \times 1200 \times 32}{4 \times 3.14 \times 4^3} = 2866\,\mathrm{kg/cm^2}$

8-2 보斷面의 여러 가지 형상

경제적인 보의 설계에 있어서 단면의 形狀決定이 대단히 중요한 문제이다. 굽힘으로 인하여 발생하는 最大引張應力과 壓縮應力은 중립축으로부터의 거리에 비례하여 가장 먼 상하 부분에 작용하므로, 인장과 압축에 대하여 똑같은 강도의 재료이면 중립축에 대하여 대칭형인 단면을 채택하는 것이 합리적이다.

이와 같이 하면 인장 및 압축에 대하여 똑같은 安全係數를 보장할 수 있다. 따라서 인장과 압축강도가 같은 구조용 鋼은 중립축에 대하여 대칭형인 정방형·장방형·원형 및 I 형 등을 사용한다. 레일(rail)은 용도상 중립축에 대하여 대칭으로 만들지 못하므로 재료를 상하에 적당히 분포함으로써 중립축이 높이의 중점을 지나도록 한다. 주철, 콘크리트 및 石材들은 인장응력이 압축응력보다 약하므로 인장측에 많은 재료가 분포되도록 함으로써 비대칭형이 된다.

즉, 중립축으로부터 인장, 압축 最外層까지의 거리 e_1, e_2의 比가 인장, 압축의 强度의 比와 같은 단면으로 만들면 인장과 압축에 대한 抵抗力이 같아진다. 예로서, T 형단면에서는 플랜지와 웨브(web)의 치수를 조절함으로써 그 단면의 도심을 어떤 높이에라도 오게 할 수 있다. 굽힘작용을 받는 보를 설계함에 있어서는 강도의 조건을 만족시키는 일에만 전념할 것이 아니라, 보의 중량에 관련되는 조건을 만족시키는 경제적 조건도 함께 고려해야 한다. 단면계수와 안전계수가 일정할 때는 단면적이 작은 편이 재료가 경제적이므로 높은 단면이 낮은 단면보다 면적이 작게 된다. 다음에 여러 가지 단면의 모양을 비교해 보자.

① 폭 b, 높이 h 의 직4각형 단면의 斷面係數는 다음과 같다.

$$Z = \frac{M}{\sigma}, \qquad Z_s = \frac{bh^2}{6} = \frac{1}{6}Ah = 0.1667Ah \quad \cdots\cdots\cdots\cdots \text{(a)}$$

식 (a)에 의하면 h 가 증가함에 따라 면적 A 가 점점 작아서 경제적임을 보여 준다. 그러나 단면의 폭이 너무 좁아지면 보의 橫安全性이 나빠지기 때문에 높이 h와 폭 b 사이에는 적당한 한계가 있고, 단면이 좁아지면 挫屈(buckling)현상에 의하여 파괴되는 것이다.

지름이 d 인 圓形斷面의 단면계수는 다음과 같다.

$$Z_c = \frac{\pi d^3}{32} = \frac{1}{8}Ad = 0.125\,Ad \quad \cdots\cdots\cdots\cdots \text{(b)}$$

다음에는 단면적이 서로 같은 원형단면과 정4각형 단면을 비교해 보자. 이 때 정4각형의 한 변의 길이는 $h = \frac{d\sqrt{\pi}}{2}$ 이고, 식 (a)에 대입하면

$$Z_s = \frac{h^3}{6} = \frac{1}{6}\left(\frac{d\sqrt{\pi}}{2}\right)^3 = \frac{\sqrt{\pi}}{12}Ad = 0.1475\,Ad$$

$$\therefore \frac{Z_s}{Z_c} = \frac{0.1475\,Ad}{0.125\,Ad} = 1.18$$

$$Z_s = 1.18\,Z_c \quad \cdots\cdots\cdots\cdots \text{(c)}$$

식 (c)에 의하면 정4각형 단면이 원형단면보다 18%만큼 단면계수가 크므로 경제적임을 알 수 있다.

② 단면의 높이에 연한 응력분포를 고려한다면 재료의 中立軸에 가까운 부분에서는 작게 하여 外側으로 많이 분포시켜 대부분의 재료가 균일하게 응력을 받도록 배치하면 단면

적이 작고 경제적이다.

같은 면적을 갖는 단면에서는 中立軸으로부터 멀어진 부분에 많은 면적을 가질수록 단면계수가 크게 되어 보다 큰 굽힘모멘트에 견딜 수 있다. 中空斷面 I形斷面이 그 예이다.

〈그림 8·5〉와 같이 그 단면의 $\frac{1}{2}$을 中立軸으로부터 $\frac{h}{2}$에 배치하면 단면계수는 다음과 같다.

$$I = 2 \times \frac{A}{2} \times \left(\frac{h}{2}\right)^2 = \frac{1}{4} Ah^2$$

$$Z = \frac{1}{2} Ah = 0.5\, Ah \quad \cdots\cdots (d)$$

실제로는 플랜지를 연결하는 웨브(web)가 있어야 하므로 식 (d)의 값보다 작아져 I 형단면에서는 대략 다음과 같다.

$$Z \fallingdotseq \frac{1}{3} Ah = 0.33\, Ah \quad \cdots\cdots (e)$$

식 (e)는 식 (a)에 비하여 대단히 크므로 I 형단면이 정4각형 단면보다 경제적이고 挫屈現象에 대해서도 안정성이 크다.

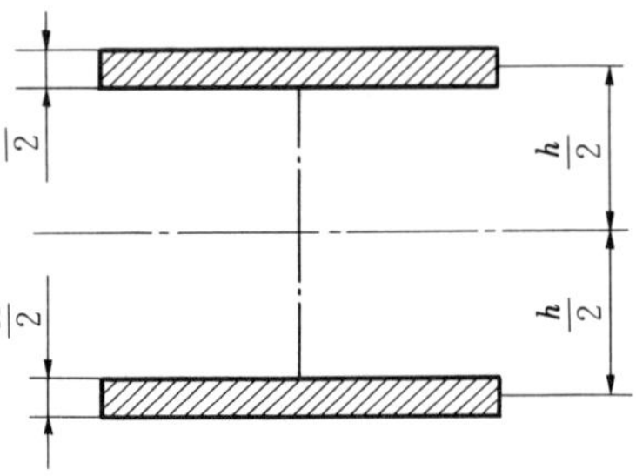

〈그림 8·5〉

③ 보가 보다 큰 굽힘모멘트에 견딜 수 있으려면 抵抗굽힘모멘트 식 $M = \sigma Z$ 에서 Z 의 값을 크게 하지 않으면 안 된다. 즉, Z의 값을 크게 할수록 굽힘에 대한 抵抗力이 커진다.

Z를 크게 하는 데는 일반적으로 A 를 크게 하면 단면계수가 증대하지만, A 를 크게 하는 것보다는 〈그림 8·6〉과 같이 中立軸에서부터 멀어질수록 층의 면적이 감소하는 정4각형, 3각형, 원형 등에서 층의 길이가 작은 부분을 절취함으로써 오히려 단면계수가 증가할 때가 있다.

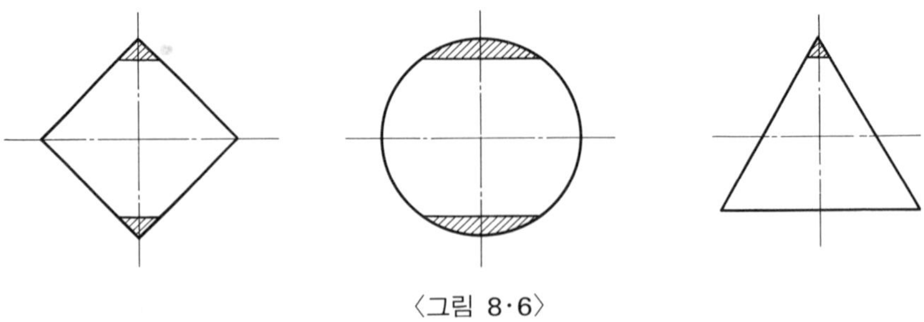

〈그림 8·6〉

예제 8-5. 〈그림 8·7〉에서 (a)와 (b)의 최대굽힘응력이 같을 때 P_1, P_2의 크기의 比를 구하라.

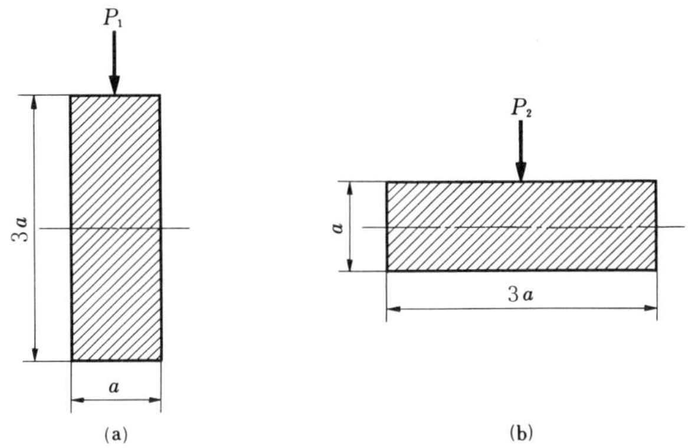

〈그림 8·7〉

풀이 (a)의 단면계수 : $Z_1 = \frac{1}{6}bh^2 = \frac{1}{6}a \times 9a^2$

(b)의 단면계수 : $Z_2 = \frac{1}{6}3a \times a^2$

최대굽힘응력이 같으므로, $\sigma = \frac{M}{Z}$ 으로부터

$$\frac{M_1}{M_2} = \frac{\sigma\frac{9}{6}a^3}{\sigma\frac{3}{6}a^3} = 3, \qquad M_1 = 3M_2$$

즉, M_1이 M_2보다 3배 크므로 P_1이 P_2보다 3배 크다.

예제 8-6. 중량과 길이가 같은 두 보가 있다. 지름 d인 圓形斷面實體보와 바깥지름 D, 안지름 D_1인 圓筒形斷面에 있어서 이 두 보의 단면계수를 구하라.

풀이 각 단면적은 $A = \frac{\pi d^2}{4} = \frac{\pi(D^2 - D_1^2)}{4}$

實體보의 $Z_1 = \frac{Ad}{8}$

圓筒보의 $Z_2 = \frac{\pi(D^4 - D_1^4)}{32D} = \frac{AD}{8}\left(1 + \frac{D_1^2}{D^2}\right)$

$D_1^2 = D^2 - \frac{4A}{\pi}$ 이므로, $Z_2 = \frac{AD}{8}\left(2 - \frac{4A}{\pi D^2}\right)$

$$\therefore \frac{Z_2}{Z_1} = \frac{D}{d}\left(2 - \frac{4A}{\pi D^2}\right)$$

두꺼운 원통이면 D가 d에 가까워지므로 Z_2는 Z_1에 가까워지고, 대단히 얇은 원통이면 $\frac{Z_2}{Z_1} = \frac{2D}{d}$에 가까워진다.

예제 8-7. 〈그림 8·8〉에서 지름 d인 원형단면의 原木으로부터 최대강도를 갖는 직4각형 단면을 만들려고 한다. 단면치수의 比 $\frac{b}{h}$를 구하라.

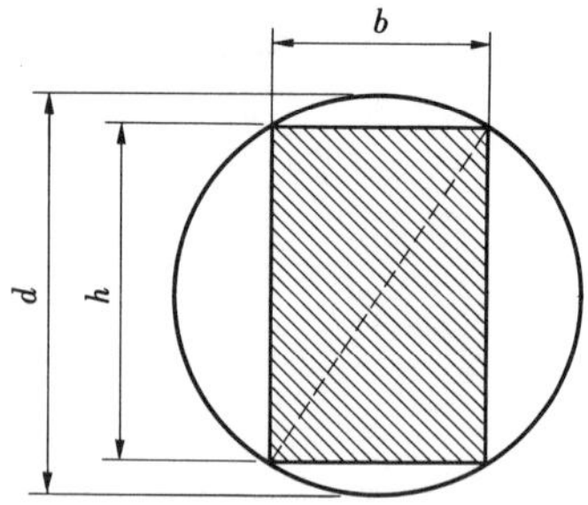

〈그림 8·8〉

풀이 最大굽힘응력은 $\sigma_{\max}=\dfrac{M}{Z}$, 따라서 단면계수 Z가 가장 큰 직4각형 단면이 최대강도의 단면이 되므로 그림에서

$$h=\sqrt{d^2-b^2} \quad \cdots\cdots\cdots \text{(a)}$$

$$Z=\frac{bh^2}{6}=\frac{b(d^2-b^2)}{6}=\frac{d^2b-b^3}{6}$$

Z를 최대로 하는 b의 값은 $\dfrac{dZ}{db}=0$으로 놓고 정리하면,

$$\frac{dZ}{db}=\frac{d^2-3b^2}{6}=0, \qquad d^2-3b^2=0$$

$$b=\pm\frac{d}{\sqrt{3}} \quad \cdots\cdots\cdots \text{(b)}$$

여기서 $-b$ 항의 값을 가질 수 없으므로 $b=\dfrac{d}{\sqrt{3}}$이고, 이를 (a)에 대입하면

$$h=\sqrt{d^2-\frac{d^2}{3}}=\sqrt{\frac{2}{3}d^2} \quad \cdots\cdots\cdots \text{(c)}$$

$$\therefore\ \frac{b}{h}=\frac{1}{\sqrt{2}}$$

예제 8-8. 〈그림 8·9〉와 같이 정4각형 단면의 보가 있다. 대각선을 中立軸으로 하였을 때 한 변의 길이를 a라 하면 αa 만큼 절단함으로써 단면계수를 최대로 할 수 있다. 얼마만큼 잘라 내면 좋은가? 또 잘라 내기 전에 비해 應力은 얼마만큼 작아지는가?

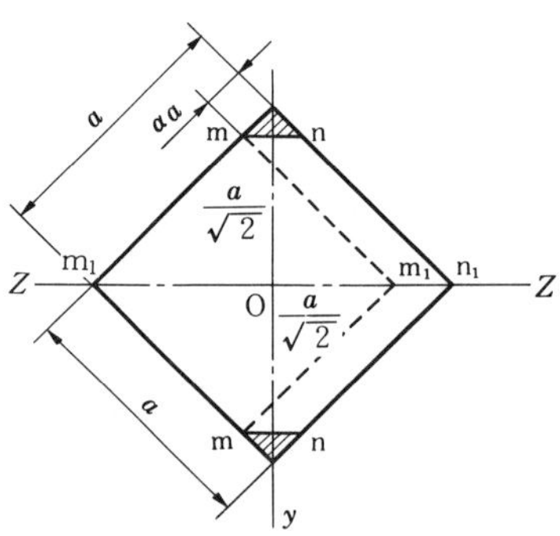

〈그림 8·9〉

풀이 中立軸에 대한 단면2차모멘트는 $I=\dfrac{a^4}{12}$

단면계수는 $Z=\dfrac{I}{\dfrac{a}{\sqrt{2}}}=\dfrac{\sqrt{2}}{12}a^3$

모서리를 αa 만큼 잘라 버린 후의 2차모멘트는 정4각형 mm_1mm_1의 그 대각선 m_1m_1에 관한 2차모멘트와 두 평행4변형 nmm_1n_1의 그 공통변 m_1n_1에 관한 2차모멘트들을 합한 것과 같다.

$$I' = \frac{a^4}{12} + 2\frac{bh^3}{3} = \frac{(a-\alpha a)^4}{12} + 2\frac{\sqrt{2}\alpha a}{3}\left[\frac{a(1-\alpha)}{\sqrt{2}}\right]^3$$

$$= \frac{a^4(1-\alpha)^4}{12} + 2\cdot\frac{\alpha a\sqrt{2}}{3}\cdot\frac{a^3(1-\alpha)^3}{2\sqrt{2}} = \frac{a^4(1-\alpha)^4}{12} + \frac{\alpha a^4(1-\alpha)^3}{3}$$

$$= \frac{a^4(1-\alpha)^3}{12}\cdot(1+3\alpha)$$

단면계수는

$$Z' = \frac{I'}{\frac{a(1-\alpha)}{\sqrt{2}}} = \frac{a^4(1-\alpha)^3(1+3\alpha)\sqrt{2}}{a(1-\alpha)12}$$

$$= \frac{\sqrt{2}}{12}a^3(1+\alpha-5\alpha^2+3\alpha^3) \quad \cdots\cdots \text{(a)}$$

$\frac{dZ'}{d\alpha} = 0$으로 놓고 α값의 최대값을 구하면,

$$\frac{\sqrt{2}}{12}a^3(1-10\alpha+9\alpha^2)=0$$

$$9\alpha^2-10\alpha+1=0, \qquad (9\alpha-1)(\alpha-1)=0 \qquad \therefore\ \alpha=\frac{1}{9}$$

이 α값을 Z'에 대입하면 최대단면계수는 다음과 같이 된다.

$$Z_{max}=1.053\frac{\sqrt{2}\,a^3}{12} = 1.053Z \quad \cdots\cdots \text{(b)}$$

이 결과로 보면 이 보의 모서리를 $\alpha=\frac{1}{9}a$ 만큼 잘라 버림으로써 그 단면계수는 약 5% 증가하며, 따라서 최대굽힘응력은 5%만큼 감소한다는 것을 알 수 있다. 작은 모서리 면적의 제거로 인한 그 단면의 2차 모멘트 감소의 효과보다도 最外側까지의 거리 감소의 효과가 더 크기 때문에 결국 단면계수 $Z=\frac{I}{e}$의 값이 증가한다. 즉, 재료의 일부분을 소거함으로써 단면의 強度를 증가시킬 수 있다는 사실을 알 수 있다.

예제 8-9. 〈그림 8·10〉과 같은 倒立 T형단면의 단순보에 인장과 압축에 대한 허용응력을 각각 $\sigma_t=280\ kg/cm^2$ 및 $\sigma_c=560\ kg/cm^2$으로 보고, 그 단면의 웨브의 두께 t와 Z_1과 Z_2를 구하라.

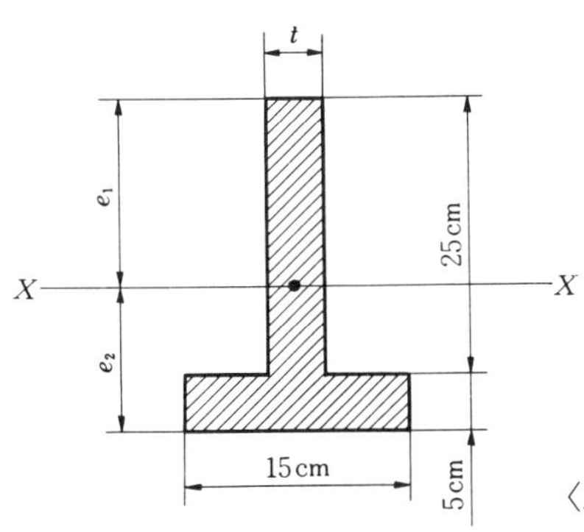

〈그림 8·10〉

풀 이 $\bar{y} = \dfrac{15\times5\times2.5+25t\times17.5}{15\times5+25t} = \dfrac{437.5t+187.5}{25t+75}$

$e_1 = 30-\bar{y},\quad e_2 = \bar{y},\quad \sigma_t = \dfrac{Me_2}{I},\quad \sigma_c = \dfrac{Me_1}{I}$

$\therefore \dfrac{e_1}{e_2} = \dfrac{\sigma_c}{\sigma_t} = \dfrac{560}{280} = \dfrac{2}{1}$

$e_1+e_2 = 30 \qquad \therefore e_1 = 20,\quad e_2 = 10$

$\therefore e_2 = 10 = \bar{y} = \dfrac{437.5t+187.5}{25t+75}$

$\therefore t = 3\text{ cm}$

$I = \dfrac{15\times5^3}{12} + 15\times5\times7.5^2 + \dfrac{3\times25^3}{12} + 25\times3\times7.5^2 = 12{,}500\text{ cm}^4$

$\therefore Z_1 = \dfrac{12{,}500}{20} = 625\text{ cm}^3,\qquad Z_2 = \dfrac{12{,}500}{10} = 1250\text{ cm}^3$

8-3 보 속의 剪斷應力

보는 일반적으로 荷重을 받으면 각 단면에 굽힘모멘트 M과 전단력 V를 동시에 일으킨다. 하중을 받아 구부러지면 보는 횡단면에 전단력이 일어나므로 단면에 따라 전단응력이 일어난다. 따라서 굽힘모멘트가 일정하지 않으면 언제나 전단력을 받는다는 것을 굽힘모멘트線圖에서 알 수 있었다. 굽힘모멘트는 그 단면에 발생한 법선응력 σ_x의 偶力의 合力이고, 전단력은 그 단면상에 어떤 상태로 분포하는 전단응력 τ의 합력이다.

橫斷面 전단응력의 크기와 분포상태를 구하려면 보 단면의 각 부분의 평형조건을 이용하여 縱斷面 전단응력의 존재를 출발점으로 하여 해석해도 되고, 다음과 같이 굽힘응력을 출발점으로 하여도 같은 결과를 얻을 수 있다.

〈그림 8·11〉과 같이 굽힘모멘트가 단면 위치에 따라 변화하는 일반적인 보에 있어서 dx 만큼 떨어진 임의단면 mn과 m_1n_1에 작용하는 굽힘모멘트를 각각 M 및 $M+dM$이라 하고, 그림(a)의 左側面 pn의 한 미소면적 dA상의 法線力은 식 (8·3)에서 $\sigma dA = \dfrac{My}{I}dA$이다.

따라서 側面 pn 전체에 있어서 법선력의 합력은 다음과 같다.

$$\int_{y_1}^{\frac{h}{2}} \frac{My}{I}dA \qquad \cdots\cdots (a)$$

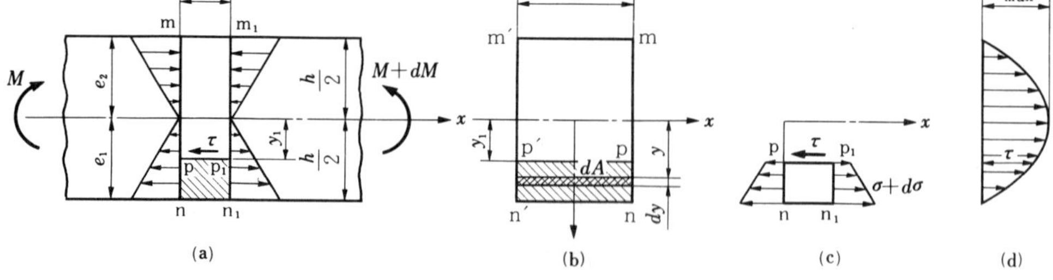

〈그림 8·11〉

같은 방법으로 右側面 p_1n_1 전체에 작용하는 법선응력의 합은 다음과 같다.

$$\int_{y_1}^{\frac{h}{2}} \frac{(M+dM)y}{I} dA \quad \cdots\cdots \text{(b)}$$

pp_1面上에 작용하는 전단력은 中立軸에서 임의의 높이 y_1 인 평면상의 전단응력을 τ라 하면 다음과 같다.

$$\tau bdx \quad \cdots\cdots \text{(c)}$$

여기서, τ는 임의의 높이 y_1 에서의 전단응력을 표시한다. 수평면과 세로면상에 같은 크기의 공액전단응력이므로 $\tau_{xy}=\tau_{yx}$이다.

보의 임의단면에서 수평방향의 힘이 평형되어야 하므로 식 (a), (b), (c)에서 다음과 같은 관계식을 얻을 수 있다.

$$\tau bdx + \int_{y_1}^{\frac{h}{2}} \frac{My}{I} dA = \int_{y_1}^{\frac{h}{2}} \frac{(M+dM)y}{I} dA$$

$$\tau = \frac{dM}{dx} \cdot \frac{1}{bI} \int_{y_1}^{\frac{h}{2}} ydA \quad \cdots\cdots \text{(d)}$$

식 (d)에 식 (7・2)를 대입하면 다음과 같은 식을 얻을 수 있다.

$$\tau = \frac{V}{bI} \int_{y_1}^{\frac{h}{2}} ydA \qquad (8 \cdot 6)$$

식 (8・6)은 임의단면의 중립축에서 임의거리 y_1 만큼 떨어진 要素의 평면상의 전단응력을 구하는 일반식이다.

이 식 속의 적분은 y_1 부터 아래쪽에 있는 단면, 즉 그림 (b)의 사선 부분(pp′nn′)의 중립축에 대한 1차모멘트이며, 이 값은 y_1의 위치에 따라 변화되고 따라서 τ에게도 변화를 준다. 전단응력의 분포는 y_1에 따라 변화되고 굽힘응력이 0인 중립축에서 최대, 굽힘응력이 최대로 되는 상하 주변에서 0이 됨을 알 수 있다. 식 (8・6)에서 1차모멘트를 Q로 표시하면 다음과 같이 간단한 식이 된다.

$$\tau = \frac{VQ}{Ib} \qquad (8 \cdot 7)$$

이 전단응력이 중립축으로부터 y_1의 거리에 따라 어떻게 변화하는가를 보려면 y_1에 따르는 Q의 변화를 조사하면 된다. 엄밀한 보를 설계할 때는 최대굽힘응력 및 최대전단응력에 대하여 충분한 强度를 갖도록 하고, 다음 장에 나오는 굽힘과 비틀림에 의한 組合應力에 대해서도 고려해야 한다.

1 직 4 각형 단면

〈그림 8・11〉 (b)와 같은 직 4 각형 단면에 있어서 $dA = bdy$, $e_1 = \frac{h}{2}$ 이므로

$$Q = \int_{y_1}^{\frac{h}{2}} ydA = \int_{y_1}^{\frac{h}{2}} bydy = \frac{b}{2}\left(\frac{h^2}{4} - {y_1}^2\right) \quad \cdots\cdots \text{(e)}$$

Q는 사선 부분의 면적 1차모멘트이므로 그 단면의 사선면적의 도심까지의 거리를 곱하여 얻을 수도 있다.

$$Q = b\left(\frac{h}{2} - y_1\right) \cdot \frac{1}{2}\left(\frac{h}{2} + y_1\right) = \frac{b}{2}\left(\frac{h^2}{4} - y_1^2\right)$$

이것을 식 (8·7)에 대입하여

$$\tau = \frac{V}{2I}\left(\frac{h^2}{4} - y_1^2\right) \qquad (8\cdot8)$$

이 식에서 $y_1 = \pm\frac{h}{2}$에서는 $\tau = 0$, $y_1 = 0$에서는 최대값이 된다.

$$\tau_{max} = \frac{Vh^2}{8I} = \frac{3}{2}\ \frac{V}{A} = 1.5\ \tau_{mean} \qquad (8\cdot9)$$

이 식에서 최대전단응력은 전단력을 橫斷面積으로 나눈 평균전단응력보다 50% 더 크다는 것을 알 수 있다. 또한 그 선도는 y_1에 따라 포물선형으로 된다.

2 I형단면

〈그림 8·12〉와 같은 I형단면도 플랜지와 웨브의 부분으로 나누어 직4각형과 같은 방법으로 계산할 수 있다.

$$Q = \int_{y_1}^{\frac{h}{2}} ydA = \int_{\frac{h_1}{2}}^{\frac{h}{2}} bydy + \int_{y_1}^{\frac{h_1}{2}} tydy = b\left[\frac{y^2}{2}\right]_{\frac{h_1}{2}}^{\frac{h}{2}} + t\left[\frac{y^2}{2}\right]_{y_1}^{\frac{h_1}{2}}$$

$$= \frac{b}{2}\left(\frac{h^2}{4} - \frac{h_1^2}{4}\right) + \frac{t}{2}\left(\frac{h_1^2}{4} - y_1^2\right)$$

사선 부분의 면적에다 그 단면의 중립축으로부터 사선 부분의 도심까지의 거리를 곱해서 구하면

$$Q = \int_{y_1}^{\frac{h}{2}} ydA = b\left(\frac{h}{2} - \frac{h_1}{2}\right) \cdot \frac{1}{2}\left(\frac{h}{2} + \frac{h_1}{2}\right) + t\left(\frac{h_1}{2} - y_1\right)$$

$$\cdot \frac{1}{2}\left(\frac{h_1}{2} + y_1\right) = \frac{b}{2}\left(\frac{h^2}{4} - \frac{h_1^2}{4}\right) + \frac{t}{2}\left(\frac{h_1^2}{4} - y_1^2\right)$$

이 식을 식 (8·7)에 대입하면,

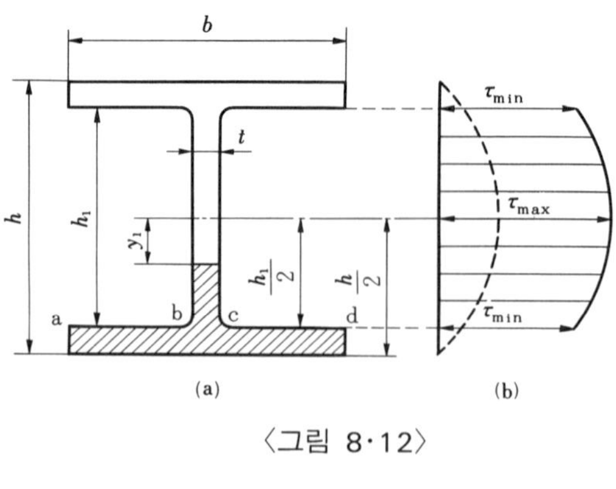

〈그림 8·12〉

$$\tau = \frac{V}{tI}\left[\frac{b}{2}\left(\frac{h^2}{4} - \frac{h_1^2}{4}\right) + \frac{t}{2}\left(\frac{h_1^2}{4} - y_1^2\right)\right] \tag{8·10}$$

$y_1=0$에서 중립축의 최대전단응력은

$$\tau_{\max} = \frac{V}{tI}\left[\frac{b}{2}\left(\frac{h^2}{4} - \frac{h_1^2}{4}\right) + \frac{t\,h_1^2}{8}\right] \tag{8·11}$$

$y_1 = \dfrac{h_1}{2}$ 에서 플랜지와 결합된 웨브의 끝 위치에 최대전단응력이 일어난다.

$$\tau_{\min} = \frac{V}{tI}\left[\frac{b}{2}\left(\frac{h^2}{4} - \frac{h_1^2}{4}\right)\right] \tag{8·12}$$

이 I 형단면의 전단응력분포는 〈그림 8·12〉(b)와 같은 포물선으로 된다. 이것은 웨브가 받는 전단응력선도이며, 이의 면적에 웨브의 두께 t를 곱하면 웨브가 받는 全剪斷力 V_w가 된다.

표준 I 단면 및 H 단면에서는 $V_w \fallingdotseq V$가 되어 全剪斷力 V의 극히 작은 부분만을 플랜지가 분담한다는 것을 의미하므로 이를 무시하는 경우가 많다. 따라서 플랜지 내의 전단응력은 웨브 내의 전단응력보다 대단히 작다는 것을 알 수 있다. 그러므로 전단력 V는 웨브에 의해서 지지되고 있다고 가정해도 좋으며, 플랜지는 전단력을 지지하는 데 아무 역할도 하지 않는다고 보아도 설계상에 지장이 없다. 사실상 $y_1 = \dfrac{h_1}{2}$ 인 플랜지와 웨브의 연결 부분에는 應力集中 등의 여러 가지 복잡한 불균일 응력분포 상태이며, 일반적으로 응력집중을 피하기 위하여 b, c 모양의 둥근 필릿(fillet)을 붙인다.

3 원형단면

〈그림 8·13〉과 같은 반지름이 r인 원형단면의 전단응력 분포를 구하면 다음과 같다. y만큼 떨어진 미소면적 dA를 취하면

$$y = r\sin\theta, \qquad dy = r\cos\theta\, d\theta$$
$$b = 2r\cos\theta = 2\sqrt{r^2 - y^2}$$

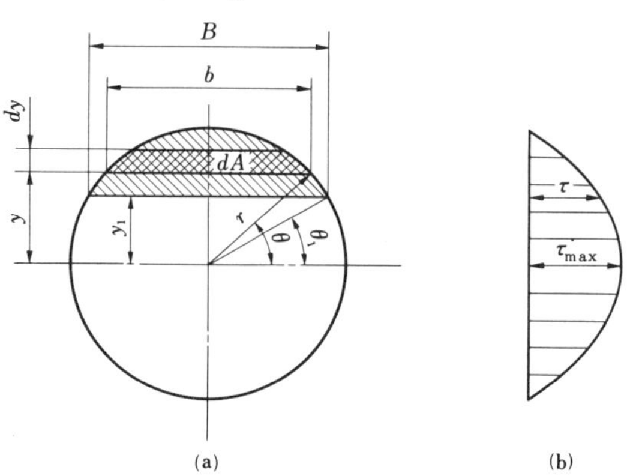

〈그림 8·13〉

$$Q=\int_{y_1}^{r} ydA=\int_{\theta_1}^{\frac{\pi}{2}} r\sin\theta\, 2r\cos\theta\, r\cos\theta\, d\theta=\int_{\theta_1}^{\frac{\pi}{2}} 2r^3(-d\cos\theta)\cos^2\theta$$

$$=-2r^3\left[\frac{1}{3}\cos^3\theta\right]_{\theta_1}^{\frac{\pi}{2}}=\frac{2}{3}r^3\cos^3\theta_1=\frac{2}{3}r^3\frac{(r^2-y_1^2)^{\frac{3}{2}}}{r^3}$$

$$=\frac{2}{3}(r^2-y_1^2)^{\frac{3}{2}}$$

y_1만큼 떨어진 사선 부분의

$$B=2r\cos\theta_1=2\sqrt{r^2-y_1^2},\qquad I=\frac{\pi r^4}{4},\qquad A=\pi r^2$$

이므로, 식 (8·7)에 대입하면

$$\tau=\frac{VQ}{IB}=\frac{4V}{\pi r^4\cdot 2r\cos\theta_1}\cdot\frac{2}{3}r^3\cos^3\theta_1$$

$$=\frac{4}{3}\frac{V}{A}\cos^2\theta_1=\frac{4}{3}\frac{V}{A}\left(1-\frac{y_1^2}{r^2}\right)\tag{8·13}$$

$\tau_{\max}$은 $\theta_1=0$, 혹은 $y_1=0$에서 생기므로

$$\tau_{\max}=\frac{4}{3}\cdot\frac{V}{A}=1.33\,\tau_{\text{mean}}\tag{8·14}$$

$\theta_1=\dfrac{\pi}{2}$ 에서 또는 $y_1=r$ 에서 $\tau=0$

따라서 원형단면의 최대전단응력은 평균전단응력보다 33%만큼 더 크다는 것을 알 수 있고, 이들의 관계는 〈그림 8·13〉(b)에서 보는 바와 같다.

예제 8-10. 〈그림 8·14〉와 같은 직4각형 단면의 단순보가 그 중앙단면에서 集中荷重 P를 받고 있다. 이 재료의 인장 또는 압축에 대한 허용응력은 $\sigma_w=70\,\text{kg/cm}^2$이고, 그 세로섬유에 평행하는 전단에 대한 허용사용응력은 $\tau_w=10\,\text{kg/cm}^2$이다. 하중 P의 安全값을 결정하라.

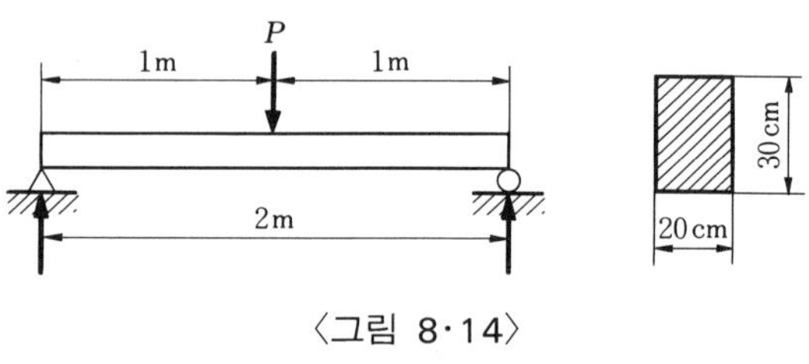

〈그림 8·14〉

풀이 $A=bh=600\,\text{cm}^2$, $Z=\dfrac{bh^2}{6}=3000\,\text{cm}^3$, $V=\dfrac{P}{2}$, $M=\dfrac{Pl}{4}=50P\,\text{kg·cm}$

$$\tau_{\max}=\frac{3}{2}\cdot\frac{V}{A}=\frac{P}{800},\qquad \sigma_{\max}=\frac{M}{Z}=\frac{P}{60}$$

최대응력들을 주어진 사용응력들로 대치하여 P를 구하면 다음과 같다.

$$P_1=800\,\tau_w=8000\,\text{kg}\qquad P_2=60\sigma_w=4200\,\text{kg}$$

따라서 안전하중은 굽힘응력에 지배되며 $P=4200\,\text{kg}$임을 알 수 있다.

예제 8-11. 길이 $l=2\,\mathrm{m}$의 단순보가 전길이에 均一分布荷重 $w=2000\,\mathrm{kg/m}$을 받고 있다. 이 보의 단면은 〈그림 8·15〉와 같은 T형단면이다. 이 보 속에 발생하는 최대 전단응력 τ를 구하라.

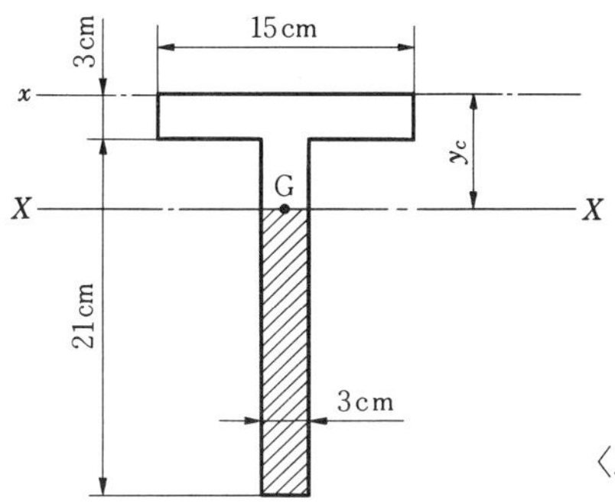

〈그림 8·15〉

풀이 최대전단력은 지점 바로 안쪽 단면에 걸리며 그 값은 지점반력과 같다. 즉,

$$V_{max}=\frac{wl}{2}=2000\,\mathrm{kg}$$

$$y_c=\frac{45\times1.5+63\times13.5}{108}=8.5\,\mathrm{cm}$$

$$I_x=\left(\frac{15\times8.5^3}{3}-\frac{12\times5.5^3}{3}\right)+\frac{3\times15.5^3}{3}=6129\,\mathrm{cm}^4$$

최대전단력은 중립축 위에 있으므로 사선 면적의 중립축에 관한 1차모멘트는

$$Q=15.5\times3\times0.5(15.5)=360.4\,\mathrm{cm}^3$$

$$\tau=\frac{VQ}{It}=\frac{2000\times360.4}{6129\times3}=39.2\,\mathrm{kg/cm^2}$$

예제 8-12. 〈그림 8·16〉과 같은 길이 $l=4\,\mathrm{m}$의 단순보에 균일분포하중이 작용하고 있으며 최대굽힘응력 $\sigma_{max}=85\,\mathrm{kg/cm^2}$이 될 때 최대전단응력을 구하라.

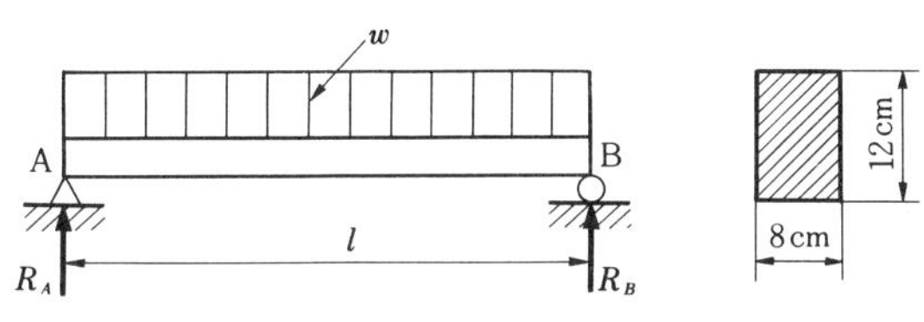

〈그림 8·16〉

풀이 $$M_{max}=\frac{wl^2}{8}=\frac{w\times400^2}{8}=\sigma_{max}Z$$

$$Z=\frac{bh^2}{6}=\frac{8\times12^2}{6}=192\,\mathrm{cm}^3$$

$$\frac{w\times400^2}{8}=85\times192,\qquad w=0.816\,\mathrm{kg/cm}$$

$$V_{max}=R_A=R_B=\frac{wl}{2}=\frac{0.816\times400}{2}=163.2\,\mathrm{kg}$$

$$\tau_{max}=\frac{3}{2}\times\frac{V}{A}=\frac{3\times163.2}{2\times8\times12}=2.55\,\mathrm{kg/cm^2}$$

8-4 組立보 속의 應力

보 중에는 같은 재료의 部材들을 조립하여 剛性의 보를 만들어 사용하고 있다. 組立보(built-up beam)에는 〈그림 8·17〉 (a)와 같이 간단한 상자형으로 4개의 木板을 대고 못 또는 나사를 박아 결합한 것이 있고, 그림 (b)와 같이 직4각형 단면의 木材 2개를 볼트로 결합한 나무 거더의 단면이 있다. 또 그림 (c)와 같이 鋼板으로 웨브와 플랜지 사이에 L形斷面材를 덧붙여 리벳으로 연결한 鋼板거더도 있다.

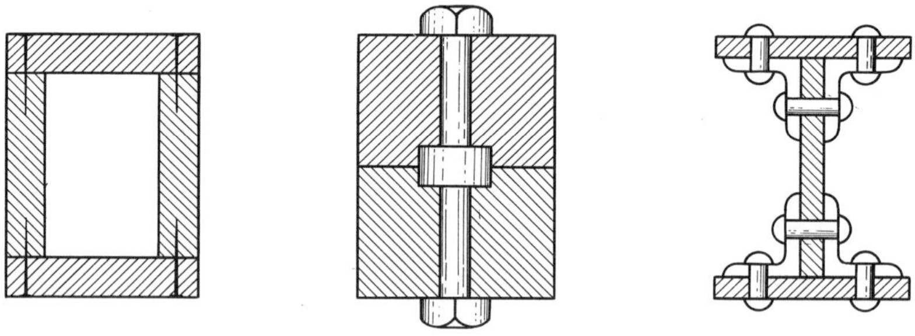

(a) (b) (c)

〈그림 8·17〉

組立보의 設計計算에는 두 가지 방법이 있다.

① 그 보를 單一材로 취급하여서 그 强度를 계산하여 설계해야 한다.

② 結合要素인 못, 리벳, 熔接部 등을 검토하여 설계하고 배치한다.

①의 계산에서는 單一材의 보에 대한 一般公式들을 쓰되 리벳구멍이나 틈 등의 弱化效果에 대한 여유로서 단면적을 줄여서 생각한다. ②의 結合要素들의 설계에 필요한 계산은 경우마다 다르며, 結合要素의 抵抗力을 검토하게 된다.

실제로는 組立 I-斷面鋼鐵보가 組立나무보보다 흔히 쓰인다. 이런 보는 처음에는 單一材의 보로서 설계되는데, 이 때에는 리벳구멍의 弱化效果를 보상하기 위하여 그 단면적을 적당히 줄여서 생각하고, 또 使用應力을 조절한다. 그 뒤에 이 보가 요소의 굽힘强度를 갖게끔 리벳들의 크기와 간격을 결정한다. 그 방법을 설명하기 위하여 웨브와 플랜지 L-形材를 결합할 리벳들의 간격을 결정해 보자.

〈그림 8·18〉과 같이 리벳의 간격을 e라 하고 mn과 m_1n_1 단면에 작용하는 굽힘모멘트들을 각각 M 및 $M+dM$이라고 하면, 이 굽힘모멘트의 차 dM 때문에 단면 mn과 m_1n_1에서의 法線應力 σ_x들은 서로 평형되지 않을 것이므로, 그림 (a)에 사선으로 표시된 플랜지 부분은 웨브에 대하여 미끄러지려고 할 것이다. 그런데 이 미끄러짐은 그 부분들 사이의 摩擦抵抗과 리벳의 剪斷抵抗에 의해서 저지되고 있다. 그러므로 摩擦抵抗을 무시하면 리벳에 걸리는 힘은 斷面 mn과 m_1n_1에 발생하는 法線應力의 差와 같을 것이다. 즉,

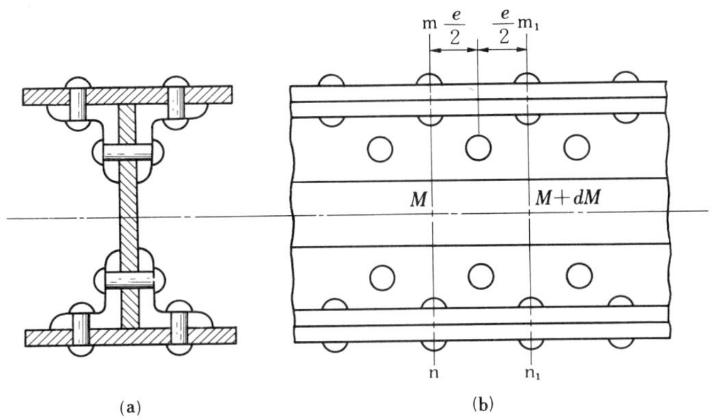

〈그림 8·18〉

$$\tau bdx + \frac{M}{I}\int ydA - \frac{M+dM}{I}\int ydA = 0$$

$$F = \frac{dM}{I}\int ydA \cdots\cdots\cdots (a)$$

이 식 속의 $\int ydA$는 사선으로 표시된 플랜지 부분 단면의 中立軸에 관한 1차모멘트이다. 식 (7·2) $dM/dx = V$에서 dM을 ΔM으로 바꾸고 dx를 e로 바꾸면 다음 관계를 얻는다.

$$\Delta M = Ve \cdots\cdots\cdots (b)$$

이 식을 식 (a)에 대입하고 $\int ydA = Q_F$로 나타내면, 각 리벳이 받아야 할 剪斷力을 표시하는 다음과 같은 식을 얻게 된다.

$$F = \frac{Ve}{I}Q_F \qquad (8 \cdot 15)$$

각 리벳은 2重剪斷狀態에 있다는 것을 명심하고, 리벳단면 위에 剪斷應力이 균일하게 분포한다고 가정한 許容應力값을 안다면 주어진 크기의 리벳이 받을 수 있는 힘 F를 계산할 수 있을 것이다. 따라서 식 (8·15)에서 리벳에 적합한 간격으로 결정할 수 있다.

예제 8-13. 〈그림 8·19〉에서 보는 바와 같이 상자형으로 조립된 $l = 2$ m인 단순보의

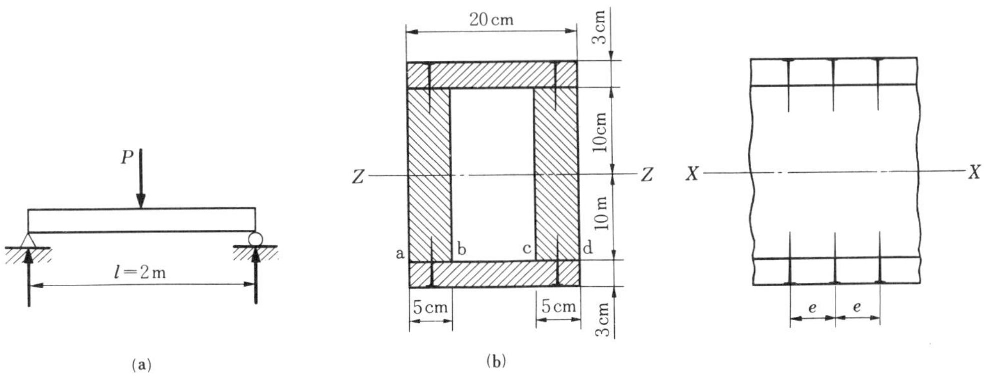

〈그림 8·19〉

중앙점에 鉛直荷重 P가 작용한다고 하자. 이 木材의 굽힘에 대한 許容使用應力은 $\sigma_w = 70\ \mathrm{kg/cm^2}$이다. 이 결합에 사용될 나사못들이 각각 剪斷力 $F = 300\ \mathrm{kg}$을 전달할 수 있다고 보고, 이들을 배치해야 할 간격 e를 결정하라.

풀이 $I_Z = \dfrac{10\times(20)^3}{12} + 2\left(\dfrac{20\times(3)^3}{12} + 60\times11.5^2\right) = 22,600\ \mathrm{cm^4}$

$$Z = \frac{I}{e} = \frac{22,600}{13} = 1740\ \mathrm{cm^3}$$

$$\sigma_w = \frac{M}{Z} = \frac{P\times200}{4\times1740} = 70\ \mathrm{kg/cm^2}$$

$P = 2436\ \mathrm{kg}$

각 단면에 걸리는 剪斷力

$V = P/2 = 1218\ \mathrm{kg}$,　　$Q = 20\times3\times11.5 = 690\ \mathrm{cm^3}$

結合部 ab, cd 부분에 발생하는 剪斷應力

$$\tau = \frac{VQ}{Ib} = \frac{1218\times690}{22,600\times10} = 3.72\ \mathrm{kg/cm^2}$$

각 나사못이 전달해야 할 水平剪斷力은

$$F = \frac{1}{2}(5+5)e\tau = \frac{1}{2}(10e\tau)$$

이 식으로부터 e의 값을 구하면, $e = \dfrac{F}{5\tau} = \dfrac{300}{5\times3.72} = 16.1\ \mathrm{cm}$

예제 8-14. 길이 $l = 2\ \mathrm{m}$의 I形鋼材 100×75×5 2개를 〈그림 8·20〉과 같이 결합하여 單純組立보로 하였다. 이 結合보에 사용된 리벳의 지름은 $d = 19\ \mathrm{mm}$이고, 그 中心間隔은 100 mm이다. 그리고 이 보는 均一分布荷重을 받으며 이로 인하여 그 속에 최대 굽힘응력 $1000\ \mathrm{kg/cm^2}$이 발생하고 있다. 이 보의 양단에서 가장 가까운 리벳에 걸리는 平均剪斷應力을 계산하라.

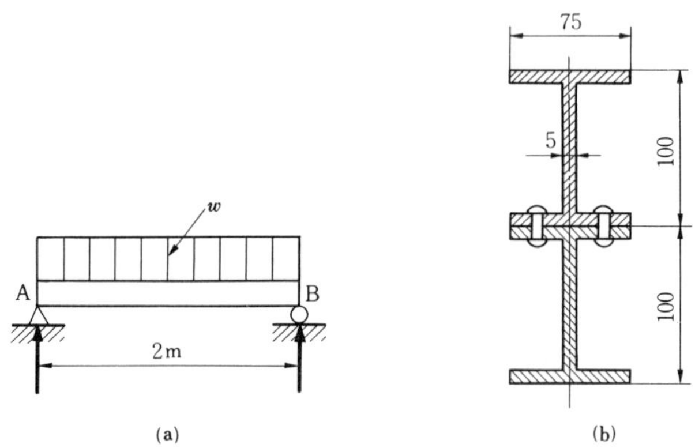

〈그림 8·20〉

풀이 부록의 I形鋼의 치수표에서

$A = 16.43\ \mathrm{cm^2}$,　$I_Z = 283\ \mathrm{cm^4}$,　$Z_Z = 56.5\ \mathrm{cm^3}$,　$w = 12.9\ \mathrm{kg/m}$

$I_Z = 2(283 + 16.43\times5^2) = 1387.5\ \mathrm{cm^4}$

$M = \sigma \dfrac{I}{e}$ 에서

$\dfrac{wl^2}{8} = 1000 \dfrac{1387.5}{10}$, $\quad w = 27.75\ \mathrm{kg/cm}$

$V_{\max} = R_A = \dfrac{wl}{2} = \dfrac{27.75 \times 200}{2} = 2775\ \mathrm{kg}$

$\tau_{\max} = \dfrac{VQ}{Ib} = \dfrac{2775 \times 82.15}{1387.5 \times 7.5} = 21.9\ \mathrm{kg/cm^2}$

$Q = 16.43 \times 5 = 82.15\ \mathrm{cm^2}$ (부록참고)

리벳의 중심거리 $e = 10\ \mathrm{cm}$이므로, 리벳에 걸리는 힘 F는

$$F = 10 \times 7.5 \times 21.9 = 1642.5\ \mathrm{kg}$$

한 개의 리벳에 작용하는 平均剪斷應力 τ_{av}는

$$\tau_{av} = \frac{F}{2A} = \frac{1642.5}{2 \times \frac{\pi}{4}(1.9)^2} = 289.8\ \mathrm{kg/cm^2}$$

8-5 보 속의 主應力

보의 한 단면에는 일반적으로 굽힘모멘트 M과 剪斷力 V가 동시에 작용하면 그 단면 위의 각 점에는 식 (8・3)과 (8・7)로 주어지는 굽힘응력 σ_x와 전단응력 τ_{xy}가 동시에 작용하게 된다. 즉,

$$\sigma_x = \frac{My}{I_z} \qquad \tau_{xy} = \frac{VQ}{bI_z} \quad \cdots\cdots (a)$$

직4각형 단면보의 한 단면에서 M과 V가 〈그림 8・21〉 (a)와 같이 작용하면 식 (a)로 주어지는 σ_x와 τ_{xy}는 〈그림 8・21〉 (b)와 같이 분포하므로, 그 단면 위의 점 1, 2, 3, 4, 5……는 〈그림 8・21〉 (c)에 보인 것과 같은 응력상태에 놓이게 된다. 이들 각 점들의 σ_x와 τ_{xy}를 식 (a)에서 구하여 식 (4・26), (4・28)에 대입하면 주응력의 방향과 크기를 구할 수 있다. 그런데 이 경우에는 모든 점에서 $\sigma_y = 0$이므로 각 점에서의 방향은

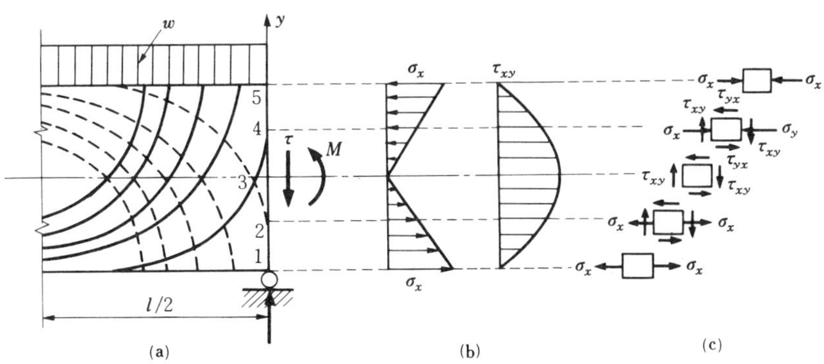

〈그림 8・21〉

$$\left.\begin{aligned}\theta &= -\frac{1}{2}\tan^{-1}\frac{2\tau_{xy}}{\sigma_x}\\ \theta' &= \theta+\frac{\pi}{2}\end{aligned}\right\} \quad (8\cdot16)$$

로 주어지고, 주응력의 크기는

$$\left.\begin{aligned}\sigma_1 &= \frac{\sigma_x}{2}+\sqrt{\left(\frac{\sigma_x}{2}\right)^2+\tau_{xy}^2}\\ \sigma_2 &= \frac{\sigma_x}{2}-\sqrt{\left(\frac{\sigma_x}{2}\right)^2+\tau_{xy}^2}\end{aligned}\right\} \quad (8\cdot17)$$

으로 주어진다. 한편 그들 점에서의 최대전단응력의 방향은 식 (4・30)에 의해서

$$\left.\begin{aligned}\theta &= \frac{1}{2}\tan^{-1}\frac{\sigma_x}{2\tau_{xy}}\\ \theta' &= \theta+\frac{\pi}{2}\end{aligned}\right\} \quad (8\cdot18)$$

로 되고, 최대전단응력의 크기는 식 (4・31)에 의해서 다음과 같이 된다.

$$\left.\begin{aligned}\tau_{\max} &= \sqrt{\left(\frac{\sigma_x}{2}\right)^2+\tau_{xy}^2}\\ \tau_{\min} &= -\sqrt{\left(\frac{\sigma_x}{2}\right)^2+\tau_{xy}^2}\end{aligned}\right\} \quad (8\cdot19)$$

이 응력들은 그들 각 점에 작용하는 최대, 최소의 法線應力이며 설계의 기준이 되어야 할 응력인 것이다. 단면의 바닥에 있는 점 1과 꼭대기에 있는 점 5에서는 $\tau_{xy}=0$ 이므로, 그런 점에서는 σ_x 자신이 主應力으로 된다. 이와 같이 하여 보의 각 점에서의 주응력들의 방향이 결정되면 두 系統의 직교곡선을 그려서, 각 점에서의 접선들이 그 점에서의 주응력들의 방향과 일치하도록 할 수가 있다. 이와 같은 曲線群을 主應力線(trajectory of principal stress)이라고 한다.

〈그림 8・21〉(a)는 균일분포하중을 받는 단순보의 주응력선도의 우측 부분을 표시한 것이다. 이 그림의 실선은 인장응력선을 나타내고, 점선은 압축응력선을 나타낸다. 이 두 응력이 곡선은 서로 직교하고 x 축과 45°로 만난다. 그리고 이 곡선들은 그 보의 自由境界인 윗면과 아랫면에서 그 보의 중심축에 수직되게 끝난다.

〈그림 8・21〉(b)는 어느 한 단면에서의 σ_x 와 τ_{xy} 의 분포선도이다. 이 선도는 각 단면에 따라 〈그림 8・22〉와 같이 크기가 달라진다. 즉, 굽힘모멘트 M 이 최대가 되는 중앙단면에 σ_x 의 최대값이 발생하고, 최대전단력이 작용하는 兩支點의 단면에 τ_{xy} 의 최대값이 발생한다.

예제 8-15. 〈그림 8・23〉과 같은 직4각형 단면 $b\times h = 4\times 8$ cm의 외팔보가 그 自由端에서 하중 $P=2000$ kg이 작용할 때, 이 보의 荷重端으로부터 1 m 떨어진 단면에서 그 보의 중립면과 下面의 중앙점에 있는 요소에 작용하는 주응력의 크기와 방향을 구하라.

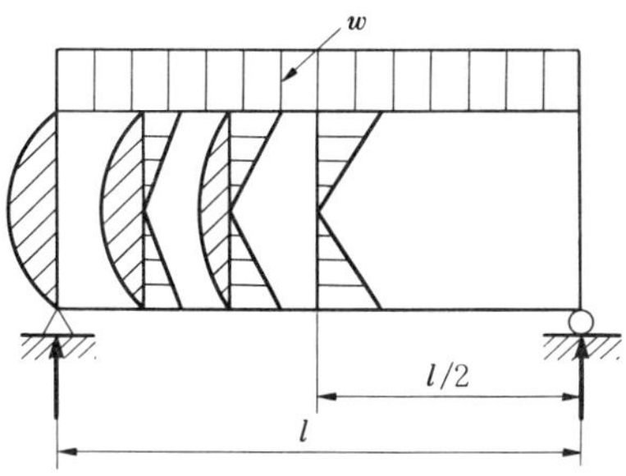

〈그림 8·22〉

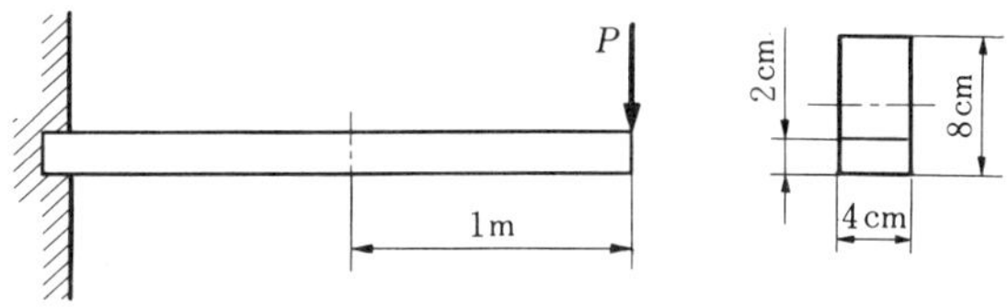

〈그림 8·23〉

풀 이 $I_z = \dfrac{bh^3}{12} = \dfrac{4\times 8^3}{12} = 170.7\ \text{cm}^4$

$M = Pl = 2000\times 100 = 200,000\ \text{kg}\cdot\text{cm}$

$V = R = 2000\ \text{kg}$

$$\sigma_x = \frac{My}{I_z} = \frac{2\times 10^5\times(-2)}{170.7} = -2343\ \text{kg}/\text{cm}^2$$

$$\tau_{xy} = \frac{VQ}{bI_z} = \frac{V}{bI_z}\cdot\frac{b}{2}\left(\frac{h^2}{4}-{y_1}^2\right)$$

$$= \frac{V}{2I_z}\left(\frac{h^2}{4}-{y_1}^2\right) = \frac{2000}{2\times 170.7}\left\{\frac{8^2}{4}-(-2)^2\right\} = 70.3\ \text{kg}/\text{cm}^2$$

$$\sigma_{1\cdot 2} = \frac{-2343}{2} \pm \sqrt{\left(\frac{-2343}{2}\right)^2 + 70.3^2} = -1171.5 \pm 1173.6$$

$\sigma_1 = 2.1\ \text{kg}/\text{cm}^2$(主引張應力), $\sigma_2 = -2345\ \text{kg}/\text{cm}^2$(主壓縮應力)

$$\tan 2\theta = \frac{-2\times 70.3}{-2343} = 0.06$$

$2\theta = 3°26'$

$\theta = 1°43'$, $\theta' = 91°43'$

8-6 굽힘과 비틀림으로 인한 組合應力

풀리, 기어, 플라이휠 및 크랭크축 등이 끼워져 있는 회전축은 항상 비틀림모멘트와 굽힘모멘트를 동시에 받으면서 동력전달을 하고 있다. 이러한 축에 일어나는 최대응력을 구하려면 다음과 같은 응력을 고려해야 한다.

① 비틀림모멘트 T로 인한 전단응력 ② 굽힘모멘트 M으로 인한 굽힘응력

③ 전단력 V로 인한 전단응력

이들 중에 ③에 대한 전단응력은 굽힘응력이 0인 중립면에서 최대이고, 다른 應力들에 비해 회전축에 미치는 영향이 극히 작으므로 일반적으로 무시한다. 따라서 ①과 ②의 각 응력들의 최대값을 나타내는 최대굽힘응력이 발생하는 축의 표면에 대하여 最大主應力을 계산하고 설계의 기준으로 해야 한다.

비틀림으로 인한 최대전단응력은 축의 표면에 발생하고 식 (6·8)에서 다음과 같다.

$$\tau = \frac{T}{Z_p} = \frac{16T}{\pi d^3} \cdots\cdots\cdots\cdots (a)$$

굽힘모멘트로 인한 최대굽힘응력은 굽힘모멘트가 발생하는 단면의 중립면에서 가장 먼 축표면에 발생하고, 식 (8·5)에서

$$\sigma_b = \frac{M}{Z} = \frac{32M}{\pi d^3} \cdots\cdots\cdots\cdots (b)$$

으로 된다. 따라서 최대조합응력은 τ와 σ_b의 합성응력이 최대로 되는 단면에서 일어나게 된다. 이 조합응력을 굽힘공식에서 구한 값은 σ_{max}, 비틀림공식에서 구한 값은 τ_{max}이 된다.

식 (a), (b) 두 응력의 합성에 의한 최대 및 最少主應力은 식 (8·17)에서 다음과 같이 된다.

$$\left.\begin{aligned} \sigma_{max} &= \frac{1}{2}\sigma_b + \frac{1}{2}\sqrt{\sigma_b{}^2 + 4\tau^2} = \frac{16}{\pi d^3}(M + \sqrt{M^2+T^2}) \\ &= \frac{1}{2Z}(M + \sqrt{M^2+T^2}) \\ \sigma_{min} &= \frac{1}{2Z}(M - \sqrt{M^2+T^2}) \end{aligned}\right\} \quad (8 \cdot 20)$$

여기서, $$M_e = \frac{1}{2}(M + \sqrt{M^2+T^2}) \quad (8 \cdot 21)$$

으로 놓으면

$$\sigma_{max} = \frac{M_e}{Z} = \frac{32}{\pi d^3} M_e \quad (8 \cdot 22)$$

가 된다. σ_{max}과 똑같은 크기의 최대굽힘응력을 발생시킬 수 있는 純粹굽힘모멘트 M_e를 相當굽힘모멘트(equivalent bending moment) 또는 等價굽힘모멘트라고 한다.

다음에 (a), (b) 두 응력의 合成에 의한 최대전단응력은 식 (8·19)에 의하여 다음과 같이 된다.

$$\begin{aligned} \tau_{max} &= \frac{1}{2}\sqrt{\sigma_b{}^2 + 4\tau^2} = \frac{16}{\pi d^3}\sqrt{M^2+T^2} \\ &= \frac{1}{Z_p}\sqrt{M^2+T^2} \end{aligned} \quad (8 \cdot 23)$$

여기서, $$T_e = \sqrt{M^2+T^2} \quad (8 \cdot 24)$$

으로 놓으면

$$\tau_{max} = \frac{T_e}{Z_p} = \frac{16}{\pi d^3} T_e \quad (8 \cdot 25)$$

와 같이 된다. 이 τ_{max}과 똑같은 크기의 최대전단응력을 발생시킬 수 있는 비틀림모멘트 T_e를 相當비틀림모멘트(equivalent twisting moment) 또는 等價비틀림모멘트라고 한다.

축의 안전지름을 구하는 데는 σ_{max} 대신 허용응력을 σ_a, τ_{max} 대신 τ_a를 대입하여 계산한다.

식 (8・22)에서

$$d=\sqrt[3]{\frac{32\,M_e}{\pi\sigma_a}} \fallingdotseq \sqrt[3]{\frac{10\,M_e}{\sigma_a}} \qquad (8\cdot 26)$$

식 (8・25)에서

$$d=\sqrt[3]{\frac{16\,T_e}{\pi\tau_a}} \fallingdotseq \sqrt[3]{\frac{5\,T_e}{\tau_a}} \qquad (8\cdot 27)$$

위 두 식에 의하여 구한 값을 비교하여 큰 값을 축의 지름으로 정하면 된다. 축의 재료가 鋼材와 같은 延性材料의 경우에는 최대전단응력으로 파단된다고 생각하여 $\tau=\frac{1}{2}\sigma$로 잡아 식 (8・27)을 택하고, 주철과 같은 脆性材料의 경우에는 최대주응력으로 파단된다고 생각하여 식 (8・26)을 사용하여 계산한다.

〈그림 8・24〉는 $\frac{T}{M}$ 및 $\frac{\sigma_a}{\tau_a}$의 값의 좌표로서 이상의 두 한계를 표시하는 곡선으로 식 (8・26)과 식 (8・27)을 택하는 곡선이다. 식 (8・21)의 M_e와 식 (8・24)의 T_e를 다음과 같이 나타내면 편리하다.

$$M_e=\frac{M}{2}\left[1+\sqrt{1+\left(\frac{T}{M}\right)^2}\right] \qquad (8\cdot 21)'$$

$$T_e=M\sqrt{1+\left(\frac{T}{M}\right)^2} \qquad (8\cdot 24)'$$

中空軸일 경우 바깥지름을 d_2, 안지름을 d_1이라 하면

$$Z=\frac{\pi(d_2^4-d_1^4)}{32\,d_2}=\frac{\pi\,d_2^3}{32}\left[1-\left(\frac{d_1}{d_2}\right)^4\right]$$

$\frac{d_1}{d_2}=n$이라 하면

$$\sigma_{\max}=\frac{16}{\pi d_2^3(1-n^4)}\cdot\left(M+\sqrt{M^2+T^2}\right) \qquad (8\cdot 28)$$

$$\tau_{\max}=\frac{16}{\pi d_2^3(1-n^4)}\cdot\left(\sqrt{M^2+T^2}\right) \qquad (8\cdot 29)$$

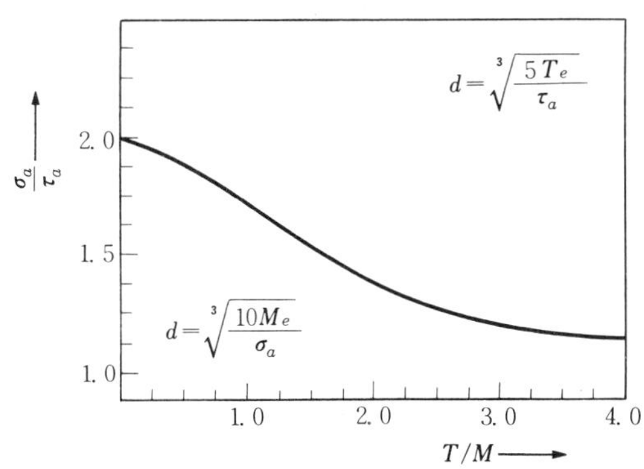

〈그림 8・24〉

예제 8-16. 〈그림 8 · 25〉와 같은 원형단면의 외팔보축이 비틀림모멘트 T와 횡하중 P를 받고 있을 때 이 축에 발생하는 최대전단응력을 구하라.

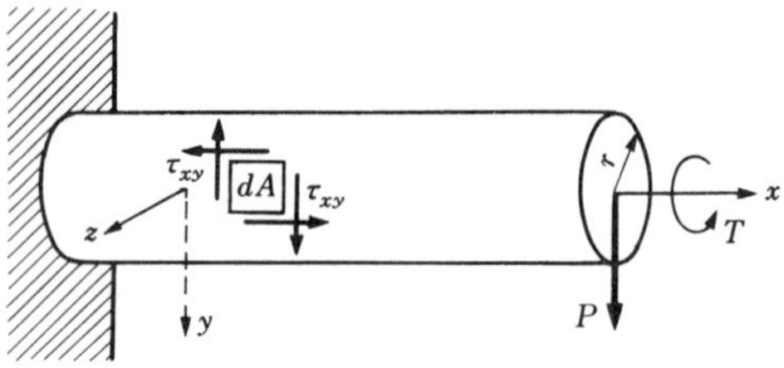

〈그림 8·25〉

풀이 비틀림모멘트 T로 인한 전단응력 : $\tau = \dfrac{16T}{\pi d^3}$

횡하중 P로 인한 전단응력 : $I_z = \dfrac{\pi d^4}{64} = \dfrac{\pi r^4}{4}$

반원 면적의 그 면의 중립축에 관한 1차모멘트 Q는

$$Q = \frac{\pi r^2}{2} \times \frac{4r}{3\pi} = \frac{2r^3}{3}$$

$$\tau'' = \frac{VQ}{Ib} = \frac{4 \times P \times 2r^3}{\pi r^4 \times 3 \times 2r} = \frac{4P}{3\pi r^2} = \frac{4P}{3A}$$

$$\tau_{\max} = \tau' + \tau'' = \frac{16T}{\pi d^3} + \frac{4P}{3A}$$

예제 8-17. 지름 $d = 15$ cm인 원형단면 車軸에 굽힘모멘트 $M_b = 100$ kg·m, 비틀림모멘트 $T = 200$ kg·m가 동시에 작용할 때, 이 차축 속에 발생하는 최대주응력과 최대전단응력을 구하라.

풀이
$$\sigma_{\max} = \frac{16}{\pi d^3}(M_b + \sqrt{M_b^2 + T^2})$$
$$= \frac{16}{\pi \times 15^3}(10,000 + \sqrt{10,000^2 + 20,000^2}) = 48.8 \text{ kg/cm}^2$$
$$\tau_{\max} = \frac{16}{\pi d^3}\sqrt{M_b^2 + T^2} = \frac{16}{\pi \times 15^3}\sqrt{10,000^2 + 20,000^2} = 33.8 \text{ kg/cm}^2$$

예제 8-18. 〈그림 8 · 26〉과 같이 下端이 고정된 연직관이 상단에서 수평하중 $P = 100$ kg을 작용할 때, 이 관에 발생하는 전단응력 $\tau_{\max}$과 主應力 σ_1을 구하라. 이 관의 단면계수 $Z = 164$ cm³이다.

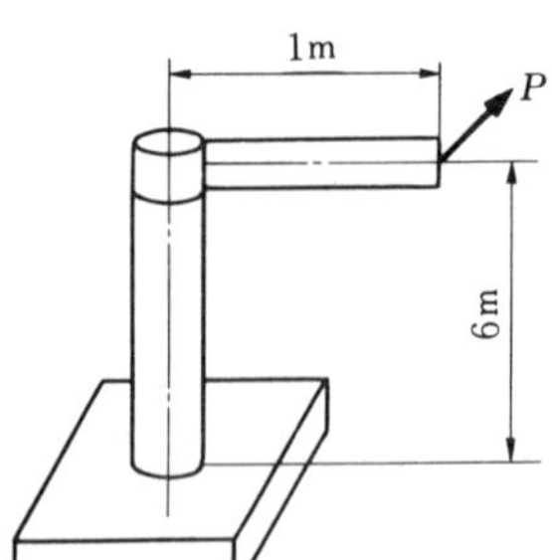

〈그림 8·26〉

풀이 $T = 100\times100 = 10,000\ \mathrm{kg\cdot cm}$, $M = 100\times600 = 60,000\ \mathrm{kg\cdot cm}$

$$\sigma_1 = \frac{16}{\pi d^3}(M+\sqrt{M^2+T^2}) = \frac{1}{2\times164}(60,000+\sqrt{60,000^2+10,000^2})$$

$$= 0.00304(60,000+60,828) = 367\ \mathrm{kg/cm^2}$$

$$\tau_{max} = \frac{16}{\pi d^3}\sqrt{M^2+T^2} = \frac{1}{2\times164}\sqrt{60,000^2+10,000^2} = 185\ \mathrm{kg/cm^2}$$

예제 8-19. 〈그림 8·27〉과 같은 지름 $d = 6$ cm의 傳動軸의 한 끝에 지름 $d = 80$ cm, 중량 $W = 200$ kg의 풀리를 고정하였을 때, 이 풀리에 인장력 $T_1 = 800$ kg과 $T_2 = 100$ kg이 작용되고 있다. 저널의 단면 mn에 작용하는 주인장응력을 계산하라.

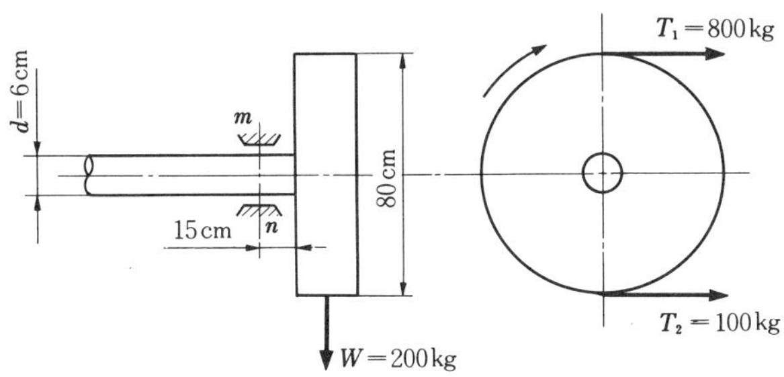

〈그림 8·27〉

풀이 $T = (800-100)\times40 = 28,000\ \mathrm{kg\cdot cm}$

$$M = 15\times\sqrt{200^2+900^2} = 13830\ \mathrm{kg\cdot cm}$$

$$\sigma_1 = \frac{16}{\pi d^3}(M+\sqrt{M^2+T^2}) = \frac{16}{\pi d^3}(13,830+\sqrt{13,830^2+28,000^2})$$

$$= 0.0236(13,830+31,229) = 1063\ \mathrm{kg/cm^2}$$

예제 8-20. 〈그림 8·28〉과 같은 크랭크에서 크랭크암(crank arm)의 길이는 20 cm, 오버행(overhang)의 길이는 15 cm, $\sigma_a = 500\ \mathrm{kg/cm^2}$, $\tau_a = 350\ \mathrm{kg/cm^2}$이고, 크랭크핀에 最大回轉力 1200 kg이 작용할 때 크랭크축의 지름을 구하라.

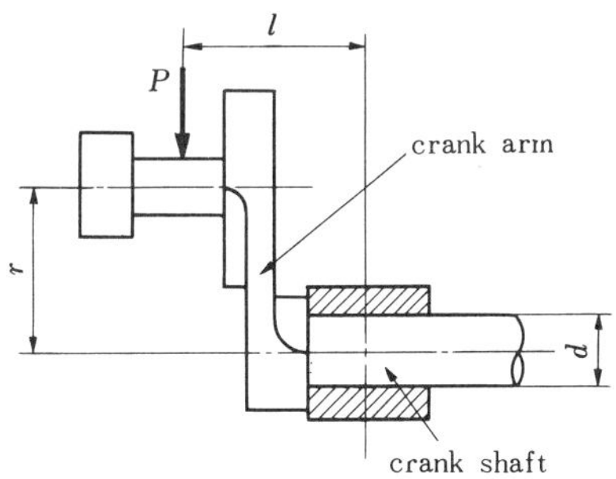

〈그림 8·28〉

풀이 $T = 1200\times20 = 24,000\ \mathrm{kg\cdot cm}$, $M = 1200\times15 = 18,000\ \mathrm{kg\cdot cm}$

$$T_e = \sqrt{M^2+T^2} = \sqrt{18,000^2+24,000^2} = 30,000\ \mathrm{kg\cdot cm}$$

$$M_e = \frac{1}{2}(M+\sqrt{M^2+T^2}) = \frac{1}{2}(18,000+30,000) = 24,000\ \mathrm{kg\cdot cm}$$

$$d = \sqrt[3]{\frac{10M_e}{\sigma_a}} = \sqrt[3]{\frac{10 \times 24,000}{500}} = \sqrt[3]{480} = 7.8\,\text{cm}$$

$$d = \sqrt[3]{\frac{5T_e}{\tau_a}} = \sqrt[3]{\frac{5 \times 30,000}{350}} = \sqrt[3]{\frac{300}{7}} = 7.6\,\text{cm}$$

따라서 M_e에서 구한 값 $d = 7.8\,\text{cm}$로 정해야 한다.

$\dfrac{T}{M} = 1.33$, $\dfrac{\sigma_a}{\tau_a} = 1.3$이고 이 점의 좌표는 〈그림 8·24〉의 곡선 아래에 있으므로 식 (8·22)에서 계산한 지름이 크다.

예제 8-21. 30,000 kg·cm의 굽힘모멘트를 받고 매분 120 회전으로 80 마력을 전달하는 동력축의 지름을 구하라. 단, 재료의 引張强度 5100 kg/cm², 비틀림강도는 인장강도의 $\dfrac{1}{2}$, $S = 8$이다.

풀이 $T = 71,620\dfrac{H}{N} = 71,620\dfrac{80}{120} = 47,700\,\text{kg·cm}$

$\dfrac{\sigma_a}{\tau_a} = 2$, $\dfrac{T}{M} = \dfrac{47,700}{30,000} = 1.59$이므로, 이 점의 좌표는 〈그림 8·24〉의 곡선 위에 있다.

그러므로 식 (8·23)에서 계산한 지름이 크다.

$$\tau_a = \frac{\frac{1}{2} \times 5100}{8} = 320\,\text{kg/cm}^2$$

$$T_e = \sqrt{M^2 + T^2} = \sqrt{30,000^2 + 47,700^2} = 56,300\,\text{kg·cm}$$

$$d = \sqrt[3]{\frac{5T_e}{\tau_a}} = \sqrt[3]{\frac{5 \times 56,300}{320}} = 9.6\,\text{cm}$$

예제 8-22. 〈그림 8·29〉와 같은 벨트 풀리의 전동축이 있다. 벨트를 수평으로 걸고 매분 120 회전으로 5마력을 전달할 때 축의 안전한 지름을 구하라. 단, 풀리의 중량 $W = 100\,\text{kg}$, 最大主應力說에 의한 $\sigma_a = 600\,\text{kg/cm}^2$이다.

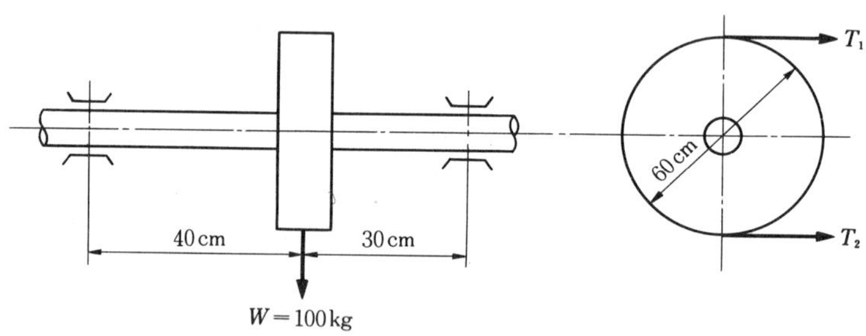

〈그림 8·29〉

풀이 벨트 인장축 T_2와 이완축 T_1 사이에는 대략 $T_2 = 2T_1$으로 가정하면, 축에 직각으로 작용하는 힘은

$$P = T_1 + T_2 = T_1 + 2T_1 = 3T_1$$

축에 작용하는 비틀림모멘트는

$$T = 71,620\frac{H}{N} = 71,620\frac{5}{120} = 2980\,\text{kg·cm}$$

$T = \dfrac{FD}{2}$ 이므로, 풀리에 가해지는 회전력 F는

$$F = \frac{2T}{D} = \frac{2\times2980}{60} = 99.3\text{ kg}$$

$$F = T_2 - T_1 = 2T_1 - T_1 = T_1$$

T_1은 벨트 풀리의 주위에 작용하는 힘 F와 같다. 따라서

$$P = 3T_1 = 3F = 3\times99.3 = 297.9\text{ kg}$$

축에 작용하는 外力은 P와 W의 합력이고 이를 R라 하면,

$$R = \sqrt{P^2 + W^2} = \sqrt{100^2 + 297.9^2} = 314\text{ kg}$$

최대굽힘모멘트는

$$M = \frac{Rab}{l} = \frac{314\times40\times30}{40+30} = 5380\text{ kg}\cdot\text{cm}$$

$$M_e = \frac{1}{2}(M + \sqrt{M^2 + T^2}) = \frac{1}{2}(5380+\sqrt{5380^2 + 2980^2}) = 5765\text{ kg}\cdot\text{cm}$$

$$\therefore\ d = \sqrt[3]{\frac{10M_e}{\sigma_a}} = \sqrt[3]{\frac{10\times5765}{\sigma_a}} = 4.6\text{ cm}$$

또는 $d = \sqrt[3]{\dfrac{16}{\pi\sigma_a}(M+\sqrt{M^2+T^2})} = 4.6\text{ cm}$

연 습 문 제

1. 〈그림 8 · 30〉과 같이 단순보의 중앙에 집중하중 3 ton이 작용할 때 최대전단응력 τ_{max}은 얼마인가? 단, 이 보의 폭(b)×높이(h) = 30 cm×50 cm이다.

답 1.5 kg/cm^2

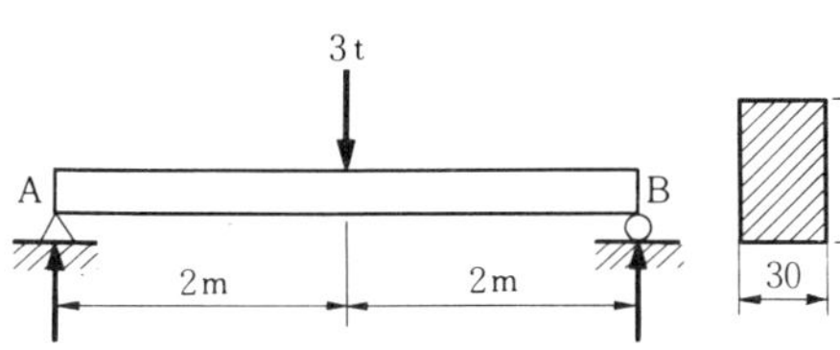

〈그림 8·30〉

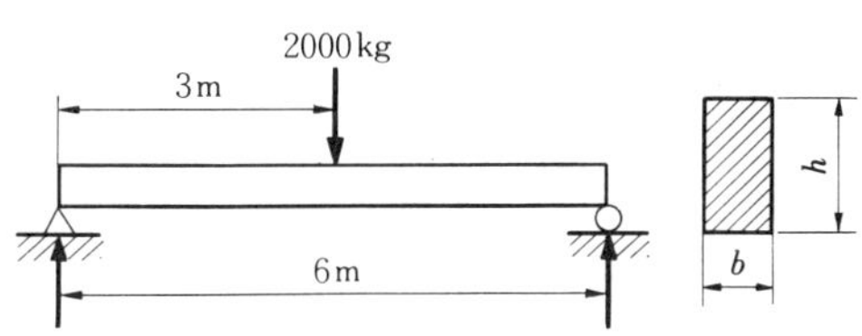

〈그림 8·31〉

2. 〈그림 8 · 31〉과 같이 길이 6 m의 단순보의 중앙에 2000 kg이 작용할 때 단면의 폭 b = 8 cm, 높이 h = 16 cm일 때의 굽힘응력은 얼마인가?

답 878.9 kg/cm^2

3. 같은 전단력이 작용하는 보의 원형단면의 지름을 2 배로 하면, 그 단면의 최대전단응력은 몇 분의 1로 되겠는가?

답 $\dfrac{1}{4}$

4. 길이 50 cm인 외팔보의 자유단에 100 kg의 집중하중이 작용할 때 보에 생기는 최대전단응력은 얼마인가? 단, 단면은 폭 3 cm, 높이 4 cm인 구형이다.

답 12.5 kg/cm^2

5. 길이 2 m인 단순보의 중앙에 400 kg의 집중하중이 가해질 때, 보의 최대굽힘응력은 얼마인가?

단, 단면계수는 25 cm^3이다.

답 800 kg/cm^2

6. 한 변이 b인 정3각형 단면보의 허용응력이 σ_a라고 할 때 전단될 수 있는 최대굽힘모멘트는 얼마인가?

답 $\frac{b^3}{32}\sigma_a$

7. 〈그림 8·32〉와 같은 길이 $l = 4$ m의 단순보에 $w = 4$ kg/cm의 균일분포하중이 작용할 때 b와 h를 구하라. 이 보의 면적은 $h/b=1.5$, $\sigma_b=400$ kg/cm^2이다.

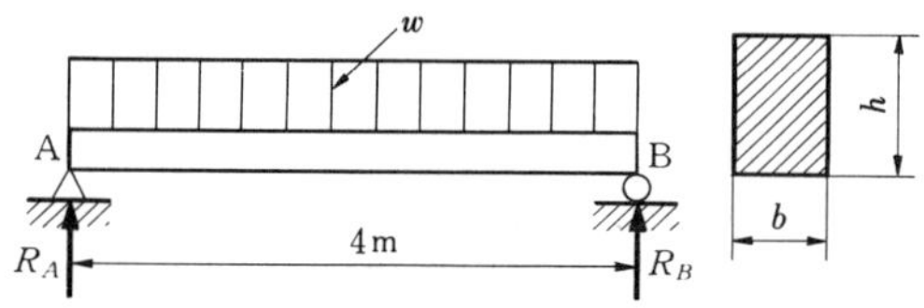

〈그림 8·32〉

답 $h=12.16$cm, $b=8.1$cm

8. 900 kg/m의 균일분포하중을 받는 길이 4 m의 단순보를 설계하고자 한다. 이 보의 단면은 높이 h, 폭 $b = \frac{h}{2}$인 직4각형으로 한 이 재료의 허용굽힘응력을 인장 및 압축에 대하여 $\sigma_w = 80$ kg/cm^2로 잡으면 단면의 높이 h를 얼마로 하여야 되겠는가?

답 30 cm

9. 〈그림 8·33〉은 양단지지보에 등분포하중 w가 작용하여 최대굽힘응력 50 kg/cm^2이 되었다. 단면의 폭(b) = 6 cm, (h) = 15 cm인 직4각형 단면일 때 하중 w를 구하라.

답 2.25 kg/cm

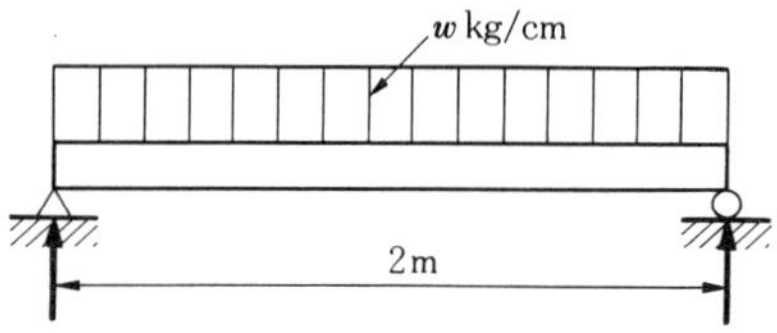

〈그림 8·33〉

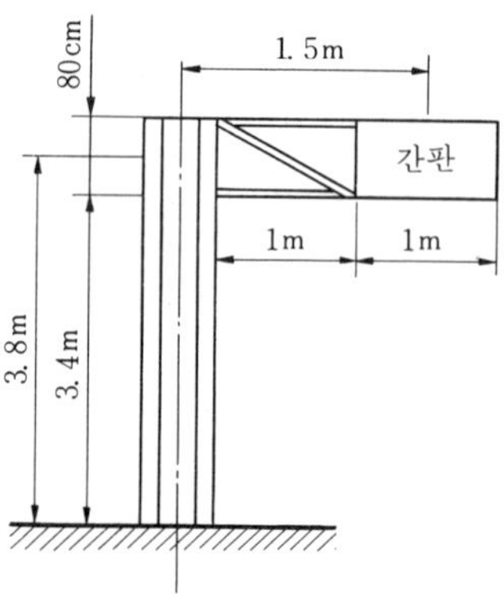

〈그림 8·34〉

10. 〈그림 8·34〉와 같이 간판의 支柱를 세우려고 한다. 이 지주는 中空鋼管으로 바깥지름과 안지름의 비가 1.12이며, 그 재료의 許容剪斷應力 $\tau_w = 600$ kg/cm^2이고, 이 간판은 예상 最大風壓 $p = 0.025$ kg/cm^2으로서 가로방향에는 아무런 支持도 받지 않을 때 鋼管의 바깥지름 d_0를 구하라.

답 26.88 mm

11. 〈그림 8·35〉와 같은 I형단면의 단순보가 중앙에 집중하중 $P = 6000$ kg이 작용할 때 플랜지와 웨브의 결합부에서 발생하는 최대굽힘응력을 구하라. 단, $h = 20$ cm, $h_1 = 18$ cm, $b = 10$ cm, $b_1 = 0.8$ cm이다.

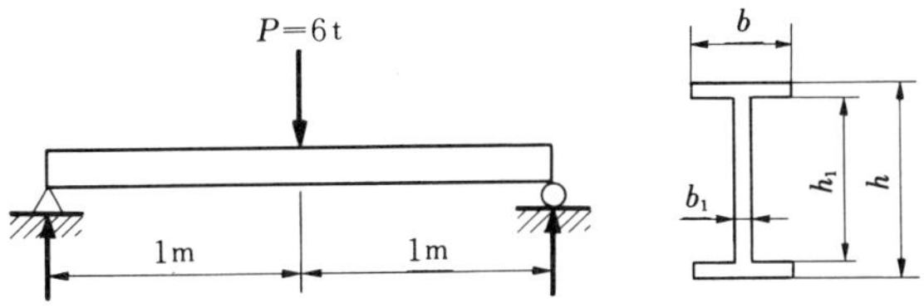

〈그림 8·35〉

답 $\sigma_{max} = 1229.5\,kg/cm^2$

12. 보의 自重을 포함한 等分布荷重 $w = 720\,kg/m$ 을 받을 수 있는 길이 6 m의 단순보를 만들려고 한다. 재료의 許容應力을 $\sigma_a = 84\,kg/cm^2$, 단면의 높이와 폭의 比를 $\dfrac{h}{b} = 1.2$ 로 할 때 $b \times h$ 를 구하라.

답 $h = 30.28\,cm$, $b = 25.23\,cm$

13. 〈그림 8·36〉과 같은 사다리꼴 단면보를 순수굽힘 아래에서 사용할 때 가장 유리한 단면의 上下邊의 比 $\dfrac{b_1}{b_2}$ 을 구하라. 단, $\sigma_t = 350\,kg/cm^2$, $\sigma_c = 560\,kg/cm^2$ 이다.

답 $b_1/b_2 = \dfrac{2}{11}$

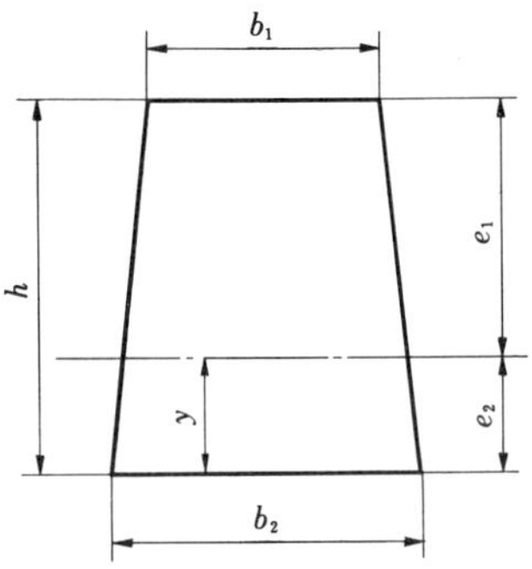

〈그림 8·36〉

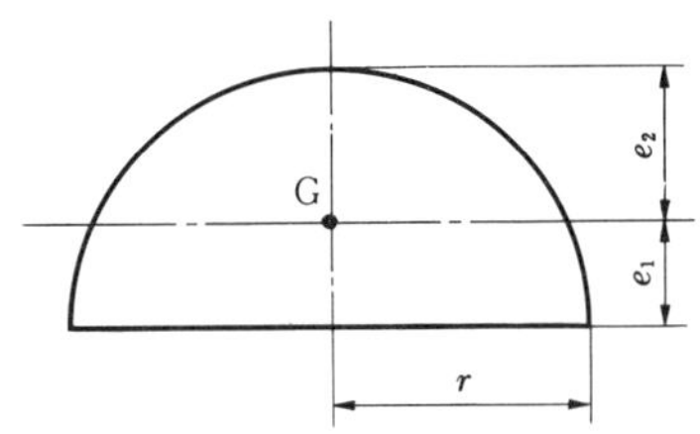

〈그림 8·37〉

14. 〈그림 8·37〉과 같은 半圓形 단면을 갖는 단순보가 純粹굽힘작용을 받고 있을 때, 이 보의 最外側의 섬유들이 받고 있는 응력의 比 $\sigma_t : \sigma_c$ 를 구하라. 단, $\bar{y} = e_1 = \dfrac{4r}{3\pi}$ 이다.

답 $\sigma_t : \sigma_c = 20 : 27$

15. 〈그림 8·38〉과 같은 단면을 갖는 외팔보가 있다. 그 단면에 剪斷力 $V = 4000\,kg$ 이 발생한다면 단면 a, b 위에 발생하는 전단응력을 계산하라.

답 $\tau_{ab} = 38.7\,kg/cm^2$

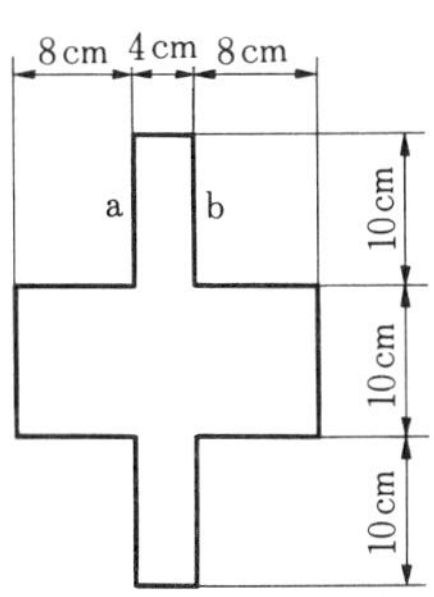

〈그림 8·38〉

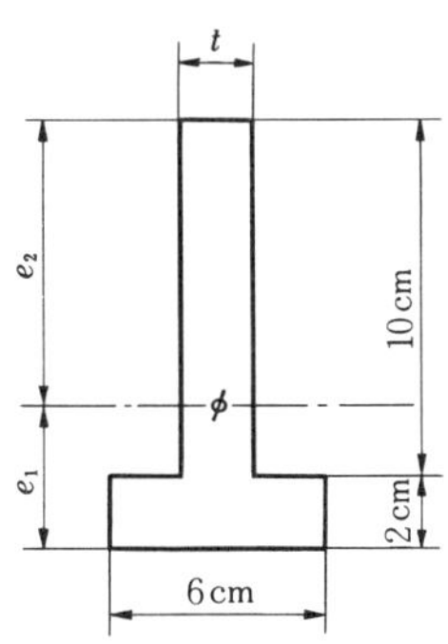

〈그림 8·39〉

16. 〈그림 8·39〉와 같은 T형단면을 가진 단순보에 인장 및 압축, 허용응력이 각각 $\sigma_t = 400\,\mathrm{kg/cm^2}$, $\sigma_c = 800\,\mathrm{kg/cm^2}$일 때 단면의 웨브의 두께 t를 구하라.

답 $t = 1.2\,\mathrm{cm}$

17. 〈그림 8·40〉과 같이 水路에다 $b \times h \times l = 8 \times 30 \times 300\,\mathrm{cm}$의 木材를 水平支持材 A와 B 사이에 鉛直으로 세웠다. 목재 밑부분 D에서 지지되어 있지 않다. 水面의 높이가 2 m일 때 목재에 걸리는 最大굽힘응력을 구하라.

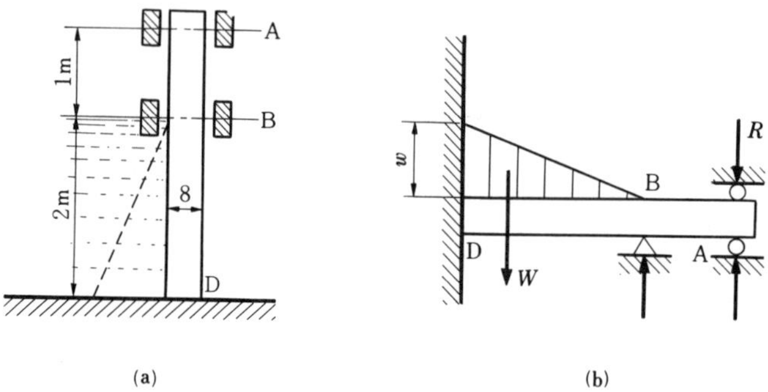

〈그림 8·40〉

답 $\sigma_{max} = 250\,\mathrm{kg/cm^2}$

18. 지름 $d = 10\,\mathrm{cm}$의 원형단면의 단순보가 그 중앙에 집중하중 600 kg을 받고 있을 때 이 보의 軸方向에 가할 수 있는 인장력 Q를 구하라. 단, 보의 길이 $l = 2\,\mathrm{m}$, 허용응력 $\sigma_a = 500\,\mathrm{kg/cm^2}$이다.

답 $Q = 15,236\,\mathrm{kg}$

19. 〈그림 8·41〉과 같은 지름 d, 높이 h의 電柱에 風壓 p가 작용할 때 전주의 높이 h를 d와 p로 표시하라. 단, 전주의 단위길이당의 중량을 w로 하고, 전주에 작용하는 全風壓은 $P=pdh$이며, 전주의 自重에 의한 밑부분에 발생하는 압축응력은 γ를 比重量이라 한다. 전주의 引張은 無力하다.

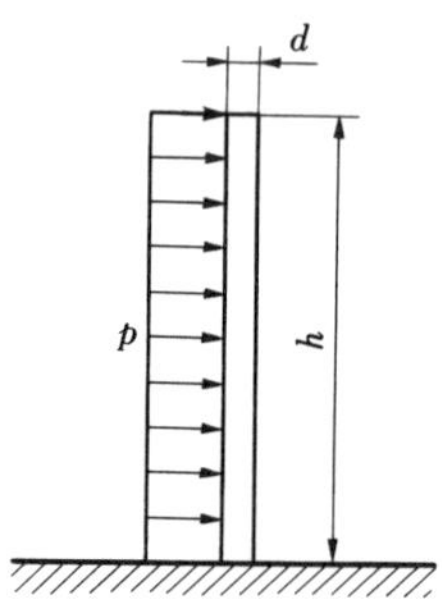

〈그림 8·41〉

답 $h = \dfrac{w}{4p}$

지름이 20 cm인 연강축이 3000 kg·m의 굽힘모멘트를 받고 매분 100 회전한다. 破損은 最大剪斷應力說에 의하고, 허용전단응력은 $750\,\mathrm{kg/cm^2}$이라 하면 몇 마력을 전달할 수 있겠는가?

답 $HP_s = 1620$

길이 8 m, 단면 $b \times h = 32\,\mathrm{cm} \times 38\,\mathrm{cm}$인 단순보가 자중에 의한 균일분포하중을 받고 있을 때 최대굽힘응력을 구하라. 단, $\gamma = 650\,\mathrm{kg/m^3}$이다.

답 $8.2\,\mathrm{kg/cm^2}$

22. 직4각형 단면의 단순보가 〈그림 8·42〉와 같이 集中荷重 6000 kg이 작용할 때, 보 속에 발생하는 최대굽힘응력과 최대전단응력을 구하라.

답 $\sigma_{max} = 720 \text{ kg/cm}^2$, $\tau_{max} = 75 \text{ kg/cm}^2$

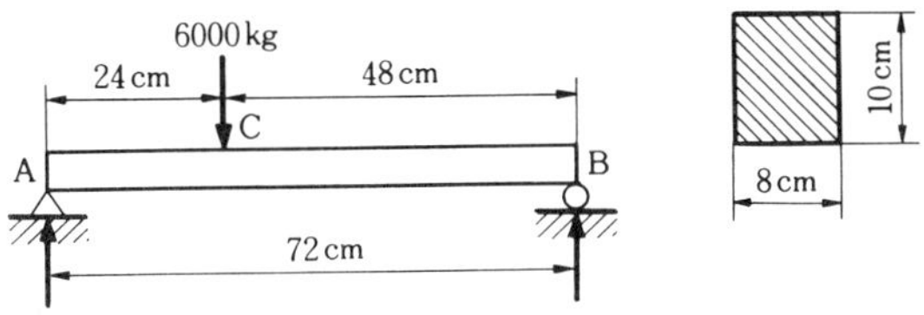

〈그림 8·42〉

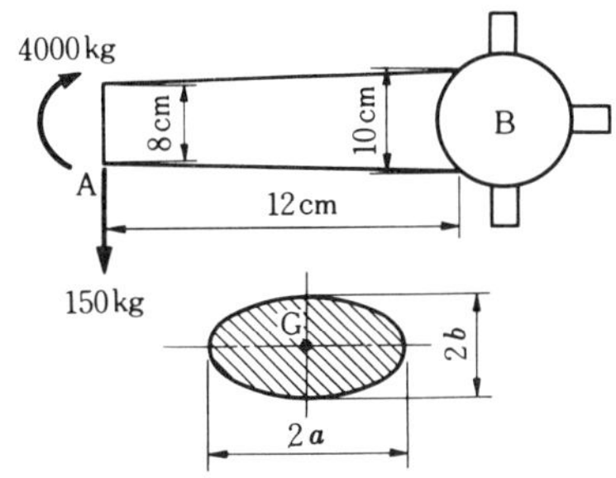

〈그림 8·43〉

23. 〈그림 8·43〉과 같은 플라이휠의 암에 150 kg의 하중이 작용할 때 逆토크 $T = 4000$ kg·cm이 발생하고 있다. 이 암의 단면이 타원형이고 그 긴 지름과 짧은 지름이 A에서 8×5 cm로부터 B에서 10×6 cm까지 변화한다. 이 암 속에 발생하는 최대굽힘응력을 구하라.

답 $\sigma_{max} = 239 \text{ kg/cm}^2$

24. 단면 $b \times h = 4 \text{ cm} \times 6 \text{ cm}$, 길이 1 m인 외팔보가 자중으로 인하여 생긴 최대굽힘응력이 24 kg/cm² 일 때 보의 단위체적당 중량은 몇 g/cm³인가?

답 $\gamma = 0.48 \text{ g/cm}^3$

제 9 장

보의 처짐

9-1 彈性曲線의 微分方程式

공작기계의 主軸 및 構造物의 보 등에는 외력에 의한 强度뿐만 아니라 剛性度에 대해서도 충분히 고려해야 한다. 보에 橫荷重이 작용하면 보의 軸線은 구부러져 곡선으로 변형된다. 이 구부러진 중심선을 彈性曲線(elastic line) 또는 처짐곡선(deflection curve)이라 하고, 구부러지기 전의 곧은 중심선으로부터 이 탄성곡선까지의 垂直變位를 처짐(deflection)이라고 한다.

〈그림 9·1〉은 단순보 A, B가 하중을 받아 구부러지는 예이다. 탄성곡선의 미분방정식을 유도하기 위하여 두 단면 M, N은 처음에 나란했던 것이 구부러짐으로써 어느 한 점에서 만날 것으로 보고 두 점 M, N에서 그은 접선에 法線을 그리면 曲率의 中心 O에서 만난다. 이 때 두 접선 사이의 각을 $d\theta$라 하면 두 法線 사이의 각도 $d\theta$가 된다. 또 M, N의 곡선의 길이를 ds, 曲率반지름을 ρ로 표시하면 다음 식이 성립된다.

曲率(curvature)은 $\dfrac{1}{\rho} = \left| \dfrac{d\theta}{ds} \right|$ ·· (a)

$\tan\theta = \dfrac{dy}{dx}$ 를 s에 관해서 미분하면,

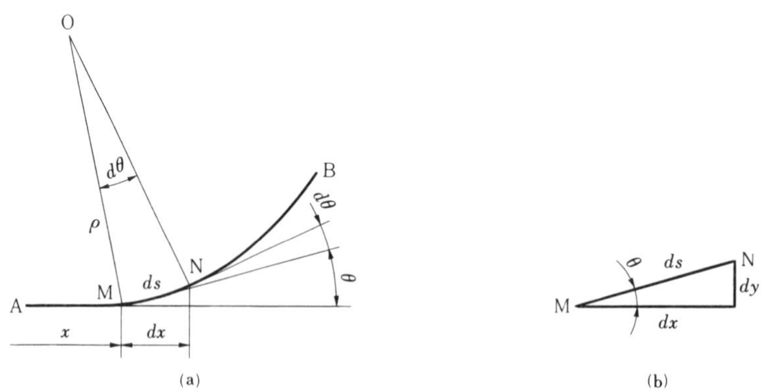

〈그림 9·1〉

$$\sec^2\theta \frac{d\theta}{ds} = \frac{d^2y}{dx^2} \cdot \frac{dx}{ds} \quad \cdots\cdots (b)$$

$$\frac{d\theta}{ds} = \frac{1}{\sec^2\theta} \ \frac{d^2y}{dx^2} \cdot \frac{dx}{ds} \quad \cdots\cdots (c)$$

〈그림 9·1〉 (b)에서

$$\frac{dx}{ds} = \frac{dx}{\sqrt{dx^2 + dy^2}} = \frac{1}{\sqrt{1+\left(\frac{dy}{dx}\right)^2}} \quad \cdots\cdots (d)$$

삼각함수 공식에서

$$\sec^2\theta = 1+\tan^2\theta = 1 + \left(\frac{dy}{dx}\right)^2 \cdots\cdots (e)$$

식 (a)에 식 (c), (d), (e)를 대입하면

$$\frac{1}{\rho} = \frac{d\theta}{ds} = \frac{1}{1+\left(\frac{dy}{dx}\right)^2} \cdot \frac{d^2y}{dx^2} \cdot \frac{1}{\sqrt{1+\left(\frac{dy}{dx}\right)^2}}$$

$$= \frac{1}{\left[1+\left(\frac{dy}{dx}\right)^2\right]} \cdot \frac{d^2y}{dx^2} \cdot \frac{1}{\left[1+\left(\frac{dy}{dx}\right)^2\right]^{\frac{1}{2}}} = \frac{\frac{d^2y}{dx^2}}{\left[1+\left(\frac{dy}{dx}\right)^2\right]^{\frac{3}{2}}} \quad \cdots\cdots (f)$$

材料力學에서 취급하는 보의 처짐곡선의 기울기는 일반적으로 1에 비하여 극히 미소한 것이므로, 식 (f)에서 고차항 $\left(\frac{dy}{dx}\right)^2$을 생략하면 다음과 같이 된다.

$$\frac{1}{\rho} = \frac{d^2y}{dx^2} \quad \cdots\cdots (g)$$

오목한 곡선에서 기울기 $\left(\frac{dy}{dx}\right)$가 x의 증가에 따라 감소하므로 $\frac{d^2y}{dx^2}$는 $-$의 부호가 된다. 이와 반대로 아래쪽이 오목한 곡선에서는 $+\frac{d^2y}{dx^2}$가 된다. 따라서 식 (g)는

$$\frac{1}{\rho} = \pm\frac{d^2y}{dx^2} \cdots\cdots (h)$$

가 되고 식 (8.2)에서 $\frac{1}{\rho} = \frac{M}{EI}$의 관계가 있으므로 식 (h)와 결합하면 다음과 같다.

$$\pm\frac{d^2y}{dx^2} = \frac{M}{EI} \quad \cdots\cdots (i)$$

$\frac{d^2y}{dx^2}$의 부호는 M의 부호와 항상 반대가 됨을 알 수 있고 〈그림 9·2〉와 같다. 따라서 식 (i)는 다음과 같다.

$$\frac{d^2y}{dx^2} = -\frac{M}{EI} \qquad (9\cdot1)$$

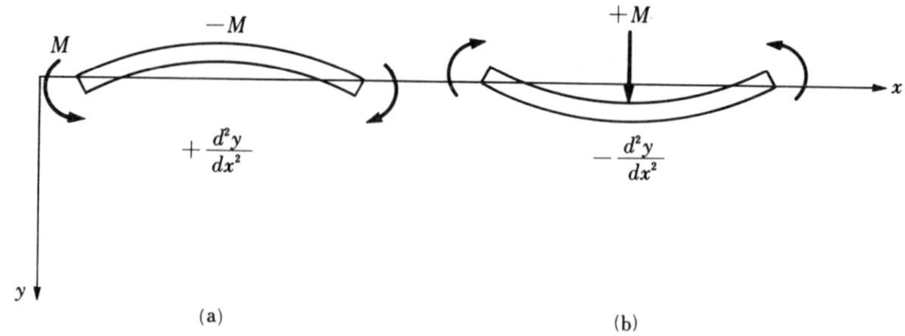

〈그림 9·2〉

식 (9・1)을 對稱面 내에서 굽힘작용을 받는 보의 彈性曲線의 微分方程式이라고 한다. 일반적으로 보의 처짐은 굽힘모멘트 M과 전단력 V로 인한 것이 겹친 것이다. 그러나 剪斷力으로 인한 처짐은 굽힘으로 인한 처짐에 대해 몇 %에 불과하므로 무시하고, 순수굽힘이란 가정에서 식 (9・1)을 적분하여 여러 가지 보의 처짐각 및 처짐을 구한다. 처짐각과 처짐을 표시하면 〈그림 9・3〉과 같다.

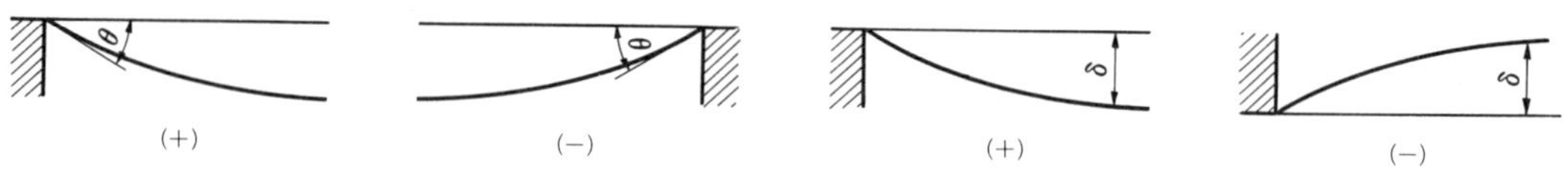

〈그림 9·3〉

다음에 식 (9・1)을 x에 관해 미분하고 식 (7・1), (7・2)를 대입하면 다음 식을 얻는다.

$$EI\frac{d^3y}{dx^3} = -\frac{dM}{dx} = -V \tag{9・2}$$

$$EI\frac{d^4y}{dx^4} = -\frac{d^2M}{dx^2} = -\frac{dV}{dx} = w \tag{9・3}$$

1 集中荷重을 받는 외팔보

〈그림 9・4〉와 같이 自由端에 集中荷重 P가 작용할 때 자유단으로부터 x 거리에 있는 임의단면에서의 굽힘모멘트는

$$M = -Px$$

$$EI\frac{d^2y}{dx^2} = -M = Px \quad \cdots\cdots \text{(a)}$$

식 (a)를 x에 관해서 두 번 적분하면 다음과 같이 된다.

$$EI\frac{dy}{dx} = \frac{Px^2}{2} + C_1 \quad \cdots\cdots \text{(b)}$$

$$EIy = \frac{Px^3}{6} + C_1x + C_2 \quad \cdots\cdots \text{(c)}$$

여기서 積分常數 C_1과 C_2 문제의 경계조건을 만족하도록 정해 주어야 한다.

즉, $x = l$에서 $\dfrac{dy}{dx} = 0$ 이므로, $C_1 = -\dfrac{Pl^2}{2}$

$y = 0$ 이므로, $C_2 = \dfrac{Pl^3}{3}$

그러므로

$$\frac{dy}{dx} = \frac{P}{2EI}(x^2 - l^2) \tag{9·4}$$

$$y = \frac{P}{6EI}(x^3 - 3l^2x + 2l^3) \tag{9·5}$$

최대처짐각 및 처짐량은 $x=0$인 自由端에서 일어나므로 식 (9·4)와 (9·5)는 다음과 같이 된다.

$$\left(\frac{dy}{dx}\right)_{max} = \theta = -\frac{Pl^2}{2EI} \tag{9·6}$$

$$y_{max} = \delta = \frac{Pl^3}{3EI} \tag{9·7}$$

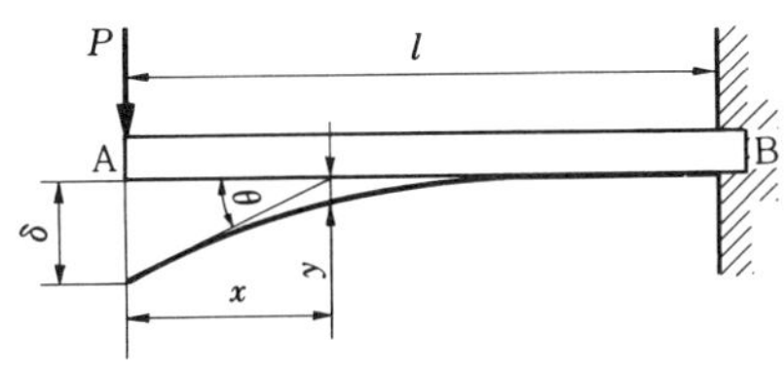

〈그림 9·4〉

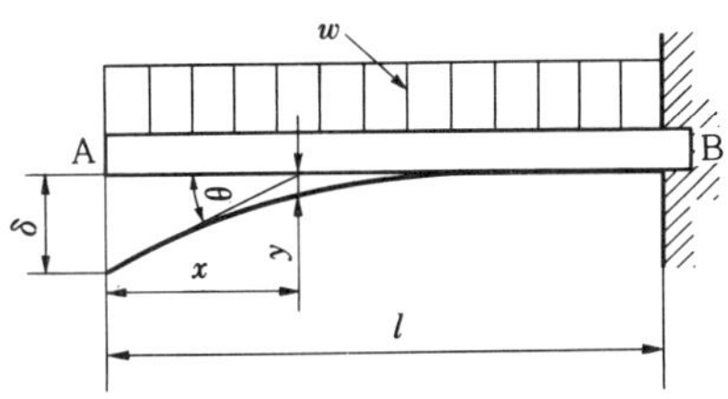

〈그림 9·5〉

2 等分布荷重을 받는 외팔보

〈그림 9·5〉와 같이 단위길이당 荷重을 w라 할 때 x 단면에서 굽힘모멘트 M은 다음과 같다.

$$M = -\frac{wx^2}{2}$$

$$EI\frac{d^2y}{dx^2} = -M = +\frac{wx^2}{2} \quad \cdots\cdots\cdots \text{(a)}$$

이를 x에 관하여 두 번 적분하면,

$$EI\frac{dy}{dx} = \frac{wx^3}{6} + C_1 \quad \cdots\cdots\cdots \text{(b)}$$

$$EIy = \frac{wx^4}{24} + C_1x + C_2 \quad \cdots\cdots\cdots \text{(c)}$$

여기서 적분상수 C_1과 C_2는 다음과 같이 된다.

$x = l$에서 $\dfrac{dy}{dx} = 0$ 이므로, $C_1 = -\dfrac{wl^3}{6}$

$y = 0$ 이므로, $C_2 = \dfrac{wl^4}{8}$

그러므로 $$\frac{dy}{dx} = \frac{w}{6EI}(x^3 - l^3) \tag{9·8}$$

$$y = \frac{w}{24EI}(x^4 - 4l^3x + 3l^4) \tag{9·9}$$

$x = 0$에서 $\frac{dy}{dx}$ 및 y의 값이 최대가 되며 다음과 같다.

$$\left(\frac{dy}{dx}\right)_{max} = \theta = -\frac{wl^3}{6EI} \tag{9·10}$$

$$y_{max} = \delta = \frac{wl^4}{8EI} \tag{9·11}$$

3 偶力을 받는 외팔보

〈그림 9·6〉과 같이 자유단에서 우력 M_0가 작용하는 경우 보의 軸方向에서 굽힘모멘트는 일정하게 된다. 따라서 x 단면의 굽힘모멘트를 M이라 하면 다음과 같다.

$$M = -M_0$$

그러므로 $$EI\frac{d^2y}{dx^2} = M_0 \quad \cdots\cdots (a)$$

이를 x에 관해서 두 번 적분하면 다음과 같이 된다.

$$EI\frac{dy}{dx} = M_0x + C_1 \quad \cdots\cdots (b)$$

$$EIy = \frac{M_0x^2}{2} + C_1x + C_2 \quad \cdots\cdots (c)$$

$x = l$에서 $\frac{dy}{dx} = 0$ 이므로, $C_1 = -M_0l$

$y = 0$이므로, $C_2 = \frac{M_0l^2}{2}$

그러므로 $$\frac{dy}{dx} = \frac{M_0}{EI}(x - l) \tag{9·12}$$

$$y = \frac{M_0}{2EI}(x^2 - 2lx + l^2) \tag{9·13}$$

최대의 값은 $x = 0$인 自由端에서 일어나고 다음과 같이 된다.

$$\left(\frac{dy}{dx}\right)_{max} = \theta = -\frac{M_0l}{EI} \tag{9·14}$$

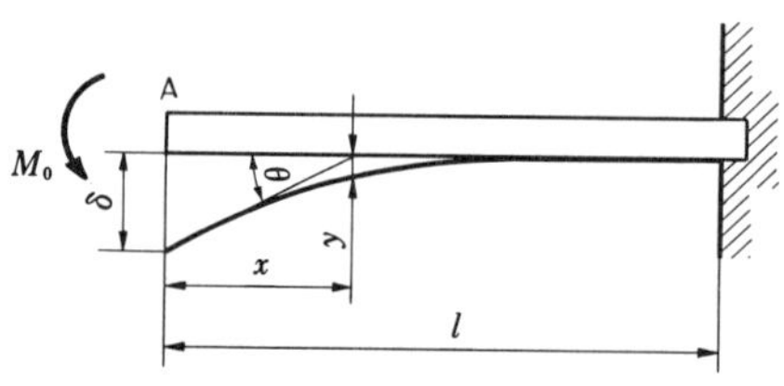

〈그림 9·6〉

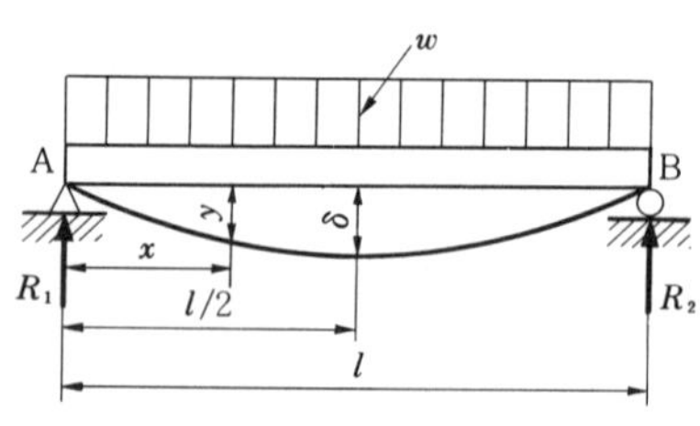

〈그림 9·7〉

$$y_{max} = \delta = \frac{M_0 l^2}{2EI} \tag{9·15}$$

4 等分布荷重을 받는 단순보

〈그림 9·7〉과 같이 단위길이당 等分布荷重을 w라 하면 임의거리 x 단면의 굽힘모멘트 M은 다음과 같이 된다.

$$M = \frac{wl}{2}x - \frac{wx^2}{2}$$

따라서 $$EI\frac{d^2y}{dx^2} = -\frac{wl}{2}x + \frac{wl^2}{2} \quad \cdots\cdots (a)$$

이를 두 번 적분하면,

$$EI\frac{dy}{dx} = -\frac{wl}{4}x^2 + \frac{wx^3}{6} + C_1 \quad \cdots\cdots (b)$$

$$EIy = -\frac{wl}{12}x^3 + \frac{w}{24}x^4 + C_1 x + C_2 \quad \cdots\cdots (c)$$

$x = \frac{l}{2}$ 에서 $\frac{dy}{dx} = 0$ 이므로, $C_1 = \frac{wl^3}{24}$

$x = 0$에서 $y = 0$이므로, $C_2 = 0$

그러므로 $$\frac{dy}{dx} = \frac{w}{24\,EI}(4\,x^3 - 6\,lx^2 + l^3) \tag{9·16}$$

$$y = \frac{wx}{24EI}(x^3 - 2lx^2 + l^3) \tag{9·17}$$

최대처짐각 $x = 0$, $x = l$에서 다음과 같이 된다.

$$\left.\begin{aligned}\left(\frac{dy}{dx}\right)_{max} &= \theta_a = \frac{wl^3}{24\,EI}\\ \left(\frac{dy}{dx}\right)_{max} &= \theta_b = -\frac{wl^3}{24\,EI}\end{aligned}\right\} \tag{9·18}$$

최대처짐은 보의 중앙, 즉 $x = \frac{l}{2}$ 에서 일어나며 그 값은 다음과 같다.

$$y_{max} = \delta = \frac{5\,wl^4}{384\,EI} \tag{9·19}$$

5 偶力을 받는 단순보

〈그림 9·8〉과 같이 지지된 단순보 AB의 B 점에서 偶力 M_0가 작용하는 경우, 굽힘모멘트의 분포는 A 점에서 O, B 점에서 M_0까지 직선으로 변화하고 있다.

임의의 거리 x 단면에서의 굽힘모멘트를 M이라 하면 다음과 같다.

$$M = M_0\frac{x}{l}$$

그러므로 처짐式은

$$EI\frac{d^2y}{dx^2} = -M_0\frac{x}{l} \quad \cdots\cdots (a)$$

이를 x에 관해서 두 번 적분하면,

$$EI\frac{dy}{dx} = -\frac{M_0x^2}{2l} + C_1 \quad \cdots\cdots (b)$$

$$EIy = -\frac{M_0x^3}{6l} + C_1x + C_2 \quad \cdots\cdots (c)$$

식 (c)에서 C_1, C_2를 구하면

$x = 0$에서 $y = 0$이므로, $C_2 = 0$

$x = l$에서 $y = 0$이므로, $C_1 = \frac{M_0 l}{6}$

그러므로 $$\frac{dy}{dx} = \frac{M_0}{6EIl}(l^2 - 3x^2) \quad (9 \cdot 20)$$

$$y = \frac{M_0 x}{6EIl}(l^2 - x^2) \quad (9 \cdot 21)$$

A 및 B점에서 彈性曲線의 기울기, 즉 처짐각은 식 (9·20)에서 $x = 0$, $x = l$에서 다음과 같이 된다.

$$\left.\begin{aligned} \theta_a &= \frac{M_0 l}{6EI} \\ \theta_b &= -\frac{M_0 l}{3EI} \end{aligned}\right\} \quad (9 \cdot 22)$$

최대처짐은 $\frac{dy}{dx} = 0$인 점에서 일어나므로, 식 (9·20)을 0으로 놓고 x의 값을 구하면 다음과 같다.

$$x = \frac{l}{\sqrt{3}}$$

이것을 식 (9·21)에 대입하면

$$y_{\max} = \delta = \frac{M_0 l^2}{9\sqrt{3}EI} \quad (9 \cdot 23)$$

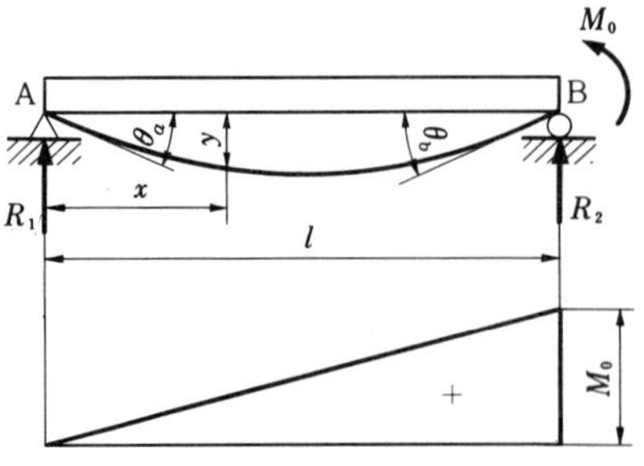

〈그림 9·8〉

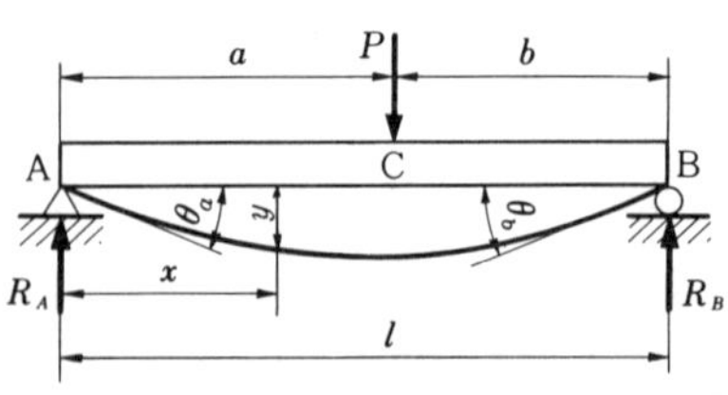

〈그림 9·9〉

$x=l/2$인 중앙점의 처짐은

$$y_{\frac{l}{2}} = \frac{M_0 l^2}{16EI} \tag{9·24}$$

6 集中荷重을 받는 단순보

〈그림 9·9〉와 같이 단순보 AB에서 C점에 집중하중 P가 작용하는 경우에는 다음과 같이 된다.

$0<x<a$ 구간에서 굽힘모멘트는

$$M = \frac{Pb}{l}x$$

처짐식은

$$EI\frac{d^2y}{dx^2} = -\frac{Pb}{l}x \quad \cdots\cdots \text{(a)}$$

x에 관해서 두 번 적분하면,

$$EI\frac{dy}{dx} = -\frac{Pb}{2l}x^2 + C_1 \quad \cdots\cdots \text{(b)}$$

$$EIy = -\frac{Pb}{6l}x^3 + C_1x + C_2 \quad \cdots\cdots \text{(c)}$$

$a<x<l$ 구간에서 굽힘모멘트는

$$M = \frac{Pb}{l}x - P(x-a)$$

처짐식은

$$EI\frac{d^2y}{dx^2} = -\frac{Pb}{l}x + P(x-a) \quad \cdots\cdots \text{(d)}$$

x에 관해서 두 번 적분하면,

$$EI\frac{dy}{dx} = -\frac{Pb}{2l}x^2 + \frac{P}{2}(x-a)^2 + D_1 \quad \cdots\cdots \text{(e)}$$

$$EIy = -\frac{Pb}{6l}x^3 + \frac{P}{6}(x-a)^3 + D_1x + D_2 \quad \cdots\cdots \text{(f)}$$

이들 식에서 적분상수 C_1, C_2, D_1, D_2는 $x = a$ 점에서는 두 식은 공통법선을 이루므로 기울기 및 처짐은 같아야 한다. 이 조건에서 $C_1 = D_1$, $C_2 = D_2$가 된다. 식 (c)는 $x = 0$에서 $y = 0$이 되므로 적분상수 $C_2 = 0$이 된다. 따라서 $D_2 = 0$이 된다. 또 식 (f)는 $x = l$에서 $y = 0$이 되므로 積分常數 D_1 및 C_1은 다음과 같다.

$$D_1 = C_1 = \frac{Pb}{6l}(l^2 - b^2)$$

이 값을 식 (b) 및 식 (c)에 대입하면,

$$\frac{dy}{dx} = \frac{Pb}{6EIl}(l^2 - b^2 - 3x^2) \qquad (9 \cdot 25)$$

$$y = \frac{Pbx}{6EIl}(l^2 - b^2 - x^2) \qquad (9 \cdot 26)$$

지점 A에서의 기울기 θ_a는 식 (9 · 25)에서 $x = 0$으로 놓으면 다음과 같이 된다.

$$\theta_a = \frac{Pb}{6EIl}(l^2 - b^2) = \frac{Pab}{6EIl}(l + b) \qquad (9 \cdot 27)$$

또 상수들을 식 (e) 및 식 (f)에 대입하면,

$$\frac{dy}{dx} = \frac{Pb}{6EIl}\left[(l^2 - b^2) + \frac{3l}{b}(x-a)^2 - 3x^2\right] \qquad (9 \cdot 28)$$

$$y = \frac{Pb}{6EIl}\left[\frac{l}{b}(x-a)^3 + (l^2-b^2)x - x^3\right] \qquad (9 \cdot 29)$$

지점 B에서의 기울기 θ_b는 식 (9 · 28)에서 $x = l$로 놓으면 다음과 같이 된다.

$$\theta_b = \frac{Pb}{6EIl}[(l + b)(l - b) + 3lb - 3l^2]$$

$$= \frac{Pb}{6EIl}[(l + b)a - 3l(l - b)]$$

$$= \frac{-Pab}{6EIl}(2l - b) = -\frac{Pab}{6EIl}(l + a) \qquad (9 \cdot 30)$$

하중의 작용점 C에서 처짐은 식 (9 · 26) 또는 식 (9 · 29)에 $x = a$로 놓으면 다음과 같다.

$$y_c = \frac{Pba}{6EIl}[(l + b)(l - b) - a^2] = \frac{Pa^2b^2}{3EIl} \qquad (9 \cdot 31)$$

최대처짐이 생기는 위치는 $a > b$일 때 하중의 왼쪽 부분에서 일어날 것이 분명하므로 식 (9 · 25)를 0으로 놓으면

$$l^2 - b^2 - 3x^2 = 0$$

따라서 $$x = \sqrt{\frac{l^2 - b^2}{3}}$$

이 되고, 최대처짐은 식 (9 · 26)에 x의 값을 대입하면 다음과 같이 된다.

$$y_{\max} = \delta = \frac{Pb}{9\sqrt{3}EIl}\sqrt{(l^2 - b^2)^3} \qquad (9 \cdot 32)$$

또한 $a > b$인 보에서 중앙점의 처짐은 식 (9 · 26)에서 $x = \frac{l}{2}$을 대입하면 다음과 같이 된다.

$$\delta_{x=l/2} = \frac{Pb}{48EI}(3l^2 - 4b^2) \qquad (9 \cdot 33)$$

만일 $a = b = \frac{l}{2}$인 중앙점에 하중이 작용하면 최대처짐은 荷重作用點 바로 아래에서

일어나며, 그 값은 식 (9·33)에 $b = \frac{l}{2}$ 을 대입하면 다음과 같이 된다.

$$y_{\max} = \delta = \frac{Pl^3}{48\,EI} \tag{9·34}$$

또 식 (9·27)과 (9·30)에서

$a = b = l/2$을 대입하면

$$\theta_a = -\,\theta_b = \frac{Pl^2}{16\,EI} \tag{9·35}$$

예제 9-1. 지름이 2 cm, 원형단면의 길이 1 m의 외팔보의 自由端에 집중하중이 작용할 때 최대처짐이 2 cm가 되었다. 최대굽힘응력을 구하라. 단, $E = 2.1 \times 10^6\ \mathrm{kg/cm^2}$이다.

풀이 $M = Pl$, $M = \sigma Z$에서

$$\delta = \frac{Pl^3}{3\,EI} = \frac{Ml^2}{3\,EI} = \frac{\sigma Zl^2}{3\,EI}$$

$$\therefore\ \sigma = \frac{3\,EI\delta}{Zl^2} = \frac{3E\cdot\dfrac{\pi d^4}{64}\cdot\delta}{\dfrac{\pi\,d^3}{32}\,l^2} = \frac{3\,Ed\delta}{2\,l^2} = \frac{3\times2.1\times10^6\times2\times2}{2\times100^2}$$

$$= 1260\ \mathrm{kg/cm}$$

예제 9-2. 〈그림 9·10〉(a), (b)와 같이 외팔보의 길이의 $\frac{1}{2}$ 범위에 等分布荷重이 작용할 때 自由端에 일어나는 처짐의 비를 구하라.

풀이 먼저 그림 (c)와 같이 임의 거리 C점에 集中荷重이 작용할 때를 고려하면, x점의 굽힘모멘트 M은

$$M = -Px$$

따라서 $$EI\frac{d^2y}{dx^2} = Px$$

$$EI\frac{dy}{dx} = \frac{P}{2}x^2 + C_1 \quad\cdots\cdots\cdots\cdots\ (a)$$

$$EIy = \frac{P}{6}x^3 + C_1x + C_2 \quad\cdots\cdots\cdots\cdots\ (b)$$

$x = a$ 에서 $\frac{dy}{dx} = 0$ 이므로, $C_1 = -\frac{Pa^2}{2}$

$y = 0$ 이므로, $C_2 = \frac{Pa^3}{3}$

이 상수들을 식 (a), (b)에 대입하면

$$\frac{dy}{dx} = \frac{P}{2EI}(x^2 - a^2) \quad\cdots\cdots\cdots\cdots\ (c)$$

$$y = \frac{P}{6EI}(x^3 - 3\,a^2x + 2\,a^3) \quad\cdots\cdots\cdots\cdots\ (d)$$

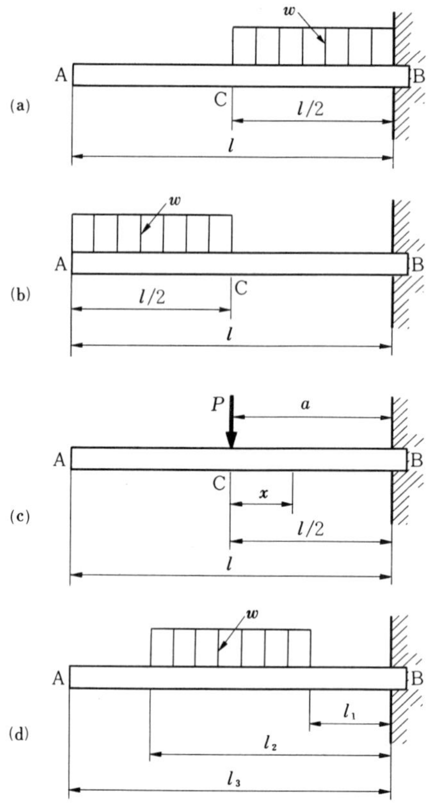

〈그림 9·10〉

$$x = 0\text{에서} \qquad \theta_c = \frac{dy}{dx} = -\frac{Pa^2}{2EI} \cdots\cdots (e)$$

$$y_c = \delta_c = \frac{Pa^3}{3EI} \cdots\cdots (f)$$

다음에 AC 사이에는 C점과 같은 기울기를 갖는 직선으로 되므로, 自由端 A에 일어나는 처짐각과 처짐은 다음과 같다.

$$\theta_a = \left(\frac{dy}{dx}\right)_{x=0} = \theta_c = -\frac{Pa^2}{2EI} \cdots\cdots (g)$$

$$y_a = |\,\theta_c(l-a)\,| + \left|\frac{Pa^3}{3EI}\right| = \frac{Pa^2}{6EI}(3l - a) \cdots\cdots (h)$$

또한 그림 (d)와 같이 l_1 및 l_2 사이에 等分布荷重이 작용하면 식 (h)에서 $P = wx$ 일 것이므로 다음과 같이 된다.

$$d\delta = \frac{wx^2}{6EI}(3l - x)dx$$

$$\therefore \ \delta = \frac{w}{6EI}\int_{l_1}^{l_2} x^2(3l - x)dx = \frac{w}{24EI}[l_1^4 - l_2^4 + 4l(l_2^3 - l_1^3)] \cdots\cdots (i)$$

따라서

$$l_1 = 0,\ l_2 = \frac{l}{2}\text{에서} \qquad \delta = \frac{7wl^4}{24 \times 16EI}$$

$l_1 = \dfrac{l}{2}$, $l_2 = l$에서 $\delta = \dfrac{41wl^4}{24\times16\,EI}$

그러므로 (a) : (b) = 7 : 41

만약 전길이에 작용한다면 $l_1 = 0$, $l_2 = l$ 이 되므로 $\delta = \dfrac{wl^4}{8\,EI}$ 이 된다. 즉, 식 (9·11)과 일치됨을 알 수 있다.

예제 9-3. 〈그림 9·11〉과 같이 단순보의 양단 A 및 B에 偶力 M_A 및 M_B가 작용할 때 양단의 처짐각과 처짐을 구하라.

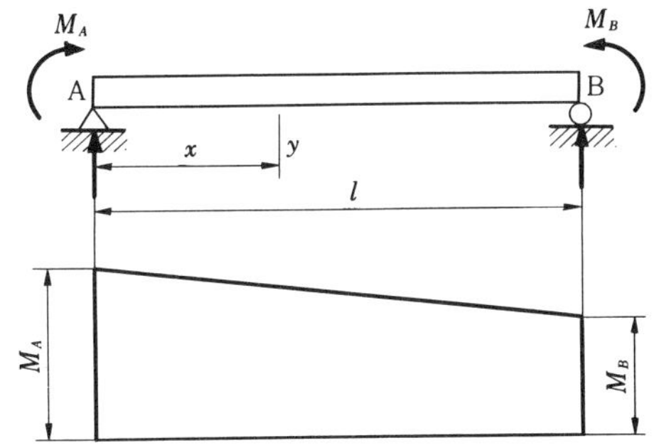

〈그림 9·11〉

풀이 B점에서 모멘트를 취하면,

$$R_A l + M_A - M_B = 0 \qquad \therefore\ R_A = -\frac{M_A - M_B}{l}$$

A점에서 모멘트를 취하면,

$$-R_B l - M_B + M_A = 0 \qquad \therefore\ R_B = \frac{M_A - M_B}{l}$$

그러므로 x점의 굽힘모멘트는 $M_x = M_A - \dfrac{M_A - M_B}{l}x$ 이므로 다음과 같이 된다.

$$\frac{d^2y}{dx^2} = -\frac{1}{EI}\left(M_A - \frac{M_A - M_B}{l}x\right)$$

x에 관해서 적분하면

$$\frac{dy}{dx} = -\frac{1}{EI}\left(M_A x - \frac{M_A - M_B}{2l}x^2 + C_1\right) \cdots\cdots \text{(a)}$$

$$y = -\frac{1}{EI}\left(\frac{M_A x^2}{2} - \frac{M_A - M_B}{6l}x^3 + C_1 x + C_2\right) \cdots\cdots \text{(b)}$$

$x = 0$ 및 $x = l$에서 $y = 0$이므로,

$$C_1 = -\left(\frac{2M_A + M_B}{6}\right)l, \qquad C_2 = 0$$

따라서 처짐각과 처짐은 다음과 같다.

$$\theta = \frac{l}{6EI}\left(\frac{3(M_A - M_B)}{l^2}x^2 - \frac{6M_A}{l}x + (2M_A + M_B)\right) \cdots\cdots \text{(c)}$$

$$y = \frac{lx}{6EI}\left(\frac{(M_A - M_B)}{l^2}x^2 - \frac{3M_A}{l}x + (2M_A + M_B)\right) \cdots\cdots \text{(d)}$$

따라서 식 (c)에 $x = 0$, $x = l$을 대입하면,

$$\left.\begin{aligned}\theta_A &= \frac{M_A l}{3EI} + \frac{M_B l}{6EI} = \frac{l}{6EI}(2M_A + M_B) \\ \theta_B &= -\left(\frac{M_A l}{6EI} + \frac{M_B l}{3EI}\right) = -\frac{l}{6EI}(M_A + 2M_B)\end{aligned}\right\} \cdots\cdots (e)$$

만일 $M_A = 0$이면 식 (e)에서

$$\theta_A = \frac{M_B l}{6EI}, \quad \theta_B = -\frac{M_B l}{3EI} \cdots\cdots (f)$$

이 되고, 식 (9·22)와 같이 된다.

식 (d)에서 $$y = \frac{M_B x}{6EIl}(l^2 - x^2) \cdots\cdots (g)$$

만일 $M_A = M_B = M$이면

식 (e)에서 $$\theta_A = -\theta_B = \frac{Ml}{2EI} \cdots\cdots (h)$$

식 (d)에서 $$\delta_{x=l/2} = \frac{Ml^2}{8EI} \cdots\cdots (i)$$

9-2 面積모멘트법

앞절에서는 탄성곡선의 미분방정식을 적분하여 보의 기울기와 처짐량을 구하는 방법을 살펴보았다. 그러나 한 점에서의 처짐량을 구하는 경우에는 面積모멘트법이 대단히 간편하고 편리하여 보통 이 방법을 사용하고 있다.

〈그림 9·12〉는 굽힘모멘트가 작용할 때 탄성곡선 AB와 이에 관한 굽힘모멘트선도를 표시한 것이다. 彈性曲線에서 임의의 한 요소 ds를 택하여 그 양단에서 탄성곡선에 접하는 두 접선을 긋고 그 사이의 角을 $d\theta$라 하면, 앞절 9-1의 곡률 식 (a)와 식 (8·2)에서 다음과 같은 관계를 얻는다.

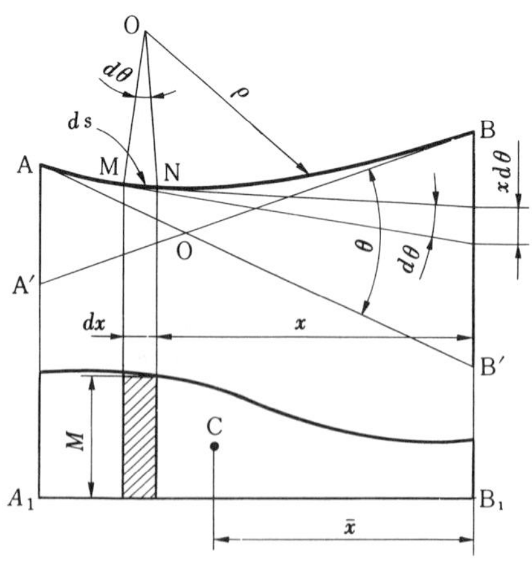

〈그림 9·12〉

$$\frac{d\theta}{ds} = \frac{M}{EI} \quad \cdots\cdots\cdots\cdots\cdots\cdots\cdots\cdots\cdots\cdots \text{(a)}$$

앞절에서와 같이 탄성곡선 재료의 彈性領域 내에서만 변화한다고 가정하면 $ds \fallingdotseq dx$ 로 놓을 수 있으므로, 식 (a)는 다음과 같이 표시할 수 있다.

$$d\theta = \frac{Mdx}{EI} \quad \cdots\cdots\cdots\cdots\cdots\cdots\cdots\cdots\cdots\cdots \text{(b)}$$

이 관계를 그림에서 설명하면, 탄성곡선의 微小길이 ds의 양쪽 끝(MN)에서 그은 두 접선 사이의 미소각 $d\theta$는 미소길이에 대한 굽힘모멘트선도의 面積, 즉 사선 부분의 면적 Mdx를 EI로 나눈 값과 같다. 그러므로 A와 B에서 그은 접선 사이의 角 θ는 다음과 같이 표시할 수 있다.

$$\theta = \int_A^B \frac{Mdx}{EI} = \frac{1}{EI}\int_A^B Mdx = \frac{A_m}{EI} \tag{9・36}$$

식 (9・36)은 굽힘모멘트 선도 A_1B_1의 全面積을 EI로 나눈 값을 표시한다. 그러므로 다음과 같은 결론을 얻을 수 있다.

〔모어定理 Ⅰ〕 彈性曲線 위의 임의의 두 점 A와 B에서 그은 두 接線 사이의 角 θ는 그 두 점 사이에 있는 굽힘모멘트선도의 全面積을 EI로 나눈 값과 같다. 이것을 第1面積모멘트법이라고 한다.

다음에는 두 점 A, B에서 그은 접선에 대해 B점 밑에서의 수직거리 BB′를 구해 볼 때 탄성곡선이 평평하다면 곡선 위의 微小길이 ds의 양쪽 끝에서 그은 접선 사이의 각도 미소값이 되므로 이 접선들과 B점 밑에서의 거리는 $xd\theta$와 같다고 볼 수 있다. 그러므로 식 (b)에서

$$xd\theta = \frac{xMdx}{EI} \quad \cdots\cdots\cdots\cdots\cdots\cdots\cdots\cdots\cdots\cdots \text{(c)}$$

이 관계를 그림에서 설명하면 ds의 양쪽 끝(MN)에서 그은 두 接線과 B점 밑에서의 수직거리 $xd\theta$는 그 요소 ds에 해당하는 굽힘모멘트선도의 면적 Mdx, 즉 사선 부분을 B_1에서 면적모멘트를 취하여 EI로 나눈 값과 같음을 알 수 있다. 따라서 전체의 거리 BB′는 다음과 같다.

$$BB' = \delta = \frac{1}{EI}\int_A^B Mxdx = \frac{\bar{x}A_m}{EI} \tag{9・37}$$

여기서, Mdx는 굽힘모멘트의 사선 부분의 면적이고, x는 B로부터 그 면적까지의 거리이므로, 식 (9・37)은 A와 B 사이에 있는 굽힘모멘트선도의 전면적의 B점에 관한 1차모멘트를 EI로 나눈 값을 나타낸다. 그러므로 다음과 같은 결론을 얻을 수 있다.

〔모어定理 Ⅱ〕 탄성곡선 위의 임의의 두 점 A와 B에서 그은 두 접선이 B점 밑에서 만나는 점을 BB′라 하면, 이 거리 BB′는 두 점 AB 사이에 있는 굽힘모멘트선도의 全面積을 B점에 관한 面積모멘트를 EI로 나눈 값과 같다. 이것을 第2面積모멘트법이라고 한다.

〈그림 9·13〉과 같이 A와 B 사이에 탄성곡선의 變曲點이 있으면 굽힘모멘트선도가 두 부분으로 나누어지게 되고, A_1D_1은 (+)의 면적, D_1B_1은 (−)의 면적이 되므로 이런 경우 탄성곡선 위의 두 점 A와 B에서 그은 두 接線 사이의 각은 식 (9·36)으로부터 다음과 같이 된다.

$$\theta = \left(\frac{A_1D_1 \text{ 面積}}{EI} \right) - \left(\frac{D_1B_1 \text{ 面積}}{EI} \right)$$

또 두 점에서 그은 접선간의 거리 B에서 BB′는 식 (9·37)로부터 다음과 같이 된다.

$$\delta = \left(\frac{A_1D_1 \text{ 面積}}{EI} \right) \bar{x}_1 - \left(\frac{D_1B_1 \text{ 面積}}{EI} \right) \bar{x}_2$$

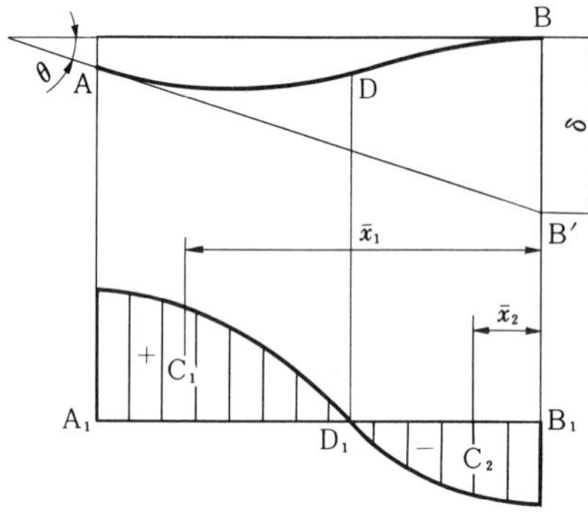

〈그림 9·13〉

여기서, x_1와 $\bar{x}_2$는 〈그림 9·13〉에 보인 바와 같이 B점에서 圖心까지의 거리이다. 面積모멘트법을 적용하려면 굽힘모멘트선도의 面積을 구해야 하므로 몇 가지 본도형의 面積과 圖心을 〈그림 9·14〉에 표시하였다.

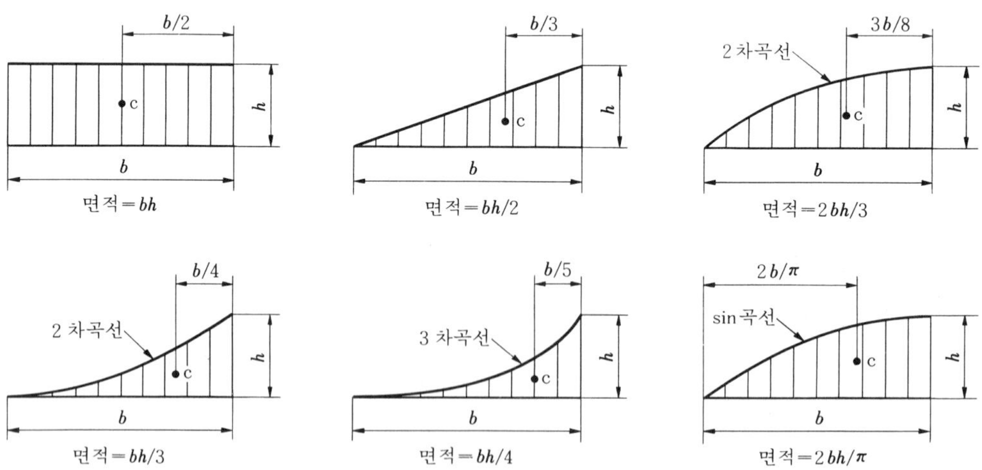

〈그림 9·14〉

1 集中荷重을 받는 외팔보

〈그림 9·15〉와 같이 외팔보의 自由端에 집중하중이 작용할 때 굽힘모멘트선도는 그림 (b)와 같이 된다.

A점과 B점에서의 접선들이 이루는 角, 즉 B점의 처짐각 θ_b는 식 (9·36)에 의하여 다음과 같이 구할 수 있다.

$$\theta_b = \frac{Pl \cdot l}{2} \times \frac{1}{EI} = \frac{Pl^2}{2EI} \quad \cdots\cdots(a)$$

처짐 δ는 식 (9·37)에 의하여 면적 aba_1의 b점에 대한 모멘트를 EI로 나누어서 다음과 같이 된다.

$$\delta = \frac{Pl \cdot l}{2} \times \frac{2}{3} l \times \frac{1}{EI} = \frac{Pl^3}{3EI} \quad \cdots\cdots(b)$$

이 식들은 식 (9·6)과 식 (9·7)의 값과 일치한다.

임의의 단면 mn에서의 x축으로부터의 처짐각은 그림 (b)의 면적 mna_1a를 EI로 나눈 값과 같다.

$$\frac{dy}{dx} = \frac{1}{EI}\left[\frac{Pl \cdot l}{2} - \frac{P(l-x)(l-x)}{2}\right]$$

$$= \frac{P}{2EI}\left[l^2 - (l-x)^2\right] = \frac{P}{2EI}(2lx - x^2) \quad \cdots\cdots(c)$$

또 그 단면에서의 처짐 y는 면적 mna_1a의 mn에 관한 모멘트를 EI로 나눈 값과 같다. 그림 (b)에서 면적을 직4각형과 3각형으로 나누어 생각하면,

$$y = \frac{1}{EI}\left[P(l-x)\frac{x^2}{2} + \frac{Px^2}{2} \cdot \frac{2x}{3}\right] = \frac{P}{EI}\left(\frac{lx^2}{2} - \frac{x^3}{6}\right)$$

$$= \frac{Px^2}{6EI}(3l - x) \quad \cdots\cdots(d)$$

이 식들은 x 대신 $(l-x)$를 대입하면 식 (9·4), 식 (9·5)와 일치함을 알 수 있다.

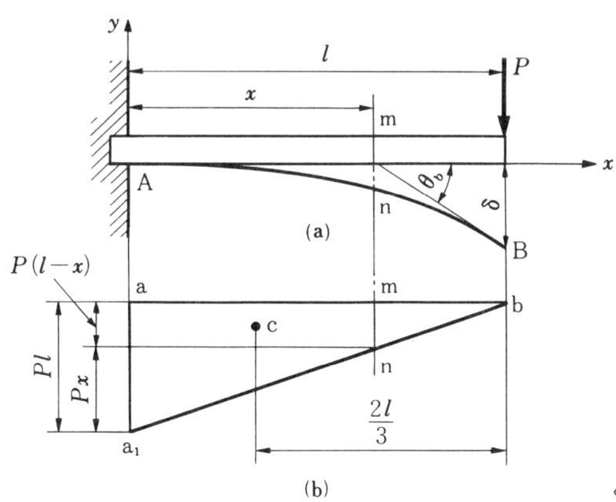

〈그림 9·15〉

2 等分布荷重을 받는 외팔보

〈그림 9·16〉(a)와 같이 외팔보에 등분포하중 w가 작용할 때의 처짐각과 처짐은 다음과 같이 구한다.

mn 단면의 굽힘모멘트와 처짐각은

$$M = -\frac{w(l - x_1)^2}{2}, \qquad d\theta = \frac{w(l - x_1)^2}{2EI}dx_1 \quad \cdots\cdots (a)$$

이고, 굽힘모멘트선도는 그림 (b)와 같이 포물선이 된다. 거리 x인 임의단면에서의 처짐각은 식 (9·36)에 의하여 다음과 같이 된다.

$$\frac{dy}{dx} = \frac{1}{EI}\int_0^x \frac{w(l - x_1)^2}{2}dx_1 = \frac{w}{2EI}\left(l^2x - lx^2 + \frac{x^3}{3}\right) \cdots\cdots (b)$$

$$\left(\frac{dy}{dx}\right)_{x=l}^{\max} = \theta_B = \frac{wl^3}{6EI} \quad \cdots\cdots (c)$$

이 식은 식 (9·10)과 일치한다.

固定端에서 거리 x에 있는 임의단면의 처짐은 면적 aa_1dc의 수선 cd에 대한 모멘트를 EI로 나눈 것과 같다. 그림 (b)에서 사선으로 표시된 면적 요소의 모멘트는

$$dy = (x - x_1)\frac{w(l - x_1)^2}{2EI}dx_1 \quad \cdots\cdots (d)$$

전체 모멘트는 이것을 x_1에 관하여 $x_1 = 0$으로부터 $x_1 = x$까지 적분한 것이므로,

$$y = \frac{1}{EI}\cdot\frac{w}{2}\int_0^x (x - x_1)(l - x_1)^2 dx_1$$

이것을 적분하여 계산하면 固定端으로부터 거리 x에 있는 임의점에서의 처짐이 다음과 같이 구해진다.

$$\therefore\ y = \frac{w}{2EI}\left(\frac{l^2x^2}{2} - \frac{lx^3}{3} + \frac{x^4}{12}\right) \quad \cdots\cdots (e)$$

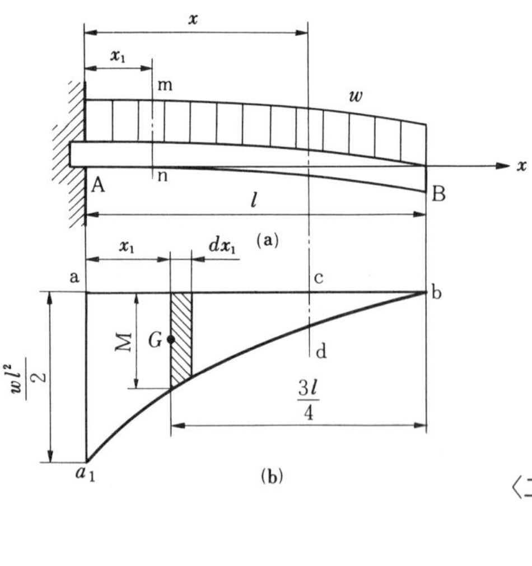

〈그림 9·16〉

自由端의 처짐은 $x = l$ 일 때이므로,

$$y_{max} = \delta = \frac{wl^4}{8EI} \quad \cdots\cdots(f)$$

이 식은 식 (9·11)과 일치한다.

〈그림 9·14〉와 〈그림 9·16〉을 참작하여 식 (9·36)과 식 (9·37)을 이용하면 간단히 할 수 있다.

$$\theta = \frac{A_m}{EI} = \frac{1}{EI} \cdot \frac{l \cdot \frac{wl^2}{2}}{3} = \frac{wl^3}{6EI} \quad \cdots\cdots(g)$$

$$\delta = \frac{A_m}{EI}\bar{x} = \frac{wl^3}{6EI} \times \frac{3l}{4} = \frac{wl^4}{8EI} \quad \cdots\cdots(h)$$

이들 식 (g) 및 (h)는 식 (c) 및 (f)와 일치한다.

3 集中荷重을 받는 단순보

〈그림 9·17〉과 같은 단순보의 F점에서 집중하중 P를 받을 때 굽힘모멘트선도는 그림 (b)와 같은 3각형 $a_1b_1f_1$이 된다. 그 면적은 $\frac{Pab}{2}$ 이고, b_1으로부터 圖心 C까지의 거리는 $\frac{(l+b)}{3}$가 된다. B端으로부터 A에서의 처짐곡선의 접선 AB′까지의 수직거리 δ는 식 (9·37)에 의하여 다음과 같이 된다.

$$\delta = \frac{1}{EI} \cdot \frac{Pab}{2} \times \frac{l+b}{3} = \frac{Pab(l+b)}{6EI} \quad \cdots\cdots(a)$$

A점에 관한 B점의 회전각 θ는 식 (9·36)에서

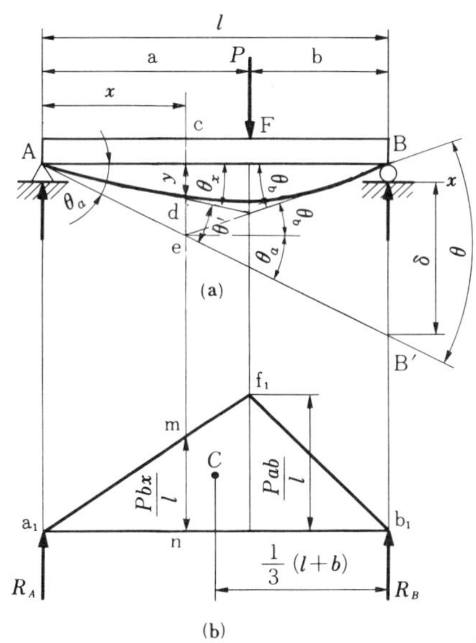

〈그림 9·17〉

$$\theta = \frac{A_m}{EI} = \frac{Pab}{2EI} \quad \cdots\cdots (b)$$

A점의 처짐각 θ_a는 A를 중심으로 반지름 l의 圓弧가 BB′로 생각할 수 있으므로

$$\theta_a = \frac{BB'}{l} = \frac{\delta}{l} = \frac{Pab(l+b)}{6EIl} \quad \cdots\cdots (c)$$

B점의 처짐각 θ_b는 다음과 같이 구할 수 있다.

$$\theta_b = \theta_a - \theta = \frac{Pab(l+b)}{6EIl} - \frac{Pab}{2EI} = -\frac{Pab(l+a)}{6EIl} \quad \cdots\cdots (d)$$

이 식들은 식 (9・27) 또는 식 (9・30)과 일치한다.

식 (c)와 식 (d)는 더욱 간단한 방법으로 다음과 같이 풀 수 있다.

〈그림 9・17〉 (b)의 a_1b_1을 단순보로 보고 여기에 3角形荷重 $a_1f_1b_1$으로 표시되는 分布荷重이 작용한다고 가정하고 a_1 및 b_1에 발생하는 反力들은

$$R_A = \frac{Pab}{2} \times \frac{l+b}{3} \times \frac{1}{l} = \frac{Pab(l+b)}{6l} \quad \cdots\cdots (e)$$

$$R_B = \frac{Pab}{2} \times \frac{l+a}{3} \times \frac{1}{l} = \frac{Pab(l+a)}{6l} \quad \cdots\cdots (f)$$

가 된다. 이 결과를 식 (c)와 식 (d)에 비교하면 보의 兩端의 처짐각은 가상보의 양단에서의 전단력들을 EI로 나눈 값과 같다. 이와 같은 가상보 a_1b_1을 共軛보(conjugate beam)라고 한다. 탄성곡선상의 임의점 d에서의 처짐각 θ_x는 A와 d 사이의 接線角 θ'를 왼쪽 지점의 처짐각 θ_a로부터 빼면 된다.

$$\theta_x = \frac{dy}{dx} = \theta_a - \theta' = \frac{1}{EI}(R_A - \Delta a_1mn) = \frac{V_C}{EI} \quad \cdots\cdots (g)$$

와 같이 되고, 괄호 속의 값은 共軛보의 mn 단면에서의 剪斷力 V_C를 표시한다. 그러므로 임의 단면의 처짐각은 그 점에 대응되는 共軛보의 전단력을 EI로 나눈 값과 같다.

다음에 c점에서 d점까지의 처짐 y는 그림 (a)에서

$$y = \overline{ce} - \overline{de} \quad \cdots\cdots (h)$$

이고, 3각형 Ace에서 $\overline{ce}$는 다음과 같다.

$$\overline{ce} = \theta_a x = \frac{R_A \cdot x}{EI} \quad \cdots\cdots (i)$$

식 (h)의 $\overline{de}$는 접선 $\overline{Ae}$부터 탄성곡선상의 d점까지의 거리이므로

$$\overline{de} = \frac{1}{EI}(\Delta a_1mn) \times \frac{x}{3} \quad \cdots\cdots (j)$$

이다. 따라서 식 (i) 및 (j)를 식 (h)에 대입하여

$$y = \frac{1}{EI}\left(R_A x - \Delta a_1mn \times \frac{x}{3}\right) = \frac{M_C}{EI} \quad \cdots\cdots (k)$$

가 된다. 이 식의 괄호 속의 값은 共軛보의 mn 단면의 굽힘모멘트 M_C를 표시한다. 그러므로 임의단면의 처짐은 그 단면의 굽힘모멘트를 EI로 나눈 값과 같다. 식 (k)에 R_A와 Δa_1mn의 값을 대입하면

$$y = \frac{1}{EI}\left(\frac{Pabx(l+b)}{6l} - \frac{Pbx^3}{6l}\right) = \frac{Pbx}{6EIl}(l^2 - b^2 - x^2) \quad \cdots\cdots (l)$$

이 식은 식 (9·26)과 일치한다.

$$P\text{점의 처짐량} : y_{x=a} = \delta_F = \frac{Pab}{6EIl}(l^2 - b^2 - a^2) = \frac{Pa^2b^2}{3EIl} \quad \cdots\cdots (m)$$

A점에서는 A 와 d 사이에 있는 굽힘모멘트선도의 면적 a_1mn을 EI로 나눈 값 θ'와 식 (c)의 θ_a는 같은 값이므로 等式으로 놓든지 식 (g)의 $\theta_x = 0$인 점에서 최대처짐이 생기므로

$$\frac{Pab(l+b)}{6EIl} = \frac{Pbx^2}{2EIl}$$

따라서 0의 기울기를 갖는 거리 x는

$$x = \sqrt{\frac{a(l+b)}{3}} = \sqrt{\frac{l^2 - b^2}{3}}$$

위의 x 값을 식 (l)에 대입하면,

$$y_{\max} = \delta = \frac{Pb}{9\sqrt{3}\,EIl}\sqrt{(l^2 - b^2)^3} \quad \cdots\cdots (n)$$

또 최대처짐 δ는 d에서 접선으로부터 이탈한 A점의 처짐량과 같으므로,

$$y = \frac{Pbx^2}{2EIl} \cdot \frac{2x}{3} \quad \cdots\cdots (o)$$

$$y_{\max} = \delta = \frac{Pb}{9\sqrt{3}\,EIl}\sqrt{(l^2 - b^2)^3} \quad \cdots\cdots (p)$$

식 (n)과 (p)는 식 (9·32)와 일치한다.

4 均一分布荷重을 받는 단순보

〈그림 9·18〉과 같이 等分布荷重을 받는 경우의 共軛보는 그림 (b)의 ab와 같다. 이 共軛보의 하중은 실제보의 굽힘모멘트선도인 포물선 abc로 표시되므로 全假想荷重은 다음과 같이 된다.

$$A = \frac{2}{3} \times \frac{wl^2}{8} \times l = \frac{wl^3}{12} \quad \cdots\cdots (a)$$

따라서 양단에서의 反力 R는 $\frac{wl^3}{12} \times \frac{1}{2} = \frac{wl^3}{24}$이므로, 양단에서의 처짐각은 集中荷重을 받는 경우의 식 (g)에 의하여

$$\theta_A = -\theta_B = \frac{V_C}{EI} = \frac{R}{EI} = \frac{wl^3}{24EI} \quad \cdots\cdots (b)$$

와 같고, 식 (9·18)과 일치한다.

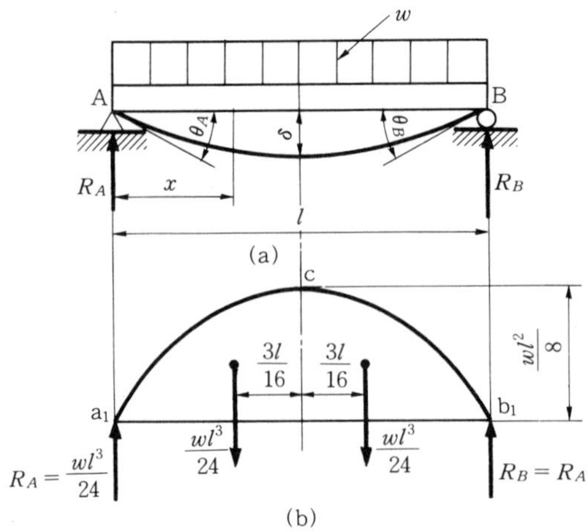

〈그림 9·18〉

또, 中央點에서 발생하는 처짐은 共軛보의 중앙단면의 굽힘모멘트를 EI로 나누어 集中荷重을 받은 경우 식 (k)에 의하여

$$\delta = \underset{x=l/2}{y} = \frac{M_C}{EI} = \frac{1}{EI} \cdot \frac{wl^3}{24}\left(\frac{l}{2} - \frac{3l}{16}\right) = \frac{5wl^4}{384EI} \cdots\cdots (c)$$

面積모멘트法에 의한 解는

$$\theta_A = -\theta_B = \frac{A_m}{EI} = \frac{1}{EI}\left(\frac{2}{3} \cdot \frac{l}{2} \cdot \frac{wl^2}{8}\right) = \frac{wl^3}{24EI}$$

$$\delta = \frac{A_m \bar{x}}{EI} = \frac{1}{EI}\left(\frac{wl^3}{24} \cdot \frac{l}{2} \cdot \frac{5}{8}\right) = \frac{5wl^4}{384EI}$$

5 偶力을 받는 단순보

〈그림 9·19〉와 같이 길이가 l인 단순보 AB가 B端에서 반시계방향의 우력 M이 작용할 때, 보의 최대처짐이 일어나는 위치 E와 그의 처짐량 δ_{max}을 面積모멘트法에 의하여 구하면 다음과 같다.

그림 (b)에서

$$\delta = BB' = \frac{Ml}{2EI} \times \frac{l}{3} = \frac{Ml^2}{6EI} = \theta_A l \cdots\cdots (a)$$

$$\theta_A = \frac{BB'}{l} = \frac{Ml^2}{6EIl} = \frac{Ml}{6EI} \cdots\cdots (b)$$

최대처짐이 일어나는 점을 E라 하면, 그 점에서는 탄성곡선이 수평으로 될 것이므로, A로부터 E까지의 거리를 x라 하면 E점에 대한 θ_e의 값은

$$\theta_e = \frac{Mx}{l} \times x \times \frac{1}{2} \times \frac{1}{EI} = \frac{Mx^2}{2EIl} \cdots\cdots (c)$$

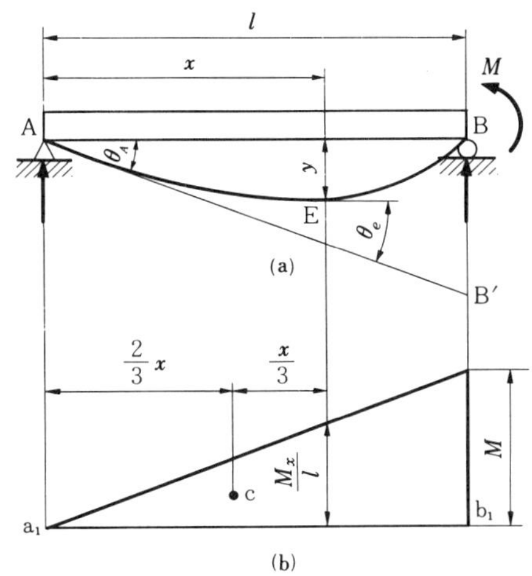

〈그림 9·19〉

A점과 E점에서 그은 두 접선간의 角 θ_A와 θ_e는 같으므로

$$\theta_A = \theta_e = \frac{Ml}{6\,EI} = \frac{M\,x^2}{2\,EIl}$$

$$x = \sqrt{\frac{Ml}{6EI} \cdot \frac{2EIl}{M}} = \frac{l}{\sqrt{3}}$$

$$y = \frac{Mx^2}{2\,EIl} \times \frac{2\,x}{3} = \frac{Mx^3}{3\,EIl} \quad \cdots\cdots\cdots\cdots \text{(d)}$$

최대처짐 δ_{max}은

$$y_{max} = \delta = \frac{M}{3\,EIl}\left(\frac{l}{\sqrt{3}}\right)^3 = \frac{Ml^2}{9\sqrt{3}\,EI} \quad \cdots\cdots\cdots\cdots \text{(e)}$$

식 (e)는 식 (9・23)과 일치한다.

예제 9-4. 〈그림 9・20〉과 같이 외팔보의 중앙에 集中荷重 P가 작용할 때 최대처짐을 구하라.

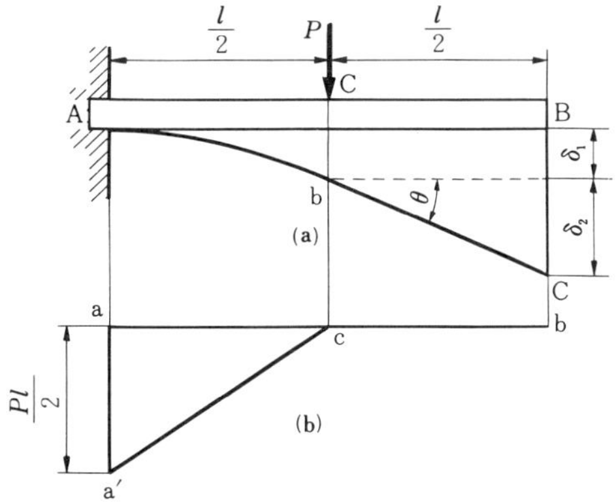

〈그림 9·20〉

풀이 최대처짐은 自由端에 생기며, 이 값은 하중에 의한 처짐 δ_1과 하중점의 최대회전각 θ에 의한 처짐 δ_2와의 합이 된다. 또한 BMD를 보면 bc 부분에는 굽힘모멘트가 작용하지 않으므로 직선을 유지하면서 回轉角에 의한 처짐을 일으킨다.

식 (9·6) 및 (9·7)에 의하여

$$\delta_1 = \frac{P}{3EI}\left(\frac{l}{2}\right)^3, \qquad \theta = \frac{P}{2EI}\left(\frac{l}{2}\right)^2$$

$$\delta_2 = \theta \cdot \frac{l}{2} = \frac{P}{2EI}\left(\frac{l}{2}\right)^2\frac{l}{2} = \frac{P}{2EI}\left(\frac{l}{2}\right)^3$$

따라서 최대처짐은

$$\delta_{\max} = \delta_1 + \delta_2 = \frac{P}{3EI}\left(\frac{l}{2}\right)^3 + \frac{P}{2EI}\left(\frac{l}{2}\right)^3 = \frac{Pl^3}{24EI} + \frac{Pl^3}{16EI} = \frac{5Pl^3}{48EI}$$

예제 9-5. 〈그림 9·21〉과 같이 임의 단면에 집중하중 P가 작용할 때 임의점 x 거리의 처짐량 y와 B점에서의 처짐 δ_b, 경사각 θ_b를 구하라.

풀이 $y = \dfrac{1}{EI} \cdot \dfrac{Pc^2}{2}\left(x - \dfrac{c}{3}\right), \qquad \delta_b = \dfrac{1}{EI} \cdot \dfrac{Pc^2}{2}\left(l - \dfrac{c}{3}\right), \qquad \theta_b = \dfrac{1}{EI} \cdot \dfrac{Pc^2}{2}$

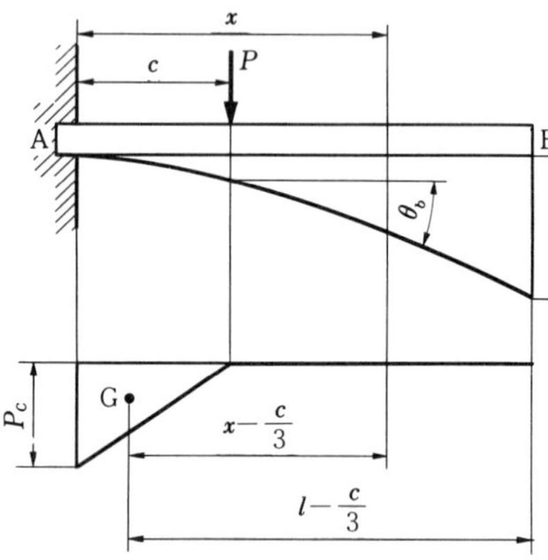

〈그림 9·21〉

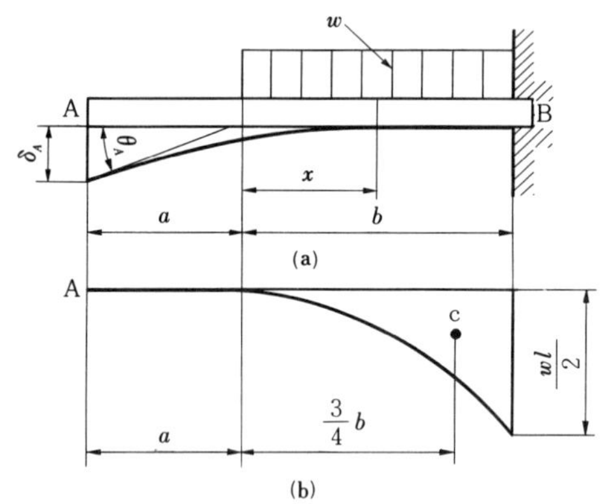

〈그림 9·22〉

예제 9-6. 〈그림 9·22〉와 같이 길이가 $a + b$인 외팔보 AB가 보의 일부분 b 위에 w의 균일분포하중이 작용하고 있을 때, 이 보의 自由端 A의 처짐량과 기울기를 面積모멘트법에 의하여 구하라.

풀이 $M_x = -\dfrac{wx^2}{2}, \qquad (M_B)_{x=b} = -\dfrac{wb^2}{2}$

제1면적모멘트법에 의하여 기울기 θ를 절대값으로 하면,

$$A = \frac{bh}{3} = \frac{bwb^2}{2} \cdot \frac{1}{3} = \frac{wb^3}{6} \qquad \therefore\ \theta_A = \left[\frac{\text{면적}}{EI}\right]_A^B = \frac{wb^3}{6EI}$$

제2면적모멘트법에 의하여 처짐 δ_A에는

$$\delta_A = \left[\frac{\text{면적}}{EI}\right]_A^B \bar{x} = \frac{wb^3}{6EI}\left(a + \frac{3b}{4}\right)$$

예제 9-7. 〈그림 9·23〉과 같은 단순보의 양단에 같은 크기의 굽힘모멘트 M이 작용할 때, 共軛보에 의한 최대처짐각 및 처짐량을 구하라.

풀이 〈그림 9·23〉(b)에서

$$\theta_x = \frac{V_x}{EI} = \frac{1}{EI}\left(\frac{Ml}{2} - M_x\right)$$

$$\underset{x=0}{\theta_A} = \frac{Ml}{2EI}, \quad \underset{x=l}{\theta_B} = -\frac{Ml}{2EI}$$

$$y_x = \frac{M_x}{EI} = \frac{1}{EI}\left(\frac{Ml}{2}x - \frac{Mx^2}{2}\right)$$

$$\underset{x=l/2}{\delta} = \frac{1}{EI}\left(\frac{Ml^2}{4} - \frac{Ml^2}{8}\right) = \frac{Ml^2}{8EI}$$

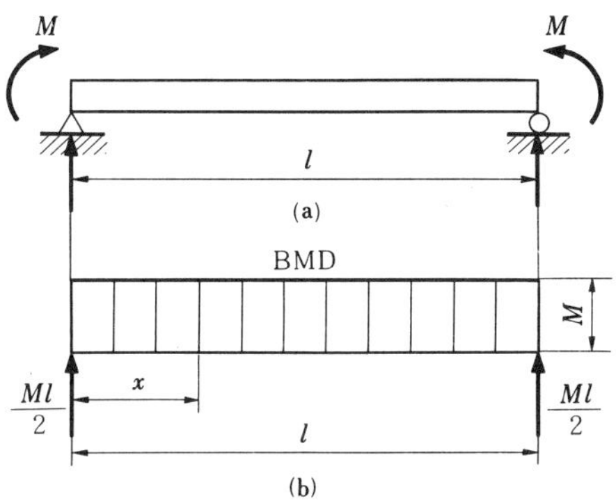

〈그림 9·23〉

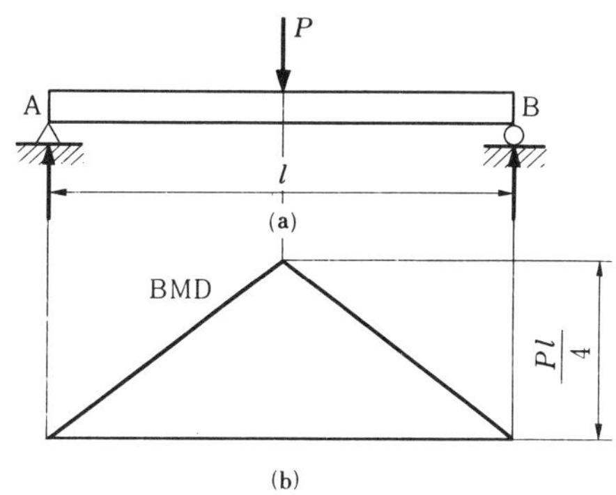

〈그림 9·24〉

예제 9-8. 〈그림 9·24〉와 같은 단순보 중앙에 집중하중이 작용할 때, 최대처짐각 및 처짐량을 면적모멘트법에 의하여 구하라.

풀이 $\theta_A = -\theta_B = \dfrac{A_m}{EI} = \dfrac{1}{EI}\left(\dfrac{l}{2}\cdot\dfrac{Pl}{4}\cdot\dfrac{1}{2}\right) = \dfrac{Pl^2}{16EI}$

$$\delta = \frac{A_m\bar{x}}{EI} = \frac{1}{EI}\left(\frac{Pl^2}{16}\cdot\frac{l}{2}\cdot\frac{2}{3}\right) = \frac{Pl^3}{48EI}$$

9-3 重 疊 法

한 개의 보에 몇 개의 하중들이 동시에 작용하는 경우에 발생하는 임의 단면의 처짐각과 처짐들은, 그 하중들이 각각 1개씩 작용할 때 발생하는 그 단면의 처짐각과 처짐량들을 합산하여 구할 수 있다. 이와 같은 방법을 重疊法(method of superposition)이라고 한다.

1 여러 개의 集中荷重을 받는 외팔보

각각의 하중에 의한 처짐곡선의 방정식을 구해서 이들을 모두 합하여 최대처짐을 다음과 같이 구할 수 있다.

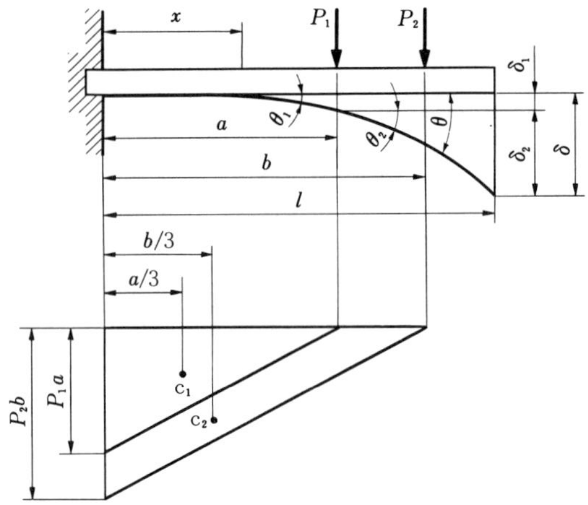

〈그림 9·25〉

① P_1에 의한 처짐과 굽힘모멘트

$$M_1 = -P_1(a-x), \qquad (M_1)_{x=0} = -P_1 a$$

$$\delta_1 = \frac{1}{EI}\,\frac{P_1 a \cdot a}{2}\left(l - \frac{a}{3}\right) = \frac{P_1 a^2(3l-a)}{6EI}$$

② P_2에 의한 처짐과 굽힘모멘트

$$M_2 = -P_2(b-x), \qquad (M_2)_{x=0} = -P_2 b$$

$$\delta_2 = \frac{1}{EI}\cdot\frac{P_2 b \cdot b}{2}\left(l - \frac{b}{3}\right) = \frac{P_2 b^2(3l-b)}{6EI}$$

$$\delta = \delta_1 + \delta_2 = \frac{P_1 a^2(3l-a)}{6EI} + \frac{P_2 b^2(3l-b)}{6EI} \tag{9·38}$$

③ $\theta_1 = \dfrac{1}{EI}\cdot\dfrac{P_1 a\cdot a}{2} = \dfrac{P_1 a^2}{2EI}, \qquad \theta_2 = \dfrac{1}{EI}\cdot\dfrac{P_2 b\cdot b}{2} = \dfrac{P_2 b^2}{2EI}$

$$\theta = \theta_1 + \theta_2 = \frac{P_1 a^2 + P_2 b^2}{2EI} \tag{9·39}$$

만일 $P_1 = P_2 = P,\ a = \dfrac{l}{3},\ b = \dfrac{2l}{3}$ 이면

$$\delta = \frac{2Pl^3}{9EI} \tag{9·40}$$

$$\theta = \frac{5Pl^2}{18EI} \tag{9·41}$$

2 均一分布荷重과 集中荷重을 동시에 받고 있는 외팔보

① 집중하중 P가 自由端에 작용하는 경우의 처짐각과 처짐량

$$\theta_1 = \frac{Pl^2}{2EI}, \qquad \delta_1 = \frac{Pl^3}{3EI}$$

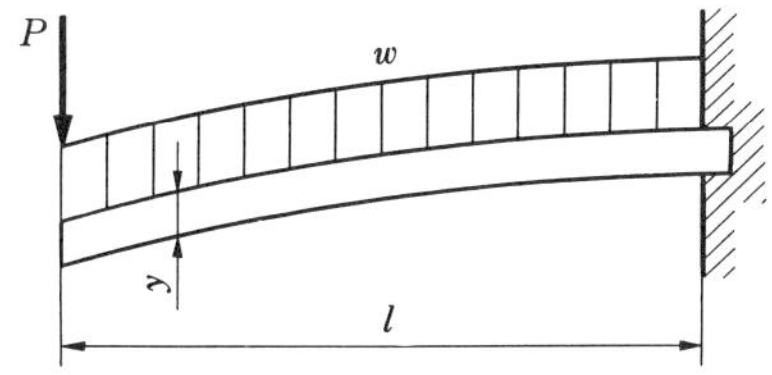

〈그림 9·26〉

② 均一分布荷重이 작용할 때 自由端의 처짐각과 처짐량

$$\theta_2 = \frac{wl^3}{6EI}, \qquad \delta_2 = \frac{wl^4}{8EI}$$

이를 중첩하면 다음과 같이 된다.

$$\theta_{max} = \theta_1 + \theta_2 = \frac{Pl^2}{2EI} + \frac{wl^3}{6EI} = \frac{l^2}{6EI}(3P + wl) \qquad (9 \cdot 42)$$

$$\delta_{max} = \delta_1 + \delta_2 = \frac{Pl^3}{3EI} + \frac{wl^4}{8EI} = \frac{l^3}{24EI}(8P + 3wl) \qquad (9 \cdot 43)$$

3 돌출된 부분에 等分布荷重을 받고 있는 돌출보

C점의 처짐량 δ_c를 구하여 보자, 돌출된 부분에 작용하는 等分布荷重으로 인하여 보의 AB 부분에 〈그림 9·27〉 (b)와 같이 B 지점에 모멘트 $M_B = \frac{wa^2}{2}$의 偶力을 받는 단순보로 생각할 수 있다. 그러므로 B점에서 접선이 경사를 이루는데 그 경사각 θ_B와 θ_A는 다음과 같이 된다.

面積모멘트법에 의하여

$$\theta_B = \frac{\delta_a}{l} = \frac{1}{EI} \cdot \frac{wa^2}{2} \cdot \frac{l}{2} \cdot \frac{2l}{3} \cdot \frac{1}{l} = \frac{wa^2 l}{6EI}$$

$$\theta_A = \frac{\delta_b}{l} = \frac{1}{EI} \cdot \frac{wa^2}{2} \cdot \frac{l}{2} \cdot \frac{l}{3} \cdot \frac{1}{l} = \frac{wa^2 l}{12EI} \qquad (9 \cdot 44)$$

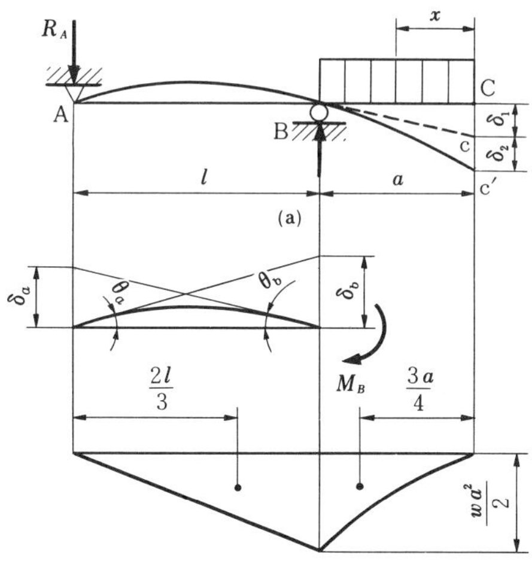

〈그림 9·27〉

이 경사각은 식 (9・22)로부터 구할 수도 있다. B점에서 接線의 회전으로 인하여 돌출 부분의 처짐은 c점에 오게 되어 이 때의 처짐 δ_1은

$$\delta_1 = \theta_B \cdot a = \frac{wa^3 l}{6EI}$$

또 돌출 부분에 작용하는 等分布荷重으로 인하여 더욱 처짐을 일으켜 c′점까지 오게 된다. 그러므로 c′c는 2차포물선의 도심이 $\frac{3a}{4}$이고, 면적은 $\frac{ah}{3}$이므로

$$\delta_2 = \frac{1}{EI} \cdot \frac{a}{3} \cdot \frac{wa^2}{2} \cdot \frac{3a}{4} = \frac{wa^4}{8EI}$$ 〔식 (9・11)과 일치〕

따라서 돌출부 끝단 C점의 전체 처짐량은

$$\delta_c = \delta_1 + \delta_2 = \frac{wa^3 l}{6EI} + \frac{wa^4}{8EI} = \frac{wa^3}{48EI}(8l + 6a) \tag{9・45}$$

4 굽힘으로 인한 彈性變形에너지

〈그림 9・28〉과 같은 보가 순수 굽힘모멘트를 받는 경우 굽힘모멘트는 보의 전길이에 걸쳐 균일하고 탄성곡선은 $\frac{1}{\rho} = \frac{\theta}{l} = \frac{M}{EI}$의 곡률인 圓弧가 되어 원호상에서의 중심각 θ는 다음과 같다.

$$\theta = \frac{Ml}{EI} \quad \cdots\cdots\cdots \text{(a)}$$

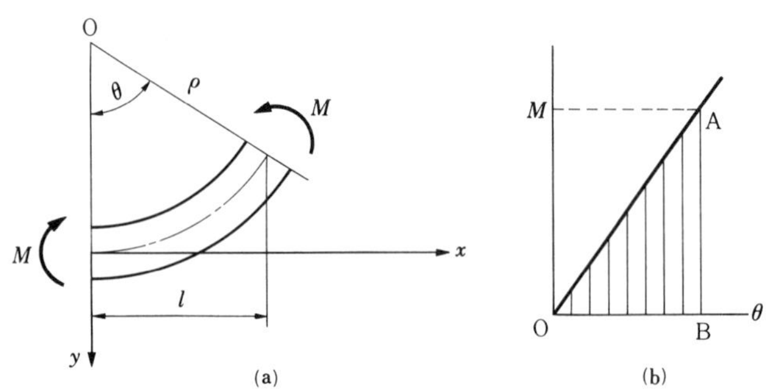

〈그림 9・28〉

각변위 θ는 굽힘모멘트 M에 비례하므로 偶力들이 하는 일은 〈그림 9・28〉(b)에서 사선 부분의 면적 $\frac{M\theta}{2}$로 표시되고, 이는 보 속에 저장된 변형에너지 U와 같으므로 다음과 같이 된다.

$$U = \frac{M\theta}{2} \quad \cdots\cdots\cdots \text{(b)}$$

식 (b)에 식 (a)를 대입하여 다음 두 식을 얻는다.

$$U = \frac{M^2 l}{2EI} \tag{9・46}$$

$$U = \frac{\theta^2 EI}{2l} \tag{9·47}$$

경우에 따라서는 位置에너지를 最大法線應力 $\sigma_{max} = \frac{M_{max}}{Z}$ 의 함수로서 표시하는 것이 유리하다. 직 4 각형일 때는 $\sigma_{max} = \frac{6M}{bh^2}$, $M = \frac{bh^2\sigma_{max}}{6}$ 이므로 식 (9·46)은

$$U = \frac{M^2 l}{2EI} = \frac{1}{3} bhl \frac{{\sigma_{max}}^2}{2E} \tag{9·48}$$

이 된다. 이 식은 보의 全에너지는 보의 모든 섬유가 最大應力 σ_{max}을 받는 경우에 이 보가 저장할 수 있는 에너지의 $\frac{1}{3}$ 과 같다는 것을 알 수 있다.

이번에는 〈그림 9·29〉와 같은 불균일한 굽힘작용을 받는 보 속에 저장되는 변형에너지를 계산해 보자. 거리 dx 사이의 미소 요소에 저장되는 에너지는 식 (9·46) 및 식 (9·47)에 의하여 다음과 같이 된다.

$$dU = \frac{M^2 dx}{2EI}, \qquad dU = \frac{EI(d\theta)^2}{2dx}$$

굽힘모멘트 M은 x에 따라 변하고 $\rho\, d\theta = dx$에서

$$d\theta = \frac{dx}{\rho} = \left| \frac{d^2y}{dx^2} \right| dx$$

이므로, 보의 全變形에너지는 다음과 같다.

$$U = \int_0^l \frac{M^2 dx}{2EI} \tag{9·49}$$

$$U = \int_0^l \frac{EI}{2} \left(\frac{d^2y}{dx^2} \right)^2 dx \tag{9·50}$$

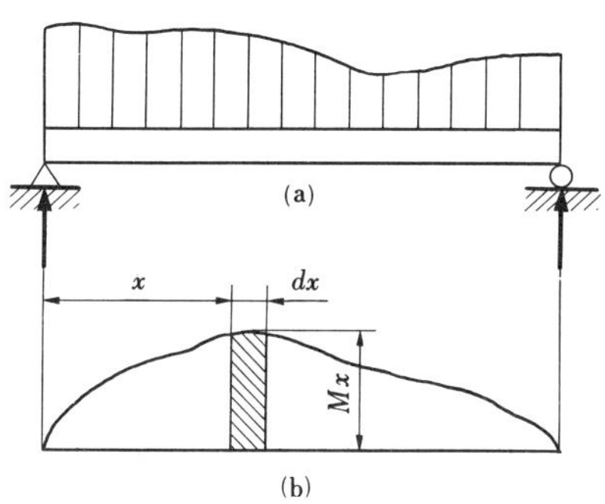

〈그림 9·29〉

(1) 외 팔 보

한 예로서 〈그림 9·4〉와 같은 외팔보를 생각해 보자. 自由端으로부터 x만큼 떨어진 임의의 단면에 작용하는 굽힘모멘트는 $M = -Px$이므로 식 (9·49)에 대입하여

$$U = \int_0^l \frac{M^2 dx}{2EI} = \frac{P^2 l^3}{6EI} \quad \cdots\cdots\cdots\cdots \text{(c)}$$

직4각형 단면이라면 고정단에 작용하는 最大굽힘응력은 $\sigma_{max} = \frac{6Pl}{bh^2}$ 이므로, 식 (c)는 다음과 같이 된다.

$$U = \frac{1}{9}(bhl)\frac{\sigma^2_{max}}{2E} \quad \cdots\cdots (d)$$

이 식은 직4각형 단면의 외팔보가 彈性域에서 저장될 수 있는 에너지는 그 보가 순수굽힘을 받는 경우의 에너지의 $\frac{1}{3}$ 과 같고, 단순인장을 받는 경우의 $\frac{1}{9}$ 임을 알 수 있다. 식 (c)에서 이 보가 굽히는 동안에 하중 P가 하는 일과 변형에너지는 같아야 하므로 같이 놓으면,

$$\frac{P\delta}{2} = \frac{P^2 l^3}{6EI} \quad \cdots\cdots (e)$$

이 되고, 따라서 自由端의 처짐 δ는

$$\delta = \frac{Pl^3}{3EI} \quad \cdots\cdots (f)$$

이 된다. 식 (f)는 식 (9・7)과 일치한다.

剪斷으로 인한 처짐도 변형에너지로부터 계산할 수 있다.

(2) 單 純 보

〈그림 9・30〉과 같은 均一斷面의 단순보 AB가 중앙에 하중 P가 작용할 때 중앙에 일어나는 처짐 δ를 변형에너지로부터 구해 보자.

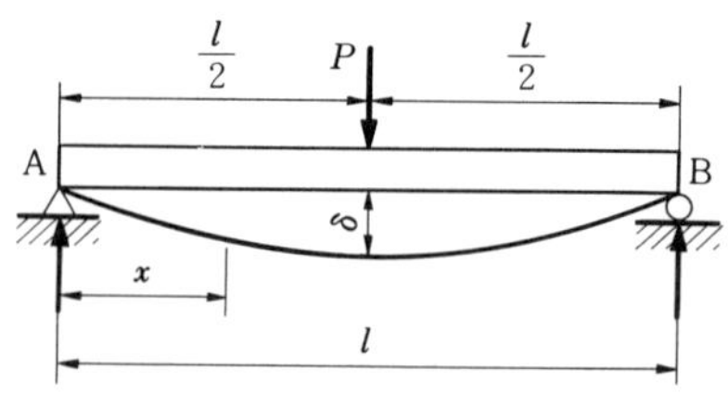

〈그림 9・30〉

x 거리에 있는 임의 단면의 굽힘모멘트

$$M_x = \frac{Px}{2}$$

를 식 (9・49)에 대입하면, 이 보 속의 저장된 굽힘변형에너지는 다음과 같이 된다.

$$U = 2\int_0^{l/2} \frac{P^2x^2dx}{8EI} = \frac{P^2l^3}{96EI} \quad \cdots\cdots (g)$$

하중이 이 보에 처짐을 주면서 0으로부터 P까지 천천히 증가하는 동안에 한 일과 위에서 얻은 변형에너지를 치환하면,

$$\frac{P\delta}{2} = \frac{P^2l^3}{96EI}$$

의 관계를 얻고, 이 식으로부터 δ는 다음과 같이 된다.

$$\delta = \frac{Pl^3}{48EI} \qquad \cdots\cdots (h)$$

식 (h)는 식 (9·34)와 일치한다.

9-4 特異函數(Singularity function)에 의한 방법

9-1절의 彈性曲線의 微分方程式 $EI\frac{d^4y}{dx^4} = -\frac{d^2M}{dx^2} = -\frac{dV}{dx} = w$의 식들로부터 보의 임의의 한 점에서 전단력 V, 모멘트 M, 경사각 θ 및 처짐 y를 구하기 위하여 적분계산을 수행하였다. 그러나 보에 작용하는 하중이 바뀌는 구간마다 이 적분계산은 구간에 따라 달라져야만 하고, 적분상수, 각 구간에 따른 경계조건 및 연속조건에 따라 처리해야 하는 복잡한 계산을 수행하여야 한다. 면적모멘트법은 보의 어느 한 점에서 처짐계산에는 대단히 유효하지만 모멘트선도의 면적을 이용함으로써 이 선도가 기하학적으로 복잡할 경우 그림으로 풀기 어려운 단점이 있다. 또한, 구간적분법은 하중이 연속되지 않을 때 구간을 나눔으로 인해 많은 적분상수가 발생하고, 이를 결정하기가 힘들고 복잡해진다. 그러나 보의 전길이에 하중의 변화가 있다 할지라도 보의 전단력 V, 굽힘모멘트 M, 처짐각 θ, 처짐량 y를 1개의 식으로 나타낼 수 있다. 이 방법을 **特異函數**(singularity function) **방법**이라 한다.

이 결과는 函數自體가 불연속이다. 이 특이함수 방법은 독일의 수학자 A. Clebch(1862년)가 제시한 식으로, 영국의 공학자 W.H. Macaulay(1919년)가 그의 논문에서 이 방법을 사용하여 보의 문제를 풀기 시작한데서부터 기원이 되었다. 일반적으로 불연속 함수는 Macaulay 함수와 특이함수가 있는데 모두를 특이함수라 부른다. 특이함수를 사용하면 보 전체의 굽힘모멘트를 하나의 식으로 나타낼 수 있어서 그 계산과정이 아주 간단히 될 수 있다. 그의 논문발표 내용은 다음과 같다.

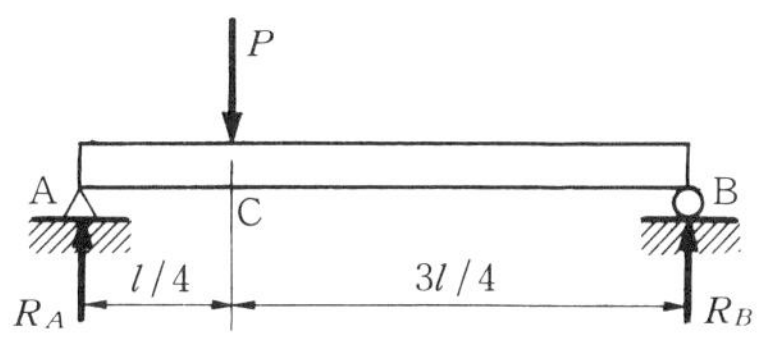

〈그림 9·31〉

AC 구간($0 \le x \le l/4$) 모멘트

$$M_1 = \frac{3}{4}Px \qquad \cdots\cdots (a)$$

BC 구간($l/4 \le x \le l$) 모멘트

$$M_2 = \frac{3}{4}Px - P\left(x - \frac{l}{4}\right) \qquad \cdots\cdots (b)$$

특이함수를 이용하여 위의 모멘트를 1개의 식으로 나타내면

$$M = \frac{3}{4}Px - P\left\langle x - \frac{l}{4}\right\rangle \cdots\cdots (c)$$

여기에서 ⟨ ⟩는 포인트 브래킷(point bracket)으로서 불연속 함수의 기호이며, 매컬리함수는 $x < \frac{l}{4}$일 때 값이 零이고 $x \geq \frac{l}{4}$일 때는 ⟨ ⟩는 ( )로 바뀌어 $\left(x - \frac{l}{4}\right)^n$ 값을 갖는다.

식 (c)에서 처짐계산은 $EI\frac{d^2y}{dx^2} = -M$에서

$$EI\frac{d^2y}{dx^2} = -\frac{3}{4}Px + P\left\langle x - \frac{l}{4}\right\rangle \cdots\cdots (d)$$

x에 관해서 두 번 적분하면 다음과 같다.

$$EI\frac{dy}{dx} = -\frac{3}{8}Px^2 + \frac{P}{2}\left\langle x - \frac{l}{4}\right\rangle^2 + C_1 \cdots\cdots (e)$$

$$EIy = -\frac{1}{8}Px^3 + \frac{P}{6}\left\langle x - \frac{l}{4}\right\rangle^3 + C_1x + C_2 \cdots\cdots (f)$$

상수 C_1과 C_2는 경계조건으로부터 구해진다.

경계조건은 $x = 0$에서 $y = 0$ ……(g)

$x = l$에서 $y = 0$ ……(h)

식 (g)를 식 (f)에 대입하면 $x = 0$은 $\frac{l}{4}$보다 작으므로 ⟨ ⟩는 零이 되고 $C_2 = 0$을 얻는다.

식 (h)를 식 (f)에 대입하면 $x = l$은 $\frac{l}{4}$보다 크므로 ⟨ ⟩는 보통괄호 ( )로 바뀌어 $0 = -\frac{Pl^3}{8} + \frac{P}{6}\left(\frac{3l}{4}\right)^3 + C_1 l$로 된다. 즉, $C_1 = \frac{7}{128}Pl^2$이다.

243쪽과 같이 D_1, D_2를 구할 필요가 없고 점 D에서 기울기와 처짐이 연속이라고 표현한 방정식도 쓸 필요가 없어진다. 이와 같이 $\left\langle x - \frac{l}{4}\right\rangle$, $\left\langle x - \frac{l}{4}\right\rangle^2$, $\left\langle x - \frac{l}{4}\right\rangle^3$으로 표시되는 함수를 특이함수라 부르고 다음과 같이 정의된다.

$n \geq 0$에 대하여 식 (9·51)과 같이 나타낸다.

$$y = \langle x - a\rangle^n = \begin{cases} 0, & x \leq a \text{일 때} \\ (x-a)^n, & x \geq a \text{일 때} \end{cases} \qquad (9 \cdot 51)$$

$n = 0, 1, 2, 3 \cdots\cdots$

그리고 $n = 0$이면〈그림 **9·32** (a)〉

$$y = \langle x - a\rangle^0 = \begin{cases} 0, & x \leq a \text{일 때} \\ 1, & x \geq a \text{일 때} \end{cases} \qquad (9 \cdot 52)$$

로 표시되며, 특히 이 함수를 계단처럼 생겼다 해서 **階段函數**(step function)라 한다.

$n = 1$이면〈그림 **9·32** (b)〉

$$y = \langle x - a\rangle^1 = \begin{cases} 0, & x \leq a \text{일 때} \\ (x-a), & x \geq a \text{일 때} \end{cases} \qquad (9 \cdot 53)$$

$n = 2$이면〈그림 **9·32** (c)〉

$$y=\langle x-a\rangle^2=\begin{cases}0, & x<a \text{ 일 때}\\ (x-a)^2, & x\geq a \text{ 일 때}\end{cases} \tag{9·54}$$

$n=3$이면 〈그림 **9·32** (d)〉

$$y=\langle x-a\rangle^3=\begin{cases}0, & x<a \text{ 일 때}\\ (x-a)^3, & x\geq a \text{ 일 때}\end{cases} \tag{9·55}$$

특이함수는 정의로부터 다음과 같이 미분, 적분이 되고

$$n\geq 0\text{에 대하여} \int\langle x-a\rangle^n dx=\frac{1}{n+1}\langle x-a\rangle^{n+1} \tag{9·56}$$

$$n\geq 1\text{에 대하여} \frac{d}{dx}\langle x-a\rangle^n=n\langle x-a\rangle^{n-1} \tag{9·57}$$

$$n\geq 2\text{에 대하여} \frac{d}{dx}\langle x-a\rangle^n=n\langle x-a\rangle^1 \tag{9·58}$$

〈그림 **9·32**〉는 n의 값이 각각 0, 1, 2 및 3 인 경우의 特異函數 그래프이다.

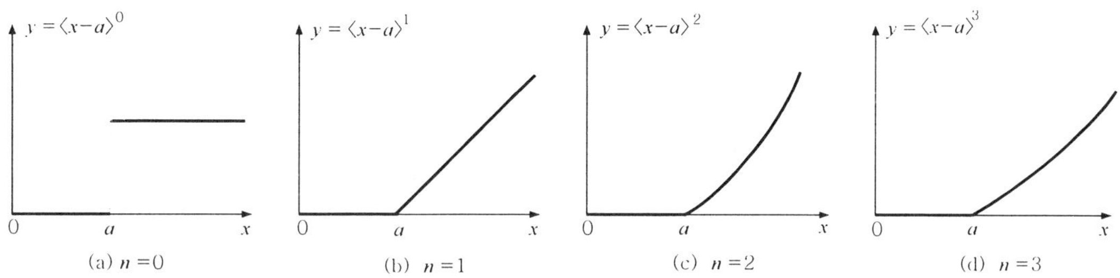

〈그림 9·32〉 특이함수군

〈그림 **9·33**〉에 기본하중과 굽힘모멘트를 特異函數로 나타내는 관계를 표시하였다.

〈그림 **9·33** (a)〉와 같이 偶力 M_0가 작용하는 경우의 굽힘모멘트 M은 $x<a$인 경우 零이고, $x\geq a$인 경우는 $-M_0$이다. 따라서 일반적인 식은 다음과 같다.

$$M=-M_0\langle x-a\rangle^0 \tag{9·59}$$

〈그림 **9·33** (b)〉와 같이 집중하중 P가 작용할 때는 $x<a$이면 굽힘모멘트는 零이고, $x\geq a$이면 $-P(x-a)$이므로 일반적인 식은

$$M=-P\langle x-a\rangle^1 \tag{9·60}$$

그리고 均一分布荷重 w가 작용하는 〈그림 **9·33** (c)〉의 경우는 $x<a$이면 역시 굽힘모멘트는 영이고, $x\geq a$이면

$$M=-\frac{w}{2}\langle x-a\rangle^2 \tag{9·61}$$

〈그림 **9·33** (d)〉에서 기울기 k가 작용하는 경우 굽힘모멘트는 다음과 같다.

$n=1$이면 $w(x)=k\langle x-a\rangle^1$이 되고

$$M=-\frac{k\langle x-a\rangle^3}{6} \tag{9·62}$$

이 된다.

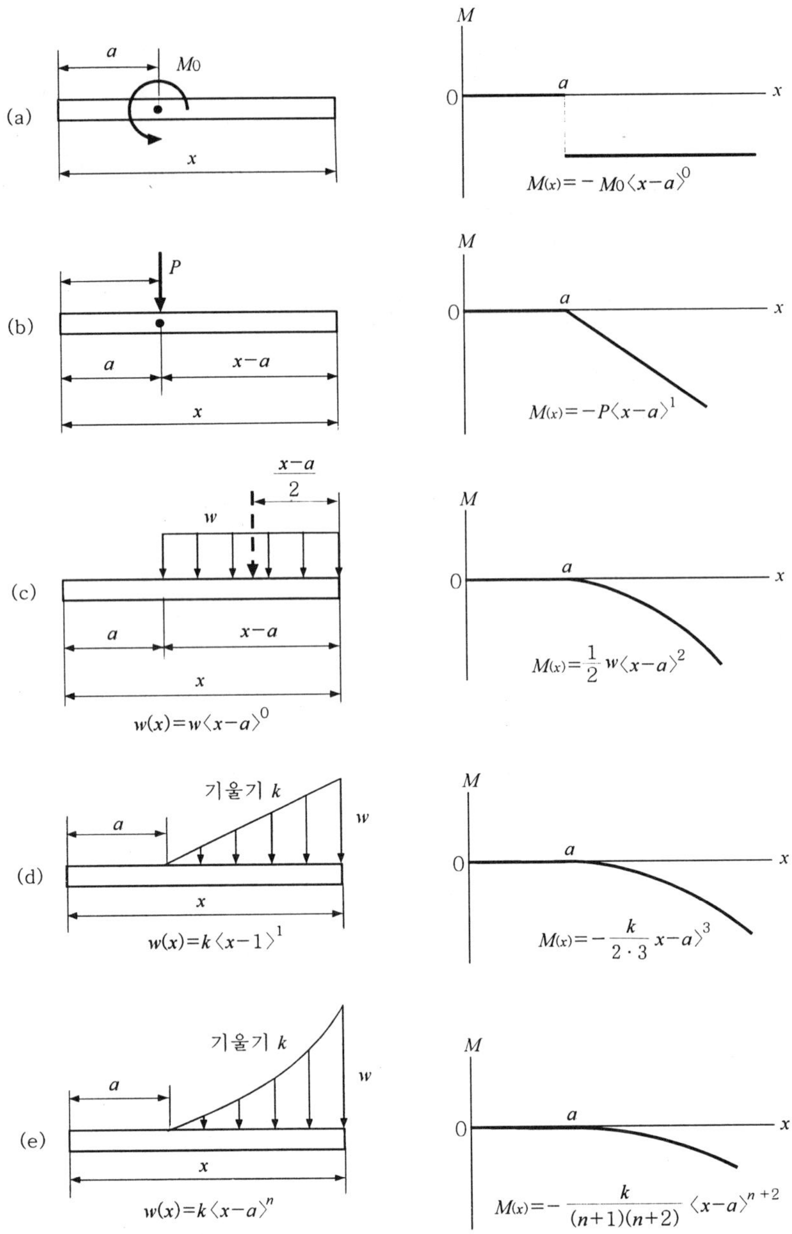

〈그림 9·33〉 굽힘모멘트

〈그림 9 · 33 (e)〉에서 곡선 k가 작용하는 경우 굽힘모멘트는 다음과 같다.

하중 $w(x)$는 $w(x) = k\langle x-a\rangle^n$

$$V = -\int_0^x k\langle x-a\rangle^n dx = -\frac{k}{n+1}\langle x-a\rangle^{n+1}$$

$$M = \int_0^x V\,dx = -\int_0^x \frac{k}{n+1}\langle x-a\rangle^{n+1} dx$$

$$= -\frac{k\langle x-a\rangle^{n+2}}{(n+1)(n+2)} \tag{9·63}$$

실제문제에서는 앞에서 표현한 예에서 몇 가지를 조합하면 구할 수 있다. 분포하중은 모두 오른쪽으로 개방되어 있기 때문에 보의 우단까지 연장되어 있지 않는 등분포하중 또는 불연속인 등분포하중은 등가의 기본 개방하중의 조합으로 〈그림 9·34〉와 같이 대치하면 된다.

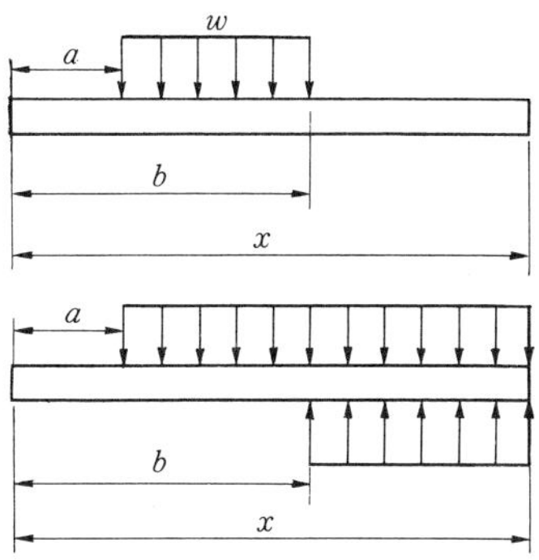

$$M = -\frac{w}{2}\langle x-a\rangle^2 + \frac{w}{2}\langle x-b\rangle^2$$

(a)

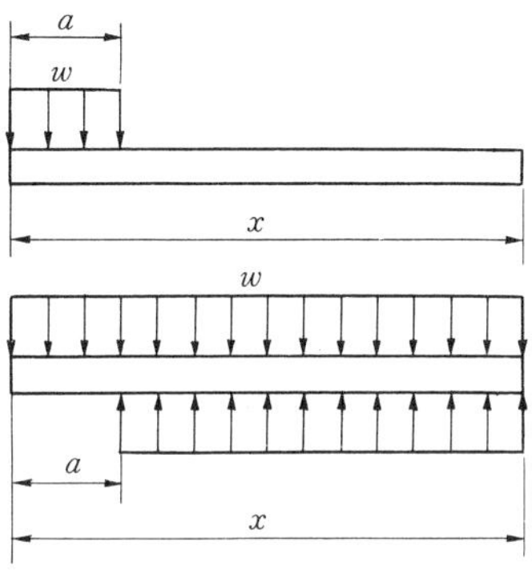

$$M = -\frac{w}{2}x^2 + \frac{w}{2}\langle x-a\rangle^2$$

(b)

〈그림 9·34〉

예제 9-9. 〈그림 9·35〉와 같은 보에서 $w = 5\,\mathrm{kg/cm}$, $M_0 = 100\,\mathrm{kg\cdot cm}$, $P = 20\,\mathrm{kg}$, $l = 100\,\mathrm{cm}$일 때 A단에서 40cm의 처짐량을 구하라.

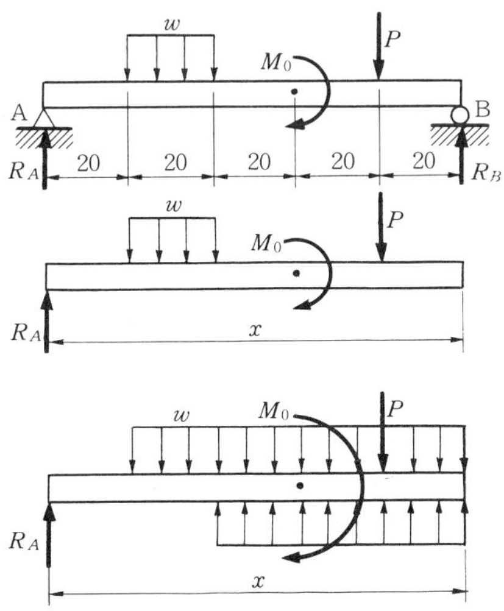

〈그림 9·35〉

풀이 $\sum V = R_A + R_B - 5\times 20 - 20 = 0$ ……………………(a)

$\sum M_B = R_A \times 100 - 5\times 20\times 70 + 100 - 20\times 20 = 0$ ……………………(b)

식 (b)에서 $R_A = 73\,\text{kg}$

식 (a)에서 $R_B = 47\,\text{kg}$

마지막 구간에 작용하는 모멘트식이 보 전체를 나타내는 식이 된다.

$$M = R_A x - \frac{w}{2}\langle x-20\rangle^2 + \frac{w}{2}\langle x-40\rangle^2 + M_0\langle x-60\rangle^0 - P\langle x-80\rangle^1 \quad \cdots(c)$$

처짐방정식은

$$EI\frac{d^2y}{dx^2} = -M = -R_A x + \frac{w}{2}\langle x-20\rangle^2 - \frac{w}{2}\langle x-40\rangle^2$$
$$- M_0\langle x-60\rangle^0 + P\langle x-80\rangle^1 \quad \cdots\cdots(d)$$

$$EI\frac{dy}{dx} = -R_A\frac{x^2}{2} + \frac{w}{2}\frac{\langle x-20\rangle^3}{3} - \frac{w}{2}\frac{\langle x-40\rangle^3}{3}$$
$$- M_0\langle x-60\rangle + P\frac{\langle x-80\rangle^2}{2} + C_1 \quad \cdots\cdots(e)$$

$$EIy = -R_A\frac{x^3}{6} + \frac{w}{2}\frac{\langle x-20\rangle^4}{12} - \frac{w}{2}\frac{\langle x-40\rangle^4}{2} - M_0\frac{\langle x-60\rangle^2}{2}$$
$$+ P\frac{\langle x-80\rangle^3}{6} + C_1 x + C_2 \quad \cdots\cdots(f)$$

경제조건은 $x=0$ 에서 $y=0$ ……………………(g)

$x=100$ 에서 $y=0$ ……………………(h)

식 (g)를 식 (f)에 대입하여 $C_2 = 0$을 얻는다.

식 (h)를 식 (f)에 대입하면

$$0 = -73\frac{100^3}{6} + \frac{5}{2}\frac{80^4}{12} - \frac{5}{2}\frac{60^4}{12} - 100\frac{40^2}{2} + 20\frac{20^3}{6} + 100C_1$$
$$C_1 = 63{,}867$$

완성된 처짐방정식은

$$EIy = -73\frac{x^3}{6} + \frac{5}{2}\frac{\langle x-40\rangle^4}{12} - \frac{5}{2}\frac{\langle x-40\rangle^4}{12} - 100\frac{\langle x-60\rangle^2}{2} + 63{,}867\,x$$

A단으로부터 40cm 지점의 처짐량은

$$EIy = -73\frac{40^3}{6} + \frac{5}{2}\frac{20^4}{12} + 63{,}867\times 40 = 1{,}809{,}347$$

$$y_{x=40} = \frac{1{,}809{,}347}{EI}\,\text{cm}$$

예제 9-10. 〈그림 9 · 36〉과 같이 단순보에 집중하중이 작용할 때 특이함수법으로 θ_A, θ_x, y_x를 구하라.

풀이 反力 R_A, R_B는

$$R_A = \frac{Pb}{l}, \qquad R_B = \frac{Pa}{l} \quad \cdots\cdots(a)$$

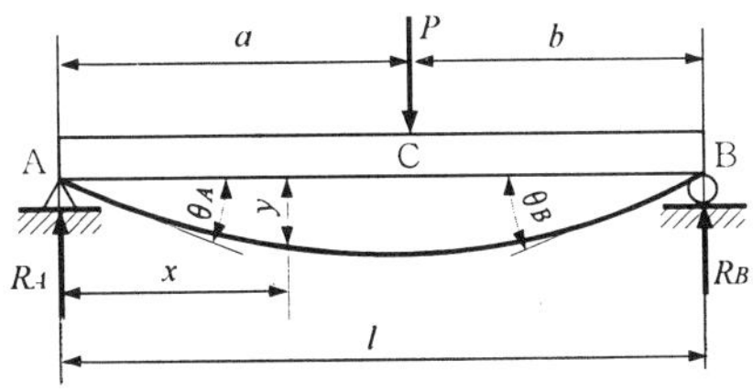

〈그림 9 · 36〉

이므로 구간 AC와 CB에서의 굽힘모멘트식은 다음과 같다.

$$0 \le x \le a \qquad M_1(x) = \frac{Pb}{l}x \qquad \cdots\cdots (b)$$

$$a \le x \le l \qquad M_2(x) = \frac{Pb}{l}x - P(x-a) \qquad \cdots\cdots (c)$$

特異函數를 사용하면 1개의 식으로 나타낼 수 있다.

$$M(x) = \frac{Pb}{l}x - P\langle x-a \rangle \qquad \cdots\cdots (d)$$

식 (d)를 식 (9 · 1)에 대입하면

$$EI\frac{d^2y}{dx^2} = -\frac{Pb}{l}x + P\langle x-a \rangle \qquad \cdots\cdots (e)$$

x에 관해서 한 번 적분하면 처짐각을 구하는 방정식이 된다.

$$EI\frac{dy}{dx} = -\frac{Pb}{2l}x^2 + \frac{P}{2}\langle x-a \rangle^2 + c_1 \qquad \cdots\cdots (f)$$

에 관해 x에서 다시 한번 적분하면 처짐량을 구하는 방정식이 된다.

$$EIy = -\frac{Pb}{6l}x^3 + \frac{P}{6}\langle x-a \rangle^3 + c_1x + c_2 \qquad \cdots\cdots (g)$$

$x=0$에서 $y=0$이므로 $c_2=0$이다.

$x=l$에서 $y=0$이므로 식 (g)에서

$$-\frac{Pb}{6l}l^3 + \frac{P}{6}\langle l-a \rangle^3 + c_1 l = 0, \qquad c_1 = \frac{Pb}{6l}(l^2-b^2)$$

c_1, c_2의 값을 식 (f), 식 (g)에 대입하면

$$EI\frac{dy}{dx} = -\frac{Pb}{2l}x^2 + \frac{P}{2}\langle l-a \rangle^2 + \frac{Pb}{6l}(l^2-b^2)$$

$$\frac{dy}{dx} = \frac{Pb}{6EIl}(l^2-b^2-3x^2) \qquad \text{〈식 (9 · 25)와 일치함〉 (f)}'$$

$$EIy = -\frac{Pb}{6l}x^3 - \frac{P}{6}\langle x-a \rangle^3 + \frac{Pb}{6l}(l^2-b^2)x \qquad \text{〈식 (9 · 26)과 일치함〉(g)}'$$

$$\theta_A = \frac{Pb}{6EIl}(l^2-b^2) = \frac{Pab}{6EIl}(l+b) \qquad \text{〈식 (9 · 27)과 일치함〉}$$

$$\theta_B = -\frac{Pab}{6EIl}(2l-b) = -\frac{Pab}{6EIl}(l+a) \qquad \text{〈식 (9 · 30)과 일치함〉}$$

최대처짐은 $0 < x < a$인 구간에서 존재하므로 식 (g)′을 영으로 놓으면

$$l^2 - b^2 - 3x^2 = 0$$

따라서 $x=\sqrt{\dfrac{l^2-b^2}{3}}$ 이 되고 식 (g)′에 대입하면

$$y_{\max}=\delta=\frac{Pb}{9\sqrt{3}EIl}\sqrt{(l^2-b^2)^3} \qquad \langle 식\ (9\cdot 32)와\ 일치함\rangle$$

예제 9-11. 〈그림 9·37〉과 같은 단순보에서 $q(x)$, $V(x)$, $M(x)$를 구하라.

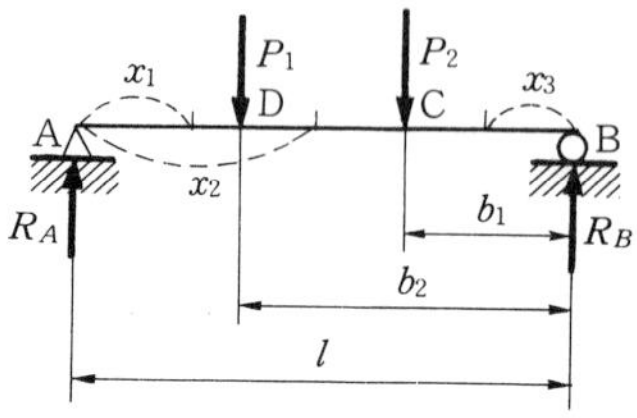

(a)

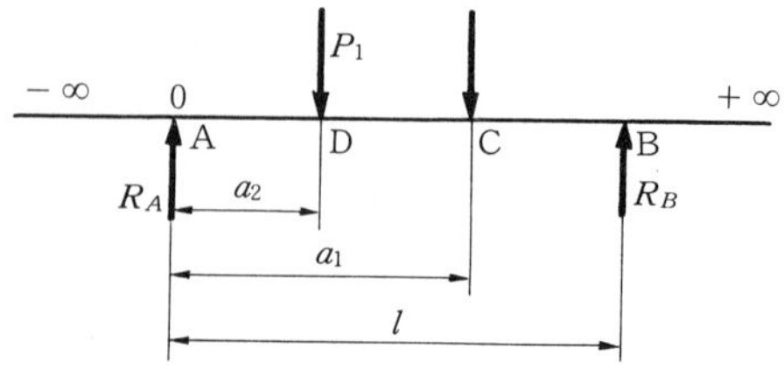

(b)

〈그림 9 · 37〉

풀이 $q(x)=-R_A\langle x\rangle^{-1}+P_2\langle x-a_2\rangle^{-1}+P_1\langle x-a_1\rangle^{-1}-R_B\langle x-l\rangle^{-1}$

$$V(x)=R_A\langle x\rangle^0-P_2\langle x-a_2\rangle^0-P_1\langle x-a_1\rangle^0+R_B\langle x-l\rangle^0$$
$$M(x)=R_A\langle x\rangle^1-P_2\langle x-a_2\rangle^1-P_1\langle x-a_1\rangle^1+R_B\langle x-l\rangle^1$$

예제 9-12. 〈그림 9 · 38〉과 같이 偶力 M_0와 집중하중 P가 작용하는 단순 보의 중앙에서의 처짐량을 特異函數를 이용하여 구하라.

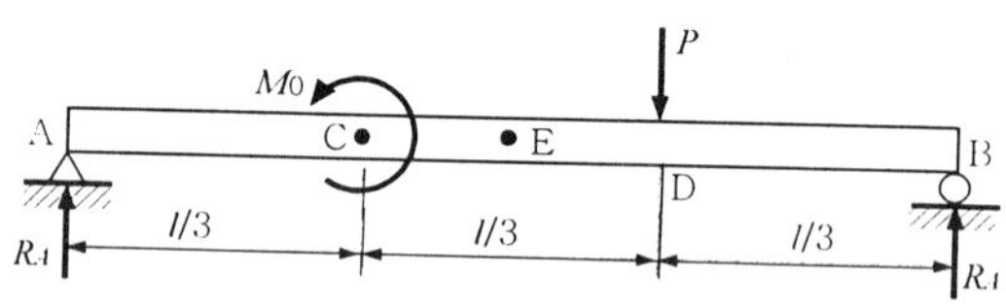

〈그림 9·38〉

풀이 $\Sigma M_0=0$에서 반력, R_A를 구하면

$$R_Al-M_0-P\left(\frac{l}{3}\right)=0$$

$$R_A=\frac{P}{3}+\frac{M_0}{l}$$

각 구간에서의 모멘트식은 다음과 같다.

$$\left(0\leq x\leq\frac{l}{3}\right) \qquad M_1(x)=\left(\frac{P}{3}+\frac{M_0}{l}\right)x$$

$$\left(\frac{l}{3}\leq x\leq\frac{2}{3}l\right) \qquad M_2(x)=\left(\frac{P}{3}+\frac{M_0}{l}\right)x-M_0$$

$$\left(\frac{2}{3}l\leq x\leq l\right) \qquad M_3(x)=\left(\frac{P}{3}+\frac{M_0}{l}\right)x-M_0-P\left(x-\frac{2}{3}l\right)$$

전체를 만족시키는 모멘트식은 다음과 같이 표현된다.

$$M(x) = \left(\frac{P}{3} + \frac{M_0}{l}\right)x - M_0\left\langle x - \frac{l}{3}\right\rangle^0 - P\left\langle x - \frac{2}{3}l\right\rangle^1 \quad \cdots\cdots\cdots \text{(a)}$$

식 (a)를 식 (9・1)에 대입하면

$$EI\frac{d^2y}{dx^2} = -\left(\frac{P}{3} + \frac{M_0}{l}\right)x + M_0\left\langle x - \frac{l}{3}\right\rangle^0 + P\left\langle x - \frac{2}{3}l\right\rangle^1 \quad \cdots\cdots\cdots \text{(b)}$$

$$EI\frac{dy}{dx} = -\frac{1}{2}\left(\frac{P}{3} + \frac{M_0}{l}\right)x^2 + M_0\left\langle x - \frac{l}{3}\right\rangle^1 + \frac{P}{2}\left\langle x - \frac{2}{3}l\right\rangle^2 + C_1 \quad \cdots \text{(c)}$$

$$EIy = -\frac{1}{6}\left(\frac{P}{3} + \frac{M_0}{l}\right)x^3 + \frac{M_0}{2}\left\langle x - \frac{l}{3}\right\rangle^2 + \frac{P}{6}\left\langle x - \frac{2}{3}l\right\rangle^3 + C_1x + C_2 \quad \text{(d)}$$

$x=0$에서 $y=0$이고 角괄호는 零이므로 식 (d)에서 $C_2=0$이다.

또 $x=l$에서 $y=0$이므로

$$0 = -\frac{1}{6}\left(\frac{P}{6} + \frac{M_0}{l}\right)l^3 + \frac{M_0}{2}\left(l - \frac{l}{3}\right)^2 + \frac{P}{6}\left(l - \frac{2}{3}l\right)^3 + C_1l$$

$$C_1 = \frac{4}{81}Pl^2 - \frac{M_0l}{18}$$

따라서 최종적인 처짐방정식은

$$EIy = -\frac{1}{6}\left(\frac{P}{3} + \frac{M_0}{l}\right)x^3 + \frac{M_0}{2}\left\langle x - \frac{l}{3}\right\rangle^2 + \frac{P}{6}\left\langle x - \frac{2}{3}l\right\rangle^3$$
$$+\left(\frac{4Pl^2}{81} - \frac{M_0l}{18}\right)x \quad \cdots\cdots\cdots \text{(e)}$$

보의 中央點 E에서의 처짐량은 식 (e)에 $x=l/2$을 代入하고, 세 번째 項의 角괄호는 零이 되므로

$$y_E = \frac{207Pl^3}{11,664EI} - \frac{5M_0l^2}{144} \quad \cdots\cdots\cdots \text{(f)}$$

연 습 문 제

1. 스팬(span) 2 m의 단순보의 중앙에 집중하중이 작용할 때 그 최대처짐이 $\frac{1}{3}$ 이 되게 하려면 하중의 한계를 얼마로 하면 좋은가? 단, $I = 500\ \text{cm}^4$, $E = 2\times10^6\ \text{kg/cm}^2$으로 한다.

답 2000 kg

2. 지름 10 cm, 길이 100 cm인 외팔보의 自由端에 W kg의 하중이 작용할 때 그 처짐량을 0.485 cm로 제한하려고 한다. 이 때 작용하중은 몇 kg이 되겠는가? 단, $E = 2.1\times10^6\ \text{kg/cm}^2$이다.

답 1500 kg

3. 〈그림 9・39〉와 같이 집중하중 P와 均一分布荷重 w가 동시에 작용하는 단순보에서 최대처짐을 구하라.

답 $\frac{13Pl^3}{384EI}$

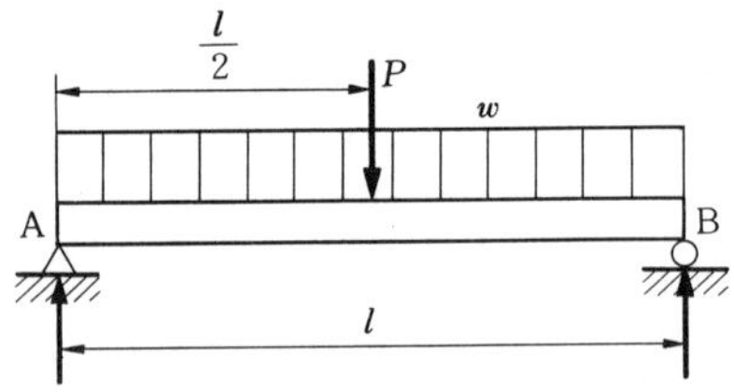

〈그림 9 · 39〉

4. 〈그림 9 · 40〉과 같이 均一分布荷重 w를 받고 있는 단순보의 중앙을 밀어올려서 양단과 동일한 수준으로 했다고 하면 중앙지점의 지지력은 얼마인가?

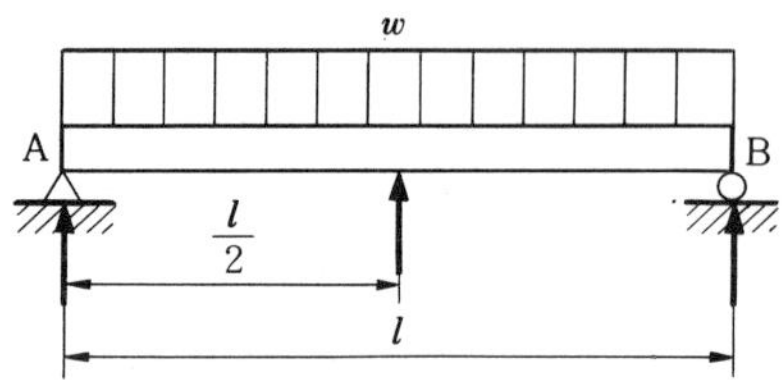

〈그림 9 · 40〉

답 $\frac{5wl}{8}$

5. 길이 2 m인 단순보의 중앙에 집중하중을 작용시켜 최대처짐을 0.2 cm로 제한하려면 荷重은 몇 kg이 되어야 하는가? 단, 단면은 원형이고 지름 $d = 10$ cm, 재료의 $E = 2\times10^6$ kg/cm^{2}이다.

답 1160 kg

6. 等分布荷重을 받고 있는 길이 3 m인 단순보의 최대처짐을 1 cm로 제한하려면 하중을 몇 kg/cm으로 해야 하는가? 단, $b\times h = 10\times10$ cm, $E = 2.1\times10^6$ kg/cm^2, $\gamma = 0.0078$ kg/cm^{3}이다.

답 15.8 kg/cm

7. 원형단면으로 길이 1 m의 단순보에 5 kg/cm의 等分布荷重을 받고 있다. 최대처짐을 보길이의 $\frac{1}{1000}$로 하려면 지름을 몇 mm로 해야 하는가? 단, 재료의 $E = 2.0\times10^6$ kg/cm^{2}이다.

답 $d = 50$ mm

8. $b\times h = 2$ cm$\times$3 cm의 단면을 가진 길이 50 cm의 외팔보의 固定端에서 40 cm 되는 곳에 80 kg의 集中荷重을 작용시킬 때 自由端의 처짐은 얼마나 되는가? 단, $E=2.1\times10^6$ kg/cm^2.

답 2.5 mm

9. 단순보에 等分布荷重을 작용시켜 그 중앙에서 처짐이 0.8 cm이고 양단에서의 기울기가 0.01 rad로 되었을 때, 보의 최대굽힘응력이 $\sigma_{max} = 1200$ kg/cm^{2}가 되도록 할 수 있는 보의 길이와 단면의 높이 h를 구하라. 단, $E = 2.1\times10^6$ kg/cm^{2}이다.

답 $l = 256$cm, $h = 9.33$ cm

10. $b\times h = 10$ cm$\times$20 cm인 4각형 단면의 길이가 $l = 3$ m인 단순보이다. 等分布荷重 $w = 500$ kg/cm을 받고 있을 때 보의 처짐과 지점에서의 처짐각을 구하라. 단, $E = 2.1\times10^6$ kg/cm^{2}이다.

답 $\delta = 3.77$ cm, $\theta = 0.04$ rad

11. 等分布荷重 w kg/cm²을 받고 있는 외팔보가 있다. 自由端에서의 처짐이 $\delta = 3$ cm이고 그 점에서 彈性曲線의 기울기가 0.01 rad일 때 이 보의 길이를 구하라. 단, $E = 2.1 \times 10^6$ kg/cm²이다.

답 400 cm

12. 〈그림 9·41〉과 같은 3각형 분포하중을 받는 단순보에서 최대처짐량 δ_{max}을 구하라.

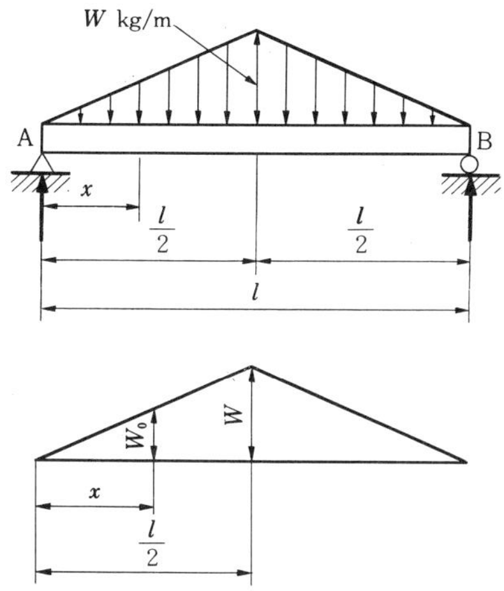

〈그림 9·41〉

답 $\delta = \dfrac{Wl^4}{120\,EI}$

제 10 장

不 靜 定 보

10-1 不靜定보와 過剩拘束

지금까지 살펴본 외팔보·단순보·돌출보 등의 靜定보는 정역학의 평형방정식인 $\Sigma X_i=0$, $\Sigma Y_i=0$ 및 $\Sigma M_i=0$ 등에 의하여 풀어 왔다. 그러나 1端固定 他端支持보, 固定보 및 連續보 등은 미지의 反力 R 및 偶力 M이 3개 이상인 過剩拘束을 가졌다. 그러므로 반력과 우력은 과잉구속의 수만큼 변형의 조건을 이용하여 방정식을 만들어야만 풀 수 있다.

이와 같이 정역학의 평형방정식으로 풀지 못하고 변형의 조건을 추가시켜 풀 수 있는 보를 不靜定보(statically indeterminate beam)라고 한다.

미지의 과잉반력 및 과잉우력을 구하는 방법은 다음 세 가지가 있다.

① 탄성곡선의 미분방정식에 의한 방법 : 임의 단면에 있어서 굽힘모멘트 M을 탄성곡선의 미분방정식 (9·1)에 대입하여 처짐에 대한 식을 유도하고, 이들에 境界條件을 대입하여 우력 및 반력을 결정한다.

② 중첩법에 의한 방법 : 하중의 外力系에 의하여 몇 가지 靜定보로 분해하고, 각각에 대한 처짐각 및 처짐을 구하여 경계조건에 만족하도록 중첩시켜 반력 및 우력을 결정한다.

③ 면적모멘트에 의한 방법 : 面積모멘트法을 응용하여 반력 및 우력을 구한다.

이상의 방법 중에서 중첩법과 면적모멘트법이 편리하므로 많이 이용된다.

10-2 1端固定 他端支持보

1 集中荷重을 받는 경우

〈그림 10·1〉 (a)와 같은 보에 집중하중 P가 작용할 때는 A端에 3개, B端에 1개, 합하여 4개의 反力이 있으므로 1개의 과잉구속을 갖는 不靜定보이다. 이 보는 A점에서 고정단, B점은 지지된 외팔보라고 생각할 수 있다. 이러한 보를 支持된 외팔보(propped cantilever)라고 한다.

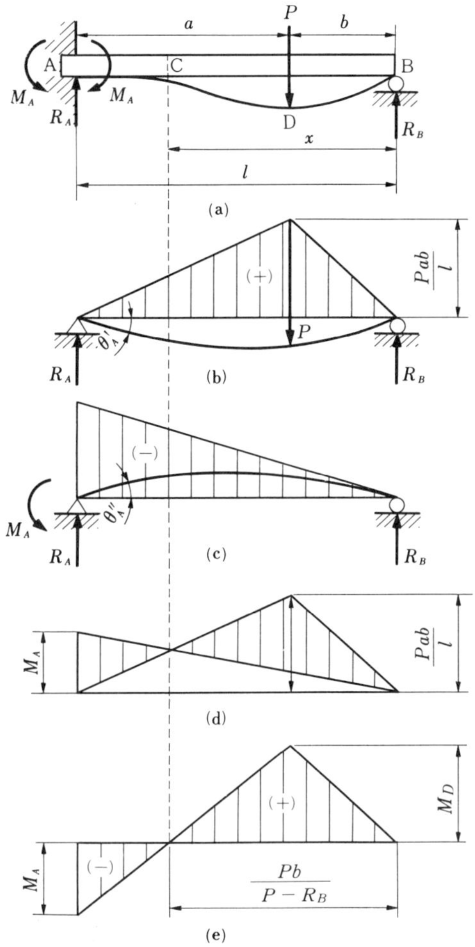

〈그림 10·1〉

A端의 고정모멘트 M_A를 부정정 요소로 보고 그림 (b), (c)와 같이 두 개의 靜定보로 분해하여 중첩법에 의한 방법으로 풀어 보자. 固定端인 A점에서는 처짐角이 0이므로 그림 (b), (c)의 처짐각의 합이 0이 되어야 한다.

$$\theta_A' - \theta_A'' = 0 \quad \cdots\cdots\cdots\cdots \text{(a)}$$

그림 (b)에서 집중하중 P로 인한 A점의 처짐각 θ_A'와 그림 (c)에서 偶力 M_A로 인한 A점의 처짐각 θ_A''는 식 (9·27)과 식 (9·22)에 의하여

$$\left.\begin{aligned} \theta_A' &= \frac{Pb}{6EIl}(l^2 - b^2) \\ \theta_A'' &= \frac{-M_A l}{3EI} \end{aligned}\right\} \quad \cdots\cdots\cdots\cdots \text{(b)}$$

이므로 식 (b)를 식 (a)에 대입하여 M_A를 구하면 다음과 같다.

$$\frac{Pb}{6EIl}(l^2-b^2)+\frac{M_A l}{3EI}=0$$

$$\therefore\ M_A=-\frac{Pb(l^2-b^2)}{2l^2} \qquad (10\cdot1)$$

B점에 관한 모멘트를 취하면 A점에서 固定모멘트 $-M_A$와 크기가 같고 방향이 반대인 $+M_A$가 A점의 우측에도 작용하므로, 정역학적 평형조건 $\Sigma M_B=0$에서 다음과 같다.

$$R_A l-Pb+M_A=0$$

$$\left.\begin{aligned} R_A&=\frac{Pb}{2l^3}(3l^2-b^2)\\ R_B&=\frac{Pa^2}{2l^3}(3l-a)\end{aligned}\right\} \qquad (10\cdot2)$$

굽힘모멘트선도는 그림 (b)와 (c)를 중첩시켜 그림 (d)와 같이 그릴 수 있다. 임의의 점에서 보의 처짐은 P 및 M_A로 인한 그 점의 처짐을 각각 구하여 합하면 된다. 그러므로 식 (9·26) 및 식 (9·21)에 $x=\frac{l}{2}$을 대입하면 다음과 같이 된다.

$$y_{x=\frac{l}{2}}=\frac{Pb}{48EI}(3l^2-4b^2),\qquad y_{x=\frac{l}{2}}=\frac{M_A l^2}{16EI}$$

$$\therefore\ \delta=\frac{Pb}{48EI}(3l^2-4b^2)+\frac{M_A l^2}{16EI}=\frac{Pb}{96EI}(3l^2-5b^2) \qquad (10\cdot3)$$

최대처짐이 생기는 위치는

$$\frac{d\delta}{db}=0,\qquad \frac{P(3l^2-15b^2)}{96EI}=0,\qquad b=\frac{l}{\sqrt{5}}$$

b의 값을 식 (10·3)에 대입하면,

$$\delta=\frac{Pl^3}{48\sqrt{5}EI} \qquad (10\cdot4)$$

이 된다. 固定端에 일어나는 굽힘모멘트는 荷重의 위치에 관계됨을 알 수 있다. 따라서 M_A의 최대값은 식 (10·1)에서

$$\frac{dM_A}{db}=0,\qquad \text{그러므로}\ -\frac{P(l^2-3b^2)}{2l^2}=0,\qquad \therefore\ b=\frac{l}{\sqrt{3}}$$

b의 값을 식 (10·1)에 대입하면,

$$(M_A)_{\max}=\frac{-Pl}{3\sqrt{3}}=-0.192Pl \qquad (10\cdot5)$$

이 된다. 荷重의 作用點에서 일어나는 굽힘모멘트는 그림 (d)에서

$$M_D=\frac{Pab}{l}-\frac{b}{l}\,\frac{Pb(l^2-b^2)}{2l^2}=\frac{Pba^2}{2l^3}(2l+b) \qquad (10\cdot6)$$

이므로, 移動荷重 P에 의한 M_D의 최대값은 식 (10·6)을 편미분하여 얻을 수 있다.

$$\frac{dM_D}{db} = 0, \qquad 2b^2 + 2bl - l^2 = 0$$

$$\therefore\ b = \frac{1.46\,l}{4} = 0.366\,l$$

$$\therefore\ (M_D)_{max} = 0.174\,Pl \tag{10・7}$$

굽힘모멘트가 0인 점은 다음과 같이 구할 수 있다.

$$\sum M_A = 0 \quad M_x = -R_B x + P(x-b) = 0$$

$$x = \frac{Pb}{P - R_B}$$

식 (10・7)과 식 (10・5)를 비교하면 $(M_A)_{max}$이 더 크므로 이동하중의 경우 最大굽힘모멘트는 $b = \frac{l}{\sqrt{3}}$ 일 때에 固定端에서 일어남을 알 수 있다. 또 중앙점에 하중이 작용한다면 $a = b = \frac{l}{2}$ 이므로, 식 (10・2)에서 反力은 다음과 같다.

$$R_A = \frac{11}{16}P, \qquad R_B = \frac{5}{16}P \tag{10・2)'$$

따라서 식 (10・1)과 식 (10・6)에서도

$$M_A = -\frac{3}{16}Pl \tag{10・1)'$$

$$M_D = \frac{5}{32}Pl \tag{10・6)'$$

식 (10・3)에서 중앙점의 처짐은

$$\delta = \frac{7Pl^3}{768EI} \tag{10・3)'$$

2. 等分布荷重을 받는 경우

$$\Sigma y = 0 \qquad R_A - wl + R_B = 0 \quad \cdots\cdots\cdots\cdots \text{(a)}$$

$$\Sigma M_B = 0 \quad R_A l - \frac{wl^2}{2} + M_B = 0 \quad \cdots\cdots\cdots\cdots \text{(b)}$$

〈그림 10・2〉와 같이 전길이에 等分布荷重 w가 작용할 때 A점에서 임의의 거리 x 단면에서 굽힘모멘트는 다음과 같다.

$$M_x = R_A x - \frac{wx^2}{2}$$

이를 식 (9・1)에 대입하면,

$$EI\frac{d^2y}{dx^2} = -R_A x + \frac{wx^2}{2} \quad \cdots\cdots\cdots\cdots \text{(c)}$$

이다. 따라서 다음과 같이 된다.

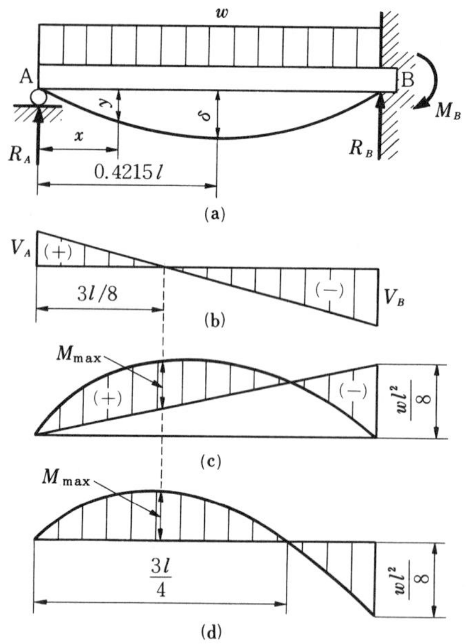

〈그림 10·2〉

$$EI\frac{dy}{dx} = -\frac{R_A x^2}{2} + \frac{wx^3}{6} + C_1 \quad \cdots\cdots \text{(d)}$$

$$EIy = -\frac{R_A x^3}{6} + \frac{wx^4}{24} + C_1 x + C_2 \quad \cdots\cdots \text{(e)}$$

경계조건 $x = l$에서 $\frac{dy}{dx} = 0$이므로, $C_1 = \frac{R_A l^2}{2} - \frac{wl^3}{6}$ ·················· (f)

$x = 0$에서 $y = 0$이므로, $C_2 = 0$ ·················· (g)

또 $x = l$에서 $y = 0$이므로, $C_1 = \frac{R_A l^2}{6} - \frac{wl^3}{24}$ ·················· (h)

식 (f)와 (h)에서 C_1을 等式으로 놓으면, $R_A = \frac{3wl}{8}$

식 (a)의 평형방정식에서 $R_B = \frac{5wl}{8}$ (10·8)

식 (d)와 식 (e)에서 다음과 같이 된다.

$$\frac{dy}{dx} = \frac{w}{48EI}(8x^3 - 9lx^2 + l^3) \quad (10\cdot9)$$

$$y = \frac{w}{48EI}(2x^4 - 3lx^3 + l^3x) \quad (10\cdot10)$$

$x = 0$ 인 A 지점에서 처짐각이 최대가 되므로,

$$\theta = \frac{wl^3}{48EI} \quad (10\cdot11)$$

최대처짐은 $\frac{dy}{dx} = 0$인 단면에서 일어나므로, 식 (10·9)를 0으로 놓으면

$$8x^3 - 9lx^2 + l^3 = 0$$
$$(8x^2 - lx - l^2)(x - l) = 0$$

에서 이 문제에 적합한 값은 $x = 0.4215\,l$이다. 이 값을 식 (10・10)에 대입하면 다음과 같이 된다.

$$\delta = \frac{wl^4}{185\,EI} = 0.0054\frac{wl^4}{EI} \qquad (10 \cdot 12)$$

다음에 x 단면에서의 剪斷力 V는

$$V_x = R_A - wx = \frac{3}{8}wl - wx \qquad (10 \cdot 13)$$

이므로, A 및 B 점의 剪斷力 V_A, V_B는 식 (10・13)에서 각각 다음과 같다.

$$V_A = \frac{3}{8}wl, \qquad V_B = \frac{5}{8}wl \qquad (10 \cdot 14)$$

剪斷力이 0 인 剪斷面은 식 (10・13)에서 $x = \frac{3}{8}l$이 된다.

또한 x 단면에서 굽힘모멘트 M_x는

$$M_x = R_A x - \frac{wx^2}{2} = \frac{3}{8}wlx - \frac{wx^2}{2} \qquad (10 \cdot 15)$$

이므로, 最大굽힘모멘트는 剪斷力이 0인 점 $x = \frac{3l}{8}$인 단면에서 일어난다. 이 값을 대입하면

$$M_{\max} = \frac{9}{128}wl^2 \qquad (10 \cdot 16)$$

또 굽힘모멘트가 0 인 점은 식 (10・15)에서 다음과 같이 된다.

$$\frac{3}{8}wlx - \frac{1}{2}wx^2 = 0 \qquad \therefore\ x = \frac{3}{4}l$$

그러므로 $x = l$ 인 B점에 일어나는 最大굽힘모멘트 M_B는 식 (10・15)에서 다음과 같이 된다.

$$(M_B)_{\max} = -\frac{1}{8}wl^2 \qquad (10 \cdot 17)$$

$x = \frac{l}{2}$ 인 중앙점에서 처짐은 식 (10・10)에서 다음과 같이 된다.

$$\delta = \frac{wl^4}{192\,EI} \qquad (10 \cdot 18)$$

예제 10-1. 〈그림 10・3〉과 같은 보에 部分等分布荷重 w가 작용할 때 固定端에 일어나는 모멘트 M_B를 구하라.

풀이 중첩법에 의하여 支點 A에서의 임의거리 c에서 미소거리 dc 위에 작용하는 荷重의 요소 wdc를 택하면, 이 미소힘에 의하여 固定端에 미치게 되는 굽힘모멘트 dM_B는 식 (10・1)에서 다음과 같다.

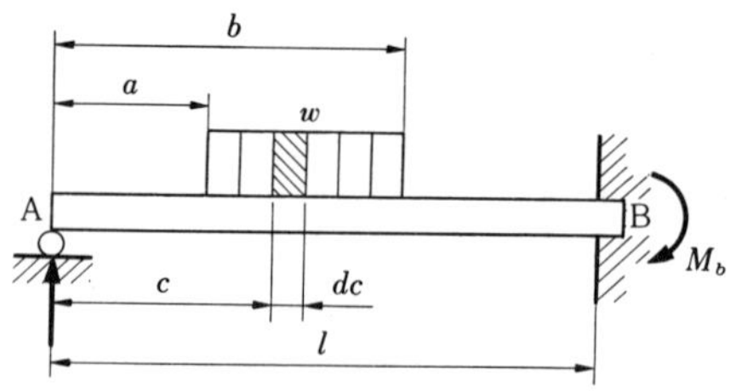

〈그림 10·3〉

$$dM_B = \frac{wdcc(l^2 - c^2)}{2l^2}$$

따라서 M_B는 다음과 같이 된다.

$$M_B = -\frac{w}{2l^2}\int_a^b c(l^2 - c^2)dc = -\frac{w}{2l^2}\left[\frac{l^2(b^2 - a^2)}{2} - \frac{b^4 - a^4}{4}\right]$$

만일 전길이에 균일분포하중이 작용한다면 $a = 0$, $b = l$을 윗식에 대입하여 다음과 같이 된다.

$$M_B = -\frac{wl^2}{8}$$ 〔식 (10·17)과 일치〕

예제 10-2. 〈그림 10·4〉와 같은 보에 集中荷重 P가 돌출단 C에 작용할 때 B점에 작용되는 과잉반력을 구하라.

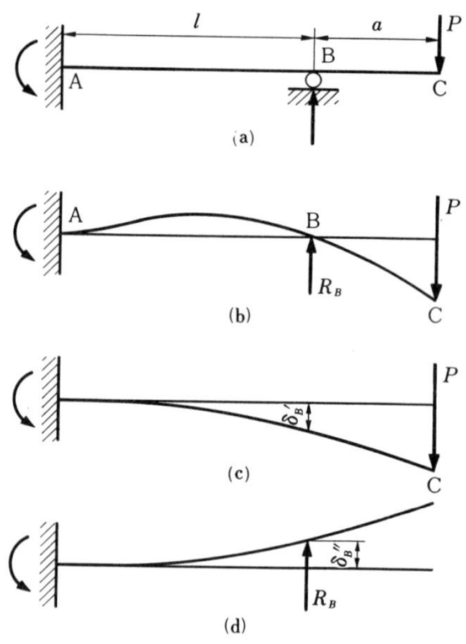

〈그림 10·4〉

풀이 B점의 反力을 R_B라 하면 〈그림 10·4〉 (b)에서와 같이 2개의 하중 R_B와 P가 작용하는 외팔보로 볼 수 있다. 그러므로 하중 P가 작용하여 B점에 일어나는 처짐을 δ_B'라 하면, 식 (9·5)에 x 대신 a, l 대신 $l + a$를 대입하여 정리하면 다음과 같이 된다.

$$\delta_B' = \frac{Pl^2}{6EI}(2l + 3a)$$

또 R_B에 의하여 B점에서 윗방향으로 일어나는 처짐을 δ_B''라 하면 식 (9・7)로부터 다음과 같이 된다.

$$\delta_B'' = \frac{R_B l^3}{3EI}$$

그러므로 問題의 조건으로부터 $\delta_B' = \delta_B''$가 되어야 하므로

$$\frac{Pl^2}{6EI}(2l - 3a) = \frac{R_B l^3}{3EI} \qquad \therefore\ R_B = P\left(1 + \frac{3a}{2l}\right)$$

R_B의 값이 구해졌으므로 보의 固定端에서의 굽힘모멘트를 계산하면,

$$M_A = R_B l - P(a + l) = \frac{Pa}{2}$$

예제 10-3. 〈그림 10・5〉(a)와 같이 單純보 AB의 중앙에 외팔보 DC가 수평하게 서로 직각으로 얹혀 있다. 외팔보의 自由端 C에 수직하중 P가 작용할 때 이 두 보의 접촉점의 처짐 δ_C를 구하라. C점의 다른 압력은 없다고 가정한다.

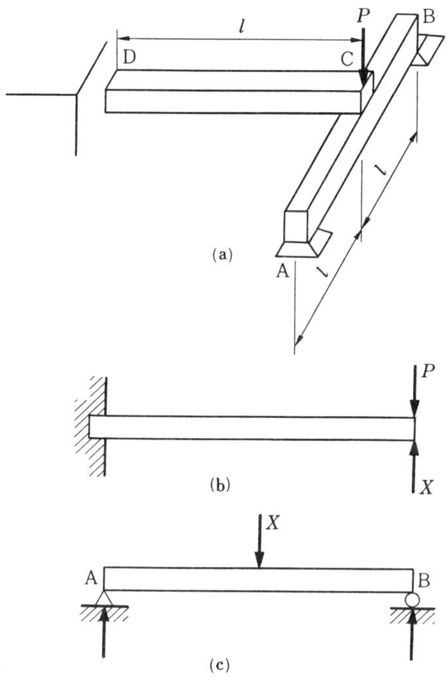

〈그림 10・5〉

풀이 이 두 보가 접촉점에서 주고받는 힘을 X라 하면 외팔보 DC의 自由端에 걸리는 하중은 $P-X$가 되므로 DC의 자유단의 처짐은 식 (9・7)에서 다음과 같다.

$$\delta_C' = \frac{(P-X)l^3}{3EI}$$

또 단순보 AB의 중앙점에서 X가 밑으로 작용하게 되어 이 점의 처짐은 식 (9・32)에 의하여 다음과 같이 된다.

$$\delta_C'' = \frac{X(2l)^3}{48EI}$$

이 두 처짐은 서로 같아야 하므로 이 식을 等式으로 놓으면 다음과 같이 된다.

$$\frac{(P-X)l^3}{3EI} = \frac{X(2l)^3}{48EI}, \qquad X = \frac{2}{3}P$$

이 값을 윗식에 대입하면 다음과 같이 된다.

$$\delta_C' = \delta_C'' = \delta_C = \frac{Pl^3}{9EI}$$

10-3 兩端固定보

1 集中荷重을 받는 경우

〈그림 10·6〉과 같이 집중하중 P가 작용할 때 수직반력·수평반력·굽힘모멘트 등 6개의 反作用要素가 있다. 일반적으로 수평반력은 수직반력에 비하여 극히 작기 때문에 무시할 수 있으므로 결국 反力 R_A, R_B 및 固定모멘트 M_A, M_B를 포함한 4개의 미지의 反力이 남게 되어 결국 과잉구속은 2개가 된다. 이런 보를 2차의 不靜定보라고 한다.

(1) 微分方程式에 의한 방법

〈그림 10·6〉 (a)에서 왼쪽으로부터 임의거리 x 단면의 굽힘모멘트는 다음과 같다.

$$0 \leqq x \leqq a, \quad M = M_A + R_A x \quad \cdots\cdots (a)$$

$$a \leqq x \leqq l, \quad M = M_A + R_A x - P(x-a) \quad \cdots\cdots (b)$$

이 식을 식 (9·1)에 대입하여 적분하면,

$$0 \leqq x \leqq a, \quad EI\frac{dy}{dx} = -M_A x - R_A\frac{x^2}{2} + C_1 \quad \cdots\cdots (c)$$

$$EIy = -M_A\frac{x^2}{2} - R_A\frac{x^3}{6} + C_1 x + C_2 \quad \cdots\cdots (d)$$

$$a \leqq x \leqq l, \quad EI\frac{dy}{dx} = -M_A x - R_A\frac{x^2}{2} + \frac{P}{2}(x-a)^2 + C_3 \quad \cdots\cdots (e)$$

$$EIy = -M_A\frac{x^2}{2} - R_A\frac{x^3}{6} + \frac{P}{6}(x-a)^3 + C_3 x + C_4 \quad \cdots\cdots (f)$$

가 된다.

$x = 0$에서 $\frac{dy}{dx} = 0$, $y = 0$이라는 경계조건을 식 (c) 및 식 (d)에 대입하면 $C_1 = C_2 = 0$이 되고, $x = a$인 荷重의 작용점에서는 양측의 처짐각과 처짐량이 같다는 조건을 식 (e) 및 식 (f)에 대입하면 $C_1 = C_2 = 0$을 얻는다.

(c) = (e)이면 $C_3 = 0$, (d) = (f)이면 $C_4 = 0$이다.

$x = l$인 B端에서는 $\frac{dy}{dx} = 0$, $y = 0$이므로 식 (e) 및 식 (f)에 대입하여 정리하면

$$2M_A l + R_A l^2 - Pb^2 = 0 \cdots\cdots ⓐ$$

$$3M_A l^2 + R_A l^3 - Pb^3 = 0 \cdots\cdots ⓑ$$

와 같은 연립방정식을 얻는다.

$$\left.\begin{aligned} &ⓐ \times l - ⓑ\text{하면,} \quad M_A = -\frac{Pab^2}{l^2} \\ &ⓐ \times 3l - ⓑ \times 2\text{ 하면,} \quad R_A = \frac{Pb^2}{l^3}(3a+b) \end{aligned}\right\} \qquad (10 \cdot 19)$$

같은 방법으로 B점으로부터 x를 취하여

$$\left.\begin{aligned} M_B &= -\frac{Pa^2b}{l^2} \\ R_B &= \frac{Pa^2}{l^3}(a+3b) \end{aligned}\right\} \qquad (10 \cdot 20)$$

C점의 굽힘모멘트는 $x = a$인 때이므로 다음과 같이 구할 수 있다.

$$M_C = M_A + R_A x = -\frac{Pab^2}{l^2} + \frac{Pb^2}{l^3}(3a+b) \cdot a = \frac{2Pa^2b^2}{l^3} \qquad (10 \cdot 21)$$

하중의 이동으로 인한, 즉 b의 변화에 따라 굽힘모멘트의 최대값은 M_B를 b에 관하여 미분하여 0으로 놓으면 다음과 같다. M_B를 다시 쓰면,

$$M_B = \frac{Pb}{l^2}(l-b)^2 = \frac{P}{l^2}(l^2b - 2lb^2 + b^3)$$

$$\frac{dM_B}{db} = 0, \qquad l^2 + 4lb - 3b^2 = 0$$

따라서 $b = \frac{l}{3}$인 곳에 最大굽힘모멘트가 되며, 식 (10・20) M_B에 대입하면

$$|M_B|_{max} = \frac{4Pl}{27} \qquad (10 \cdot 22)$$

또한 C점의 最大굽힘모멘트가 일어나는 위치는 식 (10・21)에서

$$M_C = \frac{2P}{l^3}(l-b)^2b^2 = \frac{2P}{l^3}(l^2b^2 - 2lb^3 + b^4)$$

$$\frac{dM_C}{db} = 0, \qquad 2l^2b - 6lb^2 + 4b^3 = 0$$

따라서 $b = \frac{l}{2}$인 곳에 最大굽힘모멘트가 되며, 식 (10・21) M_C에 대입하면

$$|M_C|_{max} = \frac{Pl}{8} \qquad (10 \cdot 23)$$

식 (10・22) 및 식 (10・23)에서 $|\ |$는 절대값만을 뜻한다.

따라서 $a = b = \frac{l}{2}$인 중앙점에서 P가 작용할 때는 다음과 같이 된다.

$$\left.\begin{aligned} R_A &= R_B = \frac{P}{2} \\ M_A &= M_B = M_C = \pm\frac{Pl}{8} \end{aligned}\right\} \qquad (10 \cdot 24)$$

식 (d) 또는 식 (f)에서 $x = a$이면

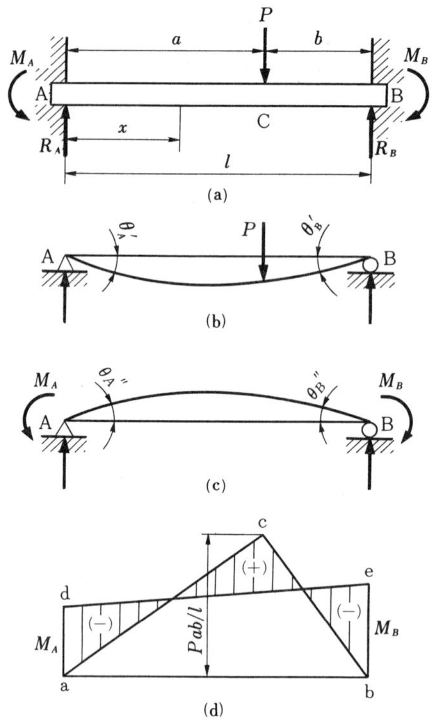

〈그림 10·6〉

$$\delta = \frac{1}{EI}\left(-M_A\frac{x^2}{2} - R_A\frac{x^3}{6}\right) = \frac{Pa^3b^3}{3EIl^3} \qquad (10\cdot25)$$

이 되고, $a = b = \dfrac{l}{2}$ 이면 다음과 같이 된다.

$$\delta = \frac{Pl^3}{192\,EI} \qquad (10\cdot26)$$

또한 식 (a)에 식 (10·19)를 대입하여 $a = b = \dfrac{l}{2}$ 인 때, 혹은 식 (a)에 식 (10·24)를 대입하면 $M = 0$인 점 x의 거리는 $x = \dfrac{l}{4}$ 이 된다.

$M = 0$ 인 점의 처짐각은 식 (c)에서

$$\theta = \left(\frac{dy}{dx}\right)_{\substack{\max \\ x=l/4}} = \frac{1}{EI}\left(\frac{Pl}{8}x - \frac{P}{2}\frac{x^2}{2}\right) = \frac{P}{8\,EI}(lx - 2x^2)$$

$$= \frac{P}{8\,EI}\left(\frac{Pl^2}{4} - \frac{l^2}{8}\right) = \frac{Pl^2}{64EI} \qquad (10\cdot27)$$

(2) 중 첩 법

〈그림 10·6〉 (b)와 같이 集中荷重 P가 작용하는 단순보로 생각한다. 양쪽 끝 A, B에서 처짐곡선의 기울기를 θ_A' 및 θ_B'라 하면, 식 (9·27)과 식 (9·30)에서 각의 크기만 생각하면 다음과 같이 된다.

$$\theta_A' = \frac{Pb}{6EIl}(l^2 - b^2), \qquad \theta_B' = \frac{Pab}{6EIl}(2l - b)$$

다음 〈그림 10·6〉(c)와 같이 양쪽 끝에 모멘트 M_A 및 M_B를 받는 단순보를 생각한다. 양쪽 끝에서 처짐곡선의 기울기를 θ_A'' 및 θ_B''라 하면, 제 9 장 **예제** 9-3의 식 (e)에서 각의 크기만 생각하면 다음과 같이 된다.

$$\theta_A'' = \frac{M_A l}{3EI} + \frac{M_B l}{6EI}, \qquad \theta_B'' = \frac{M_B l}{3EI} + \frac{M_A l}{6EI}$$

그런데 양단 고정보에서 양쪽 끝의 기울기는 일어나지 않으므로

$$\theta_A' = \theta_A'', \qquad \theta_B' = \theta_B''$$

가 되어야 한다. 즉,

$$\frac{Pb}{6EIl}(l^2 - b^2) = \frac{M_A l}{3EI} + \frac{M_B l}{6EI} \quad \cdots\cdots\cdots (a)$$

$$\frac{Pab}{6EIl}(2l - b) = \frac{M_B l}{3EI} + \frac{M_A l}{6EI} \quad \cdots\cdots\cdots (b)$$

이다. 이 두 식에 의하여 M_A와 M_B는 다음과 같이 된다.

$$\left.\begin{aligned} M_A &= \frac{Pab^2}{l^2} \\ M_B &= \frac{Pa^2b}{l^2} \end{aligned}\right\} \qquad (10 \cdot 28)$$

$$\Sigma M_B = 0 \text{에서,} \qquad R_A l - Pb - M_A + M_B = 0$$

$$\Sigma M_A = 0 \text{에서,} \qquad -R_B l + Pa - M_A + M_B = 0$$

$$\left.\begin{aligned} R_A &= \frac{Pb + M_A - M_B}{l} = \frac{Pb^2(b + 3a)}{l^3} \\ R_B &= \frac{Pa - M_A + M_B}{l} = \frac{Pa^2(a + 3b)}{l^3} \end{aligned}\right\} \qquad (10 \cdot 29)$$

그러므로 〈그림 10·6〉(b), (c)에 대한 굽힘모멘트선도를 중첩하면 〈그림 10·9〉(d)와 같이 얻을 수 있다.

$a > b$일 때 식 (10·26)에서 M_B가 최대값이 됨을 알 수 있다. 그러므로 이를 b에 관하여 미분하여 0으로 놓으면, 最大굽힘모멘트가 생기는 b의 위치는 다음과 같이 된다.

$$M_B = \frac{Pb}{l}(l - b)^2 = \frac{P}{l^2}(bl^2 + b^3 - 2lb^2)$$

$$\frac{dM_B}{db} = 0, \qquad l^2 + 3b^2 - 4lb = 0 \qquad \therefore\ b = \frac{l}{3}$$

이 값을 M_B에 대입하면, $\quad |M_B|_{max} = \dfrac{4Pl}{27}$

한편 荷重이 작용하는 단면에서 굽힘모멘트 M_C는 〈그림 10・6〉의 (d)에서 다음과 같이 된다.

$$M_C = \frac{Pab}{l} - \frac{M_A b + M_B a}{l} = \frac{2Pa^2b^2}{l^3}$$

이 값은 식 (10・21)과 일치한다.

또 $\frac{dM_C}{db} = 0$에서 $b = \frac{l}{2}$이 되므로 $|M_C|_{max} = \frac{Pl}{8}$이 된다. 따라서 $M_A = M_B = M_C$가 된다. 보의 처짐각과 처짐은 〈그림 10・6〉 (b), (c)의 상태에서 구한 값을 중첩하여 구할 수 있다.

(3) 面積모멘트법

면적모멘트법으로 간편하게 구하기 위하여 굽힘모멘트선도를 〈그림 10・7〉 (b)와 같이 표시한다.

보의 양단에서는 기울기의 변화가 없으므로 면적모멘트법에 의하여 굽힘모멘트선도의 면적은 같아야만 한다.

$$\frac{Pab}{l}\,\frac{l}{2} = \frac{M_A + M_B}{2}\,l \quad \cdots\cdots\cdots\cdots\cdots (a)$$

보의 양단에서는 굽힘이 일어나지 않으므로 어느 한편 끝에 관한 굽힘모멘트선도의 면적을 1차모멘트로 취하면 0이 되어야 한다.

여기서는 B점에 관한 1차모멘트를 취하면 다음과 같다.

$$M_A l\,\frac{l}{2} + (M_B - M_A)\,\frac{l}{2}\,\frac{l}{3} = \frac{Pab}{l}\,\frac{a}{2}\left(b + \frac{a}{3}\right) + \frac{Pab}{l}\,\frac{b}{2}\,\frac{2b}{3} \quad \cdots\cdots (b)$$

식 (a)와 식 (b)에서 M_A와 M_B를 구하면 다음과 같다.

$$M_A = \frac{Pab^2}{l^2}, \qquad M_B = \frac{Pa^2b}{l^2}$$

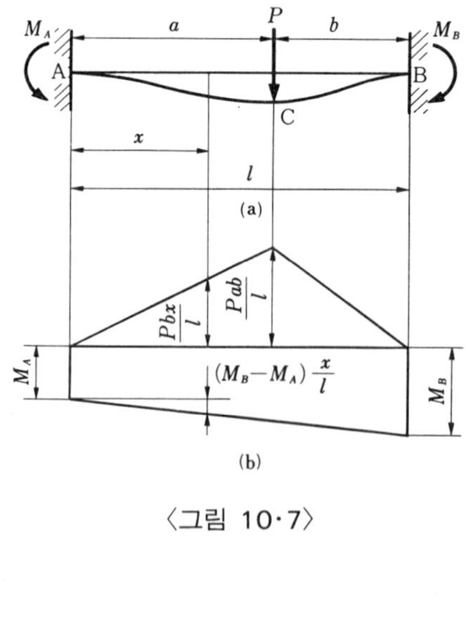

〈그림 10・7〉

이 식은 식 (10·28)과 일치한다. 또 보의 양단에서 모멘트를 취하여 R_A, R_B는 다음과 같이 구할 수 있다.

$$\Sigma M_B = 0,\ R_A l - M_A - Pb + M_B = 0$$

$$R_A = \frac{1}{l}(M_A - M_B + Pb) = \frac{1}{l}\left(\frac{Pab^2}{l^2} - \frac{Pa^2b}{l^2} + Pb\right) = \frac{Pb^2}{l^3}(3a + b)$$

$$\Sigma M_A = 0$$

$$R_B = \frac{Pa^2}{l^3}(3b + a)$$

처짐각은 x 단면의 왼쪽에 있는 면적을 EI로 나누면 얻을 수 있다.

$$\frac{dy}{dx} = \frac{1}{EI}\left[\frac{Pbx^2}{2l} - M_A x - (M_B - M_A)\frac{x^2}{2l}\right]$$

$$= \frac{1}{EI}\left[\frac{Pbx^2}{2l} - \frac{Pab^2}{l^2}x - \frac{Pa}{2l^3}(a-b)x^2\right]$$

만일 $a = b = l/2$이면,

$$\frac{dy}{dx} = \frac{Px}{8EI}(2x - l) \qquad \cdots\cdots (c)$$

$$\theta = \left(\frac{dy}{dx}\right)_{\substack{\max \\ x=l/4}} = \frac{Pl^2}{64EI} \qquad \cdots\cdots (d)$$

다음에 최대처짐량은 기울기가 0일 때 일어난다. $a > b$이므로 荷重의 作用點 왼쪽에서 일어나게 된다. 만약 기울기가 A점으로부터 임의거리 x 단면에서 0이라 하면, 이 두 점 사이의 굽힘모멘트선도의 면적은 0이 되어야 한다.

$$\frac{Pbx^2}{2l} - M_A x - (M_B - M_A)\frac{x^2}{2l} = 0$$

이 식에 M_A, M_B를 대입하고 x에 관하여 풀면 최대처짐의 위치를 알 수 있다.

$$x = \frac{2al}{3a + b}$$

최대처짐은 x 단면의 왼쪽에 관한 면적모멘트를 취하여 EI로 나누면 얻을 수 있다.

$$y = \frac{1}{EI}\left[\frac{Pbx}{l}\frac{x}{2}\frac{x}{3} - M_A x\cdot\frac{x}{2} - (M_B - M_A)\frac{x}{l}\frac{x}{2}\frac{x}{3}\right]$$

$$= \frac{1}{EI}\left[\frac{Pbx^3}{6l} - \frac{Pab^2x^2}{2l^2} - \frac{Pabx^3}{6l^3}(a - b)\right]$$

이 식에 x의 값을 대입하면,

$$\delta = \frac{2Pa^3b^2}{3EI(3a + b)^2}$$

하중 P가 보의 중앙점에 작용한다면 $a = b = \frac{l}{2}$이 되므로, 이를 대입하면 식 (10・26)과 일치한다.

2 等分布荷重을 받는 경우

〈그림 10・8〉 (a)와 같이 등분포하중을 받는 보를 중첩법에 의하여 다음과 같이 간단히 구해 보자.

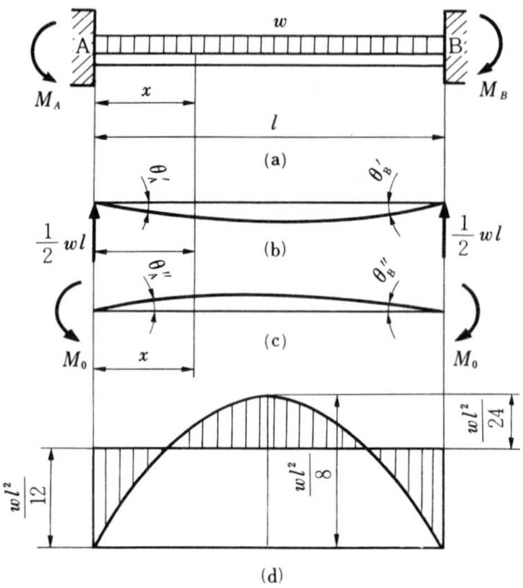

〈그림 10・8〉

〈그림 10・8〉 (b)와 같이 등분포하중 w만 받는 단순보의 상태로 생각한다. 양단의 기울기는 대칭이므로 같은 값을 가지며, 식 (9・18)로부터 다음과 같이 된다.

$$\theta_A' = \theta_B' = \frac{wl^3}{24EI} \quad \cdots\cdots \text{(a)}$$

다음에는 양단에서 모멘트 M_A, M_B를 받는 상태, 즉 〈그림 10・8〉의 (c)와 같은 경우 대칭이므로 $M_A = M_B = M_0$라 할 때 처짐곡선의 기울기는 면적모멘트법에 의하여 다음과 같다.

$$\theta_A'' = \theta_B'' = \frac{M_0 l}{2EI} \quad \cdots\cdots \text{(b)}$$

그런데 양단 고정보에서는 양단에 기울기가 일어나지 않으므로 $\theta_A' = \theta_A''$, $\theta_B' = \theta_B''$가 되어야 한다.

$$\frac{wl^3}{24EI} = \frac{M_0 l}{2EI}$$

따라서

$$M_0 = \frac{wl^2}{12} \quad (10 \cdot 30)$$

이 된다.

굽힘모멘트선도는 〈그림 10·8〉(b), (c)의 굽힘모멘트선도를 결합하여 〈그림 10·9〉(d)와 같이 그린다. 이 보에 일어나는 처짐량을 구하려면 〈그림 10·8〉(b), (c)의 처짐을 결합한다.

〈그림 10·8〉(b)에서 처짐은 식 (9·19)로부터 $y=\dfrac{5\,wl^4}{384\,EI}$ 이고, 〈그림 10·8〉(c)에서 처짐은 제 9 장 **예제** 9-3의 식 (d)에서 $M_A = M_B = M_0$의 경우를 대입하면 다음과 같이 된다.

$$y = \frac{M_0 x}{2EI}(l - x) = \frac{wl^2 x}{24EI}(l - x)$$

$$\delta = \frac{l}{2} \text{ 에서,} \qquad y = \frac{wl^4}{96EI} \quad \cdots\cdots\cdots\cdots \text{(c)}$$

그러므로 고정보의 중앙점에서 처짐은 다음과 같이 된다.

$$\delta = \frac{5wl^4}{384\,EI} - \frac{wl^4}{96\,EI} = \frac{wl^4}{384\,EI} \qquad (10 \cdot 31)$$

이 값은 단순보보다 等分布荷重을 받는 경우의 $\dfrac{1}{5}$ 이다.

굽힘모멘트가 0인 위치는 $\dfrac{d^2y}{dx^2} = 0$인 경우이며, 따라서 최대기울기가 이 곳에서 일어난다.

〈그림 10·8〉(b)에서 임의거리 x 에서의 기울기는 식 (9·16)에서

$$\frac{dy}{dx} = \frac{w}{24EI}(4\,x^3 - 6\,lx^2 + l^3) \quad \cdots\cdots\cdots\cdots \text{(d)}$$

또 〈그림 10·8〉(c)에서 임의거리 x에서의 기울기는 제 9 장 **예제** 9-3의 식 (c)에서 $M_A = M_B = M_0$ 일 때이므로,

$$\frac{dy}{dx} = \frac{M_0}{2EI}(l - 2\,x) = \frac{wl^2}{24\,EI}(l - 2\,x) \quad \cdots\cdots\cdots\cdots \text{(e)}$$

그러므로 固定보에 대해서는 다음과 같이 된다.

$$\begin{aligned}\frac{dy}{dx} &= \frac{w}{24\,EI}(4\,x^3 - 6\,lx^2 + l^3) - \frac{wl^2}{24\,EI}(l - 2\,x) \\ &= \frac{w}{24\,EI}(4\,x^3 - 6\,lx^2 + 2l^2x)\end{aligned} \qquad (10 \cdot 32)$$

윗식을 x에 관하여 미분하고 0 으로 놓으면, 모멘트가 0인 위치는 다음과 같이 된다.

$$6\,x^2 - 6\,lx + l^2 = 0 \qquad \therefore\ x = \frac{l}{2}\left(1 \pm \frac{\sqrt{3}}{3}\right) = (0.5 \pm 0.289)\,l$$

즉, 양단에서 모멘트가 0이 되는 거리는 $x \fallingdotseq \dfrac{1}{5}\,l$ 이 되는 점이다. 이 값을 식 (10·32)에 대입하면 다음과 같이 된다.

$$\theta = \frac{wl^3}{125EI} \qquad (10 \cdot 33)$$

또 固定보 중앙점의 모멘트의 크기는 〈그림 10·8〉 (d)에 중첩한 두 모멘트에서 두 최대모멘트를 결합하면 다음과 같이 구해진다.

$$M_C = \frac{wl^2}{8} - \frac{wl^2}{12} = \frac{wl^2}{24} \qquad (10 \cdot 34)$$

10-4 連 續 보

두 개 이상의 支點으로 지지된 균일단면의 보를 連續보(continuous beams)라고 한다. 보통 한 개의 지점은 不動힌지점이고 나머지는 可動힌지점이라고 생각한다. 이 보에서도 水平反力을 무시하면 미지반력의 수는 지점의 수와 같다. 따라서 平衡方程式의 수보다는 항상 1개 더 많다.

1 3支點의 보

3개의 지점으로 된 보에서는 固定보에서와 같이 중첩에 의하여 모멘트와 反力을 쉽게 구할 수 있다. 이 보는 중앙이 고정된 것과 같은 역할을 하므로 1단고정 타단지지로 된 보와 같이 생각한다.

〈그림 10·9〉 (a)와 같이 동일 水平線上에서 3개의 지점을 갖는 연속보에서 두 개의 집중하중이 작용할 때 하나의 과잉구속이 존재하게 되고, 중간지점의 反力 R_C를 過剩拘束으로 보면 〈그림 10·9〉 (a)를 그림 (b), (c), (d)와 같이 분해하여 解를 구하고 중첩하면 된다. 이 때 중간지점의 반력 R_C는 하중 P로 인하여 C점에 일어나는 처짐 δ_1과 중간반력 R_C로 인한 처짐 δ_2가 서로 같아야만 평형을 이룬다. 그림 (b), (c)에서 $a < b$일 때 δ_1은 식 (9·33)을 이용하면 다음과 같이 된다.

$$\delta_1 = \frac{Pa}{48EI}(3l^2 - 4a^2) \quad \cdots\cdots\cdots (a)$$

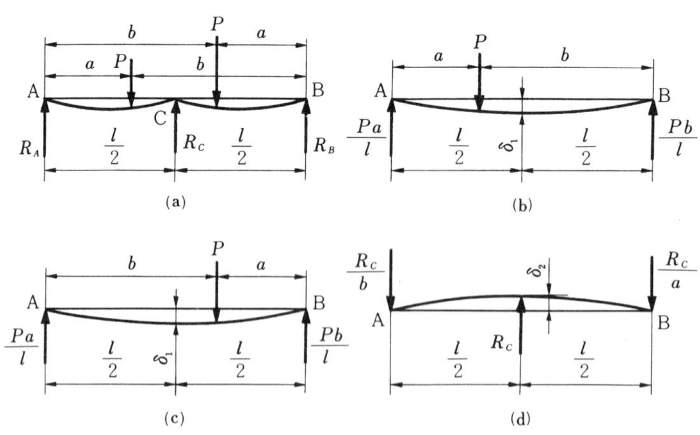

〈그림 10·9〉

또 그림 (d)에서는 反力 R_C가 작용할 때 δ_2는 식 (9・34)에 의해서 다음과 같다.

$$\delta_2 = \frac{R_C l^3}{48EI} \quad \cdots\cdots (b)$$

이 세 경우를 중첩하여 합성된 처짐은 0이 되어야 하므로 $2\delta_1 - \delta_2 = 0$이 된다. 즉, $2\delta_1 = \delta_2$의 조건으로 反力 R_C를 구할 수 있다.

$$\frac{Pa}{24EI}(3l^2 - 4a^2) = \frac{R_C l^3}{48EI}$$

$$\therefore \ R_C = \frac{2Pa}{l^3}(3l^2 - 4a^2) \qquad (10 \cdot 35)$$

양단에서의 反力은 대칭이므로 $R_A = R_B$이며, 평형조건으로부터 다음과 같이 된다.

$$R_A + R_B + R_C = 2P, \qquad 2R_A = 2P - R_C$$

$$R_A = P - \frac{R_C}{2} = P - \frac{2Pa}{2l^3}(3l^2 - 4a^2) = \frac{P}{l^3}(l^3 - 3al^2 + 4a^3)$$

$$\therefore \ R_A = \frac{P}{l^3}(l + a)(l - 2a)^2 = R_B \qquad (10 \cdot 36)$$

또 중심에서의 굽힘모멘트 M_C는 다음과 같이 된다.

〈그림 10・9〉 (b), (c)에서

$$M_C = R_A \frac{l}{2} - P\left(\frac{l}{2} - a\right) = -\frac{Pa}{2l^2}(l^2 - 4a^2) \qquad (10 \cdot 37)$$

굽힘모멘트의 선도는 1단고정 타단지지보의 선도가 좌우 대칭으로 된다.

예제 10-4. 〈그림 10・10〉과 같이 3개의 지점을 갖는 연속보에서 균일분포하중이 작용할 때 3개의 지점 A, B, C의 反力을 같게 하기 위한 중앙지점과 양단지점의 고저의 차를 구하라.

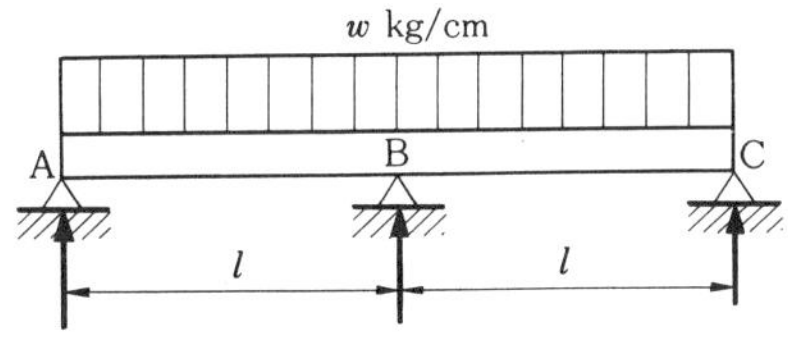

〈그림 10・10〉

풀이 지점이 AC만 있는 단순보에 균일분포하중이 작용하는 것으로 생각하면 식 (9・19)에서

$$\delta_1 = \frac{5w(2l)^4}{384EI} = \frac{5wl^4}{24EI} \quad \cdots\cdots (a)$$

反力 R는 $R_A = R_B = R_C = R$라 하면,

$$3R = 2wl, \qquad \therefore \ R = \frac{2}{3}wl$$

다음에는 AC의 단순보의 중앙 B점에서 R의 집중하중이 작용하는 것으로 보고 처짐 δ_2는 식 (9・34)에서

$$\delta_2 = \frac{Rl^3}{48EI} = \frac{\frac{2}{3}wl(2l)^3}{48\,EI} = \frac{wl^4}{9\,EI} \quad \cdots\cdots\cdots\cdots \text{(b)}$$

식 (a)와 (b)를 중첩하면,

$$\delta = \delta_1 - \delta_2 = \frac{5wl^4}{24EI} - \frac{wl^4}{9EI} = \frac{7wl^4}{72EI}$$

10-5 3 모멘트의 定理

支點이 3개 이상의 연속보에서는 중간지점에 발생하는 垂直反力은 한 개씩의 과잉구속을 갖게 되므로, 일반적으로 중간지점이 n개이면 이와 같은 수의 과잉구속 n개를 갖는 부정정 보가 된다. 그러므로 앞절에서와 같이 중첩법에 의하여 문제를 해결하려면 과잉반력에 의한 처짐방정식 3개와 3개의 정역학의 方程式을 연립하여 미지의 값을 구할 수 있다.

그러나 이와 같은 방정식을 풀기에는 대단히 복잡하므로 각 중간지점에서 각각 분리하여 그 점에 작용하는 굽힘모멘트를 과잉구속으로 보는 것이 간편하다. 이렇게 하여도 몇 개의 정정보를 얻게 되며, 중첩법에 의하여 풀 수도 있다. 그러나 더욱 간단히 하기 위하여 이들의 單純보를 두 개씩 묶어서 생각한 3 모멘트의 定理(theorem of three moment)에 의한 방법이 중첩법보다 훨씬 간편하다.

〈그림 10·11〉 (b)와 같이 지점 A, B, C로 지지된 임의의 두 인접 스팬을 각각 l_1, l_2라 하고, 그 지점의 과잉구속으로 인한 굽힘모멘트를 M_A, M_B, M_C라 하면 스팬 l_1, l_2의 두 보에 굽힘으로 인한 변형이 일어나서 B지점의 좌측 처짐각을 θ_B', 우측 처짐각을 θ_B''라 할 때 실제 彈性曲線은 절단하기 전의 연속 상태이고 이들 처짐각은 크기가 같고 방향이 반대이므로 다음과 같은 관계식을 얻는다.

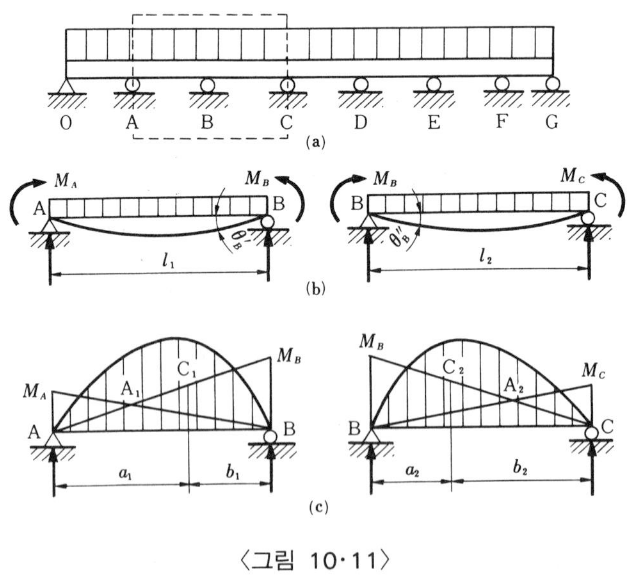

〈그림 10·11〉

$$\theta_B' = \theta_B'' \quad \cdots\cdots (a)$$

〈그림 10・11〉 (c)와 같은 굽힘모멘트선도를 이용하여 θ_B' 및 θ_B''를 과잉구속의 굽힘모멘트와 하중으로 인한 처짐각을 면적모멘트법으로 구할 수 있다. 이 때 外的荷重으로 인한 굽힘모멘트선도의 면적을 각각 A_1, A_2라 하고, 두 스팬의 양단으로부터 도심 C_1, C_2까지의 거리를 각각 a_1, b_1, a_2, b_2라고 할 때 왼쪽 스팬 l_1의 처짐각 θ_B'와 오른쪽 스팬 l_2의 처짐각 θ_B''는 다음과 같이 된다.

M_A, M_B에 의한 θ, 즉 제 9 장 **예제** 9-3의 식 (e)와 면적모멘트법에 의한 외력의 처짐각을 중첩하면,

$$\theta_B' = \frac{-M_A l_1}{6EI} - \frac{M_B l_1}{3EI} - \frac{A_1 a_1}{EI\, l_1} \quad \cdots\cdots (b)$$

또 오른쪽 스팬 l_2에 의한 처짐각 θ_B''는

$$\theta_B'' = \frac{M_B\, l_2}{3EI} + \frac{M_C\, l_2}{6EI} + \frac{A_2\, b_2}{EI\, l_2} \quad \cdots\cdots (c)$$

이므로, 식 (b)와 (c)를 식 (a)에 대입하여 EI가 일정할 때 다음과 같은 식을 얻는다.

$$M_A\, l_1 + 2M_B(l_1 + l_2) + M_C\, l_2 = -\frac{6A_1\, a_1}{l_1} - \frac{6A_2\, a_2}{l_2} \qquad (10 \cdot 38)$$

이 식을 3 모멘트方程式(equation of three moment) 또는 클라페이론의 定理(Clapeyron's theorem of three moment)라고 한다.

이 방정식을 순차적으로 세워서 연립하면 모든 中間支點上의 굽힘모멘트를 구할 수 있다.

만일 지점이 A, B, C이고, 스팬이 l_1, l_2이며, 중앙에 집중하중 P_1, P_2가, 그리고 等分布荷重 w_1, w_2가 작용할 때 〈그림 9・14〉를 참작하여 식 (10・38)에 대입하면 다음과 같다.

① 중앙에 集中荷重이 작용할 때(P_1, P_2)

$$A_1 = \frac{P_1\, l_1}{4} \times \frac{l_1}{2} = \frac{P_1\, l_1^2}{8} \text{ 이므로,} \qquad \frac{6A_1\, a_1}{l_1} = \frac{6 \cdot \dfrac{P_1\, l_1^2}{8} \cdot \dfrac{l_1}{2}}{l_1} = \frac{3P_1\, l_1^2}{8}$$

그러므로

$$M_A\, l_1 + 2M_B(l_1 + l_2) + M_C\, l_2 = -\frac{3P_1\, l_1^2}{8} - \frac{3P_2\, l_2^2}{8} \qquad (10 \cdot 39)$$

만일 $P_1 = P_2 = P$이고, $l_1 = l_2 = l$이면 $M_A + 4M_B + M_C = -\dfrac{3Pl}{4}$ (10・40)

② 等分布荷重이 작용할 때(w_1, w_2)

$$A_1 = \frac{2}{3} bh \times 2 = \frac{2}{3} \cdot \frac{l_1}{2} \cdot \frac{w_1\, l_1^2}{8} \times 2 = \frac{w_1\, l_1^3}{12} \text{ 이므로,}$$

$$\frac{6A_1\, a_1}{l_1} = \frac{6 \cdot \dfrac{w_1\, l_1^3}{12} \cdot \dfrac{l_1}{2}}{l} = \frac{w_1\, l_1^3}{4}$$

그러므로

$$M_A l_1 + 2M_B(l_1 + l_2) + M_C l_2 = -\frac{w_1 l_1^3}{4} - \frac{w_2 l_2^3}{4} \qquad (10 \cdot 41)$$

만일 $w_1 = w_2 = w$이고, $l_1 = l_2 = l$이면 $\quad M_A + 4M_B + M_C = -\frac{1}{2}wl^2 \qquad (10 \cdot 42)$

③ 중앙에 集中 및 等分布荷重이 동시에 작용할 때

$$M_A l_1 + 2M_B(l_1 + l_2) + M_C l_2 = -\frac{3P_1 l_1^2}{8} - \frac{3P_2 l_2^2}{8} - \frac{w_1 l_1^3}{4} - \frac{w_2 l_2^3}{4} \qquad (10 \cdot 43)$$

만일 $P_1 = P_2 = P$, $w_1 = w_2 = w$, $l_1 = l_2 = l$이면

$$M_A + 4M_B + M_C = -\frac{3Pl}{4} - \frac{wl^2}{2} \qquad (10 \cdot 44)$$

만일 連續보의 일단 또는 양단이 고정이라고 하면 과잉구속 수는 중간지점 수보다 많아진다. 이 때에는 보의 고정단에서는 반드시 처짐각이 0이라는 조건으로 방정식을 세워 추가함으로써 구할 수 있다. 예를 들면 〈그림 10·11〉 (b)와 (c)에 있어서 연속보의 最左端이 고정되었다고 하면 左端의 처짐각 θ_A는

$$\theta_A = \frac{M_A l_1}{3EI} + \frac{M_B l_1}{6EI} + \frac{A_1 b_1}{EI l_1} \quad \cdots\cdots\cdots\cdots\cdots\cdots (d)$$

$\theta_A = 0$이므로, A점의 모멘트 M_A는

$$M_A = -\frac{M_B}{2} - \frac{3A_1 b_1}{l_1^2} \qquad (10 \cdot 45)$$

이 된다. 연속보의 모든 支點의 굽힘모멘트가 결정되면, 모든 지점의 反力은 쉽게 구할 수 있다. 반력을 구하기 위하여 A, B, C 지점에 작용하는 하중 상태를 고려하면 外的荷重으로 인하여 단순보의 B지점에서 일어나는 반력을 각각 R_B' 및 R_B''로 표시하고, 또한 양단의 모멘트 M_A, M_B, M_C로 인한 B점의 반력은 다음과 같이 된다.

$$\Sigma M_A = 0, \quad M_A - M_B - R_{B1} l_1 = 0, \quad R_{B1} = \frac{M_A - M_B}{l_1}$$

$$\Sigma M_C = 0, \quad M_B - M_C + R_{B2} l_2 = 0, \quad R_{B2} = \frac{-M_B + M_C}{l_2}$$

$$R_{B1} + R_{B2} = \frac{M_A - M_B}{l_1} + \frac{-M_B + M_C}{l_2} \quad \cdots\cdots\cdots\cdots (e)$$

그러므로 지점 B에서의 전체 반력은 이들을 합하여 다음과 같이 구할 수 있다

$$R_B = R_B' + R_B'' + \frac{M_A - M_B}{l_1} + \frac{-M_B + M_C}{l_2} \qquad (10 \cdot 46)$$

지점이 $n-1$, n, $n+1$로 지지된 때의 반력을 표시하는 일반식은 다음과 같다.

$$R_n = R_n' + R_n'' + \frac{M_{n-1} - M_n}{l_n} + \frac{-M_n + M_{n+1}}{l_{n+1}} \qquad (10 \cdot 47)$$

이와 같이 반력과 굽힘모멘트가 구해지면 그 보에 대한 剪斷力線圖와 굽힘모멘트선도를 그릴 수 있다.

예제 10-5. 〈그림 10·12〉와 같이 2개의 스팬을 갖는 연속보가 스팬 중앙에 집중하중이 작용하고 있다. 스팬의 길이가 같고 균일단면일 때 전단력선도와 굽힘모멘트선도를 그려라.

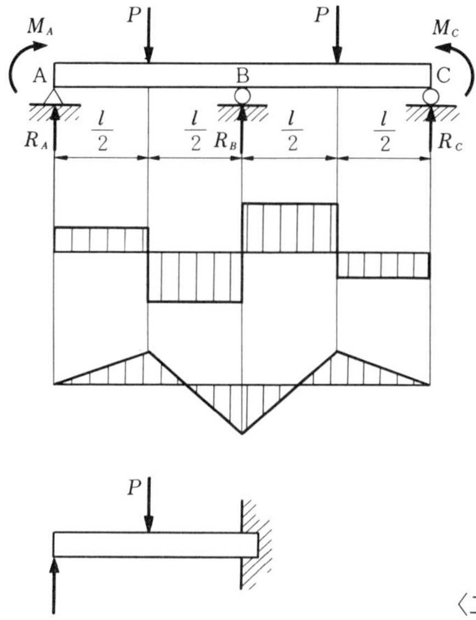

〈그림 10·12〉

풀이 식 (10·40)에서 $\quad \therefore\ M_A + 4M_B + M_C = -\dfrac{3}{4}Pl$

$M_A = M_C = 0, \qquad M_B = -\dfrac{3Pl}{16}$ (반시계방향)

$V_A l + M_A - M_B - P(l-a) = 0, \qquad V_A l = M_B - M_A + P(l-a) = -\dfrac{3Pl}{16} + \dfrac{Pl}{2}$

$V_A = \dfrac{5}{16}P(=V_C) = R_A = R_C$

$V_B l + M_B - M_C - P(l-a) = 0, \qquad V_B l = -M_B + P(l-a) = \dfrac{3Pl}{16} + \dfrac{Pl}{2}$

$V_{BR} = \dfrac{11}{16}P$ …… B지점의 바로 우측의 전단력

B점의 바로 좌측의 전단력은

$$V_{BL} = R_A - P = \frac{5}{16}P - P = -\frac{11}{16}P$$

$$R_B = V_{BR} - V_{BL} = \frac{11}{16}P - \left(-\frac{11}{16}P\right) = \frac{22}{16}P = \frac{11}{8}P$$

또는 $R_A + R_B + R_C = 2P, \qquad R_B = 2P - 2R_A = \dfrac{11}{8}P$

예제 10-6. 〈그림 10·13〉과 같이 3개의 스팬을 갖는 연속보가 스팬 중앙에 집중하중이 작용하고 있다. 스팬의 길이가 같고 균일단면일 때 전단력선도와 굽힘모멘트선도를

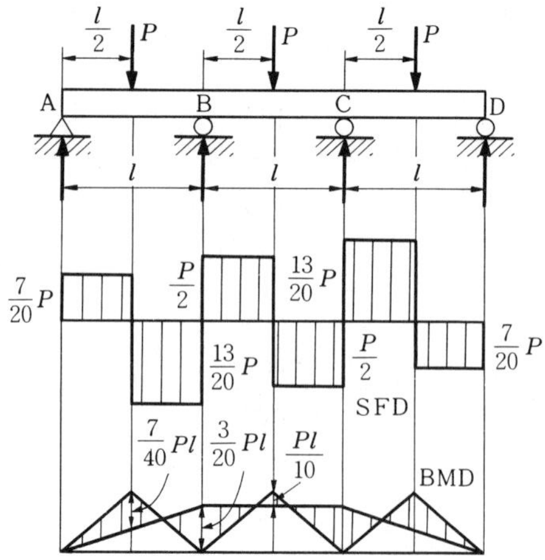

〈그림 10·13〉

그려라.

풀 이 대칭으로 작용하고 있는 하중 및 양단지점 A, B가 자유지지이기 때문에

$$M_A = M_D = 0, \quad M_B = M_C, \quad R_A = R_D, \quad R_B = R_C$$

식 (10·40)에서 $M_A + 4M_B + M_C = -\frac{3}{4}Pl$

$$5M_B = -\frac{3}{4}Pl, \quad M_B = -\frac{3}{20}Pl = M_C$$

식 (10·46)에서

$$R_B = R_C = \frac{P}{2} + \frac{P}{2} + \frac{0 - \frac{-3}{20}Pl}{l} + \frac{-\frac{-3Pl}{20} + \frac{-3Pl}{20}}{l}$$

$$= P + \frac{3P}{20} + \frac{3}{2} - \frac{3P}{20} = \frac{23}{20}P$$

$$R_A = R_D = \frac{1}{2}\left(3P - 2 \times \frac{23}{20}P\right) = \frac{7}{20}P$$

$$x = 0 \sim \frac{l}{2}, \quad V_x = R_A = \frac{7}{20}P$$

$$x = \frac{l}{2} \sim l, \quad V_x = \frac{7}{20}P - P = -\frac{13}{20}P$$

$$x = l \sim \frac{3}{2}l, \quad V_x = -\frac{13}{20}P + \frac{23}{20}P = \frac{P}{2}$$

$$x = \frac{3}{2}l \sim 2l, \quad V_x = \frac{1}{2}P - P = -\frac{P}{2}$$

$$x = 2l \sim 2\frac{l}{2}, \quad V_x = -\frac{P}{2} + \frac{23}{20}P = \frac{13}{20}P$$

$$x = 2\frac{l}{2} \sim 3l, \quad V_x = \frac{13}{20}P - P = -\frac{7}{20}P$$

각 지점 상단면의 굽힘모멘트

$$x = \frac{l}{2} \quad M_{x=\frac{l}{2}} = \frac{P}{4}l - \frac{1}{2} \times \frac{3}{20}Pl = \frac{7}{40}Pl$$

$$x = l, \quad M_{x=l} = -\frac{3}{20}Pl$$
$$x = \frac{3}{2}l, \quad M_{x=\frac{3}{2}l} = \frac{Pl}{4} - \frac{3}{20}Pl = \frac{1}{10}Pl$$
$$M_{\max} = M_{x=\frac{l}{2}} = \frac{7}{40}Pl$$

예제 10-7. 〈그림 10·14〉와 같이 2개의 스팬을 가진 연속보에 균일분포하중이 작용하고 있다. 스팬의 길이가 같고 균일단면일 때 反力 및 굽힘모멘트를 구하고, SFD와 BMD를 그려라.

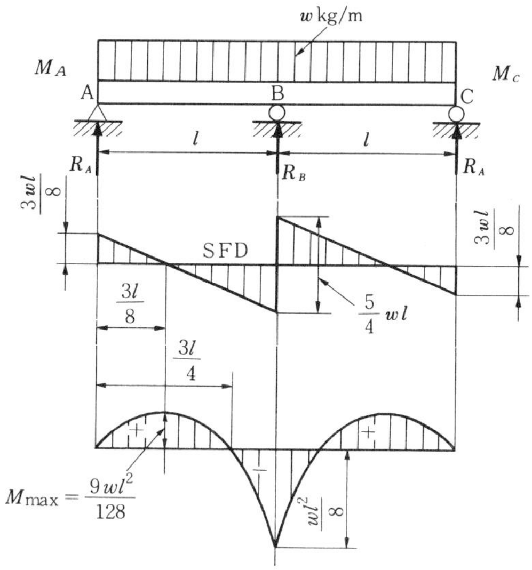

〈그림 10·14〉

풀이 $l_1 = l_2 = l, \quad w_1 = w_2 = w, \quad M_A = M_C = 0$〔식 (10·42)에서〕

$$4M_B = -\frac{wl^2}{2}, \qquad \therefore\ M_B = -\frac{wl^2}{8} \text{ (반시계방향)}$$

또 $M_A + R_A l - \frac{wl^2}{2} - M_B = 0, \quad R_A = \frac{3}{8}wl = R_C$

이 경우 A지점의 좌측에는 하중이 없으므로 $V_A = R_A$이다.

또 $R_A + R_B + R_C = 2wl$에서, $R_B = \frac{5}{4}wl, \quad R_A = R_C = \frac{3}{8}wl$

또 $V_x = R_A - wx = \frac{3}{8}wl - wx = 0$의 점은 $x = \frac{R_A}{w}$에서, $x = \frac{3}{8}l$

$$M_{x=3l/8} = R_A x - \frac{w}{2}x^2 = \frac{9}{64}wl^2 - \frac{9}{128}wl^2 = \frac{9}{128}wl^2$$

$M_x = 0$의 점은

$$M_x = R_A x - \frac{w}{2}x^2 = \frac{3}{8}wlx - \frac{1}{2}wx^2 = 0, \qquad x = 0 \text{ 및 } x = \frac{3}{4}l$$

예제 10-8. 〈그림 10·15〉(a)와 같이 4지점의 연속보에 등분포하중이 작용하고 있다. 연속보의 A, B, C, D점의 굽힘모멘트 및 反力을 구하고, SFD와 BMD를 그려라.

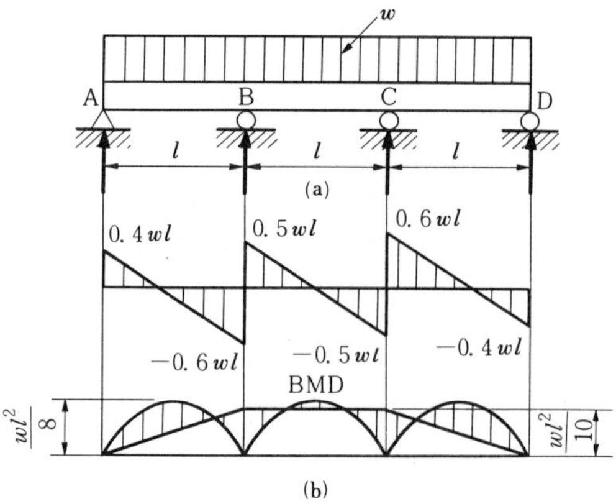

〈그림 10·15〉

풀 이 $M_A = M_D = 0,\quad l_1 = l_2 = l_3 = l,\quad w_1 = w_2 = w_3 = w$

식 (10·42)에서

$$4M_B + M_C + \frac{wl^2}{2} = 0,\quad M_B + 4M_C + \frac{wl^2}{2} = 0,\quad M_B = M_C = -\frac{wl^2}{10},\quad M_B = M_A = 0$$

또 $M_B = M_A + R_A l - \frac{wl^2}{2} = -\frac{wl^2}{10},\quad R_A = \frac{wl}{2} - \frac{wl}{10} = \frac{2}{5}wl = R_D,$

$$R_A + R_D + 2R_B = 3wl$$

$$2R_B = 3wl - \frac{4}{5}wl = \frac{11}{5}wl \qquad \therefore\ R_B = \frac{11}{10}wl$$

一般式 (10·47)에 적용시켜도 反力이 동일함을 알 수 있다.

$$R_A = R_A' + R_A'' + \frac{M_{n-2} - M_{n-1}}{l_{n-1}} + \frac{-M_{n-1} + M_n}{l_n}$$

$$= R_A' + R_A'' + \frac{M_0 - M_A}{l_0} + \frac{-M_A + M_B}{l_1}$$

$$= 0 + \frac{wl}{2} + 0 + \frac{0 - \frac{wl^2}{10}}{l} = \frac{wl}{2} - \frac{wl}{10} = \frac{2}{5}wl$$

$$R_B = R_B' + R_B'' + \frac{M_{n-1} - M_n}{l_0} + \frac{-M_n + M_{n+1}}{l_{n+1}}$$

$$= R_B' + R_B'' + \frac{M_A - M_B}{l_1} + \frac{-M_B + M_C}{l_2}$$

$$= \frac{wl}{2} + \frac{wl}{2} + \frac{0 + \frac{wl^2}{10}}{l} + \frac{\frac{wl^2}{10} - \frac{wl^2}{10}}{l} = wl + \frac{wl}{10} = \frac{11}{10}wl$$

$$R_C = R_C' + R_C'' + \frac{M_n - M_{n+1}}{l_{n+1}} + \frac{-M_{n+1} + M_{n+2}}{l_{n+2}}$$

$$= R_C' + R_C'' + \frac{M_B - M_C}{l} + \frac{-M_C + M_D}{l}$$

$$= \frac{wl}{2} + \frac{wl}{2} + 0 + \frac{\frac{wl^2}{10} + 0}{l} = wl + \frac{wl}{10} = \frac{11}{10}wl$$

10-6 카스틸리아노의 定理

彈性體에 P_1, P_2, P_3, …… P_n의 集中荷重이 작용하여 각 하중의 방향으로 y_1, y_2, y_3, …… y_n의 彈性變形이 일어난다고 한다.

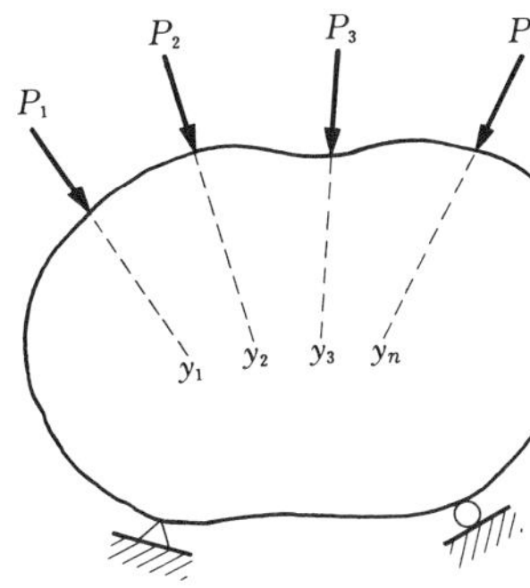

〈그림 10·16〉

이 물체 속에 저장된 彈性變形에너지는 다음과 같다.

$$U = \frac{P_1\delta_1}{2} + \frac{P_2\delta_2}{2} + \frac{P_3\delta_3}{2} + \cdots \frac{P_n\delta_n}{2} \quad \cdots\cdots\cdots\cdots\cdots\cdots \text{(a)}$$

하중의 함수로 표시하면, $U = f(P_1, P_2, P_3, \cdots\cdots P_n)$

이 경우 변형은 하중의 1차함수이므로 윗식에 대입하면 彈性變形에너지는 하중이 2차함수가 된다. 따라서 n번째의 하중을 P_n이라 하면 P_n의 아주 적은 量 dP_n 만큼 증가하고 탄성변형에너지도 dU 만큼 증가한다고 할 때 탄성변형에너지는 다음과 같이 표시할 수 있다.

$$U + \frac{\partial U}{\partial P_n} dP_n \quad \cdots\cdots\cdots\cdots\cdots\cdots\cdots\cdots\cdots\cdots\cdots\cdots \text{(b)}$$

여기서, $\frac{\partial U}{\partial P_n}$ 는 P_n의 변화에 의한 탄성변형에너지 U의 변화량을 표시한다.

다음에, 먼저 미소의 하중 dP_n을 작용시키고 그 뒤에 P_n의 하중을 작용시키면, P_n이 작용되기 전의 dP_n에 의한 변형은 아주 작으므로 이에 의한 변형에너지는 2차의 미소량이 되므로 무시할 수 있다. 그러므로 P_n이 주는 효과는 dP_n의 영향을 받지 않을 것이므로, 이 하중으로 인하여 생기는 변형에너지는 역시 U로 된다.

그러나 이 P_n이 작용하는 동안에 먼저 걸려 있는 하중 dP_n의 작용점에도 y_n만큼의 變位가 일어나므로, dP_n은 자동적으로 $dP_n y_n$만큼의 일을 하게 된다. 그러므로 전체의 변형에너지는 다음과 같이 된다.

$$U + dP_n y_n \quad \cdots\cdots\cdots\cdots\cdots\cdots\cdots\cdots\cdots\cdots\cdots\cdots \text{(c)}$$

따라서 식 (b)와 식 (c)에 표시되는 에너지의 양은 서로 같아야 하므로 다음과 같이 된다.

$$U + \frac{\partial U}{\partial P_n} dP_n = U + dP_n y_n$$

그러므로 $$y_n = \frac{\partial U}{\partial P_n} \qquad (10 \cdot 48)$$

즉, 탄성체에 집중하중이 작용할 경우, 그 하중에 의한 탄성변형의 하중에 대한 편미분 $\frac{\partial U}{\partial P_n}$ 는 하중점에 있어서 하중방향으로 일어나는 變位와 같다. 이 관계를 카스틸리아노의 定理(theorem of Castigliano)라고 한다.

다음에 탄성체에 집중하중이 작용하지 않고 偶力만이 작용하는 경우는 탄성변형 U를 우력 M에 관하여 편미분하면, 편미분계수는 우력에 의한 비틀림각을 표시한다. 탄성체에 많은 우력 M_1, M_2, M_3, …… 가 작용할 때 n번째의 우력 M_n에 의하여 그 作用點에 일어나는 비틀림각을 θ_n이라 하면 다음과 같이 된다.

$$\theta_n = \frac{\partial U}{\partial M_n} \qquad (10 \cdot 49)$$

또 彈性體에 작용하는 하중 P_n방향의 변형이 U인 경우는

$$\frac{\partial U}{\partial P_n} = 0 \qquad (10 \cdot 50)$$

이 되는데, 이것을 最小일의 定理(theorem of least work)라 하고, 보의 支點反力이 부정정인 경우 反力을 구하는 데 이용된다.

다음에 카스틸리아노의 定理를 이용하여 보의 처짐각 및 처짐을 구하는 식을 유도해 보자.

굽힘모멘트를 M이라 하면 굽힘 탄성변형에너지는 식 (9·49)로부터

$$U = \int_0^l \frac{M^2}{2EI} dx$$

$$\frac{\partial U}{\partial P_n} = \int \frac{\partial\left(\frac{M^2}{2EI}\right)}{\partial P_n} dx = \int \frac{M}{EI} \frac{\partial M}{\partial P_n} dx$$

여기서 $y_n = \frac{\partial U}{\partial P_n}$ 이므로, 윗식은 다음과 같이 된다.

$$y_n = \int \frac{M}{EI} \frac{\partial M}{\partial P_n} dx \qquad (10 \cdot 51)$$

이 식은 荷重의 처짐을 주는 식이다. 만일 처짐을 구하는 위치에서 하중이 작용하지 않는 경우는, 그 점에서 가상하중 P_0를 가하고 카스틸리아노의 定理를 응용하여 가상점의 처짐을 구한 뒤 $P_0 = 0$으로 놓으면 된다.

처짐각을 구하려면 처짐의 경우와 같은 방법으로 굽힘모멘트에 대한 微分係數를 사용하면 된다. 즉,

$$\theta_n = \int \frac{M}{EI} \frac{\partial M}{\partial M_n} dx \qquad (10 \cdot 52)$$

또 처짐각을 구하는 위치에서 굽힘모멘트가 작용하지 않는 경우는, 앞에서와 마찬가지로

가상 굽힘모멘트 M_0를 가하여 처짐각을 구한 후 $Ma = 0$으로 놓으면 된다.

不靜定보의 反力을 구하는 데는 그 반력을 R_1, R_2, R_3, …… 라 하면 식 (10・50)을 사용하여

$$\frac{\partial U}{\partial R_1} = 0, \quad \frac{\partial U}{\partial R_2} = 0, \quad \frac{\partial U}{\partial R_3} = 0 \qquad (10 \cdot 53)$$

으로 놓아 이를 연립으로 풀면 된다.

예제 10-9. 〈그림 10・17〉과 같은 외팔보의 自由端에 집중하중 P와 우력 M_a가 작용할 때 카스틸리아노의 定理를 써서 自由端의 變位를 구하라.

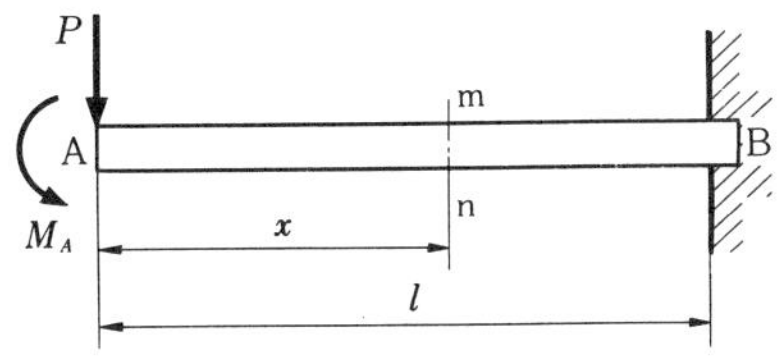

〈그림 10・17〉

풀이 단면 mn에서의 굽힘모멘트는 다음과 같다.

$$M = -Px - M_a \quad \cdots\cdots \text{(a)}$$

변형에너지는 식 (9・49)로부터

$$U = \int_0^l \frac{M^2 dx}{2EI} \quad \cdots\cdots \text{(b)}$$

自由端의 처짐을 구하기 위하여 U를 P에 대하여 편미분하면

$$\delta = \frac{\partial U}{\partial P} = \frac{1}{EI}\int_0^l M \frac{\partial M}{\partial P} dx \quad \cdots\cdots \text{(c)}$$

를 얻는다. 이 식에 식 (a)를 대입하면,

$$\delta = \frac{1}{EI}\int_0^l (Px + M_a)xdx = \frac{Pl^3}{3EI} + \frac{M_a l^2}{2EI} \quad \cdots\cdots \text{(d)}$$

이 된다. 自由端의 처짐각을 구하기 위하여 U를 M_a에 대하여 편미분하면 다음과 같이 된다.

$$\theta = \frac{\partial U}{\partial M_a} = \frac{1}{EI}\int_0^l M \frac{\partial M}{\partial M_a} dx = \frac{1}{EI}\int_0^l (Px + M_a)dx = \frac{Pl^2}{2EI} + \frac{M_a l}{EI} \cdots\cdots \text{(e)}$$

식 (d)와 (e)는 面積모멘트법이나 미분방정식법을 사용하여 구한 값과 일치한다.

예제 10-10. 〈그림 10・18〉과 같은 等分布荷重을 받는 단순보의 중앙점의 처짐과 양단의 처짐각을 카스틸리아노의 定理를 이용하여 구하라.

풀이 보의 중앙점에 하중 P가 작용한다고 가정한다. P의 증가로 인한 굽힘모멘트의 증가율, 즉 편도함수 $\frac{\partial M}{\partial P}$은 굽힘모멘트선도로 표시한다.

M과 $\frac{\partial M}{\partial P}$의 값을 사용하여 처짐을 다음과 같이 계산한다.

$$M = \frac{wl}{2}x - \frac{wx^2}{2} = \frac{P}{2}x - \frac{wx^2}{2}, \qquad \delta = \frac{\partial U}{\partial P} = \frac{1}{EI}\int_0^l M\frac{\partial M}{\partial P}dx$$

M과 $\frac{\partial M}{\partial P}$은 스팬 중앙에서 대칭이므로 다음과 같이 된다.

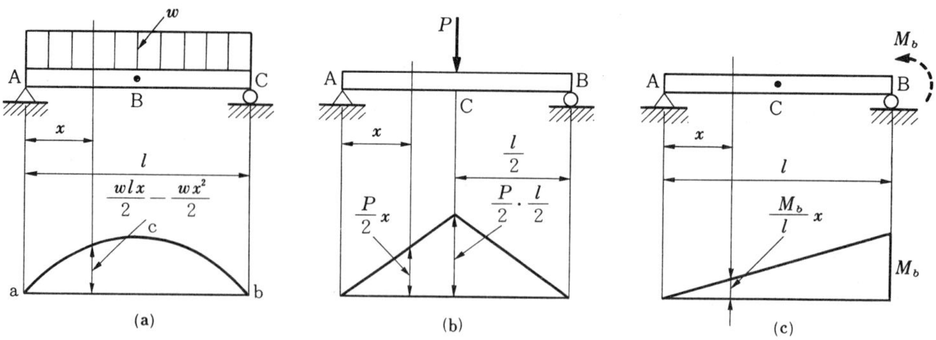

〈그림 10·18〉

$$\delta=\frac{2}{EI}\int_0^{\frac{l}{2}}M\frac{\partial M}{\partial P}dx=\frac{2}{EI}\int_0^{\frac{l}{2}}\left(\frac{wlx}{2}-\frac{wx^2}{2}\right)\frac{x}{2}dx=\frac{5wl^4}{384EI}\quad\cdots\cdots\text{(f)}$$

B端의 처짐각을 구할 때에는 偶力 M_b가 B端에 작용한다고 가정한다.

$$M=\frac{M_b}{l}x$$

$$\theta=\frac{\partial U}{\partial M_b}=\frac{1}{EI}\int_0^l M\frac{\partial M}{\partial M_b}dx=\frac{1}{EI}\int_0^l\left(\frac{wlx}{2}-\frac{wx^2}{2}\right)\frac{x}{l}dx=\frac{wl^3}{24EI}$$

예제 10-11. 〈그림 10·19〉와 같은 돌출보 끝에 하중 P를 받고 있다. 카스틸리아노의 定理를 사용하여 C점의 처짐량을 계산하라.

풀이 AB 구간 : $0<x<l$

$$M_x=-\frac{Pa}{l}x$$

BC 구간 : $0<x<a$

$$M_x=-Px$$

식 (9·49)에서

$$U=\int_0^l\frac{P^2a^2x^2}{2EIl^2}dx+\int_0^a\frac{P^2x^2}{2EI}dx=\frac{P^2a^2}{6EI}(l+a)$$

$$y_C=\frac{\partial U}{\partial P}=\frac{Pa^2}{3EI}(l+a)$$

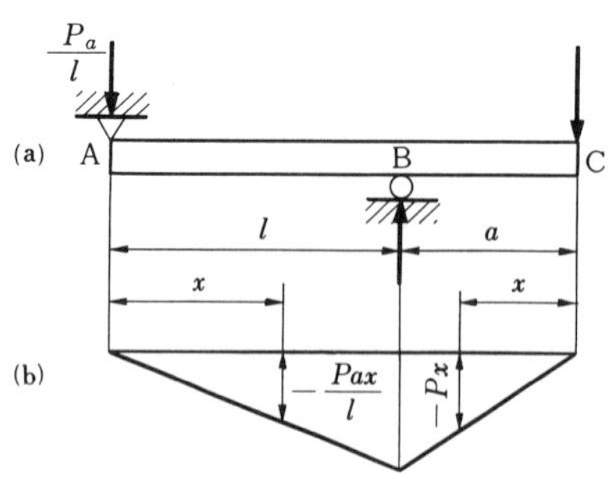

〈그림 10·19〉

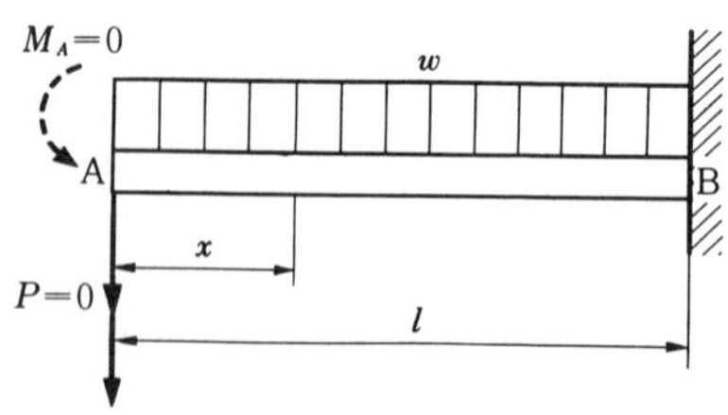

〈그림 10·20〉

예제 10-12. 〈그림 10·20〉과 같은 분포하중 w를 받는 외팔보에서 자유단의 처짐 δ와 처짐각 θ를 카스틸리아노의 定理를 사용하여 구하라.

풀이 $M_A = 0$, $P = 0$은 가상우력 및 가상하중

$$M_x = -M_A - Px - \frac{wx^2}{2} = -\left(M_A + Px + \frac{wx^2}{2}\right)$$

$$U = \int_0^l \frac{M_x^2}{2EI} dx, \qquad \delta = \frac{\partial U}{\partial P} = \int_0^l \frac{1}{EI} M_x \frac{\partial M_0}{\partial P} dx$$

$$\delta = \frac{1}{EI}\int_0^l M\frac{\partial M}{\partial P} dx = \frac{1}{EI}\int_0^l -\left(M_A + Px + \frac{wx^2}{2}\right) - xdx$$

$$= \frac{1}{EI}\int_0^l\left(M_A + Px + \frac{wx^2}{2}\right)xdx = \frac{1}{EI}\int_0^l\left(M_A x + Px^2 + \frac{wx^3}{2}\right)dx$$

$$= \frac{1}{EI}\left[\frac{M_A x^2}{2} + \frac{Px^3}{3} + \frac{wx^4}{8}\right]_0^l = \frac{1}{EI}\left(\frac{M_A l^2}{2} + \frac{Pl^3}{3} + \frac{wl^4}{8}\right)$$

$$= \frac{wl^4}{8EI} \quad (\because\ M_A = 0,\ P = 0\text{이므로})$$

$$\theta = \frac{\partial U}{\partial M_A} = \frac{1}{EI}\int_0^l M\frac{\partial M}{\partial M_A} dx = \frac{1}{EI}\int_0^l -\left(M_A + Px + \frac{wx^2}{2}\right) - 1dx$$

$$= \frac{1}{EI}\int_0^l\left(M_A + Px + \frac{wx^2}{2}\right)dx = \frac{1}{EI}\left[M_A x + \frac{Px^2}{2} + \frac{wx^3}{6}\right]_0^l$$

$$= \frac{1}{EI}\left(M_A l + \frac{Pl^2}{2} + \frac{wl^3}{6}\right) = \frac{wl^3}{6EI} \quad (\because\ M_A = 0,\ P = 0\text{이므로})$$

연 습 문 제

1. 길이 6 m에 200 kg/m의 等分布荷重을 받는 단순보 중앙에 처짐이 0이 되기 위해서 上方向으로 하중 P가 작용하고 있다. 이 P의 값을 얼마로 하면 되는가?

답 $P = 750\ \text{kg}$

2. 1단고정 타단지지된 보에서 스팬의 길이 2 m, 허용응력 750 kg/cm², 중앙에 집중하중 2000 kg이 작용할 때 직4각형 단면의 폭이 6 cm이면 높이의 크기는 얼마나 되겠는가?

답 $h = 9\ \text{cm}$

3. 길이 l인 양단고정보에 荷重이 좌측에서는 w, 우측에서는 0까지 직선적으로 변화하는 분포하중이 작용하고 있다 이 反力 및 굽힘모멘트를 구하라.

답 $R_A = \dfrac{7wl}{20}$, $R_B = \dfrac{3wl}{20}$, $M_A = \dfrac{-wl^2}{20}$, $M_B = \dfrac{-wl^2}{30}$

4. 길이 l, 단면적이 A인 구조물의 내부들이 구부러지지 않게 3각형으로 연결되었다. 연결 부분은 조인트(joint)로 연결하고 3각형 꼭지점에서 P가 작용하며 밑변의 양쪽 연결부는 힌지되었다면 수직방향의 변형을 카스틸리아노의 정리를 사용하여 구하라.

답 $y = \dfrac{3Pl}{4AE}$

5. 단면계수 100 cm³인 직각4각형의 보가 있다. 전길이 2 m의 고정보라고 하면 중앙에 몇 kg의 集

中荷重을 받칠수 있는가? 단, 허용응력을 800 kg/cm²이라 한다.

답 $P = 3200$ kg

6. 고정지지보의 원형단면보가 있다. 길이 3 m, 지름 15 cm, 허용굽힘응력 800 kg/cm² 이라 할 때 보의 중앙에 작용시킬 수 있는 집중하중은 몇 kg 인가?

답 4712 kg

7. 〈그림 10·21〉(a)와 같이 길이 $2l$인 보에 w의 균일분포하중이 작용할 때, 중앙 지점을 거리 δ만큼 낮추면 中間反力에 어떤 영향이 생기는지 그 값을 구하라.

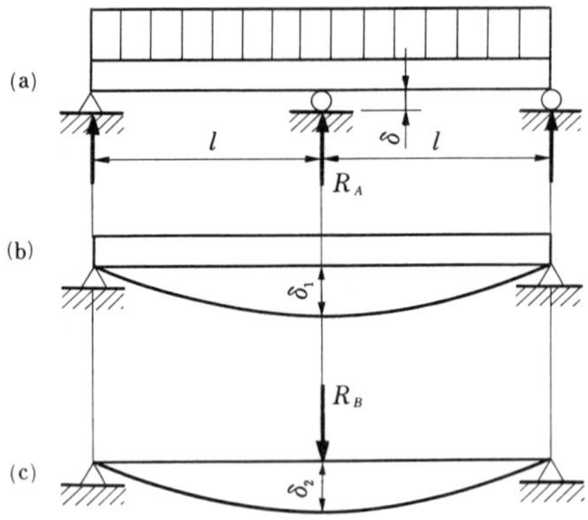

〈그림 10·21〉

답 $R_A = \dfrac{10\,wl}{8} - \dfrac{6\,\delta EI}{l^3}$

8. 바깥지름 $d_2 = 222$ mm, 안지름 $d_1 = 200$ mm인 수도철관을 양단에서 고정하였다. $\sigma_{max} = 300$ kg/cm²이라 할 때 스팬의 길이는 몇 cm가 되는가? 단, 철관은 물이 가득 차 있고 철의 비중 $\gamma = 7.2$이다.

답 2459 cm

9. 284쪽 중첩법 식 (a), (b)에서 M_A, M_B를 구하라.

10. 285쪽 면적모멘트법 식 (a), (b)에서 M_A, M_B를 구하라.

제 11 장

特殊斷面의 보

11-1 均一强度의 보

순수한 굽힘작용을 받는 보 이외에 일반적인 보에 있어서는 굽힘모멘트의 값이 보의 斷面의 位置에 따라 변화한다. 일반적으로 均一斷面보에 있어서는 단면계수 Z가 일정하므로 最大굽힘모멘트가 걸리는 위험단면에서 그 보가 파괴되지 않도록 단면의 치수를 결정하고, 그 치수와 같게 보 전체에 걸쳐 설계를 한다. 그러나 보의 위험단면 이외의 단면에 발생하는 응력은 그 재료의 허용응력보다 극히 작은 응력이 발생하므로, 필요 이상의 재료가 소요되므로 비경제적이다.

그러므로 재료의 절약과 중량 경감 등을 좀더 유효하게 사용할 목적으로 각 斷面에서의 最大굽힘응력이 그 재료의 許容應力과 같게 되도록 각 단면의 치수를 변화시킨 보를 만드는 경우가 있다. 이러한 보를 均一强度의 보(beam of uniform strength)라고 한다. 어느 단면에서나 일정한 응력이 발생하도록 보를 설계하려면 식 (8・5)를 이용한다.

$$\sigma = \frac{M}{Z} = \text{const.} \qquad (11 \cdot 1)$$

윗식에서 σ를 일정한 사용응력으로 잡고 斷面에 따라 변화하는 M과 같은 비율로 변화하는 Z가 되도록 단면의 치수를 단면의 위치에 따라 변화시켜야 한다. 즉, 不均一斷面보로 한다. 이와 같은 보에서는 M이 0인 단면에서는 단면의 치수가 0이 되거나 사실상 剪斷力에 대한 영향을 생각하면 그에 상당한 단면적이 필요하게 된다. 그렇게 되면 이는 近似的인 균일강도보로 볼 수밖에 없으나, 그와 같은 부분만 수정하여 만전을 기한다.

均一强度보의 탄성곡선의 미분방정식은 식 (8・2)와 식 (9・1)에서 다음과 같이 표시할 수 있다.

$$\frac{1}{\rho} = \frac{d^2y}{dx^2} = \pm\frac{M}{EI} = -\frac{1}{e} \cdot \frac{\sigma}{E} \qquad (11 \cdot 2)$$

여기서, e는 中立軸으로부터 단면의 끝단까지의 거리이다.

1 集中荷重을 받는 외팔보

(1) 폭 b가 일정할 때

〈그림 11・1〉과 같이 외팔보의 자유단에 集中荷重 P가 작용할 때 단면이 bh인 직 4 각형 단면이라 하면, 식 (11・1)에서 다음과 같은 관계식을 얻을 수 있다.

$$\sigma = \frac{M}{Z} = \frac{6Px}{bh^2} = \frac{6Pl}{bh_0^2} = 一定 \qquad (11 \cdot 3)$$

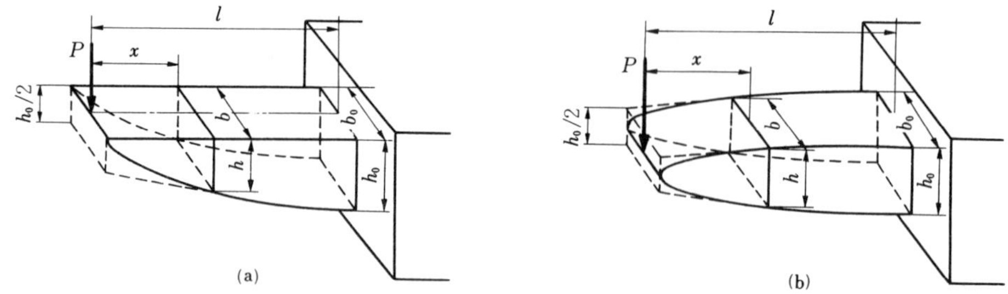

〈그림 11・1〉

이 식에서 폭 b를 일정하게 하면 단면에 따라 높이 h가 변화하여 固定面의 높이 h_0와 임의 단면의 높이 h는

$$\left.\begin{aligned} h_0 &= \sqrt{\frac{6Pl}{b\sigma}} \\ h &= \sqrt{\frac{6Px}{b\sigma}} \end{aligned}\right\} \qquad (11 \cdot 4)$$

그러므로 $$h = h_0\sqrt{\frac{x}{l}} \qquad (11 \cdot 5)$$

가 되고, 식 (11・5)는 〈그림 11・1〉 (a), (b)와 같이 自由端에 꼭지점을 갖는 포물선형의 均一强度보가 된다. 이 보의 처짐량은 식 (9・37)에서 다음과 같이 구할 수 있다.

$$\delta = \int_0^l \frac{1}{EI} \cdot Mxdx = \int_0^l \frac{12Px^2}{Ebh^3} dx = \frac{12Pl^{\frac{3}{2}}}{Ebh_0^3}\int_0^l \sqrt{x}\,dx = \frac{2Pl^3}{3EI_0} \qquad (11 \cdot 6)$$

윗식에서, $I_0 = \dfrac{bh_0^3}{12}$ 은 固定端 단면의 관성모멘트이다.

이 결과는 식 (9・7), $\delta = \dfrac{Pl^3}{3EI_0}$ 에 비교하면 굽힘 강성계수 EI_0인 균일 직 4 각형 단면의 보에 있어서 같은 荷重 아래에서 굽힘량의 2 배임을 알 수 있는 동시에 강도는 같으나 剛性度는 다른 것이다. 또 自由端에서 剪斷力을 고려하여 $h_0/2$ 로 수정하였다.

(2) 높이 h가 일정할 때

폭 b가 斷面의 位置에 따라 변화하는 경우를 생각하면, 식 (11・3)에서 固定端의 폭 b_0와 임의단면의 폭 b를 다음과 같이 얻을 수 있다.

$$\left.\begin{aligned} b_0 &= \frac{6Pl}{\sigma h^2} \\ b &= \frac{6Px}{\sigma h^2} \end{aligned}\right\} \tag{11・7}$$

$$b = b_0 \frac{x}{l} \tag{11・8}$$

이 식은 〈그림 11・2〉와 같이 3각형의 균일강도 보가 된다. 이 보의 처짐량은 식 (9・37)에 의하여 다음과 같이 구할 수 있다.

$$\delta = \int_0^l \frac{1}{EI} \cdot Mxdx = \int_0^l \frac{12Px^2}{Ebh^3} dx = \frac{12Pl}{Eb_0h^3} \int_0^l xdx = \frac{Pl^3}{2EI_0} \tag{11・9}$$

이 식에서 $I_0 = \dfrac{b_0 h^3}{12}$은 固定端 단면의 관성모멘트이다. 이 결과는 식 (9・7)의 $\delta = \dfrac{Pl^3}{3EI}$과 비교하면 1.5배가 더 크다는 것을 알 수 있다.

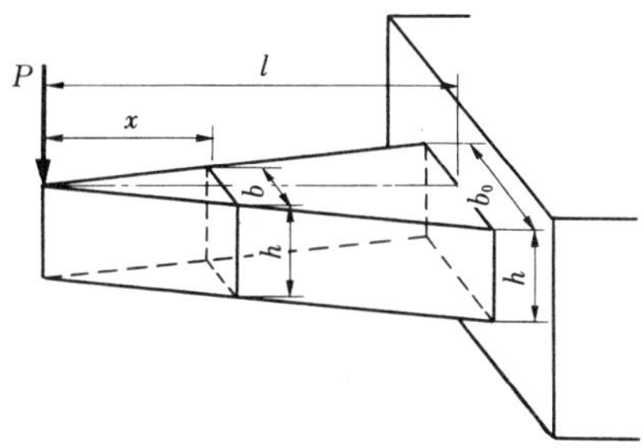

〈그림 11・2〉

(3) 圓形斷面의 경우

원형단면에 있어서 均一强度 외팔보의 임의단면에 대한 지름을 위에서 설명한 바와 같은 방법으로 다음과 같이 구할 수 있다.

$$\sigma = \frac{M}{Z} = \frac{32Px}{\pi d^3} = \frac{32Pl}{\pi d_0^3} = 一定 \tag{11・10}$$

$$\left.\begin{aligned} d_0 &= \sqrt[3]{\frac{32Pl}{\pi\sigma}} \\ d &= \sqrt[3]{\frac{32Px}{\pi\sigma}} \end{aligned}\right\} \tag{11・11}$$

$$\therefore\ d = d_0 \sqrt[3]{\frac{x}{l}} \tag{11・12}$$

이 식에 의하면 〈그림 11・3〉과 같이 3차포물선으로 된다. 이 보의 처짐은

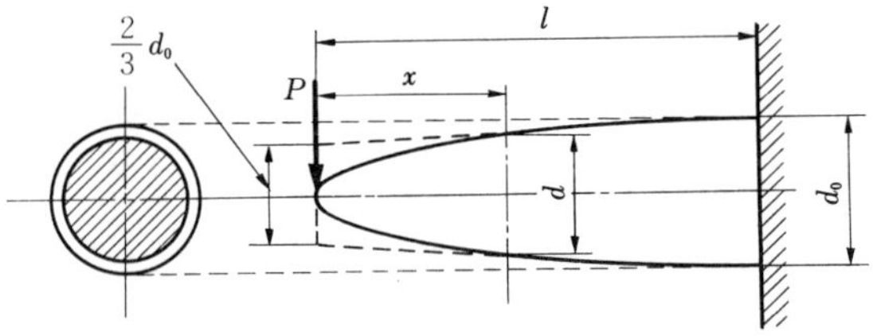

〈그림 11·3〉

$$\delta = \int_0^l \frac{1}{EI} Mxdx = \int_0^l \frac{64\,Px^2}{E\pi d^4} dx = \int_0^l \frac{64\,Px^2}{E\pi d_0^4} \cdot \frac{l}{x} \cdot \sqrt[3]{\frac{l}{x}} dx$$

$$= \frac{64\,Pl^{\frac{4}{3}}}{E\pi d_0^4} \int_0^l x^{\frac{2}{3}} dx = \frac{3\,Pl^3}{5\,EI_0} \qquad (11 \cdot 13)$$

이 되고, 자유단에서는 전단력의 영향을 고려하여 $\frac{2}{3} d_0$로 수정한다.

2 等分布荷重의 외팔보

(1) 폭 b가 일정할 때

등분포하중 w가 작용하는 외팔보의 폭 b를 일정하게 하고 높이를 변화시킬 때는 다음과 같이 구할 수 있다.

$$\sigma = \frac{M}{Z} = \frac{6}{bh^2} \cdot \frac{wx^2}{2} = \frac{6}{bh_0^2} \cdot \frac{wl^2}{2} = \text{一定} \qquad (11 \cdot 14)$$

$$\left.\begin{aligned} h_0 &= \sqrt{\frac{3\,wl^2}{b\sigma}} \\ h &= \sqrt{\frac{3\,wx^2}{b\sigma}} \end{aligned}\right\} \qquad (11 \cdot 15)$$

$$\therefore\ h = h_0 \frac{x}{l} \qquad (11 \cdot 16)$$

이 식은 〈그림 11·4〉와 같이 3각형으로 균일강도의 보가 된다.

이 보의 처짐량은

$$\delta = \int_0^l \frac{1}{EI} Mxdx = \int_0^l \frac{12 \frac{wx^2}{2} x}{Ebh^3} dx = \frac{12\,wl^3}{2\,Ebh_0^3} \int_0^l dx = \frac{wl^4}{2\,EI_0} \qquad (11 \cdot 17)$$

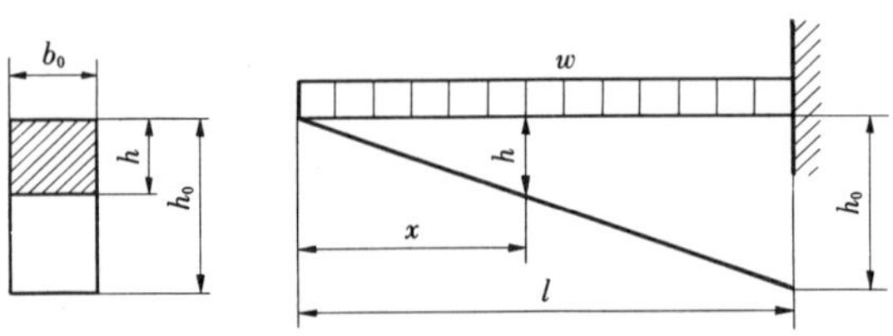

〈그림 11·4〉

이고, 식 (9·11)의 $\delta = \dfrac{wl^4}{8EI_0}$ 에 비교하면 4 배가 되는 처짐임을 알 수 있다.

(2) 높이 h가 일정할 때

높이 h를 일정하게 하여 임의 단면에 따라 폭 b를 변화시키면 다음과 같이 된다.

$$\sigma = \frac{M}{Z} = \frac{6}{bh^2} \cdot \frac{wx^2}{2} = \frac{6}{b_0h^2} \cdot \frac{wl^2}{2} = \text{一定}$$

$$b_0 = \frac{3wl^2}{\sigma h^2}, \qquad b = \frac{3w}{\sigma h^2}x^2 \tag{11·18}$$

$$\therefore\ b = b_0\left(\frac{x}{l}\right)^2 \tag{11·19}$$

이는 〈그림 11·5〉와 같이 폭 b는 포물선형의 균일강도 보를 얻을 수 있다. 이 보의 처짐량은

$$\delta = \int_0^l \frac{1}{EI}Mxdx = \int_0^l \frac{12\dfrac{wx^2}{2}x}{Ebh^3}dx = \frac{12wl^2}{2Eb_0h^3}\int_0^l xdx = \frac{wl^4}{4EI_0} \tag{11·20}$$

이므로, 식 (9·11)에 비교하면 2 배가 큼을 알 수 있다.

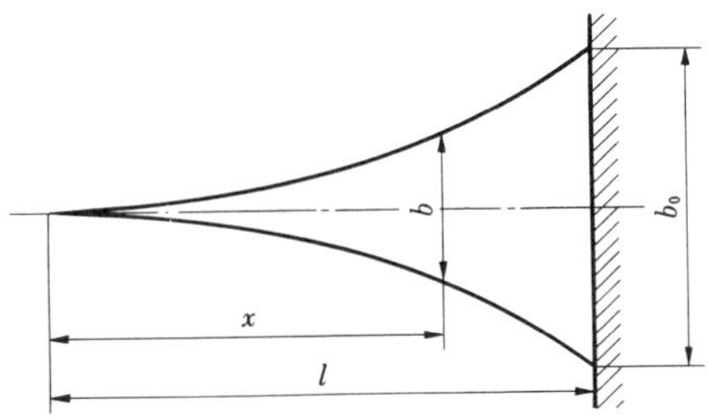

〈그림 11·5〉

3 直 4 角形 斷面의 단순보

(1) 집중하중을 받는 경우

직 4 각형 단면의 단순보가 중앙에 集中荷重을 받는 경우 AC 구간에 작용하는 굽힘모멘트는 $\dfrac{Px}{2}$ 이므로, 직 4 각형 단면의 폭 b를 일정하게 유지할 때 높이 h는 다음과 같이 된다.

$$\sigma = \frac{\dfrac{Px}{2}}{\dfrac{bh^2}{6}} = \frac{\dfrac{P}{2}\cdot\dfrac{l}{2}}{\dfrac{bh_0^2}{6}} = \text{一定} \tag{11·21}$$

여기서, h_0는 중앙단면의 높이이다.

$$h_0 = \sqrt{\frac{3Pl}{2b\sigma}}, \qquad h = \sqrt{\frac{3Px}{b\sigma}}, \qquad h = h_0\sqrt{\frac{2}{l}x} \tag{11·22}$$

$$\delta = \frac{\sqrt{2}\,Pl^3}{12EI_0} \tag{11 · 23}$$

이것은 보의 높이 h를 포물선형으로 변화시켜야 한다는 것을 뜻하며, 이 보의 대칭성을 고려한다면 보의 모양을 〈그림 11 · 6〉 (b)와 같이 만들어야 한다는 것을 알 수 있다.

이 보의 h를 일정하게 유지하려면 폭 b는

$$b = \frac{2\,b_0}{l}x \tag{11 · 24}$$

$$\delta = \frac{Pl^3}{8\,EI_0} \tag{11 · 25}$$

의 조건에 맞추어 변화시켜야 하며, 보의 모양은 〈그림 11 · 6〉 (c)와 같이 된다.

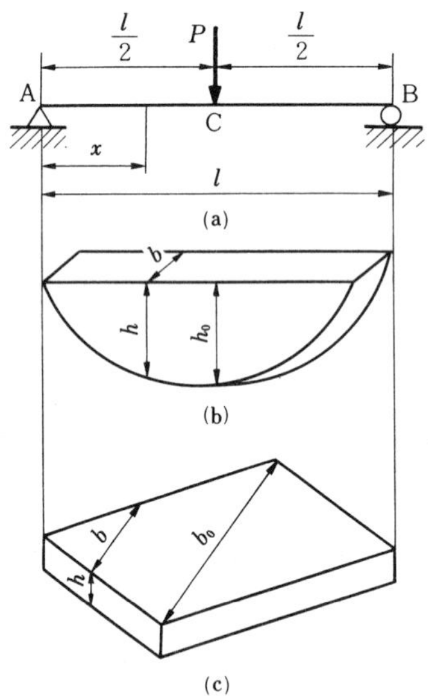

〈그림 11·6〉

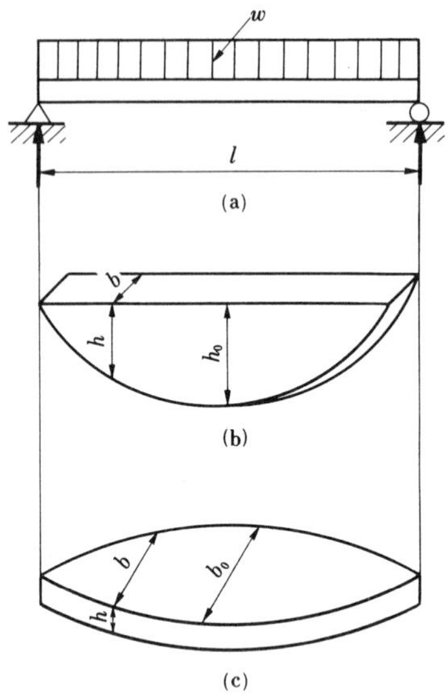

〈그림 11·7〉

(2) 균일분포하중을 받는 경우

이 경우에는 임의 단면에서의 굽힘모멘트가 $\frac{wl}{2}x - \frac{wx^2}{2}$ 이므로, 단면의 폭 b를 균일하게 유지하려면 높이 h는 다음과 같이 된다.

$$\sigma = \frac{\frac{w}{2}x(l-x)}{\frac{bh^2}{6}} = \frac{\frac{w}{2}x(l-x)}{\frac{bh_0^2}{6}} = \text{一定}$$

$$\therefore\ h = 2\frac{h_0}{l}\sqrt{x(l-x)} \tag{11 · 27}$$

이 보의 모양은 〈그림 11 · 7〉 (b)와 같이 된다. 보의 높이 h를 일정하게 유지하려면 폭 b는

$$b = \frac{4\,b_0}{l^2}x(l-x) \tag{11 · 28}$$

$$\delta = \frac{wl^4}{16EI} \quad (11 \cdot 29)$$

이 되고, 보의 모양은 〈그림 11·7〉 (c)의 형태로 만들어야 한다.

(3) 단순보의 처짐

단순보에서는 荷重의 작용이 외팔보의 고정단을 대칭으로 된 것과 같으므로, 이를 연결하여 위와 같은 방법으로 균일강도의 보를 설계하면 된다.

굽힘공식 $\frac{1}{\rho} = \frac{M}{EI}$ 에서 M에 따라 I가 다르면 보의 각 부분에 대하여 $\frac{1}{\rho}$ 은 일정하게 되어 보는 원호상으로 굽어진다. 이 때의 처짐량을 구하는 공식을 유도하면 〈그림 11·8〉에서 다음과 같이 얻어진다.

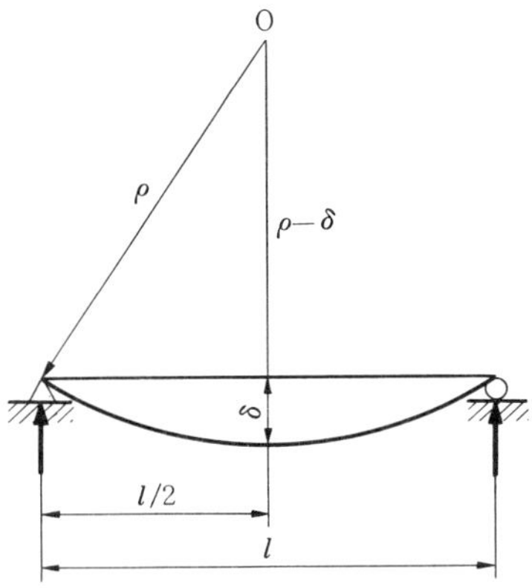

〈그림 11·8〉

$$\rho^2 = \left(\frac{l}{2}\right)^2 + (\rho - \delta)^2, \qquad \rho^2 = \frac{l^2}{4} + \rho^2 - 2\rho\delta + \delta^2$$

l 에 비하여 ρ, δ는 극히 작으므로 고차항을 생략하면

$$2\rho\delta = \frac{l^2}{4} \qquad \therefore \ \delta = \frac{l^2}{8\rho}$$

따라서

$$\delta = \frac{Ml^2}{8EI} \quad (11 \cdot 30)$$

식(11·25)와 일치한다. 외팔보에서는 $\frac{l}{2}$ 대신 l을 대입하면 다음과 같이 된다.

$$\rho^2 = l^2 + (\rho - \delta)^2, \qquad \rho^2 = l^2 + \rho^2 - 2\rho\delta + \delta^2$$

$$\therefore \ 2\rho\delta = l^2, \qquad \delta = \frac{l^2}{2\rho}$$

따라서

$$\delta = \frac{Ml^2}{2EI} \quad (11 \cdot 31)$$

식 (11·9)와 일치한다. 이 식 (11·30) 및 식 (11·31)은 높이 h가 일정할 때의 처짐량을 구할 수 있다.

예제 11-1. 〈그림 11·9〉와 같은 강철판의 1단이 고정되고 타단에 P가 작용할 때 판의 길이 $2l$, 폭 a, 두께 h일 때 자유단의 처짐량은 얼마인가?

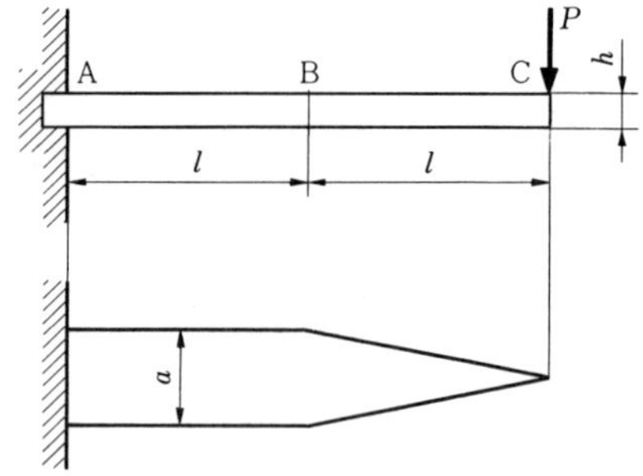

〈그림 11·9〉

풀이 B점의 처짐량 δ_1은 $\delta_1 = \dfrac{Pl^3}{3EI} + \dfrac{Pl^3}{2EI}$

B 점의 처짐각으로 인한 C 점의 처짐량 δ_2는 식 (9·14)와 식 (9·6)에 의해서 $\delta = \theta l$이므로

$$\delta_2 = \left(\frac{Pl^2}{2EI} + \frac{Pl^2}{EI}\right) l = \frac{3Pl^3}{2EI}$$

BC 부분의 굽힘으로 인한 처짐량은 $\delta_3 = \dfrac{Pl^3}{2\,EI}$

$$\therefore\ \delta = \delta_1 + \delta_2 + \delta_3 = \frac{17Pl^3}{6EI} = \frac{34\,Pl^3}{Ebh^3}$$

11-2 겹판 스프링

균일강도 보의 적용의 한 예로서 板스프링을 볼 수 있다. 두께가 일정한 직4각형 단면의 3角板 외팔보는 일종의 板스프링이지만, 이 모양은 고정단에서 폭이 넓어서 실제로 사용하는데 불편하므로 〈그림 11·10〉과 같이 만들어진다. 이것을 겹판 스프링(leaf spring ; laminated spring)이라고 한다.

固定端의 폭이 nb인 3각형 板스프링을 같은 폭으로 나누어 대응하는 같은 모양의 것을 합쳐서 폭이 b인 n개를 겹쳤다고 하면, 固定端의 斷面係數는

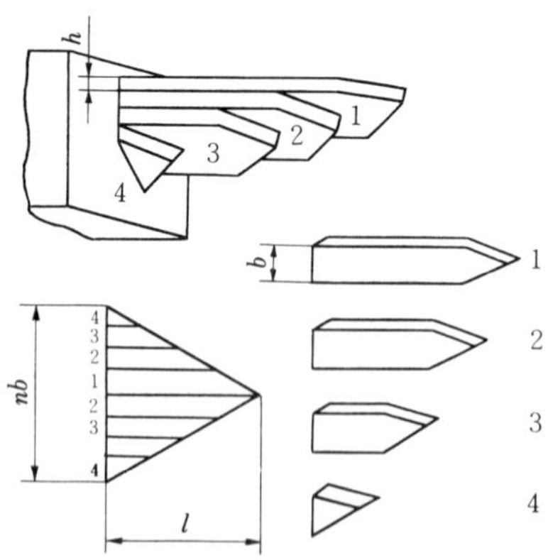

〈그림 11·10〉

$$Z = \frac{nbh^2}{6}, \qquad M = Pl = \frac{\sigma nbh^2}{6}$$

이므로, $$P = \frac{\sigma nbh^2}{6l} \tag{11·32}$$

처짐량은 식 (11·31)에서

$$\delta = \frac{Ml^2}{2EI} = \frac{Pl^3}{2EI} = \frac{6Pl^3}{Ebh^3} \tag{11·33}$$

曲率반지름 ρ는 $\frac{1}{\rho} = \frac{M}{EI}$ 에서

$$\rho = \frac{EI}{M} = \frac{E \cdot \frac{nbh^3}{12}}{Pl} = \frac{Enbh^3}{12Pl} \tag{11·34}$$

또한 단순보에서는 〈그림 11·11〉을 위와 같은 방법으로 板스프링으로 한 것이 차량용 板스프링이다.

$Z = \frac{nbh^2}{6}$, $M = \sigma \cdot Z$에서 $\sigma\frac{nbh^2}{6} = \frac{Pl}{4}$

$$\therefore\ P = \frac{2\sigma nbh^2}{3l} \tag{11·35}$$

처짐량은 앞의 식 (11·30)에서

$$\delta = \frac{Ml^2}{8EI} = \frac{\frac{Pl}{4}l^2}{8E \cdot \frac{nbh^3}{12}} = \frac{3Pl^3}{8Enbh^3} \tag{11·36}$$

曲率반지름 ρ는 $\frac{1}{\rho} = \frac{M}{EI}$ 에서

$$\rho = \frac{EI}{M} = \frac{E\frac{nbh^3}{12}}{\frac{Pl}{4}} = \frac{Enbh^3}{3Pl} \tag{11·37}$$

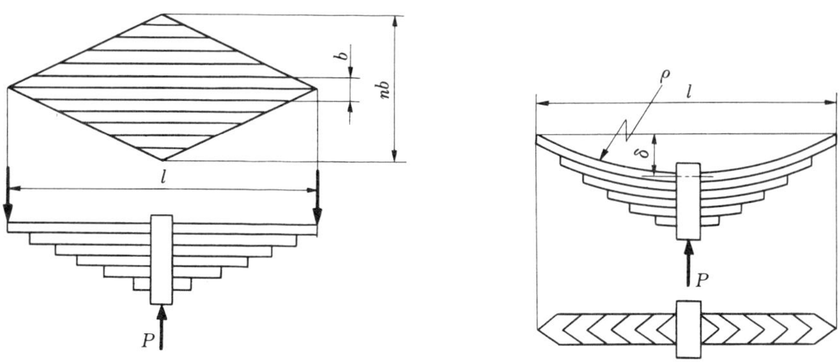

〈그림 11·11〉

예제 11-2. 〈그림 11・11〉과 같은 겹판 스프링에 있어서 $l = 72$ cm, $b = 7.5$ cm, $h = 0.6$ cm이고 최대하중이 500 kg을 받는다. 板의 매수와 곡률반지름을 구하라. 단, 허용응력 $\sigma_a = 1000$ kg/cm², $E = 2\times10^6$ kg/cm²이다.

풀이 식 (11・35)에서 $n = \dfrac{3Pl}{2\sigma_a bh^2} = \dfrac{3\times500\times72}{2\times1000\times7.5\times0.6^2} \fallingdotseq 20$ 매

식 (11・37)에서 $\rho = \dfrac{Enbh^3}{3Pl} = \dfrac{2\times10^6\times20\times7.5\times0.6^3}{3\times500\times72} = 600$ cm

최대처짐은 식 (11・36)에서

$$\delta = \frac{3Pl^3}{8Enbh^3} = \frac{3\times500\times72}{8\times2\times10^6\times20\times7.5\times0.6^3} = 1.08 \text{ cm}$$

예제 11-3. 차량용 겹판 스프링의 전길이가 80 cm, $b = 8$ cm, $h = 1$ cm, $n = 10$, $\sigma_a = 4200$ kg/cm², $E = 2.2\times10^6$ kg/cm²일 때 안전하중, 처짐량, 곡률반지름을 구하라.

풀이 1) 외팔보로 계산

$$P = \frac{\sigma_n bh^2}{6l} = \frac{10\times8\times1^2\times4200}{6\times40} = 1400 \text{ kg}$$

안전하중 $P_s = 2P = 2800$ kg

$$\delta = \frac{6Pl^3}{nEbh^3} = \frac{6\times1400\times40^3}{10\times2.2\times10^6\times8\times1^3} = 3.05 \text{ cm}$$

$$\rho = \frac{Enbn^3}{12Pl} = \frac{2.2\times10^6\times10\times8\times1^3}{12\times1400\times40} = 262 \text{ cm}$$

2) 단순보로 계산

$$P = \frac{2\sigma nbh^2}{3l} = \frac{2\times4200\times10\times8\times1^2}{3\times80} = 2800 \text{ kg}$$

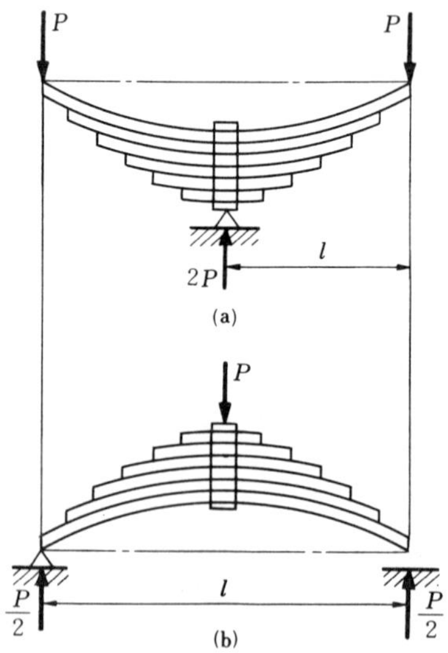

〈그림 11・12〉

$$\delta = \frac{3Pl^3}{8Enbh^3} = \frac{3\times2800\times80^3}{8\times2.2\times10^6\times10\times8\times1^3} = 3.05\ \text{cm}$$

$$\rho = \frac{Enbh^3}{3Pl} = \frac{2.2\times10^6\times10\times8\times1^3}{3\times2800\times80} = 262\ \text{cm}$$

어느 편이나 같음을 알 수 있다.

예제 11-4. 차량용 겹판 스프링이 있다. $l = 40$ cm, $b = 8$ cm, $h = 1$ cm, $n = 10$, $\sigma_b = 4200$ kg/cm², $E = 2.2\times10^6$ kg/cm²이라 할 때 安全荷重은 얼마인가?

풀이 식 (11·35)에서

$$P = \frac{2\sigma_b nbh^2}{3l} = \frac{2\times4200\times10\times8\times1^2}{3\times40} = 5600\ \text{kg}$$

연 습 문 제

1. 폭 b=8cm, 길이 l=2m인 직사각형 단면을 가진 균일 강도의 외팔보에 P=800kg의 집중하중이 작용할 때 자유단에서 50 cm 되는 곳의 두께 h를 구하여라. 굽힘응력 $\delta_a = 100$ kg/cm²이다.

답 h=17.32cm

2. 自由端에 $P = 50$ kg의 하중을 받을 균일강도의 외팔보를 만들고자 한다. 이 보의 단면은 직4각형으로 하고, 그 높이 h는 균일하게 유지한다. 이 보의 길이는 42 cm이며 최대처짐은 4.2 cm로 제한되어 있다. 이 재료의 허용응력 $\sigma_w = 5000$ kg/cm²이고, 탄성계수는 $E = 2.1\times10^6$ kg/cm²이다. 이 보의 치수를 정하라. 여기서는 剪斷力은 생각하지 않기로 한다.

답 $h = 1$ cm, $b_0 = 2.52$ cm

3. 두께 1.2 cm, 폭 10 cm인 강판의 겹판 스프링 길이가 80 cm이다. 5 t의 荷重을 받을 때 3 cm의 처짐이 되게 하기 위해서는 몇 장의 강판이 필요한가? 또 이 때의 최대응력은 얼마인가?

답 n = 9개, $\sigma_{max} = 4600$ kg/cm²

4. 500 kg의 하중을 받는 겹판 스프링이 있다. $b = 7$ cm, $h = 0.8$ cm, $l = 80$ cm일 때 강판의 매수를 구하라. 또 최대처짐량은 얼마인가? 단, 허용응력 $\sigma_w = 1800$ kg/cm², $E = 2.2\times10^6$ kg/cm²이다.

답 n = 8개, $\delta = 1.52$ cm

5. 폭 8 cm로 일정하고 길이 2 m인 균일강도의 외팔보를 제작하려고 한다. 자유단에 1000 kg의 하중이 작용할 때 고정단에서부터 50 cm, 100 cm, 150 cm인 단면의 높이를 각각 구하라. 단, 허용응력 $\sigma_w = 100$ kg/cm²이다.

답 $h_0 = 38.7$ cm, $h_{50} = 33.5$ cm, $h_{100} = 27.4$ cm, $h_{150} = 19.4$ cm

6. 겹판 스프링에서 $P = 3000$ kg, $h = 12$ mm, $l = 60$ cm, $\sigma_u = 4000$ kg/cm², 판의 매수 $n = 10$일 때 스프링의 폭 b와 처짐을 구하라. $E = 2.1\times10^6$ kg/cm².

답 $b = 18.8$ cm, $\delta = 5.7$ cm

7. 차량용 겹판 스프링에서 $h = 1$ cm, $b = 10$cm, 전길이 80 cm이고 5 t의 하중을 받고 있다. 이 때의 처짐 $\delta = 3$ cm로 하려면 몇 장의 강판이 필요한가? 또 최대응력 및 곡률반지름을 구하라. 단, $E = 2.2\times10^6$ kg/cm²이다.

답 n = 15매, $\sigma_{max} = 4000$ kg/cm², $\rho = 275$ cm

제12장

기 둥

12-1 短柱의 偏心壓縮

〈그림 12 · 1〉 (a)와 같은 短柱의 軸線에서 a만큼 편심되어 작용하는 하중을 偏心荷重(eccentric load)이라 하고 a를 偏心거리라고 한다.

이 때에는 축 압축력과 편심으로 인한 偶力 $M = Pa$가 동시에 작용하게 된다. 그러므로 임의단면에 발생하는 合成應力은 다음과 같다.

$$\sigma = -\frac{P}{A} \pm \frac{M}{Z} = -\frac{P}{A} \pm \frac{Pay}{I} \qquad (12 \cdot 1)$$

이 식에서 압축응력 $-\frac{P}{A}$는 그림 (b)에, 굽힘응력 $\pm\frac{Pay}{I}$는 그림 (c)와 같이 분포되어 이들의 合成이 그림 (a)가 된다. 그림에서 보는 바와 같이 최대굽힘응력이 압축응력보다 작으므로 전단면에 압축응력이 일어나고 있다. 만일 반대로 된다면 단면 내에 零應力線

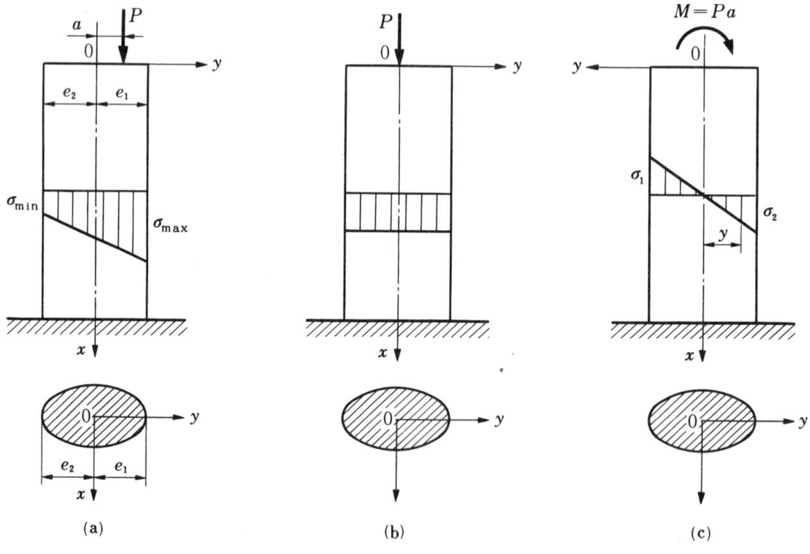

〈그림 12·1〉

(line of zero stress)이 생기고 이 선의 왼편에 인장응력, 오른편에 압축응력이 발생하게 된다.

이와 같은 짧은 기둥에 일어나는 최대응력을 구하기 위해서 y 대신 중심선에서 압축단까지의 거리 e_1을 그 단면의 回轉반지름 $k=\sqrt{I/A}$를 고려하고, 음의 굽힘응력을 택하면 식 (12・1)은 다음과 같이 된다.

$$\sigma_{\max}=\frac{-P}{A}\left(1+\frac{ae_1}{k^2}\right) \quad (12\cdot 2)$$

같은 방법으로 식 (12・1)에 y 대신 인장단까지의 거리 e_2를 대입하고 陽의 굽힘응력을 택하여 최소응력을 구하면 다음과 같다.

$$\sigma_{\min}=\frac{-P}{A}\left(1-\frac{ae_2}{k^2}\right) \quad (12\cdot 3)$$

여기서 $\frac{ae_2}{k^2}$가 1보다 커지는 경우에는 식 (12・3)에서 陽의 값을 갖게 되므로 단면의 왼쪽에는 引張力이 작용하게 된다. 그러므로 기둥의 왼쪽 외측의 응력이 0이 되기 위한 中心軸의 위치를 기둥의 中心線에서 y라 하면, 식 (12・3)에서 $\sigma_{\min}=0$, $e_2=\pm y$로 놓으면 다음과 같다.

$$\left.\begin{aligned} y&=\pm\frac{k^2}{a} \\ a&=\pm\frac{k^2}{y} \end{aligned}\right\} \quad (12\cdot 4)$$

폭 b, 높이 h인 직4각형 단면에서 생각하면 편심압축 아래에서 인장응력이 발생하지 않도록 하는 a의 범위는

$$a=\pm\frac{k^2}{y}=\pm\frac{\frac{h^2}{12}}{\frac{h}{2}}=\pm\frac{h}{6}$$

$$a=\pm\frac{k^2}{y}=\pm\frac{\frac{b^2}{12}}{\frac{b}{2}}=\pm\frac{b}{6}$$

임을 알 수 있다. 또 지름이 d인 원형단면의 경우, a의 범위는 다음과 같이 된다.

$$a=\pm\frac{k^2}{y}=\pm\frac{\frac{d^2}{16}}{\frac{d}{2}}=\pm\frac{d}{8}$$

이와 같은 범위 내에서의 어떤 점에 荷重이 작용하여도 零應力線은 단면의 가장자리 밖에 존재하게 되고, 단면에서는 압축응력만이 일어나며 인장응력은 일어나지 않는다. 이러한 범위를 斷面의 核心(core of section)이라고 한다. 인장에 약하고 압축에 강한 콘크리트, 벽

돌, 주철 등에는 단면의 核心 내에 하중이 작용하도록 한다.

〈그림 12・2〉(a)와 같은 직4각형 단면에서 하중 P의 작용점이 圓心에서 a만큼 편심되어 작용하면 모서리의 점에서 인장응력이 일어나므로, 모서리에서 인장응력이 일어나지 않는 범위, 즉 인장응력이 0이 되는 荷重의 작용점의 범위를 구하면 단면의 核이 구해진다. 여기서는 사선으로 표시된 마름모꼴이 단면의 核이 된다.

〈그림 12・2〉(b)와 같은 원형단면에서는 모든 방향에서 대칭축을 가지므로 $\frac{d}{8}$, 즉 $\frac{r}{4}$의 원으로 단면의 核이 표시된다.

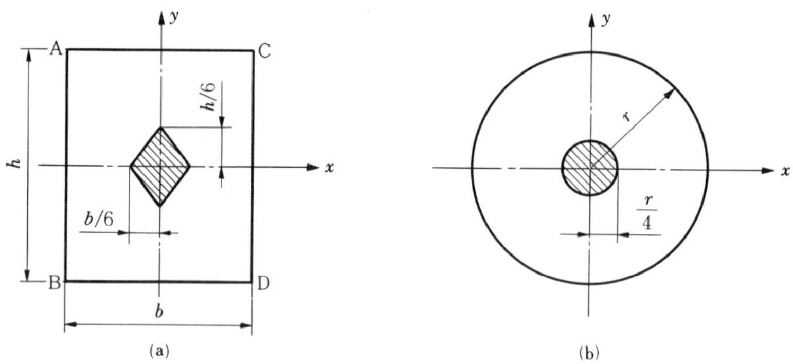

〈그림 12·2〉

예제 12-1. 〈그림 12・3〉과 같은 클램프(clamp)에 50 kg의 힘을 받고 있을 때 단면 a, b의 a축과 b축의 응력을 구하라.

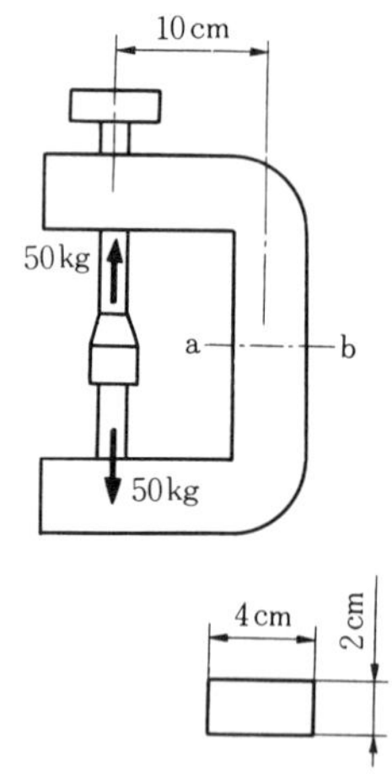

〈그림 12·3〉

풀이 이 문제는 인장응력과 압축응력이 조합되어 있다. a축에는 50 kg으로 인한 인장과 굽힘모멘트에 의해 인장응력을 받는다.

$$\sigma_a = \frac{P}{A} + \frac{M}{Z} = \frac{50}{2\times4} + \frac{50\times10}{\frac{1}{6}\times2\times4^2} \fallingdotseq 6.2 + 95 = 101.2\ \text{kg/cm}^2\ (\text{인장})$$

b축에는 50 kg으로 인한 인장과 굽힘모멘트에 의해 압축응력을 받는다.

$$\sigma_b = \frac{P}{A} - \frac{M}{Z} = \frac{50}{2\times4} - \frac{50\times10}{\frac{1}{6}\times2\times4^2} = -88.2(\text{압축})$$

예제 12-2. 정4각형 단면을 갖는 짧은 기둥이 〈그림 12·4〉와 같이 홈이 파져 있을 때, 편심하중으로 인하여 m, n 단면에 발생하는 최대압축응력을 구하라.

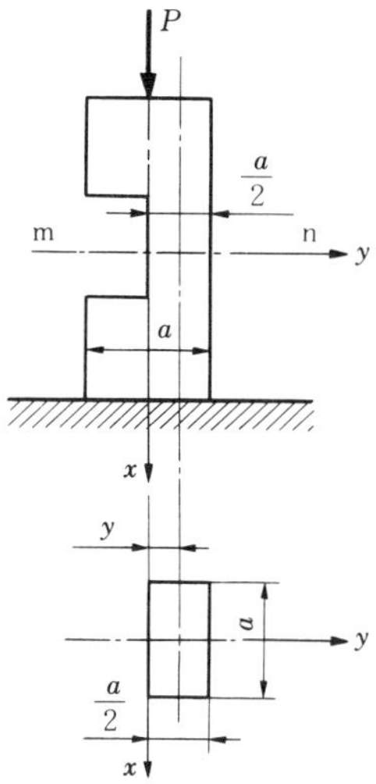

〈그림 12·4〉

풀이 $A = \frac{a}{2}\times a = \frac{a^2}{2}$, $\quad I = \frac{a\left(\frac{a}{2}\right)^3}{12} == \frac{a^4}{12\times8}$, $\quad k^2 = \frac{I}{A} = \frac{a^2}{48}$

$$\sigma_{\max} = \frac{-P}{A}\left(1+\frac{ae_1}{k^2}\right) = \frac{-P}{\frac{a^2}{2}}\left(1+\frac{\frac{a}{4}\times\frac{a}{4}}{\frac{a^2}{48}}\right) = \frac{-2P}{a^2}(1+3) = \frac{-8P}{a^2}$$

또는 $\sigma_{\max} = \frac{-P}{A} - \frac{M}{Z} = \frac{-2P}{a^2} - \frac{P\frac{a}{4}}{\frac{a\left(\frac{a}{2}\right)^2}{6}} = \frac{-2P}{a^2} - \frac{6P}{a^2} = \frac{-8P}{a^2}$ (압축)

$$\sigma_{\min} = -\frac{P}{A} + \frac{M}{Z} = -\frac{2P}{a^2} + \frac{6P}{a^2} = \frac{2P}{a^2}(3-1) = \frac{4P}{a^2}\ (\text{인장})$$

예제 12-3. 〈그림 12·5〉에 표시한 中空圓柱의 중심선에서 50 cm의 거리에 10 ton의 편심압축하중이 작용할 때, 원주에 일어나는 최대응력값을 구하고 그 분포를 도시하라. 또 이 원주의 核을 구하라. 단, 원주는 短柱이다.

풀이 $A = \frac{\pi}{4}(30^2 - 24^2) = 254.34\ \text{cm}^2$, $\quad I = \frac{\pi}{64}(30^4 - 24^4) = 23,462.87\ \text{cm}^4$

$$k^2 = \frac{I}{A} = \frac{23,462.87}{254.34} = 92.25\ \text{cm}^2$$

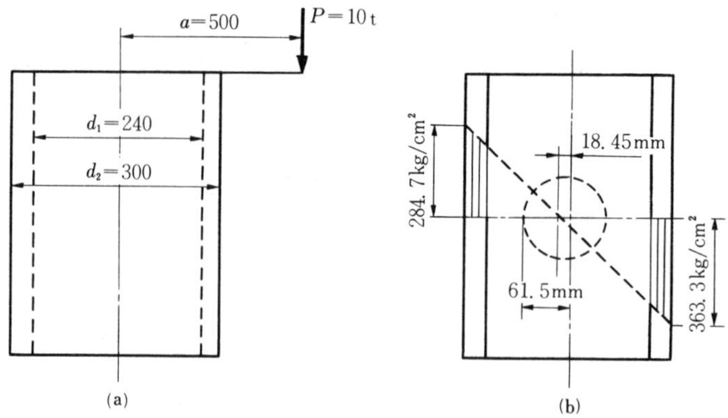

〈그림 12·5〉

$P = 10,000\ \text{kg}, \quad a = 50\ \text{cm}, \quad e_1 = e_2 = 15\ \text{cm}$

이 값을 식 (12 · 2), 식 (12 · 3)에 대입하면

$$\sigma_{max} = \frac{-10,000}{254.34}\left(1 + \frac{50 \times 15}{92.25}\right) = -363.3\ \text{kg/cm}^2\ (\text{압축})$$

$$\sigma_{min} = \frac{-10,000}{254.34}\left(1 - \frac{50 \times 15}{92.25}\right) = 284.7\ \text{kg/cm}^2\ (\text{인장})$$

중립축의 위치가 도심에서 y만큼 떨어져 있다면,

$$y = -\frac{k^2}{a} = \frac{92.25}{50} = -1.845\ \text{cm}, \qquad a = \frac{k^2}{e^2} = \frac{92.25}{15} = 6.15\ \text{cm}$$

즉, 중립축은 인장응력쪽으로 1.845 cm 만큼 이동된다. 응력분포는 〈그림 12 · 5〉 (b)와 같이 된다.

예제 12-4. 〈그림 12 · 6〉과 같은 직4각형 단면의 短柱에 2 mm의 편심거리를 가지고 10 ton의 압축하중을 가했을 때 발생하는 최대응력을 구하라.

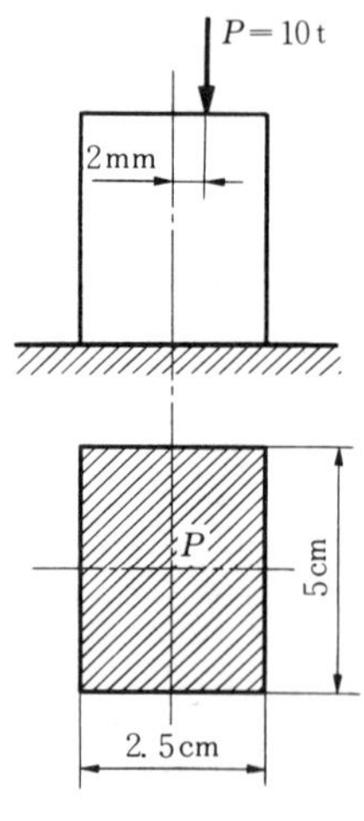

〈그림 12·6〉

풀이 σ_0 = 주위 단면에 일률적으로 분포된 압축응력

σ_b = 굽힘모멘트에 의한 굽힘응력

σ = 구하는 최대압축응력

$$\sigma = \sigma_0 + \sigma_b = -\frac{P}{A} - \frac{M}{Z}$$

여기서, $P = 10 \times 1000 = 10,000$ kg, $A = 2.5 \times 5 = 12.5$ cm^2

$$M = 10,000 \times 0.2 = 2000 \text{ kg}\cdot\text{cm}, \quad Z = \frac{1}{6} \times 5 \times 2.5^2 = 5.2 \text{ cm}^3$$

$$\sigma_{max} = -\frac{10,000}{12.5} - \frac{2000}{5.2} = -800 - 384.6 = -1184.6 \text{ kg/cm}^2 \text{(압축)}$$

$$\sigma_{min} = -800 + 384.6 = -415.4 \text{ kg/cm}^2 \text{(압축)}$$

예제 12-5. 한 변의 길이 10 cm의 정방형 단면봉이 〈그림 12·7〉과 같은 하중을 받고 있다. 이 때 발생하는 최대인장응력을 구하라.

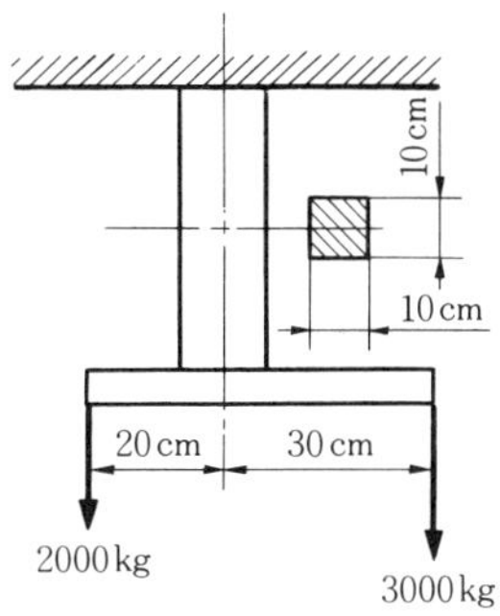

〈그림 12·7〉

풀이 좌우 하중합력의 작용점을 봉의 중심선에서 우측 a인 거리에 있다고 하면,

$$(30 - a) \times 3000 = (20 + a) \times 2000$$

으로부터 $a = 10$ cm를 얻는다. 그러므로 봉은 10 cm의 편심인장하중을 받고 있는 것이 되므로, $\sigma = \sigma_t + \sigma_b = \frac{P}{A} + \frac{Pay}{I}$ 에 있어서

$$P = 3000 + 2000 = 5000 \text{ kg}, \quad a = 10 \text{ cm}$$

$$I/y = Z = \frac{10 \times 10^2}{6} = \frac{1000}{6}$$

$$A = 10^2 = 100$$

그러므로 $\sigma = \frac{5000}{100} + \frac{5000 \times 10}{\frac{1000}{6}} = 50 + 300 = 350 \text{ kg/cm}^2$

예제 12-6. 〈그림 12·8〉과 같은 단주의 A 및 B점에 생기는 응력을 구하라.

풀이 $M = 1000$ kg·cm, $A = \frac{\pi}{4} \times d^2 = 28.27$ cm^2

$$P = 1000 \text{ kg}, \quad Z = \frac{\pi}{32} \times 6^3 = 21.2 \text{ cm}^3$$

$$\sigma_B = -\left(\frac{P}{A} + \frac{M}{Z}\right) = -\left(\frac{1000}{28.27} + \frac{1000}{21.2}\right) = -82.5 \text{ kg/cm}^2 \text{(압축)}$$

$$\sigma_A = \frac{-P}{A} + \frac{M}{Z} = \frac{-1000}{28.27} + \frac{1000}{21.2} = 11.8 \text{ kg/cm}^2 \text{(인장)}$$

예제 12-7. 〈그림 12·9〉와 같은 정 4 각형 단면의 단주에 있어서 $e = 6$ cm의 편심거리에 압축하중 $P = 30,000$ kg이 작용한다면 최대응력의 크기는 얼마인가?

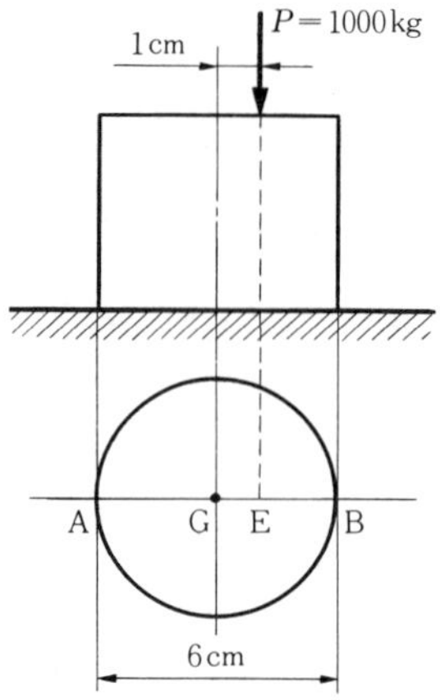

〈그림 12·8〉

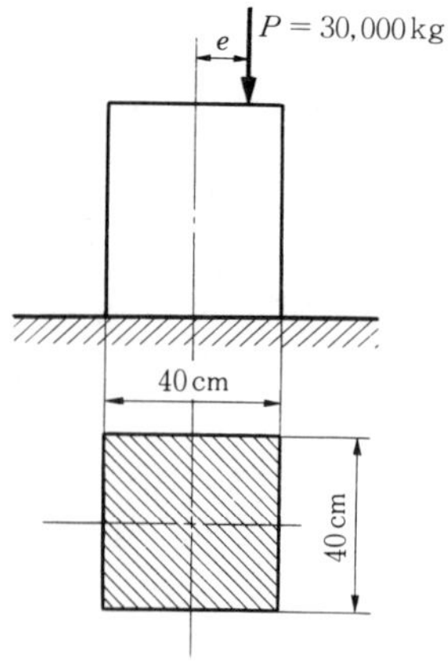

〈그림 12·9〉

풀이 $\sigma_{max} = -\left(\dfrac{P}{A} + \dfrac{M}{Z}\right)$ 에서

$A = 40 \times 40 = 1600\ \text{cm}^2,\qquad P = 30,000\ \text{kg}$

$M = Pe = 30,000 \times 6 = 180,000\ \text{kg}\cdot\text{cm},\qquad Z = \dfrac{h^3}{6} = \dfrac{40^3}{6} = 64,000\ \text{cm}^3$

$\therefore\ \sigma_{max} = -\left(\dfrac{30,000}{1600} + \dfrac{180,000}{64,000}\right) = -18.75 - 2.81 = -21.56\ \text{kg/cm}^2$ (압축)

예제 12-8. 어떤 기계에 구멍을 뚫는데 〈그림 12・10〉의 스핀들 A에 1000 kg의 축력이 가해지는 볼반이 있다. 실체원형 주철주 B 부분의 지름을 구하라. 단, 주철의 허용응력을 4000 kg/cm²으로 한다.

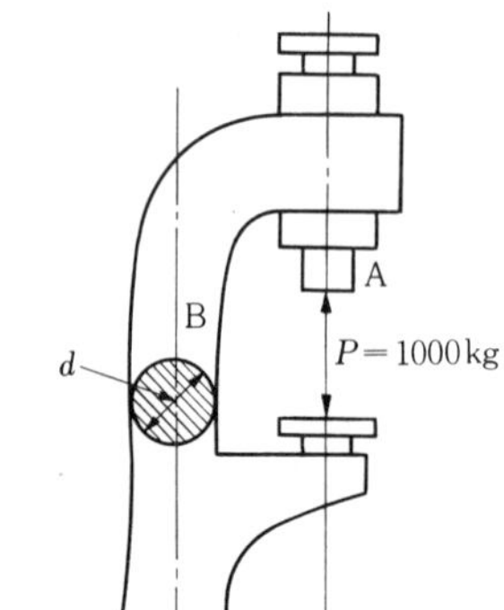

〈그림 12·10〉

풀이 기둥은 편심하중을 받고 있으므로 최대응력은 다음에 의해 계산된다.

$$\sigma_{max} = \frac{P}{A} + \frac{M_{max}}{Z}$$

그러므로 $4000 = \dfrac{1000 \times 4}{3.14\,d^2} + \dfrac{1000 \times 40 \times 32}{3.14\,d^3}$

이것을 풀어, $d = 4.7\ \text{cm}$

예제 12-9. 한 변이 a인 정4각형 단면봉에 〈그림 12·11〉과 같이 홈이 파져 있을 때 그 봉 하단에 인장하중 P가 작용하고 있다. X-X 단면에 점 A, B에 생기는 수직응력 σ_A, σ_B를 구하라.

풀이 X-X단면에 인장응력 σ_1과 굽힘응력 σ_2의 합성응력이 발생되므로

인장응력 $\sigma_1 = \dfrac{P}{A} = \dfrac{2P}{a^2}$, X-X 단면의 도심에서의 굽힘모멘트 $M = \dfrac{Pa}{4}$

단면계수 $Z = \dfrac{a\left(\dfrac{a}{2}\right)^2}{6} = \dfrac{a^3}{24}$ 이므로, 굽힘응력 $\sigma_2 = \pm\dfrac{M}{Z} = \pm\dfrac{6P}{a^2}$

$\therefore\ \sigma = \sigma_1 + \sigma_2 = \dfrac{2P}{a^2} \pm \dfrac{6P}{a^2}$ $\therefore\ \sigma_A = \dfrac{8P}{a^2}$, $\sigma_B = -\dfrac{4P}{a^2}$

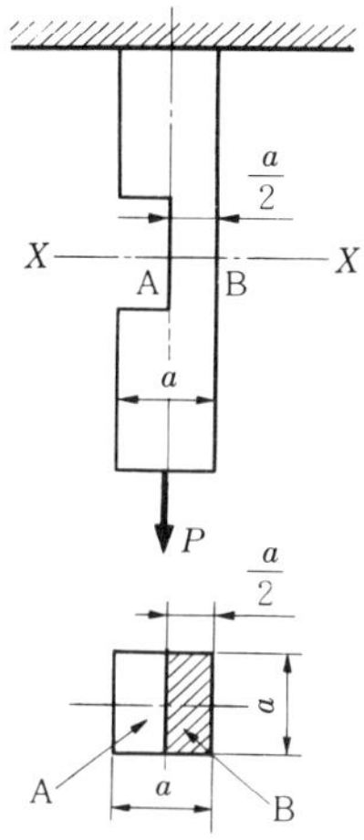

〈그림 12·11〉

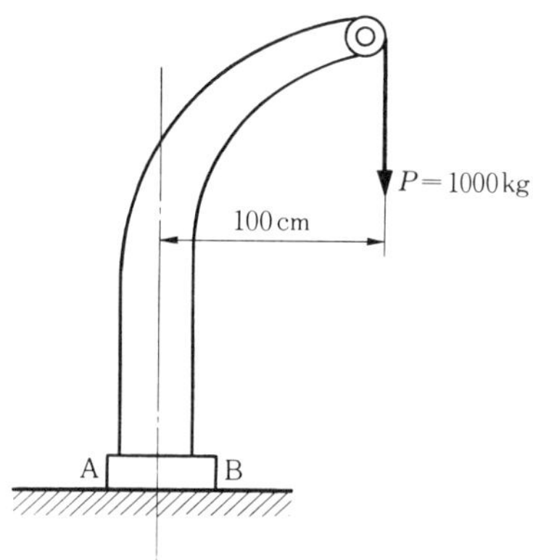

〈그림 12·12〉

예제 12-10. 1 ton의 하중을 매단 기중기(crane)의 고정단면 AB의 바깥지름 15 cm, 안지름 10 cm인 원통으로 할 때 이 단면에 발생하는 최대인장 및 압축응력은 얼마인가?

풀이 결국 A, B단면에는 편심하중이므로

$M_{AB} = Pa = 1000 \times 100 = 100,000\ \text{kg·cm}$

단면적 $A = \dfrac{\pi}{4}(D^2 - d^2) = \dfrac{\pi}{4}(15^2 - 10^2) = 98.2\ \text{cm}^2$

단면계수 $Z = \dfrac{\pi(D^4 - d^4)}{32D} = \dfrac{\pi(15^4 - 10^4)}{32 \times 15} = 266\ \text{cm}^3$

$\therefore\ \sigma = -\dfrac{P}{A} \pm \dfrac{M}{Z}$ 의 식에 대입하면,

$\sigma_t = 365.8\ \text{kg/cm}^2$, $\sigma_c = -386.1\ \text{kg/cm}^2$

예제 12-11. 〈그림 12·13〉과 같은 3각형 단면의 단주에서 A점에 압축하중 P가 작용한다면 최대압축응력은 얼마인가?

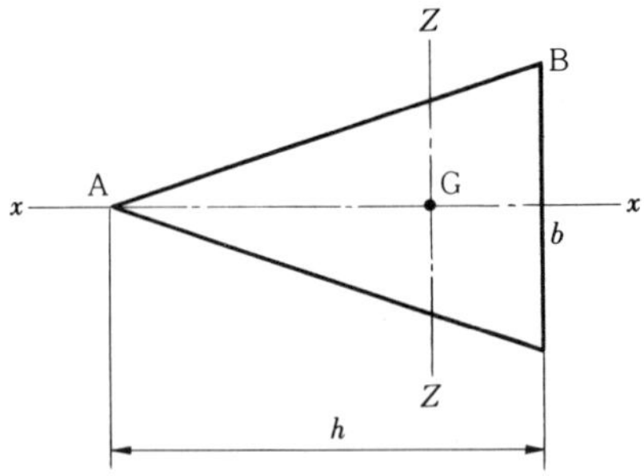

〈그림 12·13〉

풀이 $Z = \dfrac{\dfrac{bh^3}{36}}{\dfrac{2h}{3}} = \dfrac{bh^2}{24}$, $\quad M_{max} = Pa = P \cdot \dfrac{2h}{3}$

$$\therefore \ \sigma_{max} = -\left(\frac{P}{A} + \frac{M}{Z}\right) = \frac{-P}{\dfrac{bh}{2}} - \frac{\dfrac{2}{3}Ph}{\dfrac{bh^2}{24}} = \frac{-2P}{bh} - \frac{16P}{bh} = \frac{-18}{bh}P$$

12-2 長柱-오일러의 기둥공식

단면의 크기에 비하여 길이가 아주 긴 棒이 그 축방향에 압축하중을 받고 있을 때 이 봉을 長柱(long column) 또는 기둥(column)이라고 한다. 기둥은 기계 또는 구조물 등을 구성하는 중요한 요소가 되는 部材이다.

봉의 길이가 짧으면 단지 압축하중에 의하여 생기는 압축응력 $\sigma = \dfrac{P}{A}$는 그 재료의 破壞荷重에 도달하면 파괴되겠지만, 가늘고 긴 봉이 축방향으로 압축하중을 받으면 가로방향으로 힘을 작용시키지 않아도 주저앉아 파괴된다. 그 원인은 ① 材質의 불균일, ② 하중의 방향이 기둥의 중심선과 불일치, ③ 기둥의 중심선이 곧은 직선이 아닐 때 약간의 편심을 받아 구부러짐이 일어난다.

이와 같이 長柱는 하중을 받아서 내부에 압축응력 이외의 굽힘응력이 생겨 하중이 증대됨에 따라서 굽힘응력도 증대하여 굽힘의 정도도 커지고, 어느 한계하중에 도달하여 기둥은 파괴된다. 그리고 기둥이 길면 길수록 굽힘작용이 크게 되고, 이것이 기둥의 탄성적 파괴를 지배하게 되어 기둥의 내부에 일어나는 응력이 재료의 탄성한계에 도달하기 전에 구부러져서 주저앉게 된다. 이와 같은 불완전한 현상을 기둥의 挫屈(buckling)이라 하고, 기둥의 좌굴을 일으키는 상태에 있을 때의 하중을 挫屈荷重(buckling load) 또는 臨界荷重(critical load)이라고 한다.

좌굴현상을 일으키는 최대의 응력을 挫屈應力(buckling stress) 또는 臨界應力(critical stress)이라고 한다. 기둥의 굽힘은 굽힘작용에 대한 저항이 최소인 방향, 즉 횡단면 중에서 단면의 관성모멘트 I가 최소로 되는 축에 수직의 방향에서 굽힘이 일어나기 때문에 최소 회전반지름을 쓴다. 기둥의 길이 l은 기둥의 강도에 관계가 있는 것이며, 기둥이 길고 가는 정도를 표시하는 데 있어서 기둥의 길이 l 과 단면의 최소 회전반지름 k와의 비를 細長比(slenderness ratio)라 하고 λ로 표시한다. 미국의 파우만(Pourman) 교수는 細長比 λ가 30 이하의 부재는 短柱, 30~150까지는 中間柱, 160 이상은 長柱라 하는 것이 타당하다고 주장하고 있다. 그런데 토목에서는 독일 및 일본식을 따라 $\lambda=45$를 경계로 하여 $\lambda<45$이면 단주, $\lambda>45$이면 장주라고 정하고 있다. 장주에는 단순압축을 받을 때의 보통 공식 대신에 특수한 공식으로 계산되며, 순이론적인 실험공식으로 오일러(Euler)의 公式, 고든랭킨(Gordon-Rankin)의 公式, 테트마이어(Tetmajor)의 公式, 존슨(Johnson)의 公式 등이 있다.

보통 구조물 설계시에 사용되는 細長比는 50~150 정도로서 정하고, 단면을 규정하는 데도 세장비는 중요한 사항이 된다.

굽힘을 일으키는 것은 단지 세장비 λ의 값에만 의한 것이 아니고, 보에서 보는 바와 같이 양단의 支持狀態에 의하여 기둥의 굽어지는 정도가 아주 다르게 되며, 따라서 挫屈荷重의 크기도 다르다.

기둥端에는 ① 自由端, ② 回轉端(roller end) ③ 固定端(fixed end)이 있다. 이와 같은 기둥의 끝의 상태를 조합하여 역학상 支持方法을 다음과 같은 종류로 분류한다(그림 12·14).

① 1端固定, 他端自由(그림 a) ② 兩端回轉(그림 b)
③ 1端固定, 他端回轉(그림 c) ④ 兩端固定(그림 d)

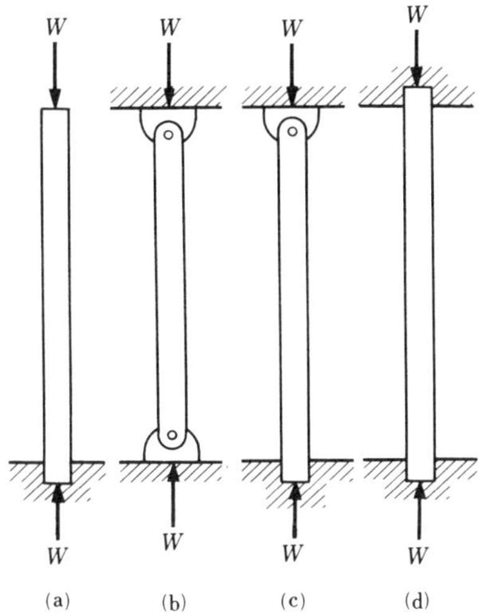

〈그림 12·14〉

기둥의 가늘고 긴, 즉 細長比의 정도를 나타내는 것은 기둥의 길이 l 과 단면의 최소 회전반지름 k와의 比 l/k을 사용한다. 이 비가 細長比인데, 예로서 지름 28 cm의 원형단면인 기둥의 세장비 $\lambda=50$일 때 기둥의 길이는 다음과 같다.

$$k=\frac{d}{4}=\frac{28}{4}=7\text{ cm},\qquad \lambda=\frac{l}{k}=\frac{l}{7}=50,\qquad l=350\text{ cm}$$

1 1端固定，他端自由

〈그림 12・15〉와 같은 1단고정 타단자유의 長柱에 축압축력 P가 작용하여 굽힘을 일으킬 때 기둥의 탄성곡선상의 임의점 x에서 C점의 처짐량을 y, 자유단 B점에서의 처짐량을 δ라 하면 임의단면의 굽힘모멘트의 크기는

$$M = P(\delta - y) \quad \cdots\cdots (a)$$

이고, 처짐량이 적을 때의 굽힘은 탄성곡선의 기초식 (9・1)에 일치하므로 기둥의 탄성곡선의 미분방정식은 다음과 같다.

$$EI\frac{d^2y}{dx^2} = P(\delta - y) \quad \cdots\cdots (b)$$

이 식에서 $$\alpha^2 = \frac{P}{EI} \quad \cdots\cdots (c)$$

라 하면, 다음과 같은 계수를 갖는 線型微分方程式이 된다.

$$\frac{d^2y}{dx^2} + \alpha^2 y = \alpha^2\delta \quad \cdots\cdots (d)$$

y_1을 식 (d)의 여함수로 하면, $y_1 = C_1 \sin \alpha x + C_2 \cos \alpha x$

y_2를 식 (d)의 特別解로 하면, $y_2 = \delta$

이다. 따라서 식 (d)의 一般解는 $y = y_1 + y_2$이므로

$$y = C_1 \sin \alpha x + C_2 \cos \alpha x + \delta \quad \cdots\cdots (e)$$

이고, 적분상수 C_1과 C_2를 규정하기 위한 경계조건에서

$$x = 0\text{에서 } y = 0, \quad \frac{dy}{dx} = 0 \quad \cdots\cdots (f)$$

따라서 식 (e)는 다음과 같이 상수를 구할 수 있다.

$$C_1 = 0, \quad C_2 = -\delta$$

따라서 식 (e)에 대입하면 다음과 같이 完全解가 된다.

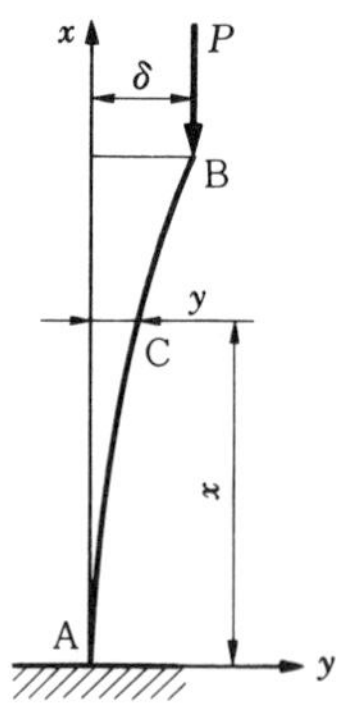

〈그림 12・15〉

$$y = \delta(1 - \cos \alpha x) \quad \cdots\cdots (g)$$

이 식은 기둥의 탄성곡선이 cos 곡선형이라는 것을 표시하고 있다.

식 (g)에 $x = l$일 때 $y = \delta$ 라는 자유단의 조건을 대입하면 다음과 같은 관계식을 얻는다.

$$\delta = \delta(1 - \cos \alpha l) \qquad \therefore\ \cos \alpha l = 0 \quad \cdots\cdots (h)$$

식 (h)가 만족될 수 있는 αl의 값은

$$\alpha l = \frac{n\pi}{2}\ (n = 1,\ 3,\ 5,\ 7,\ \cdots\cdots) \quad \cdots\cdots (i)$$

이고, 이 조건으로서 기둥의 상단에 미소처짐량 δ가 발생하여 평행되어 있으며, $n = 1$을 대입하면 그 평형상태를 이룰 수 있는 최소하중이 규정될 수 있다.

즉, 식 (i)에 $n = 1$과 식 (c)에 의해서 다음과 같이 된다.

$$\sqrt{\frac{P_{cr}}{EI}}\, l = \frac{\pi}{2} \qquad \therefore\ P_{cr} = \frac{1}{4}\frac{\pi^2 EI}{l^2} \tag{12・5}$$

이 식을 1단고정 타단자유의 장주에 대한 오일러의 하중 또는 臨界荷重 혹은 挫屈荷重이라고 한다. 이 하중을 오일러의 公式(Euler's formula)이라고 한다. 이 식은 처짐剛性係數 EI에 비례하고, 길이 l의 제곱에 역비례함을 알 수 있다. $P < P_{cr}$이면 $\delta = 0$, $P = P_{cr}$이면 미소처짐 δ가 발생한 채 平衡, $P > P_{cr}$이면 불안전하며 δ는 무한히 증가되고 挫屈破壞에 달한다.

식 (12・5)에 의하여 규정되는 挫屈荷重 P_{cr}를 단면적 A로 나누고 관성반지름 $k = \sqrt{\dfrac{I}{A}}$를 대입하면 다음과 같이 된다.

$$\sigma_{cr} = \frac{P_c}{A} = \frac{1}{4}\frac{\pi^2 E}{\left(\dfrac{l}{k}\right)^2} = \frac{1}{4}\frac{\pi^2 E}{\lambda^2} \tag{12・6}$$

이 식을 臨界應力(critical stress) 또는 挫屈應力(buckling stress)이라 한다. 이 값은 탄성계수 E에 비례하고, 세장비 λ에 역비례함을 알 수 있다.

오일러의 공식은 挫屈로 인하여 일어나는 굽힘응력이 탄성한계 이내의 것으로 유도하였으므로 σ_{cr}는 탄성한계 내에서만 성립한다. 재료의 탄성계수가 주어지면 여러 가지 경우의 l/k의 극한값을 구할 수 있다. 즉, 식 (12・6)은 挫屈應力이 적용되는 l/k의 범위를 주게 된다.

장주의 강도는 挫屈荷重이 그 재료의 압축강도에 무관하고 幾何學的 形狀 및 치수와 재료의 剛性度(stiffness)에 의하여 규정된다. 그러므로 구조용 강철의 장주 대신에 그것과 기하학적으로 똑같은 탄성 特殊鋼의 장주를 사용해도 그 두 재료의 탄성계수가 비슷하므로 挫屈荷重은 거의 변화하지 않는다.

식 (12・5)를 살펴보면 장주의 강도는 그 기둥의 관성모멘트가 증가함에 따라 증가하게 됨을 알 수 있다. 이것은 그 재료를 단면의 주축으로부터 가급적 먼 곳에 놓음으로써 단면

적을 증가시키지 않고도 달성할 수 있다. 그러므로 압축부재로서는 中實斷面보다 中空斷面이 더 경제적임을 알 수 있다.

이런 중공단면의 기둥의 벽두께를 줄이고 가로방향 치수를 늘리면 그 기둥의 안전성은 커진다. 그러나 이 벽두께의 감소에도 한계가 있으며, 그것을 너무 작게 줄이면 벽 자체가 불안전해져서 기둥이 전체적으로 좌굴하기 전에 그 세로 요소에 먼저 좌굴이 일어나 벽에 주름이 나타나게 된다. 이런 현상을 局部挫屈이라고 한다.

기둥의 강도는 I에 비례하므로 같은 단면적이면 직4각형보다 정4각형이 강하고, 정4각형보다 管形이 더욱 강하다. 또 길이 l의 제곱에 반비례하므로 길이가 2분의 1로 되면 4배의 하중을 지지할 수 있고, 길이가 4분의 1로 짧아지면 16배의 하중을 받을 수 있다.

2 兩端回轉端의 기둥

〈그림 12・16〉에서 보는 바와 같이 기둥의 중앙 O를 중심으로 하여 굽어지고, 그 상하 절반은 1단고정 타단자유단의 기둥 때와 마찬가지로 생각할 수 있으므로, 그 공식의 l 대신에 $l/2$을 대입하면

$$P_{cr} = \frac{\pi^2 EI}{l^2} \qquad (12 \cdot 7)$$

$$\sigma_{cr} = \frac{P_{cr}}{A} = \frac{\pi^2 E}{\left(\dfrac{l}{k}\right)^2} = \frac{\pi^2 E}{\lambda^2} \qquad (12 \cdot 8)$$

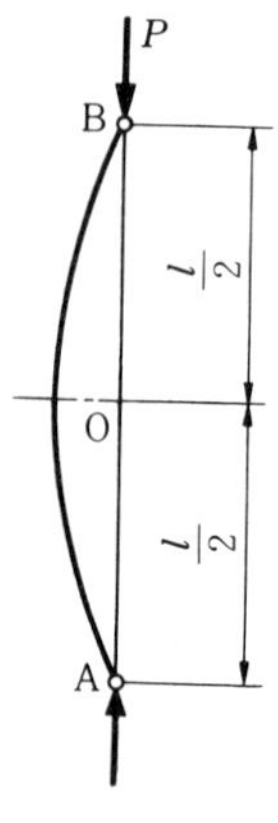

〈그림 12・16〉

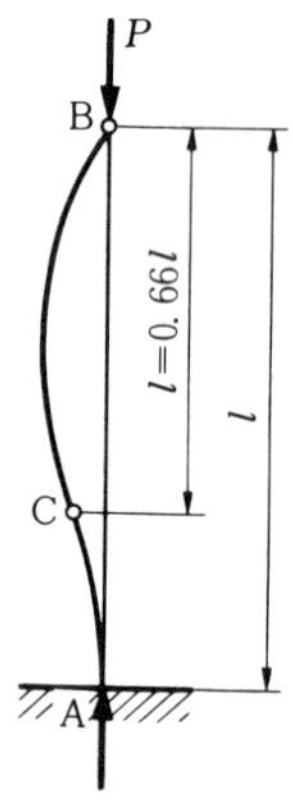

〈그림 12・17〉

3 1端固定-他端回轉端의 기둥

〈그림 12・17〉에서 보는 바와 같이 기둥 AB 상의 한 점 C에서 굽힘점이 생기고 $BC = l_1$이라 하면, 계산 결과 $l_1 = 0.666\,l ≒ 0.7\,l$로 되고, BC 부분은 양단회전단의 기둥 때와 같으므로 l 대신 l_1을 대입하면

$$P_{cr} = \pi^2 \frac{EI}{l_1^2} = \frac{\pi^2 EI}{(0.7l)^2} = \frac{1}{0.49} \frac{\pi^2 EI}{l^2} = 2.0408$$

$$\frac{\pi^2 EI}{l^2} = 2\frac{\pi^2 EI}{l^2} \qquad (12 \cdot 9)$$

$$\therefore \ \sigma_{cr} = \frac{2\pi^2 E}{\left(\frac{l}{k}\right)^2} = 2\frac{\pi^2 E}{\lambda^2} \qquad (12 \cdot 10)$$

4 兩端固定端의 기둥

〈그림 12・18〉에서 보는 바와 같이 길이를 4 등분할 때 각 부분에 1단고정-타단자유단의 기둥과 같게 되므로, 오일러 공식의 l 대신에 $l/4$을 대입하면

$$P_{cr} = \frac{4\pi^2 EI}{l^2} \qquad (12 \cdot 11)$$

$$\therefore \ \sigma_{cr} = \frac{P_{cr}}{A} = \frac{4\pi^2 E}{\left(\frac{l}{k}\right)^2} = \frac{4\pi^2 E}{\lambda^2} \qquad (12 \cdot 12)$$

K_1 K_2 부분을 양단회전으로 보고 l 대신 $l/2$을 대입하여도 식 (12・11)과 식 (12・12)와 일치한다.

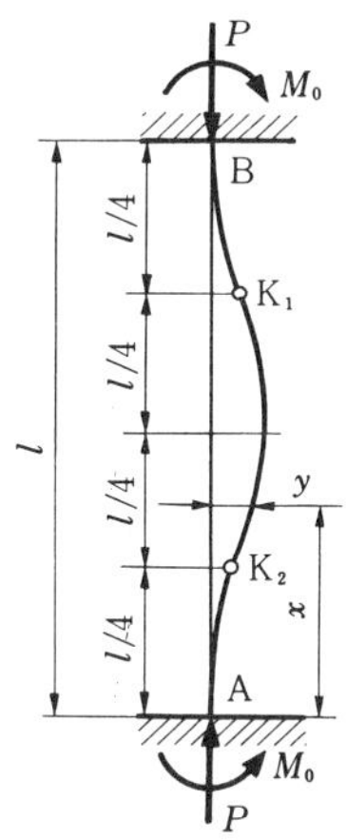

〈그림 12・18〉

이상과 같이 挫屈荷重의 계산식을 각종 끝조건별로 묶어서 기호로 표시하면 일반식이 얻어진다.

$$P_{cr} = \frac{n\pi^2 EI}{l^2} \qquad (12 \cdot 13)$$

$$\sigma_{cr} = \frac{n\pi^2 E}{\left(\frac{l}{k}\right)^2} = \frac{n\pi^2 E}{\lambda^2} \qquad (12 \cdot 14)$$

여기서, n은 기둥 양단의 支持條件에 의하여 정해지는 상수이다. 이것을 端末條件係數 (coefficient of fixity)라고 한다.

또 식 (12・13)을 고쳐 쓰면,

$$P_{cr} = \frac{\pi^2 EI}{\left(\frac{l}{\sqrt{n}}\right)^2} \tag{12・15}$$

로 표시할 수 있다. 여기서, $\frac{l}{\sqrt{n}}$ 을 장주의 相當길이(equivalent length of long column) 또는 挫屈길이(buckling length)라고 한다. 이러한 길이를 생각하는 것은 1단고정-타단자유로 지지된 장주에서 $n = 1/4$이므로, 이 경우를 기준으로 기본형으로 하여 같은 挫屈荷重을 갖는 다른 端末條件의 기둥의 挫屈길이를 표시할 수가 있다. 여러 가지 端末條件 n 및 挫屈길이 $\frac{l}{\sqrt{n}}$ 을 표시하면 〈표 12・1〉과 같다.

〈표 12・1〉

端 末 條 件	n	$l/\sqrt{n}$
1端固定-他端自由	1/4	$2l$
兩 端 回 轉	1	l
1端固定-他端回轉	2.048	$0.7l$
兩 端 固 定	4	$l/2$

12-3 오일러 기둥公式의 적용범위

오일러의 공식에서 구하는 좌굴하중은 기둥이 굽어지는 하중이므로, 실제로 작용시켜도 좋은 安全荷重 P_s는 P_{cr}를 安全率 S로 나누어서 구해야 한다. 즉,

$$P_s = \frac{P_{cr}}{S} \tag{12・16}$$

그리고 좌굴공식 $\begin{cases} P_{cr} = n \cdot \dfrac{\pi^2 EI}{l^2} \\ \sigma_{cr} = n \cdot \dfrac{\pi^2 E}{\lambda^2} \end{cases}$

를 다시 고쳐 쓰면 다음과 같은 細長比의 범위를 얻는다.

$$\lambda = \frac{l}{k} = \sqrt{n} \cdot \pi \sqrt{\frac{E}{\sigma_{cr}}} \tag{12・17}$$

윗식의 σ_{cr} 대신에 재료의 압축탄성한계 σ_E를 대입하여 산출한 λ의 값 이상의 세장비를 갖고 있는 기둥에는 오일러의 공식을 사용할 수가 있지만, 그 이하의 세장비를 갖고 있는 장주에는 사용할 수가 없는 것이다. 세장비의 값이 작은 기둥, 즉 단주에 대하여 이 식을 적용하면 σ_{cr}의 값이 대단히 크게 된다. 따라서 짧은 기둥에서는 σ_{cr}가 연성재료인 경우 降伏點, 취성재료인 경우에는 파괴응력에 달하면 이미 좌굴이 발생하기 전에 압축에 의해서 彈性破損 또는 破斷이 된다. 이러한 의미에서 오일러의 공식은 挫屈計算에 적용하는 細長

比의 한계점이 존재하는 것이다. 예를 들어, 양단회전의 軟鋼製의 장주에서 $n = 1$, $\sigma_E = 2000\ \mathrm{kg/cm^2}$, $E = 2.1 \times 10^6\ \mathrm{kg/cm^2}$이라 하면 세장비는 다음과 같다.

$$\lambda = \sqrt{n}\,\pi\sqrt{\frac{E}{\sigma_E}} = 3.1416\sqrt{\frac{2.1\times10^6}{2000}} = 102$$

로 된다. 이 때는 장주의 λ값이 102 이상일 때는 오일러 공식을 사용할 수 있지만 이하일 때는 사용하지 못한다. 〈그림 12·19〉에서 보는 바와 같이 σ_{cr}의 값이 σ_E값보다 이하로 되어 좌굴이 일어나게 된다. 예컨대 기둥이 원형단면이면,

$$k = \sqrt{\frac{I}{A}} = \frac{d}{4}, \qquad \lambda = \frac{l}{k} = \frac{4l}{d} = 102$$

$$\therefore\ \frac{l}{d} = \frac{102}{4} = 25.5 \qquad l = 25.5\,d$$

즉, 오일러 공식이 적용되는 한계의 길이는 적어도 지름의 25.5배가 되어야 한다.

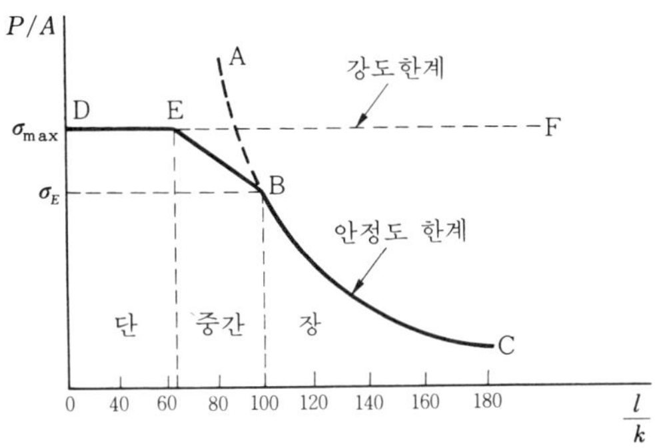

〈그림 12·19〉

양단회전일 때 각 재료에 대하여 오일러 공식을 적용할 수 있는 세장비 λ의 한계점과 안전율 S를 표시하면 〈표 12·2〉와 같다.

〈그림 12·19〉는 식 (12·2)의 σ_{cr}와 l/k의 단계를 도시한 것이다. 곡선 ABC를 오일러의 곡선이라 하고, 곡선 DEBC는 실제 실험결과의 곡선이다.

〈표 12·2〉 오일러의 상수

재 료	주 철	연 철	연 강	경 강	목 재
S	8~10	5~6	5~6	5~6	10~12
E kg/cm²	1,000,000	2,000,000	2,150,000	2,200,000	100,000
$\lambda = \frac{l}{k} >$	70	115	102	95	80

이에 의하면 세장비 l/k이 B점보다 클 때는 오일러의 곡선과 실험 곡선은 일치하고 이 범위를 장주라 하며, 식 (12·5) 및 식 (12·6)의 오일러의 식이 만족되는 경우이다. 그러나 세장비 l/k이 B점보다 작을 때는 식 (12·6)의 임계응력 σ_{cr}는 AB에 따라 무한히 높아지고

파괴가 발생하지 않는 결과가 되지만, 사실상 탄성한계의 응력 σ_E 또는 최대압축응력 σ_C에 의하여 파괴되어, 이는 단주의 순수압축에 의한 파괴이다. 따라서 〈그림 12·19〉의 곡선 BE에 대응되는 세장비를 가지는 기둥을 중간주, 곡선 ED에 대응되는 세장비를 가지는 기둥을 단주라 하고 오일러식이 적용되지 않는다. 일반적인 구조용강에 있어서는 오일러의 식이 적용되는 최소 세장비 l/k은 102이므로 장주의 세장비는 $l/k>102$이고, 이 때에만 오일러의 식이 성립된다. 중간 장주의 세장비는 $60<l/k<102$이므로 항복과 좌굴의 조합이다. 단주의 세장비는 $0<l/k<60$의 범위이므로 항복만으로 인하여 파괴되는 것이다.

결국 오일러의 공식은 단면적이 일정하고 세장비가 160 이상이 되는 아주 긴 기둥에 정확하게 들어맞고 주로 굽힘작용으로 파괴되는 경우에 사용된다. 기둥에 압축응력이 작용하면 항복이나 좌굴 또는 그들의 조합에 의하여 파괴될 것이므로 그 응력을 적당한 안전계수 S로 나눈 값, 즉 $\dfrac{\sigma_{max}}{S}$을 사용응력으로서 택해야 한다.

예제 12-12. 양단회전의 길이 3 m의 기둥이 있다. 단면은 $b=12\text{cm}$, $h=16\text{cm}$의 직각형인 목재일 때 가할 수 있는 안전하중과 안전응력은 얼마인가? 단, $S=10$, $E=1.0\times10^5\ \text{kg/cm}^2$이다.

풀이 $I_{min}=\dfrac{1}{12}\times16\times12^3=2304\ \text{cm}^4,\qquad A=16\times12=192\ \text{cm}^2$

$$k=\sqrt{\frac{I}{A}}=\sqrt{\frac{2304}{192}}=\sqrt{12}=3.464\ \text{cm}$$

$$\lambda=\frac{l}{k}=\frac{300}{3.464}=86.6,\qquad \lambda>80\text{이므로}$$

$$P_{cr}=\frac{\pi^2EI}{l^2}=\frac{3.14^2\times100,000\times2304}{300^2}=25,240\ \text{kg}$$

$$P_s=\frac{25,240}{10}=2524\ \text{ton},\qquad \sigma_s=\frac{2524}{192}=13.15\ \text{kg/cm}^2$$

예제 12-13. 폭 $b=10\ \text{cm}$, 높이 $h=15\ \text{cm}$의 직 4 각형 단면의 길이 3 m의 1단고정-타단자유의 나무기둥이 있다. 안전율 $S=10$으로 취하면 자유단의 안전하중과 안전응력은 얼마이냐? 단, $E=1.0\times10^5\ \text{kg/cm}^2$이다.

풀이 $k=\sqrt{\dfrac{I}{A}}=\dfrac{b}{2\sqrt{3}}=\dfrac{10}{2\sqrt{3}}=2.89\ \text{cm},\qquad \lambda=\dfrac{l}{k}=\dfrac{300}{2.89}=103.8>80$

$$I_{min}=\frac{b^3h}{12}=\frac{10^3\times15}{12}=1250\ \text{cm}^4,\qquad P_{cr}=\frac{3.14^2\times100,000\times1250}{4\times300^2}=3423\ \text{kg}$$

$$P_s=\frac{P_{cr}}{S}=\frac{3423}{10}=342.3\ \text{kg},\qquad \sigma_s=\frac{342.3}{150}=2.3\ \text{kg/cm}^2$$

예제 12-14. 실린더의 최고 총압력이 8000 kg, 길이 1.5 m의 연강제 커넥팅 로드의 지름을 구하라. 단, $E=2.1\times10^6\ \text{kg/cm}^2$, $S=5$이다.

풀이 양단회전의 기둥으로 생각한다.

$$P_{cr} = 8000 \times 5 = 40,000\,\text{kg}, \qquad I = \frac{\pi d^4}{64}, \qquad k = \frac{d}{4}$$

$$\lambda = \frac{l}{k} = \frac{4l}{d} = \frac{4 \times 150}{5.5} = 109 > 102, \qquad P_{cr} = \frac{\pi^2 EI}{l^2}$$

$$40,000 = \frac{\pi^2 \times 2.1 \times 10^6 \times \pi d^4}{150^2 \times 64}$$

$$\therefore\ d = \sqrt[4]{\frac{40,000 \times 150^2 \times 64}{2.1 \times 10^6 \times 3.14^3}} = 5.5\,\text{cm}$$

12-4 長柱에 대한 기타 공식

1 고든-랭킨의 公式

오일러의 공식은 長柱에 대하여 적용되고 기둥의 압축응력을 고려하지 않고 굽힘만을 고려했으므로, λ의 값이 큰 부분에는 정확한 결과를 나타내지만 작은 범위에서는 挫屈荷重보다 작은 값으로 좌굴을 일으키게 된다.

우리들이 일상 사용하고 있는 장주 중에는 단순한 압축만을 받는다고 하여 계산하기에는 너무 길고, 오일러의 공식을 사용하기에는 길이가 짧은 기둥이 많다. 이와 같은 기둥은 압축하중 때문에 기둥이 구부러지면 굽힘응력이 다소 일어나 압축응력과 조합되어 凹쪽에는 응력이 증대되고, 凸쪽에는 감소하기 때문에 압축과 굽힘의 합동작용으로 파괴된다고 하는 고든-랭킨의 실험공식이 많이 사용된다.

〈그림 12·20〉에 나타낸 바와 같이 일단 A에서 고정되고, 타단자유인 장주에 P의 압축하중이 축방향으로 작용하였을 때 AB와 같이 구부림의 최대처짐 δ가 일어난다고 하자. 기둥의 凹쪽에 일어나는 조합응력 σ는 압축응력 σ_c와 최대굽힘응력 σ_b와의 합과 같다.

$$\sigma = \sigma_c + \sigma_b = \frac{P}{A} + \frac{M}{Z} = \frac{P}{A} + \frac{P\delta e}{I} \quad \cdots\cdots\cdots\cdots\cdots\cdots\cdots \text{(a)}$$

여기서, e는 단면의 최소 주관성모멘트를 나타내는 중립축으로부터 凹쪽의 바깥 섬유까지의 거리이다. 윗식에 $I = k^2 A$를 대입하면,

$$\sigma = \frac{P}{A} + \frac{P\delta e}{Ak^2} = \frac{P}{A}\left(1 + \frac{\delta e}{k^2}\right) \quad \cdots\cdots\cdots\cdots\cdots\cdots\cdots\cdots \text{(b)}$$

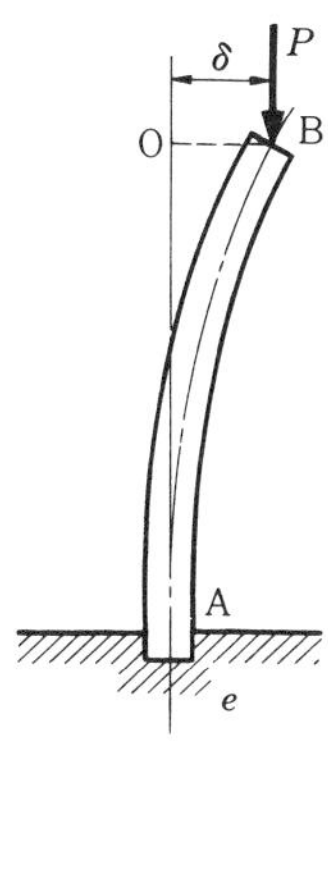

〈그림 12·20〉

오일러의 식 $P_{cr} = n\pi^2 \dfrac{EI}{l^2}$

와 식 (a)의 $\sigma_b = \dfrac{P\delta e}{I}$ 에서 P를 같다고 놓으면

$$\delta e = \frac{\sigma_b l^2}{n\pi^2 E}$$

이므로, 식 (b)에 대입하면 다음과 같다.

$$\sigma = \frac{P}{A}\left[1 + \frac{\sigma_b}{\pi^2 E}\,\frac{1}{n}\left(\frac{l}{k}\right)^2\right] \quad \cdots\cdots (c)$$

이 식 중의 $\dfrac{\sigma_b}{\pi^2 E}$는 재료의 종류에 따라 결정되는 상수이므로 a로 표시하면 다음과 같이 된다.

$$\sigma = \frac{P}{A}\left[1 + \frac{a}{n}\left(\frac{l}{k}\right)^2\right] \quad \cdots\cdots (d)$$

이 식의 σ가 재료의 降伏點, 또는 압축파괴응력 σ_c와 같게 되었을 때 破損이 일어난다고 생각한다. 그 때의 하중 P를 좌굴하중 P_{cr}로 표시하여 식 (d)를 다시 쓰면 다음과 같이 된다.

$$\sigma_{cr} = \frac{P_{cr}}{A} = \frac{\sigma_c}{1 + \dfrac{a}{n}\left(\dfrac{l}{k}\right)^2} = \frac{\sigma_c}{1 + \dfrac{a\lambda^2}{n}} \qquad (12 \cdot 18)$$

이 식을 고든-랭킨의 公式(Gordon-Rankin's formula)이라고 한다. 이 식 중의 n은 오일러 식에서와 같은 기둥의 양단조건에 의하여 결정되는 상수이다. 또 σ_c와 a 및 l/k의 범위는 〈표 12·3〉에 표시하였다.

〈표 12·3〉

재 료	σ (kg/cm²)	a	$\lambda = l/k$
주 철	5600	$\frac{1}{1600}$	< 80
연 철	2500	$\frac{1}{9000}$	< 110
연 강	3400	$\frac{1}{7500}$	< 90
경 강	4900	$\frac{1}{5000}$	< 85
목 재	500	$\frac{1}{750}$	< 60

예제 12-15. 단면이 250 mm × 200 mm, 길이 2.75 m의 양단회전의 기둥이 있다. 재료는 연강이고 사용응력을 65 kg/cm²이라 할 때 안전하중을 구하라. 단, 안전율 $S = 5$이다.

풀이 $k = \sqrt{\dfrac{I}{A}} = \dfrac{b}{2\sqrt{3}} = \dfrac{20}{2\sqrt{3}} = 5.8\,\text{cm}$, $\quad \lambda = \dfrac{l}{k} = \dfrac{275}{5.8} = 47 < 90$

$$\frac{P_{cr}}{A} = \frac{\sigma_c}{1 + \frac{a\lambda^2}{n}} \text{ 에서}$$

$$P_{cr} = \frac{\sigma_c A}{1 + \frac{a\lambda^2}{n}} = \frac{65 \times 500}{1 + \frac{1}{7500} \times 47^2} = 25,105.572 \text{ kg}$$

$$P_s = \frac{25,105.6}{5} = 5021.12 \text{ kg}$$

예제 12-16. 지름 10 cm의 양단고정의 길이 2 m의 연강제의 기둥이 있다. 안전율을 5로 잡고 안전하중을 구하라.

풀이 $k = \sqrt{\frac{I}{A}} = \frac{d}{4} = \frac{10}{4} = 2.5 \text{ cm}, \qquad \lambda = \frac{l}{k} = \frac{200}{2.5} = 80 < 90$

$$\sigma_{cr} = \frac{3400}{1 + \frac{1}{4 \times 7500} \times 80^2} = 2800 \text{ kg/cm}^2$$

$$P_{cr} = \sigma_{cr} \times A = 2800 \times \frac{\pi}{4} \times 10^2 = 220,000 \text{ kg} \fallingdotseq 220 \text{ ton}$$

$$P_s = \frac{220}{5} = 44 \text{ ton}$$

예제 12-17. 〈그림 12·21〉과 같은 양단이 힌지로 된 강철제 矩形角材의 길이 $l = 4$ m 기둥이 축방향으로 압축력을 받고 있을 때, 臨界荷重과 臨界應力을 구하라. 단, $E = 2.1 \times 10^6 \text{ kg/cm}^2$이다.

풀이 $P_{cr} = \frac{\pi^2 EI}{l^2}$

$$I_x = \frac{2 \times 4^3}{12} = \frac{32}{3}, \qquad I_y = \frac{4 \times 2^3}{12} = \frac{8}{3} \text{ cm}^4$$

$I_x > I_y$이므로

$$P_{cr} = \frac{\pi^2 \times 2.1 \times 10^6 \times 8}{400^2 \times 3} = 345 \text{ kg}$$

$$\sigma_{cr} = \frac{P_{cr}}{A} = \frac{345}{4 \times 2} = 43.13 \text{ kg/cm}^2$$

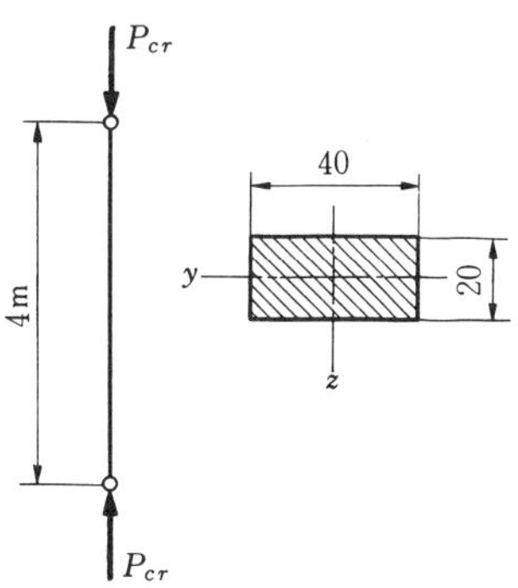

〈그림 12·21〉

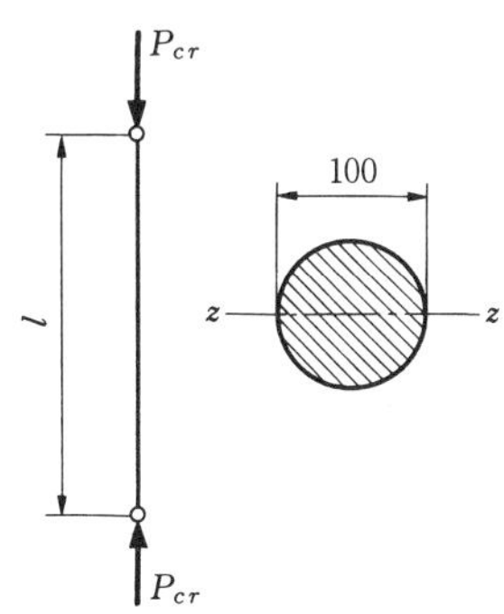

〈그림 12·22〉

예제 12-18. 〈그림 12·22〉와 같은 양단이 힌지로 된 강철봉 원형단면의 지름 $d = 10$ cm가 축방향에 압축력을 받고 있을 때 이 보의 길이 l과 臨界應力을 구하라. 단, 細長比는 100으로 보고 $E = 2.1 \times 10^6$ kg/cm²이다.

풀이 $\frac{l}{k} = 100$, $l = 100k = 100\sqrt{\frac{I}{A}} = 100\sqrt{\frac{\pi 10^4}{64} \times \frac{4}{\pi 10^2}} = 250$ cm

$$\sigma_{cr} = \frac{P_{cr}}{A} = \frac{\pi^2 EI}{Al^2} = \frac{\pi^2 E}{\left(\frac{l}{k}\right)^2} = \frac{\pi^2 \times 2.1 \times 10^6}{100^2} = 2070.4 \text{ kg/cm}^2$$

예제 12-19. 길이 $l = 2$ m의 연강봉 원형단면의 기둥이 $P = 10$ ton의 軸壓縮荷重을 작용하려고 한다. 안전율은 5로 하고 오일러의 公式을 사용하여 이 기둥의 지름을 구하라. 단, 기둥의 양단은 고정되어 있고 $E = 2.1 \times 10^6$ kg/cm²이다.

풀이 사용압축하중 P, 임계하중 P_{cr}, 안전율 n이라 하면

$$P_{cr} = nP, \quad P_{cr} = \frac{4\pi^2 EI}{l^2} = \frac{4\pi^2 E\pi d^4}{64 l^2}$$

$$d = \sqrt[4]{\frac{64nPl^2}{4\pi^3 E}} = \sqrt[4]{\frac{64 \times 5 \times 10^4 \times 200^2}{4 \times \pi^3 \times 2.1 \times 10^6}} = 4.71 \text{ cm}$$

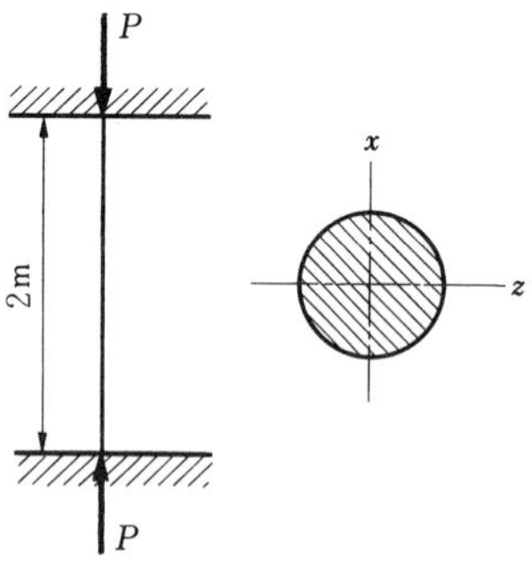

〈그림 12·23〉

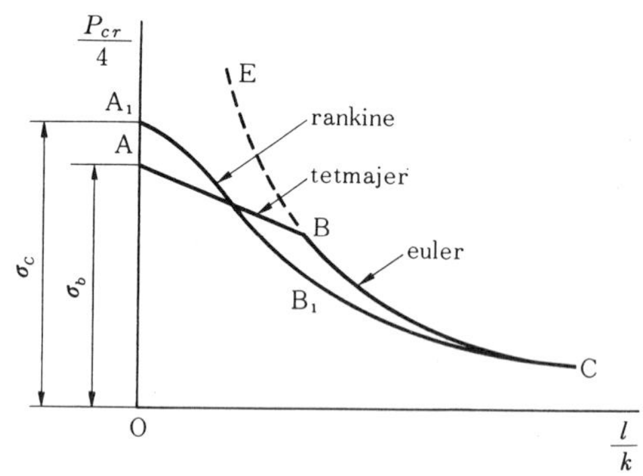

〈그림 12·24〉

2 테트마이어의 공식(Tetmajer's formula)

테트마이어는 양단회전의 기둥에 대하여 오일러의 식과 고든-랭킨의 공식에 있어서 실험결과와 맞지 않는 부분에 대하여 다음과 같은 직선적 실험식을 발표하고 오일러의 식을 사용하도록 제안하였다.

$$\sigma_{cr} = \frac{P_{cr}}{A} = \sigma_b \left[1 - a\left(\frac{l}{k}\right) + b\left(\frac{l}{k}\right)^2\right] \qquad (12 \cdot 19)$$

이 식에서 a 및 b는 〈표 12·4〉에서 표시한 상수이고, 표 중에 l/k의 범위 내에만 적합하다. 〈그림 12·24〉는 오일러, 고든-랭킨, 테트마이어의 실험곡선을 표시한 것이다.

〈표 12·4〉

재 료	$\sigma_b(\text{kg/cm}^2)$	a	b	l/k
주 철	7760	0.01546	0.00007	5～88
연 철	3030	0.00246	0	10～112
연 강	3100	0.00368	0	10～105
경 강	3350	0.00185	0	< 90
목 재	293	0.00625	0	1.8～100

예제 12-20. 한 변 10 cm의 정방형 단면을 가지고 있는 길이 2.5 m의 양단회전의 기둥이 있다. 안전율을 5라고 할 때 안전하중을 구하라.

풀이 $k = \dfrac{10}{2\sqrt{3}} = 2.89\ \text{cm}, \qquad \lambda = \dfrac{l}{k} = \dfrac{250}{2.89} = 86.5 < 105$

$\sigma_{cr} = 3100(1 - 0.00368 \times 86.5) = 2113.2\ \text{kg/cm}^2$

$P_{cr} = A \cdot \sigma_{cr} = 2113.2 \times 10^2 = 211{,}320\ \text{kg}$

$P_s = \dfrac{P_{cr}}{S} = \dfrac{211{,}320}{5} = 42{,}264\ \text{kg}$

3 편심하중을 받는 長柱

압축하중을 장주의 축심에 일치한 방향으로 작용시켰다 하더라도 엄밀히 고찰하면 약간의 편심의 상태로 작용하는 것이다. 따라서 이와 같은 편심이 존재한다고 가정하여 장주에도 응용할 수 있다.

사우스웰(Southwell)은 이 이론을 다음과 같이 전개하여 명확한 편심하중의 장주와 일반 장주에 적용할 것을 주장했다.

〈그림 12·25〉 (a)와 같이 1단고정-타단자유인 장주에 偏心거리 e인 점에 압축하중 P가 작용하면 그림 (b)와 같은 처짐곡선을 나타내게 될 것이다. 이 기둥 상단의 최대처짐을 δ, 하단부터 임의거리 x인 단면의 처짐을 y라 하면 그 임의단면의 굽힘모멘트는 다음과 같이 된다.

$$M = P(\delta + e - y) \quad \cdots\cdots\cdots \text{(a)}$$

기둥의 재료를 탄성한계 내에 있어서 미소처짐에 대해 고찰해 보면, 이 기둥의 탄성곡선의 미분방정식은 식 (9·1)에 의하여 다음과 같이 된다.

$$EI\frac{d^2y}{ax^2} = P(\delta + e - y) \quad \cdots\cdots\cdots \text{(b)}$$

이 식에서

$$\alpha^2 = \frac{P}{EI} \quad \cdots\cdots\cdots \text{(c)}$$

라 하면, 식 (b)는 다음과 같은 선형미분방정식이 된다.

$$\frac{d^2y}{dx^2} + \alpha^2 y = \alpha^2(\delta + e) \qquad (12 \cdot 20)$$

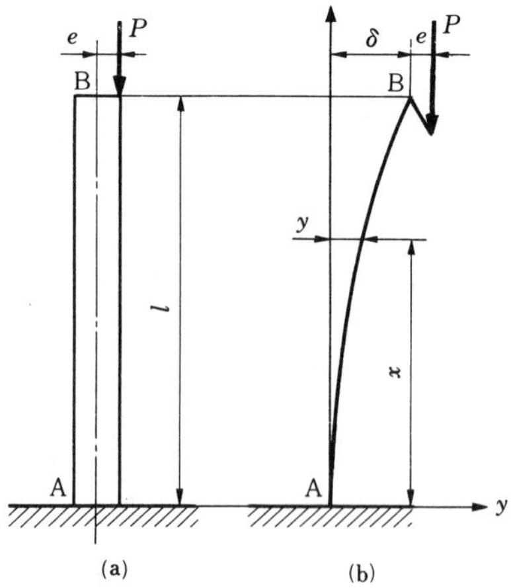

〈그림 12·25〉

y_1을 식 (12·20)의 여함수로 하면

$$y_1 = c_1 \sin \alpha x + c_2 \cos \alpha x$$

y_2를 식 (12·20)의 특별해로 하면

$$y_2 = \delta + e$$

이 식의 일반해는 $y = y_1 + y_2$이므로

$$y = C_1 \sin \alpha x + C_2 \cos \alpha x + \delta + e \quad \cdots\cdots (d)$$

이므로, 고정단의 조건인 $x = 0$에서 $y = 0$ 및 $\frac{dy}{dx} = 0$을 대입하면

$$C_1 = 0, \ C_2 = -(\delta + e) \quad \cdots\cdots (e)$$

를 얻을 수 있으므로, 일반해 식 (d)는 다음과 같이 된다.

$$y = (\delta + e)\ (1 - \cos \alpha x) \quad \cdots\cdots (f)$$

이 식 (f)는 그림 (b)의 곡선 AB가 $\frac{1}{4}$cos 곡선임을 말해 준다. 상단 B점에서, 즉 $x = l$에서 $y = \delta$이므로 식 (f)는 다음과 같이 된다.

$$\delta = e\left(\frac{1-\cos \alpha l}{\cos \alpha l}\right) \tag{12·21}$$

식 (12·21)은 B점의 처짐을 계산하는 식이고, $\alpha = \sqrt{\frac{P}{EI}}$로 대입하면 다음과 같이 된다.

$$y_{x=l} = \delta = \frac{e\left(1 - \cos \sqrt{\frac{P}{EI}}\, l\right)}{\cos \sqrt{\frac{P}{EI}}\, l} \tag{12·22}$$

식 (12·21)을 sec로 표시하면

$$\delta = e(\sec \alpha l - 1) \tag{12·23}$$

〈그림 12·25〉에서 최대모멘트는 고정단 A에서 발생하므로 그 크기는 다음과 같다.

$$M_{\max} = P(\delta + e) \qquad (12 \cdot 24)$$

식 (12·24)에 식 (12·23)을 대입하면 $M_{\max}$은 다음과 같이 된다.

$$M_{\max} = Pe \sec \alpha l \qquad (12 \cdot 25)$$

식 (12·25)에 대응되는 최대응력은 그림 (b)에서 A점의 오목한 단면의 표면상에 나타나고, 축심으로부터 거리를 y라 하면 그 크기는 다음과 같다.

$$\sigma_{\max} = \frac{P}{A} + \frac{M_{\max}}{Z} = \frac{P}{A} + \frac{M_{\max}\, y}{I} \qquad (12 \cdot 26)$$

식 (12·26)에 식 (12·25)를 대입하고 $k = \sqrt{\dfrac{I}{A}}$를 고려하면, $\sigma_{\max}$은 다음과 같이 표시할 수 있다.

$$\sigma_{\max} = \frac{P}{A} + \frac{Pey}{Ak^2} \sec \alpha l = \frac{P}{A}\left(1 + \frac{ey}{Ak^2} \sec \alpha l\right) \qquad (12 \cdot 27)$$

식 (12·27)에 $\alpha = \sqrt{\dfrac{P}{EI}}$를 대입하면 다음과 같은 식이 된다.

$$\sigma_{\max} = \frac{P}{A}\left[1 + \frac{ey}{k^2} \sec\left(\frac{l}{k}\sqrt{\frac{P}{EA}}\right)\right] \qquad (12 \cdot 28)$$

식 (12·26)과 식 (12·27)을 시컨트 공식(secant formula) 또는 사우스웰 공식(Southwell formula)이라고 한다. 사우스웰은 이상과 같은 이론을 전개하여 명확한 편심하중의 장주는 물론 일반적인 기둥에도 적용됨을 말해 주고 있다. 이 식은 최대압축응력 $\sigma_{\max}$을 평균압축응력 $\dfrac{P}{A}$, 偏心比 $\dfrac{ey}{k^2}$, 오일러의 角 αl의 항들로 나타낸 것이다. 만약 이 기둥이 짧고 하중 P가 작다면 $\sec \alpha l \fallingdotseq 1$이므로, 식 (12·27) 및 식 (12·28)은 식 (12·1)의 단주의 이론에 일치하게 된다.

기둥 재료의 사용응력인 $\dfrac{\sigma_u}{S}$를 $\sigma_{\max}$ 대신 대입하고 그것에 대응되는 평균압축응력을 결정할 수가 있다. 안전하중 P_s, 안전계수 S라 하면 식 (12·28)은 다음과 같은 식으로 표시할 수 있다.

$$\frac{P_s}{A} = \frac{\dfrac{\sigma_u}{S}}{1 + \dfrac{ey}{k^2} \sec\left(\dfrac{l}{k}\sqrt{\dfrac{SP_s}{EA}}\right)} \qquad (12 \cdot 29)$$

편심하중을 받는 장주의 설계는 일반적으로 길이, 편심하중, 사용응력 σ_w가 주어져 있으므로 시컨트 공식에 만족하도록 A, y, k의 값을 구하고 가장 경제적인 것을 결정해야 하며, 이에는 試行法을 써서 몇 차례의 계산을 되풀이해야 한다. 가장 많이 쓰이는 방법으로는 먼저 A, y, k의 값을 가정하고 σ_w를 계산하여 그것이 주어진 사용응력에 일치할 때까지 가정을 변경하면서 계산을 진행하는 것이다. 이 때 양단회전일 때는 윗식들에서 l 대신 $\dfrac{l}{2}$을 대입하고, 양단고정일 때는 l 대신 $\dfrac{l}{4}$을 대입하면 된다.

짧은 기둥$\left(\frac{l}{k} < 50\right)$의 경우는 l이 대단히 짧다고 생각하여 식 (12 · 21)에서 분모 $\cos \alpha l = 1$, 분자의 $\cos \alpha l = 1 - \frac{\alpha^2 l^2}{2}$ 으로 가정하면 다음과 같이 된다.

$$\delta = \frac{e\alpha^2 l^2}{2} = \frac{Pel^2}{2EI}$$

으로 되어 외팔보의 자유단에서 偶力 Pe가 작용할 때의 자유보의 처짐과 일치하게 됨을 알 수 있다. 또 이 때의 응력은 식 (12 · 27)로부터

$$\sigma_c = \frac{P}{A}\left(1 + \frac{ey}{k^2}\right)$$

예제 12-21. 〈그림 12 · 26〉과 같은 길이 8 m의 I 형강의 양단을 핀으로 지지하여 기둥으로 사용하려고 한다. 중심에 하중 $P_1 = 50$ ton, 편심하중 $P_2 = 20$ ton을 받을 때 P_2는 이 단면의 주축 2-2상에 있으며, 주축 1-1로부터 거리 25 cm인 곳에 작용한다. $\sigma_{yp} = 2500$ kg/cm²으로 보고 항복으로 인한 파괴에 대하여 안전계수 $S = 2.5$를 가질 수 있게 적당한 I 형강재를 선정하라.

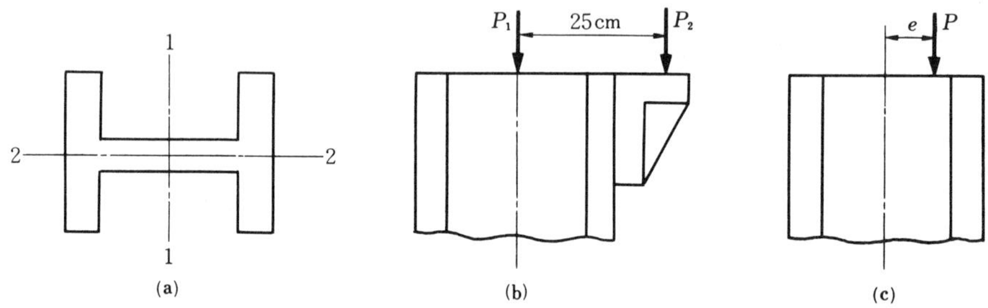

〈그림 12·26〉

풀이 〈그림 12 · 26〉 (b)와 같은 하중은 그림 (c)와 같이 단일 편심하중 $P = 70$ ton과 정적으로 동등하다. 이 때의 P점의 편심거리 $e = 7.14$ cm[$50e = 20(25-e)$]이다. 이 경우에는 필요한 강재의 단면을 선정하려는 것이므로 시컨트 공식을 다음과 같이 쓰는 것이 편리하다. 즉, 식 (12 · 29)에서

$$\frac{\sigma_u}{S} = \frac{P_s}{A}\left[1 + \frac{ey}{k^2}\sec\left(\frac{l}{k}\sqrt{\frac{SP_s}{EA}}\right)\right] = \frac{P_s}{A} + \frac{Pey}{Ak^2}\sec\sqrt{\frac{SP_s l^2}{EAk^2}}$$

$$\frac{\sigma_u}{S} = \frac{P_s}{A} + \frac{Pey}{A\frac{I}{A}}\sec\left(\sqrt{\frac{SP_s l^2}{EA\frac{I}{A}}}\right) = \frac{P_s}{A} + \frac{Pe}{Z}\sec\left(l\sqrt{\frac{SP_s}{EA}}\right)$$

와 같이 된다. 이 식 $\frac{\sigma_{yp}}{S} = \frac{2500}{25} = 1000$ kg/cm²이므로, 시행법에 따라 가정된 몇 개의 I 형단면에 대하여 계산하고, 그 중에서 1000 kg/cm²과 같거나 그것보다 작은 값을 주는 단면을 찾아보는 밥법을 택한다. 양단회전이므로 l 대신 $\frac{l}{2}$을 대입하여 $A \times B = 350 \times 150$에서

$$\frac{\sigma_{yp}}{S} = \frac{P}{A} + \frac{Pe}{Z}\sec\left(\frac{l}{2}\sqrt{\frac{SP}{EI}}\right)$$

$$= \frac{70,000}{111.1} + \frac{70,000 \times 7.14}{1280} \sec\left(\frac{800}{2}\sqrt{\frac{2.5 \times 70,000}{2.1 \times 10^6 \times 22,500}}\right)$$

$$= 630 + 390 \sec 0.7698 \times \frac{180}{\pi} = 630 + 390 \sec 44.1°$$

$$= 630 + 390 \times 1.3926 = 1173 \text{ kg/cm}^2$$

400 × 150에서

$$\frac{\sigma_{xp}}{S} = \frac{70,000}{91.73} + \frac{70,000 \times 7.14}{1200} \sec\left(\frac{800}{2}\sqrt{\frac{2.5 \times 70,000}{2.1 \times 10^6 \times 24,000}}\right) = 1330 \text{ kg/cm}^2$$

450 × 175에서

$$\frac{\sigma_{yp}}{S} = \frac{70,000}{116.8} + \frac{70,000 \times 7.14}{1740} \sec\left(\frac{800}{2}\sqrt{\frac{2.5 \times 70,000}{2.1 \times 10^6 \times 39,200}}\right) = 943 \text{ kg/cm}^2$$

이 결과 450×175 = 943 I 형강재가 적당하다.

예제 12-22. 〈그림 12·27〉과 같이 양단이 回轉端으로 된 길이가 지름의 15배의 주철제의 圓柱가 있다. 이 기둥의 臨界應力을 오일러, 랭킨, 테트마이어의 식으로 비교하라. 단, $E = 1 \times 10^6 \text{ kg/cm}^2$이다.

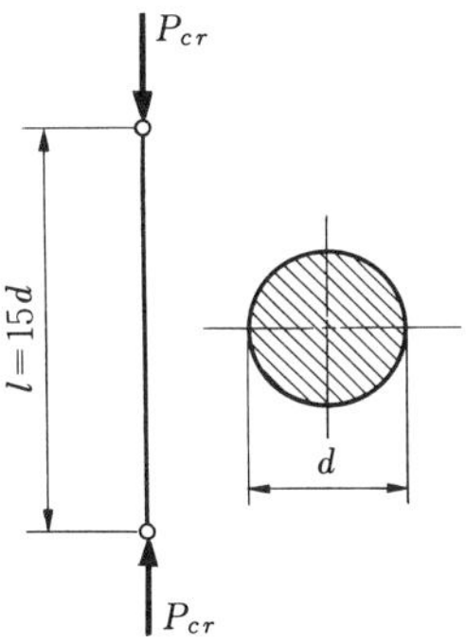

〈그림 12·27〉

풀이 細長比 $\frac{l}{k} = \frac{4l}{d} = \frac{4 \times 15d}{d} = 60$, $\quad k = \sqrt{\frac{I}{A}} = \sqrt{\frac{\pi d^4}{64} \times \frac{4}{\pi d^2}} = \frac{d}{4}$

1) 오일러의 공식을 이용

$$\sigma_{cr} = \frac{\pi^2 E}{\left(\frac{l}{k}\right)^2} = \frac{\pi^2 \times 10^6}{60^2} = 2742 \text{ kg/cm}^2$$

2) 랭킨의 공식을 이용

$$\sigma_{cr} = \frac{\sigma_C}{1 + a\left(\frac{l}{k}\right)^2} = \frac{5600}{1 + \frac{60^2}{1600}} = 1723 \text{ kg/cm}^2$$

3) 테트마이어의 공식을 이용

$$\sigma_{cr} = \sigma_D\left[1 - a\left(\frac{l}{k}\right) + b\left(\frac{l}{k}\right)^2\right] = 7760\,(1 - 0.01546 \times 60 + 0.00007 \times 60^2)$$

$$= 1394 \text{ kg/cm}^2$$

연 습 문 제

1. 단면 16 cm × 12 cm, 길이 3 m의 기둥이 축압축력을 받고 있다. 이 재료의 세장비는 얼마인가?

답 $\lambda = 86$

2. 1단고정 타단회전의 나무기둥이 있다. 단면은 10 cm × 5 cm인 직4각형이고, 길이는 3 m이다. 탄성계수 $E = 1.0 \times 10^5$ kg/cm²일 때 안전계수 10으로 하여 오일러의 식에 의해 최대안전하중을 구하라.

답 $P_s = 76$ kg

3. 길이 l인 장주의 재질과 단면이 동일할 때 축압력이 〈그림 12·28〉과 같이 작용할 때 가장 먼저 좌굴이 일어나는 것은 다음 중 어느 것인가? 계산하여 찾아라.

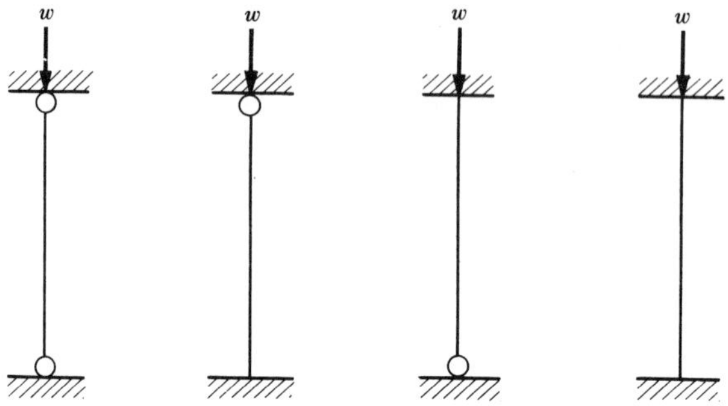

〈그림 12·28〉

답 양단회전

4. 길이 2 m의 연강제의 원주가 8 ton의 축압축하중을 완전히 지지할 수 있도록 필요한 지름을 안전율 3으로 하여 계산하라. 단, 양단회전이고, $E = 2.1 \times 10^6$ kg/cm²이다.

답 $d = 5.5$ cm

5. 바깥지름 d_2, 안지름 d_1인 원통형 단면의 짧은 기둥에 있어서 핵심을 구하라.

답 핵심의 반지름 $a = \dfrac{d_2^2 + d_1^2}{8d_2}$

6. 지름 10 cm의 원형단면의 중심에서 2.5 cm 편심되어 축인장하중이 10 ton이 작용할 때 최대응력 및 최소응력을 구하라. 단, 단주이다.

답 $\sigma_{max} = -381$ kg/cm²(압축), $\sigma_{min} = 127$ kg/cm²(인장)

7. 〈그림 12·29〉와 같은 H형단면의 커넥팅 로드(connecting rod)를 1.5 m로 할 때 안전하중을 구하라. 단, $E = 2.1 \times 10^6$ kg/cm², $S = 16$이다.

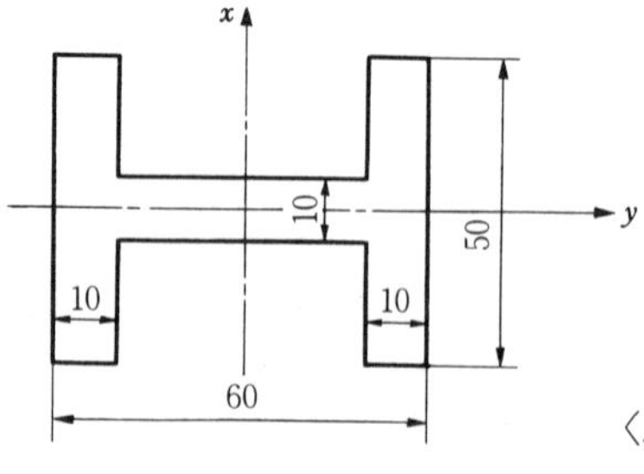

〈그림 12·29〉

답 $P_s = 4600$ kg

8. 〈그림 12·30〉과 같이 클램프에 의해 판을 조일 때 mn 단면의 높이 h를 구하라. 단, $\sigma_a = 1600$ kg/cm², $P = 200$ kg, $b = 10$ mm, $e = 60$ mm이다.

답 $h = 2.1$ cm

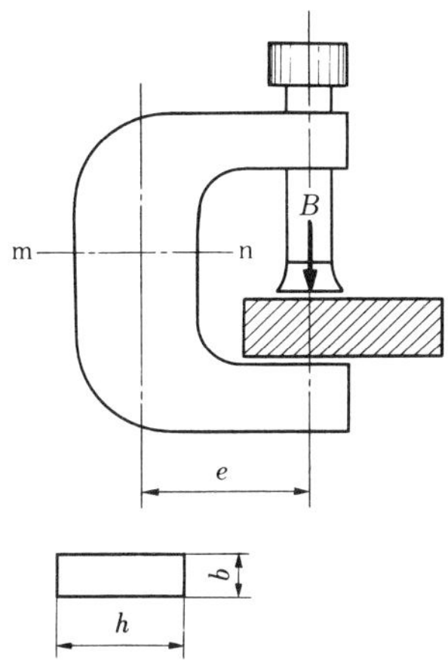

〈그림 12·30〉

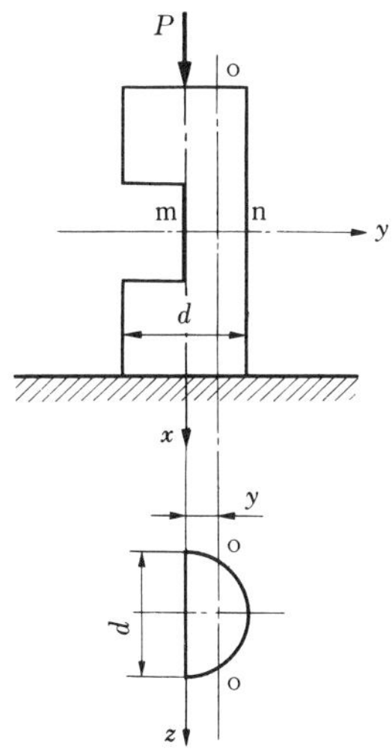

〈그림 12·31〉

9. 지름이 d인 원형단면을 갖는 단주가 〈그림 12·31〉과 같이 홈이 파져 있을 때 mn 단면에 발생하는 최대압축응력을 구하라.

답 $\sigma_{max} = 9.1\dfrac{P}{d^2}$

10. 정사각형 단면의 길이 $l = 4$m인 장주가 양단 회전으로 지지되어 $Ps = 6{,}000$kg의 압축하중을 받을 때, $S = 10$으로 하면 단면 한 변의 길이는 몇 cm가 되는가? 단, $E = 1.0 \times 10^5$kg/cm²이다

답 18.5 cm

11. 어느 목재 건축물의 기둥을 보니 16 cm × 18 cm의 직 4 각형 단면을 가지고 있으며 길이가 2.5 m 이었다. 이 양단 회전기둥의 안전하중을 구하라. $E = 1.0 \times 10^5$kg/cm², $S = 10$이다.

답 $P_s = 9{,}700$ kg

12. 바깥지름 20 cm, 안지름 14 cm, 길이 5 m, 1단고정-타단지지의 경강제의 중공축이 압축의 정하중을 받을 때 안전하중을 구하라. $S = 10$이다.

답 $P_s = 16.5$ ton

13. 최고압력 12,000 kg 되는 스팀 엔진의 커넥팅 로드의 길이가 1.5 m일 때 지름을 구하라. 단, 연강으로서 $E = 2.1 \times 10^6$ kg/cm², 안전율 6으로 한다.

답 $d = 6.3$ cm

부 록

Ⅰ. 그리스 문자

대문자	소문자	호칭 방법	대문자	소문자	호칭 방법
A	α	알 파	N	ν	뉴
B	β	베 타	Ξ	ξ	크 사 이
Γ	γ	감 마	O	o	오미크론
Δ	δ	델 타	Π	π	파 이
E	ε	엡 실 론	P	ρ	로
Z	ζ	지 타	Σ	σ	시 그 마
H	η	이 타	T	τ	타 우
Θ	θ	시 타	Υ	υ	입 실 론
I	ι	요 타	Φ	φ, ϕ	파 이
K	κ	카 파	X	χ	카 이
Λ	λ	람 다	Ψ	ψ	프 사 이
M	μ	뮤	Ω	ω	오 메 가

II. 평면의 면적과 圖心의 위치

명칭	치 수	면 적	圖心의 위치
3각형	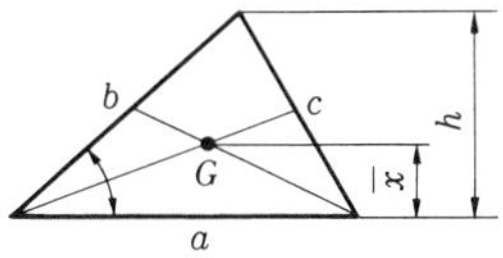	$A = \frac{ah}{2} = \frac{ab\sin\alpha}{2}$ $= \sqrt{S(S-a)(S-b)(S-c)}$ $S = \frac{a+b+c}{2}$	$\bar{x} = \frac{h}{3}$
직3각형	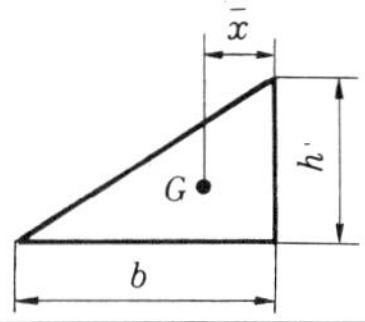	$A = \frac{bh}{2}$	$\bar{x} = \frac{b}{3}$
직4각형	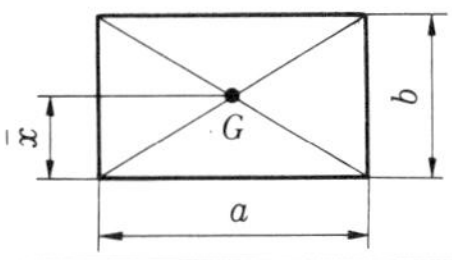	$A = ab$	$\bar{x} = \frac{b}{2}$
평행4변형	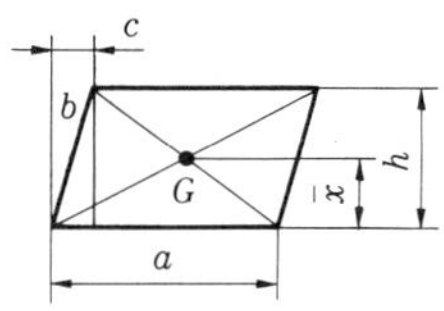	$A = ah$ $h = \sqrt{b^2 - c^2}$	$\bar{x} = \frac{h}{2}$
사다리꼴	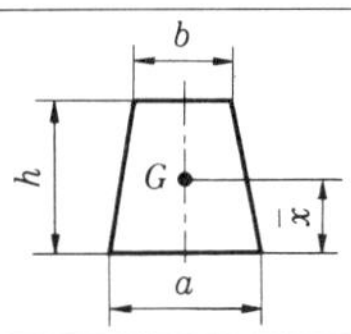	$A = \frac{(a+b)}{2}h$	$\bar{x} = \frac{h}{3}\left(\frac{a+2b}{a+b}\right)$
원	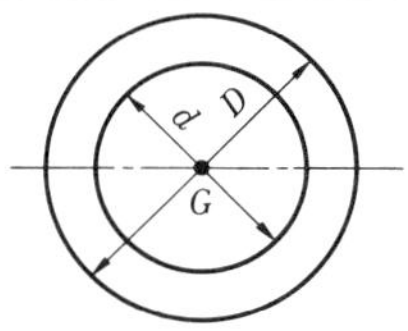	$A_1 = \frac{\pi d^2}{4}$ $A_2 = \frac{\pi}{4}(D^2 - d^2)$	$\bar{x}_1 = \frac{d}{2}$ $\bar{x}_2 = \frac{D}{2}$
반원·반원호	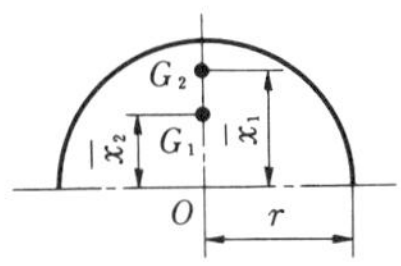	$A = \frac{\pi}{2^3}d^2$ $S = \frac{\pi}{2}d$(호의 길이)	$\bar{x}_1 = \frac{4r}{3\pi}$ $\bar{x}_2 = \frac{2r}{\pi}$
원분	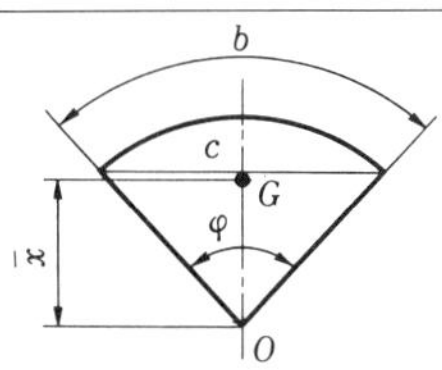	$A = \frac{br}{2} = \frac{\varphi^\circ}{360}\pi r^2$	$\bar{x} = \frac{2}{3}\cdot\frac{c}{b}\cdot r = \frac{r^2 c}{3A}$ $b = r\cdot\frac{\pi}{180}\cdot\varphi^\circ$
부채꼴	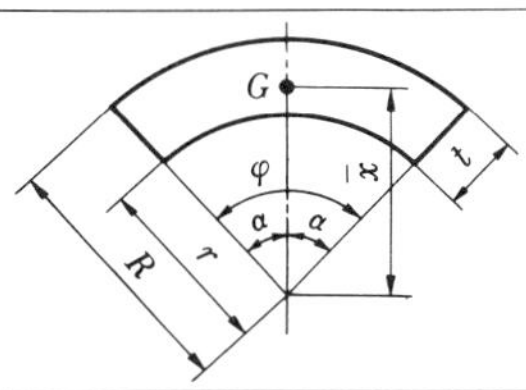	$A = \frac{\varphi^\circ\pi}{360}(R^2 - r^2)$	$\bar{x} = \frac{2}{3}\times\frac{R^3 - r^3}{R^2 - r^2}$ $\sin a \frac{180}{\alpha^\circ\varphi}$

III. 각종 단면형의 성질

(면적 : A, 단면2차모멘트 : I, 단면계수 : Z, 단면2차반지름 : k)

번호	단 면 형	A (cm²)	I (cm⁴)	Z (cm³)	k^2
1	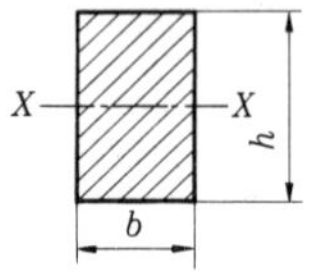	bh	$\frac{1}{12}bh^3$	$\frac{1}{6}bh^2$	$\frac{1}{12}$ h^2 ($k = 0.289h$)
2	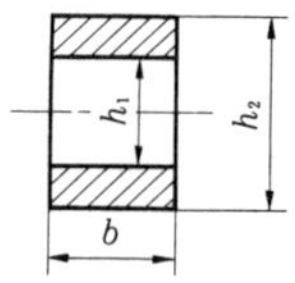	$b(h^2 - h_1)$	$\frac{1}{12}b(h_2^3 - h_1^3)$	$\frac{1}{6}\frac{b(h_2^3 - h_1^3)}{h^2}$	$\frac{1}{12}\frac{h_2^3 - h_1^3}{h_2 - h_1}$
3	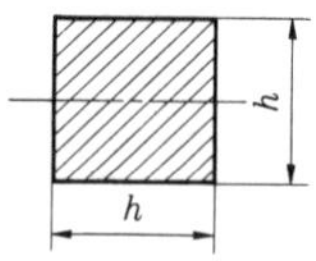	h^2	$\frac{1}{12}h^4$	$\frac{1}{6}h^3$	$\frac{1}{12}h^2$
4	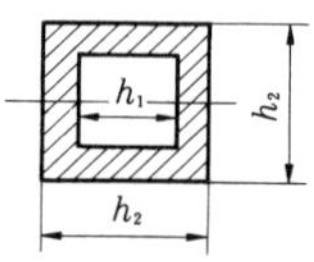	$h_2^2 - h_1^2$	$\frac{1}{12}(h_2^4 - h_1^4)$	$\frac{1}{6}\frac{(h_2^4 - h_1^4)}{h^2}$	$\frac{1}{12}(h_2^2 + h_1^2)$
5	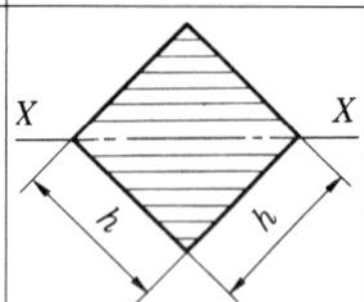	h^2	$\frac{1}{12}h^4$	$\frac{\sqrt{2}}{12}h^3$	$\frac{1}{12}h^2$
6	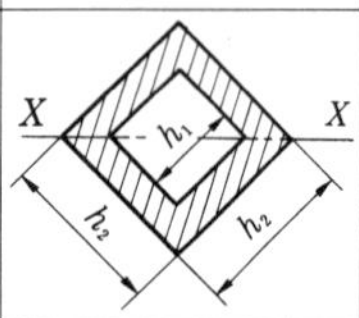	$h_2^2 - h_1^2$	$\frac{1}{12}(h_2^4 - h_1^4)$	$\frac{\sqrt{2}}{12}\frac{h_2^4 - h_1^4}{h_2}$	$\frac{1}{12}(h_2^2 + h_1^2)$
7	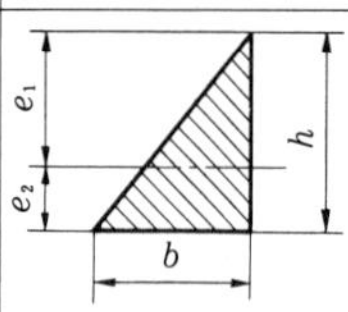	$\frac{1}{2}bh$	$\frac{1}{36}bh^3$	$e_1 = \frac{2}{3}h$, $e_2 = \frac{1}{3}h$ $Z_1 = \frac{1}{24}bh^2$, $Z_2 = \frac{1}{12}bh^2$	$\frac{1}{18}h^2(k = 0.236h)$
8	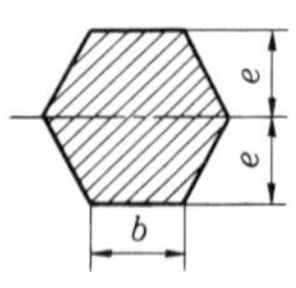	$\frac{3\sqrt{3}}{2}b^2 = 2.60b^2$	$\frac{5\sqrt{3}}{16}b^4 = 0.5413b^4$	$e = \frac{\sqrt{3}}{2}b^3 = 0.866b$ $Z = \frac{5}{8}b^3 = 0.625b^3$	$\frac{5}{24}b^2(k = 0.456b)$

(Ⅲ의 계속)

번호	단 면 형	$A\ (\mathrm{cm}^2)$	$I\ (\mathrm{cm}^4)$	$Z\ (\mathrm{cm}^3)$	k^2
9	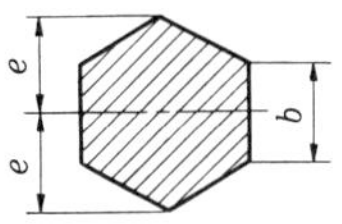	$\frac{3\sqrt{3}}{2}b^2 = 2.60b^2$	$\frac{5\sqrt{3}}{16}b^4 = 0.5413b^4$	$e = b$ $\left(\frac{5\sqrt{3}}{16}b^3 = 0.5413b^4\right)$	$\frac{5}{24}b^2 (k = 0.456b)$
10	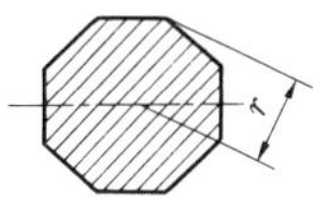	$2.8284r^2$	$\frac{1+2\sqrt{2}}{6}r^4 = 0.6381r^4$	$0.6906r^3$	$0.2256r^2$ $(k = 0.475r)$
11	정다각형 n = 변수, a = 변의 길이 r_2 = 외접원의 반지름 r_1 = 내접원의 반지름 (축은 상기의 8각형과 같음)	$\frac{1}{2}nar_1$	$\frac{A}{24}(6r_2^2 - a^2) = \frac{A}{48} \times (12r_1^2 + a^2)$	$\frac{1}{r^2 \cos \pi / n} \fallingdotseq \frac{Ar_2}{4}$ (n이 클 경우)	$\frac{1}{24}(6r_2^2 - a^2)$
12	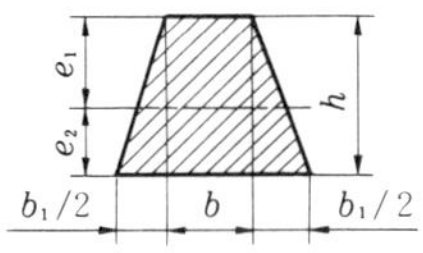	$h\left(b + \frac{1}{2}b_1\right)$	$\frac{6b^2 + 6bb_1 + b_1^2}{36(2b + b_1)} \times h^3$	$e_1 = \frac{1}{3}\frac{3b + 2b_1}{2b + b_1}h$ $Z_1 = \frac{6b^2 + 6bb_1 + b_1^2}{12(3b + 2b_1)}h^2$	$\frac{6b^2 + 6bb_1 + b_1^2}{18(2b + b_1)^2}$
13	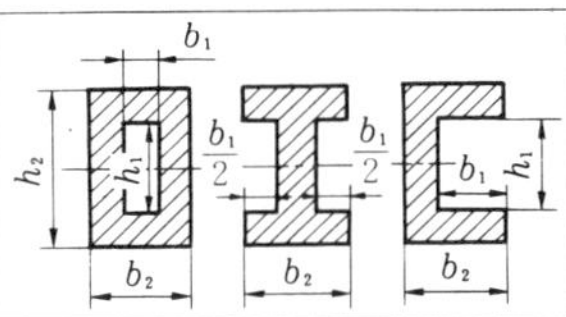	$b_2h_2 - b_1h_1$	$\frac{1}{12}(b_2h_2^3 - b_1h_1^3)$	$\frac{b_1h_2^3 - b_2h_1^3}{6h_2}$	$\frac{1}{12}\frac{b_2b_2^3 - b_1h_1^3}{b_2h_2 + b_1h_1}$
14	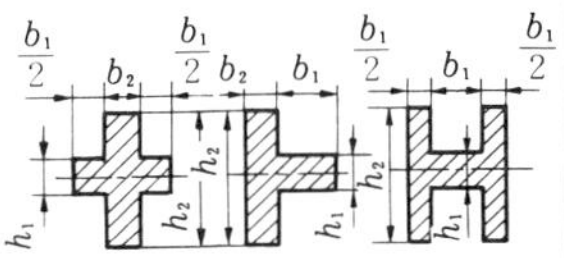	$b_1h_1 + b_2h_2$	$\frac{1}{12}(b_1h_1^3 + b_2h_2^3)$	$\frac{b_1h_1^3 + b_2h_2^3}{6h_2}$	$\frac{1}{12}\frac{b_1b_1^3 + b_2h_2^3}{b_1h_1 + b_2h_2}$
15	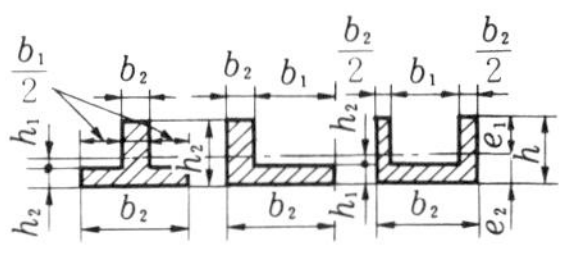	$b_1h_1 + b_2h_2$	$\frac{1}{3}(b_3e_2^3 - b_1h_3^3 + b_2e_1^3)$	$e^2 = \frac{b_1h_1^2 + b_2h_2^2}{2(b_1h_1 + b_2h_2)}$ $e_1 = h_2 - e_2$	$\frac{b_3e_2^3 - b_1h_3^3 + b_2e_1^3}{3(b_1h_1 + b_2h_2)}$
16	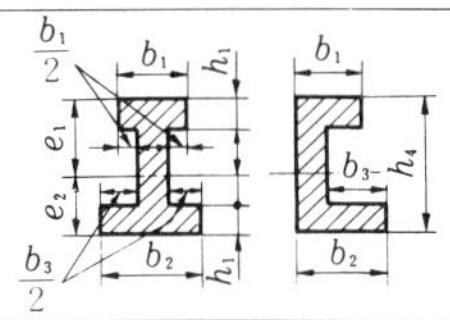	$b_1h_1 + b_2h_2 + b_3h_3$	$\frac{1}{3}(b_2e_1^3 - b_1h_3^3 + b_5e_2^3 - b_3h_4^3)$	$e_2 = \frac{b_2h_2^2 + b_3h_3^2 + b_1h_1(2h_2 - h_1)}{2(b_1h_1 + b_2h_2 + b_3h_3)}$	

(III의 계속)

번호	단 면 형	$A\ (\mathrm{cm}^2)$	$I\ (\mathrm{cm}^4)$	$Z\ (\mathrm{cm}^3)$	k^2
17	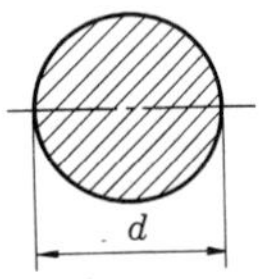	$\frac{\pi}{4}d^2$	$\frac{\pi}{64}d^4$	$\frac{\pi}{32}d^3$	$\frac{1}{16}d^2$
18	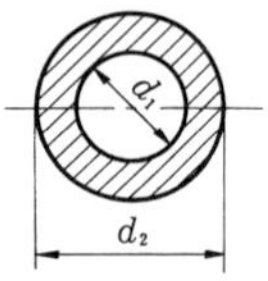	$\frac{\pi}{4}(d_2^2-d_1^2)$	$\frac{\pi}{64}(d_2^4-d_1^4)$	$\frac{\pi}{32}\times\frac{d_2^4-d_1^4}{d_2}$	$\frac{1}{16}(d_2^2+d_1^2)$
19	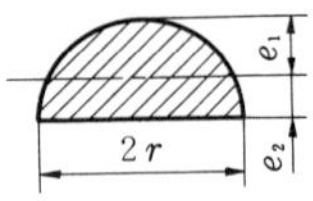	$\frac{\pi}{2}r^2$	$\left(\frac{\pi}{8}-\frac{8}{9\pi}\right)r^4$ $=0.1098r^4$	$e_1=0.5756\,r$ $e_2=0.4244\,r$ $Z_1=0.1908\,r^3$ $Z_2=0.2587\,r^3$	$\frac{9\pi^2-64}{36\pi^2}r^2$ $=0.0697\,r^2$ $(k=0.264\,r)$
20	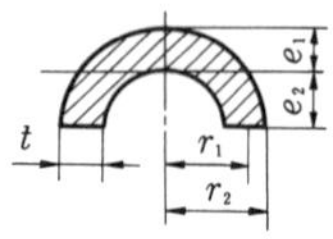	$\frac{\pi}{2}(r_2^2-r_1^2)$	$0.1098(r_2^4-r_1^4)-\frac{0.283\,r_2^2r_1^2(r_2-r_1)}{r_2+r_1}$	$e_2=\frac{4(r_2^2+r_2r_1+r_1^2)}{3\pi(r_2+r_1)}$ $e_1=r_2-e_2$	$\fallingdotseq 0.096\,r_m^2$ $(k\fallingdotseq 0.31\,r_m)$
21	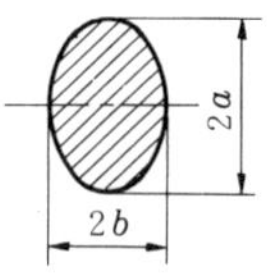	πab	$\frac{\pi}{4}a^3b$	$\frac{\pi}{4}a^2b$	$\frac{1}{4}a^2$
22	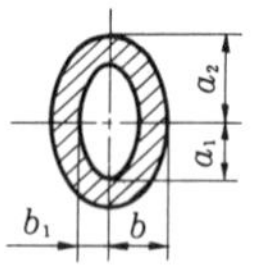	$\pi(a_2b_2-a_1b_1)$	$\frac{\pi}{4}(a_2^3b_2-a_1^3b_1)$ $\fallingdotseq\frac{\pi}{4}a_2^2(a_2+3b_2)t$	$\frac{\pi}{4}\,\frac{a_2^3b_2-a_1^3b_1}{a^2}$ $\fallingdotseq\frac{\pi}{4}a_2(a_2+3b_2)t$	$\frac{1}{4}\cdot\frac{a_2^3b_2-a_1^3b_1}{a_2b_2-a_1b_1}$ $\fallingdotseq\frac{1}{4}\cdot\frac{a_2^2(a_2+3b_2)}{a_2+b_2}$
23	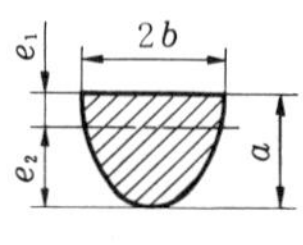	$\frac{\pi}{2}ab$	$0.10975\,a^3b$	$e_1=0.4244\,a$ $e_2=0.5756\,a$ $Z_1=0.2586\,a^2b$ $Z_2=0.1907\,a^2b$	
24	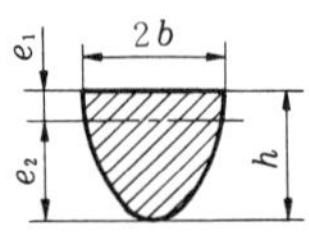	$\frac{4}{3}bh$	$\frac{16}{175}bh^3=0.0914\,bh^3$	$e_1=\frac{2}{5}h,\ e_2=\frac{3}{5}h$ $Z_1=0.2286\,bh^2$ $Z_2=0.1524\,bh^2$	$\frac{12}{175}h^2=0.0686\,h^2$

Ⅳ. 보의 公式集

번호	하중, 전단력선도, 굽힘모멘트선도, 굽힘량곡선도	반 력 R 및 전 단 력 F	굽힘모멘트 M	굽 힘 량 y	굽힘각 $\theta = \frac{dy}{dx}$
1	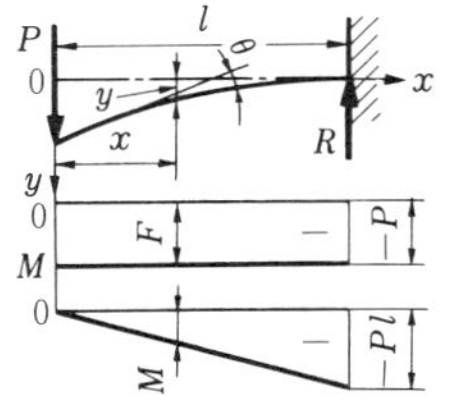	$R = P$ $F = -P$ $F_{max} = -P$	$M = -Px$ $x = l$; $M_{max} = -Pl$	$y = \frac{Pl^3}{3EI} \cdot \left(1 - \frac{3x}{2l} + \frac{x^3}{2l^3}\right)$ $x = 0$; $y_{max} = \frac{Pl^3}{3EI}$	$\theta = -\frac{Pl^2}{2EI}\left(1 - \frac{x^2}{l^2}\right)$ $x = 0$; $\theta_{max} = -\frac{Pl^2}{2EI}$ $= -\frac{3}{2l} y_{max}$
2	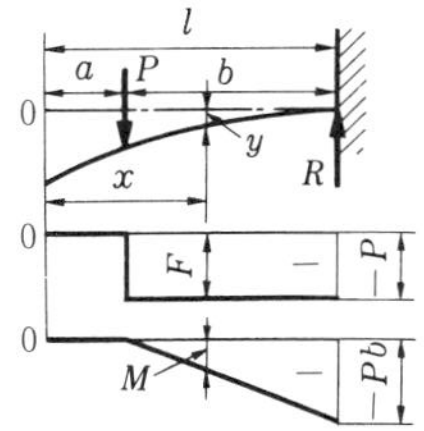	$R = P$ $0 \leqq x < a$; $F = 0$ $a < x < l$; $F = -P$ $F_{max} = -P$	$0 \leqq x \leqq a$; $M = 0$ $a \leqq x \leqq l$; $M = -P(x - a)$ $x = l$ $M_{max} = -Pb$	$a \leqq x \leqq l$; $y = \frac{Pb^3}{3EI1}\left\{1 - 3\frac{(x-a)}{2b} + \frac{(x-a)^3}{2b^3}\right\}$ $x = 0$; $y_{max} = \frac{Pb^3}{3EI}\left(1 + \frac{3a}{2b}\right)$ $y_{x=a} = \frac{Pb^3}{3EI}$	$a \leqq x \leqq l$; $\theta = -\frac{Pb^2}{2EI} \cdot \left\{1 - \frac{(x-a)^2}{b^2}\right\}$ $0 \leqq x \leqq a$; $\theta_{max} = -\frac{Pb^2}{2EI}$
3	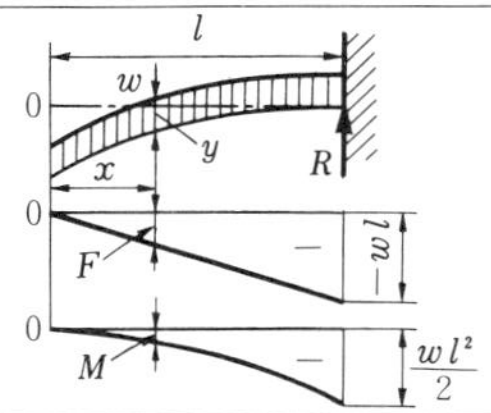	$R = wl$ $F = -wx$ $x = l$; $F_{max} = -wl$	$M = -\frac{wx^2}{2}$ $x = l$; $M_{max} = -\frac{wl^2}{2}$	$y = \frac{w}{24EI}(x^4 - 4l^3 x + 3l^4)$ $x = 0$; $y_{max} = \frac{wl^4}{8EI}$	$\theta = -\frac{wl^3}{6EI}\left(1 - \frac{x^3}{l^3}\right)$ $x = 0$; $\theta_{max} = -\frac{wl^3}{6EI}$ $= -\frac{4}{3l} y_{max}$
4	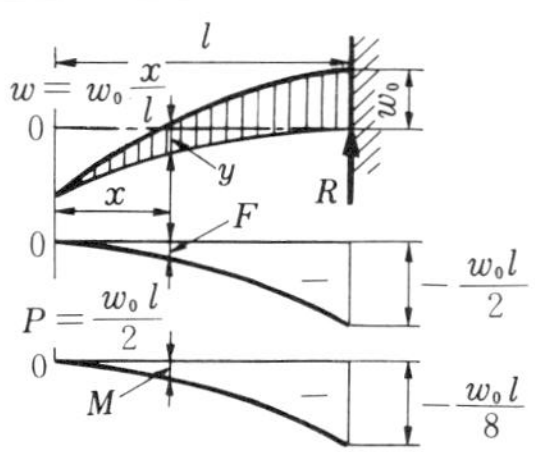	$R = \frac{w_0 l}{2} = P$ $F = -\frac{w_0 x^2}{2l}$ $= -\frac{Px^2}{l^2}$ $x = l$; $F_{max} = -\frac{w_0 l}{2} = -P$	$M = -\frac{w_0 x^3}{6l}$ $= \frac{-Px^3}{3l^2}$ $x = l$; $M_{max} = -\frac{w_0 l^2}{6}$ $= -\frac{Pl}{3}$	$y = \frac{Pl^3}{15EI}\left(1 - \frac{5x}{4l} + \frac{x^5}{4l^5}\right)$ $x = 0$; $y_{max} = \frac{Pl^3}{15EI}$	$\theta = -\frac{Pl^2}{12EI}\left(1 - \frac{x^4}{l^4}\right)$ $x = 0$; $\theta_{max} = -\frac{Pl^2}{12EI}$ $= -\frac{5}{4l} y_{max}$

(Ⅳ의 계속)

5	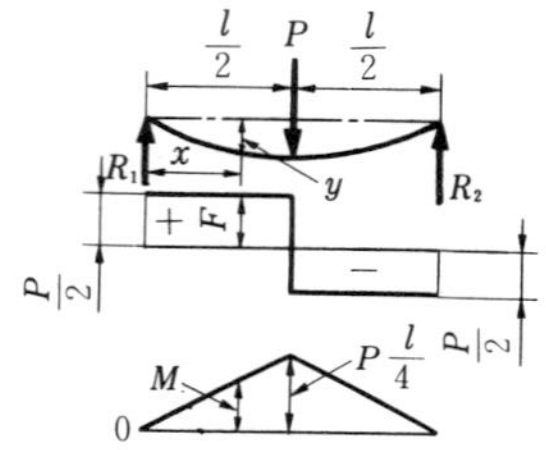	$R_1 = R_2 = \frac{P}{2}$ $0 < x < \frac{1}{2}$; $F = \frac{P}{2}$ $\frac{l}{2} < x < l$; $F = -\frac{P}{2}$	$0 \leqq x \leqq \frac{l}{2}$; $M = \frac{P}{2} x$ $\frac{l}{2} \leqq x \leqq l$; $M = \frac{P(l-x)}{2}$ $x = \frac{l}{2}$; $M_{\max} = \frac{Pl}{4}$	$0 \leqq x \leqq \frac{l}{2}$; $y = \frac{Pl^3}{48EI}\left(\frac{3x}{l} - \frac{4x^3}{l^3}\right)$ $x = \frac{l}{2}$; $y_{\max} = \frac{Pl^3}{48EI}$	$0 \leqq x \leqq \frac{l}{2}$; $\theta = \frac{Pl^2}{16EI}\left(1 - \frac{4x^2}{l^2}\right)$ $\left.\begin{matrix} x = 0 \\ x = l \end{matrix}\right\}$; $\theta_{\max} = \pm \frac{Pl^2}{16EI} = \pm \frac{3}{l} y_{\max}$
6	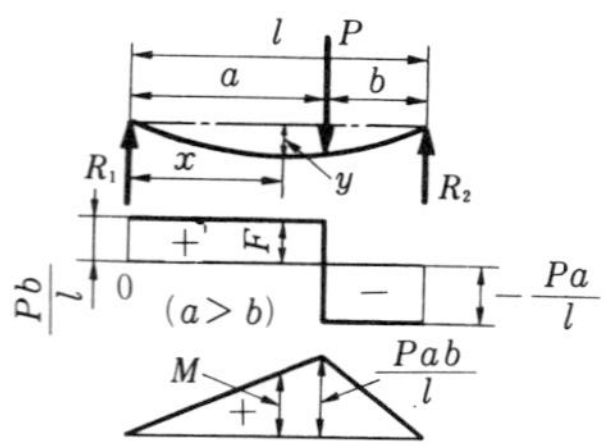	$R_1 = \frac{Pb}{l}$ $R_2 = \frac{Pa}{l}$ $0 < x < l_1$; $F = \frac{Pb}{l}$ $a < x < l$; $F = -\frac{Pa}{l}$	$0 \leqq x \leqq a$; $M = \frac{Pbx}{l}$ $a \leqq x \leqq l$; $M = \frac{Pa(l-x)}{l}$ $x = a$; $M_{\max} = \frac{Pab}{l}$	$0 \leqq x \leqq a$ $y = \frac{Pbx}{6lEI}(l^2 - b^2 - x^2)$ $x = \frac{\sqrt{l^2 - b^2}}{\sqrt{3}}$: (단 $a > b$) $y_{\max} = \frac{Pb(l^2 - b^2)^{\frac{3}{2}}}{9\sqrt{3}\,lEI}$ $y_{x=\frac{l}{2}} = \frac{Pb}{48EI}(3l^2 - 4b^2)$ $y_{x=a} = \frac{Pa^2b^2}{3lEI}$	$\theta \leqq x \leqq a$; $\theta = \frac{Pb}{6lEI}(l^2 - b^2 - 3x^2)$ $\theta_1 = \frac{Pb(l^2 - b^2)}{6lEI}$ $\theta_2 = \frac{-Pa(l^2 - a^2)}{6lEI}$ $\theta_{x=a} = \frac{-Pab(a-b)}{3lEI}$
7	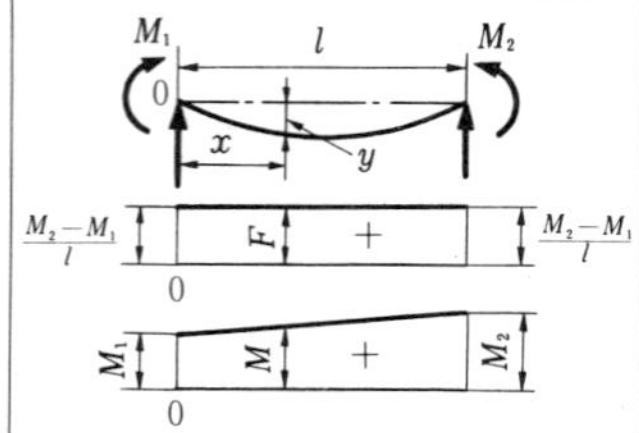	$R_1 = \frac{M_2 - M_1}{l}$ $R_2 = \frac{M_2 - M_1}{l}$ $F = \frac{M_2 - M_1}{l}$	$M = \frac{M_2}{l} x$ $+ \frac{M_1}{l}(l - x)$	$y = \frac{M_1 l^2}{6EI} \frac{x}{l}$ $\left\{\left(2 + \frac{M_2}{M_1}\right) - \frac{3x}{l}\right.$ $\left. - \left(\frac{M_2}{M_1} - 1\right)\frac{x^2}{l^2}\right\}$	$\theta = \frac{M_1 l}{6EI}\left\{2 + \frac{M_2}{M_1} - \frac{6x}{l}\right.$ $\left. - 3\left(\frac{M^2}{M_1} - 1\right)\frac{x^2}{l^2}\right\}$, $\theta_1 = \frac{(2M_1 + M_2)l}{6EI}$ $\theta_2 = -\frac{(M_2 + 2M_2)l}{6EI}$
8	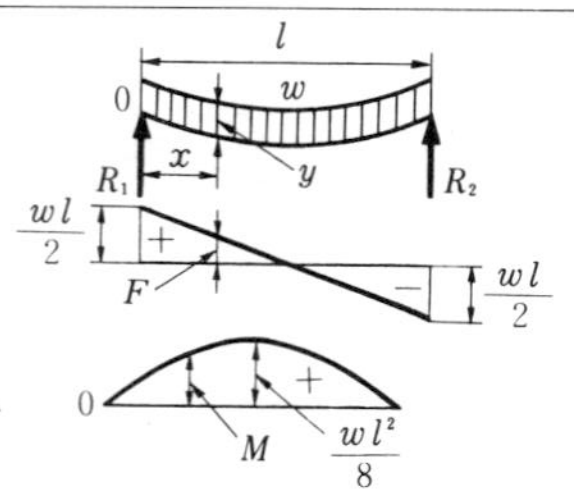	$R_1 = R_2 = \frac{wl}{2}$ $F = \frac{wl}{2} - wx$ $F_{\max} = \pm \frac{wl}{2}$	$M = \frac{wl}{2} x - \frac{w}{2} x^2$ $x = \frac{l}{2}$; $M_{\max} = \frac{wl^2}{8}$	$y = \frac{wx}{24EI}(l^3 - 2lx^2 + x^3)$ $x = \frac{l}{2}$; $y_{\max} = \frac{5wl^4}{384EI}$	$\theta = \frac{wl^3}{24EI}$ $\left(1 - \frac{6x^2}{l^2} + \frac{4x^3}{l^3}\right)$ $\left.\begin{matrix} x = 0 \\ x = l \end{matrix}\right\}$; $\theta_{\max} = \pm \frac{wl^3}{24EI} = \pm \frac{16}{5l} y_{\max}$

(Ⅳ의 계속)

9	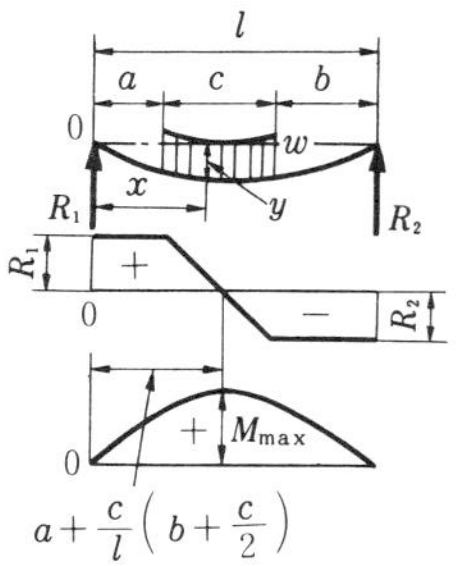	$R_1 = \frac{wc}{l}\left(b + \frac{c}{2}\right)$ $R_2 = \frac{wc}{l}\left(a + \frac{c}{2}\right)$ $0 < x < a$; $F = \frac{wc}{l}\left(b + \frac{c}{2}\right)$ $a < x < (a + c)$; $F = \frac{wc}{l}\left(b + \frac{c}{2}\right) - w(x - a)$ $(a + c) < x < l$; $F = -\frac{wc}{l}\left(a + \frac{c}{2}\right)$	$0 \leqq x \leqq a$; $M = \frac{wc}{l}\left(b + \frac{c}{2}\right)x$ $a \leqq x \leqq (a + c)$; $M = w\left\{\frac{c}{b}\left(b + \frac{c}{2}\right)x - \frac{(x-a)}{2}\right\}$ $x = a + \frac{c}{l}\left(b + \frac{c}{2}\right)$; $M_{max} = \frac{wc}{l}\left(b + \frac{c}{2}\right) \times \left(a + \frac{2bc + c^2}{4l}\right)$	$0 \leqq x \leqq a$; $y = \frac{w}{24EI}\left[2\left\{b^2 - (l-a)^2\right\}\frac{x^3}{l} + \{(l-a)^2(l^2 + 2al - a^2) - b^2(2l^2 - b^2)\}\frac{x}{l}\right]$ $a \leqq x \leqq (a + c)$; $y = \frac{w}{6EI}\left[\frac{cx}{l}\left(b + \frac{c}{2}\right) \times \left\{\left(a + \frac{c}{2}\right)\left(l + b + \frac{c}{2}\right) - \frac{c^2}{4} - x^2\right\} + \frac{(x-a)^4}{4}\right]$	$0 \leqq x \leqq a$; $\theta = \frac{w}{24lEI}$ $[6\{b^2 - (l-a)^2\}x^2 + \{(l-a)^2(l^2 + 2al - a)^2 - b^2(2l^2 - b^2)\}]$ $a \leqq x \leqq (a + c)$; $\theta = \frac{w}{6EI}\left[\frac{c}{l}\left(b + \frac{c}{l}\right) \times \left\{\left(a + \frac{c}{2}\right)\left(l + b + \frac{c}{2}\right) - \frac{c^2}{4} - 3x^3\right\} + (x-a)^3\right]$
10	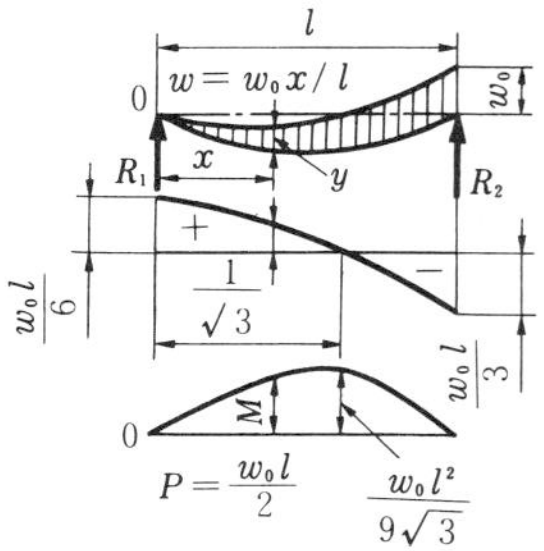	$R_1 = \frac{w_0 l}{6} = \frac{P}{3}$ $R_2 = \frac{w_0 l}{3} = \frac{2P}{3}$ $F = \frac{w_0}{6l}(l^2 - 3x^2)$ $= \frac{P}{3}\left(1 - \frac{3x^2}{l^2}\right)$ $x = l$; $F_{max} = \frac{2}{3}P$	$M = \frac{w_0}{6l}(l^2 - x^2)x$ $= \frac{Px}{3}\left(1 - \frac{x^2}{l^2}\right)$ $x = \frac{l}{\sqrt{3}}$; $M_{max} = \frac{w_0 l^2}{9\sqrt{3}}$ $= 0.1283Pl$	$y = \frac{Pl^3}{180EI}\frac{x}{l}\left(7 - 10\frac{x^2}{l^2} + 3\frac{x^4}{l^4}\right)$ $x = l\sqrt{1 - \sqrt{8/15}}$ $= 0.51931l$; $y_{max} = 0.01305\frac{Pl^3}{EI}$ $y_{x=\frac{l}{2}} = 0.01302\frac{Pl^3}{EI}$	$\theta = \frac{Pl^2}{180EI}\left(7 - 30\frac{x^2}{l^2} + 15\frac{x^4}{l^4}\right)$ $\theta_1 = 0.0389\frac{Pl^2}{EI}$ $\theta_2 = -0.0445\frac{Pl^2}{EI}$
11	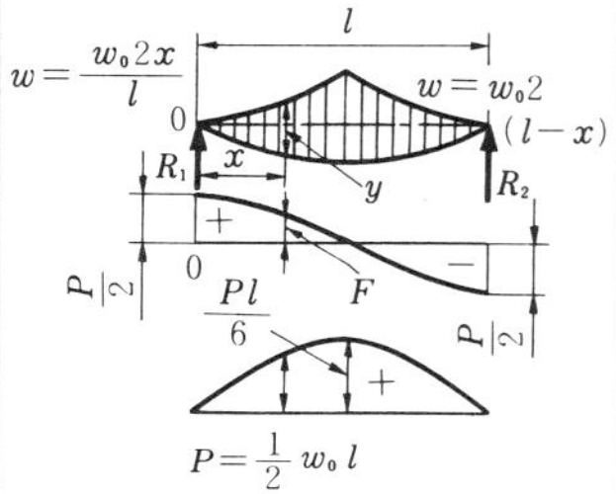	$P_1 = R_2 = \frac{w_0 l}{4} = \frac{P}{2}$ $0 < x \leqq \frac{l}{2}$; $F = \frac{P}{2}\left(1 - \frac{4x^2}{l^2}\right)$ $\frac{1}{2} \leqq x < l$; $F = \frac{P}{2}\left\{\frac{4(l-x)^2}{l^2} - 1\right\}$	$0 \leqq x \leqq \frac{l}{2}$; $M = \frac{Px}{2}\left(1 - \frac{4x^2}{3l^2}\right)$ $x = \frac{l}{2}$; $M_{max} = \frac{Pl}{6}$	$0 \leqq x \leqq \frac{l}{2}$ $y = \frac{Pl^3}{12EI}\left(\frac{5x}{8l} - \frac{x^3}{l^3} + \frac{2x^5}{5l^5}\right)$ $x = \frac{l}{2}$; $y_{max} = \frac{Pl^3}{60EI}$	$0 \leqq x \leqq \frac{l}{2}$; $\theta = \frac{Pl^2}{12EI}\left(\frac{5}{8} - \frac{3x^2}{l^2} + \frac{2x^4}{l^4}\right)$ $\left.\begin{matrix} x = 0 \\ x = l \end{matrix}\right\}$; $\theta_{max} = \pm\frac{5Pl^2}{96EI}$

(Ⅳ의 계속)

12	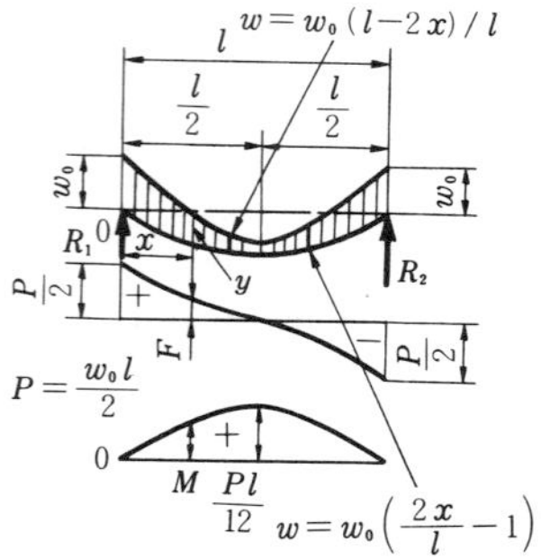	$R_1 = R_2 = \frac{w_0 l}{4} = \frac{P}{2}$ $0 \leqq x \leqq \frac{l}{2}$; $F = \frac{P}{2}\left(1 - \frac{2x}{l}\right)^2$ $\frac{1}{2} \leqq x \leqq l$; $F = -\frac{P}{2}\left(\frac{2x}{l} - 1\right)^2$	$0 \leqq x \leqq \frac{l}{2}$ $M = \frac{Px}{2}\left(1 - \frac{2x}{l} + \frac{4x^2}{3l^2}\right)$ $\frac{l}{2} \leqq x \leqq l$; $M = \frac{Pl}{12}$ $\left\{1 - \frac{8}{l^3}\left(\frac{l}{2} - x\right)^3\right\}$ $x = \frac{l}{2}$; $M_{\max} = \frac{Pl}{12}$	$0 \leqq x \leqq \frac{l}{2}$; $y = \frac{Pl^3}{12EI}$ $\left(\frac{3x}{8l} - \frac{x^3}{l^3} + \frac{x^4}{l^4} - \frac{2x^4}{5l^5}\right)$ $x = \frac{l}{2}$; $y_{\max} = \frac{3Pl^3}{320EI}$	$0 \leqq x \leqq \frac{l}{2}$; $\theta = \frac{Pl^2}{12EI}$ $\left(\frac{3}{8} - \frac{3x^2}{l^2} + \frac{4x^3}{l^3} - \frac{2x^4}{l^4}\right)$ $\left.\begin{matrix} x = 0 \\ x = l \end{matrix}\right\}$; $\theta_{\max} = \pm \frac{Pl^2}{32EI}$
13	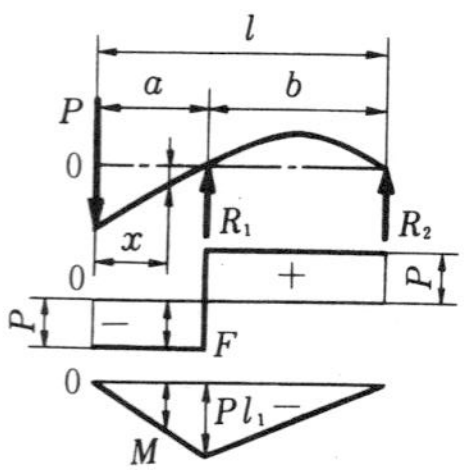	$R_1 = \frac{l}{b} P$ $R_2 = -\frac{a}{b} P$ $0 < x < a$; $F = -P$ $a < x < l$; $F = \frac{a}{b} P$	$0 \leqq x \leqq a$; $M = -Px$ $a \leqq x \leqq l$; $M = -\frac{Pa(l-x)}{l}$ $x = a$; $M_{\max} = -Pa$	$0 \leqq x \leqq a$; $y = \frac{Pa^3}{3EI}\left\{\frac{l}{a} - \left(\frac{3}{2} + \frac{b}{a}\right)\right.$ $\left.\cdot \frac{x}{a} + \frac{x^3}{2a^3}\right\}$ $x = 0$; $y_{\max} = \frac{Pa^2 l}{3EI}$ $y_{x=a} = 0$ $y_{x=l-\frac{b}{2}} = -\frac{Pab^2}{16EI}$	$0 \leqq x \leqq a$; $\theta = -\frac{Pa^2}{2EI}\left(1 + \frac{2}{3}\frac{b}{a} - \frac{x^2}{a^2}\right)$ $x = 0$; $\theta_{\max} = -\frac{Pa^2}{2EI}\left(1 + \frac{2}{3}\frac{b}{a}\right)$ $\theta_{x=a} = -\frac{Pab}{3EI}$
14	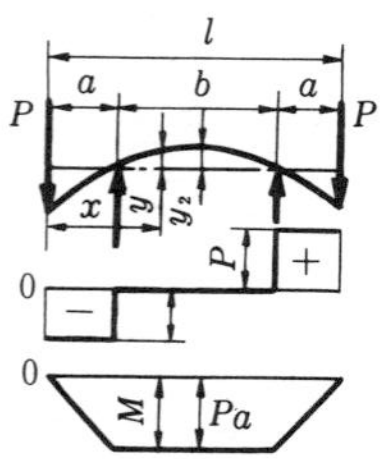	$R_1 = R_2 = P$ $0 < x < a$; $F = -P$ $a < x < (a+b)$ $F = 0$ $(a+b) < x < l$; $F = P$	$0 \leqq x \leqq a$; $M = -Px$ $a \leqq x \leqq (a+b)$; $M = -Pa$ $(a+b) \leqq x \leqq l$; $M = -P(l-x)$ $x = a-(a+b)$; $M_{\max} = -Pa$	$0 \leqq x \leqq a$; $y = \frac{Pa^3}{6EI}\left\{2 + \frac{3b}{a}\right.$ $\left. - \frac{3(a+b)}{a^2} 10x + \frac{x^3}{a^3}\right\}$ $a \leqq x \leqq (a+b)$; $y = \frac{Pa^3}{6EI}\left\{2 + \frac{3b}{a} - \frac{3(a+b)}{a^2}x\right.$ $\left. + \frac{x^3}{a^3}\right\} - \frac{P(x-a)^3}{6EI}$ $y_1 = \frac{Pa^3}{3EI}\left(1 + \frac{3}{2} + \frac{b}{a}\right)$ $y_2 = -\frac{Pab^2}{8EI}$	$0 \leqq x \leqq a$; $\theta = -\frac{Pa^2}{2EI}\left(1 + \frac{b}{a} - \frac{x^2}{a^2}\right)$ $a \leqq x \leqq (a+b)$ $\theta = -\frac{Pa^2}{2EI}\left(1 + \frac{b}{a}\right.$ $\left. - \frac{x^2}{a^2}\right) - \frac{P(x-a)^2}{2EI}$ $\theta_{x=0} = \frac{Pa(a+b)}{2EI}$ $\theta_{x=a} = \frac{Pab}{2EI}$

(Ⅳ의 계속)

15	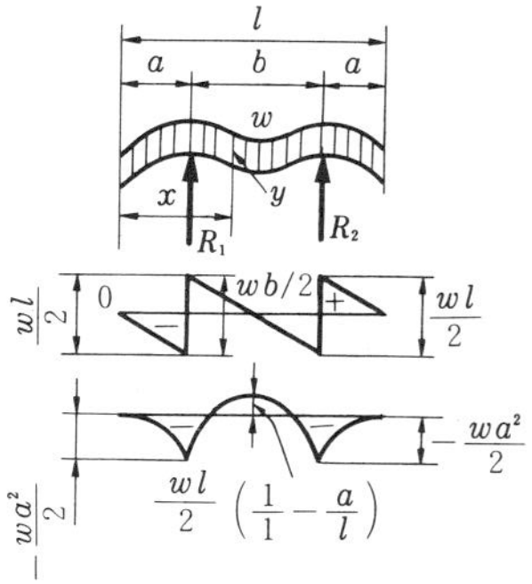	$R_1 = R_2 = \frac{wl}{2}$ $0 < x < a$; $F = -wx$ $a < x < (a+b)$; $F = w\left(\frac{l}{2} - x\right)$	$0 \leqq x \leqq a$; $M = -\frac{wx^2}{2}$ $a \leqq x \leqq (a+b)$; $M = -\frac{w}{2}\{x(x-l)+la\}$ $M_1 = M_{x=a} = \frac{wa^2}{2}$ $M_2 = M_{x=\frac{l}{2}} = \frac{wl^2}{2} \cdot \left(\frac{1}{4} - \frac{a}{l}\right)$ $a > \frac{2}{\sqrt{2}} - \frac{1}{2}l$; M_1이 최대, 반대이면 M_2가 최대	$0 \leqq x \leqq a$; $y = \frac{wl^4}{24EI}\left\{\frac{x^4}{l^4} + \left(\frac{6a^2}{l^3} - \frac{6l}{l^2} + \frac{1}{l}\right)x - \left(\frac{a^4}{l^4} + \frac{6a^3}{l^3} - \frac{6a^2}{l^2} + \frac{a}{l}\right)\right\}$ $a \leqq x \leqq (a+b)$; $y = \frac{wl^4}{24EI}\left\{\frac{x^4}{l^4} - \frac{2x^3}{l^3} + \frac{6ax^2}{l^3} + \left(1 - \frac{6a}{l}\right)\frac{x}{l} - \left(\frac{a^4}{l^4} + \frac{4a^3}{l^3} - \frac{6a^3}{l^2} + \frac{a}{l}\right)\right\}$ $x = 0$; $y_1 = \frac{wa}{24EI}(3a^2 + 6a^2b - b^3)$, $x = \frac{l}{2}$ $y_2 = \frac{wb^2}{384EI}(5b^2 - 24a^2)$	$0 \leqq x \leqq a$; $\theta = \frac{wl^3}{EI}\left\{\frac{2x^3}{3l^3} + \left(\frac{a^2}{l^2} - \frac{a}{l} + \frac{1}{6}\right)\right\}$ $a \leqq x \leqq (a+b)$; $\theta = \frac{wl^3}{4EI}\left\{\frac{2}{3}\frac{x^3}{l^3} - \frac{x^2}{l^2} + \frac{2ax}{l^2} + \left(\frac{1}{6} - \frac{a}{l}\right)\right\}$ $\theta_{x=0} = \frac{wl^3}{4EI}\left(\frac{a^2}{b} - \frac{a}{l} + \frac{1}{6}\right)$ $\theta_{x=a} = \frac{wl^3}{4EI}\left(\frac{2}{3}\frac{a^3}{l^3} + \frac{a^2}{l^2} - \frac{a}{l} + \frac{1}{6}\right)$
16	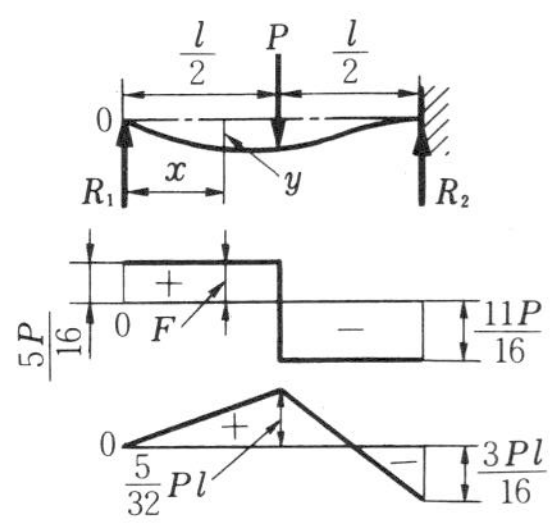	$R_1 = \frac{5}{16}P$ $R_2 = \frac{11}{16}P$ $0 < x < \frac{l}{2}$; $F = \frac{5}{16}P$ $\frac{l}{2} < x < l$; $F = \frac{11}{16}P$	$0 \leqq x \leqq \frac{l}{2}$; $M = \frac{5}{16}Px$ $\frac{l}{2} \leqq x \leqq l$; $M = Pl\left(\frac{1}{2} - \frac{11}{16}\frac{x}{l}\right)$ $M_{x=\frac{l}{2}} = \frac{5}{32}Pl$ $x = l$; $M_{max} = -\frac{3}{16}Pl$	$0 \leqq x \leqq \frac{l}{2}$; $y = \frac{Pl^3}{32EI}\left(\frac{x}{l} - \frac{5x^3}{3l^3}\right)$ $\frac{l}{2} \leqq x \leqq l$; $y = \frac{Pl^3}{32EI}\left(-\frac{2}{3} + \frac{5x}{l} - \frac{8x^2}{l^2} + \frac{11x^3}{3l^3}\right)$ $y_{x=\frac{l}{2}} = \frac{7Pl^3}{768EI}$ $x = l/\sqrt{5} = 0.4475l$; $y_{max} = \frac{Pl^3}{48\sqrt{5}EI}$	$0 \leqq x \leqq \frac{l}{2}$; $\theta = \frac{Pl^2}{32EI}\left(1 - \frac{5x^2}{l^2}\right)$ $\frac{l}{2} \leqq x \leqq l$; $\theta = \frac{Pl^2}{32EI}\left(5 - \frac{16x}{l} + \frac{11x^2}{l^2}\right)$ $x = 0$; $\theta_{max} = \frac{Pl^2}{32EI}$

(Ⅳ의 계속)

17	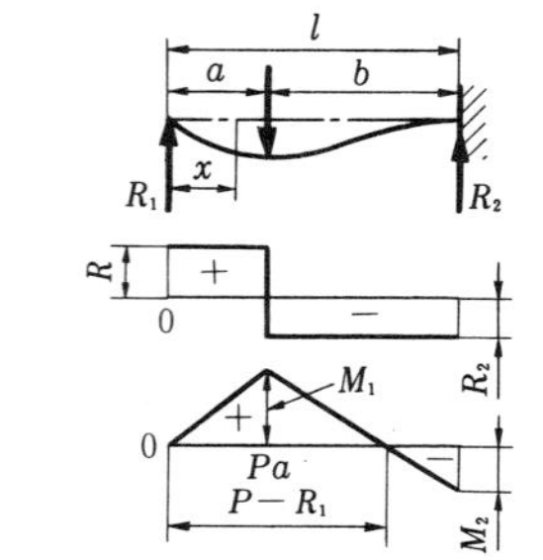	$R_1 = \frac{Pb^2(3l-b)}{2l^3}$ $R_2 = \frac{Pa(3l^2-a^2)}{2l^3}$ $0<x<a$; $F=R_1$ $a<x<l$; $F=-R_2$	$0 \leqq x \leqq a$; $M = \frac{Pb^2(2l+a)}{2l^3}x$ $a \leqq x \leqq l$; $M = \frac{Pb^2(2l+a)}{2l^3}x - P(x-a)$ $M_2 = -\frac{Pa(l^2-a^2)}{2l^2}$ $M_1 = \frac{Pal^2(2l+a)}{2l^3}$	$0 \leqq x \leqq a$; $y = \frac{Pb^2}{12EI}\left\{\frac{3ax}{l} - \frac{(2l+a)x^3}{l^3}\right\}$ $a \leqq x \leqq l$; $y = \frac{Pb^2}{12EI}\left\{\frac{3ax}{l} - \frac{(2l+a)x^3}{l^3}\right\} + \frac{P(x-a)^3}{6EI}$ $y_{x=a} = \frac{Pa^2b^3(3l+a)}{12EIl^3}$	$0 \leqq x \leqq a$; $\theta = \frac{Pb^2}{4EI}\left\{\frac{a}{l} - \frac{(2l+a)}{l^3}x^2\right\}$ $a \leqq x \leqq l$; $\theta = \frac{Pb^2}{4EI}\left\{\frac{a}{l} - \frac{(2l+a)x^2}{l^3}\right\} + \frac{P(x-a)^2}{2EI}$, $x=0$; $\theta_{max} = \frac{Pab^2}{4lEI}$
18	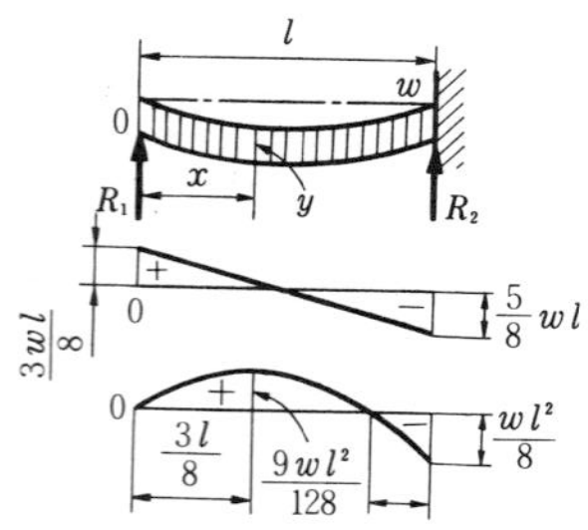	$R_1 = \frac{3}{8}wl$ $R_2 = \frac{5}{8}wl$ $F = w\left(\frac{3}{8}l - x\right)$ $x=l$; $F_{max} = -\frac{5}{8}wl$	$M = \frac{wlx}{2}\cdot\left(\frac{3}{4} - \frac{x}{l}\right)$ $x=l$; $M_{max} = -\frac{wl^2}{8}$ $M_{x=\frac{3}{8}l} = \frac{9}{128}wl^2$	$y = \frac{wl^4}{48EI}\left(\frac{x}{l} - \frac{3x^3}{l^4} + \frac{2x^4}{l^4}\right)$ $y_{x=\frac{l}{2}} = \frac{wl^4}{192EI}$ $y_{x=\frac{3}{8}l} = \frac{wl^4}{187.2EI}$ $x = \frac{1+\sqrt{33}}{16}l = 0.4215l$; $y_{max} = \frac{wl^4}{184.6EI}$	$\theta = \frac{wl^2}{48EI}\cdot\left(1 - \frac{9x^2}{l^2} + \frac{8x^3}{l^3}\right)$ $x=0$; $\theta_{max} = \frac{wl^3}{48EI}$
19	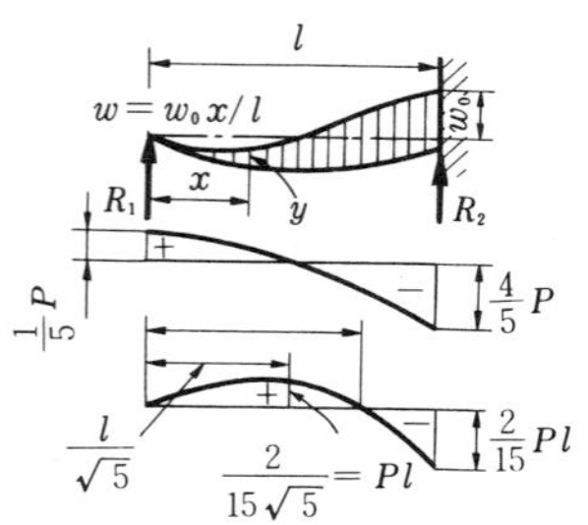	$R_1 = \frac{w_0l}{10} = \frac{1}{5}P$ $R_2 = \frac{2w_0l}{5} = \frac{4}{5}P$ $F = P\left(\frac{1}{5} - \frac{x^2}{l^2}\right)$ $x=l$; $F_{max} = -\frac{4}{5}P$	$M = Px\left(\frac{1}{5} - \frac{x^2}{3l^2}\right)$ $x=l$; $M_{max} = -\frac{2}{15}Pl$ $M_{x=\frac{l}{\sqrt{5}}} = \frac{2Pl}{15\sqrt{5}}$	$y = \frac{Pl^3}{60EI}\left(\frac{x}{l} - \frac{2x^3}{l^3} + \frac{x^5}{l^5}\right)$ $x = \frac{l}{\sqrt{5}}$; $y_{max} = \frac{4Pl^3}{375\sqrt{5}EI} = \frac{Pl^3}{209.6EI}$	$\theta = \frac{Pl^2}{60EI}\cdot\left(1 - \frac{6x^2}{l^2} + \frac{5x^4}{l^4}\right)$ $x=0$; $\theta_{max} = \frac{Pl^2}{60EI}$

(Ⅳ의 계속)

20	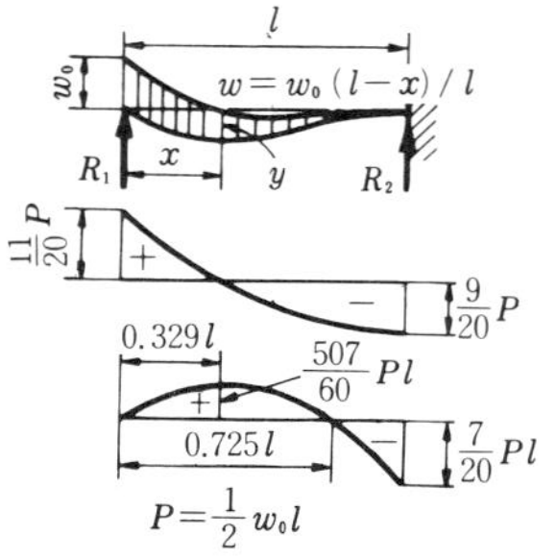	$R_1 = \frac{11w_0l}{40} = \frac{11}{20}P$ $R_2 = \frac{9w_0l}{40} = \frac{9}{20}P$ $F = \frac{P}{20}\left(11 - \frac{40}{l}\cdot x + \frac{20x^2}{l^2}\right)$ $x = 0$; $F_{max} = \frac{11}{20}P$	$M = \frac{Px}{60}\left(33 - \frac{60}{l}x + \frac{20x^2}{l^2}\right)$ $x = l$; $M_{max} = -\frac{7Pl}{60}$ $M_{x=0.329l} = \frac{5.07}{60}Pl$	$y = \frac{Pl^2x}{120EI}\left(-3 + \frac{11x^2}{l^2} - \frac{10x^3}{l^3} + \frac{2x^4}{l^4}\right)$ $x = 0.403l$; $y_{max} = \frac{Pl^3}{164.4EI}$	$\theta = \frac{Pl^2}{120EI}\left(-3 + \frac{33x^2}{l^2} - \frac{40x^3}{l^3} + \frac{10x^4}{l^4}\right)$ $x = 0$; $\theta_{max} = \frac{Pl^2}{40EI}$
21	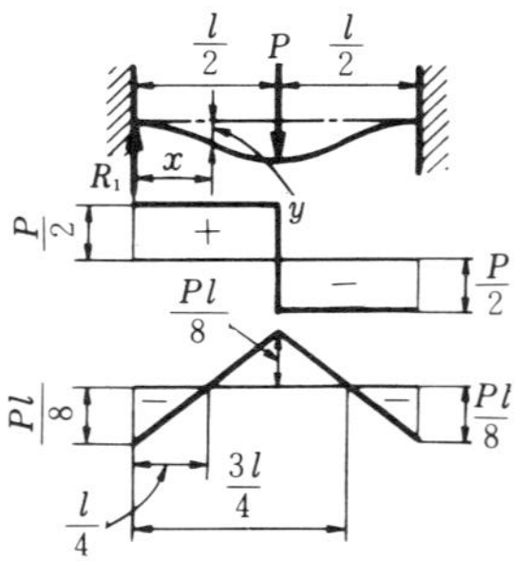	$R_1 = R_2 = \frac{P}{2}$ $0 < x < \frac{l}{2}$; $F = -\frac{P}{2}$ $\frac{l}{2} < x < l$; $F = \frac{P}{2}$	$0 \leqq x \leqq \frac{l}{2}$; $M = \frac{Pl}{3}\left(\frac{x}{l} - \frac{1}{4}\right)$ $\frac{l}{2} \leqq x \leqq l$; $M = \frac{Pl}{2}\left(\frac{3}{4} - \frac{x}{l}\right)$ $\left.\begin{matrix} x = 0 \\ x = \frac{l}{2} \end{matrix}\right\}$; $M_{max} = \pm\frac{Pl}{8}$	$0 \leqq x \leqq \frac{l}{2}$; $y = \frac{Pl^3}{16EI}\left(\frac{x^2}{l^2} - \frac{4x^3}{3l^3}\right)$ $x = \frac{l}{2}$; $y_{max} = \frac{Pl^3}{192EI}$	$0 \leqq x \leqq \frac{l}{2}$; $\theta = \frac{Pl^2}{8EI}\left(\frac{x}{l} - \frac{2x^2}{l^2}\right)$ $x = \frac{l}{4}$; $\theta_{max} = \frac{Pl^2}{64EI}$
22	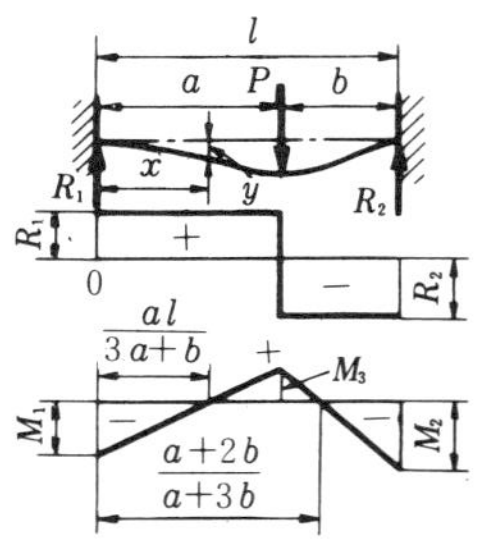	$R_1 = \frac{Pb^2(3a+b)}{l^3}$ $R_2 = \frac{Pa^2(a+3b)}{l^3}$ $0 < x < a$; $F = \frac{Pb^2(3a+b)}{l^3}$ $a < x < l$; $F = \frac{-Pa^2(a+3b)}{l^3}$	$0 \leqq x \leqq a$; $M = \frac{Pb^2}{l^2}\cdot\left\{\frac{(3a+b)x}{l} - a\right\}$ $a \leqq x \leqq l$; $M = \frac{Pa^2}{l^2}\left\{(a+2b) - \frac{(a+3b)}{l}x\right\}$	$0 \leqq x \leqq a$; $y = \frac{Pb^2x^2}{6lEI}\cdot\left\{\frac{3a}{l} - \frac{(3a+b)}{l^2}x\right\}$ $a \leqq x \leqq l$; $y = \frac{Pb^2x^2}{6lEI}\left\{\frac{3a}{l} - \frac{(3a+b)}{l^2}x\right\} + \frac{P(x-a)^3}{6EI}$	$0 \leqq x \leqq a$; $\theta = \frac{Pb^2x}{2lEI}\left\{\frac{2a}{l} - \frac{(3a+b)}{l^2}x\right\}$ $a \leqq x \leqq l$; $\theta = \frac{Pb^2x}{2lEI}\left\{\frac{2a}{l} - \frac{(3a+b)}{l^2}x\right\}$

(Ⅳ의 계속)

			$x = 0$; $M_1 = -\dfrac{Pab^2}{l^2}$ $x = l$; $M_2 = -\dfrac{Pa^2b}{l^2}$ $x = a$; $M_3 = \dfrac{2Pa^2b^2}{l^3}$	$x = a$; $y_1 = \dfrac{Pa^3b^3}{3l^3EI}$, $a > b$일 때 $x = \dfrac{2al}{3a+b}$; $y_{max} = \dfrac{2Pa^3b^2}{3EI(3a+b)^2}$ $y_{x=\frac{l}{2}} = \dfrac{Pb^2(3a-b)}{48EI}$	$+\dfrac{P(x-a)^2}{2EI}$ $\theta_{x=-a} = -\dfrac{Pa^2b^2(a-b)}{2l^3EI}$
23	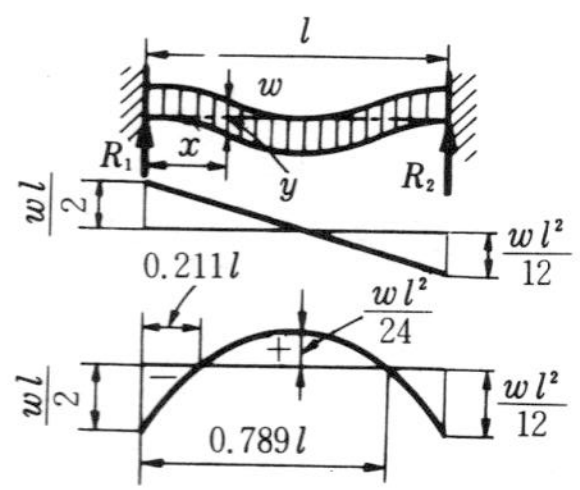	$R_1 = R_2 = \dfrac{wl}{2}$ $F = w\left(\dfrac{l}{2} - x\right)$ $\left.\begin{matrix} x = 0 \\ x = l \end{matrix}\right\}$; $F_{max} = \pm\dfrac{wl}{2}$	$M = -\dfrac{wl^2}{12}$, $\left(1 - 6\dfrac{x}{l} + 6\dfrac{x^2}{l^2}\right)$ $\left.\begin{matrix} x = 0 \\ x = 1 \end{matrix}\right\}$; $M_{max} = -\dfrac{wl^2}{12}$ $M_{x=\frac{l}{2}} = \dfrac{wl^2}{24}$	$y = \dfrac{wl^2x^2}{24EI}\left(1 - \dfrac{x}{l}\right)^2$ $x = \dfrac{l}{2}$; $y_{max} = \dfrac{wl^4}{384EI}$	$\theta = \dfrac{wl^2x}{12EI}\left(1 - \dfrac{x}{l}\right)$ $\left(1 - \dfrac{2x}{l}\right)$

V. 形鋼의 규격표

(1) 한국표준 I-단면의 치수표

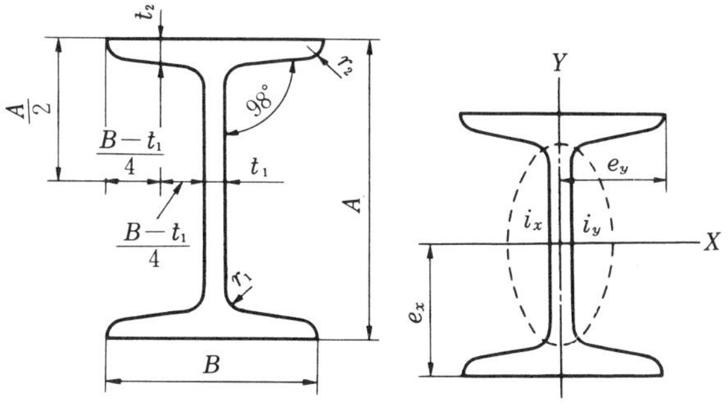

2차모멘트 $I = ai^2$
2차반지름 $i = \sqrt{I/a}$
단면계수 $Z = I/e$
(a=단면적)

치 수 (mm)					단 면 적	중 량	2차모멘트(cm^4)		2차반지름(cm)		단면계수(cm^3)	
$A \times B$	t_1	t_2	r_1	r_2	$A = mm^2$	kg/m	I_x	I_y	k_x	k_y	Z_x	Z_y
75 × 75	5	8	7	3.5	1518	11.9	146	48.3	3.10	1.78	38.9	12.9
100 × 75	5	8	7	3.5	1643	12.9	283	48.3	4.15	1.72	56.5	12.9
150 × 75	5.5	9.5	9	4.5	2183	17.1	820	59.1	6.13	1.65	109	15.8
180 × 100	6	10	10	5	3006	23.6	1670	141	7.46	2.17	186	28.2
200 × 100	7	10	10	5	3306	26.0	2180	142	8.11	2.07	218	28.4
200 × 150	9	16	15	7.5	6416	50.4	4490	771	8.37	3.47	449	103
230 × 100	7.5	11.5	11	5.5	3908	30.7	3350	168	9.25	2.07	291	33.5
250 × 125	7.5	12.5	12	6	4879	38.3	5190	345	10.3	2.66	415	55.2
300 × 150	8	13	12	6	6158	48.3	9500	600	12.4	3.12	633	80.0
350 × 150	12	24	25	12.5	11,110	87.2	22,500	1230	14.2	3.33	1280	164
400 × 150	10	18	17	8.5	9173	72.0	24,000	887	16.2	3.11	1200	118
450 × 175	11	20	19	9.5	11,680	91.7	39,200	1550	18.3	3.64	1740	177
500 × 190	15	30	32	16	18,470	145.0	31,200	3120	20.2	4.11	3030	328
600 × 190	13	25	25	12.5	16,940	133.0	98,200	2540	24.1	3.87	3270	390
600 × 190	16	35	38	19	22,450	176.0	130,000	3700	24.0	4.06	4330	276

(2) 한국표준 부등변 L-단면의 치수표

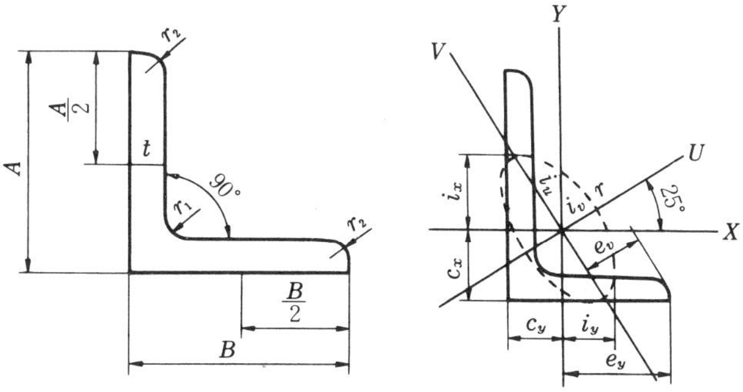

2차모멘트 $I = ai^2$
2차반지름 $i = \sqrt{I/a}$
단면계수 $Z = I/e$
(a=단면적)

치 수 (mm)				단면적	중량	중심위치(cm)		2차모멘트(cm⁴)		2차반지름(cm)		단면계수(cm³)	
$A \times A$	t	r_1	r_2	$(A = mm^2)$	kg/m	C_x	C_y	I_x	I_y	k_x	k_y	Z_x	Z_y
40 × 20	3	5	2	174.7	1.37	1.41	0.44	2.81	0.47	1.27	0.52	1.09	0.30
50 × 35	4	6.5	3	329.2	2.58	1.58	0.85	8.08	3.25	1.57	0.99	2.36	1.23
60 × 50	5	6.5	3	530.2	4.16	1.79	1.30	18.5	11.7	1.87	1.48	5.40	3.16
65 × 50	7	6.5	4.5	756.4	5.94	2.07	1.33	30.6	15.6	2.01	1.44	6.90	4.25
70 × 60	8	8.5	6	976.1	7.66	2.14	1.65	44.4	29.8	2.13	1.75	9.13	6.85
75 × 50	10	8.5	6	1150	9.03	2.58	1.35	61.4	21.4	2.31	1.36	12.5	5.85
75 × 65	10	8.5	6	1300	10.2	2.34	1.85	67.3	46.5	2.27	1.89	13.0	9.99
80 × 60	10	8.5	6	1300	10.2	2.62	1.63	78.7	37.4	2.46	1.70	14.6	8.55
80 × 70	9	8.5	6	1269	9.96	2.43	1.93	75.8	53.8	2.44	2.06	13.6	10.6
90 × 60	6	8.5	4	872.7	6.85	2.88	1.40	71.5	25.6	2.86	1.71	11.7	5.57
90 × 75	9	8.5	6	1404	11.0	2.75	2.01	109	68.1	2.78	2.20	17.4	12.4
90 × 80	10	10	7	1600	12.6	2.71	2.21	121	89.1	2.74	2.36	19.1	15.4
100 × 65	9	10	7	1404	11.0	3.31	1.59	138	45.6	3.14	1.80	20.6	9.28
100 × 75	10	10	7	1650	13.0	3.18	1.94	159	76.1	3.11	2.15	23.3	13.7
125 × 90	10	10	7	2050	16.1	3.95	2.22	318	138	3.94	2.59	37.2	20.4
150 × 90	9	12	6	2094	16.4	4.96	2.00	484	133	4.81	2.52	43.2	19.0
150 × 100	12	12	8.5	2856	22.4	4.88	2.41	624	229	5.08	2.15	63.4	36.2

(3) 한국표준 등변 L-단면의 치수표

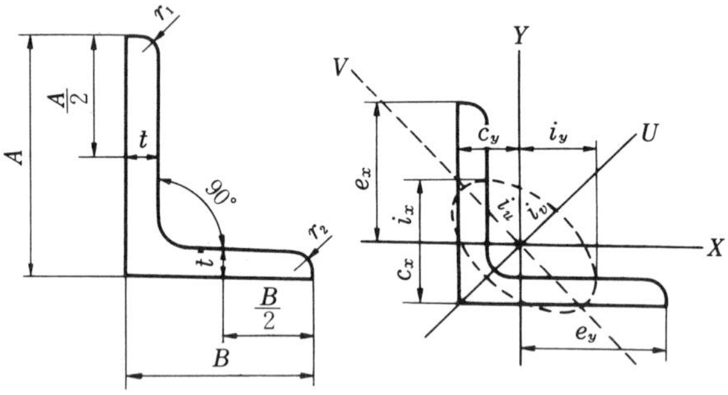

2차모멘트 $I = ai^2$
2차반지름 $i = \sqrt{I / a}$
단면계수 $Z = I / e$
(a=단면적)

치 수 (mm)				단면적	중 량	중심위치(cm)	2차모멘트(cm⁴)	2차반지름(cm)			단면계수(cm³)
$A \times B$	t	r_1	r_2	$(A = mm^2)$	(kg/m)	$C_x = C_y$	$I_x = I_y$	$k_x = k_y$	k_x	k_y	$Z_x = Z_y$
20 × 20	3	4	2	112.7	0.885	0.60	0.39	0.59	0.74	0.38	0.28
25 × 25	3	4	2	142.7	1.12	0.72	0.80	0.75	0.94	0.48	0.45
30 × 30	3	4	2	172.7	1.36	0.85	1.42	0.91	1.14	0.58	0.66
35 × 35	5	4.5	3	323.5	2.56	1.04	3.53	1.04	1.31	0.67	1.44
40 × 40	5	4.5	3	375.5	2.95	1.17	5.42	1.20	1.51	0.77	1.91
45 × 45	6	6.5	4.5	504.4	3.96	1.32	9.00	1.34	1.68	0.86	0.83
50 × 50	6	6.5	4.5	564.4	4.43	1.44	12.6	1.50	1.88	0.96	3.55
60 × 60	5	6.5	3	580.2	4.55	1.66	19.6	1.84	2.32	1.18	4.52
65 × 65	6	8.5	4	752.7	5.91	1.81	29.4	1.98	2.49	1.27	6.27
70 × 70	6	8.5	4	812.7	6.38	1.94	37.1	2.14	2.69	1.37	7.33
75 × 75	9	8.5	6	1269	9.96	2.17	64.4	2.25	2.84	1.45	12.1
80 × 80	9	8.5	6	1359	10.7	2.30	79.2	2.41	3.04	1.55	13.9
90 × 90	7	10	5	1222	9.59	2.46	93.0	2.76	3.48	1.77	14.2
100 × 100	10	10	7	1900	14.9	2.83	175	3.03	3.83	1.95	24.4
150 × 150	15	14	10	4274	33.6	4.24	888	4.56	5.75	2.92	82.6
200 × 200	20	17	12	7600	59.7	5.67	2820	6.09	7.68	3.90	197

(4) 한국표준 등변 U-단면의 치수표

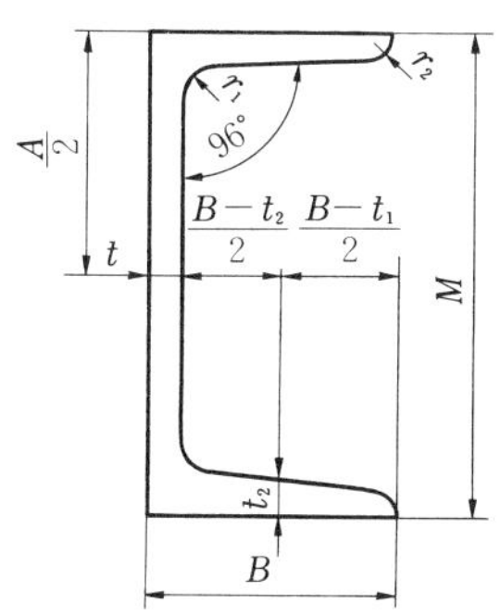

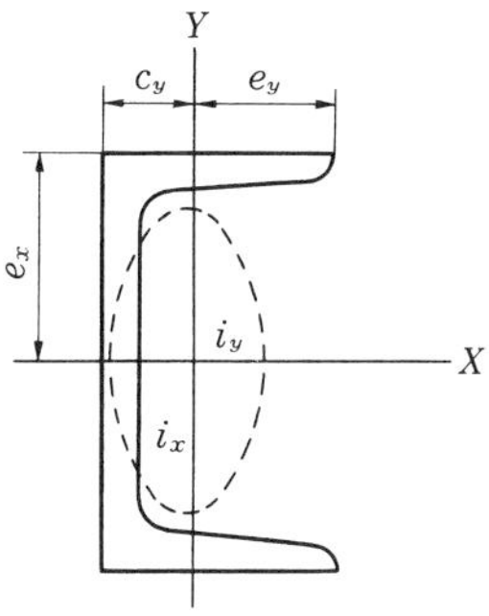

2차모멘트 $I = ai^2$
2차반지름 $i = \sqrt{I/a}$
단면계수 $Z = I/e$
(a=단면적)

치　수 (mm)					단면적	중량	중심위치 (cm)		2차모멘트 (cm^4)		2차반지름 (cm)		단면계수 (cm^3)	
$A \times B$	t_1	t_2	r_1	r_2	A=cm	(kg/m)	C_x	C_y	I_x	I_y	i_x	i_y	Z_x	Z_y
75 × 40	5	7	8	4	8.818	6.92	0	1.27	75.9	12.4	2.93	1.19	20.2	4.54
100 × 50	5	7.5	8	4	11.92	9.36	0	1.55	189	26.9	3.98	1.50	37.8	7.82
125 × 65	6	8	8	4	17.11	13.4	0	1.94	425	65.5	4.99	1.96	68.0	14.4
150 × 75	9	12.5	15	7.5	30.59	24.0	0	2.31	1050	147	5.86	2.19	140	28.3
180 × 75	7	10.5	11	5.5	27.20	21.4	0	2.15	1380	137	7.13	2.24	154	25.5
200 × 70	7	10	11	5.5	26.92	21.1	0	1.85	1620	113	7.77	2.04	162	21.8
200 × 80	7.5	11	12	6	31.33	24.6	0	2.24	1950	177	7.89	2.38	195	30.8
200 × 90	8	13.5	14	7	38.65	30.3	0	2.77	2490	286	8.03	2.72	249	45.9
250 × 90	11	14.5	17	8.5	51.17	40.2	0	2.39	4690	342	9.57	2.58	375	51.7
300 × 90	10	15.5	19	9.5	55.74	43.8	0	2.33	7400	373	11.5	2.59	494	56.0
380 × 100	13	16.5	18	9	78.96	62.0	0	2.29	15,900	584	14.1	2.72	822	75.8

(5) H형강 및 WF형강의 치수표

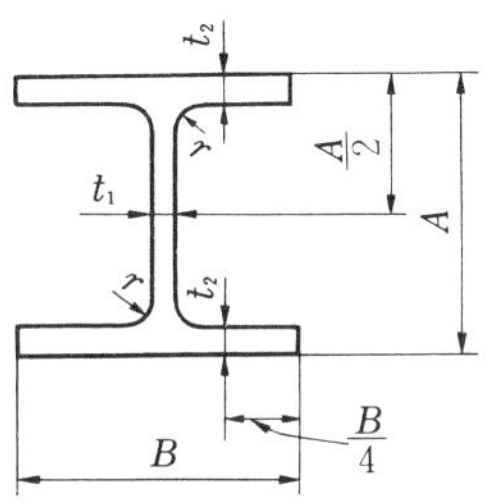

단면 2차모멘트 $I = ai^2$
단면 2차반지름 $i = \sqrt{I/a}$
단면계수 $Z = I/e$ (a=단면적)

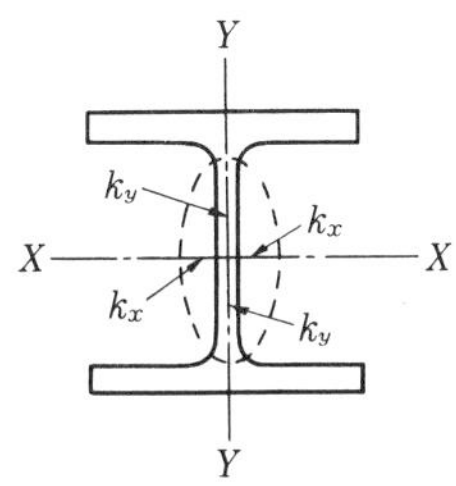

호칭치수	치　수 (mm)				단면적	중 량	2차모멘트(cm^4)		2차반지름(cm)		단면계수(cm^3)	
	$A \times B$	t_1	t_2	r	A (cm^2)	(kg/m)	I_x	I_y	k_x	k_y	Z_x	Z_y
100 × 50	100 × 50	4	6	7	9.940	7.80	163	12.6	4.05	1.13	32.6	5.04
100 × 100	100 × 100	6	8	10	21.90	17.2	383	134	4.18	2.47	76.5	26.7
100 × 100	100 × 100	5	7	8	18.85	14.8	339	117	4.24	2.49	67.8	23.4
125 × 60	125 × 60	4.5	6.5	8	13.39	10.5	343	23.6	5.06	1.33	54.9	7.86
125 × 125	125 × 125	5	7	8	23.60	18.5	683	228	5.38	3.11	109	36.5
125 × 125	125 × 125	6.5	9	10	30.31	23.8	847	293	5.29	3.11	136	47.0
150 × 75	150 × 75	5	7	8	17.85	14.0	666	49.5	6.11	1.66	88.8	13.2

150 × 100	148 × 100	6	9	11	26.84	21.1	1020	151	6.17	2.37	138	30.1
150 × 150	150 × 150	7	10	11	40.14	31.5	1640	563	6.39	3.75	219	75.1
175 × 90	175 × 90	5	8	9	23.04	18.1	1210	97.5	7.26	2.06	139	21.7
175 × 175	175 × 175	7.5	11	12	51.21	40.2	2880	984	7.50	4.38	330	112
200 × 100	200 × 100	5.5	8	11	27.16	21.3	1840	134	8.24	2.22	184	26.8
200 × 150	194 × 150	6	9	13	39.01	30.6	2690	507	8.30	3.61	277	67.6
200 × 200	200 × 200	8	12	13	63.53	49.9	4720	1600	8.62	5.02	472	160
250 × 125	250 × 125	6	9	12	37.66	29.6	4050	294	10.4	2.79	324	47.0
250 × 250	250 × 250	9	14	16	92.18	72.4	10,800	3650	10.8	6.29	867	292
300 × 150	300 × 150	6.5	9	13	46.78	36.7	7210	508	12.4	3.29	481	67.7
300 × 200	294 × 200	8	12	18	72.38	56.8	11,300	1600	12.5	4.71	771	160
300 × 300	300 × 300	10	15	18	119.8	94.0	20,400	6750	13.1	7.41	1360	450
350 × 175	350 × 175	7	11	14	63.14	49.6	13,600	984	14.7	3.95	775	112
350 × 250	340 × 250	9	14	20	101.5	79.7	21,700	3650	14.6	6.00	1280	292
350 × 350	350 × 350	12	19	20	173.9	136	40,300	13,600	15.2	8.84	2300	776
400 × 200	400 × 200	8	13	16	84.12	66.0	23,700	1740	16.8	4.54	1190	174
400 × 300	390 × 360	10	16	22	136.0	107	38,700	7210	16.9	7.28	1980	481
400 × 400	400 × 400	13	21	22	218.7	172	66,600	22,400	17.5	10.1	3330	1120
450 × 200	450 × 200	9	14	18	96.76	76.0	33,500	1870	18.6	4.40	1490	187
450 × 300	440 × 300	11	18	24	157.4	124	56,100	8110	18.9	7.18	2550	541
500 × 200	500 × 200	10	16	20	114.2	89.7	47,800	2140	20.5	4.33	1910	214
500 × 300	488 × 300	11	18	26	163.5	128	71,000	8110	20.8	7.04	2910	541
600 × 200	600 × 200	11	17	22	134.4	106	77,600	2280	24.0	4.12	2590	228
600 × 300	588 × 300	12	20	28	192.5	151	118,000	9020	24.8	6.85	4020	601
600 × 300	594 × 302	14	23	28	222.4	175	137,000	10,600	24.9	6.90	4620	701
700 × 300	700 × 300	13	24	28	235.5	185	201,000	10,800	29.3	6.78	5760	722
700 × 300	708 × 302	15	28	28	273.6	215	237,000	12,900	29.4	6.86	6700	853
800 × 300	800 × 300	14	26	28	267.4	210	292,000	11,700	33.0	6.62	7290	782
800 × 300	808 × 302	16	30	28	307.6	241	339,000	13,800	33.2	6.70	8400	915
900 × 300	900 × 300	16	28	28	309.8	243	411,000	12,600	36.4	6.39	9140	843
900 × 300	912 × 302	18	34	28	364.0	286	498,000	15,700	37.0	6.56	10,900	1040

(6) 한국표준 원형단면의 치수표

지름 D (mm)	단면적 (cm^2)	단위중량 (kg/m)	지름 D (mm)	단면적 (cm^2)	단위중량 (kg/m)	지름 D (mm)	단면적 (cm^2)	단위중량 (kg/m)
6	0.2827	0.222	30	7.069	5.55	68	36.32	28.5
7	0.3848	0.302	32	8.042	6.31	70	38.48	30.2
8	0.5027	0.395	33	8.553	6.71	75	44.18	34.7
9	0.6362	0.499	36	10.18	7.99	80	50.27	39.5
10	0.7854	0.617	38	11.34	8.90	85	56.75	44.5
11	0.9513	0.746	39	11.95	9.38	90	63.62	49.9
12	1.131	0.888	40	12.57	9.86	95	70.88	55.6
13	1.327	1.04	42	13.85	10.9	100	78.54	61.7
14	1.539	1.21	45	15.90	12.5	110	95.08	74.6
16	2.011	1.58	46	16.62	13.0	120	113.1	88.8
18	2.545	2.00	48	18.10	14.2	130	132.7	104
19	2.835	2.23	50	19.64	15.4	140	153.9	121
20	3.142	2.47	52	21.24	16.7	150	176.7	139
22	3.801	2.98	55	23.76	18.7	160	201.1	158
24	4.524	3.55	56	24.63	19.3	180	254.5	200
25	4.909	3.85	60	28.27	22.2	200	314.2	247
27	5.726	4.49	64	32.17	25.3			
28	6.158	4.83	65	33.18	26.0			

Ⅵ. 단위 환산표

(1) 길 이

미 터 法			푸트・파운드法				尺 貫 法			
센티미터 (cm)	미 터 (m)	킬로미터 (km)	인 치 (in)	피 트 (ft)	야 드 (yd)	마 일 (mi)	尺 (chock)	間 (kan)	町 (chong)	里 (ri)
1	0.01	0.00001	0.3937	0.03281	0.01094	0.000006	0.033	0.0055	0.000092	0.0000025
100	1	0.001	39.37	3.2808	1.0936	0.00062	3.3	0.55	0.009166	0.00025
100,000	1000	1	39,370.7	3280.8	1093.6	0.62137	3300	550	9.1666	0.25463
2.54	0.0254	0.000025	1	0.08333	0.02777	0.000015	0.08382	0.01397	0.000232	0.0000065
30.48	0.3048	0.000304	12	1	0.3333	0.000189	1.0058	0.16763	0.002793	0.000078
91.44	0.9144	0.000914	36	3	1	0.000568	3.0175	0.50292	0.008381	0.000232
160,930	1609.3	1.6093	63,360	5280	1760	1	5310.8	885.12	14.752	0.40978
30.303	0.30303	0.000303	11.93	0.99419	0.33139	0.000188	1	0.16666	0.002777	0.000077
181.818	1.81818	0.001818	71.582	5.96516	1.98838	0.001129	6	1	0.01666	0.00046
10,909.08	109.091	0.10909	4294.94	357.912	119.304	0.06779	360	60	1	0.02777
392,727	3927.27	3.92727	154,620	12,885	4295	2.4403	12,960	2160	36	1

(2) 면 적

미 터 法			푸트・파운드法				尺 貫 法			
평방미터 (m^2)	아 르 (a)	헥타르 (ha)	평방킬로미터 (km^2)	평 방 피 트 (ft^2)	평 방 야 드 (yd^2)	에이커 (ac)	平方尺 ($chock^2$)	坪 (pyong)	段(反)步 (tanbo)	町步 (chonbo)
1	0.01	0.0001	0.000001	10.764	1.1968	0.000247	10.89	0.3025	0.001008	0.0001
100	1	0.01	0.0001	1076.4	119.68	0.024711	1089	30.25	0.10083	0.01008
10,000	100	1	0.01	107,640	11,968	2.4711	108,900	3025	10.083	1.0083
1,000,000	10,000	100	1	10,764,000	1,196,800	247.11	10,890,000	302,500	1008.3	100.83
0.092903	0.000929	0.000009	0.00000009	1	0.1111	0.000022	1.0117	0.0281	0.000093	0.000009
0.83613	0.008361	0.000084	0.00000084	9	1	0.000207	9.1055	0.25293	0.000843	0.000084
4046.8	40.468	0.40468	0.004047	43,560	4840	1	44,071.2	1224.2	4.0806	0.40806
0.091827	0.000918	0.000009	0.00000009	0.98841	0.10982	0.000023	1	0.02778	0.000092	0.000009
3.3058	0.033058	0.000331	0.000003	35.583	3.9537	0.000817	36	1	0.003333	0.000333
991.74	9.9174	0.099174	0.000992	10,674.9	1186.3	0.24506	10,800	300	1	0.1
9917.4	99.174	0.99174	0.00992	106,749	11,861	2.4506	108,000	3000	10	1

(3) 체적・단면계수

미 터 法			푸트・파운드法				尺 貫 法			
밀리리터 (ml) (cm^3)	리 터 (l)	킬 로 리 터 (kl)	입 방 인 치 (in^3)	입 방 피 트 (ft^3)	입 방 야 드 (yd^3)	(美)液 갈 론 (gal)	合 (hop)	升 (sung)	斗 (tu)	石 (suk)
1	0.001	0.000001	0.061024	0.000035	0.000001	0.000264	0.005543	0.00054	0.000055	0.000005
1000	1	0.001	61.024	0.035315	0.001308	0.264177	5.5435	0.55435	0.055435	0.005543
1,000,000	1000	1	61,024	35.315	1.30796	264.177	5543.5	554.35	55.435	5.5435
16.386	0.01638	0.000016	1	0.000578	0.000021	0.004329	0.0908	0.000908	0.000908	0.0000908
28,316.8	28.317	0.02831	1728	1	0.03704	7.48051	156.98	15.698	1.5698	0.15698

764,529.8	764.53	0.76453	46,656	27	1	201.97	4238.09	423.809	42.380	4.2380
35,238.32	35.2383	0.035238	2150.42	1.2444	0.04608	9.3096	195.349	19.5346	1.9534	0.19534
473.18	0.47318	0.000473	28.875	0.01671	0.000619	0.125	2.623	0.2623	0.0262	0.00262
3785.4	3.7854	0.00378	231	0.13368	0.004951	1	20.984	2.0984	0.20984	0.02098
180.39	0.18039	0.000180	11.08	0.00637	0.000235	0.01765	1	0.1	0.01	0.001
1803.9	1.8039	0.00180	110.08	0.0637	0.002359	0.4765	10	1	0.1	0.01
18,039	18.039	0.01803	1100.8	0.637037	0.023594	4.7654	100	10	1	0.1
180,390	180.39	0.18039	11,008	6.37037	0.23594	47.654	1000	100	10	1

(4) 단면2차모멘트

미 터 法			푸트 · 파운드法		
cm^4	mm^2-m^2	m^4	in^4	in^2-ft^2	ft^4
1	0.01	0.00000001	0.024025	0.00016684	0.0000011586
100	1	0.000001	2.4025	0.016684	0.00011586
100,000,000	1,000,000	1	2,402,510	16,684	115.86
41,623	0.41623	0.00000041623	1	0.0069444	0.000048225
59,937	599.37	0.00059937	144	1	0.0069444
863,100	8631.0	0.0086310	20,736	144	1

(5) 중 량

미 터 法			푸트 · 파운드法				尺 貫 法		
그램(g)	킬로그램(kg)	톤(t)	온스(oz)	파운드(lb)	美(t)	英(t)	匁(don)	斤(kun)	貫(kwan)
1	0.001	0.000001	0.035271	0.0022	0.000001	0.0000009	0.26666	0.00166	0.000266
1000	1	0.001	35.273	2.20459	0.0011	0.00098	266.666	1.66666	0.26666
1,000,000	1000	1	35,273	2204.59	1.1023	0.98421	266,666.6	1666.66	266.666
0.064798	0.000064	0.00000006	0.002285	0.000143	0.00000007	0.00000005	0.01728	0.000108	0.000017
28.3495	0.02835	0.000028	1	0.0625	0.000031	0.000027	7.56	0.04725	0.00756
453.592	0.45359	0.000454	16	1	0.000504	0.00045	120.96	0.756	0.12096
907,180	907.18	0.90718	32,000	2000	1	0.8929	241,915	1511.968	241.915
1,016,050	1016.05	1.01605	35,840	2240	1.12	1	270,944	1693.4	270.95
3.75	0.00375	0.000004	0.1323	0.00827	0.000004	0.0000037	1	0.00625	0.001
600	0.6	0.0006	21.1647	1.32279	0.000661	0.00059	160	1	0.16
3750	3.75	0.00375	132.28	8.2672	0.00413	0.00669	1.0300	6.25	1

(6) 힘의 모멘트 · 에너지 · 일

미 터 法			푸트 · 파운드法	
kg-cm	kg-m	t-m	lb-in	lb-ft
10.1972	0.10197	0.0001020	8.850627	0.737552
1	0.01	0.00001	0.86795	0.072329
100	1	0.001	86.795	7.2329
100,000	1000	1	86,795	7232.9
1.15214	0.011521	0.0000115	1	0.08333
13.8257	0.13826	0.000138	12	1

(7) 분포하중의 세기

미 터 法			푸트·파운드法	
kg/m	t/m	lb/in	lb/ft	lb/yd
0.10197	0.000102	0.0057101	0.068522	0.205565
1	0.001	0.0560	0.67195	2.0159
1000	1	55.996	671.95	2015.9
17.858	0.01786	1	12	36
1.4882	0.001488	0.08333	1	3
0.49606	0.000496	0.02778	0.3333	1

(8) 압력·응력

bar	kg/cm^2	lb/in^2	표준기압	수 은 주(Hg)		水 柱[H_2O(Aq)]	
			atm	m	in	m	ft
1	1.0197	14.50	0.9869	0.7501	29.53	10.197	33.48
0.9807	1	14.22	0.9678	0.7356	28.96	10.000	32.81
0.06895	0.07031	1	0.06805	0.05171	2.036	0.7031	2.307
1.0133	1.0332	14.70	1	0.760	29.92	10.33	33.90
1.3332	1.3595	19.34	1.3158	1	39.37	13.60	44.60
0.03386	0.03453	0.4912	0.3342	0.02540	1	0.3453	1.133
0.09806	0.10000	1.422	0.09678	0.07355	2.896	1	3.281
0.02989	0.03048	0.4335	0.02950	0.02242	0.8827	0.3048	1

(9) 밀 도

g/cm^3	lb/in^3	lb/ft^3	英 t/yd^3	lb/英 gallon	lb/美 gallon
1	0.03613	62.43	0.7525	10.02	8.345
27.68	1	1728	20.83	277.4	231
0.01602	0.0005787	1	0.01205	0.1605	0.1337
1.329	0.04801	82.96	1	13.32	11.09
0.0998	0.003605	6.229	0.07508	1	0.8327
0.1198	0.004329	7.481	0.09017	1.201	1

(10) 속 도

m/sec	km/hr	knot(m 法)	ft/sec	mile/hr	°/sec	rpm	rad/sec
1	3.6	1.944	3.281	2.237	1	0.1667	0.01745
0.2778	1	0.5400	0.9113	0.6214			
0.5144	1.852	1	1.688	1.151	6	1	0.1047
0.3048	1.097	0.5925	1	0.6818			
0.4470	1.609	0.8690	1.467	1	57.30	9.549	1

(11) 동 력

馬 力		kW	kg-m/sec	ft-lb /sec	kcal /sec	BTU /sec
PS(m 法)	HP(英國)					
1	0.98632	0.73550	75	542.48	0.17570	0.69723
1.0139	1	0.74570	76.040	550	0.17814	0.70690
1.3596	1.3410	1*	101.97	737.56	0.23889	0.94797
0.013333	0.013151	0.00980665	1	7.2330	0.023427	0.0092964
0.0018434	0.0018182	0.0013558	0.13825	1	0.0032389	0.0012835
5.6914	5.6136	4.18605	426.86	3087.5	1	3.9683
1.4342	1.4146	1.0549	107.57	778.04	0.252	1

* 1kW = 1000 W = 1000 J/sec = 1 kJ/sec

(12) 일, 에너지 및 熱量의 환산표

joule	kg-m	ft-lb	kWh	HPh 미터법	HPh 英國制	kcal	Btu
1	0.10204	0.7381	$0.0_6 2778$	$00_6 3777$	$0.0_6 3725$	0.0002389	0.0009479
9.8	1	7.233	$0.0_5 2722$	$0.0_5 3701$	$0.0_5 3651$	0.002341	0.009290
1.355	0.1383	1	$0.0_6 3764$	$0.0_6 5117$	$0.0_6 5047$	0.0003237	0.001284
3.6×10^6	3.673×10^5	2.657×10^6	1	1.360	1.341	859.9	3412
2.648×10^6	2702×10^5	1.954×10^6	0.7355	1	0.9863	632.5	2510
2.685×10^6	2.74×10^5	1.981×10^6	0.7458	1.014	1	641.6	2546
4186	427.2	3090	0.001163	0.001581	0.001559	1	3.968
1055	107.6	778.62	0.000293	0.0003984	0.0003928	0.252	1

(13) 比熱, 發熱量 및 傳熱에 관한 환산표

1kcal /kg℃ = 1Btu /lb°F	1kcal /mh℃ = 0.6720Btu /fth°F
1kcal /kg = 1.8Btu /lb	1Btu /fth°F = 1.488kcal /mh℃
1Btu /lb = 0.555kcal /kg	1kcal /m^3 = 0.1124Btu /ft^3
1kcal /m^2 = 0.3687Btu /ft^2	1Btu /ft^3 = 8.899kcal /m^3
1Btu /ft^2 = 2.713kcal /m^2	1kcal /mh℃ = 8.063Btu : in /ft^2h°F
1kcal /m^2h℃ = 0.2048Btu /ft^2h℃	1Btu. in /ft^2h°F = 0.124kcal /mh℃
1Btu /ft^2h°F = 4.882kcal /m^2h℃	

(14) 流量의 환산표

m^3/h	l /min	l /s	ft^3/h	ft^3/min	Imp. gal /min	USA gal /min
1	16.67	0.2778	35.32	0.5887	3.666	4.403
0.060	1	0.01667	2.119	0.03532	0.220	0.2642
3.6	60	1	127.1	2.119	13.20	15.85
0.02832	0.4720	0.007867	1	0.01667	0.1038	0.1247
1.699	28.32	0.4720	60	1	6.232	7.481
0.2725	4.543	0.07571	9.624	0.1604	1	1.201
0.2271	3.785	0.06309	8.022	0.1337	0.8327	1

Ⅶ. 중요 수치

$\pi = 3.14159\ 26535\ 89793$　　$\pi^2 = 9.86960\ 44010$

$\frac{1}{\pi} = 0.31830\ 98861\ 83791$　　$\frac{1}{\pi^2} = 0.10132\ 11836$

$\sqrt{\pi} = 1.77245\ 38509$　　$\frac{1}{\sqrt{\pi}} = 0.56418\ 95835$

$e = 2.71828\ 18284\ 59045$　　$\frac{1}{e} = 0.36787\ 94411\ 71442$

$\log_{10} e = 0.4343$,　$\log_e 10 = 2.3026$　$\log_{10} N = 0.4343 \log_e N$,　$\log_e N = 2.3026\ \log_{10} N$

$g = 980.665\ \text{cm/sec}^2$

$1\ \text{rad(radian)} = \frac{180}{\pi} = 57.29577\ 95130° = 57°17'44.806''$

$1°\text{(degree)} = \frac{\pi}{180}\ \text{rad} = 0.001745\ 32925\ \text{rad}$

대기압 $= 1\ \text{atm} = 1.0332\ \text{kg/cm}^2 = 760\ \text{mmHg}$

물의 비중량 $\gamma = 1\ \text{g/cm}^3 = 0.001\ \text{kg/cm}^3 = 1000\ \text{kg/m}^3$(4℃, 1 atm)

$°\text{F} = \frac{9}{5}℃ + 32$,　$℃ = \frac{5}{9}(°\text{F} + 32)$,　절대온도 $°\text{K} = 273.16 + t℃$

Ⅷ. 공업재료의 線膨脹係數

재　　료	α(20～40℃) × 10^{-5}	α(68～104°F) × 10^{-6}
아연	3.97	22.07
납(lead)	2.93(20～100℃)	16.29(68～212°F)
주석	2.703	15.03
Al, Cu, Ni 합금	2.2	12.23
은	1.97(0～100℃)	10.95(32～212°F)
황동	1.84(100℃)	10.23
포금(gun metal)	1.83	10.17
청동	1.79	10.00
구리	1.65	9.17
금	1.42	7.89
니켈	1.33(0～100℃)	7.39(32～212°F)
알루미늄	2.39	13.23
듀랄루민	2.26	12.57
Y 합금	2.2	12.23
순철	1.17	6.51
연강(C 0.12～0.20)	1.12	6.23
경강(C 0.4～0.5)	1.07	5.95
주철	0.92～1.18	5.12～6.56
백금	0.89	4.95
텅스텐	0.43	2.39
인바(invar)	0.12	0.667
초인바	0.001	0.00556

Ⅸ. 각종 금속재료의 彈性係數 (kg/cm^2과 psi)

재 료	E ($kg/cm^2 \times 10^6$)	G ($kg/cm^2 \times 10^6$)	K ($kg/cm^2 \times 10^6$)	E $(psi) \times 10^6$	G $(psi) \times 10^6$	K $(psi) \times 10^6$	$1m = \mu$
철	2.15	0.83	1.75	30.58	11.81	24.89	
연강(C 0.12~0.2%)	2.12	0.84	1.48	30.16	11.95	21.05	
연강(C 0.4~0.5%)	2.09	0.84	1.36	29.73	11.95	19.35	0.28~0.3
주 강	2.15	0.83	1.75	30.58	11.81	24.89	
주 철	0.75~1.30	0.29~0.40	0.6~1.73	10.67~18.49	4.13~5.69	8.54~24.61	0.2~0.3
니켈강(Ni 2~3%)	2.1	0.84	1.4	29.87	11.95	19.92	0.3
니 켈	2.1	0.73	1.54	29.87	10.38	21.29	0.31
텅 스 텐	3.7	1.6	3.33	52.63	22.76	47.37	0.17
구 리	1.25	0.47	1.22	17.79	6.69	17.35	0.34
청 동	1.16			16.5			
인 청 동	1.34	0.43	3.84	19.6	6.12	54.62	0.187
포 금	0.95	0.40	0.51	13.51	5.69	7.25	
황동(7·3)	0.98	0.42	0.49	13.94	5.97	6.97	0.34
알 루 미 늄	0.72	0.27	0.72	10.24	3.84	10.24	0.34
듀 랄 루 민	0.70	0.27	0.57	9.96	3.84	8.11	0.33
주 석	0.55	0.28	0.18	7.82	3.98	2.56	0.45
납	0.17	0.078	0.07	2.42	1.01	1.00	0.45
아 연	1.00	0.30	1.0	14.23	4.27	14.23	0.2~0.3
금	0.81	0.28	2.52	11.52	3.98	35.85	0.42
은	0.81	0.29	1.31	11.52	4.13	18.63	0.48
백 금	1.70	0.62	2.2	24.18	8.82	31.3	0.39

Ⅹ. 각종 금속재료의 기계적 성질 (kg/cm^2과 psi)

재 료	파 괴 응 력(kg/cm^2)			파 괴 응 력(psi)		
	인 장	압 축	전 단	인 장	압 축	전 단
연 철	3300~4000	3300~4000	2600~3300	49,500	49,500	37,000
연 강	3400~4500	3400~4500	2900~4000	48,365~64,012.5	48,365~64,012.5	412,525~56,900
주 강	3500~7000	3500~7000		67,000	71,125~105,625	
니 켈 강	5000~7400	5000~7400		71,125~105,625	100,000	
주 철	1200~2400	7000~8500	1300~2600	19,000	45,000	22,500
구 리	1400~3200	3200		20,000~45,000	45,000	
황 동(7·3)	1300	780	1400	18,000	11,000	20,000
포 금	2200~2700		2400	34,500		34,000

Ⅺ. 각종 비금속재료의 기계적 성질 (kg/cm^2과 psi)

재 료	파 괴 응 력(kg/cm^2)			세로탄성계수	파 괴 응 력(psi)			세로탄성계수
	인장	압축	전단	$E(kg/cm^2) \times 10^5$	인장	압축	전단	$E(psi) \times 10^5$
미송, 소나무	1000	500	78	0.90	14,225	7112.5	1109.6	12.8
이 깔 나 무	500	280	56	0.70	7112.5	3983	796.6	10.0
전 나 무	900	420	70	0.80	12,802.5	5974.5	995.75	11.4
밤 나 무	1000	560	78	0.70	14,225	7966	1109.6	10.0
떡 갈 나 무	1000	700	16	1.2	14,225	9957.5	227.6	17.1
대	3500	650		1.2~3.1	49,787.5	1246.25		17.7~44.1
유 리	250	1500		0.75	3556.3	21,337.5		106.69
화 강 암		600~850		1.4		8535~12,091.3		19.9
사 암		200~300		1.0		2845~4267.5		14.2
석 회 암		300~500		1.2		4267.5~7112.5		17.1
시 멘 트		100~120		1.4		1422.5~1707		19.9
콘 크 리 트		180~250		0.84		2560.5~3556.3		12.0
벽 돌		60~120		0.84		853.5~1707		11.9
가 죽 벨 트	380				5405.5			

XII. 삼각함수의 實數表

	sin	tan	sec	cosec	cot	cos	
0°	0.0000	0.0000	1.0000	∞	∞	1.0000	90°
1°	0.0175	0.0175	1.0002	57.2987	57.2900	0.9998	89°
2°	0.0349	0.0349	1.0006	28.6537	28.6363	0.9994	88°
3°	0.0523	0.0524	1.0014	19.1073	19.0811	0.9986	87°
4°	0.0698	0.0699	1.0024	14.3356	14.3007	0.9976	86°
5°	0.0872	0.0875	1.0038	11.4737	11.4301	0.9962	85°
6°	0.1045	0.1051	1.0055	9.5668	9.5144	0.9945	84°
7°	0.1219	0.1228	1.0075	8.2055	8.1443	0.9925	83°
8°	0.1392	0.1405	1.0098	7.1853	7.1154	0.9903	82°
9°	0.1564	0.1584	1.0125	6.3925	6.3138	0.9877	81°
10°	0.1736	0.1763	1.0154	5.7588	5.6713	0.9848	80°
11°	0.1908	0.1944	1.0187	5.2408	5.1446	0.9816	79°
12°	0.2079	0.2126	1.0223	4.8097	4.7046	0.9781	78°
13°	0.2250	0.2309	1.0263	4.4454	4.3315	0.9744	77°
14°	0.2419	0.2493	1.0306	4.1336	4.0108	0.9703	76°
15°	0.2588	0.2679	1.0353	3.8637	3.7321	0.9659	75°
16°	0.2756	0.2867	1.0403	3.6280	3.4874	0.9613	74°
17°	0.2924	0.3057	1.0457	3.4203	3.2709	9.9563	73°
18°	0.3090	0.3249	1.0515	3.2361	3.0777	0.9511	72°
19°	0.3256	0.3443	1.0576	3.0716	2.9042	0.9455	71°
20°	0.3420	0.3640	1.0642	2.9238	2.7475	0.9397	70°
21°	0.3584	0.3839	1.0711	2.7904	2.6051	0.9336	69°
22°	0.3746	0.4040	1.0785	2.6695	2.4751	0.9272	68°
23°	0.3907	0.4245	1.0864	2.5593	2.3559	0.9205	67°
24°	0.4007	0.4452	1.0946	2.4586	2.2460	0.9135	66°
25°	0.4226	0.4663	1.1034	2.3662	2.1445	0.9063	65°
26°	0.4384	0.4877	1.1126	2.2812	2.0503	0.8988	64°
27°	0.4540	0.5095	1.1223	2.2027	1.9626	0.8910	63°
28°	0.4695	0.5317	1.1326	2.1301	1.8807	0.8829	62°
29°	0.4848	0.5543	1.1434	2.0627	1.8040	0.8746	61°
30°	0.5000	0.5774	1.1547	2.0000	1.7321	0.8660	60°
31°	0.5150	0.6009	1.1666	1.9416	1.6643	0.8572	59°
32°	0.5299	0.6249	1.1792	1.8871	1.6003	0.8480	58°
33°	0.5446	0.6494	1.1924	1.8361	1.5399	0.8387	57°
34°	0.5592	0.6745	1.2062	1.7883	1.4826	0.8290	56°
35°	0.5736	0.7002	1.2208	1.7434	1.4281	0.8192	55°
36°	0.5878	0.7265	1.2361	1.7013	1.3764	0.8090	54°
37°	0.6018	0.7536	1.2521	1.6616	1.3270	0.7986	53°
38°	0.6157	0.7813	1.2690	1.6243	1.2799	0.7880	52°
39°	0.6293	0.8098	1.2868	1.5890	1.2349	0.7771	51°
40°	0.6428	0.8391	1.3054	1.5557	1.1918	0.7660	50°
41°	0.6561	0.8693	1.3250	1.5243	1.1504	0.7547	49°
42°	0.6691	0.9004	1.3456	1.4945	1.1106	0.7431	48°
43°	0.6820	0.9325	1.3673	1.4663	1.0724	0.7314	47°
44°	0.6947	0.9657	1.3902	1.4396	1.0355	0.7193	46°
45°	0.7071	1.0000	1.4142	1.4142	1.0000	0.7071	45°
	cos	cot	cosec	sec	tan	sin	

XIII. 수의 2제곱, 3제곱, 제곱근, 圓의 면적 및 역수

n	n^2	n^3	$\sqrt{n}$	$\sqrt[3]{n}$	$\sqrt{10n}$	$n\sqrt[3]{n}$	$\frac{\pi n^2}{4}$	$\frac{1}{n}$
1	1	1	1	1	3.1623	2.1544	0.7854	1
2	4	8	1.4142	1.2599	4.4721	2.7144	3.1416	0.50000
3	9	27	1.7321	1.4422	5.4772	3.1072	7.0686	0.33333
4	16	64	2.0000	1.5874	6.3246	3.4200	12.5664	0.25000
5	25	125	2.2361	1.7100	7.0711	3.6840	19.6350	0.20000
6	36	216	2.4495	1.8171	7.7460	3.9149	28.2743	0.16667
7	49	343	2.6158	1.9129	8.3666	4.1213	38.4845	0.14286
8	64	512	2.8284	2.0000	8.9443	4.3089	50.2655	0.12500
9	81	729	3.0000	2.0801	9.4863	4.4814	63.6173	0.11111
10	100	1000	3.1623	2.1544	10.0000	4.6416	78.5398	0.10000
11	121	1331	3.3166	2.2240	10.4881	4.7914	95.0332	0.090909
12	144	1728	3.4641	2.2894	10.9545	4.6324	113.097	0.083333
13	169	2197	3.6056	2.3513	11.4018	5.0658	132.732	0.076923
14	196	2744	3.7417	2.4101	11.8322	5.1925	153.938	0.071429
15	225	3375	3.8730	2.4662	12.2474	5.3133	176.715	0.066667
16	256	4096	4.0000	2.5198	12.6491	5.4288	201.062	0.062500
17	289	4913	4.1231	2.5713	13.0384	5.5397	226.980	0.058824
18	324	5832	4.2426	2.6207	13.4164	5.6462	254.469	0.055556
19	361	6859	4.3589	2.6684	13.7840	5.7489	283.529	0.052632
20	400	8000	4.4721	2.7144	14.1421	5.8480	314.159	0.05000
21	441	9261	4.5826	2.7589	14.4914	5.9439	346.361	0.047619
22	484	10648	4.6904	2.8020	14.8324	6.0368	380.133	0.045455
23	529	12167	4.7958	2.8439	15.1658	6.1269	415.476	0.043478
24	576	13824	4.8990	2.8845	15.4919	6.2145	452.389	0.041667
25	625	15625	5.0000	2.9240	15.8114	6.2996	490.874	0.04000
26	676	17576	5.0990	2.9625	16.1245	6.3825	530.929	0.038462
27	729	19683	5.1962	3.0000	16.4317	6.4633	572.555	0.037037
28	784	21952	5.2915	3.0366	16.7332	6.5421	615.752	0.035714
29	841	24389	5.3852	3.0723	17.0294	6.6191	660.520	0.034483
30	900	27000	5.4772	3.1072	17.3205	6.6943	706.858	0.033333
31	961	29791	5.5678	3.1414	17.6068	6.7679	754.768	0.032258
32	1024	32768	5.6569	3.1748	17.8885	6.8399	804.248	0.031250
33	1089	35937	5.7446	3.2075	18.1659	6.9104	865.299	0.030303
34	1156	39304	5.8310	3.2396	18.4391	6.9795	907.920	0.029412
35	1225	42875	5.9161	3.2711	18.7083	7.0473	962.113	0.028571
36	1296	46656	6.0000	3.3019	18.9737	7.1138	1017.88	0.027778
37	1369	50653	6.0828	3.2322	19.2354	7.1791	1075.21	0.027027
38	1444	54872	6.1644	3.3620	19.4936	7.2432	1134.11	0.026316
39	1521	59319	6.2450	3.3912	19.7484	7.3061	1194.59	0.025641
40	1600	64000	6.3246	3.4200	20.0000	7.3681	1256.64	0.02500
41	1681	68921	6.4031	3.4482	20.2485	7.4290	1320.25	0.024390
42	1764	74088	6.4807	3.4760	20.4939	7.4889	1385.44	0.023810
43	1849	79507	6.5574	3.5034	20.7364	7.5478	1452.20	0.023256
44	1936	85184	6.6332	3.5303	20.9762	7.6059	1520.53	0.022727
45	2025	91125	6.7082	3.5569	21.2132	7.6631	1590.43	0.022222
46	2116	97336	6.7823	3.5830	21.4476	7.7194	1661.90	0.021739
47	2209	103823	6.8557	3.6088	21.6795	7.7750	1734.94	0.021277
48	2304	110592	6.9282	3.6342	21.9089	7.8297	1809.56	0.020833
49	2401	117649	7.0000	3.6593	22.1359	7.8837	1885.74	0.020408
50	2500	125000	7.0711	3.6840	22.3607	7.9370	1963.50	0.02000

n	n^2	n^3	$\sqrt{n}$	$\sqrt[3]{n}$	$\sqrt{10\,n}$	$n\sqrt[3]{10\,n}$	$\frac{\pi n^2}{4}$	$\frac{1}{n}$
51	2601	132651	7.1414	3.7084	22.5832	7.9896	2042.82	0.019608
52	2704	140602	7.2111	3.7325	22.8035	8.0415	2123.72	0.019231
53	2809	148877	7.2801	3.7563	23.0217	8.0927	2206.18	0.018868
54	2916	157464	7.3485	3.7798	23.2379	8.1433	2290.22	0.018519
55	3025	166375	7.4162	3.8030	23.4521	8.1932	2375.83	0.018182
56	3136	175616	7.4833	3.8259	23.6643	8.2426	2463.01	0.017857
57	3249	185193	7.5498	3.8485	23.8747	8.2913	2551.76	0.017544
58	3364	195112	7.6158	3.8709	24.0832	8.3396	2642.08	0.017241
59	3481	205379	7.6811	3.8930	24.2899	8.3872	2733.97	0.016949
60	3600	216000	7.7460	3.9149	24.4949	8.4343	2827.43	0.016667
61	3721	226981	7.8102	3.9365	24.6982	8.4809	2922.47	0.016393
62	3844	238328	7.8740	3.9579	24.8998	8.5270	3019.07	0.016129
63	3969	250047	7.9373	3.9791	25.0998	8.5726	3117.25	0.015873
64	4096	262144	8.0000	4.0000	25.2982	8.6177	3216.99	0.015625
65	4225	274252	8.0623	4.0207	25.4951	8.6624	3318.31	0.015385
66	4356	287496	8.1240	4.0412	25.6905	8.7066	3421.19	0.015152
67	4489	300763	8.1854	4.0615	25.8844	8.7503	3525.65	0.014925
68	4624	314432	8.2462	4.0817	26.0768	8.7937	3631.68	0.014706
69	4761	328509	8.3066	4.1016	26.2679	8.8366	3739.28	0.014493
70	4900	343000	8.3666	4.1213	26.4575	8.8790	3848.45	0.014286
71	5041	357911	8.4261	4.1408	26.6458	8.9211	3959.19	0.014085
72	5184	373248	8.4853	4.1602	26.8328	8.9628	4071.50	0.013889
73	5329	389017	8.5440	4.1793	27.0185	9.0041	4185.39	0.013699
74	5476	405224	8.6023	4.1983	27.2029	9.0450	4300.84	0.013514
75	5625	421875	8.6603	4.2172	27.3861	9.0856	4417.86	0.013333
76	5776	438976	8.7178	4.2358	27.5681	9.1258	4536.46	0.013158
77	5929	456533	8.7750	4.2543	27.7489	9.1657	4656.63	0.012987
78	6084	474552	8.8318	4.2727	27.9285	9.2052	4778.36	0.012821
79	6241	493039	8.8882	4.2908	28.1069	9.2443	4901.67	0.012658
80	6400	512000	8.9443	4.3089	28.2843	9.2832	5026.55	0.012500
81	6561	531441	9.0000	4.3267	28.4605	9.3217	5153.00	0.012346
82	6724	551368	9.0554	4.3445	28.6356	9.3599	5281.02	0.012195
83	6889	571787	9.1104	4.3621	28.8097	9.3978	5401.61	0.012048
84	7056	592704	9.1652	4.3795	28.9828	9.4345	5541.77	0.011905
85	7225	614125	9.2195	4.3968	29.1548	9.4727	5674.50	0.011765
86	7396	636056	9.2736	4.4140	29.3258	9.5097	5808.80	0.011628
87	7569	658503	9.3274	4.4310	29.4958	9.5464	5944.68	0.011494
88	7744	681472	9.3808	4.4480	29.6648	9.5828	6082.12	0.011364
89	7921	704969	9.4340	4.4647	29.8329	9.6190	6221.14	0.011236
90	8100	729000	9.4868	4.4814	39.0000	9.6549	6361.73	0.011111
91	8281	753571	9.5394	4.4979	30.1662	9.6905	6503.88	0.010989
92	8464	778688	9.5917	4.5144	30.3315	9.7259	6647.61	0.010870
93	8649	804357	9.6437	4.5307	30.4959	9.7610	6792.91	0.010753
94	8836	830584	9.6954	4.5468	30.6594	9.7959	6939.78	0.010638
95	9025	857375	9.7468	4.5629	30.8221	9.8305	7088.22	0.010526
96	9216	884736	9.7890	4.5789	30.9839	9.8648	7238.23	0.010417
97	9409	912673	9.8489	4.5947	31.1448	9.8990	7389.81	0.010309
98	9604	941192	9.8995	4.6104	31.3050	9.9329	7542.96	0.010204
99	9801	970299	9.9499	4.6261	31.4643	9.9666	7697.69	0.010101
100	10,000	1,000,000	10.0000	4.6416	31.6228	10.0000	7853.98	0.010000

XIV. 국제 단위 제도(SI)
(Systéme International d' unités)

(1) SI 기본 단위

길이(length)	m(meter)
질량(質量, mass)	kg(kilogramme)
시간(time)	s(second)
온도(temperature)	K(kelvin)
전류(electric current)	A(ampere)
광도(光度, luminous intensity)	cd(candela)
물질량(amount of substance)	mol

(2) 보조 단위

평면각	rad(radian)
입체각	sr(steradian)

(3) 재료역학에 필요한 유도 단위

양(量)	단위 명칭	기 호	기본단위의 관계
힘(force)	newton	N	$1N=1kg \cdot m/s^2$
일, 에너지(work, energy)	joule	J	$1J=1kg \cdot m^2=1N \cdot m$
주파수(frequency)	hertz	Hz	$1Hz=1S^{-1}$
응력(stress), 압력(pressure)	pascal	$Pa(N/m^2)$	$N/m^2=1kg \div m \cdot s^2$

(4) 환산 치수

$1l=4.45N$	1Kcal=4.1868J(증기표)=4.18605(KS)
1kg=9.81(≒10)N	$1kg \cdot m/s=6806.65W$(동력)
$1cm=10^{-2}m$	$1PS=75kg \cdot m/S$
$1kg/cm^2=98.1(\fallingdotseq 100)KN/m^2$	

(5) 표시 예

KPa, MPa, GPa, KN/m^2, MN/m^2, GN/m^2

구조용 강

$\sigma y=280\times10^6N/m^2=280MN/m^2$

$E=207\times10^9N/m^2=207GN/m^2$

$1cm^3=(10^{-2}m)^3=10^{-6}m^3$

$1\mu S^{-1}=(10^{-6}S)^{-1}=10^6S^{-1}$

(6) 재료역학에서 사용되는 주요 조립 단위

양(量)	SI	
	단 위(명칭)	단 위 기 호
면적(넓이)	제곱미터	m^2
체적(부피)	세제곱미터	m^3
속도, 속력	미터매초	m/s

가 속 도	미터매제곱초	m/s^2
각 속 도	라이언매초	rad/s
각가속도	라이언매제곱초	rad/s^2
진동수, 주파수	헬 즈	Hz
회 전 수	회 매 초	s^{-1}
밀 도	킬로그램매세제곱미터	kg/m^3
운 동 량	킬로그램매초	kg·m/s
운동량의 모멘트 각운동량	킬로그램제곱미터매초	$kg\cdot m^2/s$
관성 모멘트	킬로그램제곱미터	$kg\cdot m^2$
힘	뉴 턴	N
힘의 모멘트	뉴 턴 미 터	N·m
압 력	파 스 칼	Pa
응 력	파스칼(뉴턴매제곱미터)	Pa, (N/m^2)
표면장력	뉴턴매미터	N/m
에너지, 일량	줄	J
작업률, 동력	와 트	W

(7) 단위계 대조표

양 / 단위계	길 이 L	질 량 M	시 간 T	가속도	힘	응 력	압 력	에너지
SI	m	kg	s	m/s^2	N	Pa	Pa	J
CGS계	cm	g	s	Gal	dyn	dyn/cm^2	dyn/cm^2	erg
중력계	m	$kgf\cdot s^2m$	s	m/s^2	kgf	kgf/m^2	kgf/m^2	kgf·m

양 / 단위계	작업률	온 도	점 도	동점도	자 속	자속밀도	자계의 강도
SI	W	K	Pa·s	m^2/s	Wb	T	A/m
CGS계	erg/s	°C	P	St	Mx	Gs	Oe
중력계	kgf·m/s	°C	$kgf\cdot s/m^2$	m^2/s	—	—	—

(8) SI 접두어

SI접두어	기 호	크 기
엑 사(exa)	E	1 000 000 000 000 000 000 = 10^{18}
페 타(peta)	P	1 000 000 000 000 000 = 10^{15}
테 라(tera)	T	1 000 000 000 000 = 10^{12}
기 가(giga)	G	1 000 000 000 = 10^{9}
메 가(mega)	M	1 000 000 = 10^{6}
킬 로(kilo)	k	1 000 = 10^{3}
헥 토(hecto)	h	100 = 10^{2}
데 카(deca, deka ; 美)	da	10 = 10^{1}
데 시(deci)	d	0.1 = 10^{-1}
센 티(centi)	c	0.01 = 10^{-2}
밀 리(milli)	m	0.001 = 10^{-3}
마이크로(micro)	μ	0.000 001 = 10^{-6}
나 노(nano)	n	0.000 000 001 = 10^{-9}
피 코(pico)	p	0.000 000 000 001 = 10^{-12}
펨 토(femto)	f	0.000 000 000 000 001 = 10^{-15}
아 토(atto)	a	0.000 000 000 000 000 001 = 10^{-18}

(9) 환산계수 ①

양(量)	공 학 단 위	SI의 단 위
질 량	kgf·s^2m	kg
	1 1.01972×10^{-1}	9.80665 1
힘	kgf	N
	1 1.01972×10^{-1}	9.80665 1
힘의 모멘트	kgf·m	N·m
	1 1.01972×10^{-1}	9.80665 1
압 력	kgf/cm^2	Pa
	1 1.01972×10^{-5}	9.80665×10^4 1
	atm	Pa
	1 9.86923×10^{-6}	1.01325×10^5 1
	mmH_2O	Pa
	1 1.01972×10^{-1}	9.80665 1
	mHg, Torr	Pa
	1 7.50062×10^{-3}	1.33322×10^2 1
응 력	kgf/mm^2	Pa(N/m^2)
	1 1.01972×10^{-7}	9.80665×10^6 1
에너지, 일(작업)	kgf·m	J
	1 1.01972×10^{-1}	9.80665 1
	kW·h	J
	1 2.77778×10^{-7}	3.6×10^6 1
작업률, 동력	kgf·m/s	W
	1 1.01972×10^{-1}	9.80665 1
	PS	W
	1 1.35962×10^{-3}	7.355×10^2 1
응력 확대 계수	kgf·$mm^{-3/2}$	MPa·$m^{1/2}$
	1 3.22463	3.10114×10^{-1} 1
충격치	kgf·m/cm^2	J/m^2
	1 1.01972×10^{-5}	9.80665×10^4 1
	kgf·m	J
	1 1.01971×10^{-1}	9.80665 1

환산계수 ②

Length	1 in=25.4mm=2.54cm 1 ft=304.8mm=30.48cm=3.048dm=0.3048m 1 yd=914.4mm=91.44cm=9.144dm=0.9144m 1 mile=1.609km=1609m
Area	1 in^2=645.2mm^2=6.452cm^2 1 ft^2=929.0cm^2=0.09290m^2 1 yd^2=0.8361m^2 1 acre=4047m^2 1 $mile^2$=2.590km^2
Volume and section modulus	1 in^3=16.39cm^3 1 ft^3=28320cm^3=28.320dm^3=0.02832m^3 also 1 ft^3=28.32L(L=liters) 1 yd^3=0.7646m^3=764.6L 1 U.S. gallon=3.785L
Moment of inertia	1 in^4=41.62cm^4 1 ft^4=86.31dm^4
Force	1 lb(force)=1 lb=4.448N 1 kip(one kilopound)=1000 lb=4.448kN 1 ton=9964N=9.964kN
Weight per unit of volume	1 lb/in^3=271.4kN/m^3 1 lb/ft^3==0.1571kN/m^3=157.1N/m^3
Pressure, stress, load per unit of area	1 lb/ft^2=47.88N/m^2 1 lb/in^2=6.895kN/m^2=0.6895N/cm^2 1 ton/ft^2=107252N/m^2=107.25kN/m^2
Load per unit of length	1 lb/ft=14.59N/m 1 ton/ft=32690N/m=32.69kN/m
Moment of the force	1 lb·in=11.3·cm=0.113N·m 1 lb·ft=135.6N·cm=1.356N·m 1 kip·ft=1356N·m=1.356kN·m

◇ 찾 아 보 기 ◇

신편 재료역학

2003년 1월 10일 제3판발행
2011년 3월 10일 제3판7쇄발행

- 공저자 최규하·장백선 배성용·이근희
- 발행인 최 국 주
- 발행처 동 명 사

경기도 파주시 교하읍 문발리 535-10 파주출판단지 30블록 4롯트
전 화 : 031) 955-7200(代), 955-7201~4, 7203 (편집부)
팩시밀리 : 031) 955-7205
출판등록 : 1950년 11월 1일(제1-76호)
E-mail : dms723@chol.com
홈페이지 : www.dmsbook.com

정가 22,000원

ISBN 978-89-411-0260-1 93550